U0146720

CorelDRAW X5中文版从入门到精通

苗玉敏 高志华 马振萍 等编著

電子工業出版社
Publishing House of Electronics Industry
北京 · BEIJING

内 容 简 介

CorelDRAW是一款功能强大的矢量绘图软件，本书以由浅入深的方式介绍CorelDRAW X5中文版软件的使用。CorelDRAW是用于印刷、多媒体制作及联机制图的应用程序，不管是设计人员，还是为印刷出版制作图形的专家，或者为多媒体制作图形的设计者，都可以使用CorelDRAW来制作专业品质的作品。它既可以处理矢量图形，也可以处理位图。本书既有基础知识的介绍，也有专业知识的讲解，内容浅显易懂，实例实用丰富，可操作性强。阅读本书可以使读者从入门水平提高到高级应用水平，并能掌握使用CorelDRAW处理各类矢量图形和位图的技巧。

本书适合初级读者和中级读者阅读，也可以作为各类电脑美术设计人员的参考用书，以及相关院校和培训班的教材。

未经许可，不得以任何方式复制或抄袭本书之部分或全部内容。
版权所有，侵权必究。

图书在版编目（CIP）数据

CorelDRAW X5中文版从入门到精通/苗玉敏，高志华，马振萍编著.—北京：电子工业出版社，2011.1
ISBN 978-7-121-12303-0

Ⅰ.①C… Ⅱ.①苗…②高…③马… Ⅲ.①图形软件，CorelDRAW X5 Ⅳ.①TP391.41

中国版本图书馆CIP数据核字（2010）第224561号

责任编辑：李红玉
印　　刷：北京天竺颖华印刷厂
装　　订：三河市鑫金马印装有限公司
出版发行：电子工业出版社
　　　　　北京市海淀区万寿路173信箱　邮编：100036
　　　　　北京市海淀区翠微东里甲2号　邮编：100036
开　　本：787×1092 1/16　印张：22.5　字数：576千字
印　　次：2011年1月第1次印刷
定　　价：45.00元

凡所购买电子工业出版社图书有缺损问题，请向购买书店调换。若书店售缺，请与本社发行部联系，联系及邮购电话：（010）88254888。
质量投诉请发邮件至zlts@phei.com.cn，盗版侵权举报请发邮件至dbqq@phei.com.cn。
服务热线：（010）88258888。

前 言

CorelDRAW是全球最著名的矢量图形绘制软件之一。凭借强大的功能和容易使用的特性，CorelDRAW已经赢得了全球很多用户的青睐，被很多人称为最好用的矢量绘图软件。据调查，全球有很大一部分图形设计师在使用CorelDRAW进行艺术创作，比如传统的插画设计领域和广告设计领域。另外，在专业的印刷出版领域CorelDRAW也得到了广泛的使用。

随着网络的发展和普及，很多制作网页和在线内容的人员也在使用CorelDRAW进行设计，因为它的功能是其他软件所不能比拟的。与时俱进，Corel公司非常重视CorelDRAW在网络中的应用，增加了CorelDRAW在网页上发布图像的功能，还增加了与其他软件的整合功能。这使得CorelDRAW的功能愈加强大，用户群也在不断地增加。2010年，Corel公司发布了其最新版本——CorelDRAW X5。

在CorelDRAW中，可以很方便地处理矢量图形元素，而且可以很容易地移动、缩放、拼凑它们。另外，还可以在CorelDRAW中处理位图，并可以实时地转换它们，也就是说在CorelDRAW中可以把矢量图形转换为位图，也可以把位图转换为矢量图形，因此使用它可以极大地提高工作效率。

全书共分18章。首先介绍CorelDRAW的基本操作和工具，其次介绍一些基本的应用，接下来介绍的是稍微高级一些的内容。在内容介绍上，从初级读者的角度出发，概念介绍非常清楚，选择的实例也比较简单，这样可以使读者很容易进行操作。有的干脆就是以实例为基础进行介绍的，这样可以更好地帮助读者掌握所学的知识。

本书在内容介绍上由浅入深、结构清晰，而且配有相应的实例，适合初级和中级读者阅读和使用。本书内容重点突出、脉络清楚，希望能为读者指明学习CorelDRAW的方向。如果达到这样的目的，我们将不胜欣慰。

本书由郭圣路统筹，除了封面署名之外，参加编写工作的人员还有：张兴贞、吴战、张秀凤、白慧双、孟庆玲、宋怀营、杨岐朋、芮鸿、王德柱、韩德成等。

本书约定

在本书中，在没有特别提示的情况下，“单击”这一操作指的是单击鼠标的左键。“移动鼠标”这一操作指的是按住鼠标左键的同时移动鼠标。

另外，本书是黑白印刷，有些色彩的描述及改变看不出来，读者可以在CorelDRAW中进行测试和对比。

注意

本书是基于中文版本编写的，中文版和英文版的菜单命令位置和窗口布局是相同的，因此使用英文版本的读者也可以参照本书进行学习。

特别说明

在本书中使用的公司名称、企业名称、姓名和数字等，都是作者虚构的，并非刻意使用，如有雷同，纯属巧合。

给读者的一点建议

在CorelDRAW中包含有很多的工具，在进行设计工作的时候，同一种效果或者同一幅作品，可以使用多种工具或者多种方法完成。不过有的工具或者方法比较简单，有的工具或者方法比较烦琐一些，要全面而深入地熟悉这些工具的使用，因此在本书中几乎介绍了所有工具的使用。另外，要想成为一名设计高手的话，也需要掌握很多的工具及制作方法。在学习CorelDRAW中这些工具的时候，一定要有耐心，对于初学者而言一定会遇到一些问题或者错误，甚至会走一些弯路，这些都是很正常的，只要潜心学习和研究，及时总结和归纳，一定会克服这些困难，并精通CorelDRAW这款软件。

学习CorelDRAW X5的必要条件

在开始学习和使用CorelDRAW之前，读者应该掌握计算机的基本操作，比如怎样开机和关机，怎样使用鼠标和键盘，怎样保存和关闭文件等。

实际上，掌握CorelDRAW这款软件并不困难，更有难度的是设计的作品要体现自己的创意。关于这一点，需要读者多观摩和多练习，多学习别人的方法，形成自己的经验，并成长为一名设计高手。

特别鸣谢

非常感谢电子工业出版社和美迪亚公司领导的大力支持和编辑的辛苦劳动，在他们的大力帮助之下，本书才成功出版。

由于作者水平有限，加之时间仓促，书中难免有不足或者不妥之处，还望广大读者朋友理解和批评指正。同时，预祝读者朋友们尽快精通CorelDRAW并成为绘图高手。

为方便读者阅读，若需要本书配套资料，请登录“北京美迪亚电子信息有限公司”（http://www.medias.com.cn），在“资料下载”页面进行下载。

目　录

第1章 CorelDRAW X5中文版基础知识

CorelDRAW是目前市场上最优秀的矢量绘图与文档排版软件之一，CorelDRAW X5是Corel公司于2010年推出的最新版本。与以前版本相比，CorelDRAW在操作界面、产品性能、工具、文本处理、Web特性等方面都做了很大的改进。例如，新增加的表格绘制工具，使用该工具可以绘制出各种各样的表格。

在本章中主要介绍下列内容:

- ▲ CorelDRAW简介
- ▲ 矢量图和位图
- ▲ 图像的色彩模式
- ▲ 常用图像存储格式

1.1 CorelDRAW简介

CorelDRAW是运行在Windows操作系统下的，基于矢量图形的绘图软件。使用CorelDRAW软件，用户可以轻松进行广告设计、封面设计、商标设计等，而且还可以将绘制好的矢量图形转换为不同类型的位图，并应用各种位图效果，例如三维效果、艺术效果、模糊效果等。

CorelDRAW是一种基于矢量的绘图程序，可用来轻而易举地创作专业级美术作品，从简单的商标到复杂的大型多层图例。通过使用CorelDRAW，可以在实例创作的过程中不知不觉地就成为了绘图高手，习惯并喜爱使用CorelDRAW绘图，并能在审美修养方面上一个台阶。

使用CorelDRAW还可以将嵌入或链接的图形分色，以CYMK四色方式输出，并可方便地编排图文并茂的文档。此外，该软件还可用于处理Web图像或制作网页。CorelDRAW是全球最著名的矢量图形绘制软件之一，凭借其强大的功能和容易使用的特性，已经博得了全球很多用户的青睐。全球有大量的绘图设计师在使用CorelDRAW进行艺术创作。

随着网络的发展和普及，很多制作网页和在线内容的设计人员也在使用CorelDRAW进行设计，因为它的功能是其他软件所不能比拟的，使用CorelDRAW可以极大地提高工作效率。

1.1.1 CorelDRAW的应用领域

CorelDRAW在很多领域都有应用，比如在广告设计、海报设计和服装设计等领域。下面的图1-1到图1-10，展示了CorelDRAW在部分领域中的应用。

图1-1 广告设计

图1-2 标识设计

图1-3 海报设计

图1-4 服装设计

图1-5 网页元素设计

图1-6 插页设计

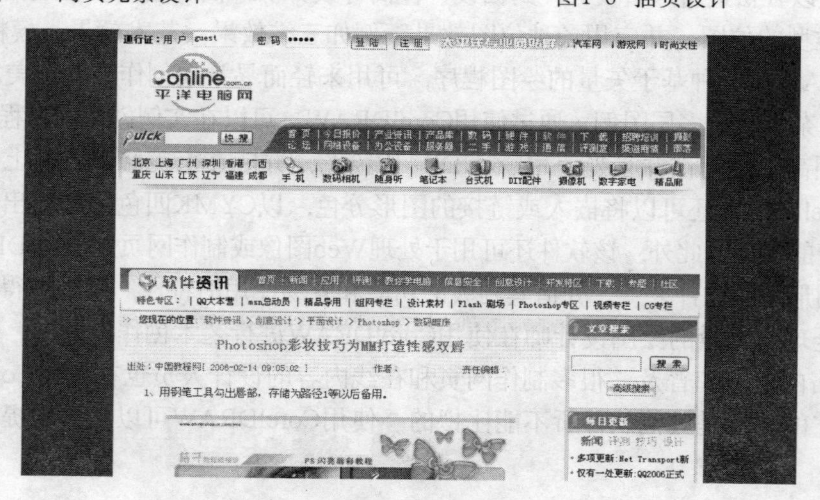

图1-7 网页设计

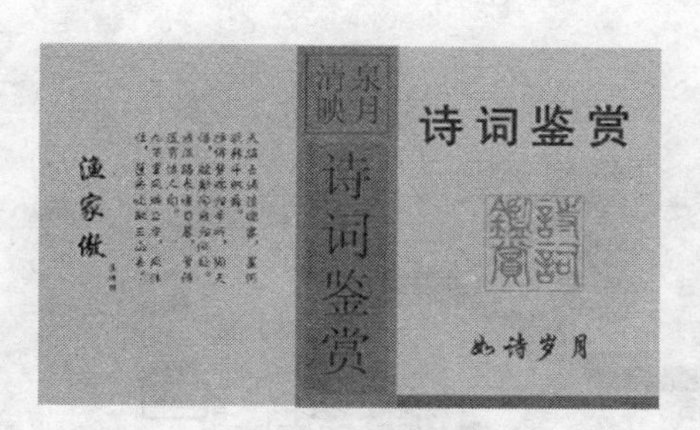

图1-8 书刊与杂志封面设计

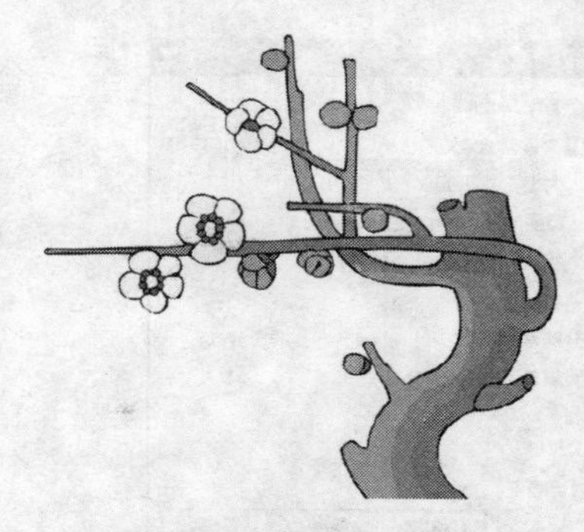

图1-9 国画绘制

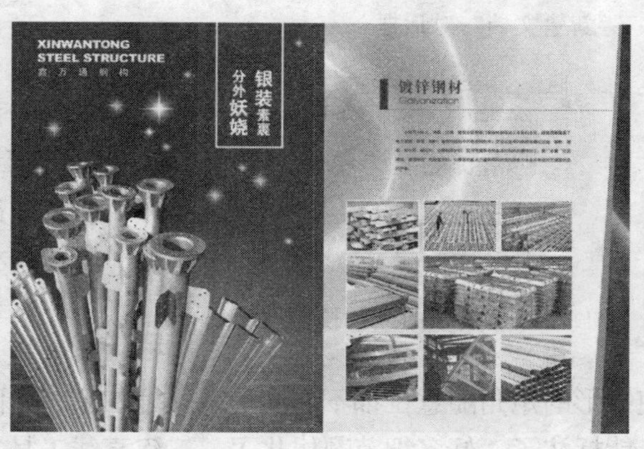

图1-10 包装设计

另外，CorelDRAW在其他领域也有不同程度的应用，在本书中不再一一介绍。

1.1.2 CorelDRAW X5的新功能简介

与以前版本相比，CorelDRAW X5又增添了许多新功能，据官方报道有50项之多。其中值得注意的亮点有文本格式实时预览、字体识别、页面无关层控制、交互式工作台控制等。

无论是专业的设计者还是小型商业企业的拥有者，这套组件适合任意等级的设计，因为它提供了出众的整合性、速度和易于使用性，是非常优秀的工业图像设计软件。CorelDRAW X5在与用户交互方面已经达到一个空前的高度。Corel工作组从工业中的各个领域接近用户，收集他们的反馈，花了很多的时间在他们旁边观看他们如何工作。结果最新的版本满足了用户的需要，比以前的版本性能更强大。专业的图像设计师和商业用户将发现新的改进和特性在日复一日的生产中将带来巨大的影响。概括起来，这些新特点主要包括以下几个方面。

1. 新增新建文件设置对话框

新增加了“新建文档”对话框，而且有很多选项，支持RGB、CMYK新建等，如图1-11所示。当然不想弹出这个页面的话，可以通过有关选项关掉，勾选“新建文档”对话框底部的“不再显示该对话框”选项即可。

2. 新增像素预览功能

使用新增加的像素预览功能可以进行像素预览，像素预览的效果和菜单命令如图1-12所示。

3. 新增颜色校样功能

使用新增加的颜色校样功能可以更加容易地管理颜色，如图1-13所示。

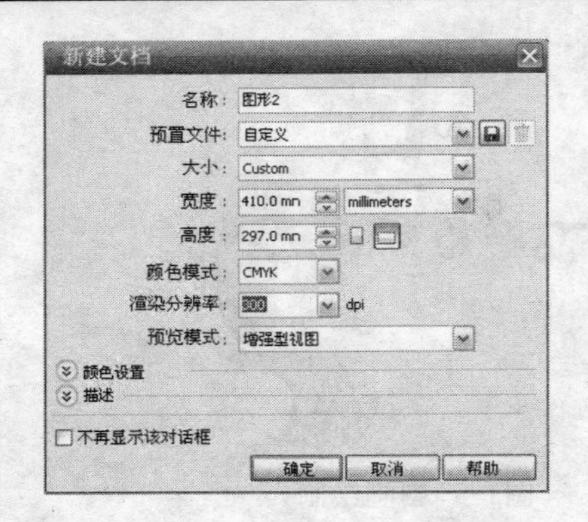

图1-11 “新建文档”对话框

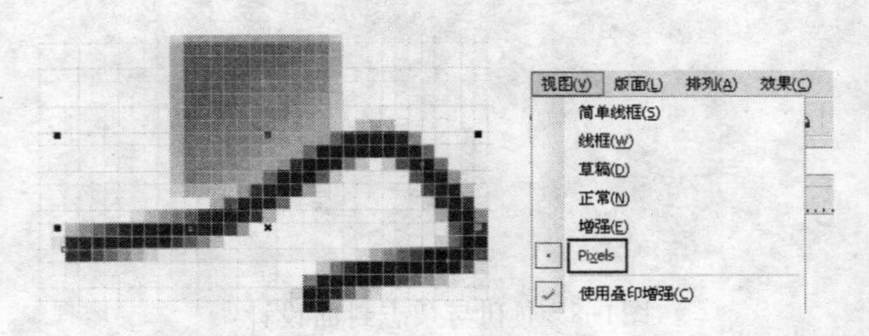

图1-12 像素预览效果和菜单命令

图1-13 新增加的颜色校样功能

4. 新增宏泊坞窗

在这一版本中，新增加了宏泊坞窗，使用它就更容易操作CorelDRAW了，宏泊坞窗如图1-14所示。

5. 新增绘图工具

矩形工具增加了多种矩角，绝对值的矩角方式，使矩形的矩角随意拉都不会变形。又增加了一个画曲线的工具。标注工具更强大了，节点之间也能标注了，好多细节都优化了。二点直线工具，可以对圆绘制切线。还增加了更多的CAD功能。网络填充更圆滑了。吸管工具分成了两个工具，功能更强大了。

6. 变换功能的增强

变换功能更强大了，支持“应用到再制”功能，新的“变换”泊坞窗如图1-15所示。

图1-14 宏泊坞窗

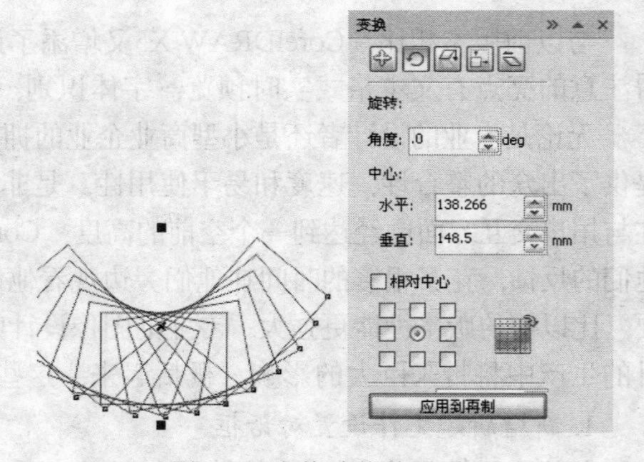

图1-15 变换功能的增强

7. 图片链接功能

在这一版本的CorelDRAW中，可以支持图片链接了，而且支持原分辨率链接。

8. 输出功能的改进

现在，可以输出JPEG、GIF、PNG等网络用图片了，而且输出AI等格式的参数也更详细了。

还有多种功能，不再一一介绍。

1.1.3 安装与卸载CorelDRAW X5

如果用户熟悉Windows的话，那么安装CorelDRAW应该也不成问题。用户所要做的只是简单地将CorelDRAW安装盘插入到光驱中，按照提示执行安装即可。注意，也可以把安装程序复制到自己的电脑磁盘中，然后再进行安装。

（1）将CorelDRAW X5安装盘放入光驱中，并找到安装程序，如图1-16所示。

（2）通过双击“CorelDRAW X5正式版”打开如图1-17所示的安装对话框，然后按照指示进行安装即可。

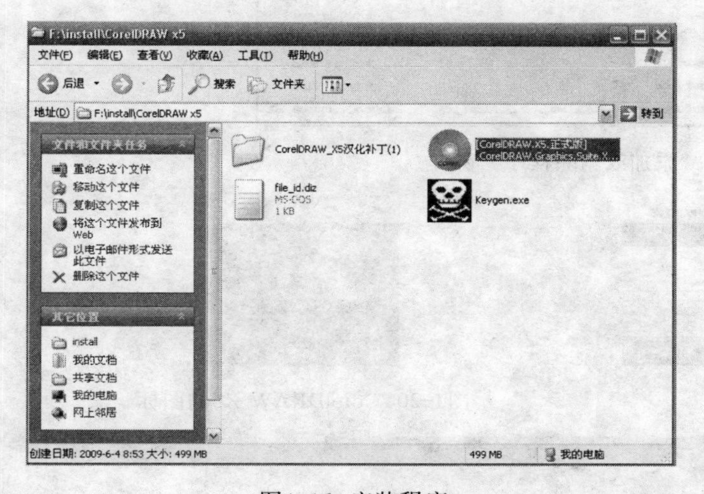

图1-16 安装程序

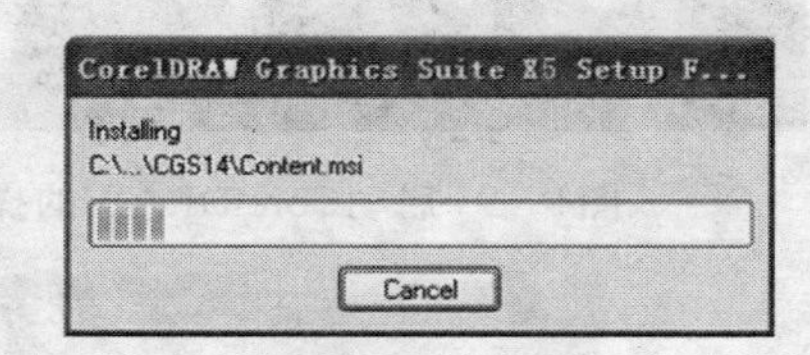

图1-17 安装对话框

提示 此时，如果单击Cancel按钮，那么即可取消安装CorelDRAW X5。

（3）安装完主程序后，还需要安装中文包才能使用中文版本的CorelDRAW X5，因为主程序是英文版的。找到中文语言包安装程序，并将其安装上即可。

因为CorelDRAW的安装程序比较大，占用一定的磁盘空间，如果不再使用了，或者想把它卸载掉，那么可以按照卸载其他软件的方法，在“控制面板”里打开“添加或删除程序”窗口，选中CorelDRAW Graphics Suite X5，如图1-18所示。然后单击“更改/删除”按钮即可把CorelDRAW卸载掉。

1.1.4 启动和退出CorelDRAW

要启动CorelDRAW，只需用鼠标单击“开始”按钮，然后选择“所有程序→CorelDRAW Graphics Suite X5→CorelDRAW X5”命令即可，如图1-19所示。

也可以在桌面上创建一个图标，然后双击该图标即可打开CorelDRAW，图标效果如图1-20所示。

启动CorelDRAW后，即可打开CorelDRAW的工作界面，如图1-21所示。

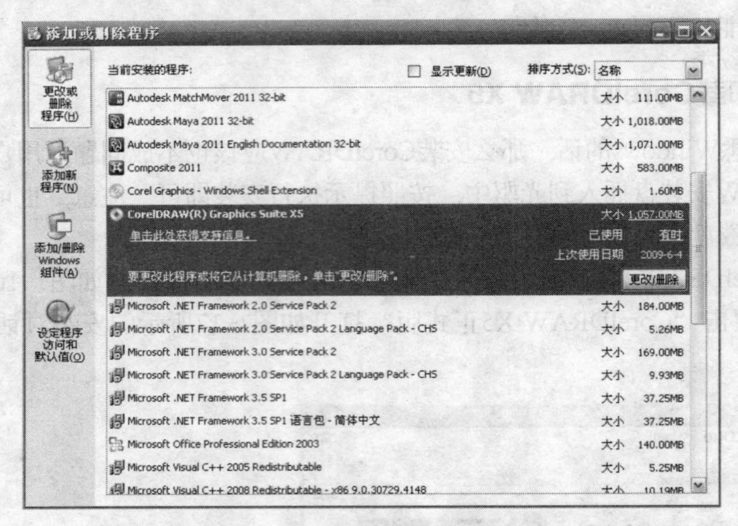

图1-18 “添加或删除程序”窗口

图1-19 启动CorelDRAW的操作

图1-20 CorelDRAW X5的图标

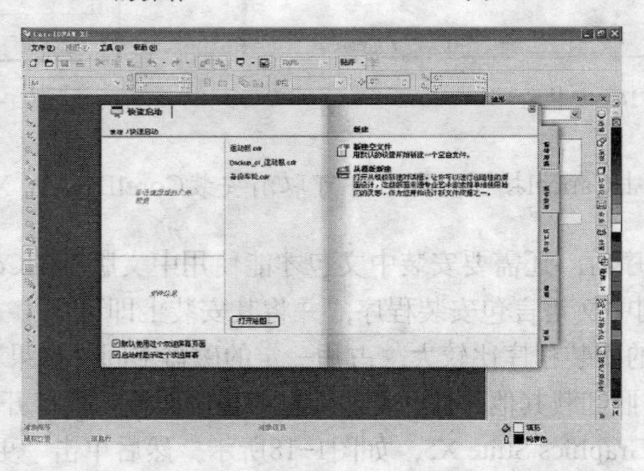

图1-21 CorelDRAW X5的工作界面

工作界面中间有一个对话框，可以选择新建文件，还是打开上次制作或者编辑过的文件。如果不希望在下次启动CorelDRAW时显示这一对话框，只需取消选中底部的“启动时显示这个欢迎屏幕”复选框即可，如图1-22所示。

接下来必须首先选取屏幕中的一个选项才能开始工作。由于是第一次进入CorelDRAW，因此用户可选择“新建空文件”，即可依预设值新建一个文件，如图1-23所示。

如果想退出CorelDRAW，只需要单击工作界面右上角的关闭按钮☒即可。在创建完成一个文件后退出CorelDRAW，那么一定要先保存文件，快捷方式是使用Ctrl+S组合键，然后单击关闭按钮☒即可退出CorelDRAW。如果已经绘制了图形或者对图形做了编辑，那么在关闭前将会打开一个警告对话框，如图1-24所示，提示是否对制作的图形进行保存。单击“是（Y）”按钮进行保存，单击“否（N）”按钮则不保存。

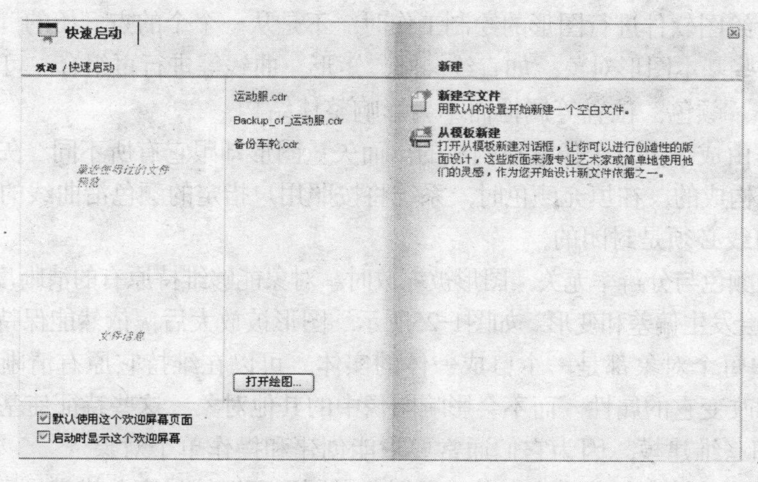

图1-22 欢迎屏幕

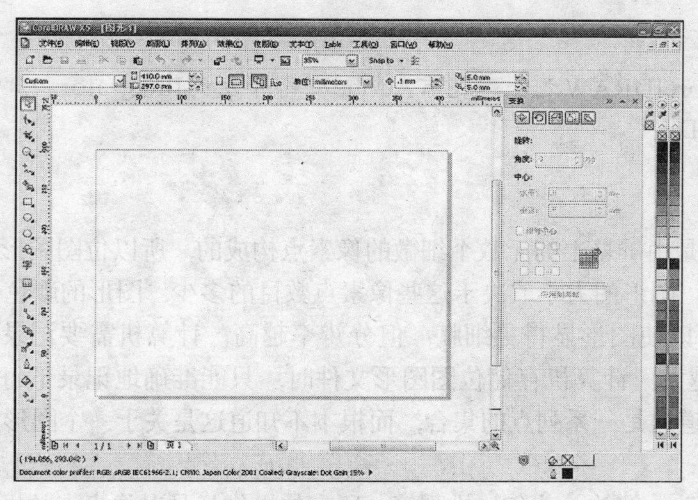

图1-23 新建文件

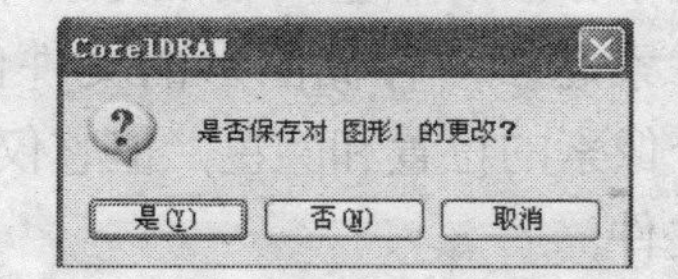

图1-24 对图形进行保存

提示 单击工作界面右上角的最小化按钮，则可以将CorelDRAW工作界面最小化显示。

1.2 矢量图和位图

根据成图的原理和方式，一般把计算机图形分为矢量图形和位图两种类型，位图也叫点阵图。这两种图形的类型是有区别的，了解它们的区别对于将来的工作是非常重要的。使用数学方法绘制出的图形称为矢量图形，而基于屏幕上的像素点绘制的图形称为位图。

1.2.1 矢量图

矢量又叫向量，是一种面向对象的基于数学方法的绘图方式，一般通过数学公式计算产生，用矢量方法绘制出来的图形叫做矢量图形。在CorelDRAW中，所有用矢量方法绘制出来的图形或者创建的文本元素都被称为“对象”。每个对象具有各自的颜色、轮廓、大小以及形状等属性。使用它们的属性，用户可以对对象进行改变颜色、移动、填充、改变形状和大小及一些特殊的效果处理等操作。

当使用矢量绘图软件进行图形的绘制工作时，不是从一个个的点开始的，而是直接将该软件中所提供的一些基本图形对象，如直线、圆、矩形、曲线等进行再组合。可以方便地改变它们的形状、大小、颜色、位置等属性而不会影响整体结构。

位图图形是由成千上万个像素点构成的，而矢量图形却跟它有所不同。矢量图形是由一条条的直线和曲线构成的，在填充颜色时，系统将按照用户指定的颜色沿曲线的轮廓线边缘进行着色处理，但曲线必须是封闭的。

矢量图形的颜色与分辨率无关，图形被缩放时，对象能够维持原有的清晰度以及弯曲度，颜色和外形也都不会发生偏差和变形。如图1-25所示，图形被放大后，依然能保持原有的光滑度。

矢量图形中每个对象都是一个自成一体的实体，可以在维持它原有清晰度和弯曲度的同时，多次移动和改变它的属性，而不会影响图像中的其他对象。这些特征使基于矢量的程序特别适用于绘图和三维建模，因为它们通常要求能创建和操作单个对象。

因为矢量图形的绘制与分辨率无关，所以矢量图形可以按最高分辨率显示到显示器和打印机等输出设备上。

常见的矢量绘图软件除了CorelDRAW之外，还有Adobe公司开发的Illustrator和Autodesk公司开发的AutoCAD。

1.2.2 位图

位图图形也有人称之为点阵图，是由屏幕上的无数个细微的像素点构成的，所以位图图形与屏幕上的像素有着密不可分的关系：图形的大小取决于这些像素点数目的多少，图形的颜色取决于像素的颜色。增加分辨率，可以使图形显得更细腻，但分辨率越高，计算机需要记录的像素越多，存储图形的文件也就越大。计算机存储位图图形文件时，只能准确地记录下每一个像素的位置和颜色，但它仅仅知道这是一系列点的集合，而根本不知道这是关于一个图形的文件。

可以对位图进行一些操作，如移动、缩放、着色、排列等。所有的操作只是对像素点的操作。

放大位图其实就是增加屏幕上组成位图的像素点的数目，而缩小位图则是减少像素点。放大位图时，因为制作图形时屏幕的分辨率已经设定好，放大图形仅仅是对每个像素的放大。

如图1-26所示，左边的圆是一个位图图形，显示的比例为100%，它的边缘比较光滑。右边是放大后的效果，很明显地可以看出，圆的边缘已经出现了锯齿状的效果。

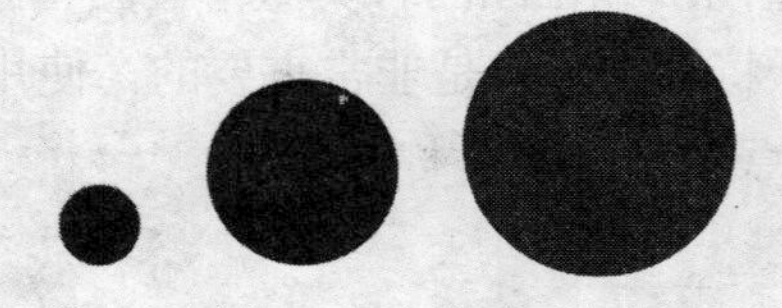

图1-25 矢量图形放大后的效果对比

图1-26 位图图形放大后的效果对比

虽然CorelDRAW是一个基于矢量图形的绘图软件，但它允许用户导入位图并将它们合成在绘图中，这在后面的内容中将会详细讲述。

使用数码相机拍摄的照片、在DVD播放器或者VCD播放器中截取的图片都是位图，而不是矢量图形。

1.2.3 图像分辨率

分辨率是用于描述图像文件信息量的术语。就像使用的计算机屏幕的分辨率，它的数值越大，屏幕内容看起来就越清晰，数值越小，则越粗糙，也就是说越失真。分辨率的描述单位一般是像素/毫米或者像素/英寸。一般它的数值越大，图像的数据也就越大，印刷出来的图像也越大。

为了使印刷品获得较好的质量，需要保证图像有足够大的分辨率，如图1-27所示。但不是说分辨率越高，印刷的质量就越好，比如在进行网印（一种印刷方式）时，分辨率为印刷网目数的两倍是最合适的了。

图1-27 分辨率大小的对比效果

1.3 色彩模式

自然界是丰富多彩的，而丰富多彩的世界是由各种颜色组合而成的。但是，在计算机图像中要用一些简单的数据来定义颜色是不可能的，所以人们就定义了一些不同的色彩模式来定义颜色，不同的色彩模式所定义的颜色范围不同，所以它们的使用方法也各有自己的特点。

在CorelDRAW中主要有：RGB（红、绿和蓝）模式、CMYK（青、品红、黄和黑）模式、HSB（色相、饱和度和亮度）模式、灰度模式和专色模式。下面介绍各种色彩模式的特点，以使用户能够更加合理地使用它们。

1.3.1 RGB模式

RGB是常用的一种色彩模式，不管是扫描输入的图像，还是绘制的图像，几乎都是以RGB模式存储的。RGB模式是由红、绿和蓝三种颜色组合而成的，然后由这三种原色混合出各种色彩。RGB模式的图像有很多优点，比如图像处理起来很方便，图像文件小。大家知道使用这三种颜色可以生成其他的颜色，比如把这三种颜色叠加到一起即可产生白色，而两两相交则生成其他的颜色，效果如图1-28所示。

在这种模式下的色彩比较丰富而且饱满。一般在显示器上显示图像和使用RGB色进行打印时使用这种色彩模式。

1.3.2 CMYK模式

CMYK模式是一种专用印刷模式，在本质上与RGB模式没有什么区别，只是它们产生色彩的方式不同，RGB模式产生色彩的方法是加色法，而CMYK模式产生色彩的方式是减色法。CMYK模式的原色为青色、洋红色、黄色和黑色。在处理图像时，一般不用CMYK模式，主要是因为这种模式的文件大，占用的磁盘空间大。如果是印刷的话，那么需要使用这种模式。在这种模式下，可以通过控制这四种颜色的油墨在纸张上的叠加印刷来产生各种色彩，也就是人们常说的四色印刷，如图1-29所示。

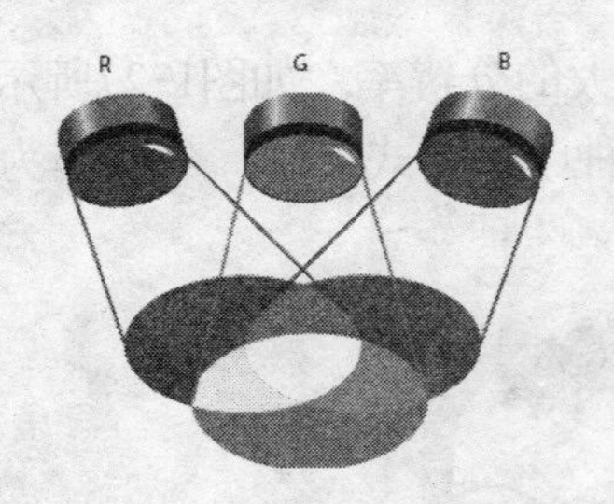

R代表红色　G代表绿色　B代表蓝色

图1-28 三色叠加效果

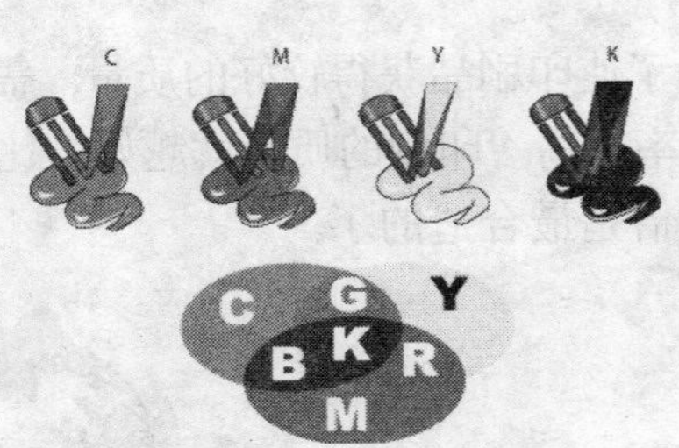

C 青色　M 洋红　Y 黄色　K 黑色

图1-29 四色混合效果

当把图像从RGB模式转换到这种模式时，会丢失部分色彩信息。但是在这种模式下的色彩也比较饱满，所以印刷出来的色彩质量也比较好。这是唯一一种进行四色分色印刷的模式。

1.3.3 Lab模式

Lab是由亮度（L，Luminance）分量和两个颜色彩度分量所组成的，颜色彩度分量指a分量和b分量。Lab色彩模式的亮度分量（L）范围是0到100。在Adobe拾色器和“颜色”调板中，a分量（绿色-红色轴）和b分量（蓝色-黄色轴）的范围是-128到+127。

Lab颜色模型基于人对颜色的感觉。Lab中的数值描述正常视力的人能够看到的所有颜色。因为Lab描述的是颜色的显示方式，而不是设备（如显示器、桌面打印机或数码相机）生成颜色所需的特定色料的数量，所以Lab被视为与设备无关的颜色模型。色彩管理系统使用Lab作为色标，以将颜色从一个色彩空间转换到另一个色彩空间。

提示　如果要转换图像的色彩模式，那么在Photoshop中选择“图像→模式→相应的子命令”即可。

1.3.4 灰度模式

灰度模式图像的像素是由8位的位分辨率来记录的，因此能够表现出256种色调，利用256种色调可以将黑白图像表现得很完美。

灰度模式的图像可以和彩色图像及黑白图像相互转换，但要指出的是，彩色图像转换为灰度图像要丢掉颜色信息，灰度图像转换为黑白图像要丢失色调信息，所以从彩色图像转换成灰度图像，然后由灰度图像转换为彩色图像时就不再是彩色的了。灰度模式下的图像效果如图1-30所示。

提示 因为本书是黑白印刷的，对比效果可能在书上看不出来，建议读者在彩色模式下进行查看和对比。

灰度值也可以用黑色油墨覆盖的百分比来度量（0%等于白色，100%等于黑色）。

1.3.5 黑白模式

黑白模式使用两种颜色值（黑色或白色）之一表示图像中的像素。在把图像转换为黑白模式之前，需要先将其转换到灰度模式下，然后才能转换成黑白模式。在黑白模式下可以看到图像中网点形成的灰阶效果，该效果实际上是黑白像素，因分布的密度不同，从而表现出灰阶效果，如图1-31所示。

图1-30 灰度模式图像效果（右图为灰度图像）

图1-31 黑白模式（右图）

1.3.6 索引色模式

索引色模式可生成最多256种颜色的8位图像文件。当转换为索引颜色时，Photoshop将构建一个颜色查找表（CLUT），用来存放并索引图像中的颜色。如果原图像中的某种颜色没有出现在该表中，则程序将选取最接近的一种，或使用仿色以现有颜色来模拟该颜色。

虽然其调色板很有限，但索引颜色能够在保持多媒体演示文稿、Web页等所需的视觉品质的同时，减小文件大小。在这种模式下只能进行有限的编辑，要进一步进行编辑，应临时转换为RGB模式。

1.4 存储格式

在CorelDRAW中进行设计工作时，文件格式也是一个必须要了解的问题。文件格式决定文件的类型，而且影响该文件在其他软件中的使用。比如在CorelDRAW中通常使用的文件格式是CDR，但是这种文件格式Illustrator却不支持，也就是说在Illustrator中打不开CDR格式的文件。但是，可以在CorelDRAW中把制作的文件保存为AI格式，这样就可以在Illustrator中打开了。

在CorelDRAW的“文件”菜单下有几个存储命令，比如“保存”命令、“另存为”命令、“导出”命令和“发布至PDF”命令等，如图1-32所示。

在菜单栏中选择“文件→保存”命令后，将会打开“保存绘图”对话框，如图1-33所示。

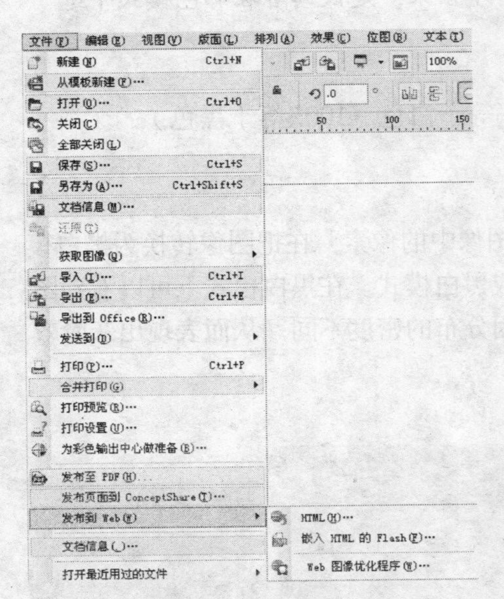

图1-32 存储命令

图1-33 “保存绘图”对话框

在“保存绘图”对话框的“保存类型”下拉列表中共有20种保存类型或者存储格式，如图1-34所示。

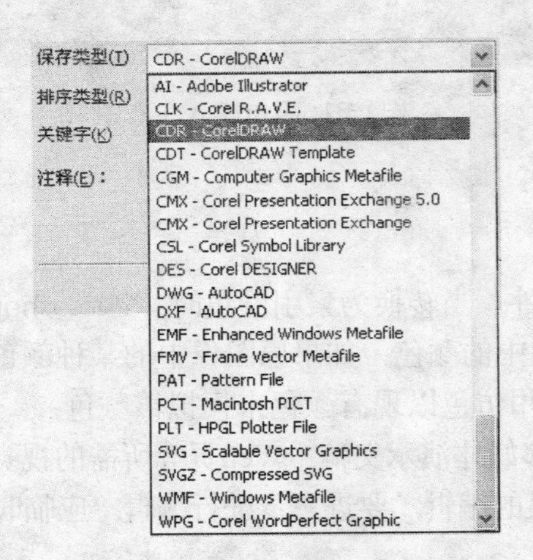

图1-34 文件存储格式

下面简要地介绍一下几种常用的文件存储格式。

1. AI格式

这是一种常用的文件存储格式，属于矢量类型的文件格式。使用该格式保存的文件可以在Adobe Illustrator中打开和使用。

2. CDR格式

CDR格式是著名绘图软件CorelDRAW的专用图形文件格式，也是在该应用程序中最为常用的存储格式。由于CorelDRAW是矢量图形绘制软件，所以CDR可以记录文件的属性、位置和分页等。CDR格式文件在所有CorelDRAW应用程序中均能够使用，但是其他图像编辑软件打不开此类文件。

3. CDT格式

这属于CorelDRAW的模板格式，可以这种文件格式制作模板。

4. DWG格式和DXF格式

这两种文件格式属于AutoCAD文件格式，如果把制作的文件保存成这两种格式，那么就可以在AutoCAD软件中打开文件。AutoCAD是一种集机械和建筑设计于一体的软件。

5. EMF格式

EMF是微软公司为了弥补WMF的不足而开发的一种32位扩展图元文件格式，也属于矢量文件格式，其目的是使图元文件更加容易接受。

6. WMF格式

WMF是Windows中常见的一种图元文件格式，属于矢量文件格式。它具有文件短小、图案造型化的特点，整个图形常由各个独立的组成部分拼接而成，其图形往往较粗糙。

7. SVG格式

SVG可以算是目前最火热的图像文件格式了，它的英文全称为Scalable Vector Graphics，即可缩放的矢量图形。它是基于XML（Extensible Markup Language），由World Wide Web Consortium（W3C）联盟进行开发的。严格来说，SVG应该是一种开放标准的矢量图形语言，可让用户设计激动人心的、高分辨率的Web图形页面。用户可以直接用代码来描绘图像，可以用任何文字处理工具打开SVG图像，通过改变部分代码来使图像具有互交功能，并可以随时插入到HTML中通过浏览器来观看。

SVG提供了目前网络流行格式GIF和JPEG无法具备的优势：可以任意放大图形显示，但绝不会以牺牲图像质量为代价；在SVG图像中保留可编辑和可搜寻的状态；平均来讲，SVG文件比JPEG和GIF格式的文件要小很多，因而下载速度也很快。

8. PDF格式

这是一种在Adobe Acrobat软件中使用的格式。在这种格式下，文件的字体、颜色和模式都不会丢失。

9. JPEG格式

这是一种位图文件格式，JPEG的缩写是JPG，JPEG几乎不同于当前使用的任何一种数字压缩方法，它无法重建原始图像。由于JPEG优异的品质和杰出的表现，因此应用非常广泛，特别是在网络和光盘读物上。目前各类浏览器均支持JPEG这种图像格式，因为JPEG格式的文件尺寸较小，下载速度快，使得Web页有可能以较短的下载时间提供大量美观的图像，JPEG同时也就顺理成章地成为网络上最受欢迎的图像格式。

提示 通过选择“文件→导出”命令可以打开“导出”对话框，如图1-35所示。在该对话框中可以设置更多的文件存储或者导出格式。比如DOC文件格式，这是微软的Word软件支持的文件格式。

其他文件格式不再一一介绍，读者可以在网上查找相关的资料进行阅读，还可以参考其他一些相关书籍。

图1-35 “导出”对话框中的文件格式

第2章 认识CorelDRAW X5的工作界面

要想深入地了解和使用CorelDRAW，必须要熟悉它的工作界面和工具，只有对它的工作界面和工具熟悉了，才能步入设计殿堂进行设计。

在本章中主要介绍下列内容：

- ▲ CorelDRAW工作界面简介
- ▲ CorelDRAW菜单命令简介
- ▲ 工具箱简介
- ▲ 辅助工具简介
- ▲ 调色板和泊坞窗

进入CorelDRAW之后，显示在屏幕上的是一个基本的工作界面或者工作窗口，如图2-1所示。由图2-1可以看出，CorelDRAW与其他大多数图形编辑软件类似，都包括了菜单栏、工具栏、工具箱、标尺、状态栏、属性栏等一些通用元素。下面介绍一下这些元素。

图2-1 CorelDRAW的工作界面

2.1 标题栏

标题栏位于CorelDRAW工作窗口的顶部，显示了当前的文件名，及用于关闭窗口、放大和缩小窗口的几个快捷按钮。此外，如果用鼠标右击标题栏最左侧的图标，将弹出一个快捷菜单，通过选择其中相应的命令也可对应用程序进行移动、最小化、最大化、关闭等操作，如图2-2所示。

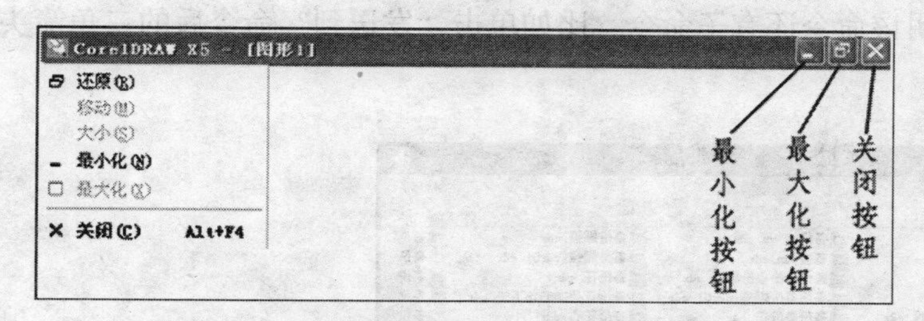

图2-2 标题栏及其快捷菜单

2.2 菜单栏

CorelDRAW的菜单栏由文件、编辑、视图、版面、排列、效果、位图、文本、表格、工具、窗口和帮助12个菜单组成，也可以把它拖曳成单独的浮动窗口，如图2-3所示。在每一个菜单之下又有若干子菜单项。此外，通过单击菜单栏右侧的几个按钮，可最小化、最大化、恢复及关闭当前文件窗口。

图2-3 菜单栏

1. “文件”菜单

“文件”菜单如图2-4所示。该菜单中的命令用于文件的新建、打开、保存、打印、导入、导出和发布等操作。

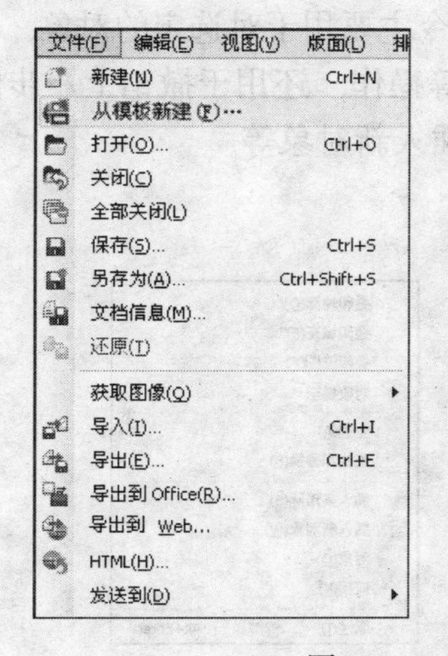

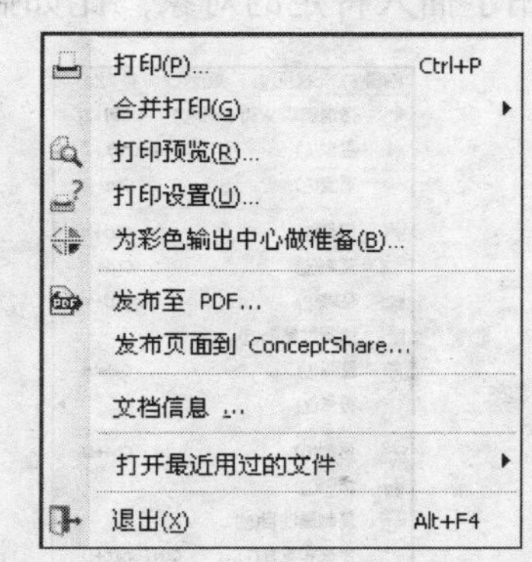

图2-4 “文件”菜单

在该菜单中，如果命令项左侧带有图标，比如“新建”命令，那么也可以单击该图标来执行该命令。如果命令项右侧带有快捷键，那么可以按快捷键来执行该命令，比如“打开”命令，按Ctrl+O快捷键即可执行“打开”命令。如果命令项右侧带有省略号，那么执行该命令时，会打开一个相应的对话框，比如“保存”命令，执行该命令后会打开一个“保存绘图”对话框，如图2-5所示，用于设置保存路径、名称和文件格式等。如果命令项右侧带有黑色的三角箭头，那么说明该命令还有子命令，比如单击“发送到”命令后的三角箭头后，展开的子命令如图2-6所示。

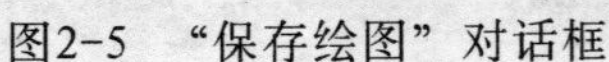
图2-5 “保存绘图”对话框

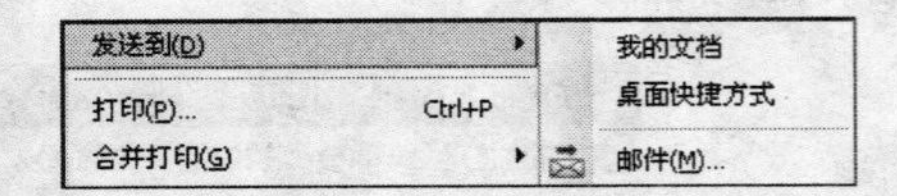

图2-6 “发送到”子命令

注意 有的菜单中含有灰色显示的命令项，这表明该命令项还未被激活，当前不能使用该命令。

2. “编辑”菜单

“编辑”菜单如图2-7所示。该菜单中的命令主要用于对选定的对象，比如图形、文字和符号等，执行剪切、复制、粘贴、删除、插入等操作，还用于撤销上一步的操作和重做操作等。另外，还可以用于插入特定的对象，比如插入新对象等。

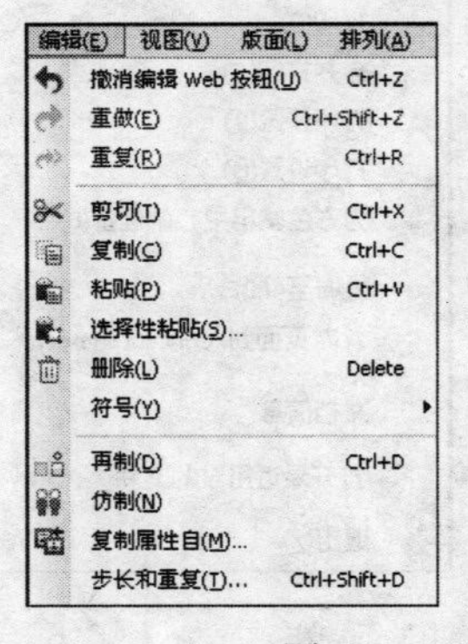

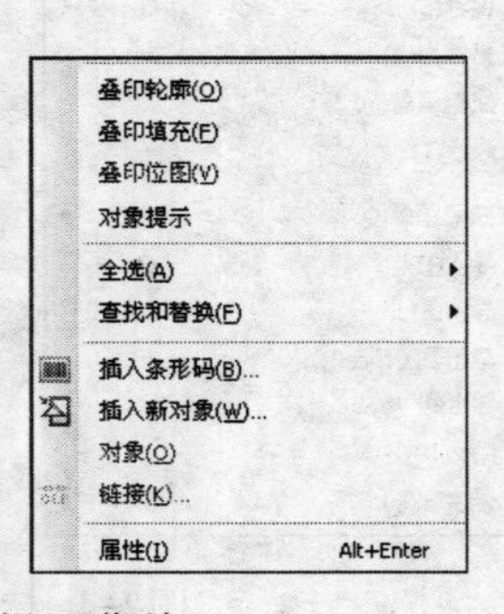

图2-7 “编辑”菜单

提示 在有些菜单命令前有一个图标，该图标与工具栏中的工具图标是一致的，其功能也相同。单击CorelDRAW工具栏中的相应工具图标与执行菜单栏中的对应命令的效果是相同的。

3. “视图”菜单

“视图”菜单中的命令主要用于帮助用户从不同的角度、选用不同的方式观察图形。使用该菜单中的命令可以控制视图和窗口的显示方式，是否显示标尺、网格和辅助线，还可以用于设置对象的对齐等。

4. “版面”菜单

“版面”菜单中的命令用于组织和管理页面等，还可以对页面进行设置、设置页面背景、重新命名页面、删除页面和转换页面等。

5. “排列”菜单

“排列”菜单中的命令主要用于对象的调整操作，包括变换对象、清除变换、对齐和分布对象、组合对象、锁定对象和修整对象等。

6. “效果”菜单

“效果”菜单中的命令主要用于对选定的对象应用特殊效果，包括调整色彩、变换效果、校正、应用艺术笔、设置轮廓图、设置立体效果、应用透镜和斜角，还可以复制效果、克隆效果和清除效果等。

7. “位图”菜单

“位图”菜单中的命令主要用于编辑位图，包括转换位图、重取样、设置位图模式、膨胀位图、变换颜色、设置三维效果、应用艺术笔触、设置轮廓图等。

8. “文本”菜单

“文本”菜单中的命令主要用于处理文本效果，包括格式化字符和段落、设置制表符和栏、编辑文本、插入字符、设置首字下沉、矫正文本、编码、更改大小写、文本统计信息和设置书写工具等。

9. “表格”菜单

“表格”菜单中的命令用于创建表格、编辑表格、选定表格和删除表格等，还可以实现将文本转换为表格或者将表格转换为文本等操作。

10. “工具”菜单

“工具”菜单中的命令用于设置选项、定义界面和进行颜色管理等操作。还可以进行对象、颜色样式、调色板的编辑，以及对象数据、视图、链接、集锦簿的管理。另外，使用该菜单中的命令可以使用和编辑Visual Basic、运行脚本，以及创建箭头、字符和图样等。

11. “窗口”菜单

“窗口”菜单中提供了对窗口进行管理和操作的一些命令，比如设置水平平铺或者垂直平铺等。另外，还可以设置图形编辑窗口的显示方式等。

12. “帮助”菜单

“帮助”菜单中提供了帮助系统、教程、提示、新增功能、技术支持和在线帮助信息等，使用这些帮助信息有助于提高工作效率。

2.3 工具栏和属性栏

工具栏是由一组工具按钮组成的，它们是一些常用菜单命令的按钮化表示，单击这些按钮即可执行相应的命令。通常情况下，在CorelDRAW窗口中显示的是标准工具栏，如图2-8所示。

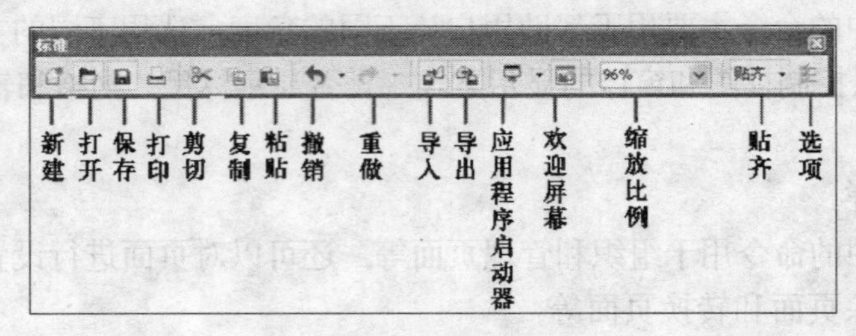

图2-8 标准工具栏

提示 在CorelDRAW中，工具栏和泊坞窗有两种状态，一种被称为固定状态（即处于固定位置），另外一种被称为浮动状态，即独立存在，可处于屏幕上的任意位置。默认设置下，启动CorelDRAW时，标准工具栏将显示在窗口中菜单栏的下方，此时该工具栏即处于固定状态。当工具栏处于固定状态时，单击其左侧的控制手柄并拖动到视图中（如果没有显示控制手柄，那么在工具栏或属性栏上单击鼠标右键，从打开的菜单中选择“锁定工具栏”，取消对其的勾选即可显示），即可将其拖至屏幕上的任意位置，即使其处于浮动状态，如图2-9所示。反之，当工具栏处于浮动状态时，双击工具栏的标题行可使其归回原位，即使其回到固定状态。

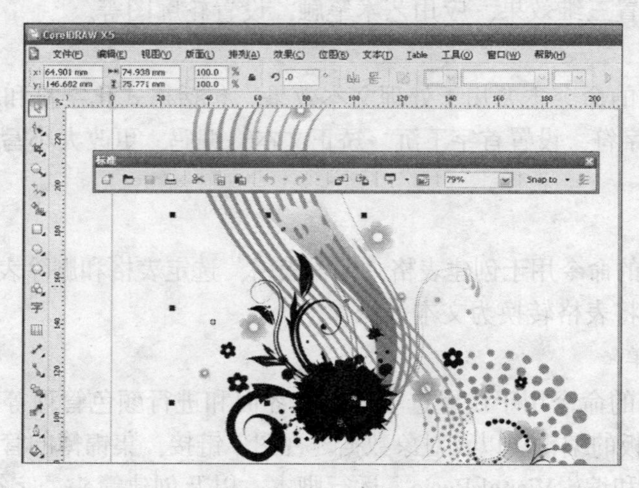

图2-9 浮动工具栏

为了方便用户，CorelDRAW提供了多种工具栏。如果要打开或关闭这些工具栏，可在工具栏上单击鼠标右键，此时系统将打开如图2-10所示弹出式菜单。从该菜单中选择适当的选项，即可打开或关闭相应的工具栏。

属性栏用于显示选取对象的属性。可以随时在上面设置各项参数（例如，调整对象的位置、尺寸、缩放比例、多边形的边数、字体的种类及大小等），十分方便。下面是选择一个椭圆后的效果，如图2-11所示。

提示 属性栏上所显示的属性选项，总是自动随着所选取对象的不同而改变。例如，在选择矩形工具和星形工具时，属性栏将显示出不同的情形，如图2-12所示。注意，还有一些选项没有显示出来。

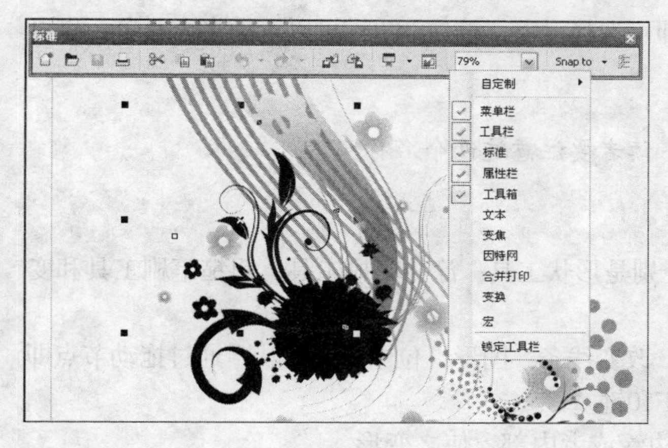

图2-10 弹出式菜单

图2-11 属性栏

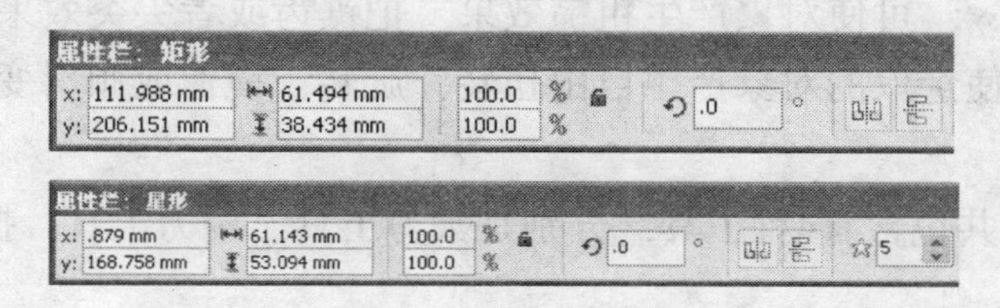

图2-12 选择矩形工具（上）和星形工具（下）时的属性栏

2.4 工具箱

工具箱位于工作窗口的左边，包含了一系列常用的绘图、编辑工具，可用来绘制或修改对象的外形，修改外框及内部的色彩。和属性栏一样，通过单击并拖动工具箱顶部的▬即可把工具箱拖动到工具界面中的任意位置，并以浮动窗口的形式显示，如图2-13所示。

其中，有些工具按钮的右下角有一个小三角形，代表这是一个工具组，里面包含多个工具按钮。单击该小三角形并按住鼠标左键不放，将打开该工具的同位工具组，看到更多功能各不相同的工具按钮。展开的裁剪工具组效果如图2-14所示。

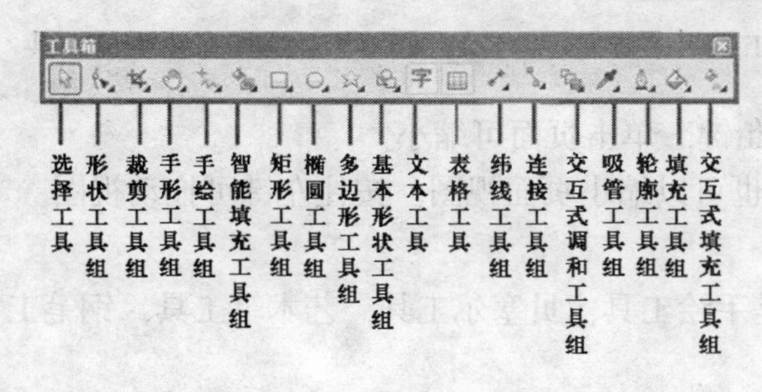

图2-13 工具箱中的工具

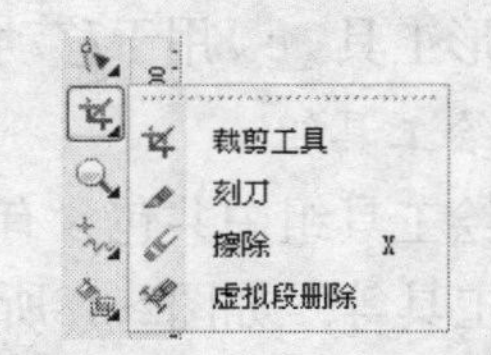

图2-14 展开的裁剪工具组

因为在进行创作时主要依靠这些工具的应用，因此下面依次介绍一下这些工具的功能。注意，在工具按钮右下方带有黑色小三角形的，都有隐含的工具按钮。而且选中不同的工具时，属性栏也会发生相应的改变。

1. 选择工具

选择工具↖是最为常用的工具之一，使用它可以选择对象、元素等。在默认设置下该工具处于激活状态。使用它在一个对象上单击即可选择对象，按住Shift键可以选择多个对象。也可以在绘图区框选多个对象。

提示 也有人把选择工具称为挑选工具，读者要注意这两个名称。

2. 形状工具组

在形状工具组中共包含有4种工具，分别是形状工具、涂抹笔刷工具、粗糙笔刷工具和变换工具，如图2-15所示。

· 形状工具：用于编辑对象的节点，改变线条、图形、位图等的形状。通过拖动节点即可改变它们的形状。其快捷键是键盘上的F10键。

· 涂抹笔刷工具：通过涂抹对象的边缘或者内部，使之变形。

· 粗糙笔刷工具：可使对象产生粗糙效果，把锯齿或者尖突效果应用于对象。

· 变换工具：使选取的对象产生自由扭转、旋转、镜像或倾斜变换。

3. 裁剪工具组

在裁剪工具组中共包含有4种工具，分别是裁剪工具、刻刀工具、擦除工具和虚拟段删除工具，如图2-16所示。

· 裁剪工具：用于裁剪对象。

· 刻刀工具：用于将整体对象分割为独立的对象。

· 橡皮擦工具：可擦除选定图形中的部分或者任何内容。

· 虚拟段删除工具：使用该工具可以很方便地删除绘制的部分图形或线段。

4. 手形工具组

在手形工具组中共包含有两种工具，分别是缩放工具和手形工具。如图2-17所示。

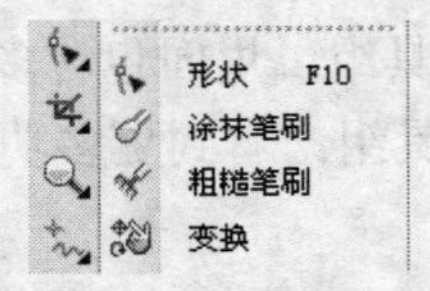

图2-15 形状工具组中的工具

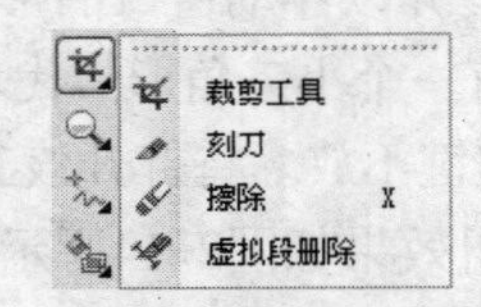

图2-16 裁剪工具组中的工具

图2-17 手形工具组中的工具

· 缩放工具：单击页面可放大；按下Shift键，单击页面可缩小。

· 手形工具：用于移动页面视图；右击也可以缩小页面视图，按住左键可拖动视图。

5. 手绘工具组

在手绘工具组中共包含有8种工具，分别是手绘工具、贝塞尔工具、艺术笔工具、钢笔工具、折线工具等，如图2-18所示。

· 手绘工具：用手绘方式绘制图形。

· 2点线工具：用于绘制两点直线，该工具是新增加的。

· 贝塞尔工具：利用节点精确绘制直线、圆滑曲线和不规则图形等。

· 艺术笔工具：为图形或曲线对象应用艺术笔刷效果。

· 钢笔工具：绘制连续的直线或曲线。

· B-样条线工具：用于绘制B-样条线图形，该工具是新增加的。

· 折线工具：用于一次一段绘制直线或曲线。

· 3点曲线工具: 绘制任意方向的弧线或类似弧形的曲线。

6. 智能填充工具组

在智能填充工具组中共包含有两种工具，分别是智能填充工具和智能绘图工具，如图2-19所示。

· 智能填充工具: 使用该工具可以智能填充对象。
· 智能绘图工具: 使用该工具可以自由绘制曲线并组织或转换成基本的形状。

7. 矩形工具组

在矩形工具组中共包含有两种工具，分别是矩形工具和3点矩形工具，主要用于绘制矩形类图形，如图2-20所示。

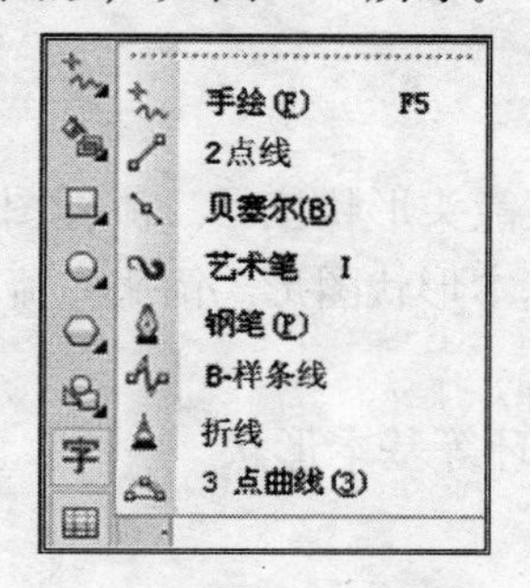

图2-18 手绘工具组中的工具

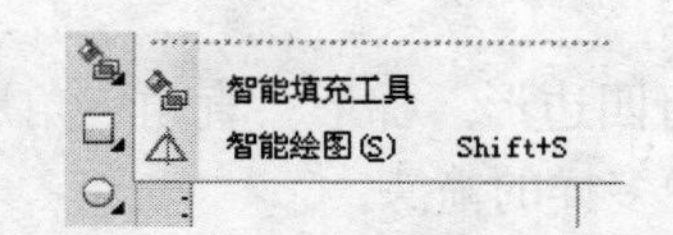

图2-19 智能填充工具组中的工具

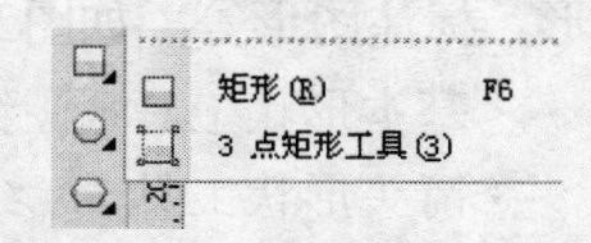

图2-20 矩形工具组中的工具

· 矩形工具: 用于绘制矩形图形，按下Shift键可以绘制正方形图形。
· 3点矩形工具: 用于绘制任意方向的矩形或正方形图形。

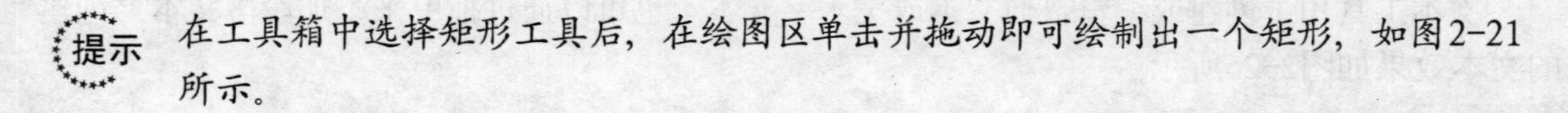

提示 在工具箱中选择矩形工具后，在绘图区单击并拖动即可绘制出一个矩形，如图2-21所示。

8. 椭圆工具组

在椭圆工具组中共包含有两种工具，分别是椭圆形工具和3点椭圆形工具，主要用于绘制圆形类图形，如图2-22所示。

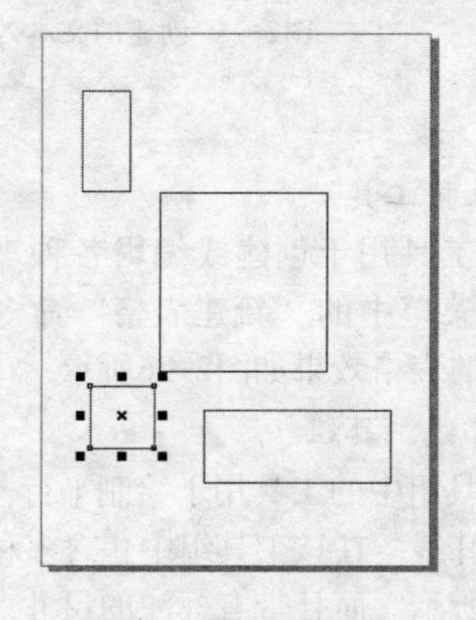

图2-21 绘制的矩形效果

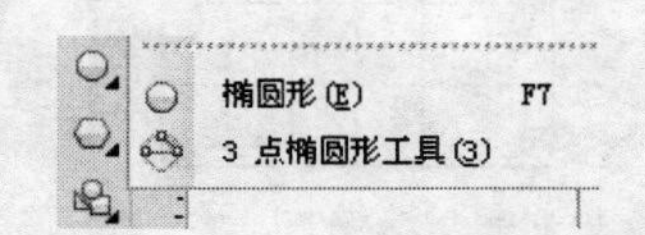

图2-22 椭圆工具组中的工具

· 椭圆工具: 用于绘制椭圆，按下Shift键可以绘制正圆。

· 3点椭圆工具: 用于绘制任意方向的椭圆或正圆。

9. 多边形工具组

在多边形形工具组中共包含有5种工具，分别是多边形工具、星形工具、复杂星形工具、图纸工具和螺纹工具，如图2-23所示。

· 多边形工具: 用于绘制各种多边形。

· 星形工具: 用于绘制各种星形。

· 复杂星形工具: 用于绘制形状较为复杂的星形。

· 图纸工具: 绘制带网格的图纸。

· 螺纹工具: 用于绘制对称螺旋线或对数螺旋线。

10. 基本形状工具

在基本形状工具组中共包含有5种工具，分别是基本形状工具、箭头形状工具、流程图形状工具、标题形状工具和标注形状工具，主要用来绘制多种多样的基本形状图形、箭头、流程图形、标注图形等，如图2-24所示。

· 基本形状工具: 绘制平行四边形、梯形、直角三角形、圆环等基本形状。

· 箭头形状工具: 绘制多种多样的箭头。

· 流程图工具: 绘制流程图的多种形状。

· 标题形状工具: 绘制多种标题形状。

· 标注工具: 绘制多种标注形状。

11. 文本工具

文本工具用于创建或编辑普通文本或美术字文本，也可以通过拖曳来添加段落文本。创建的文本效果如图2-25所示。

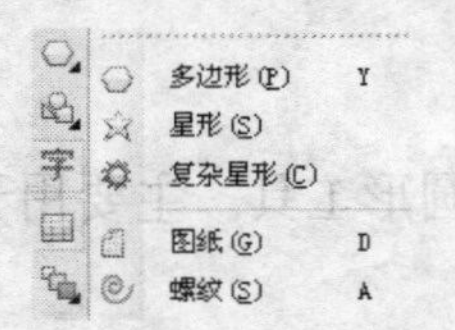

图2-23 多边形工具组中的工具

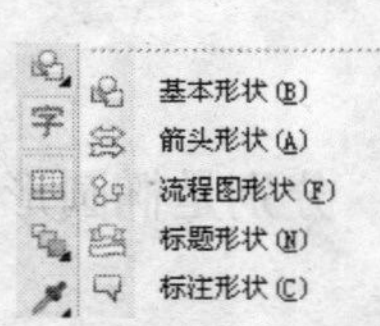

图2-24 基本形状工具组中的工具

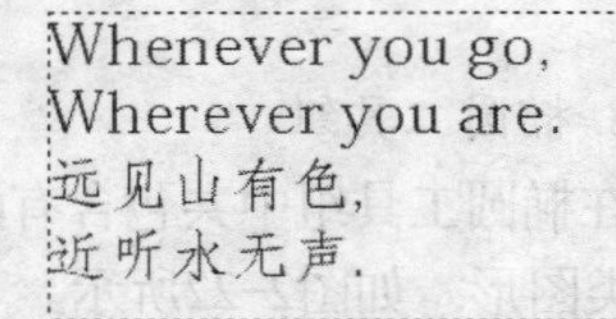

图2-25 创建的文本效果

图2-26 创建的表格效果

12. 表格工具

表格工具用于创建或编辑各种表格，和“表格”菜单中的“新建表格”命令是对应的。创建的表格效果如图2-26所示。

13. 纬线工具组

该工具组中的工具用于绘制平行、垂直或者水平的纬线。在该工具组中包含多种工具，如图2-27所示。而且带有标注的尺寸。

· 水平纬线工具：该工具绘制平行的纬线。

· 垂直或水平纬线工具：该工具用于绘制水平或者垂直的纬线。

· 角度纬线工具：该工具用于绘制具有一定角度的纬线。

· 分段纬线工具：该工具用于绘制分段的纬线。

· 3点纬线工具：该工具用于绘制3点纬线。

14. 连线工具组

连线工具组中的工具用于在绘制的两个对象之间创建连接线，有多个工具，只是连接方式不同而已，如图2-28所示。

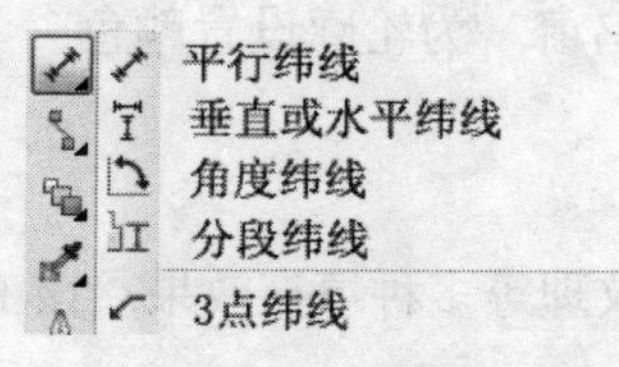

图2-27 纬线工具组中的工具

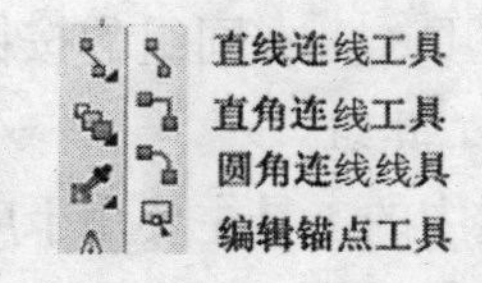

图2-28 连线工具组中的工具

· 直线连线工具：该工具用于以直线方式连接两个对象。

· 直角连线工具：该工具用于以直角折线方式连接两个对象。

· 圆角连线工具：该工具用于以圆角折线方式连接两个对象。

· 编辑锚点工具：该工具用于编辑连接线上的锚点。

15. 交互式调和工具

在交互式调和工具组中共包含有7种工具，分别是调和工具、轮廓图工具、变形工具、阴影工具、封套工具、立体化工具和透明度工具，主要用来对图形进行直接、有效的编辑，创建带有特效的图形等，如图2-29所示。

图2-29 交互式调和工具组中的工具

· 调和工具：该工具可以在对象间产生调和效果，所谓调和效果，既在对象之间产生形状和颜色渐变的特殊效果。

· 轮廓图工具：用于创建图形或文本对象向中心、向内、向外的同心轮廓线效果。

· 变形工具：用于创建图形的变形效果。

· 阴影工具：为图形对象添加阴影，产生阴影的三维效果。

· 封套工具：为图形或文本对象创建封套效果。

· 立体化工具：为图形对象添加额外的表面，产生纵深感的三维的立体化效果。

· 透明工具：为图形对象添加多种多样的透明效果。

16. 滴管工具组

滴管工具组包括两个工具，它们主要用于吸取颜色样本或填充对象的颜色，如图2-30所示。

· 滴管工具：主要用于在编辑区吸取或者选择某一对象的颜色。

· 属性滴管工具：该工具用于复制颜色并以复制的颜色填充对象。在一个对象上单击即可复制颜色，然后单击需要填色的对象后，即可进行填充。

17. 轮廓工具

轮廓工具组包括如下一些工具，主要用于对图形或文字设置轮廓和轮廓颜色，如图2-31所示。

· 画笔工具：单击该按钮，打开“轮廓笔”对话框，可为对象添加轮廓、轮廓颜色和轮廓线形状。

· 颜色工具：单击该按钮，打开“轮廓笔”对话框，为对象添加轮廓颜色。

· 颜色工具（C）：单击该按钮，打开“颜色”泊坞窗，为轮廓设置颜色。

· 细线工具：在同组的按钮中，选择一个即可。

18. 填充工具组

该工具组中的工具主要用于应用均匀、渐变、图案、纹理等多种填充效果，该工具组中的工具如图2-32所示。

滴管
属性滴管

图2-30 滴管工具组中的工具

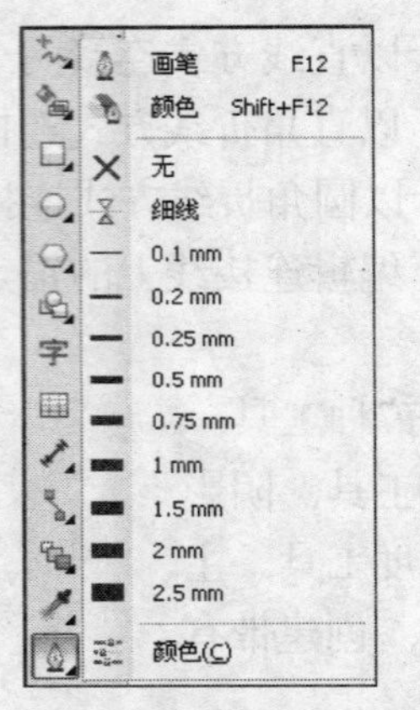

图2-31 轮廓工具组中的工具

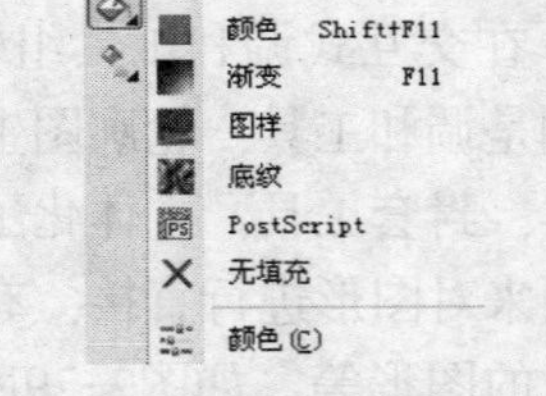

图2-32 填充工具组中的工具

关于该工具组中工具的具体应用，将在本书后面的内容中结合具体的实例进行介绍。

19. 交互式填充工具组

在该工具组中共包含有两种工具，如图2-33所示。

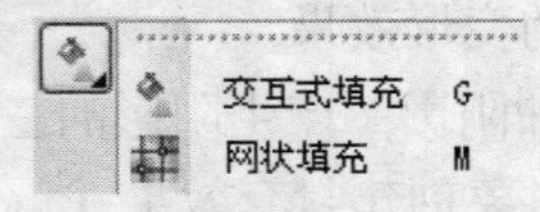

图2-33 交互式填充工具组中的工具

· 交互式填充工具：用于对选定对象应用交互式填充效果。

· 网状填充工具：用于对选定对象应用交互式网格填充效果。

提示 工具箱中的有些工具按钮后面带有字母，这些字母是它们的快捷键，通过按键盘上的这些按键即可激活该工具。

2.5 标尺、辅助线、网格与捕捉

标尺分为水平标尺和垂直标尺，用来显示各对象的尺寸及其在工作页面上的位置，用户可以通过选择“视图→标尺”菜单命令来打开或是关闭标尺，显示标尺的效果如图2-34所示。

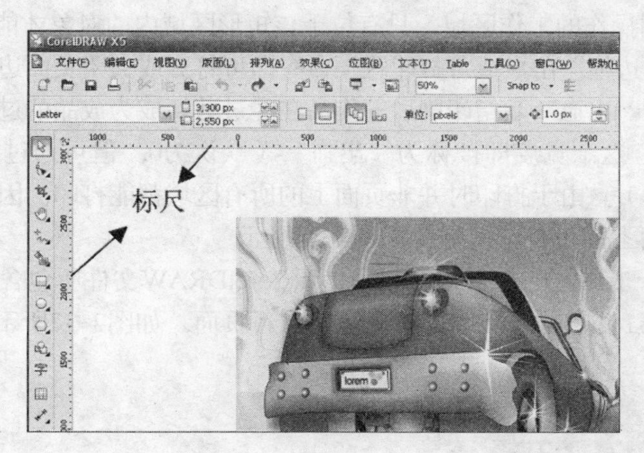

图2-34 显示标尺的效果

辅助线又称为导线，包括横向、竖向和倾斜几种类型，用来辅助确定对象的位置或者形状。要创建辅助线，只需简单地单击标尺并向工作区拖动即可。创建辅助线后，用户还可以移动其位置或对其进行旋转。要删除辅助线，可在单击选中辅助线后按Delete键，或选择“编辑→剪切”菜单命令。

与辅助线一样，网格是页面上均匀分布的小方格，也用来辅助确定对象的位置或尺寸，如图2-35所示。如果要显示或关闭网格，选择“视图→网格”菜单命令即可。

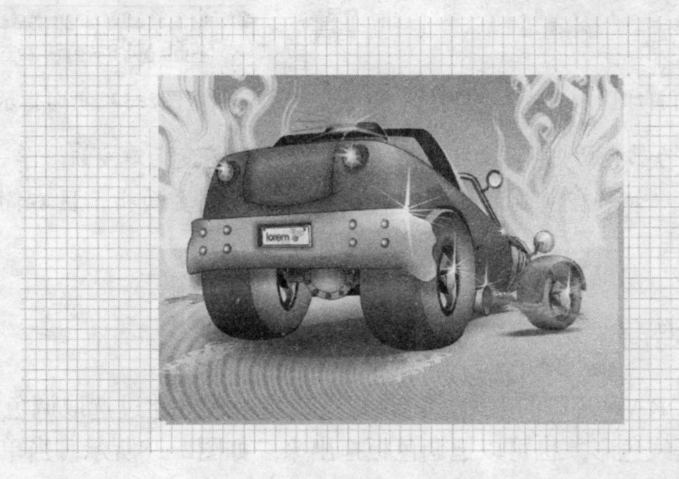

图2-35 显示网格的效果

提示 对于辅助线和网格，在输出时并不会被打印出来。

所谓捕捉是指在绘图时让光标沿网格、辅助线或对象精确定位，从而绘制精确图形。要打开或关闭捕捉，选择“视图→对齐网格、对齐导线或对齐对象”菜单命令即可。

2.6 状态栏与页面

状态栏位于窗口的底部，用来显示版面上被选取对象的各项资料（例如色彩、位置、大小、工具的种类等）。

页面是进行绘图操作的工作区域，只有位于该矩形区域内的对象才能被打印出来。通过选择“视图→显示→页边框、出血或可打印区”命令即可打开或关闭页面边框、出血标记或可打印区域。其中，所谓“出血”是指印刷后的作品在经过剪切成为成品的过程中，四条边上都会被裁去约3mm左右，这个宽度即被称为“出血”（默认为0，但可通过选择“版面→页面设置”菜单重设该数值）。由于打印时并非页面上的所有区域都能打印，因此通过“可打印区”命令可查看当前页面上的可打印区域，如图2-36所示。

页面指示区位于工作区的左下角，用来显示CorelDRAW文件所包含的页面数，在各页面之间切换，或者在第1页之前、最后页面之后增加新页面，如图2-37所示。

图2-36 可打印区域

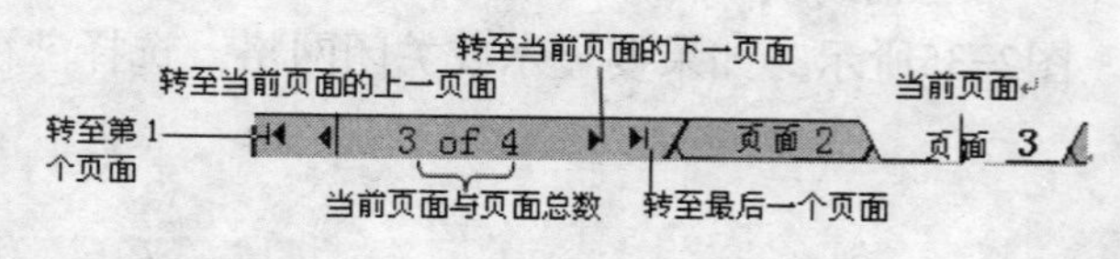

图2-37 页面指示区

提示 如果当前页面为第1页，则页面指示区左侧的◀按钮将变为+按钮，单击可在第1页之前增加新页面。如果当前页面为文档的最后一页，则页面指示区右侧的◀按钮将变为+按钮，单击可在最后一页之后增加新页面。

2.7 调色板与泊坞窗

调色板位于CorelDRAW窗口的右侧，由许多色块所组成，通过选取调色板上的颜色，可决定对象内部颜色或框线色彩。也可以把调色板拖出来，如图2-38所示。当单击调色板上方的…按钮或下方的…按钮时，可以像走马灯一样显示出更多的色块。此外，单击调色板底部的▾按钮，将同时显示出更多的色块。

泊坞窗是CorelDRAW提出的一个新窗口概念，它实际上是一个包括了各种操作按钮、列表与菜单的操作面板。如果要打开或关闭泊坞窗，如图2-39所示，选择“窗口→泊坞窗”下的适当命令即可。

图2-38 调色板

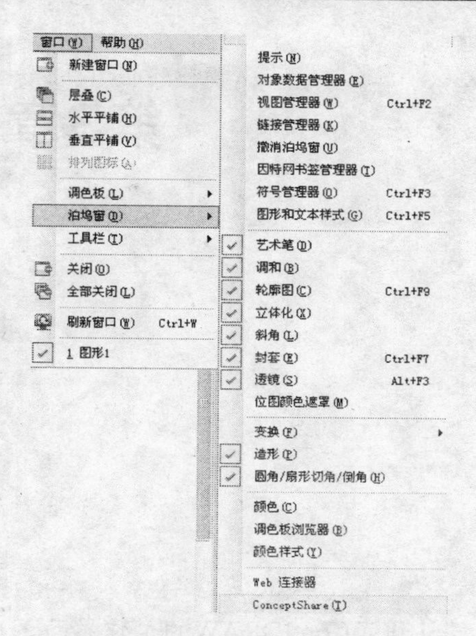

图2-39 “泊坞窗”菜单命令

第3章 基本操作

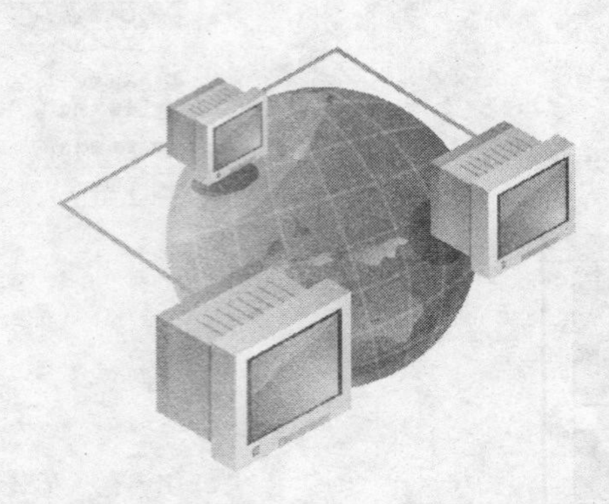

认识了CorelDRAW的工作界面之后，再来介绍一些CorelDRAW中的基本操作，比如文件操作，新建文件、打开现有文件；显示控制，比如缩放与平移、窗口操作等，这些基本操作对于以后的进一步学习是非常重要的。

在本章中主要介绍下列内容：

▲ 基本文件操作

▲ 页面管理与控制

▲ 使用辅助工具

▲ 显示控制

3.1 文件操作

在进入CorelDRAW后，如果要开始设计工作，那么必须首先建立新文件或打开已有文件，这也是CorelDRAW最基本的操作之一。

3.1.1 新建文件

在CorelDRAW中，建立文件的方式有两种，即新建文件和从模板新建文件。

1. 新建文件

用户在启动CorelDRAW时，将会在CorelDRAW窗口中出现一个欢迎屏幕，如图3-1所示。此时只要单击“新建空文件”图标，即可创建一个新的绘图页面。

如果已经在CorelDRAW窗口中完成了一次编辑，想再建立一个新文件，只要选择“文件→新建”菜单命令，或是单击工具栏中的“新建”按钮，也可以按Ctrl+N组合键，即可在工作窗口中创建一个新的绘图页面，如图3-2所示。

2. 从模板新建文件

在CorelDRAW中附送了多个设计模板，可以这些模板为绘图基础，进行自己的设计。当出现欢迎屏幕时，可单击“从模板新建”图标；如没有显示欢迎屏幕，则选择“文件→从模板新建文件”菜单命令，此时将弹出如图3-3所示的“从模板新建”对话框。

在“从模板新建”对话框中单击选择要创建的模板类型（此时可通过预览窗口预览模板），然后单击“确定”按钮，即可以选定模板创建新文档。

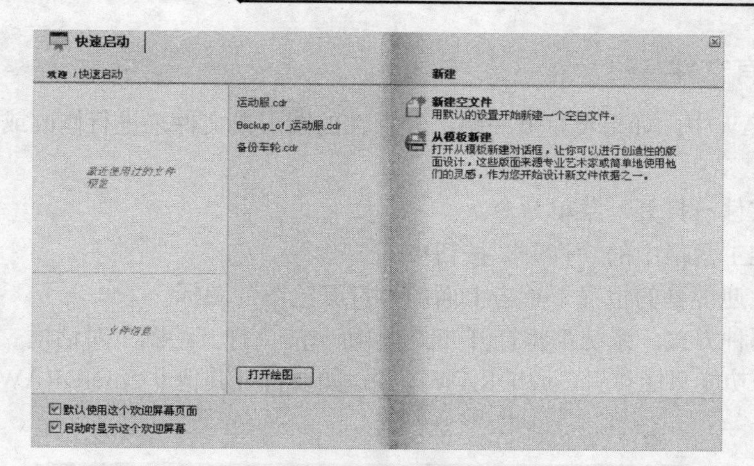

图3-1 欢迎屏幕

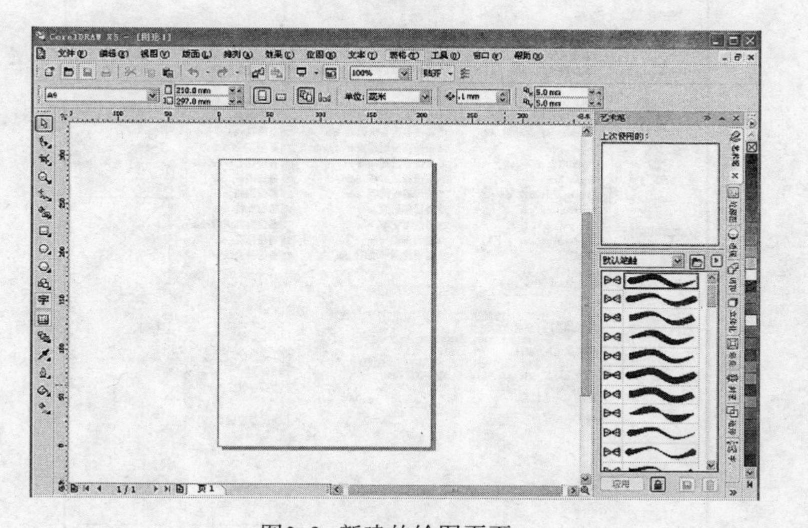

图3-2 新建的绘图页面

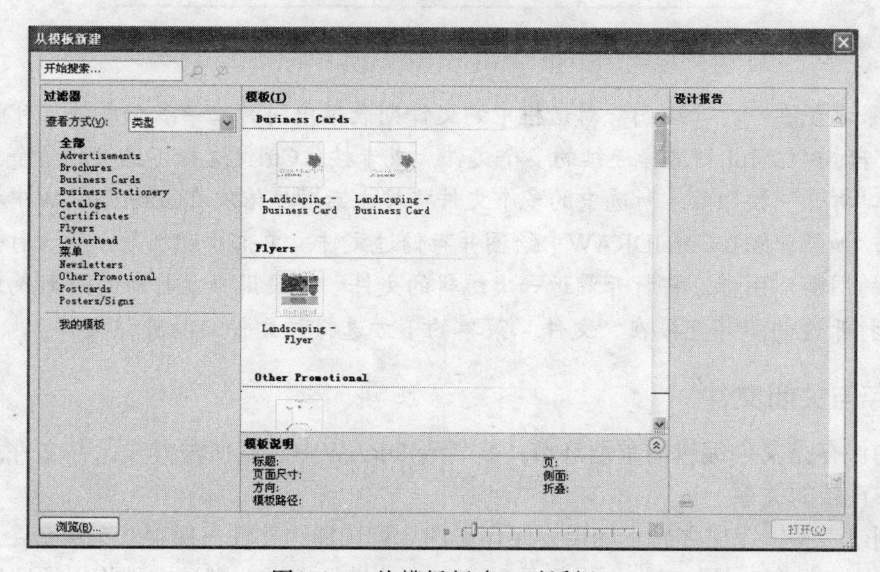

图3-3 “从模板新建”对话框

3.1.2 打开已有文件

在CorelDRAW中，如果要打开一幅已经存在的图形或文件来进行修改或编辑，可以使用如下3种方法：

· 选择“文件→打开”菜单命令。

· 单击标准工具栏中的“打开”按钮。

· 在显示欢迎屏幕的情况下单击上面的“打开绘图”图标。

无论使用哪种方式，系统都将打开如图3-4所示的“打开绘图”对话框。此外，需要说明的是，使用打开功能只能打开CorelDRAW文件，如要打开其他非CorelDRAW文件，则必须使用“导入”命令。

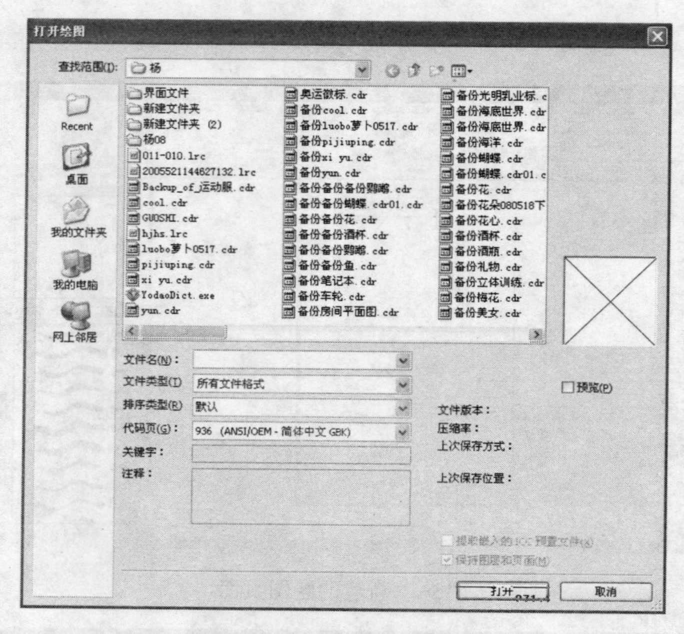

图3-4 “打开绘图”对话框

提示 如果希望在“打开绘图”对话框中的文件列表框中同时选中多个文件，可以在选择文件时按住Shift键选择连续的多个文件，或者按住Ctrl键选择不连续的多个文件。单击“打开”按钮后，所选中的多个文件将按先后顺序依次在CorelDRAW中打开。此外，如果曾经在CorelDRAW中绘图并存储过文件，单击欢迎屏幕上的“打开上次编辑的图形”图标，将打开最近一次编辑的文件。如果用户要打开的图形或文件是最近打开过的，可直接在“文件”菜单的下方选择该文件名打开该文件。

3.1.3 保存与关闭文件

文件的保存是文件编辑的重要环节，在CorelDRAW中，以何种方式保存文件，对图形的以后使用有直接的关系。

在绘制或者编辑完成之后，如果要保存文件，可选择“文件→保存”菜单命令，或单击标准工具栏中的“保存”按钮。如果只是对已有文件进行编辑，则该文件将以原路径、原文件名、原文件格式保存。该文件如果为一全新文件（尚未保存过），此时系统将会打开如图3-5

所示的“保存绘图”对话框。

图3-5 “保存绘图”对话框

可以在“保存绘图”对话框中设置保存文件的路径、文件名称、保存类型、排序类型、关键字、注释、版本号等。

下面介绍“保存绘图”对话框中的几个选项:

· 选中“只是选定的”复选框，可以仅保存选定的对象。

· 选中“使用TrueDoc嵌入字体”复选框，则可以使用TrueDoc内嵌字体保存文件。

· 选中“保存嵌入的VBA方案”复选框，则可以保存嵌入的VBA文件。

如果单击“高级”按钮，系统将打开如图3-6所示的“选项”对话框。通过这个对话框中可以进一步设置文件优化、底纹，调和和立体等选项，从而对图形做进一步的设置。

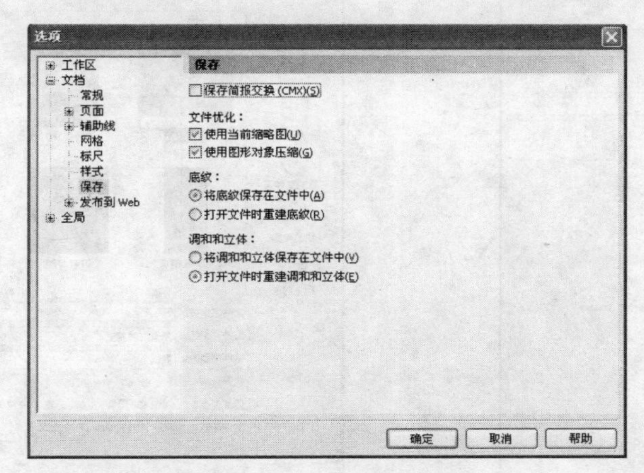

图3-6 “选项”对话框

如果要将文件改名、改换路径或改换格式保存，可选择“文件→另存为”菜单命令，此时系统仍会打开“保存绘图”对话框。

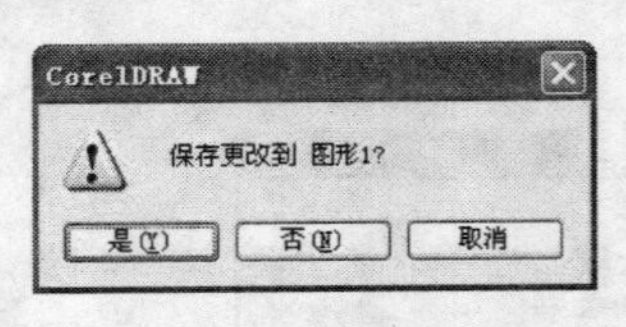

图3-7 询问对话框

如果要关闭当前绘图文件，可选择“文件→关闭”菜单命令。其中，如果对当前文件做了修改却尚未保存，系统将会显示如图3-7所示的询问对话框，询问用户是否要保存对该文件所做的修改。当选择“是”或“否”之后，即可关闭该图形文件；单击“取消”按钮，则可以关闭该对话框。

当完成所有操作，需要退出CorelDRAW时，可选择“文件→退出”菜单命令或按Alt+F4组合键。此外，单击CorelDRAW标题栏右上角的☒按钮也可退出CorelDRAW。

3.1.4 查看文档信息

在CorelDRAW中，可以通过选择“文件→文档信息”菜单命令打开如图3-8所示的“文档信息”对话框来查看当前打开文件的相关信息，如文件名称、页面数、层数、页面尺寸、页面方向、分辨率，图形对象数量、点数以及其他相关信息。

在该对话框中，通过选中文件、文档、图形对象、文本统计、位图对象、样式、效果、填充、轮廓等复选框，可以在信息窗口中显示所选的信息内容。

此外，如果希望将所选文件信息保存为一个文本文件，以便在其他场合使用，可单击窗口中的“另存为”按钮；要打印文件信息，可单击“打印”按钮。

3.1.5 导入和导出文件

在CorelDRAW中，可以通过选择“文件→导入”菜单命令在当前文档中导入其他的文件，也可以以导入其他应用程序中的文件或者其他格式的文件。还可以通过选择“文件→导出”菜单命令把在CorelDRAW中绘制的图形导出为其他类型或者其他格式的文件。

1. 导入文件

如果要导入文件，那么选择“文件→导入”菜单命令打开如图3-9所示的“导入”对话框。

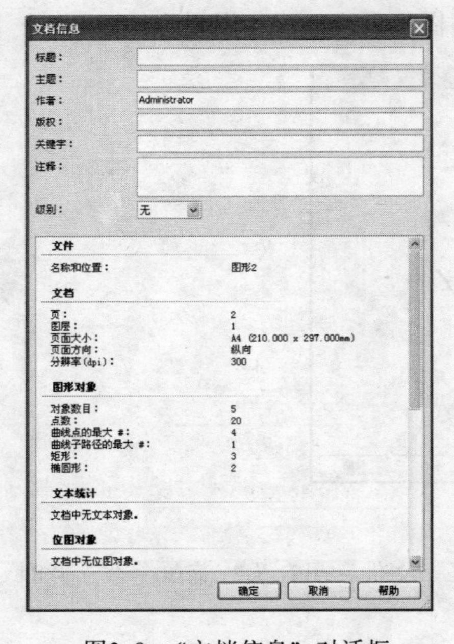

图3-8 “文档信息”对话框

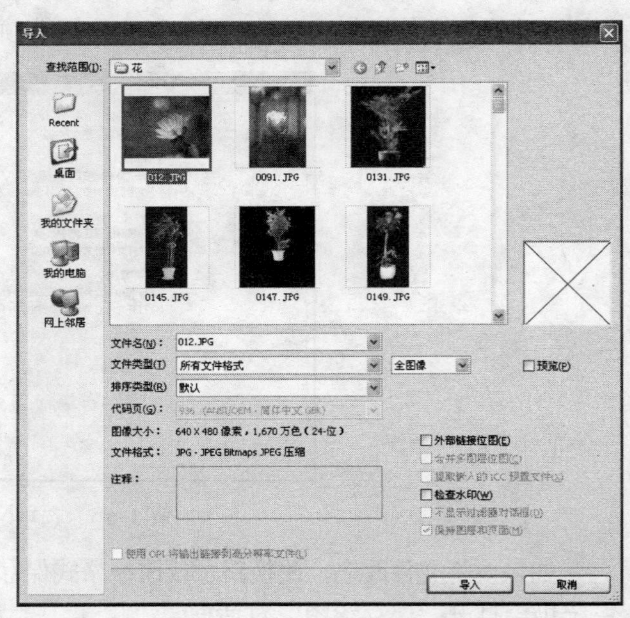

图3-9 “导入”对话框

单击“导入”按钮，然后在绘图区中单击并拖动即可把选择的文件导入到当前绘图页面中。下面是导入文件前后的对比效果，如图3-10所示。

导入前

导入后

图3-10 导入文件前后的对比效果

可以使用“选择工具”把导入的图片移动到绘图区的任意位置，也可以对其进行缩放和旋转等操作。在导入文件处于选择的情况下，按键盘上的Delete键可以将其删除。

2. 导出文件

如果要导出文件，那么选择“文件→导出”菜单命令打开如图3-11所示的“导出”对话框。

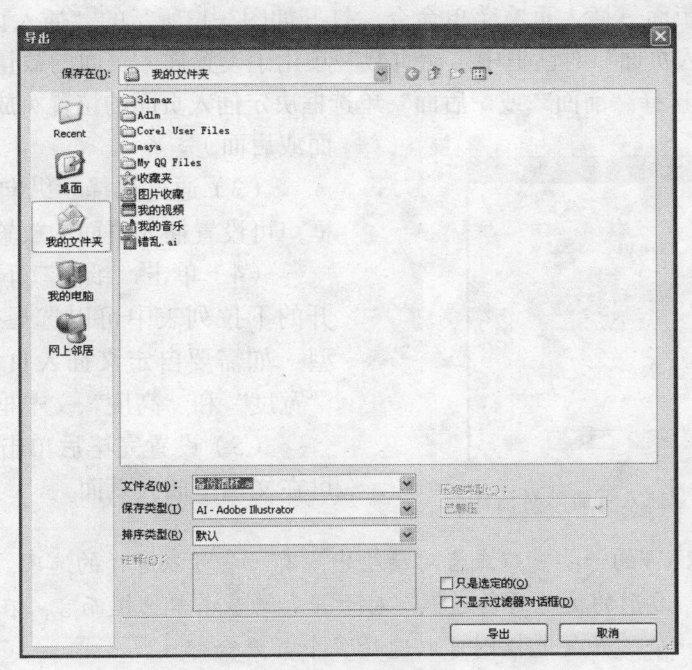

图3-11 “导出”对话框

在“导出”对话框中可以设置文件的名称、保存类型、排序类型和注释等。比如单击“保存类型”右侧的下拉按钮，会打开一个文件格式下拉列表，如图3-12所示。从中可以选择保存的格式，比如要把当前文件保存为在Illustrator中打开的文件，那么需要选择“AI-Adobe Illustrator”格式。

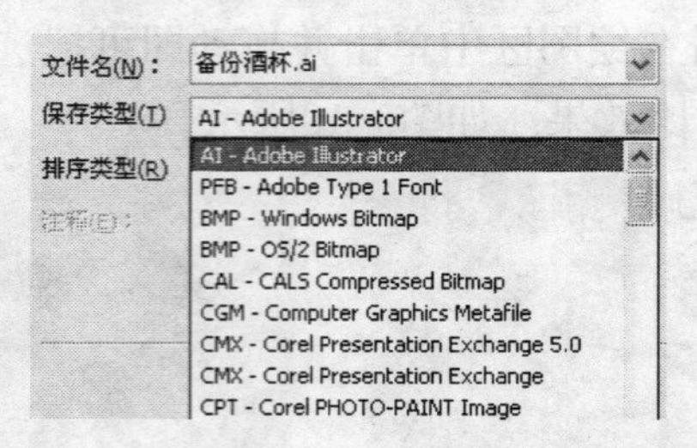

图3-12 打开文件格式列表

3.2 页面管理与设置

在CorelDRAW X5中页面管理也是一项需要了解的基础性的工作，通过学习本节，用户将了解到如何在CorelDRAW中增加、删除、重命名页面，切换页面顺序以及设置页面等。

3.2.1 插入、删除与重命名页面

在CorelDRAW中进行绘图工作时，常常需要在同一文档中添加多个空白页面、删除某些无用页面或对某些特定的页面进行命名等。

1. 插入页面

如果要在当前打开的文档中插入页面，操作步骤如下:

（1）选择“版面→插入页”菜单命令，打开如图3-13所示的“插入页面”对话框。

（2）在“插入页面”对话框中，“页数”项用于设置插入页面的数量，输入需要的数值即可。还需要通过选择“前面”或“后面”单选框决定插入页面的位置（放置在设定页面的前面或后面）。

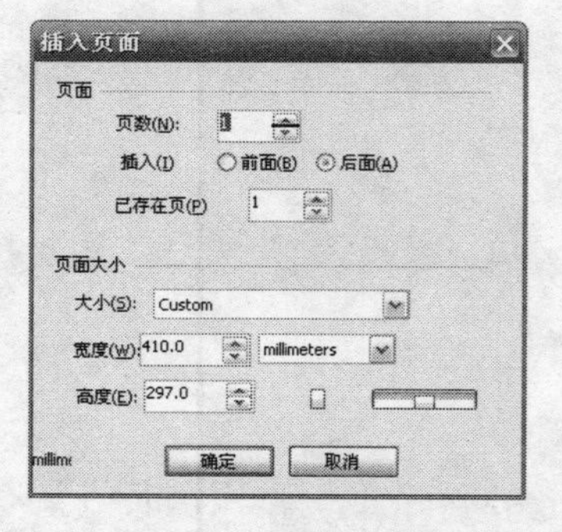

图3-13 “插入页面”对话框

（3）通过选择“纵向”或“横向”单选框，可设置插入页面的放置方式。

（4）单击“纸张”下拉列表按钮，从打开的下拉列表中可以选择插入页面的纸张类型。如需要自定义插入页面的大小，可以在“宽度”和“高度”文本框中输入数值。

（5）设置完毕后单击“确定”按钮，即可在文档中插入页面。

提示　在CorelDRAW的一些窗口或者对话框中，有一些可以选择的选项，一般圆形的被称为单选框，方形的被称为复选框。对于并列的多个单选框而言，在一个对话框只能选择其中一个，而复选框则可以选择多个甚至全部。

注意　在页面指示区中的某一页面标签上单击鼠标右键，在弹出的快捷菜单中选择适当选项，也可以插入、删除、重命名页面或切换页面方向，如图3-14所示。

2. 删除页面

如果要删除页面，那么选择“版面→删除页面”菜单命令，此时将打开“删除页面”对话框，如图3-15所示。可以在“删除页面”对话框中设置要删除的某一页，也可以选中“通到页面”复选框，来删除某一范围内（包括所设页面）的所有页。

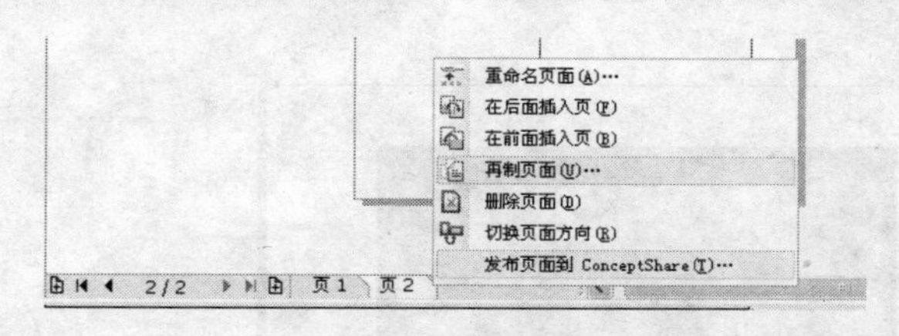

图3-14 页面指示区快捷菜单

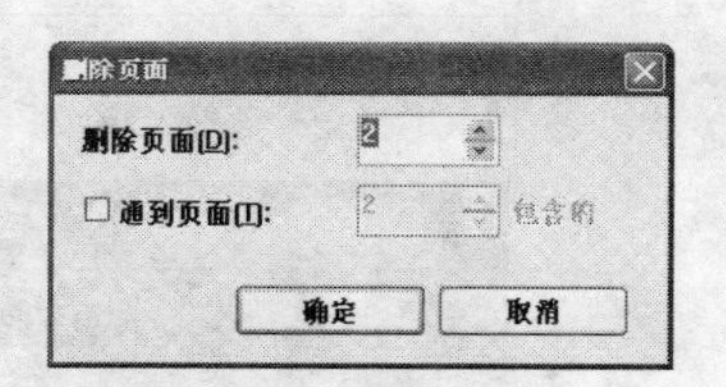

图3-15 “删除页面”对话框

3. 重命名页面

当一个文档中包含多个页面时，对个别页面设定具有识别功能的名称，可以方便对它们进行管理。

如果要设定页面名称，应首先选定要命名的页面，然后选择“版面→重命名页面”菜单命令，此时系统将打开如图3-16所示“重命名页面”对话框。

在“页名”文本框中键入名称并单击“确定”按钮，则设定的页面名称将会显示在页面指示区中。比如把名称更改为“椭圆”后的效果如图3-17所示。

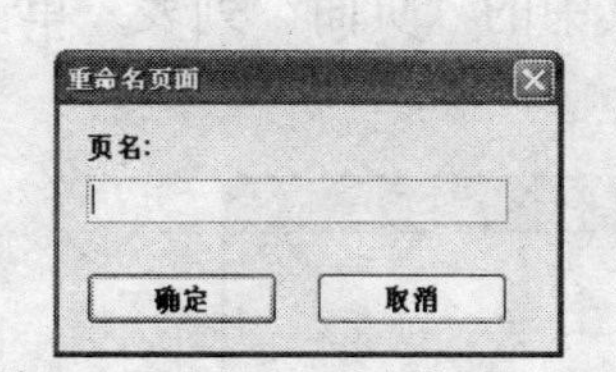

图3-16 “重命名页面”对话框

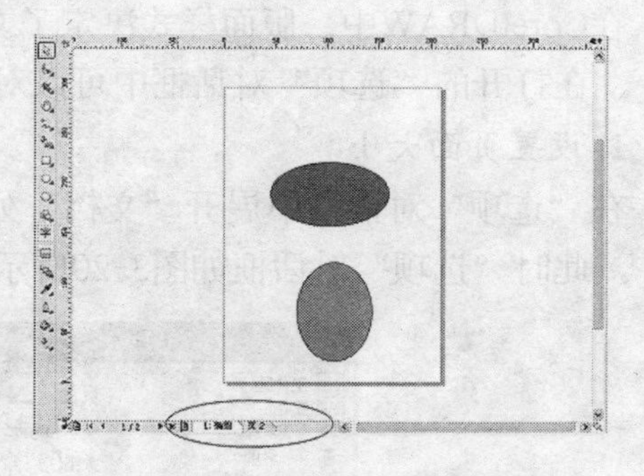

图3-17 命名页面后的页面指示区

3.2.2 切换页面与转换页面方向

在CorelDRAW中，当一个文档中包含多个页面时，可以通过切换的方法在不同的页面中进行编辑，也可以对同一文档中的不同页面设置不同的方向。

当一个文档中包含多个页面时，要想指定所需的页面，那么选择“版面→跳转到某页”命令，然后在打开的“定位页面”对话框的“定位页面”中设置要定位的页面，并单击“确定”按钮即可，如图3-18所示。

图3-18 “定位页面”对话框

此外，还可通过单击页面指示区中要切换的页面标签，或单击前一页按钮◀、后一页按钮▶、第1页按钮⏮或最后1页按钮⏭来切换页面。

通过选择“版面→切换页面方向”菜单命令，可以在横向和纵向间转换所选页面的放置方向。例如，如果当前页面为横向放置，则执行“切换页面方向”命令后，页面方向将会变为纵向。但是，切换页面方向时，页面上的内容并不会随页面方向的变换而改变位置或发生变化，如图3-19所示。

图3-19 转换页面方向前后的对比效果

此外，还可以从页面指示区的右键快捷菜单中选择“切换页面方向”选项来切换页面方向。

3.2.3 设置页面大小、标签、版面与背景

在CorelDRAW中，版面样式决定了文件进行打印的方式。选择“版面→页面设置”菜单命令，在打开的“选项”对话框中可以对页面的大小、版面、标签和背景进行设置。

1. 设置页面大小

在“选项”对话框中展开“文档”列表，然后展开其中的“页面”列表，单击选中“大小”，此时“选项”对话框如图3-20所示。

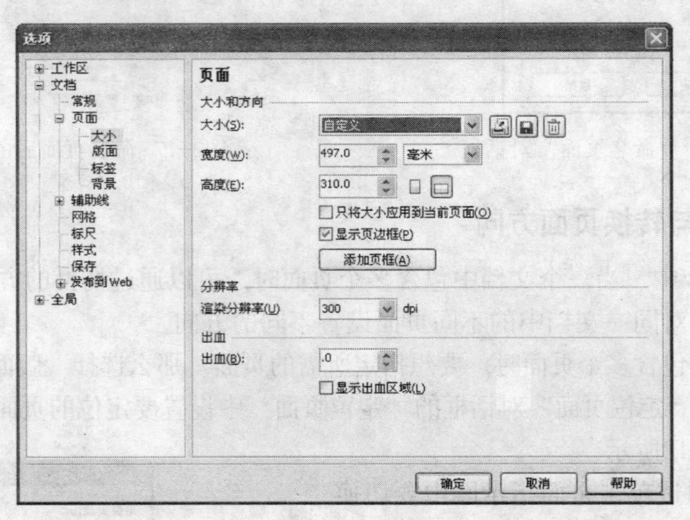

图3-20 “选项”对话框

可以设置如下参数：

· “从打印机设置”按钮。如果单击“从打印机设置”按钮，可使当前绘图页面的大小、方向与打印机设置相匹配。

· 单击“纸张”下拉列表按钮，在打开的下拉列表中可以选择纸张的类型，这时“宽度”和“高度”框中的数值随选择的纸张类型的变化而改变。当在“纸张”下拉列表中选择的是“自定义”选项时，就需要自己设置“宽度”和“高度”的数值。

· 仅调整当前页面大小：如果选中“仅调整当前页面大小”复选框，则只有当前页面随所设置的数值发生改变。

· 显示页边沿：如果选中“显示页边沿”复选框，则显示当前页面的边沿部分。

· 分辨率：在“分辨率”下拉列表框中，可以选择页面的分辨率。

· 出血：通过调节“出血”框中的数值，可以设定页面的出血宽度。图3-21显示了页面边框、可打印区域与出血边界之间的关系。

在实际工作中，为了便于将来进行裁剪和纠正误差，实际纸张尺寸通常要比标准尺寸大一些。也就是说，此时的可打印区域实际为“页面尺寸+出血宽度”，并且会在页面边界处打上裁剪标记。当为页面设置了背景或制作图书封面、彩色插页、广告时，通常要设置出血宽度。

2. 设置标签

如果用户需要使用CorelDRAW制作标签（如名片、各类标签等，此时可以在一个页面上打印多个标签），应首先设置标签的尺寸、标签与页面边界之间的尺寸、各标签之间的间距等参数。

在“选项”对话框中选择“文档→页面→标签”，可设置标签相关参数，如图3-22所示。

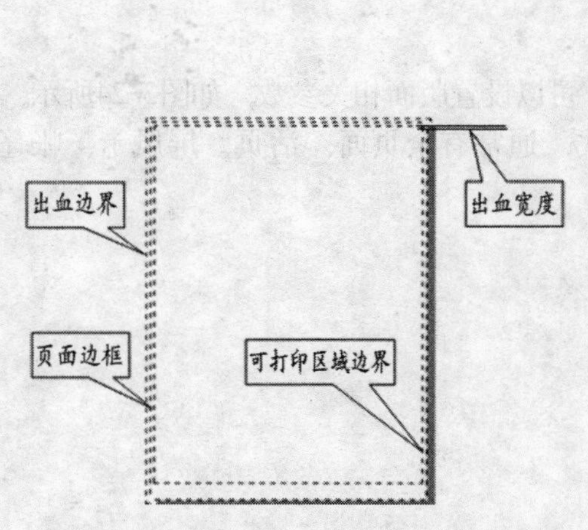

图3-21 页面边框、可打印区域与出血边界之间的关系

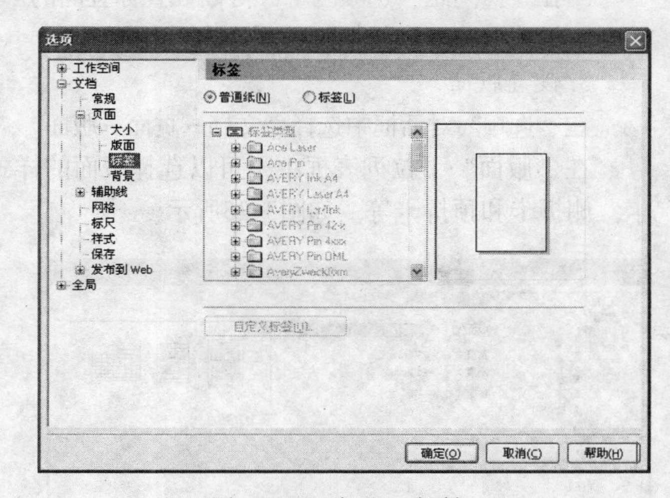

图3-22 “选项”对话框

通常情况下，可以直接在“标签类型”列表框中选择一种标签，并通过预览窗口显示选中的标签样式。单击“自定义标签”按钮，则可以在打开的“自定义标签”对话框中自定义标签，如图3-23所示。

用户可以在该对话框设置如下参数：

· 单击+按钮或−按钮，保存自定义标签或删除标签。

· 在“版面”选项区中通过设置“列”和“行”数值，可以调整标签的列数和行数。

· 在“标签尺寸”选项区中，可以设置标签的宽度和高度及使用的单位。如选中“圆角”复选框，可以创建圆角标签。

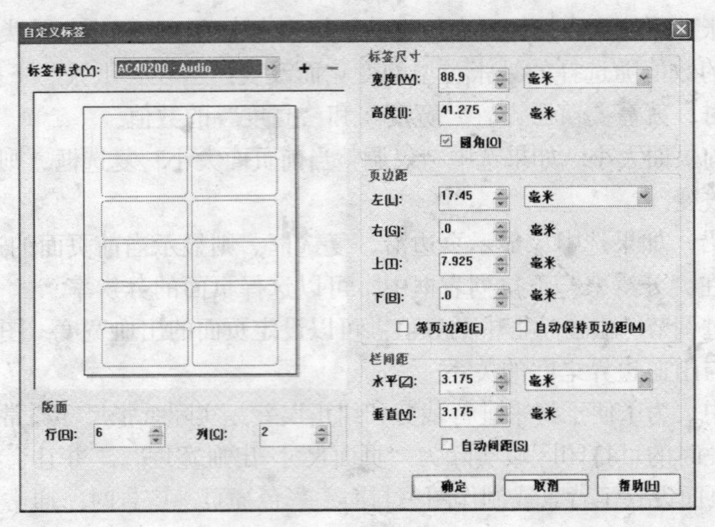

图3-23 “自定义标签”对话框

·在“页边距”选项区中，可以设置标签到页面的距离：左、右、上、下。选中“等页边距”复选框，可以使页面的上、下或左、右边距相等。如果选中“自动保持页边距”单选框，可以使页面上的标签水平或垂直居中。

·在“栏间距”选项区中，可以设置标签间的“水平”和“垂直”间距。如果选中“自动间距”复选框，可以使标签的间距自动相等。

3. 设置版面

在“选项”对话框中选择“文档→页面→版面”，可以设置版面相关参数，如图3-24所示。

在“版面”下拉列表框中，可以选择版面的样式，通常有全页面、活页、屏风卡、帐篷卡、侧折卡和顶折卡等，如图3-25所示。

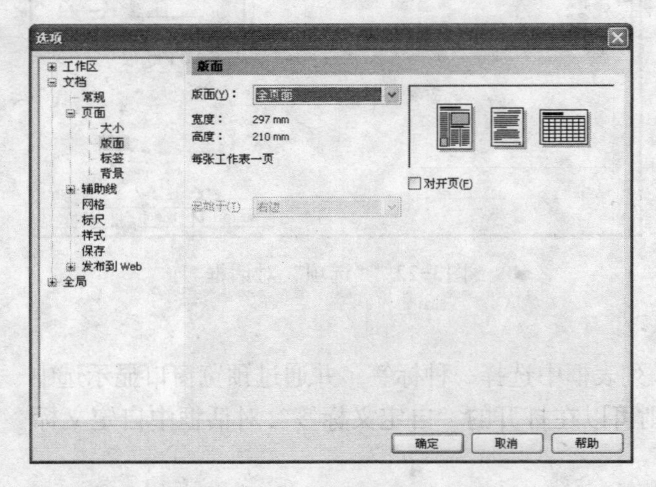

图3-24 “选项”对话框

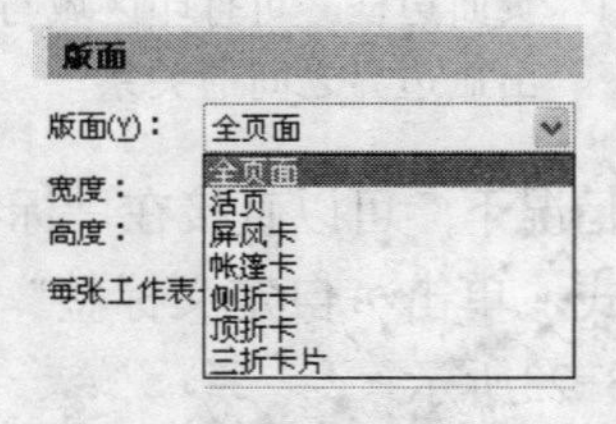

图3-25 版面样式列表

此外，若选中“对开页”复选框，可以在多个页面中显示对开页面。此时可能会激活“起始于”下拉列表框，在这个下拉列表框中可以选择文档的开始方向是从右面开始，还是从左面开始。

4. 设置背景

选择“版面→页面背景”菜单命令，或者直接在已打开的“选项“对话框中的左侧列表中选择“文档→页面→背景”，可为页面设置背景，此时“选项”对话框如图3-26所示。

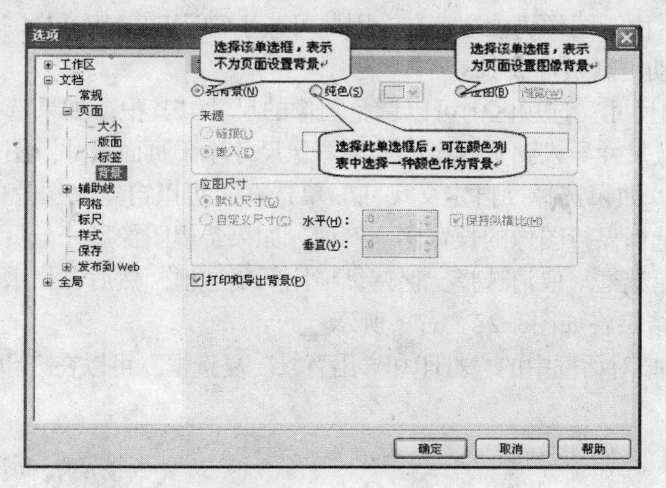

图3-26 “选项”对话框

在该对话框中，有三种背景设置可供选择，即无背景、纯色背景和位图背景。其中，设置位图图像作为页面背景的具体步骤如下：

（1）在图3-26中选择“位图”单选框，然后单击“浏览”按钮，打开“导入”对话框，如图3-27所示。

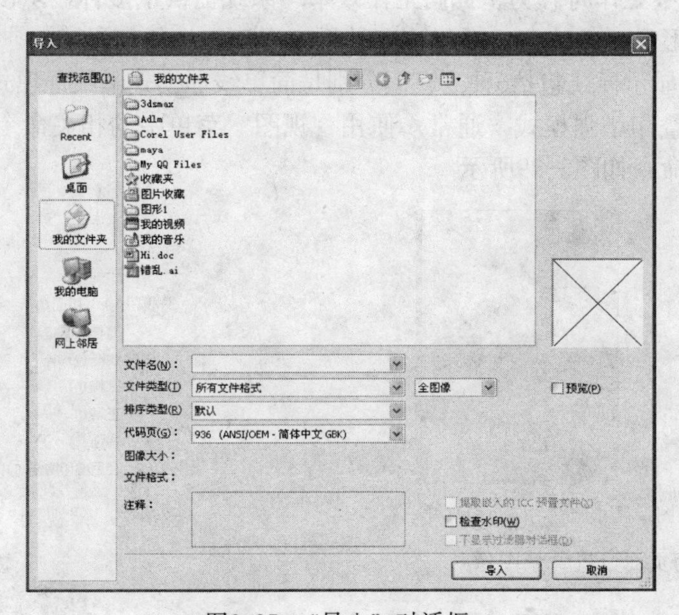

图3-27 “导入”对话框

提示 在“导入”对话框中，单击“查看”按钮，即可使图片以缩略图的形式在“导入”对话框中显示。

（2）在“导入”对话框中选择一个图片文件，然后单击“打开”按钮，返回到“选项”

对话框中。

（3）在“来源”选项区选择位图的来源方式。如果选择“链接”单选框，表示把导入的图片链接到页面中。如果选择“嵌入”单选框，可以将导入的图片嵌入到页面中。其中，选择链接方式的好处是，由于图像仍独立存在，因此可减小CorelDRAW文档的尺寸。此外，当用户编辑图像后，可自动更新页面背景。

（4）在“位图尺寸”选项区中可以调整图像的尺寸。其中，如果选择“默认尺寸”单选框，将使图像以默认尺寸导入到页面中。如果图像尺寸小于页面尺寸，图像将被平铺排列，如图3-28（左）所示。如果选择“自定义尺寸”单选框，可以自定义图片的尺寸，并通过选中“保持纵横比”单选框保持图像的长宽比。例如，如果希望图像尺寸与页面尺寸一致，便可选中“自定义尺寸”单选框，取消选择“保持纵横比”复选框，然后在“水平”与“垂直”框中输入页面的尺寸，结果将如图3-28（右）所示。

（5）如果选中该对话框中的“打印和导出背景”复选框，可以在打印和导出时显示背景。

3.3 显示控制

在CorelDRAW中，用户可根据需要选择文档的显示模式，预览文档，缩放和平移画面。如果同时打开了多个文档，还可调整各文档窗口的排列方式。

3.3.1 显示模式

在CorelDRAW中工作时，为了提高工作效率，系统提供了多种显示模式。不过，这些显示模式只是改变图形显示的速度，对于打印结果完全不产生任何影响。

CorelDRAW的显示模式包括6种，它们分别是简单线框模式、线框模式、草稿模式、正常模式、增强模式和叠印增强模式。通常，使用“视图”菜单中的相关命令来设置这些显示模式，“视图”菜单命令如图3-29所示。

使用图像的默认尺寸

将图像尺寸调整为与页面尺寸一致

图3-28 为页面设置背景图像

视图(V) | 版面(L) 排列(A) 效果
简单线框(S)
线框(W)
草稿(D)
正常(N)
增强(E)
使用叠印增强(C)

图3-29 “视图”菜单命令

下面简单地介绍一下各种显示模式的特点。

1. 简单线框模式

在该显示模式下，所有矢量图形只显示其外框，其色彩以所在图层颜色显示；所有变形对象（渐变、立体化、轮廓效果）只显示其原始图像的外框；位图全部显示为灰度图，如图3-30所示。

2. 线框显示模式

在该显示模式下，显示结果与简单线框显示模式类似，只是对所有的变形对象（渐变、立体化、轮廓效果）将显示所有中间生成图形的轮廓，如图3-31所示。

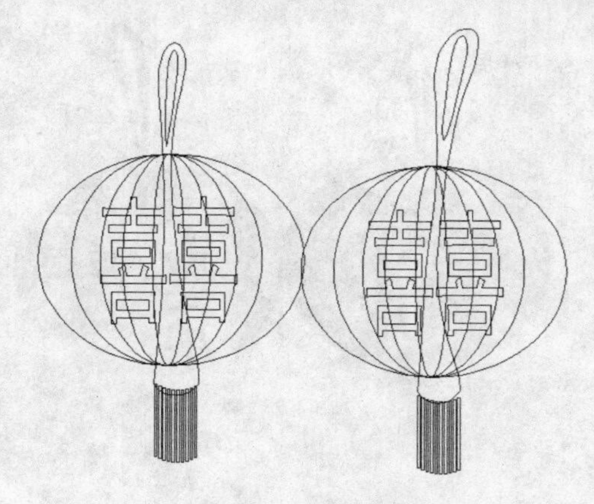

图3-30 简单线框显示模式

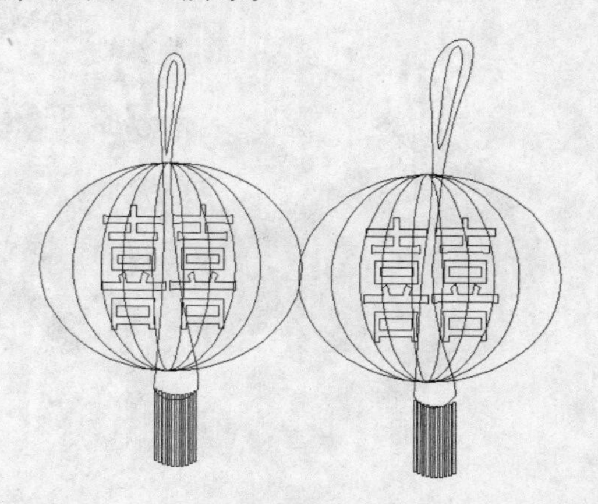

图3-31 线框显示模式

3. 草稿显示模式

在该显示模式下，所有页面中的图形均以低分辨率显示。其中花纹填色、材质填色及PostScript图案填色等均以一种基本图案显示；位图以低分辨率显示；滤镜效果以普通色块显示；渐层填色以单色显示，如图3-32所示。

4. 正常显示模式

在该显示模式下，页面中的所有图形均能正常显示，但位图将以高分辨率显示，如图3-33所示。

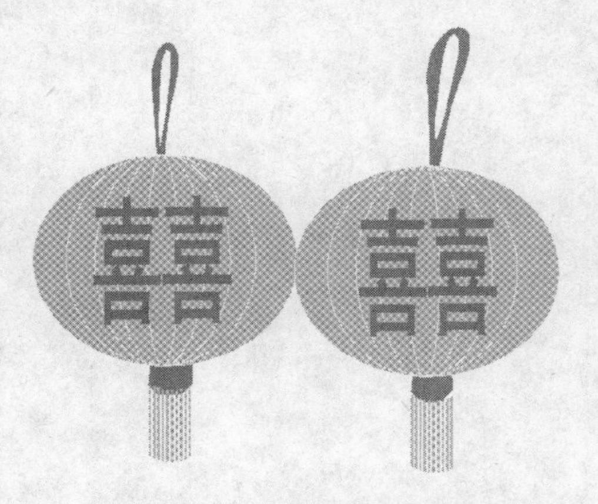

图3-32 草稿显示模式

图3-33 正常模式显示

5. 增强显示模式

在该显示模式下，系统将以高分辨率显示所有图形对象，并使它们尽可能地圆滑，如图3-34所示。该显示为最佳状况，连PostScript图案填色也能正常显示。但是，该显示模式要耗用大量内存与时间，因此如果计算机的内存太小或速度太慢，显示速度会明显降低。

6. 叠印增强显示模式

在该显示模式下，可以非常直观地看到套印效果，如图3-35所示。该模式是在CorelDRAW X3开始增加的。

图3-34 增强显示模式

图3-35 叠印增强显示模式

3.3.2 预览显示

在CorelDRAW中，通过选择“视图”菜单中的相关命令，可以全屏方式进行预览，也可以仅对选定区域中的对象进行预览，还可以进行分页预览。

1. 全屏预览

选择“视图→全屏预览”菜单命令或者按F9键，CorelDRAW会将屏幕上的菜单栏、工具栏及所有窗口等都隐藏起来，只以文档充满整个屏幕。该预览方式可以使图形的细节显示得更清楚，如图3-36所示。

图3-36 全屏预览

在对所选对象进行全屏预览后，再次按下F9键、Esc键或使用鼠标单击屏幕，均可恢复到原来的预览状态。

2. 只预览选定的对象

选择“视图→只预览选定的对象”菜单命令，并在文档页面中选择将要显示的对象（一个或多个）或一个对象的某些部分，然后选择“视图→全屏预览”菜单，便可对所选对象进行全屏预览。

3. 分页预览

选择“视图→页面分类预览”菜单命令，可以对文件中包含的所有页面进行预览，如图3-37所示。

进入分页预览显示模式后，如果希望返回正常显示状态，可首先使用选择工具选中某一页面，然后选择“视图→页面排序器视图”菜单命令，取消其前面的“✓”，或单击属性栏中的“页面排序器视图”按钮，即可返回正常显示状态。

3.3.3 缩放与平移

单击工具箱中的图标右下角的小三角形，可打开显示控制工具组，此时将看到缩放工具与手形工具，如图3-38所示。

此外，使用缩放工具属性栏可进行更多的显示控制，如图3-39所示。

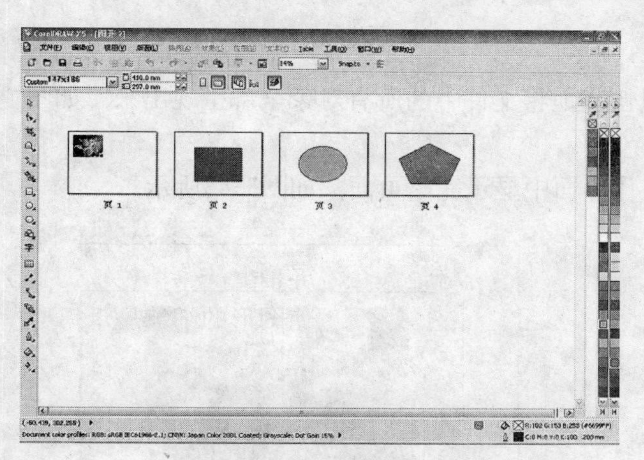

图3-37 分页预览

图3-38 工具箱中的缩放与手形工具

图3-39 缩放工具属性栏

1. 使用缩放工具

在绘图工作中经常需要将绘图页面放大与缩小，以便查看个别对象或整个绘图的结构。使用工具箱中的缩放工具，即可控制图形显示。此外，也可以借助该工具的属性栏来改变图像的显示情况。

缩放工具的特点如下：

· 选择工具箱中的缩放工具后，将光标移至工作区，光标将显示为形状。此时直接在工作区单击，系统将以单击处为中心放大图形。

· 如果希望放大区域，可以单击并拖动框选该区域，释放鼠标按键后，该区域将被放大至充满工作区。

· 如果希望缩小画面显示，可单击鼠标右键或者在按下Shift键的同时在页面上单击鼠标左键，此时将以单击处为中心缩小画面显示。

2. 使用缩放工具属性栏

除了可以使用缩放工具直接对绘图页面进行缩放外，还可以使用该工具的属性栏调节页面显示比例，显示比例下拉列表如图3-40所示。也可以以通过单击各按钮对页面进行多种显示调整。

该工具栏中各按钮的含义如下：

· 显示比例：通过在下拉列表中选择不同数值可按特定的比例缩放画面。

· 单击“放大”按钮或“缩小”按钮，可以逐步放大或缩小当前画面。

如果希望最大化显示图形中的部分对象，应先使用选择工具选中这些对象，然后单击“缩放选定范围”按钮，如图3-41所示。

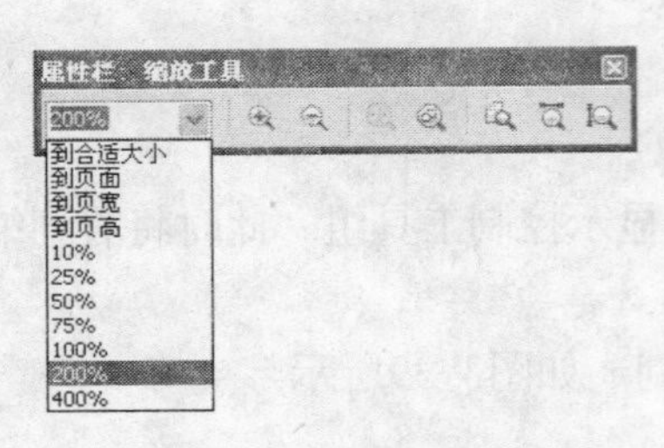

图3-40 缩放工具属性栏

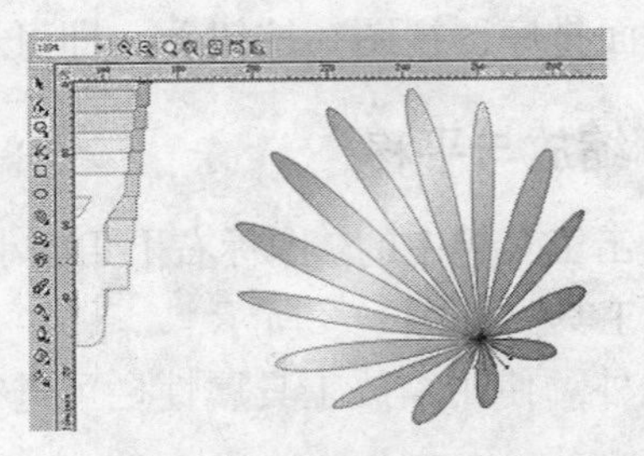

图3-41 放大选中对象

· 单击“缩放全部对象”按钮，可以快速地将文件中的所有对象全部呈现出来，如图3-42所示。

· 单击“显示页面”按钮，可以在工作界面中显示完整页面，如图3-43所示。

图3-42 显示全部对象

图3-43 显示完整页面

· 单击“按页宽显示”按钮，可按页宽调整显示，如图3-44所示。

· 单击“按页高显示”按钮，可按页高调整显示，如图3-45所示。

图3-44 按页宽调整显示

图3-45 按页高调整显示

3. 使用视图管理器

选择“工具→视图管理器”菜单命令，将在工作界面右侧出现一个如图3-46所示的“视图管理器”泊坞窗。使用“视图管理器”泊坞窗，除了可以控制页面的缩放比例之外，还可以在编辑过程中将某些特定区域的特定比例储存起来，留待日后使用，方法如下：

（1）使用缩放工具放大某局部区域，然后单击“视图管理器”泊坞窗上的“添加当前视图”按钮，即可将当前页面的缩放比例添加进去。此时属性栏与标准工具栏的缩放比例下拉列表中都将显示添加的缩放比例。

提示 单击“视图管理器”泊坞窗右上角的小三角形按钮，从弹出的菜单中选择“新建”，也可以保存当前页面的缩放比例，如图3-47所示。

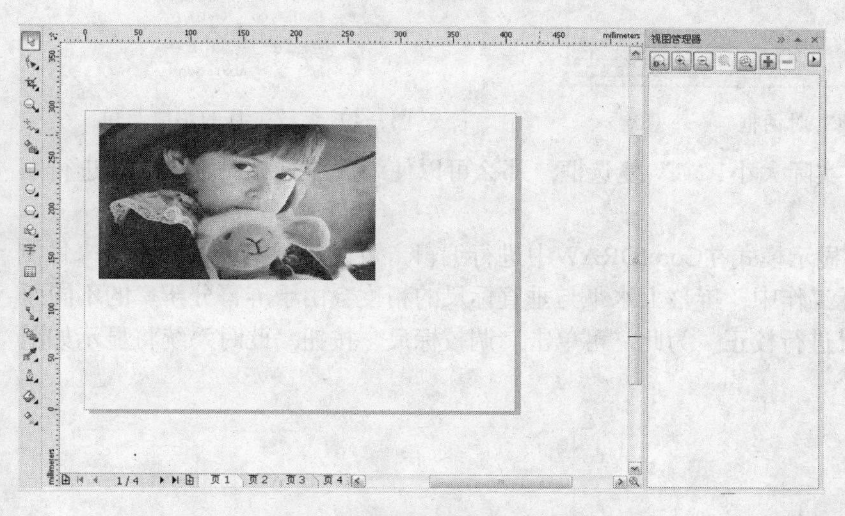

图3-46 “视图管理器”泊坞窗

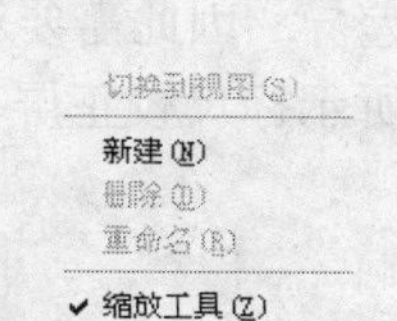

图3-47 “视图管理器”泊坞窗的弹出菜单

（2）通常情况下，系统会自动命名添加的显示比例。如果要重新命名该显示比例，可以在“视图管理器”泊坞窗中双击预设名称或从泊坞窗弹出菜单中选择“重命名”，然后键入新名称即可。

（3）如果要删除所添加的显示比例，只需在“视图管理器”泊坞窗中将其选中，然后单击“删除当前视图”按钮，或从泊坞窗弹出菜单中选择“删除”即可。

4. 更改缩放工具的默认设置

可以通过在“选项”对话框中调整缩放工具的各项参数，更改缩放工具的默认设置，方法如下：

（1）选择“工具→选项”菜单命令，打开“选项”对话框，并在该对话框左边的列表中选择“工作区→工具箱→缩放，手形工具”，如图3-48所示。

（2）选择“鼠标按钮2做缩放命令”下的“缩小”单选框，表示可以在页面上通过单击鼠标右键缩小页面显示；如果选择“上下文菜单”单选框，在页面上单击鼠标右键将显示如图3-49所示的快捷菜单。

（3）选择“鼠标按钮2做手形工具”下的“缩小”单选框，表示可以在页面上通过单击鼠标右键缩小页面显示；如果选择“上下文菜单”单选框，表示在页面上单击鼠标右键将显示快捷菜单。

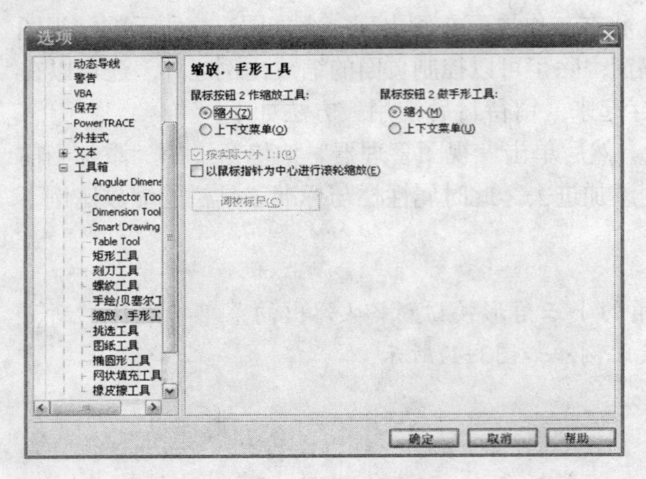

图3-48 “选项”对话框

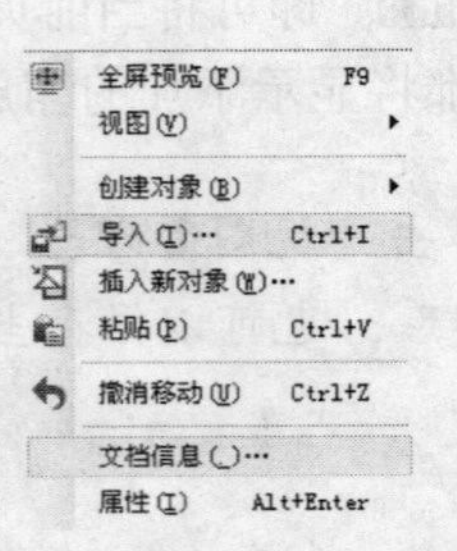

图3-49 缩放工具的快捷菜单

（4）如果选中“缩放实际大小1：1”复选框，那么可以使缩放工具相对真实距离进行缩放。

（5）若使用实际大小显示模式在CorelDRAW中进行编辑，可以使用标尺作为参考来目测对象的大小。但是，在实际工作中，屏幕上水平与垂直标尺的精度会由于屏幕分辨率的不同而略有差异，因此需要对标尺进行校正。为此，可单击“调校标尺”按钮，此时系统将显示如图3-50所示标尺校正屏幕。

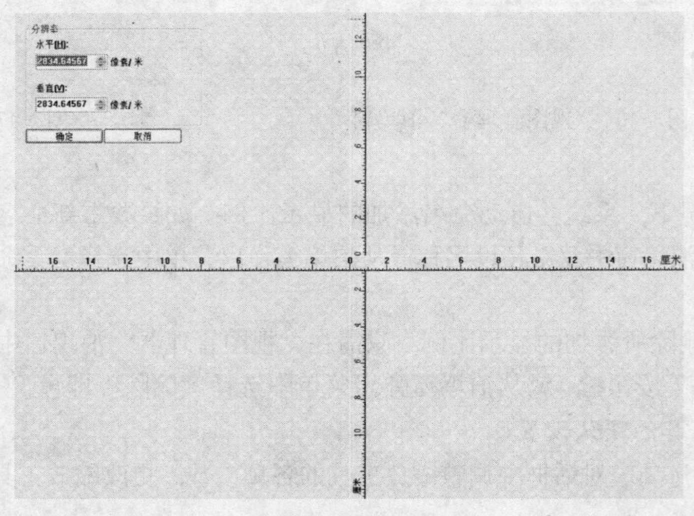

图3-50 调校标尺

（6）用一个透明塑料尺平贴在屏幕中的水平标尺上，用鼠标逐次调整该屏幕左上角“分辨率”下的“水平”数值，直到屏幕上的水平标尺刻度与塑料尺上的刻度完全吻合为止。

（7）重复步骤（5），逐步调整“垂直”数值，直到屏幕上的垂直标尺刻度与塑料尺上的刻度完全吻合为止。

（8）单击“确定”按钮，即完成标尺的校正。以后在CorelDRAW中编辑时，当使用实际大小显示模式时，可以在屏幕上看到对象的实际大小，这一点对于专业的设计者而言是十分重要的。

5. 使用手形工具

当页面显示超出当前工作区时，为了观察页面的其他部分，可选择工具箱中的手形工具。选择该工具后，在页面上单击并拖动即可移动页面，如图3-51所示。

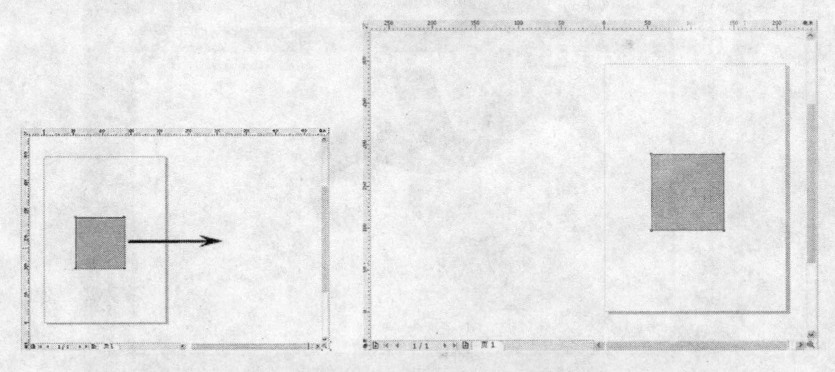

图3-51 使用手形工具移动页面

3.3.4 窗口操作

在CorelDRAW中进行设计的时候，为了观察一个文档的不同页面，或同一页面的不同部分，或同时观察两个或多个文档，都需要同时打开多个窗口。为此，可选择“窗口”菜单命令下的相应命令来新建窗口或调整窗口的显示。

1. 新建窗口

在实际的绘图工作中，经常需要建立一个和原有窗口相同的窗口来对比修改的图形对象，选择“窗口→新建窗口”菜单命令，即可创建一个和原有窗口相同的窗口，如图3-52所示。

图3-52 新建的相同窗口

2. 层叠窗口

选择“窗口→层叠”菜单命令，可以将多个绘图窗口按顺序层叠在一起，这样有利于用户从中选择需要使用的绘图窗口，如图3-53所示。通过单击要切换的窗口的标题栏，即可将选中的窗口设置为当前窗口。

图3-53 层叠窗口

3. 平铺窗口

如果希望同时在屏幕上显示两个或多个窗口，可选择平铺方式。为此，可选择“窗口”菜单中的“水平平铺”命令，效果如图3-54所示。或选择“垂直平铺”命令，效果如图3-55所示。

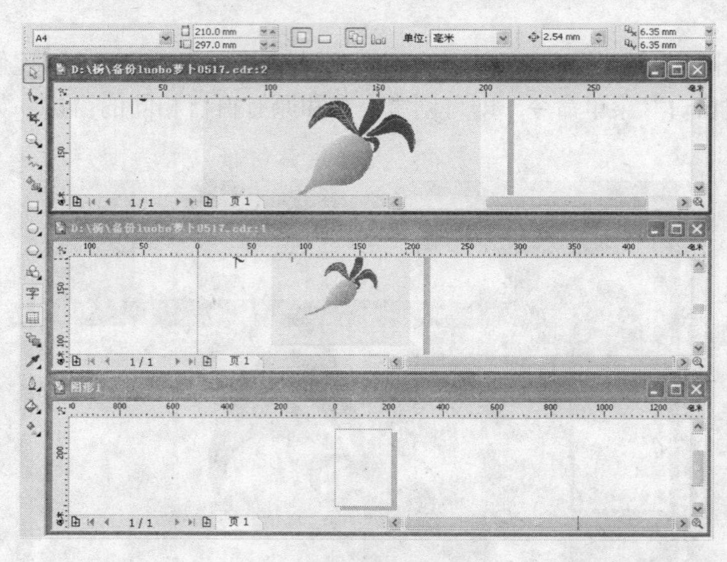

图3-54 水平平铺窗口

4. 排列窗口

选择“窗口→排列窗口”菜单命令，可以将调节后的窗口按照一定的顺序进行重新排列。不过使用该项命令时，必须将窗口最小化。

5. 关闭窗口

如需将当前窗口关闭，可选择“窗口→关闭”菜单命令。如果在没有保存当前文件窗口的情况下选择该命令，系统将显示一个信息框，提示用户是否保存对该文件所做的修改。该命令的功能等同于“文件”菜单下的“关闭”命令。

图3-55 垂直平铺窗口

若要将打开的所有文件窗口一次性全部关闭，可选择“窗口→全部关闭”菜单命令。

6. 刷新窗口

选择“窗口→刷新窗口”菜单命令，可以刷新文件窗口中没有完全显示的图像，使之完整地显示出来。

3.4 使用辅助工具

在CorelDRAW中，可以借助标尺、网格、辅助线等辅助工具进行辅助绘图，而在打印时不会将它们打印出来。

3.4.1 使用标尺

通过选择“视图→标尺”命令，可以在绘图区中打开或关闭标尺。如果需要移动标尺，可以在按下Shift键的同时单击并拖动标尺，将其移至合适的位置，然后松开鼠标即可，如图3-56所示。

若要改变原点的位置，只需将鼠标移至水平标尺和垂直标尺左上角相交处的坐标原点单击并拖动。松开鼠标后，该处即成为新的坐标原点。使用鼠标双击坐标原点，可以将改动过的坐标原点恢复至系统默认的位置。

3.4.2 使用网格

网格经常被用来协助绘制和排列对象，但在系统默认设置下，网格是不会显示在窗口中的，只有通过选择“视图→网格”菜单命令，才可以打开工作区中的网格，如图3-57所示。

如果希望在绘图时对齐网格，可选择“视图”菜单中的“贴齐网格”命令。此后当光标移至网格点附近时，系统会自动与网格点对齐。

图3-56 移动标尺

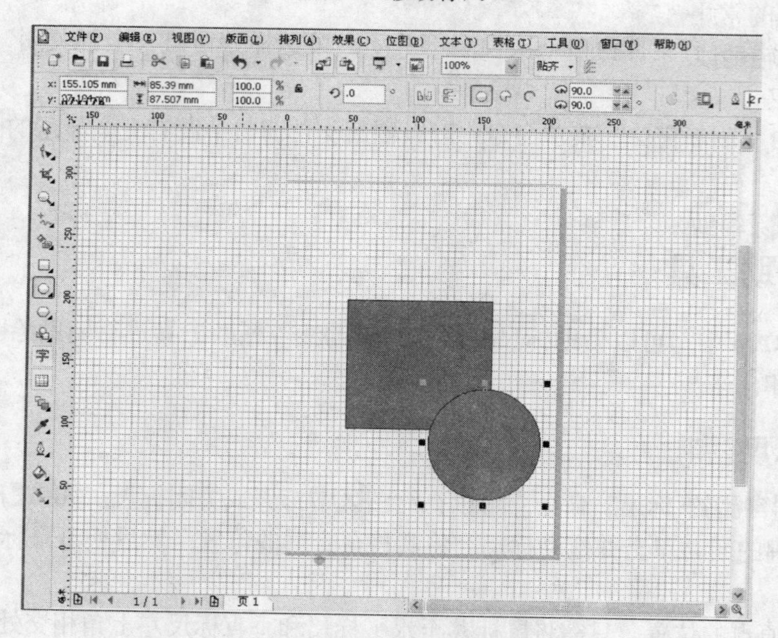

图3-57 显示网格的效果

3.4.3 使用辅助线

辅助线是在绘图时所使用的最有效的工具。在绘图窗口中，可以任意调节辅助线，例如调节成水平、垂直、倾斜方向来协助对齐所绘制的对象。这些辅助线不会被打印出来，但在保存时，会随着绘制的图形一起保存。

选择“视图→辅助线”菜单命令，使“辅助线”前面显示“✓”，然后将鼠标移至标尺上单击并向绘图窗口拖动，即可产生辅助线，如图3-58所示。

提示 建立辅助线的前提是必须先显示标尺。

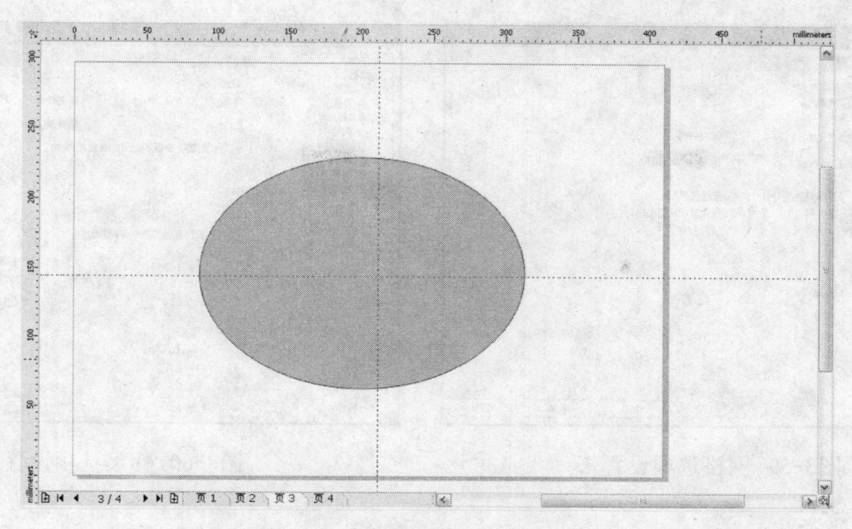

图3-58 辅助线效果

有关辅助线的常用操作如下:

· 若要移动辅助线, 可先将光标移到要移动的辅助线上（此时光标变为↔形状）, 然后单击并拖动。

· 若要旋转辅助线, 只需单击要旋转的辅助线, 此时在辅助线的两端将显示↔符号。将光标移至该符号上面, 然后单击并拖动即可旋转辅助线。

· 若果要删除辅助线, 只需单击选中辅助线（此时该辅助线的颜色变为红色）, 然后按键盘上的Delete键即可。

提示 如果辅助线太多, 反而会使绘图页面变得复杂, 此时可再次选择“视图→辅助线”菜单命令, 暂时将辅助线隐藏, 便于对图形进行观察。

3.4.4 标尺、网格和辅助线设置

还可以根据自己的需要来自定义标尺、网格和辅助线的属性, 例如设置标尺单位、标尺原点、网格间距等。

1. 设置网格

选择“视图→设置→网格和标尺设置”菜单命令, 并在打开的“选项”对话框中选择“网格”选项, 此时“选项”对话框如图3-59所示。

在该对话框中, 通过选择“频率”或“间距”单选框, 可以在下面的选项区中设定网格点的频率或间距的大小; 通过选中“显示网格”复选框可以显示或隐藏网格; 选中“对齐网格”复选框可以在绘图时对齐网格; 通过选中“按线显示网格”和“按点显示网格”单选框, 还可设置网格的显示方式。

2. 设置标尺

双击工作区窗口中的标尺, 或在已打开的“选项”对话框左边的列表中单击“标尺”选项, 将打开如图3-60所示的“选项”对话框。通过该对话框可以对标尺的度量单位、原点的位置、刻度记号进行设定, 并设置使用箭头键（及配合Ctrl键与Shift键）移动对象时每次移动的距离（称为推移）。

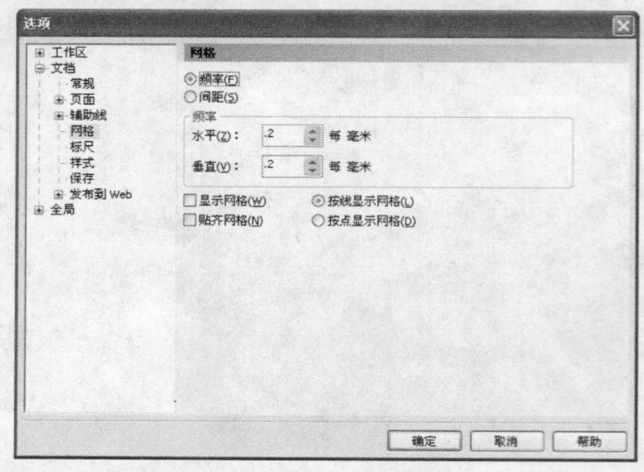

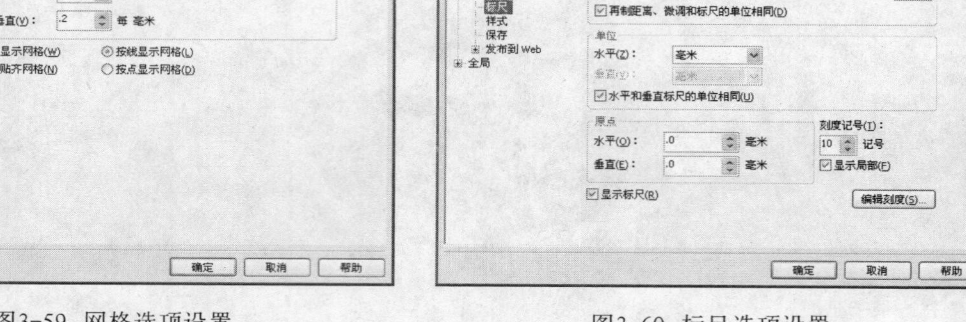

图3-59 网格选项设置

图3-60 标尺选项设置

3. 辅助线设定

如果选择“视图→设置→辅助线设置”菜单命令，此时“选项”对话框如图3-61所示。可以在该对话框中设置关闭或显示辅助线，是否捕捉辅助线，以及辅助线的默认颜色及默认预设颜色。

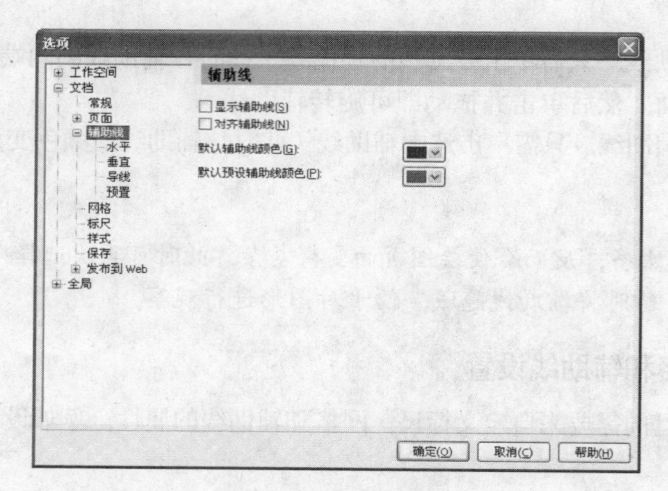

图3-61 辅助线设置

如果单击左边列表中“辅助线”下的“水平”、“垂直”、“导线”或“预置”选项，可以创建新辅助线，删除、移动现有辅助线，或清除全部辅助线。

3.5 撤销、恢复、重做及重复操作

通常情况下，要绘制一幅精美的作品，需要经过反复调整、修改与比较方能完成。因此，CorelDRAW为用户提供了一组撤销、恢复、重做与重复命令，本节就来介绍一下这些命令的特点与用法。

3.5.1 撤销操作与恢复操作

在编辑文件时，如果用户的上一步操作是一个误操作，或对操作得到的效果不满意，可以

选择“编辑→撤销”菜单命令或单击标准工具栏中的“撤销”按钮，撤销该操作。如果连续选择“撤销”命令，则可连续撤销前面的多步操作。

此外，在标准工具栏中还提供了一次撤销多步操作的快捷方法，即单击标准工具栏中“撤销”按钮旁的按钮，然后在弹出的如图3-62所示的下拉式列表框中选择想撤销的操作，从而一次撤销该步操作及该步操作以前的多步操作。

提示 某些操作是不能撤销的，如查看缩放、文件操作（打开、保存、导出）及选择操作等。

此外，也可以选择“文件→还原”菜单命令来撤销操作，这时屏幕上会出现一个警告对话框。单击“确定”按钮，CorelDRAW将撤销存储文件后执行的全部操作，即把文件恢复到最后一次存储的状态。自然，如果中间没有存储过文件，系统将恢复至文件打开时的状态。

3.5.2 重做操作

如果需要再次执行已撤销的操作，使被操作对象回到撤销前的位置或特征，可选择“编辑→重做”菜单命令或单击标准工具栏中的“重做”按钮。但是，该命令只有在执行过“撤销”命令后才起作用。如连续多次选择该命令，可连续重做多步被撤销的操作。

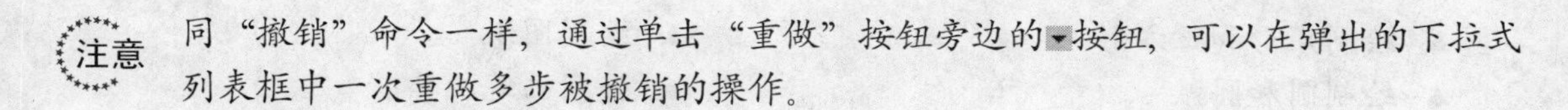

注意 同“撤销”命令一样，通过单击“重做”按钮旁边的按钮，可以在弹出的下拉式列表框中一次重做多步被撤销的操作。

3.5.3 重复操作

选择“编辑→重复创建”菜单命令可以重复执行上一次对物体所应用的命令，如填充、轮廓、移动、缩放、复制、删除、变形等任何命令。

此外，使用该命令，还可以将对某个对象执行的操作应用于其他对象。为此，只需在对源对象进行操作后，选中要应用此操作的其他对象，然后选择“编辑→重复创建”菜单命令即可。下面是复制一个圆后，执行“编辑→重复再制”后的效果，如图3-63所示。注意需要使用选择工具移动后才能看到复制对象后的效果。

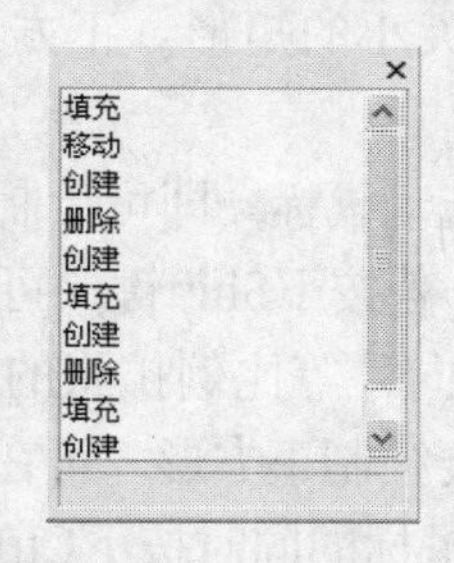

图3-62 下拉式列表框

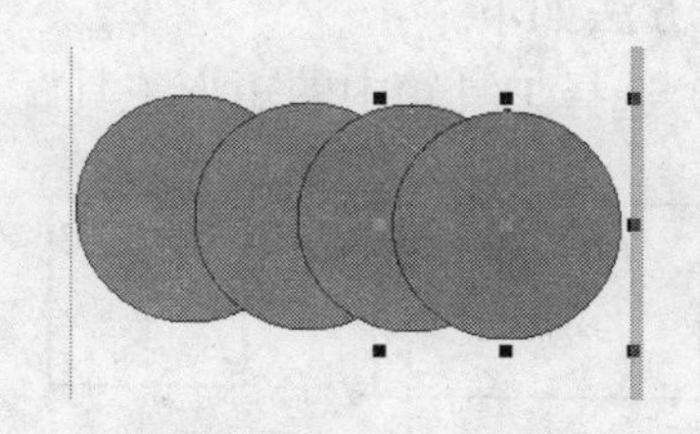

图3-63 复制多个圆对象的效果

提示 在CorelDRAW中，还有一种复制操作，称为再制，也是进行复制，读者要注意区分这两个概念。

第4章 绘制基本图形

在CorelDRAW中，很多复杂的图形都是由一些线条、矩形、圆等基本的图形元素组合而成的，本章将主要介绍如何绘制这些基本图形，以及所用工具的一些基本属性设置方法。

在本章中主要介绍下列内容：

▲ 绘制矩形和正方形

▲ 绘制圆和圆弧

▲ 绘制螺旋形

▲ 绘制图纸

▲ 使用画笔工具

4.1 绘制基本形状

在CorelDRAW中，可以直接绘制多种基本形状，如矩形、椭圆、圆、圆弧、多边形与星形、螺旋形等。

4.1.1 绘制矩形与正方形

选择工具箱中的矩形工具□，可以在页面内绘制出任意大小的矩形、正方形以及圆角矩形，绘制方法如下。

（1）选择工具箱中的矩形工具□，然后在页面内按下并拖动鼠标，即可绘制出一个矩形，如图4-1所示。若按下Shift键，可以拖出一个以起始点为中心向外等比例扩张的矩形。

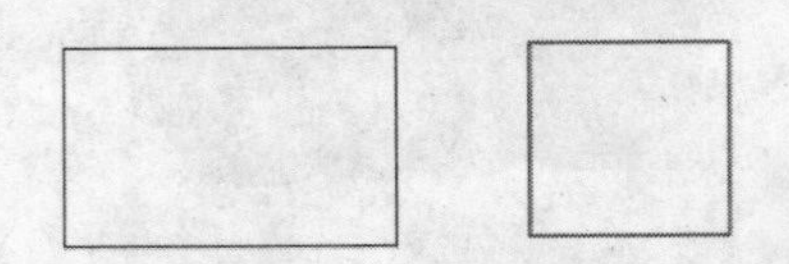

图4-1 绘制矩形

（2）如要绘制正方形，可在选择矩形工具□后，在拖动鼠标的同时按下Ctrl键。若同时按下Ctrl键和Shift键，则可以拖出一个以起始点为中心，向外扩张的正方形。

绘制矩形后，使用选择工具单击并拖动矩形，则可以移动矩形。如果只是单击矩形，则在矩形周围产生一个旋转边框，如图4-2所示，拖动鼠标可以旋转矩形。

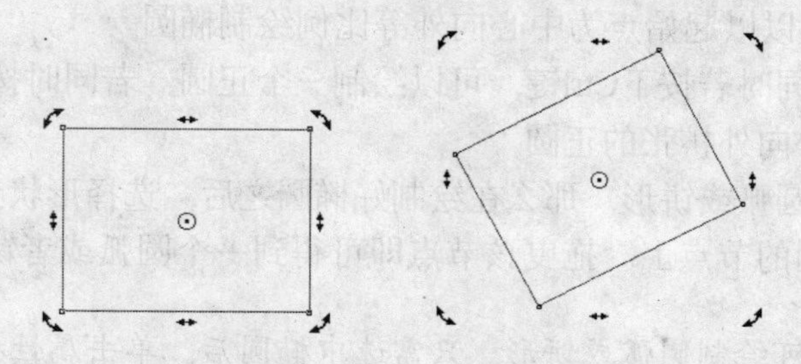

图4-2 产生的旋转边框和旋转效果

（3）绘制好矩形或正方形后，选择形状工具，并将光标移至所选矩形或正方形的四个角的节点上，拖曳其中任意一个节点，均可得到圆角矩形或圆角正方形，如图4-3所示。

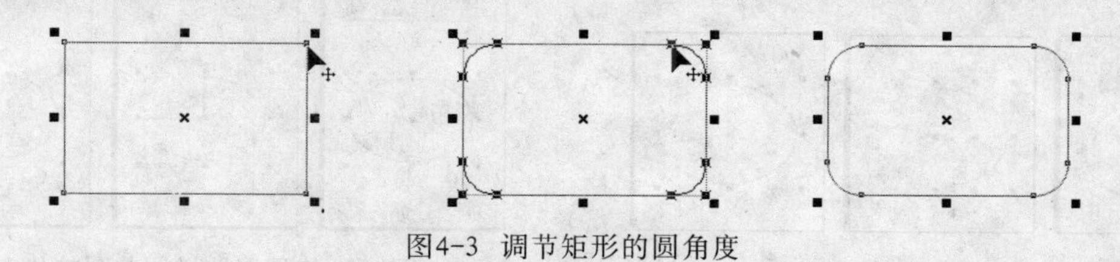

图4-3 调节矩形的圆角度

（4）通过在属性栏的圆角调节区中设置圆角数值，也可以得到圆角矩形或圆角正方形，如图4-4所示。

提示 单击圆角调节区的“不按比例缩放”按钮，使其呈打开状态，然后在矩形的圆角调节区进行调节，可制作特殊的圆角矩形，如图4-5所示。

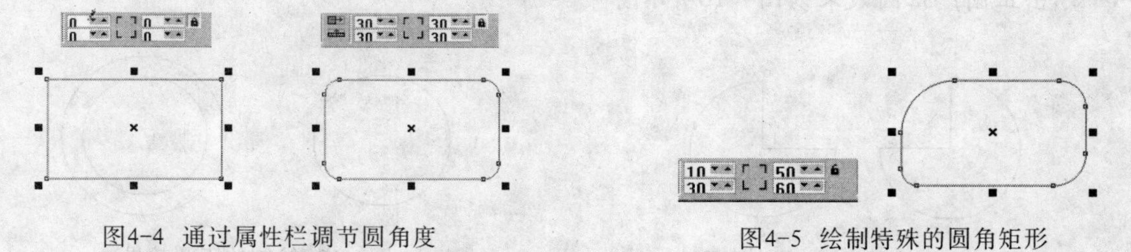

图4-4 通过属性栏调节圆角度

图4-5 绘制特殊的圆角矩形

另外，使用3点矩形工具可以绘制出具有一定倾斜角度的矩形。使用该工具绘制矩形时，需要确定3个点。先激活3点矩形工具，然后在绘图区单击确定一个点。不要松开鼠标，进行拖动，确定一条边的长度，松开鼠标，这样就确定了第2个点。再次拖动即可确定另外一条边的长度，然后单击即可创建出需要的矩形。效果如图4-6所示。

4.1.2 绘制椭圆、圆、圆弧与饼形

使用工具箱中的椭圆形工具，可以绘制出椭圆、圆、圆弧及饼形，绘制方法如下。

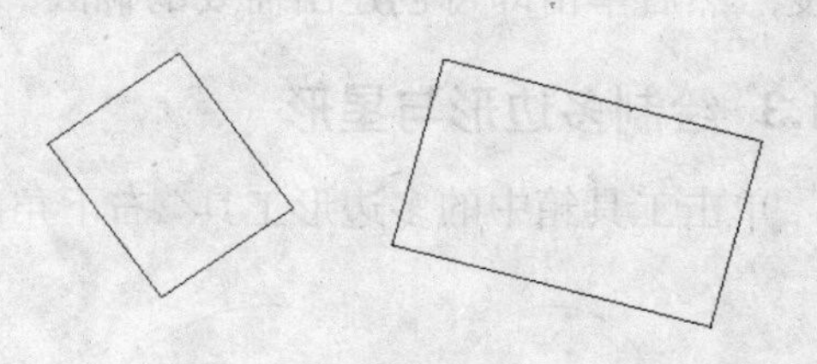

图4-6 倾斜矩形效果

（1）选择工具箱中的椭圆形工具，然后将光标移到页面的适当位置，按下并拖动鼠标，即可绘制出任意比例的椭圆。拖动鼠标的

同时若按下Shift键，可以以起始点为中心向外等比例绘制椭圆。

（2）拖动鼠标的同时若按下Ctrl键，可以绘制一个正圆。若同时按下Ctrl键和Shift键，则可以绘制以起点为中心向外扩张的正圆。

（3）如果要绘制圆弧或饼形，那么在绘制好椭圆之后，选择形状工具，并将光标移到已绘制好的椭圆或正圆的节点上，拖曳该节点即可得到一个圆弧或者饼形，如图4-7所示。

提示 使用属性栏也可绘制圆弧或饼形。只需选中椭圆后，单击属性栏中的“饼形”按钮或“弧形”按钮，并在“起始和结束角度”参数框中输入数值，即可得到饼形或圆弧，如图4-8所示。

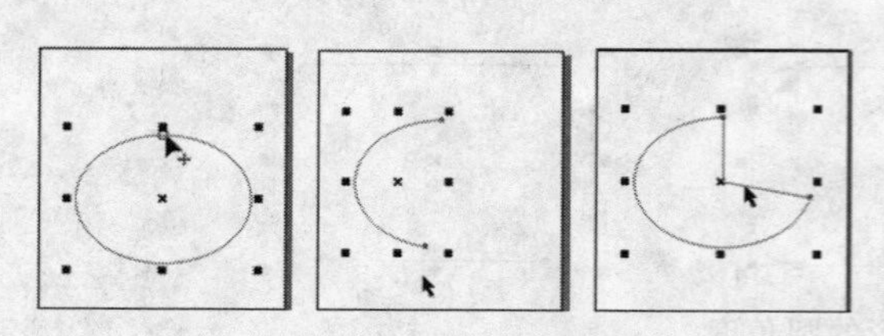

图4-7 绘制圆弧与饼形

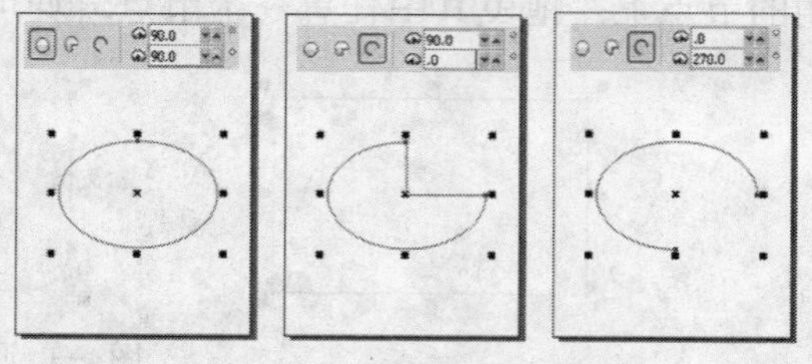

图4-8 使用属性栏调节圆的状态

（4）选中所绘的圆弧或饼形后，在属性栏上的“旋转角度”框中输入数值，可以使圆弧或饼形按指定的角度进行旋转，如图4-9所示。

提示 如果要绘制正圆，那么激活椭圆形工具后，按住键盘上的Ctrl键单击并拖动即可绘制出正圆，正圆效果如图4-10所示。

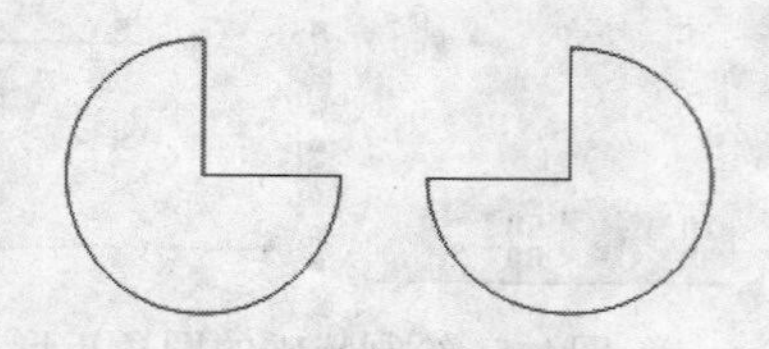

图4-9 旋转圆弧180度的效果

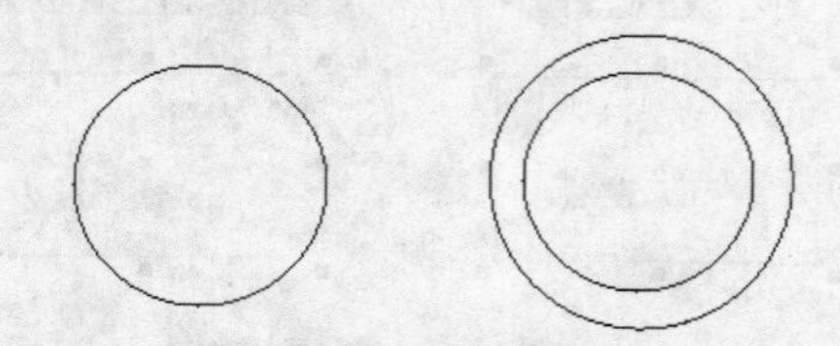

图4-10 绘制的正圆效果

另外，使用3点椭圆形工具可以绘制出具有一定倾斜角度的椭圆。使用该工具绘制椭圆时，需要确定3个点。先激活3点椭圆形工具，然后在绘图区单击确定一个点。不要松开鼠标，进行拖动，确定椭圆的长度，松开鼠标键，这样就确定了第2个点。再次拖动即可确定椭圆的宽度，然后单击即可创建出需要的椭圆。效果如图4-11所示。

4.1.3 绘制多边形与星形

单击工具箱中的多边形工具右下角的小三角形，将打开多边形工具组，如图4-12所示。使用其中的工具，可以绘制多边形与星形。

图4-11 倾斜椭圆效果

1. 绘制多边形

使用多边形工具绘制多边形的方法如下。

（1）选择工具箱中的多边形工具，然后将鼠标移至页面上单击并拖动，即可绘制出一个默认状态的多边形，如图4-13所示。

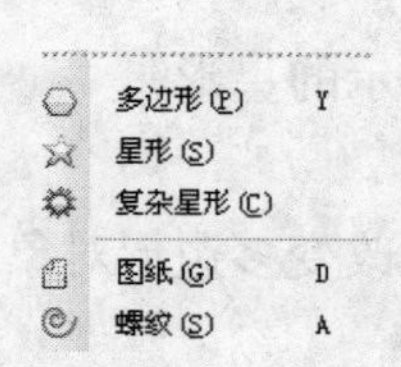

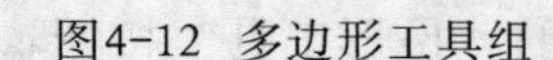

图4-12 多边形工具组

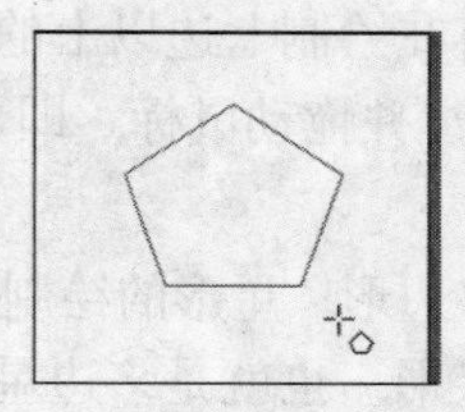

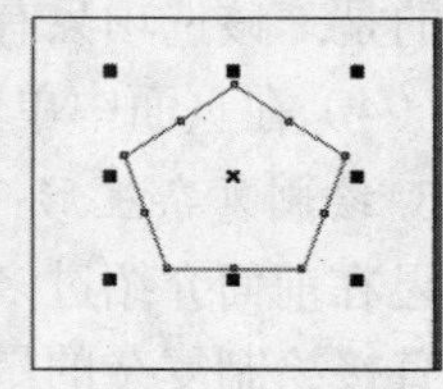

图4-13 绘制的多边形

提示 若按住Shift键的同时拖动鼠标，可以绘制一个由中心向外扩展的多边形；若按住Ctrl键，可以绘制一个正多边形；若同时按住Ctrl键和Shift键，可以绘制一个由中心向外扩展的正多边形。

（2）如要改变已绘制的多边形的边数，只需选中该多边形后，在多边形工具属性栏的“多边形的点数及边数”参数框中输入所需的边数，即可得到所需边数的多边形，如图4-14所示。

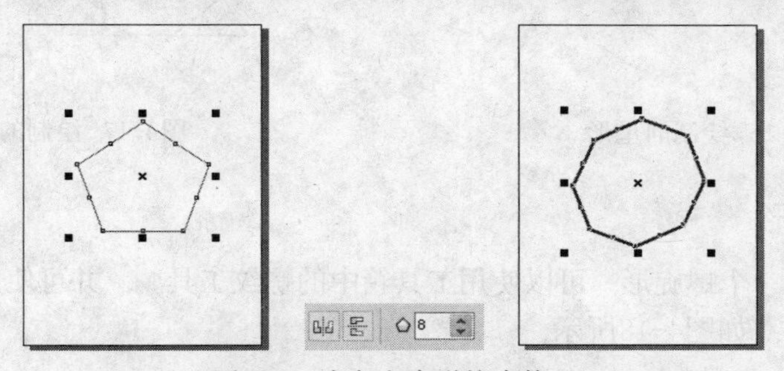

图4-14 改变多边形的边数

（3）还可以根据需要，在“旋转角度”参数框中设置多边形旋转的角度值，在“轮廓宽度”下拉列表框中选择多边形外框的宽度。

提示 由于多边形具有各边对称的特性，当使用形状工具调整任意一边的节点时，其余各边均会相应地移动，因此可以绘制出各种有趣的图案，如图4-15所示。

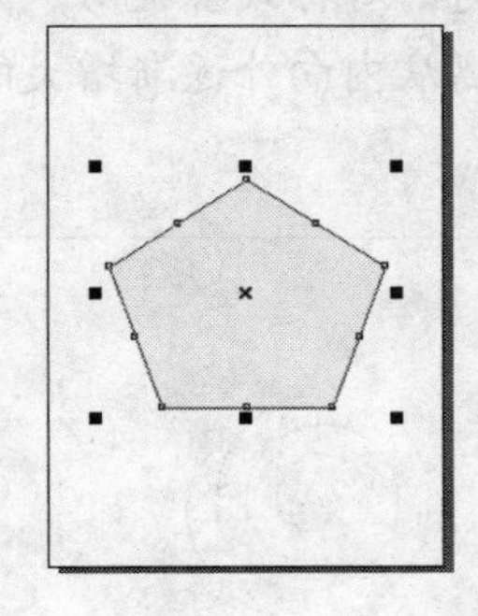

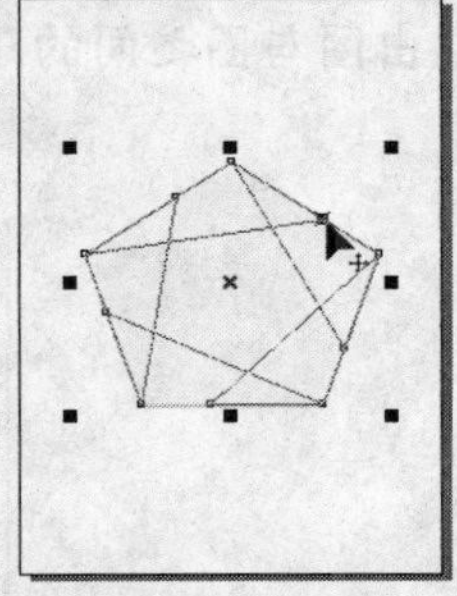

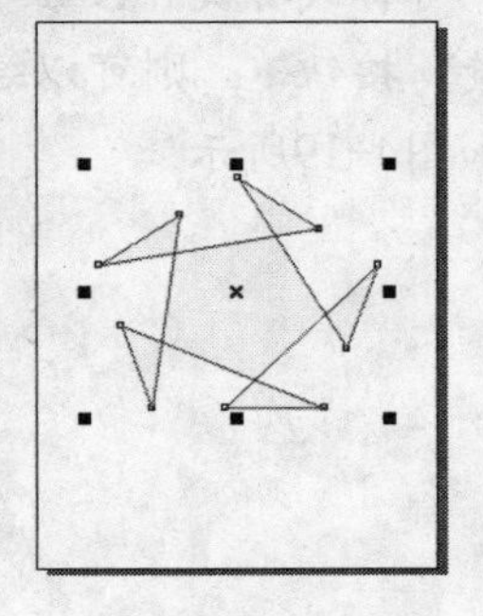

图4-15 变形多边形

2. 绘制星形

使用多边形工具绘制星形的方法如下。

（1）选择工具箱中的多边形工具，并单击属性栏中的“星形工具”按钮。

（2）在属性栏的“星形的点数或边数”参数框中输入所需的边数。

（3）通过在属性栏的“星形尖角”参数框中输入数值，可以调整星形各角的锐度。值得注意的是，该选项只有在绘制七边以上的星形时才能使用。

（4）在页面中单击并拖动鼠标，即可绘制出如图4-16所示的星形。

3. 绘制复杂星形

已在前面介绍过多边形、星形的绘制以及如何使用属性栏改变多边形对象的属性，另外还可以直接绘制复杂的星形，也就是多边星形，绘制方法如下。

（1）选择工具箱中的多边形工具，并单击属性栏中的“星形工具”按钮。

（2）在属性栏的“星形的点数或边数”参数框中输入所需的边数。

（3）在页面中单击并拖动鼠标，多绘制几个，并调整其位置，即可制作出如图4-17所示的复杂星形。

图4-16 绘制的星形

图4-17 绘制的复杂星形

4.1.4 绘制螺旋形

如果需要绘制一个螺旋形，可以使用工具箱中的螺纹工具，并可使用属性栏设置螺旋形的类型及其他参数，如图4-18所示。

提示 螺纹工具与下面将要介绍的图纸工具共同使用一个属性栏。

（1）在工具箱的多边形工具组中选择螺纹工具。

（2）在属性栏中选择螺旋形的类型为对称式螺旋或对数式螺旋。

提示 单击“对称式螺旋”按钮，可以绘制出间距均匀的对称式螺旋形；如单击“对数式螺旋”按钮，则可以绘制出圈与圈之间的距离从内向外逐渐增大的对数式螺旋形，如图4-19所示。

图4-18 属性栏

图4-19 对称式螺旋和对数式螺旋

（3）如单击“对称式螺旋”按钮，可在“螺旋圈数”参数框中设置绘制螺旋形的圈数。

提示 在默认状态下使用螺纹工具，所绘制出的是只有四圈且间距相等的对称式螺旋形。

（4）如单击“对数式螺旋”按钮，除了可以使用“螺旋圈数”参数框设置螺旋形的圈数外，还可以通过调节“螺纹扩展参数”滑块，来设置螺旋形间距的大小，如图4-20所示。

提示 如在绘制螺旋形时按住Ctrl键，可以绘制出一个宽度和高度相等的正螺旋形。

4.1.5 绘制图纸

使用工具箱中的图纸工具，可以绘制出各种不同大小和不同行列数的图纸图形，方法如下。

（1）从工具箱的多边形工具组中选择图纸工具，然后将光标移至绘图区，按下并拖动鼠标，即可绘制出默认状态下的四行三列的图纸图形，如图4-21所示。

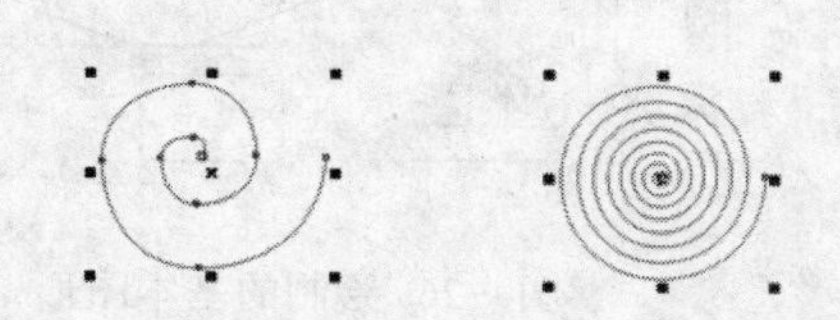

图4-20 调整对数式螺旋的圈数和间距

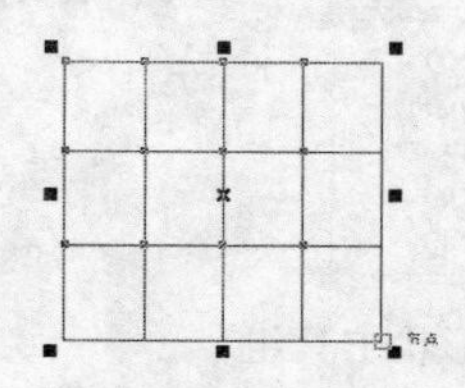

图4-21 绘制图纸

（2）如按下Shift键的同时拖动鼠标，可以绘制一个以起点为中心向外扩展的图纸图形；如按下Ctrl键，可以绘制一个宽度与高度相等的正图纸图形。

（3）通过调整属性栏中“行数”与“列数”参数框的数值，可以绘制出不同行列数的图纸图形，如图4-22所示。

提示 也可双击图纸工具，打开“选项”对话框，如图4-23所示。通过调整“宽度方向单元格数”和“高度方向单元格数”参数框的数值，来更改图纸工具的默认值。

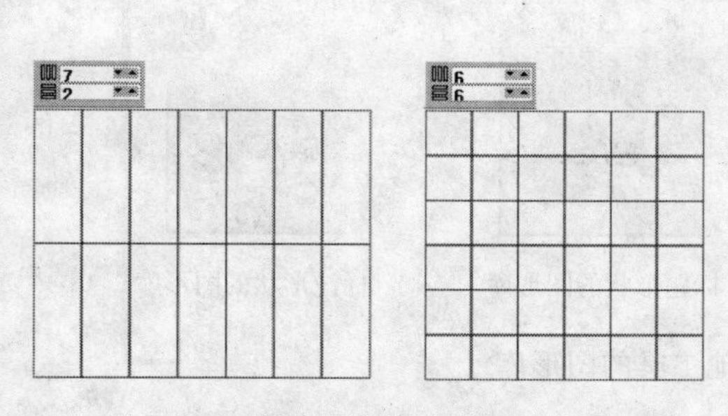

图4-22 调整图纸的行数与列数

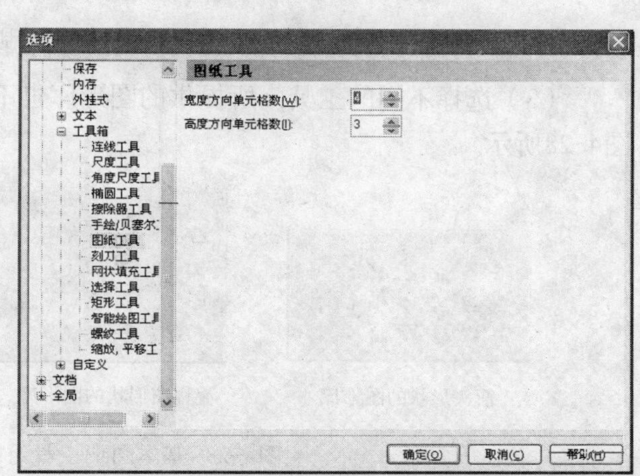

图4-23 “选项”对话框

4.1.6 绘制其他基本图形

在CorelDRAW中，有一组特殊的绘图工具。选择这些工具，并通过属性栏中提供的图形库，可以直接绘制出一些特殊的基本图形，使得在制作复杂对象时可以节约大量的时间。单击工具箱中的基本形状工具右下角的小黑三角，将打开如图4-24所示的基本形状工具组。

基本形状工具组中的各工具的使用方法基本相同，其操作如下。

（1）选择基本形状工具组中任意一个工具，然后单击属性栏中的"基本形状"按钮，在弹出的下拉列表中可以选择所需的形状。比如可以选择绘制菱形、三角形或者心形，如图4-25所示。

（2）选择好图形后，在页面中单击并拖动鼠标，即可绘制出所选的图形，如图4-26所示。

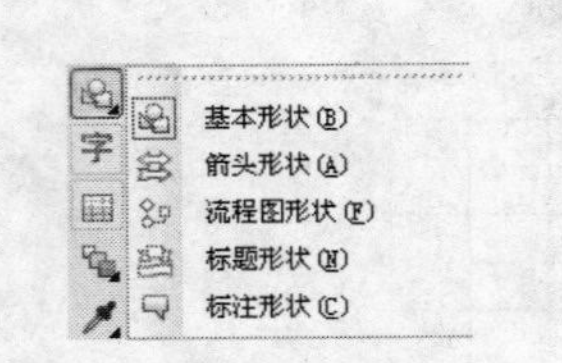

图4-24 基本形状工具组

图4-25 图形库

图4-26 绘制的基本图形

提示 在默认设置下，使用基本形状工具绘制的图形是菱形，如图4-27所示。

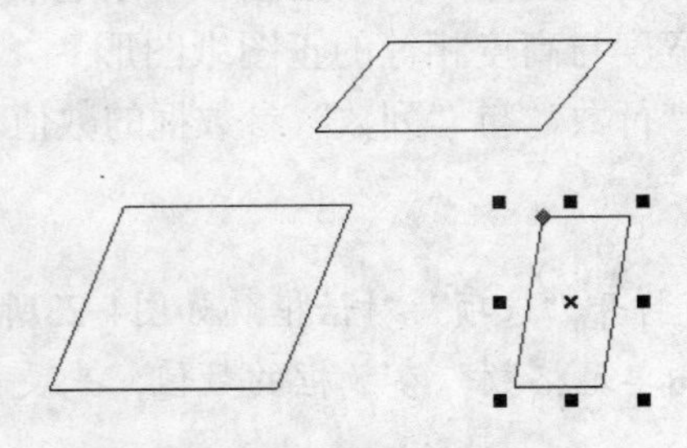

图4-27 绘制的菱形

（3）选择不同的工具，所提供的图形库也不同，所以可以绘制各种各样的基本图形，如图4-28所示。

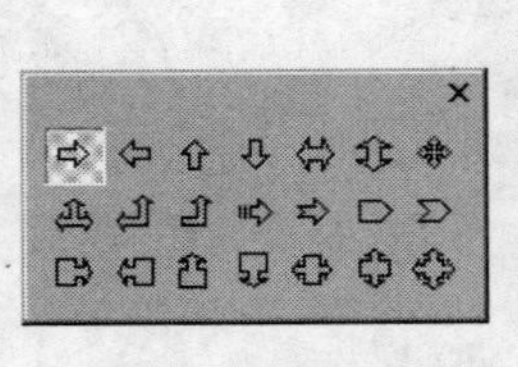

箭头形状的图形库

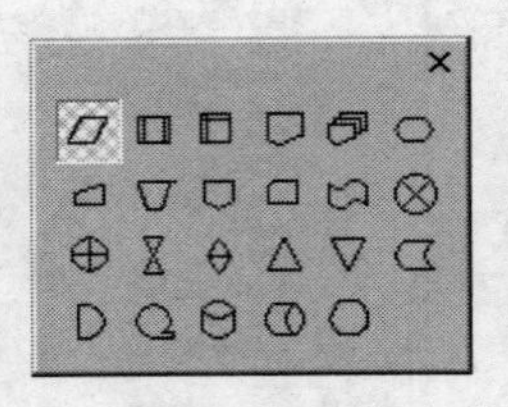

流程图形状的图形库

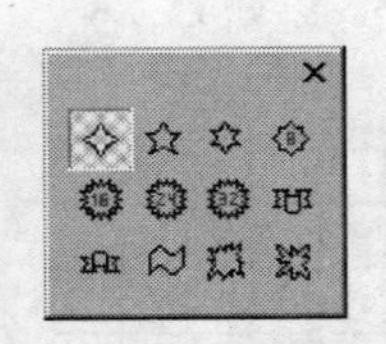

标题形状的图形库

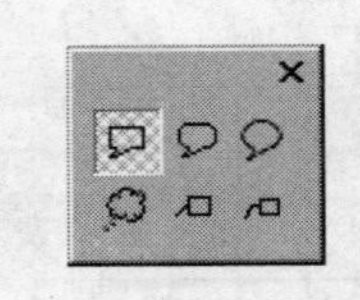

标注形状的图形库

图4-28 基本图形工具组中其他工具的图形库

（4）如对所绘图形不满意，还可对其外观进行调整。单击属性栏中的“轮廓样式选择器”下拉按钮，可在显示的下拉列表中选择轮廓线的样式；单击“轮廓宽度”下拉按钮，可在下拉列表中选择轮廓线的宽度，如图4-29所示。

图4-29 调整图形的外观

4.2 格式化线条与轮廓线

除了可以使用前面介绍的基本绘图工具绘制线条与图形外，系统还提供了一组轮廓工具，用来配合上述基本绘图工具。使用这些工具可设定图形对象轮廓线的宽度、样式及箭头形状。轮廓工具组如图4-30所示。

4.2.1 使用画笔工具

使用画笔工具，可在其选项对话框中设置线条或轮廓线的线宽、样式、箭头等属性，方法如下。

（1）使用绘图工具绘制好线条或图形，然后单击轮廓工具组中的“画笔”按钮，打开如图4-31所示的“轮廓笔”对话框。

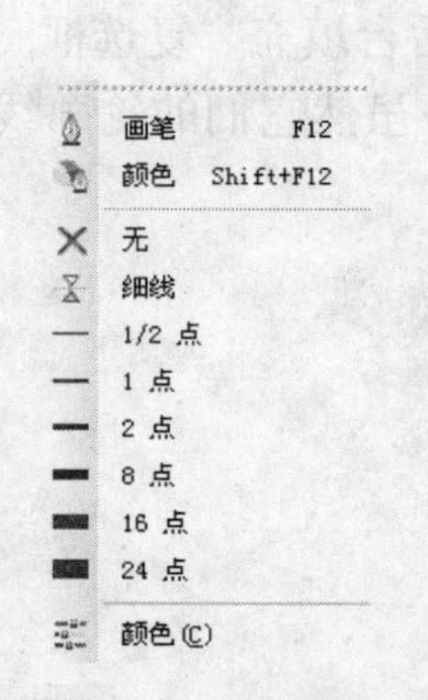

图4-30 轮廓工具组

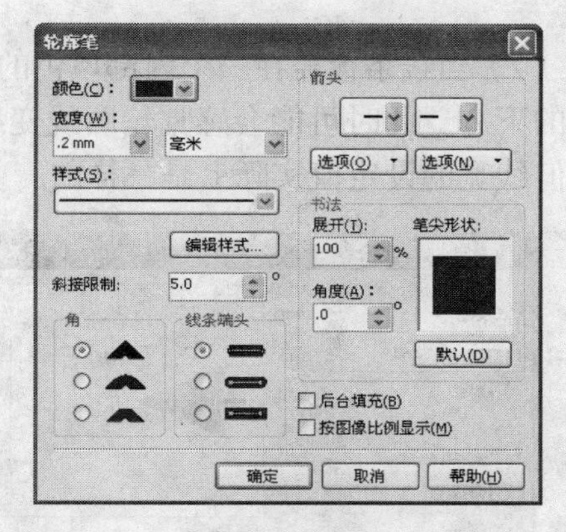

图4-31 “轮廓笔”对话框

（2）单击“颜色”框，可在弹出的颜色列表中为线条选择一种合适的颜色；在“宽度”选项区中，可选择线条的宽度及使用的单位。

（3）单击“样式”下拉按钮，在显示的下拉列表中可以为线条选择一种合适的样式，如图4-32所示。

（4）在“角”选项区中可以选择图形的边角样式为直角、圆角或截角；在“线条端头”选项区中可以设定线条的端尾样式为切齐、圆角或直角。

（5）在“箭头”选项区中可以为线条的起点与终点选择合适的箭头样式。如单击“选项”按钮，将显示如图4-33所示的弹出菜单。使用该菜单，可对箭头样式进行编辑。

编辑箭头样式的方法如下：

选择“选项”菜单中的“编辑”选项，可打开“箭头属性”对话框。在该对话框中，可以看到有多个控制选项，如图4-34所示。

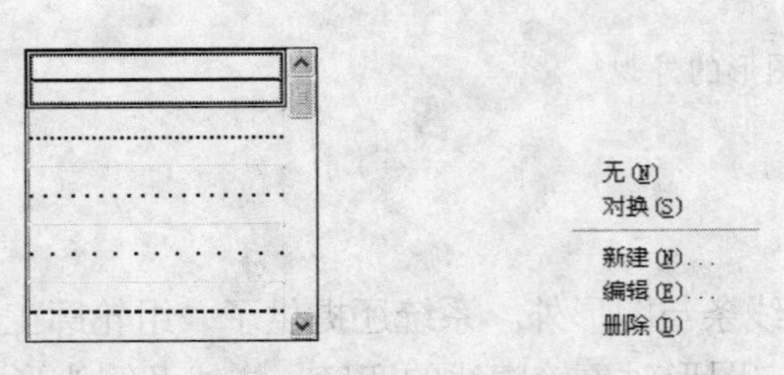

图4-32 “样式”列表　　图4-33 “选项”菜单

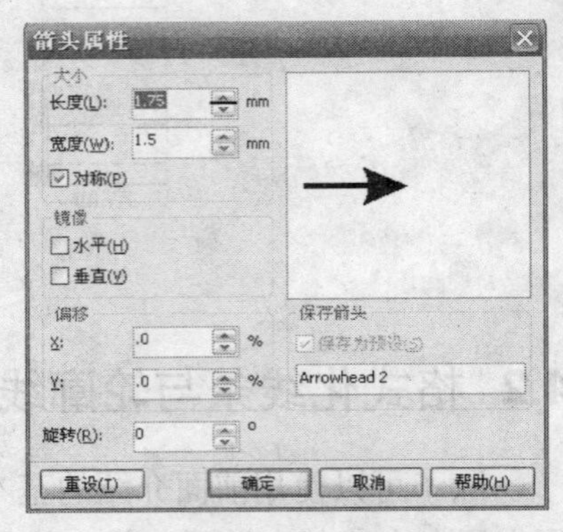

图4-34 “箭头属性”对话

通过调整箭头的宽度和长度可以改变箭头的形状，调整形状后的一种效果如图4-35所示。

此外，还可以对箭头进行镜像操作，设置偏移量和旋转角度等。编辑好后，单击“确定”按钮，即可在绘图区中看到改变样式后的箭头。

（6）在“书法”选项区中的“展开”数值框中可调整笔尖形状的比例；在“角度”数值框中可设置笔尖旋转的角度；在“笔尖形状”框中，通过使用鼠标直接点取图形，可快速改变笔尖的形状，此时两个数值框中的数值也随之改变；单击“默认”按钮，可以恢复笔尖的默认形状。

（7）当线条覆盖在一个内部填色的对象上时，选中“后台填充”复选框，可将线条置于对象的下方。此时可能会感觉轮廓线变细。如图4-36所示，虽然它们的轮廓线看起来粗细不同，但线宽的设定值实际上是一样的。

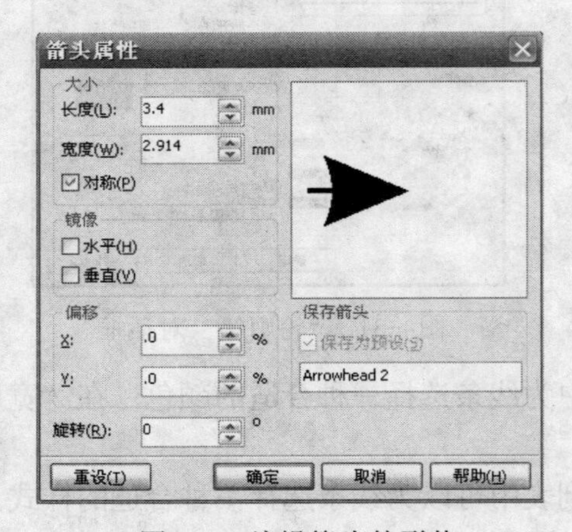

图4-35 编辑箭头的形状

线条覆盖在填充对象之上（左）　线条置于填充对象之下（右）

图4-36 选中“后台填充”前后的对比效果

（8）选中“按图像比例显示”复选框，当对图像进行缩放时，线条的宽度也会随之按比例缩放。

（9）设置完毕后，单击“确定”按钮，即可将设置应用于所选的线条或图形，如图4-37所示。

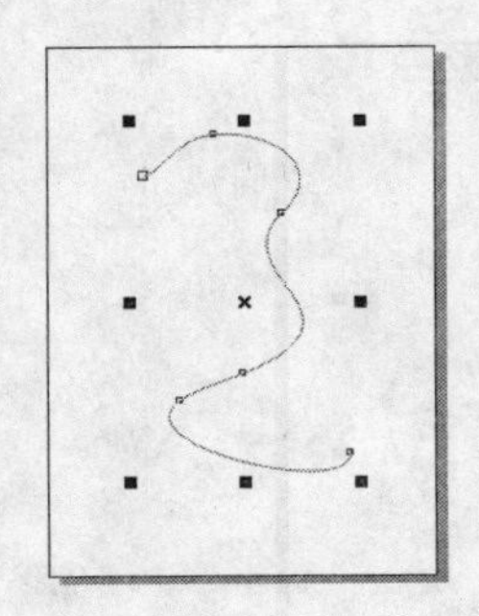
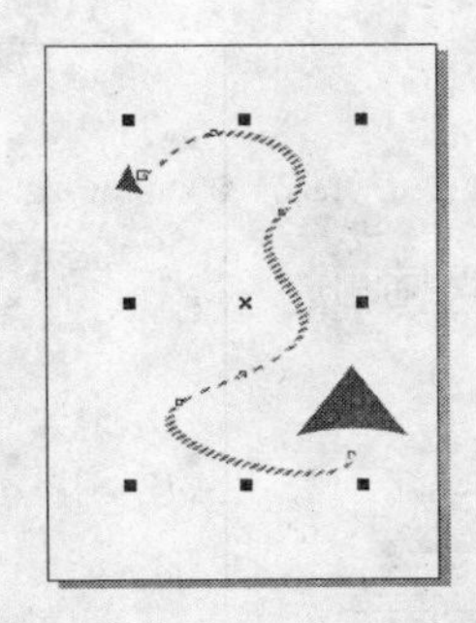
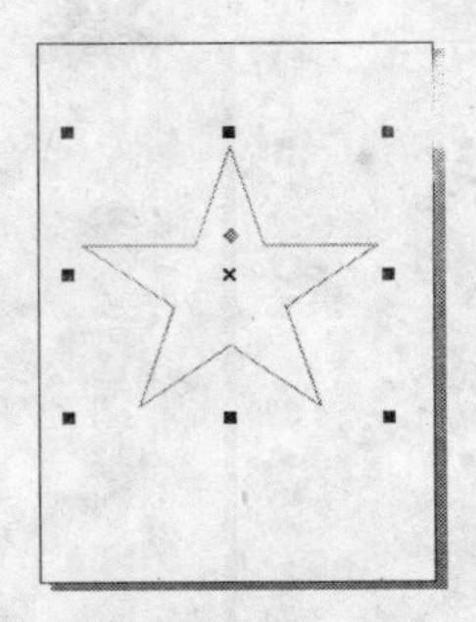
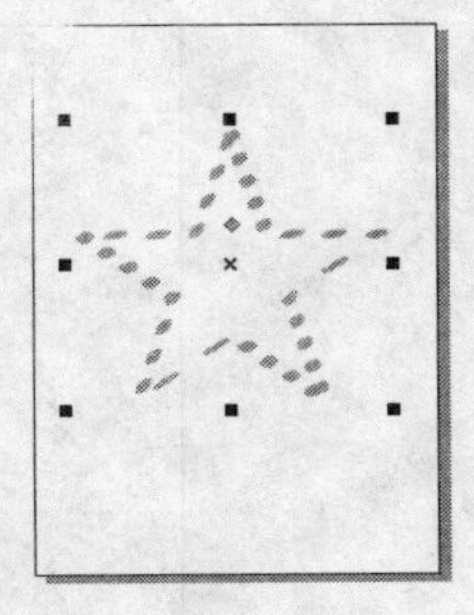

图4-37 设置的格式化线条（左）和轮廓线（右）

提示 轮廓画笔的效果，也可以直接在绘制线条与图形时显示的属性栏中设置。

4.2.2 使用轮廓宽度预设值

在轮廓工具组中包含了一些轮廓宽度预设值，它们分别是“无轮廓”、“细线轮廓”、“1/2点轮廓”、“1点轮廓”、“2点轮廓”、“8点轮廓”、“16点轮廓”和“24点轮廓”，使用它们可以改变图形的轮廓线宽度，如图4-38所示。

4.2.3 设置线条与轮廓线的颜色

使用轮廓工具组中的“轮廓颜色对话框”按钮和“颜色泊坞窗”按钮，可以设置线条与轮廓线的颜色。

1. “轮廓颜色对话框”按钮

选中要设置颜色的线条或图形，然后单击轮廓工具组中的“轮廓颜色对话框”按钮，将打开如图4-39所示的“轮廓色”对话框。通过单击“模型”、“混和器”、“调色板”选项卡，可在相应的选区中对线条的颜色做精确的设定。设置好后单击“确定”按钮，即可将设置应用于所选的线条或图形的轮廓线。

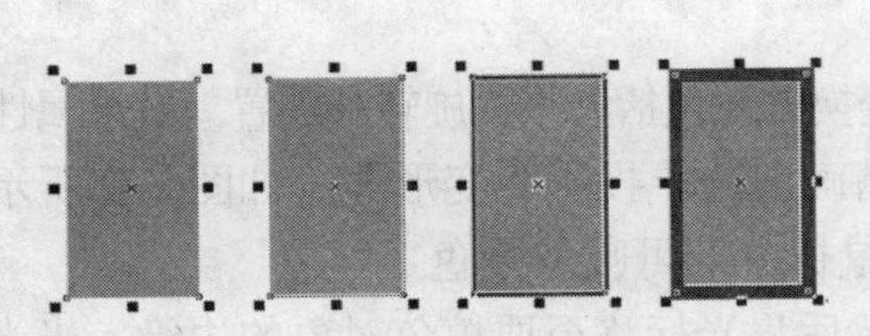

图4-38 图形的无轮廓、极细轮廓、8点轮廓、24点轮廓效果

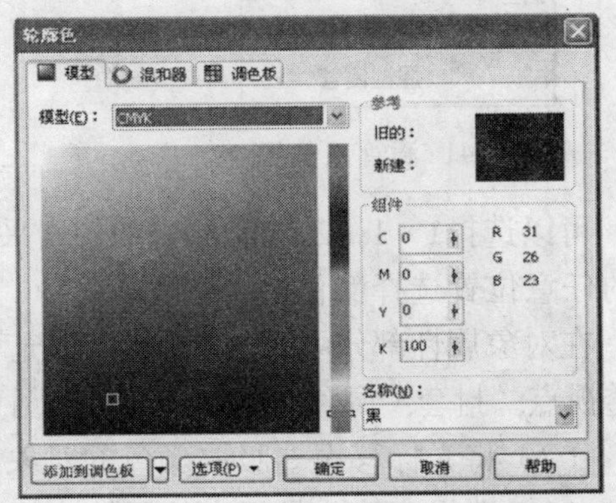

图4-39 “轮廓色”对话框

2. “颜色泊坞窗”按钮

单击轮廓工具组中的“颜色泊坞窗”按钮，使用打开的“颜色”泊坞窗也可以设置轮廓线的颜色，设置好后单击该泊坞窗上的“轮廓”按钮，即可将设置的颜色应用到所选图形对象的轮廓线，如图4-40所示。

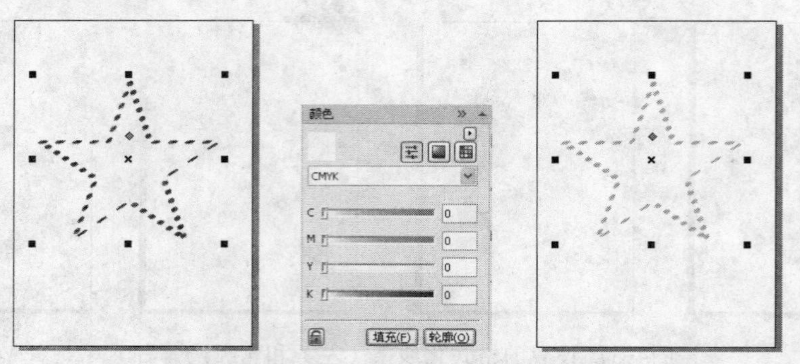

图4-40 使用“颜色”泊坞窗改变轮廓线颜色（左黑右绿）

提示 在没有选取任何对象的情况下使用轮廓工具组中的工具，系统将弹出“轮廓笔”对话框，这时必须从该对话框中选择新的预设属性所要应用的范围。单击“确定”按钮后，即可改变轮廓属性，修改后的属性将会应用到新建的对象。

4.2.4 使用吸取的颜色填充图形轮廓

单击工具箱中的滴管工具图标右下角的小三角形，打开如图4-41所示的工具组。

滴管工具和属性滴管工具是一个组合工具组。滴管工具用于吸取对象的颜色，属性滴管工具用于将滴管工具吸取的颜色实时地填充到其他对象。使用该工具组，可以将吸取的颜色填充到一个对象的轮廓，使用方法如下。

（1）选择工具箱中的滴管工具，在属性栏中设置为“样品颜色”。通过单击可打开“样本大小”下拉列表，如图4-42所示。

图4-41 滴管工具组

图4-42 属性栏

可以选择1×1、2×2和5×5的像素采样。若单击“从桌面选择”按钮，则可以从计算机桌面的任意位置选择颜色。

在对象属性部分可以设置轮廓、填充和文本，变换属性包括大小、旋转和位置，效果属性包括透视点、封套、调和、立体化、轮廓图、透镜、精确剪裁、投影和变形等，如图4-43所示。

（2）将光标移至要吸取颜色的对象上并单击鼠标，即可吸取颜色。

（3）选择滴管工具组中的属性滴管工具，然后将光标移至要填色对象的边缘，当光标变形为时，单击鼠标即可将使用工具吸取的颜色填充到该对象。

（4）使用滴管工具吸取颜色后，单击“颜色”泊坞窗中的“轮廓”按钮，可将吸取的颜色填充到图形的轮廓。

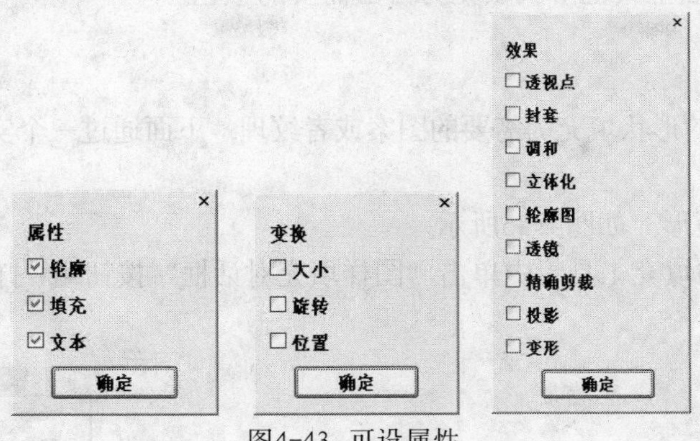

图4-43 可设属性

4.2.5 将轮廓转换为对象

选择“排列→将轮廓转换为对象”菜单命令可以将选中的图形对象轮廓分离出来，成为一个单独的轮廓线对象。应用该命令后，使用鼠标可以将分离出来的轮廓线对象从原有对象中移动出来，如图4-44所示。

图4-44 将轮廓转换为对象

提示 使用“将轮廓转换为对象”命令分离出来的轮廓对象是一条曲线，只可以对它的轮廓线条进行填充，不能对其内部进行填充。另外，原对象的轮廓分离出来后，还可以重新设置对象的轮廓宽度和颜色。

4.3 填充对象

在CorelDRAW中，可以方便地对对象填充单色、渐变色、图案、纹理和PS纹理等，还可以使用交互式填充工具或者新增加的职能填充工具填充对象。

一般可以使用标准方式进行填充，也可以使用“颜色”泊坞窗、“属性”泊坞窗、交互式填充工具、交互式网格填充工具进行填充。

4.3.1 填充颜色

通常，使用绘图工具绘制的形状都是以线框形式显示的，没有填充颜色。如果需要填充，那么在绘制完形状之后，单击工作界面右侧调色板中需要的样本色即可进行填充。比如，绘制一个菱形，然后把它填充为绿色，如图4-45所示。

也可以使用该方法把其他形状填充为自己需要的颜色。

4.3.2 填充图案

也可以把绘制完的形状填充为需要的图案或者纹理，下面通过一个实例来介绍如何填充图案。

（1）绘制一个矩形，如图4-46所示。

（2）在工具箱的填充工具组中单击“图样填充对话框”按钮，打开“图样填充”对话框，如图4-47所示。

图4-45 把菱形填充为绿色

图4-46 绘制的矩形

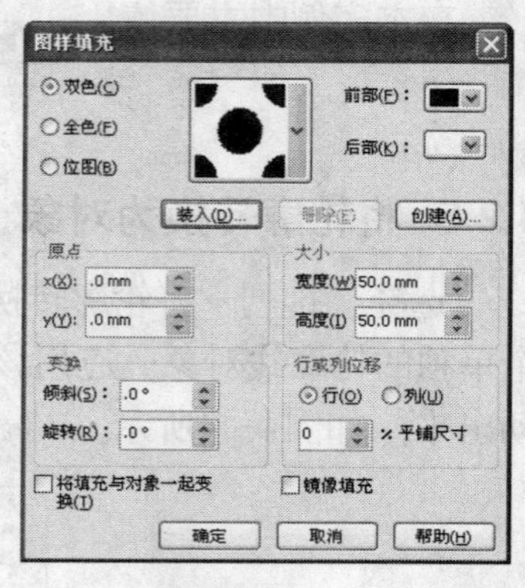

图4-47 “图样填充”对话框

（3）可以设置双色、全色或者位图填充，比如使用默认的位图填充，效果如图4-48所示。

（4）如果要选用其他的位图，可以单击“装入”按钮，打开“导入”对话框，选择需要的位图即可，如图4-49所示。

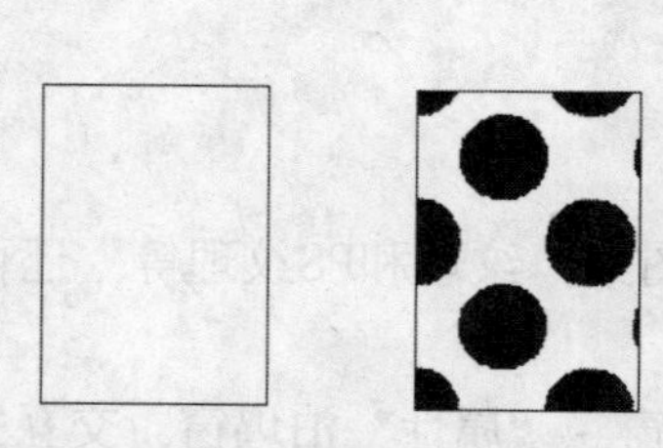

图4-48 填充效果（右图）

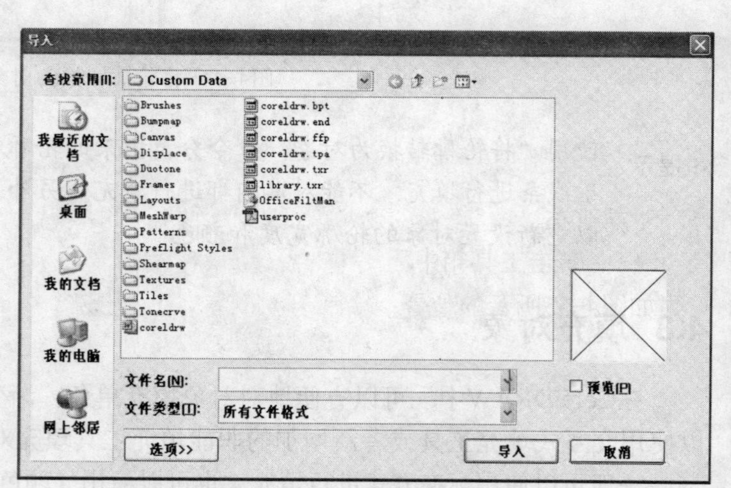

图4-49 “导入”对话框

也可以使用该方法把其他形状填充为自己需要的图案、纹理和渐变等，如图4-50所示。

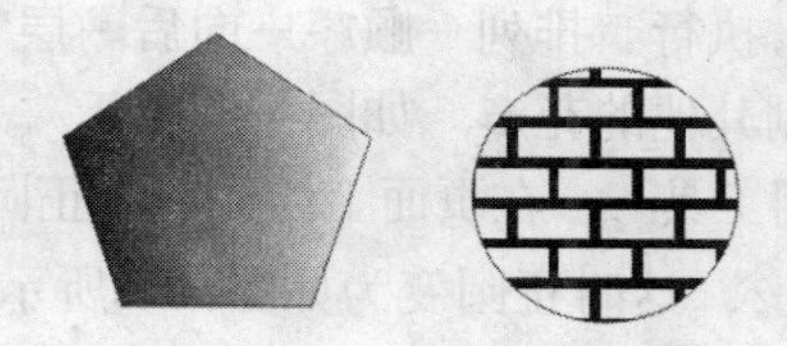

图4-50 填充效果

提示 使用该对话框可以填充多种样式的图案，像全色的图案和位图等。

4.4 实例：简单的装饰画

在本实例中主要使用椭圆工具、矩形工具和多边形工具等来绘制一幅简单的装饰画，绘制的最终效果如图4-51所示。

（1）打开CorelDRAW，创建一个新的文档，并根据需要设置页面的大小。

（2）单击工具箱中的矩形工具，在页面中绘制一个矩形，并将其填充为蓝色，如图4-52所示。

（3）单击工具箱中的矩形工具，在页面中绘制一个矩形，并将其填充为黄绿色，如图4-53所示。

图4-51 装饰画的最终效果

图4-52 绘制的矩形

图4-53 绘制的矩形

（4）绘制花。单击工具箱中的椭圆工具，在页面上绘制一个正圆，将其填充为黄色，如图4-54所示。

（5）单击工具箱中的椭圆工具，在页面上绘制一个椭圆，将其填充为黄色，并将其调整到如图4-55所示的位置。

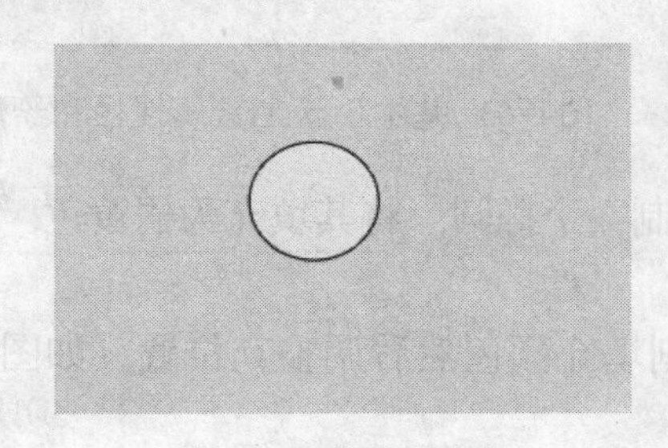

图4-54 绘制的圆

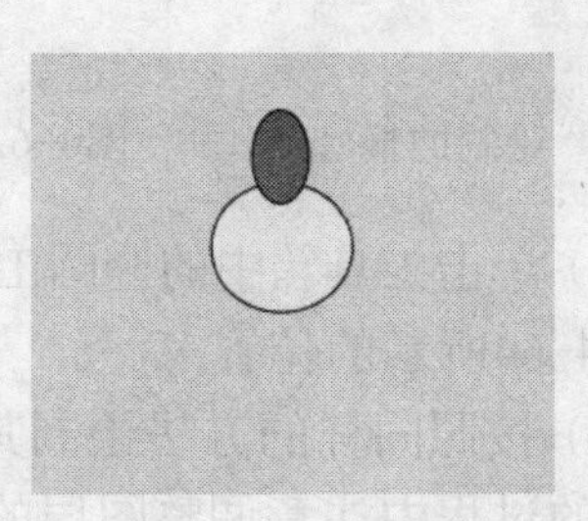

图4-55 绘制的椭圆

（6）选择刚绘制的椭圆，执行“排列→顺序→向后一层”命令，效果如图4-56所示。

（7）按照同样的方法绘制其他的花瓣，如图4-57所示。

（8）单击工具箱中的椭圆工具，在页面上绘制一个正圆，设置轮廓线的线宽为2mm，单击属性栏中的“弧形”按钮，这时正圆变为如图4-58所示。

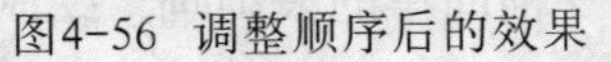

图4-56 调整顺序后的效果

图4-57 绘制的花

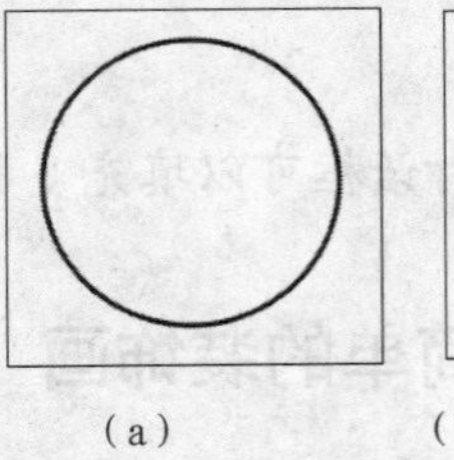
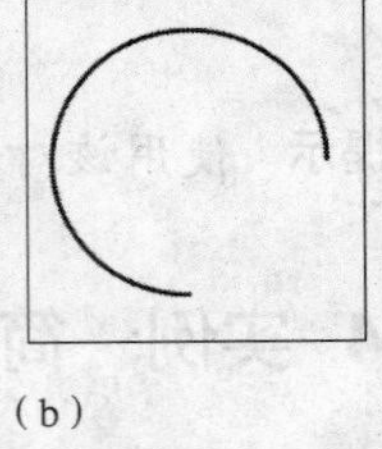

（a） （b）

图4-58 绘制的圆和变为弧形的圆

（9）选择绘制的圆弧，并在属性栏设置各项参数调整圆弧的形状，调整效果如图4-59所示。

（10）选择圆弧，将轮廓线填充为绿色，并调整到合适位置，如图4-60所示。

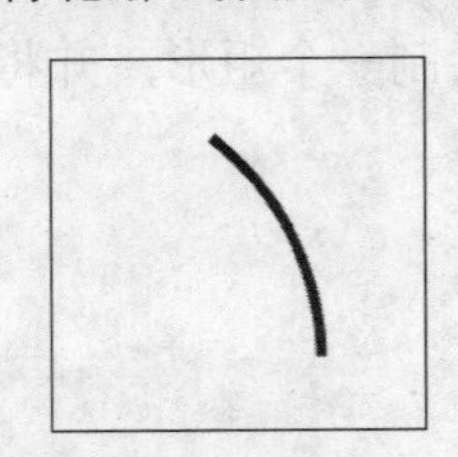

图4-59 椭圆工具属性栏和绘制的圆弧

图4-60 填充颜色并调整位置

（11）单击工具箱中的椭圆工具，在页面上绘制一个椭圆，将其填充为绿色，然后调整到如图4-61所示的位置。

（12）依据上述方法绘制出花的其他部分，如图4-62所示。

（13）绘制花盆。在工具箱中选择基本形状工具，在属性栏中单击“完美形状”按钮，在下拉列表中选择“梯形”，在页面上绘制一个梯形，并填充为橘黄色，如图4-63所示。

图4-61 绘制的椭圆

图4-62 绘制的其他部分

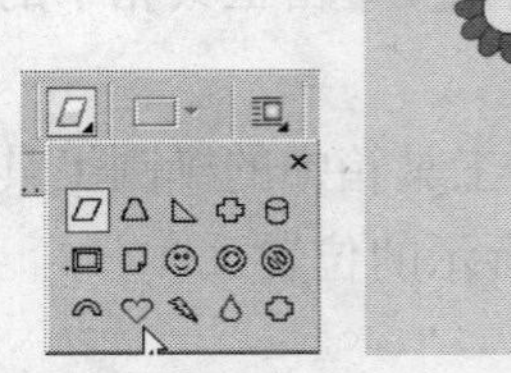

图4-63 基本形状工具属性栏和绘制的梯形

（14）单击工具箱中的椭圆工具，在页面上绘制一个椭圆，将其填充为橘黄色，然后调整到如图4-64所示的位置。

（15）按照同样的方法绘制其他的椭圆，并分别填充颜色然后调整其位置，如图4-65所示，绘制的过程中注意调整图层的顺序。

（16）按照同样的方法绘制其他的花，并调整其位置如图4-66所示。

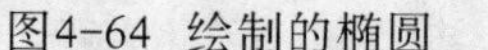

图4-64　绘制的椭圆

图4-65　绘制的花盆的其他部分

图4-66　绘制的其他的花

（17）绘制太阳。单击工具箱中的椭圆工具，在页面上绘制一个正圆，并填充为橘黄色，如图4-67所示。

（18）单击工具箱中星形工具，在属性栏设置相应的数值，然后在页面上绘制一个星形图案，将其填充为黄色并调整其位置如图4-68所示，注意在绘制过程中调整图层的顺序。

（19）绘制云彩。单击工具箱中的椭圆工具，在页面上绘制3个椭圆，将其填充为白色，如图4-69所示。

（20）按照同样的方法绘制其他的云彩。

图4-67　绘制的太阳

图4-68　绘制的星形

图4-69　绘制的云彩

至此简单的装饰画就绘制完成了，最终效果如图4-51所示。

第5章　对象操作与管理

在CorelDRAW中，对象操作包括选取、移动、旋转、大小、缩放与镜像、对齐、分布、群组、结合等，这其中的大部分可以借助鼠标来粗略地实现，而要比较精确地进行设置，还必须通过相应的参数来实现。

在本章中主要介绍下列内容:

- ▲ 选取对象
- ▲ 剪切、复制和粘贴对象
- ▲ 仿制和删除对象
- ▲ 旋转和缩放对象
- ▲ 对齐和分布对象
- ▲ 结合和拆分对象
- ▲ 查找和替换对象

5.1 选取对象

在CorelDRAW中，选取对象是最常用的操作之一，如果要编辑处理一个对象，必须先选取该对象。在CorelDRAW中，对象的选取方式有多种，可根据不同的目的而交互运用。

5.1.1 使用选择工具直接选取

工具箱中的选择工具是一个常用的工具，通常用来从工作区中挑选所要编辑的对象，再通过使用鼠标移动所选对象本身或其节点，即可达到一些基本的编辑目的。

（1）在工具箱中的选择工具图标上单击一下，即可开始选取页面中的对象。另外，还可以使用选择工具移动对象，在对象上单击并拖曳即可。

（2）使用鼠标在要选取的对象上单击一下，该对象周围即出现一些黑色的控制点，表示它已被选中，如图5-1（右）所示。

提示　在选取对象时，也可以在将要选取对象的左上角或者右上角按下鼠标，然后沿着对角线方向拖曳出一个虚线方框以完全包含该对象，当松开鼠标后，即可看到该对象已被选取了。

（3）如按下Shift键，并使用选择工具依次单击各对象，可以选择多个对象。

（4）如果要从一群重叠的对象中选取某一对象，只需按下Alt键，再使用鼠标逐次单击最上层的对象，即可依次选取下面各层的对象了，如图5-2所示。

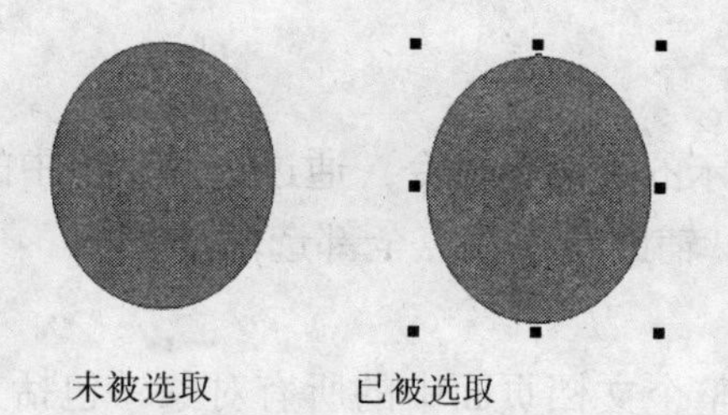

图5-1 选取对象前后的对比效果

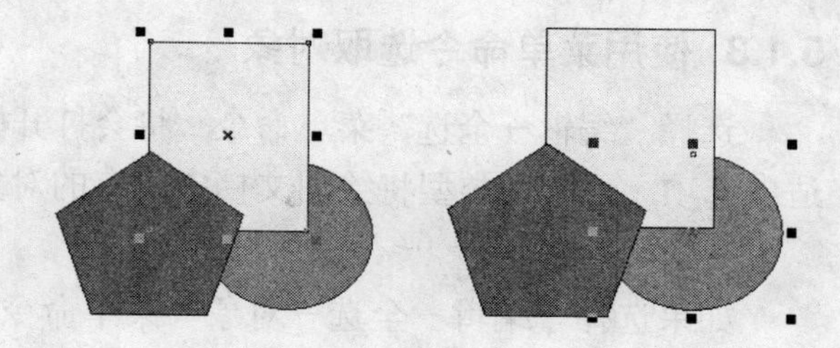

图5-2 逐层选取对象

（5）如果要选择一个群组中的某个对象，只需在按下Ctrl键的同时，使用鼠标左键单击所要选择的对象即可，此时对象周围的控制点将变为小圆点，如图5-3所示。

（6）选择“工具→选项”菜单命令，并选中“选项”对话框左侧列表中的“挑选工具”选项，在右侧可以根据需要更改选择工具的默认值，如图5-4所示。

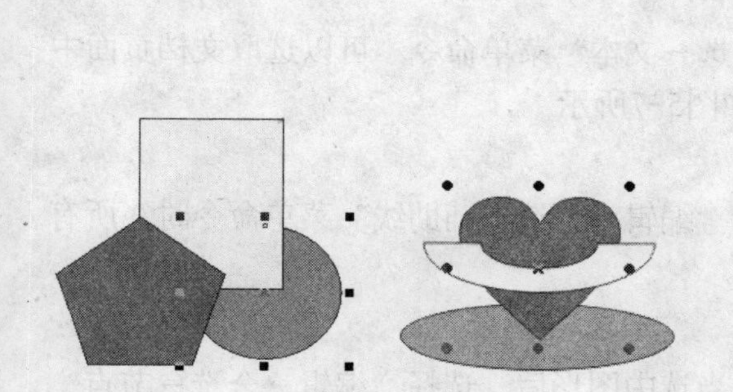

图5-3 选取群组中的某个对象

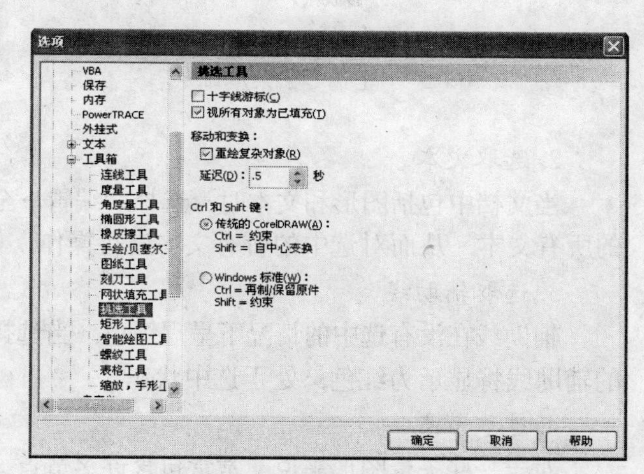

图5-4 “选项”对话框

在“选项”对话框中各选项的含义如下：

· 选中“十字线游标”复选框，可将选择工具后的鼠标指针变为十字鼠标指针。

· 选中“视所有对象为已填充”复选框，可将所有图形对象（包括未填充的对象）视为已填充的对象，从而可在对象内部单击来选定它。如取消选择该项，则使用鼠标单击无填充对象内部，将不能选中该对象。

· 选中“重绘复杂对象”复选框，将激活“延迟”数值框。使用该数值框可以调节移动对象时绘制线轮廓的延迟时间。

· 选中“Ctrl和Shift键”选项区下的“传统的CorelDRAW”选项后，按住Ctrl键具有约束鼠标的功能，按住Shift键可以确保对象从中心成比例变化；如选中“Windows标准”选项，可以使Ctrl键具有复制对象且可以将原对象置于后面的功能，Shift键具有约束鼠标的功能。

5.1.2 在创建图形时选取对象

在使用矩形、椭圆形、多边形等基本的绘图工具绘制对象时，CorelDRAW会自动选取所绘对象，然后对对象进行移动、旋转、缩放等操作。也就是说，选择工具已经融在这些工具当中。

5.1.3 使用菜单命令选取对象

选择"编辑→全选"菜单命令，将会打开如图5-5所示的子菜单命令，通过选择菜单中的适当选项，可以按类型将绘图文档中所有的对象、文字、辅助线或节点全部选取。

1. 选择对象

如果选择"编辑→全选→对象"菜单命令，可以将整个文档页面中的所有对象（包括文本、矢量图形）全部选取，如图5-6所示。

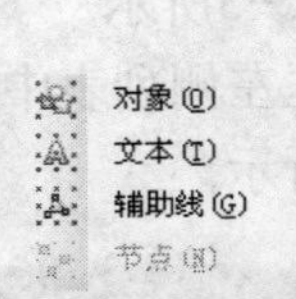

图5-5 "全选"子菜单命令

图5-6 选择全部对象

2. 选取文本

当文档中包括图形和文本时，选择"编辑→全选→文本"菜单命令，可以选取文档页面中的所有文本，从而对选中的所有文本进行操作，如图5-7所示。

3. 选取辅助线

辅助线在没有选中的情况下呈现黑色，当选择"编辑→全选→辅助线"菜单命令时，所有的辅助线将显示为红色，处于选中状态。

4. 选取节点

对于一些矢量图形来说，常常包含许多节点，当选中图形后，选择"编辑→全选→节点"菜单命令，可以将图形中的所有节点都显示出来，如图5-8所示。

图5-7 选择所有文本

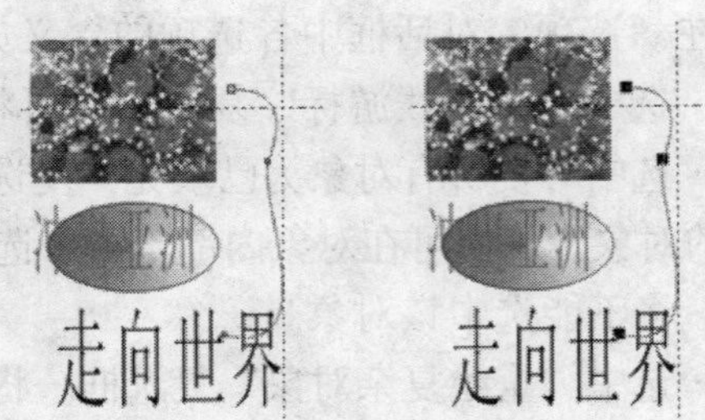

图5-8 选择所有节点

提示 关于文字的制作和曲线的绘制，将在本书后面的内容中进行介绍，在这里读者只做了解即可。

5.1.4 取消选择

如果要取消对象的选择状态，只需使用鼠标在绘图区的空白处单击一下即可。另外，通过按键盘上的Esc键也可以取消选择对象。

5.2 剪切、复制、仿制与删除对象

在编辑处理对象的过程中，经常需要制作图形对象的副本，或将不需要的图形对象清除，本节将简要介绍一下CorelDRAW提供的剪切、复制、仿制及删除等功能。

5.2.1 剪切、复制、粘贴对象

CorelDRAW中的“复制”命令经常与“粘贴”命令结合，主要用于制作所选图形和文件的副本。在使用图形和文件的副本时，可以保持原图形和文件的状态和属性不变。使用“剪切”命令同样可以制作出与原对象相同的对象，但是“剪切”命令将会把原来所选的对象清除。

1. 复制对象

如果要为CorelDRAW中绘制好的图形制作副本，选择“编辑→复制”菜单命令，或单击属性栏中的“复制”按钮，即可将所选对象复制到剪贴板中。

2. 剪切对象

如果要将对象复制到剪贴板并且将对象从原位置清除，可以选择“编辑→剪切”菜单命令，或单击属性栏中的“剪切”按钮。

3. 粘贴对象

通过选择“编辑→粘贴”菜单命令，或单击属性栏中的“粘贴”按钮，即可将剪贴板中的对象粘贴到当前页面中，如图5-9所示。

注意 在粘贴对象后，它们是重叠在一起的，需要使用选择工具把它们移开后，才能看到粘贴后的效果。

注意 只有执行了“复制”和“剪切”命令之后，才能激活“粘贴”选项和按钮。如使用“复制”命令复制对象，则粘贴后的复制对象将重叠在原对象的正上方，只有将粘贴的对象移至适当位置，才能看到原对象。

5.2.2 仿制对象

使用选择工具选择对象后，选择“编辑→仿制”菜单命令，可以将该对象再仿制一份，如图5-10所示。

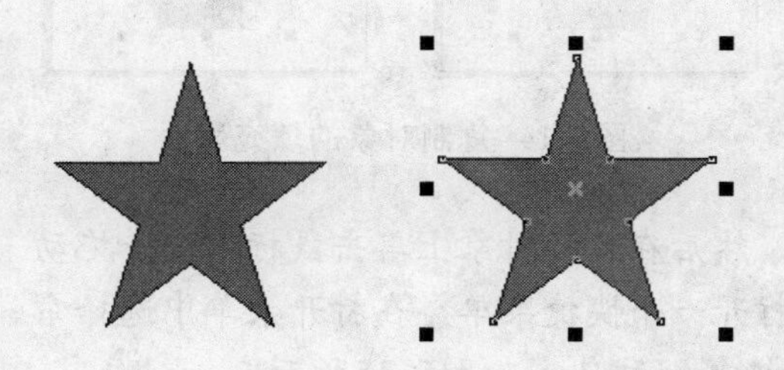

图5-9 复制和粘贴对象后的效果

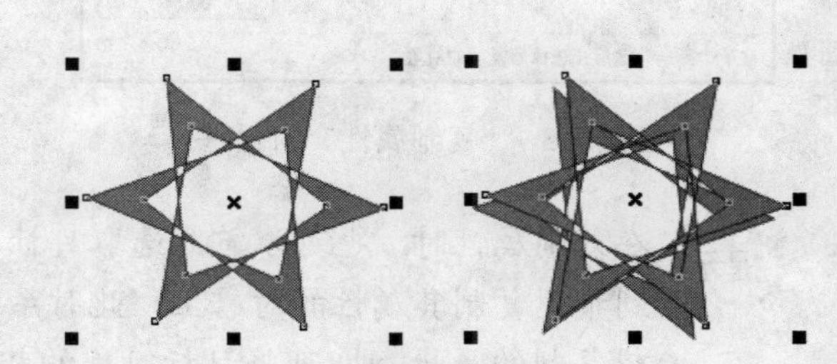

图5-10 仿制对象

“仿制”与“复制”的功能很类似，不同之处在于，仿制对象与原对象之间有一种从属关系。当改变原对象的任何属性（大小、色彩、内填色、外形……）时，该原对象的所有仿制对象均会产生同样的变化，如图5-11所示。但是，如果改变仿制对象的属性，并不会影响到原对象，如图5-12所示。

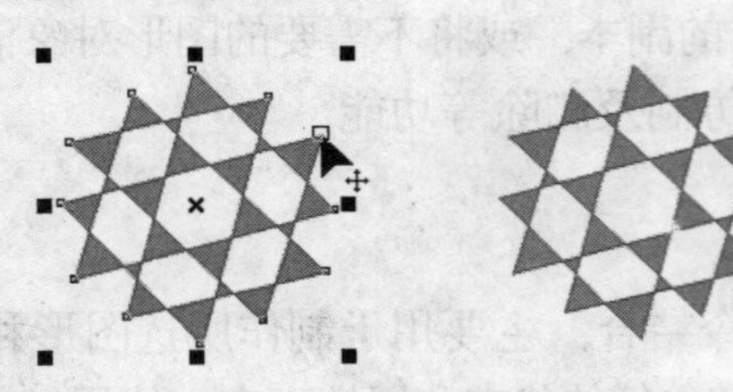

图5-11 改变原对象的属性后仿制对象也将随之改变

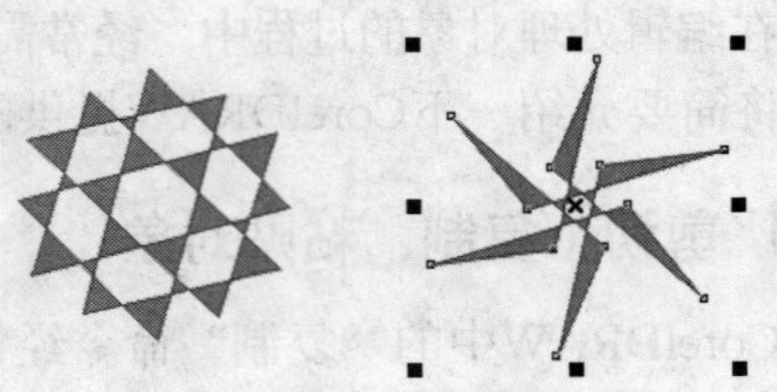

图5-12 改变仿制对象的属性并不会影响原对象

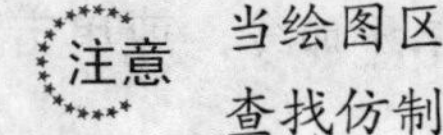

当绘图区中的仿制对象太多时，想区分主对象与仿制对象就会很困难。此时如果想查找仿制对象的主对象，可在仿制对象上单击鼠标右键，在打开的快捷菜单中选择“选择主对象”选项，即可将主对象选中。

5.2.3 复制属性

使用“编辑”菜单中的“复制属性自”命令可以把一个对象的属性复制到其他对象上，操作如下。

（1）选择希望获取其属性的目标对象，然后选择“编辑→复制属性自”菜单命令，此时系统将打开如图5-13所示的“复制属性”对话框。

（2）通过选中该对话框中的“轮廓笔”、“轮廓色”、“填充”和“文本属性”复选框，选择希望复制的属性。

（3）选定属性后，单击“确定”按钮，此时鼠标指针将变为➡形状。移动鼠标指针到其他对象上单击，即可将目标对象的属性复制到该对象上，如图5-14所示。

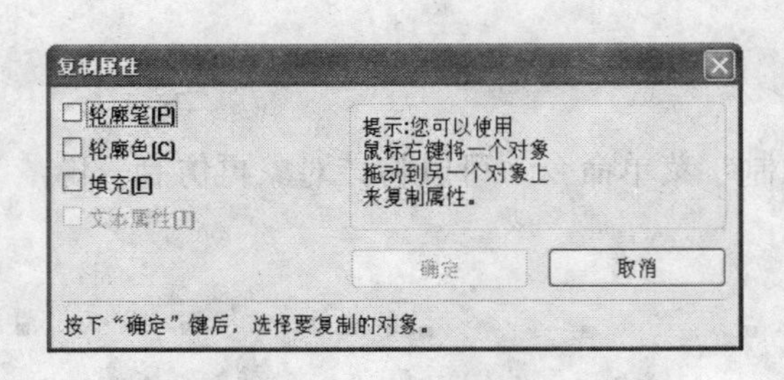

图5-13 “复制属性”对话框

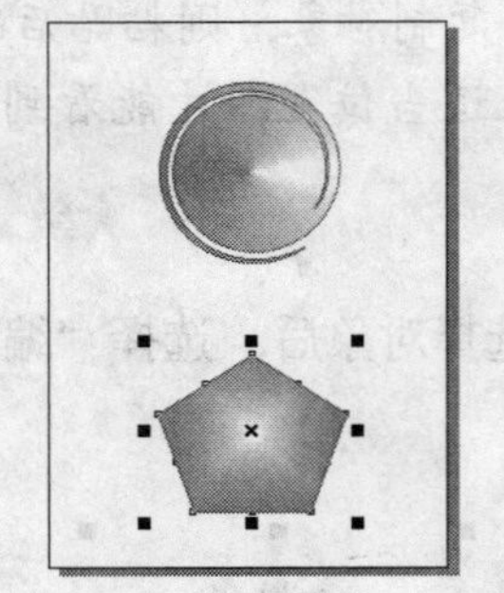

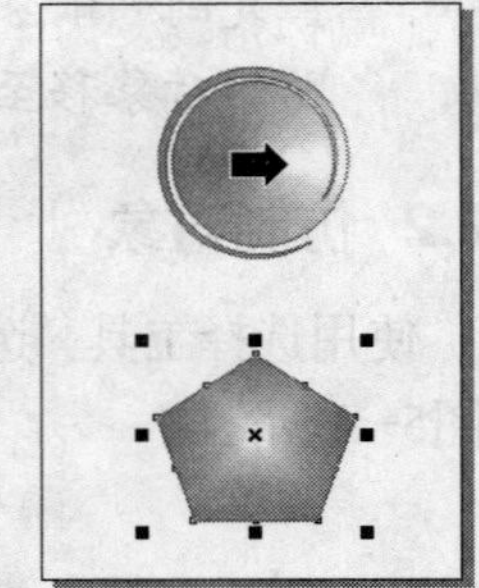

图5-14 复制对象的填充属性

提示 在复制属性时，也可以首先选取目标对象，然后在目标对象上单击鼠标右键并拖动到希望复制其属性的对象上，此时系统将打开一个快捷菜单。在打开菜单中选择希望复制的属性，即可将目标对象的相关属性复制过来，如图5-15所示。

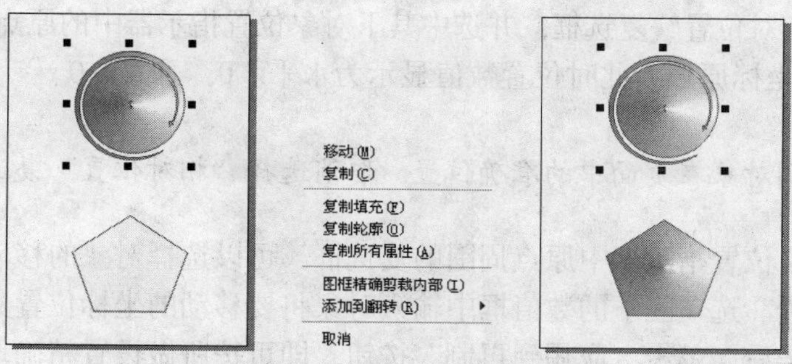

图5-15 以拖动方式复制对象属性

5.2.4 删除对象

如果要删除某个对象，只需将该对象选中后选择“编辑→删除”菜单命令或按键盘上Delete键。此外，选择“编辑→剪切”菜单命令，也可将所选对象删除，不过使用该命令进行剪切后，还可以进行复制。

5.3 对象变换

在CorelDRAW中，可以对对象执行移动、旋转、缩放、镜像与倾斜等操作，这些操作统称为变换。

5.3.1 移动对象

在编辑对象时，如需移动对象的位置，可直接使用鼠标单击并拖动来移动对象，也可以通过设置数值将对象移动到精确位置。

1. 移动对象

选中对象后，将鼠标指针移至对象的中心位置，鼠标指针变为✥状态，此时单击并拖动即可移动对象，如图5-16所示。

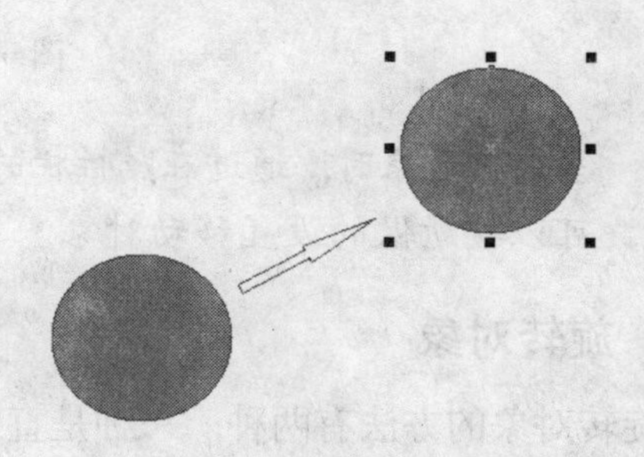
图5-16 移动所选的对象

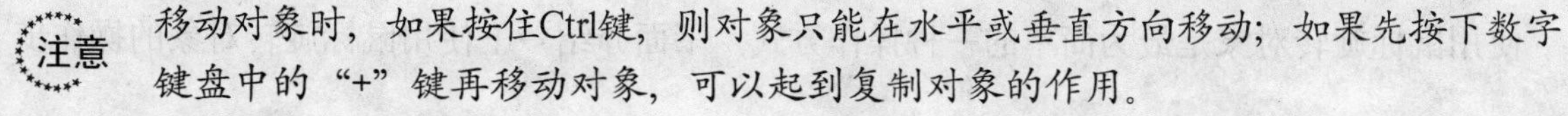
注意 移动对象时，如果按住Ctrl键，则对象只能在水平或垂直方向移动；如果先按下数字键盘中的“+”键再移动对象，可以起到复制对象的作用。

2. 精确移动对象

另外，还可以通过设置数值，将对象移动到精确位置，操作如下。

（1）选中对象后，选择“排列→变换→位置”菜单命令，并在打开的“变换”泊坞窗中单击“位置”按钮，此时泊坞窗将如图5-17所示。

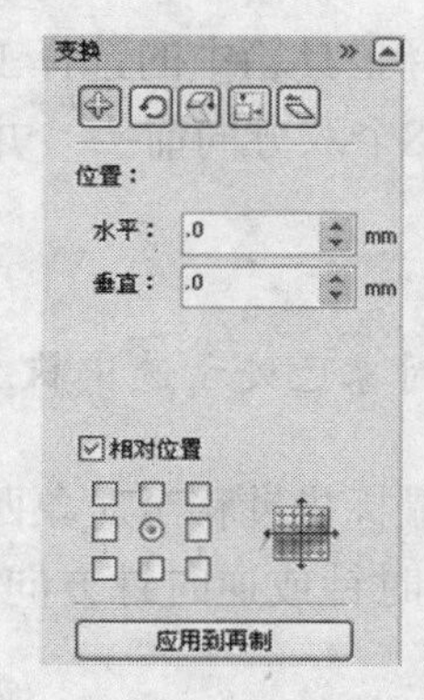

图5-17 “变换/位置”泊坞窗

（2）选中“相对位置”复选框，并选中其下对象位置指示器中的原点，系统将以所选对象的中心位置作为坐标原点，此时位置数值显示为水平：0、垂直：0。

提示 如果要得到对象在页面中的准确位置，取消选择“相对位置”复选框即可。

（3）选择对象位置指示器中原点周围的复选框，可以选择对象的移动方向。

（4）在“位置”选项区下的数值框中输入对象将要移动的坐标位置数值。

（5）设置完毕后，单击“应用到再制”按钮，即可按所做设置精确地移动对象。

（6）如单击“应用到再制”按钮，系统将在保留原对象的基础上再复制出一个对象，如图5-18所示。

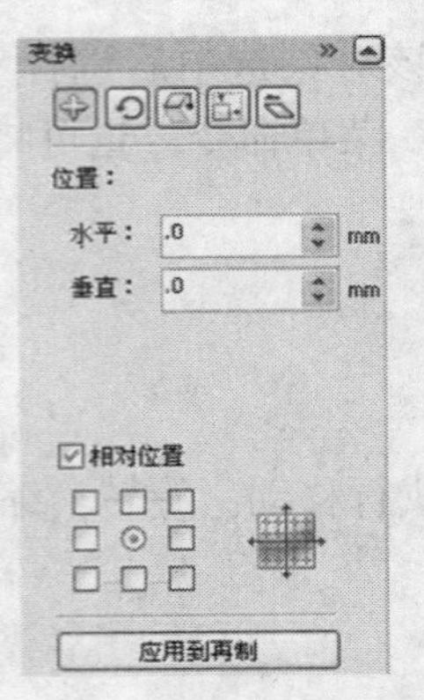

图5-18 移动对象的效果

注意 当选中对象时，通过在属性栏的“对象的位置”数值框中设置X、Y的坐标数值，也可以按所做的设置移动对象。

5.3.2 旋转对象

旋转对象的方法有两种，一种是直接使用鼠标手动旋转，另一种是通过设置数值使对象精确旋转。

1. 使用鼠标旋转对象

使用鼠标旋转对象是最为简单的一种操作方式，下面介绍一下使用鼠标旋转对象的操作步骤。

（1）选择工具箱中的选择工具，然后双击要旋转的对象，使其处于旋转模式。此时对象周围将出现8个双方向箭头，并在中心位置出现一个小圆圈，也就是旋转中心，如图5-19所示。

提示 如果对象已处于选中状态，只需再单击该对象一次，即可进入旋转模式。

（2）将鼠标指针移至对象四个角的任意一个旋转符号上，此时鼠标指针变为↻形状。单击鼠标并沿顺时针或逆时针方向拖动，即可将对象绕着旋转中心进行旋转，如图5-20所示。

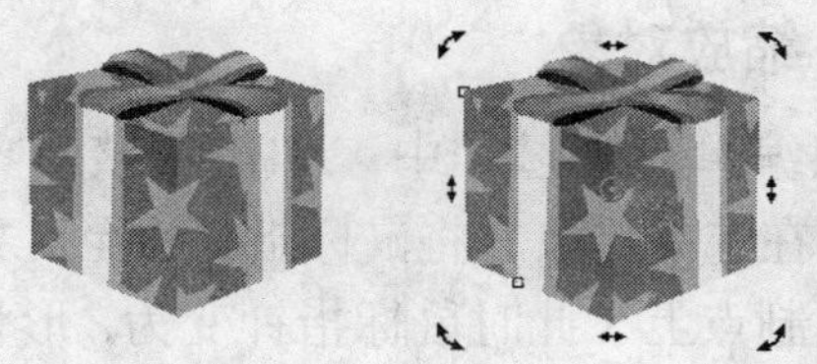

图5-19 使对象处于旋转模式（右图）　　图5-20 旋转所选对象

（3）如果移动旋转中心的位置，然后再旋转，可使对象以新的旋转中心为轴进行旋转，如图5-21所示。

2. 精确旋转对象

通过设置数值，可以以设定的角度精确地旋转对象，操作如下。

（1）使用选择工具选择对象，然后选择“排列→ 变换→旋转”菜单命令，在打开的“变换”泊坞窗中单击“旋转”按钮，此时“变换”泊坞窗将如图5-22所示。

图5-21 调整旋转中心后旋转对象

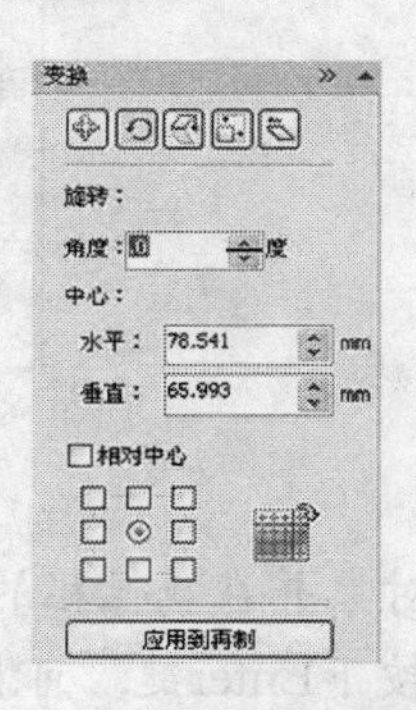

图5-22 “变换/旋转”泊坞窗

（2）在该泊坞窗的“角度”数值框中输入所选对象要旋转的角度值；在“中心”选项区下的两个数值框中，通过设置水平和垂直方向上的参数值来决定对象的旋转中心；选中“相对中心”复选框，可在其下方的指示器中选择旋转中心的相对位置。

（3）设置完毕后，单击“应用”按钮，即可按所做设置旋转对象，如图5-23所示。如单击“应用到再制”按钮，可保留原对象状态不变，而将所做设置应用到复制的对象上。

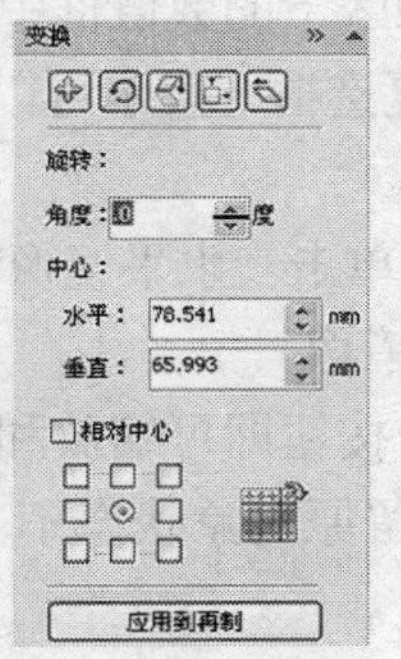

图5-23 旋转对象

在属性栏的“旋转角度”数值框中输入适当数值，然后单击所选对象或按下Enter键，也可以旋转所选对象。

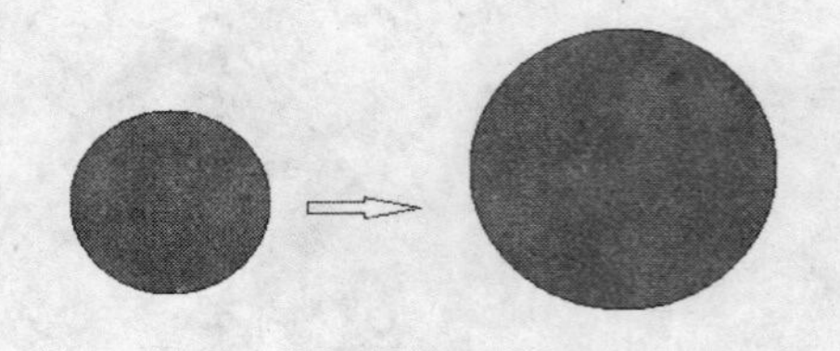

图5-24 调整对象的大小

5.3.3 缩放对象

在编辑对象过程中，如需调整对象的大小，可在选中对象后将鼠标指针移至对象任一角的控制点上（此时鼠标指针变为↗形状）单击并拖动即可，如图5-24所示。

缩放图像时，如果使用四个角上的控制点，可对选中的对象进行整体缩放；若使用四条边线上的控制点，则只能在单一方向（水平或垂直）上进行缩放，如图5-25所示。除了可使用上述方法调节对象的大小外，还可以选择“排列→变换→大小”菜单命令，然后借助“变换”泊坞窗进行设置。

图5-25 在垂直方向上调整对象尺寸

注意 选中对象并在属性栏的“对象的大小”数值框中输入合适的数值，然后单击所选对象或按下Enter键，可精确调整对象大小。

5.3.4 镜像对象

如果要对对象进行镜像操作，那么可以选择“排列→变换→大小”菜单命令，然后在显示的泊坞窗中进行设置。

（1）选中对象，选择“排列→变换→大小”菜单命令，并在打开的“变换”泊坞窗中单击“比例与镜像”按钮。

（2）在该泊坞窗的“大小”选项区下的数值框中输入数值，设置对象在水平和垂直方向上的缩放比例；如选中“不按比例”复选框，表示可以对对象进行非等比缩放。此外，在对象缩放指示器中还可以选择缩放方向。

（3）在“镜像”选项区下，通过单击“水平镜像”按钮或“垂直镜像”按钮，可以对所选对象进行水平或垂直方向上的镜像。

（4）设置完毕后，单击“应用”按钮即可缩放和镜像所选对象，如图5-26所示。如单击“应用到再制”按钮，表示系统将保留原对象状态不变，而将所做设置应用于复制对象。

5.3.5 倾斜对象

在实际的图形设计工作中，经常需要将一些图形对象按一定角度和方向进行倾斜。这一操作在CorelDRAW中是很容易实现的。

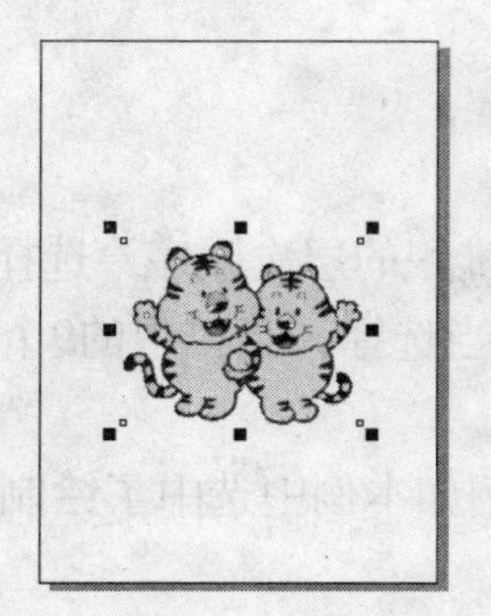

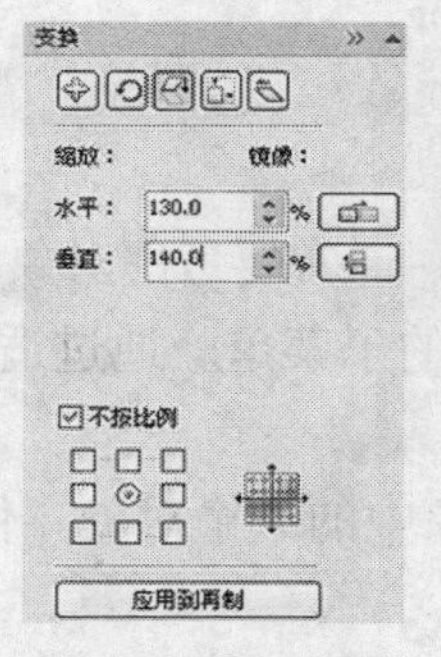

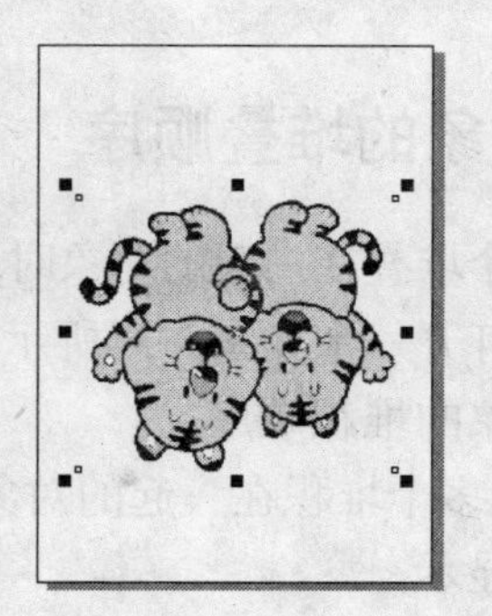

图5-26 缩放和镜像对象

1. 使用鼠标倾斜对象

双击对象使其进入旋转模式，将鼠标指针移至对象四个边的↔或↕箭头上，鼠标指针将变为⇌或⥮形状。此时单击并拖动，即可将对象沿着某个方向倾斜，如图5-27所示。也可以通过设置倾斜的角度来倾斜对象。

若首先按一下数字键盘的“+”键，再对所选对象进行旋转或倾斜操作，则可以复制对象，并将所做操作应用到该对象上，如图5-28所示。

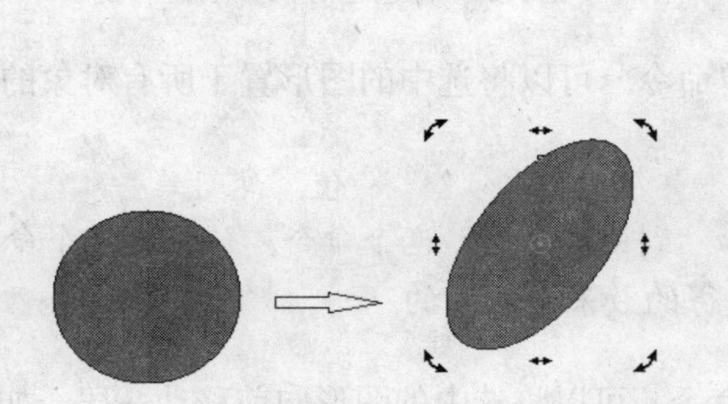

图5-27 倾斜对象

图5-28 倾斜并复制对象

2. 使用泊坞窗

选中要倾斜的对象，选择“排列→变换→倾斜”菜单命令，并在打开的“变换”泊坞窗中单击“倾斜”按钮，此时系统将打开“变换/倾斜”泊坞窗，如图5-29所示。

在该泊坞窗的“倾斜”选项区下的数值框中输入对象在水平和垂直方向上的倾斜值，然后单击“应用”按钮，即可倾斜所选对象。如单击“应用到再制”按钮，则可保留原对象状态，将所做的设置应用于复制对象。

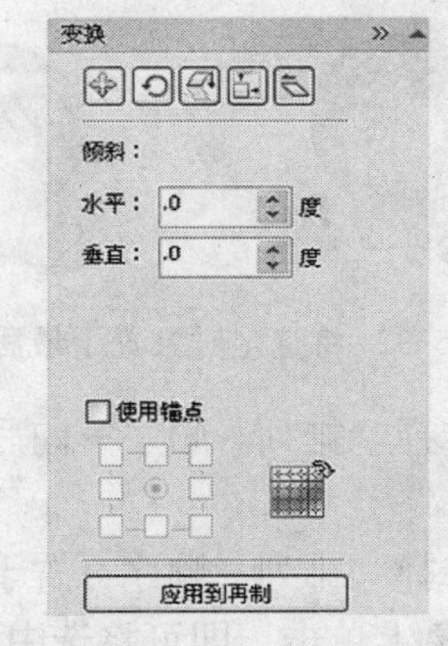

图5-29 “变换/倾斜”舶坞窗

5.3.6 清除对象变换

选择“排列→清除变换”菜单命令，可以清除使用“变换”泊坞窗中各种操作所得到的变换效果，使所选对象恢复到变换操作之前的状态。

5.4 改变对象的堆叠顺序

在编辑多个堆叠在一起的对象时，通常要考虑对象堆积的层次顺序。选择“排列→顺序”菜单命令，将打开一个如图5-30所示的子菜单。通过适当选择该菜单中的9个子菜单项，可以轻松地调整对象的堆积顺序。

（1）选取多个堆积在一起的对象中的某个对象，例如本例中选中了绘制的黑圆形，要把它置于最前面显示。

（2）选择“排列→顺序→到页面前面”菜单命令，将选中的图形置于所有对象的最前面，结果如图5-31（右）所示。

图5-30 “顺序”子菜单　　　图5-31 将选定对象置于最前面

（3）选择“排列→顺序→到页面后面”菜单命令，可以将选中的图形置于所有对象的最后面，如图5-32所示。

提示 在“顺序”菜单中还有“到图层前面”和“到图层后面”两个命令，使用这两个命令获得的效果与“到页面前面/后面”获得的效果是相同的。

（4）选择“排列→ 顺序→向前一层”菜单命令，可以将选中的图形向前移动一层，如图5-33所示。

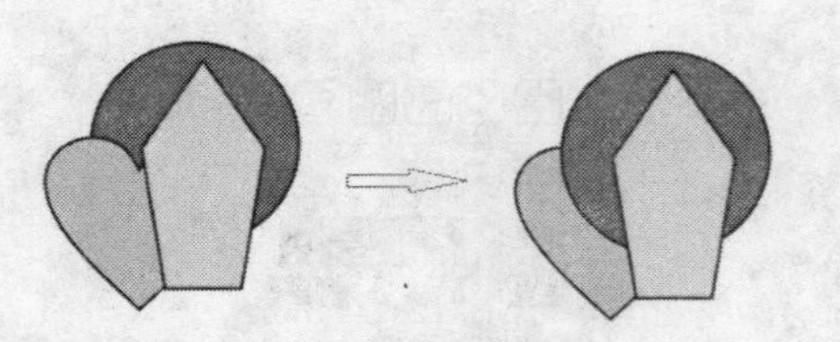

图5-32 将选定对象置于最后面

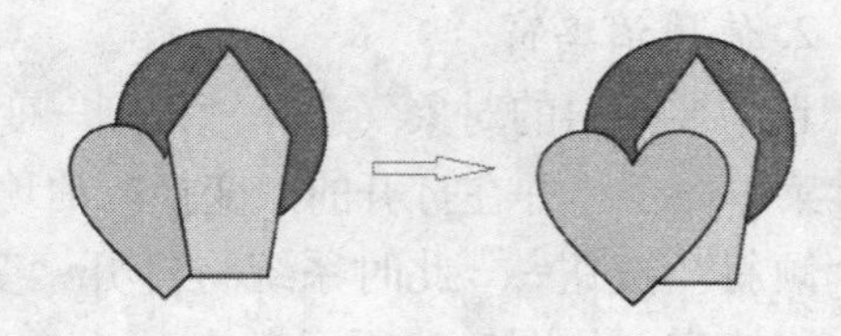

图5-33 向前移动一层

（5）选择“排列→顺序→向后一层”菜单命令，可以将选中的图形向后移动一层，如图5-34所示。

（6）选择“排列→顺序→置于此对象前”菜单命令，此时鼠标变成黑色箭头，将箭头移至指定的对象上单击，即可将选中的图形置于指定的对象前面。

（7）选择“排列→顺序→置于此对象后”菜单命令，可以将选中的图形置于指定的对象后面。

（8）选择“排列→顺序→反转顺序”菜单命令，可以将全部选中的堆积对象按照相反的顺序排列，如图5-35所示。

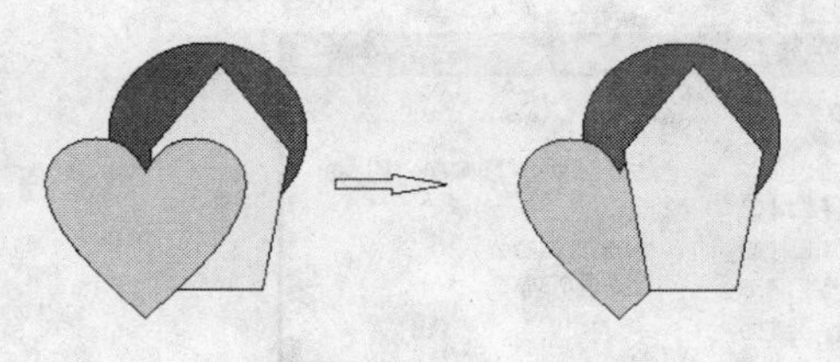

图5-34 向后移动一层

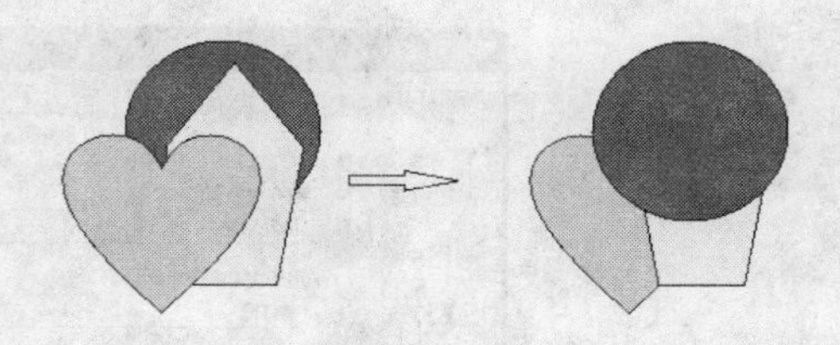

图5-35 反转顺序效果

5.5 对齐与分布对象

当页面上包含多个对象时，要使它们相互对齐，整齐分布，就可以根据需要使用CorelDRAW的对齐和分布功能了。

5.5.1 对齐对象

使用CorelDRAW的对齐功能可以使所选的两个或多个对象在水平或垂直方向上快速对齐，操作如下。

（1）选择工具箱中的选择工具，在页面中选取需要对齐的对象。

（2）选择“排列→对齐和分布”菜单命令，可打开“对齐和分布”子菜单，如图5-36所示。

（3）在该菜单中包括的水平对齐方式分为左对齐、水平居中对齐、右对齐三种对齐；垂直对齐方式分为顶端对齐、垂直居中对齐、底端对齐三种对齐。另外，还有在页面居中对齐、在页面水平居中对齐、在页面垂直居中对齐三种方式。

（4）在选择“垂直居中对齐”后，效果如图5-37所示。

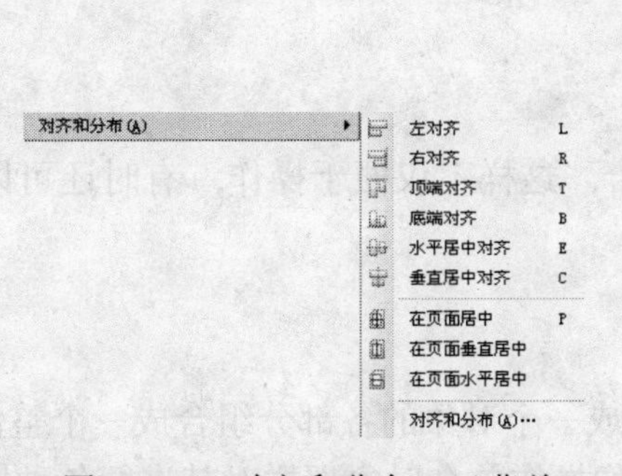

图5-36 “对齐和分布”子菜单

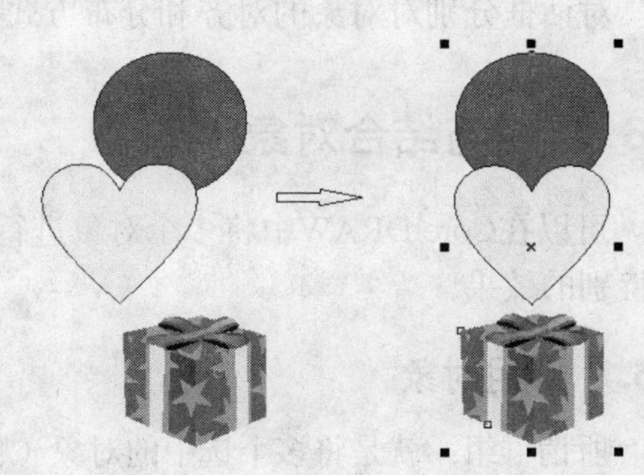

图5-37 垂直居中对齐

5.5.2 分布对象

可以使用CorelDRAW的分布功能使两个或多个对象在水平或垂直方向上按照所做设置有规则地分布，操作如下。

（1）选择工具箱中的选择工具，在页面中选取需要分布的对象。

（2）选择“排列→对齐和分布”菜单命令，打开“对齐与分布”对话框，并单击“分布”选项卡，如图5-38所示。

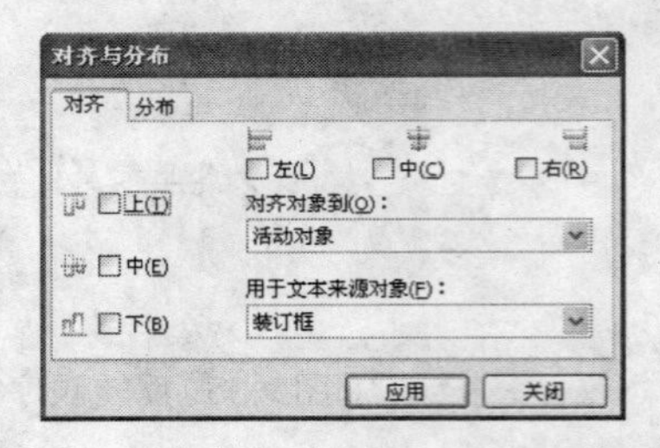

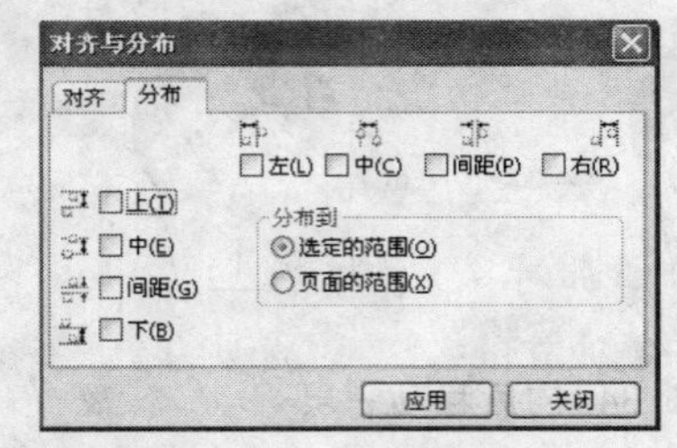

图5-38 “对齐与分布”对话框

（3）在“分布”选项卡中可以设置对象在水平或垂直方向上的分布方式。其中水平分布方式分为左、中、间距、右4种；垂直分布方式分为上、中、间距、下4种。

（4）在“分布到”选项区中选择一种对象的分布范围：选定的范围或页面范围。

（5）设置完毕后，单击“应用”按钮，如图5-39所示。

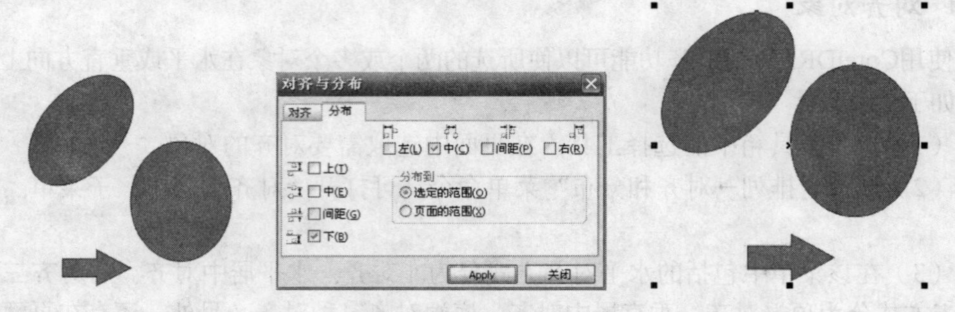

图5-39 分布对象

在实际绘图过程中，对象的对齐和分布常常是同时进行的，此时就需要通过“对齐与分布”对话框分别对对象的对齐和分布方式做出设置。

5.6 群组与结合对象

可以在CorelDRAW中将多个对象进行群组和结合，这样不仅便于操作，有时还可以制作出特别的效果。

5.6.1 群组对象

所谓群组，就是将多个选中的对象（包括文本）或一个对象的各部分组合成一个整体，也有人称之为成组。群组后的对象属于一个整体，可以像操作单个对象那样对其进行各种操作。另外，群组还可以嵌套，也就是说可以将多个群组再群组成一个大群组。

1. 群组对象

如果要群组对象，应先将要群组的对象全部选中，然后选择“排列→群组”菜单命令，或单击属性栏中的“群组”按钮，即可将选中的多个对象或一个对象的各个部分群组为一个整体。也可以使用Ctrl+G组合键。当移动或缩放多个对象时，将这些对象进行群组后再进行操作，不会使对象产生变形。

使用“群组”命令，也可以群组不同图层上的对象，但是一旦群组后，则所有对象都将位于同一图层上。

2. 在群组中增加对象

如果要将一个独立的对象添加到一个群组中，可以选择“窗口→泊坞窗→对象管理器”菜单命令，在打开的“对象管理器”泊坞窗中单击“显示对象属性”按钮，显示出对象属性。然后在该泊坞窗中单击要添加的对象名称，并拖至要添加的群组名称上，松开鼠标后，即可将该对象添加到群组中，如图5-40所示。

3. 从群组中移出对象

如果要从群组中移出一个对象，可以选择“窗口→泊坞窗→对象管理器”菜单命令，在打开的“对象管理器”泊坞窗中单击“显示对象属性”按钮，显示该群组包含的所有对象。然后单击要移出的对象的名称，将其拖至群组外即可，如图5-41所示。

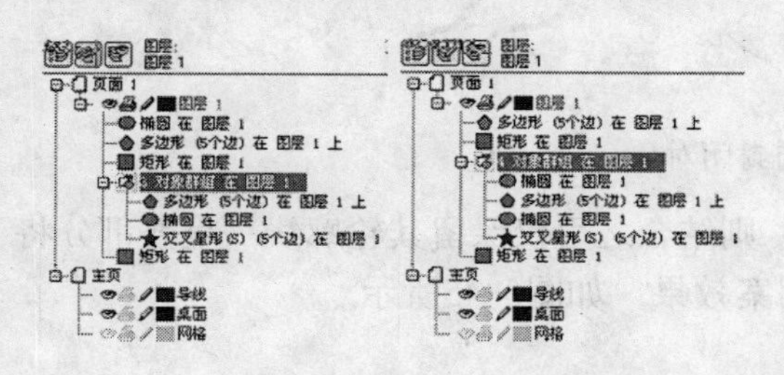

图5-40 增加对象到群组中

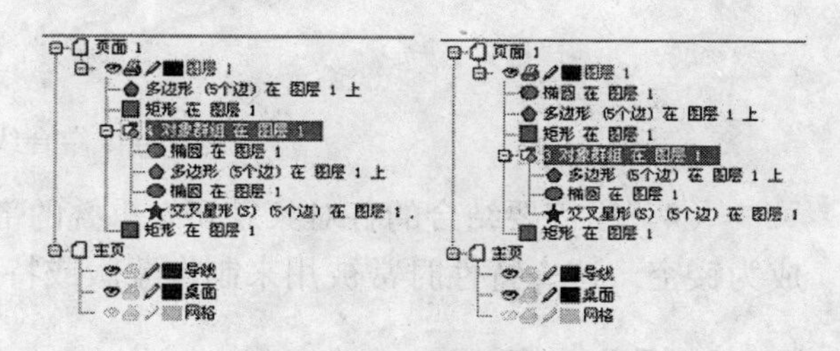

图5-41 从群组中移出对象

5.6.2 取消群组

取消群组其实就是群组操作的逆操作。选择“排列→取消群组”菜单命令，或单击属性栏中的“取消群组”按钮，即可取消群组关系。

如果要取消一个多层群组中的所有群组，使每一个对象都成为独立的对象，选择“排列→取消全部群组”菜单命令，或单击属性栏中的“取消全部群组”按钮，即可将多层群组一次性地全部解散。

5.6.3 结合对象

CorelDRAW的结合功能是一种更为复杂的操作，可以将几个不同的对象合并在一起，成为一个全新造型的对象。

（1）使用鼠标框选方式选中多个对象，选择“排列→结合”菜单命令或单击属性栏中的“结合”按钮，则最后生成的对象将会保留所选对象中位于最上层的对象的内部填色、轮廓色、轮廓线粗细等属性，如图5-42所示。

（2）如果在结合对象时使用的是逐个选取对象的方法，则结合后的对象将会保留最后选取的对象的内部填色、轮廓色、轮廓线粗细等属性，如图5-43所示。

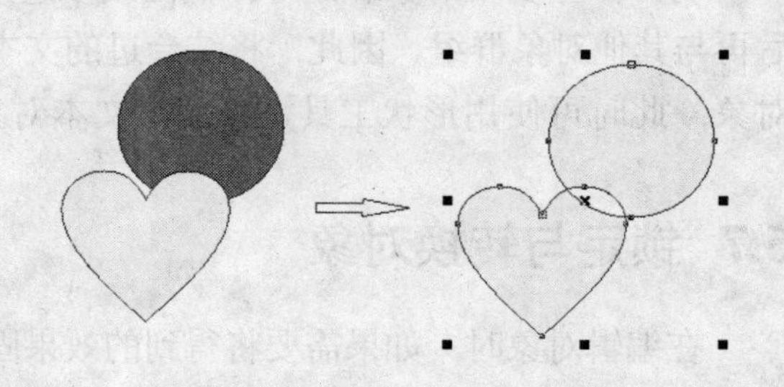

图5-42 结合选择的对象（右图）

图5-43 逐个选择对象后的结合效果

（3）如将线条与封闭对象结合，则线条将成为封闭对象的一部分，也就具有封闭对象的相同属性（如内部填色），如图5-44所示。

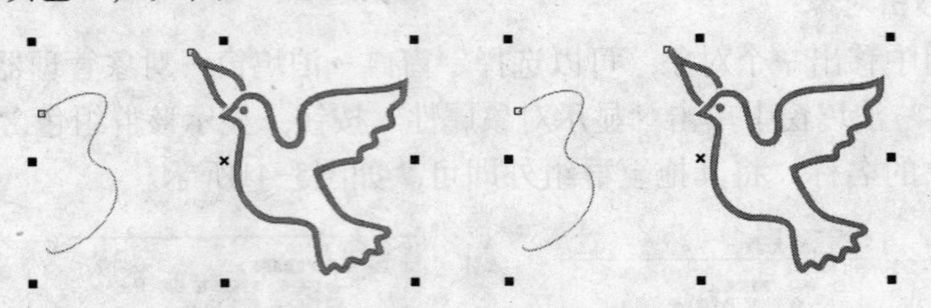

图5-44 结合线条与封闭对象

（4）当需要结合的各对象之间有重叠的部分，则结合之后仅保留其轮廓线，重叠部分将成为镂空，这一特性时常被用来制作蒙版或特殊图案效果，如图5-45所示。

5.6.4 拆分对象

使用拆分功能，可以将结合后的对象打破，将其分离为结合前的单独对象状态。要将一个结合的对象拆分，应先选中要拆分的对象，然后选择“排列→拆分”菜单命令，也可以在结合的对象上单击鼠标右键，从打开的菜单中选择“拆分”选项，均可将所选的结合对象拆分，如图5-46所示。

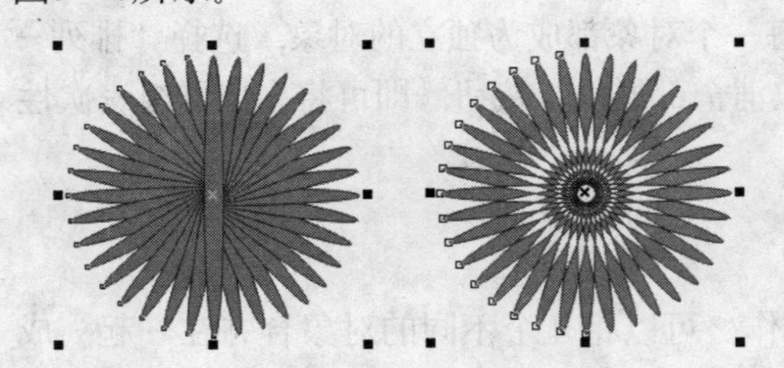

图5-45 结合重叠的对象

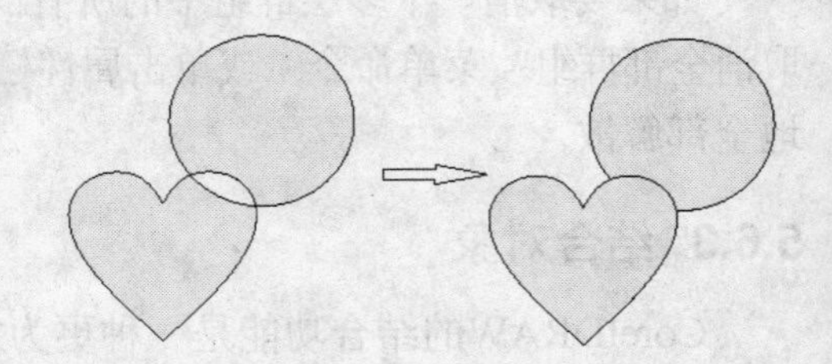

图5-46 拆分结合的对象

另外，当文本对象和矩形、椭圆或多边形等类似的绘图对象结合时，文本会被转换为曲线后再与其他对象群组。因此，将结合过的文本对象拆分后，单独的文字会变成支离破碎的曲线对象，此时可使用形状工具来编辑文本对象。

5.7 锁定与转换对象

在编辑对象时，如果需要将得到的效果固定以免发生变化，可以使用CorelDRAW中的“锁定对象”功能，将所得到的效果对象进行锁定，这样可以避免被意外修改。编辑完毕后，则可解除锁定。

另外，还可根据需要将对象转换为曲线，或者将对象轮廓线转换为单独对象，然后经过适当的编辑加工，快速制作一些特殊效果。

5.7.1 锁定与解锁对象

使用“排列”菜单中的“锁定对象”命令，不仅可以锁定一个或多个对象，还可以把群组对象固定在绘图页面的特殊位置，并同时锁定其属性。因此，使用该命令可防止编辑好的对象被意外改动。

如果要锁定一个对象，应先选中该对象，然后选择“排列→锁定对象”菜单命令，此时该对象四周的控制点变为，表示此对象已被锁定，无法接受任何编辑，如图5-47所示。如果要锁定多个对象或群组对象，应首先按下Shift键，并使用选择工具将要锁定的多个对象或群组对象全部选中，然后选择“排列→锁定对象”菜单命令即可将其锁定。

对象既可以被锁定，也可以解除锁定。选择“排列→解除对象锁定”菜单命令，可以解除选取对象的锁定状态，使对象恢复到正常的可编辑状态。而通过选择“排列→解除全部对象锁定对象”菜单命令，则可以一次解除所有对象的锁定状态。

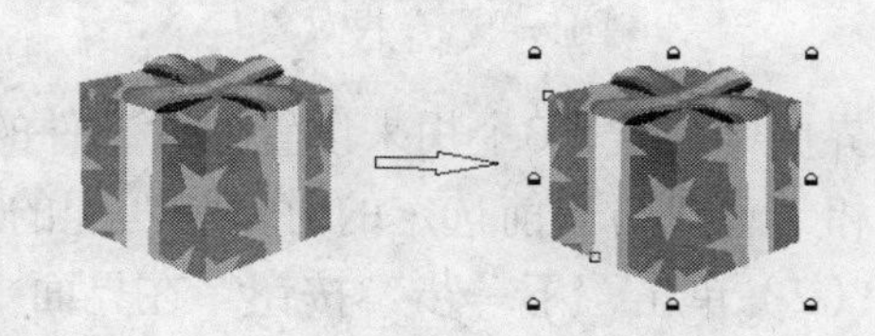

图5-47 锁定对象（右图）

5.7.2 对象转换

在CorelDRAW中，对象可以被转换为曲线，也可以将对象的轮廓分离出来，转换为一个单独的轮廓线对象。

1. 将对象转换为曲线

将一个非曲线对象选中，然后选择“排列→转换为曲线”菜单命令，即可将所选对象转换为曲线对象，从而对它进行像曲线一样的一些编辑操作。关于曲线的编辑操作，读者可以参阅本书后面内容的介绍。

2. 将轮廓转换为对象

选择“排列→将轮廓转换为对象”菜单命令，即可将选中的图形对象轮廓分离出来，成为一个单独的轮廓线对象，可以使用鼠标将分离出的对象轮廓从原对象中移动出来。

5.8 查找和替换对象

选择“编辑→查找和替换”菜单命令，将会打开“查找和替换”子菜单，可以根据需要查找和替换对象或文本，如图5-48所示。

5.8.1 查找对象

在一个复杂的图形中，如果要查找符合某些特性的对象，可以选择“编辑→查找和替换→查找对象”菜单命令。比如从一系列对象中查找出圆，效果如图5-49所示。

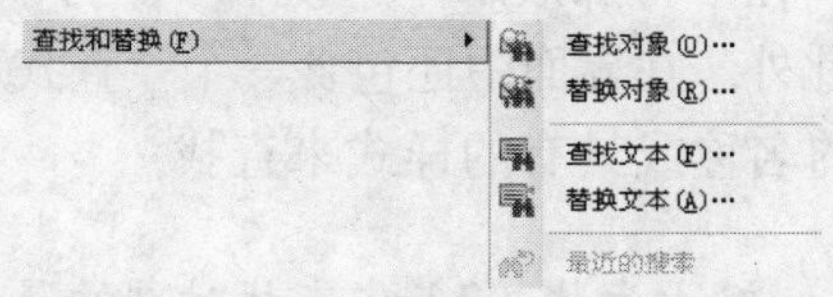

图5-48 “查找和替换”子菜单

（1）选择工具箱中的艺术笔工具，并在其属性栏中单击“预设”按钮。

（2）将光标移至页面适当位置，按下并拖动鼠标，松开鼠标后即可得到所需的笔触图形。还可以单击“预设”下拉按钮，在显示的笔触类型列表中选择满意的笔触类型；并可通过使用“手绘平滑度”滑块和“艺术笔工具宽度”数值框，来设置所绘笔触图形的平滑度与宽度，如图6-19所示。

也可以对使用艺术笔绘制的图形进行各种填充，比如绘制好形状之后，填充效果如图6-20所示。

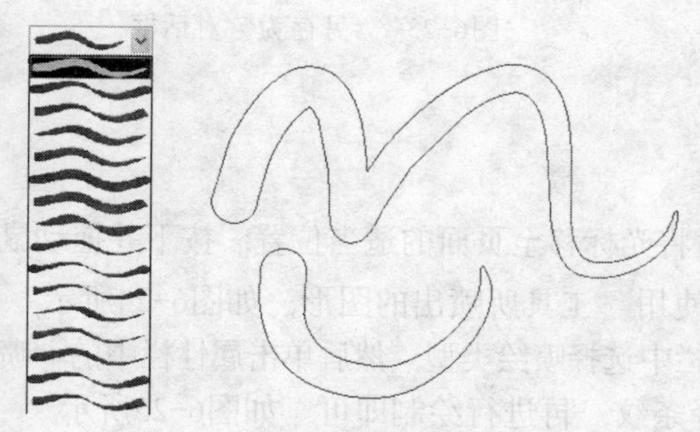

图6-19 绘制边框式图形

图6-20 填充效果

2. 笔刷式艺术笔工具

使用笔刷式艺术笔工具的方法如下。

（1）单击艺术笔工具属性栏中的“笔刷”按钮，并在“画笔样式”下拉列表中为画笔选择一种图形，然后在页面中按下并拖动鼠标，即可绘制出笔刷式的笔触图形，如图6-21所示。

图6-21 绘制的图形

注意 若使用某种绘图工具先绘制出一条路径，然后单击艺术笔工具属性栏中的按钮，并在“画笔样式”下拉列表中选择一种图形，则所选图形将自动适合所选路径，如图6-22所示。

（2）如对使用工具绘制出的图形比较满意，可在选中该图形后，单击属性栏中的“保存艺术笔触”按钮，在打开的如图6-23所示的“另存为”对话框中为所绘图形命名后单击“保存”按钮，即可将所选图形保存到“画笔样式”下拉列表中，便于以后使用。

（3）如要删除下拉列表中的某个图形，只需选中该图形后，单击属性栏中的“删除”按钮即可。

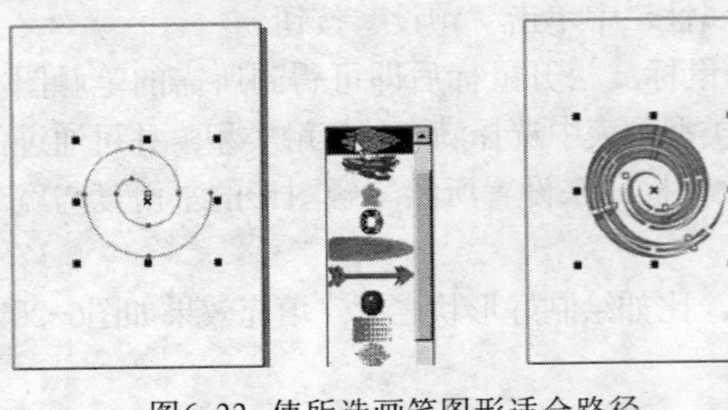

图6-22 使所选画笔图形适合路径

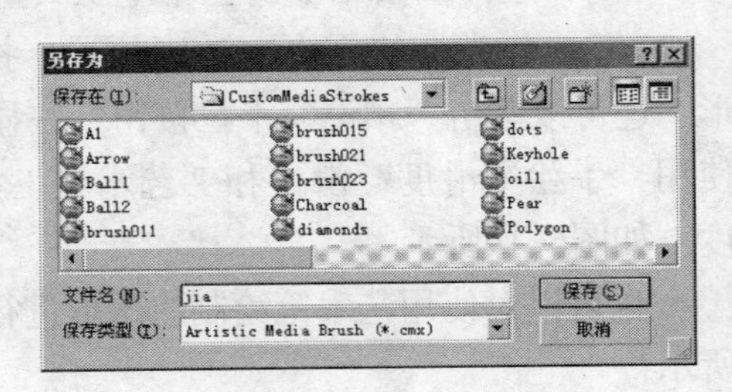

图6-23 “另存为”对话框

3. 喷罐式艺术笔工具

使用喷罐式艺术笔工具的操作如下。

（1）单击属性栏中的“喷罐”按钮，然后将光标移至页面的适当位置，按下并拖动鼠标画出一条曲线或线段，松开鼠标后，即可看到使用工具所喷出的图形，如图6-24所示。

（2）如对喷出的图形不满意，可以先在属性栏中选择喷绘类型，然后单击属性栏中的“喷涂列表”下拉按钮，在显示的下拉列表中重新选择条纹，再进行绘制即可。如图6-25所示。

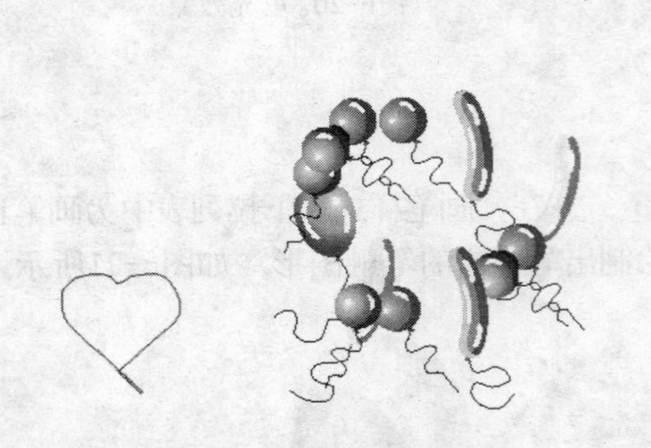

图6-24 使用喷罐式艺术画笔工具

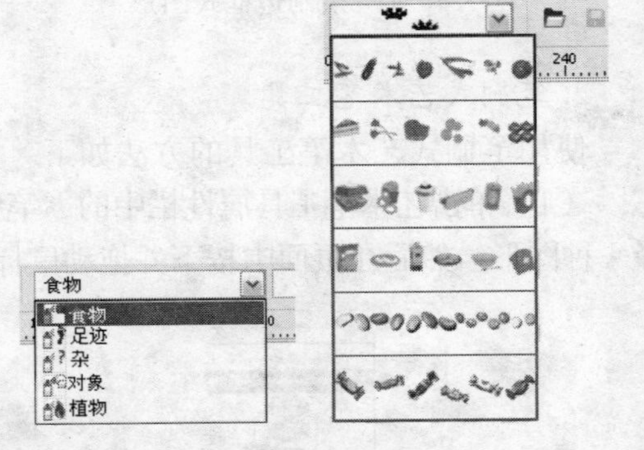

图6-25 选择的喷绘类型和条纹

（3）如要删除下拉列表中的某个条纹，只需将该条纹选中，然后单击“删除”按钮即可。

（4）在下拉列表中选中所需的条纹，然后单击“喷涂列表对话框”按钮，将打开“创建播放列表”对话框。在该对话框的“喷涂列表”中显示了所选喷绘类型的组成元素，在“播放列表”中显示的是选择使用的条纹，可以根据需要对所选条纹进行筛选，如图6-26所示。

图6-26 “创建播放列表”对话框

筛选条纹元素的方法如下:

如只需选择使用所选喷绘类型的部分元素，应先单击“清除”按钮，将“播放列表”中的条纹元素全部清除，然后在“喷涂列表”中按下Ctrl键并选中要使用的条纹元素，最后单击“添加”按钮，即可将所选的条纹元素添加到“喷涂列表”中，如图6-27所示。

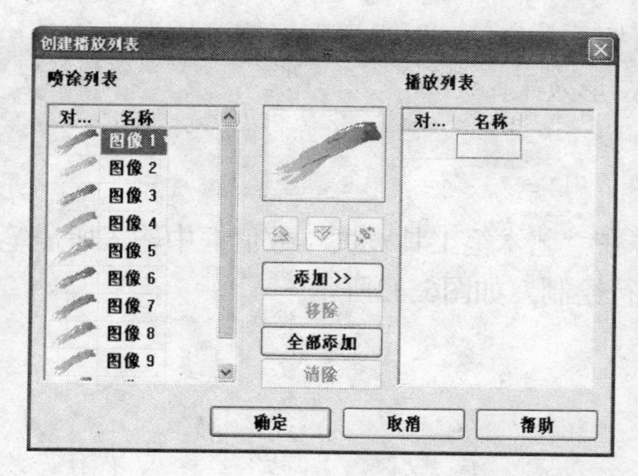

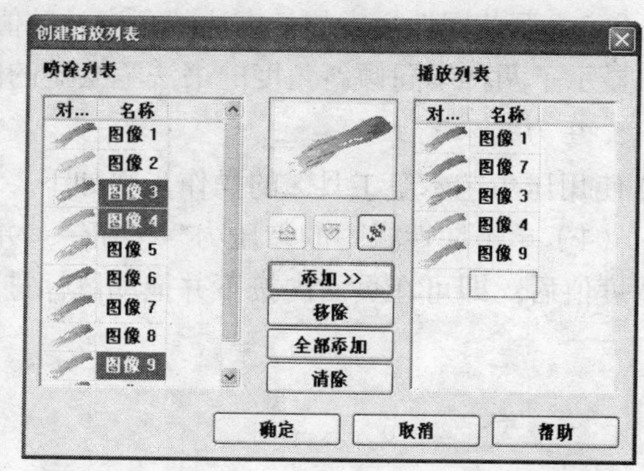

图6-27 选择并设置条纹元素

另外，在该对话框中，单击“添加全部”按钮可以将所有的条纹元素添加到“播放列表”中；单击“移除”按钮可以将“播放列表”中所选择的条纹元素删除；单击“翻转”按钮可以将“播放列表”中的条纹元素顺序颠倒；通过单击“向上”按钮和“向下”按钮，可以移动“播放列表”中所选条纹元素的位置。

在对话框中针对要使用的条纹元素设置完毕，并调节好它们的顺序后，单击“确定”按钮，即可应用喷罐式艺术笔工具，来绘制经过筛选的条纹，如图6-28所示。

（5）如要对绘制出的条纹图形进行旋转，可单击“旋转”按钮，打开如图6-28所示的参数设置界面。在该界面的“角”数值框中可以调节条纹的倾斜角度；选中“增加”复选框，可以在后面的数值框中输入条纹所要增加的旋转角度；选择“基于路径”选项，所选条纹将相对于自己的绘制路径以设置的角度进行旋转；选择“基于页面”选项，所选条纹将相对于页面以设置的角度进行旋转。

（6）单击属性栏中的“偏移”按钮，可在弹出的界面中调整条纹和路径的偏移量。选中“使用偏移”复选框，将激活“偏移”数值框，可以设置条纹和绘制路径的偏移量；单击“偏移方向”下拉按钮，在显示的下拉列表中可以选择条纹的偏移方向，如图6-29所示。

4. 书法笔式艺术笔工具

使用书法笔式艺术笔工具可以绘制出类似于书法笔划过的图形效果，使用方法如下。

（1）单击属性栏中的“书法”按钮，然后将光标移至页面内，按下并拖动鼠标，即可绘制出如图6-30所示的图形效果。

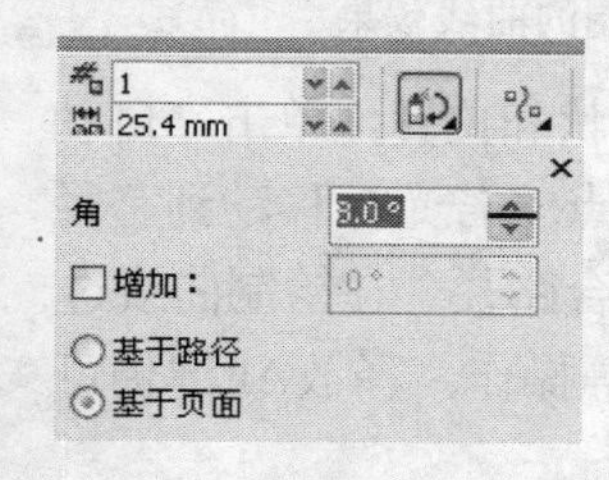

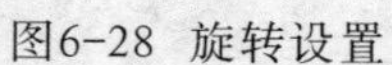
图6-28 旋转设置

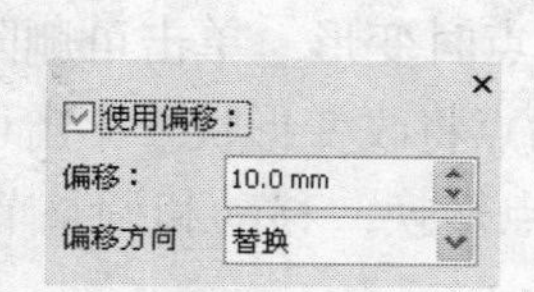

图6-29 设置偏移属性

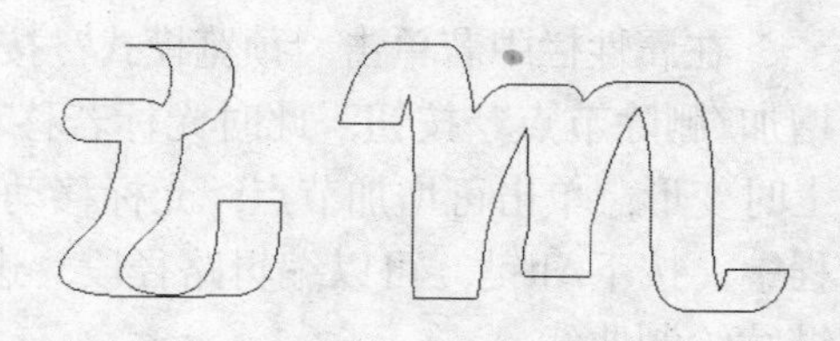

图6-30 图形效果

（2）如需调整所绘图形的笔触宽度，在属性栏的“艺术笔工具的宽度”数值框中输入所需的数值后，单击所绘图形对象，即可将所做设置应用于该图形。

（3）调节属性栏中的“书法的角度”数值框的数值，可以设置图形笔触的倾斜角度。图6-31显示了两种不同倾斜角度的书法笔绘制的图形效果。

5. 压力艺术笔工具

使用压力艺术笔工具的操作步骤如下。

（1）单击属性栏中的“压力”按钮，并在“艺术笔工具宽度”数值框中输入所需笔触的宽度值后，即可在页面内按下并拖动鼠标进行绘制，如图6-32所示。

图6-31 不同倾斜角度的图形效果

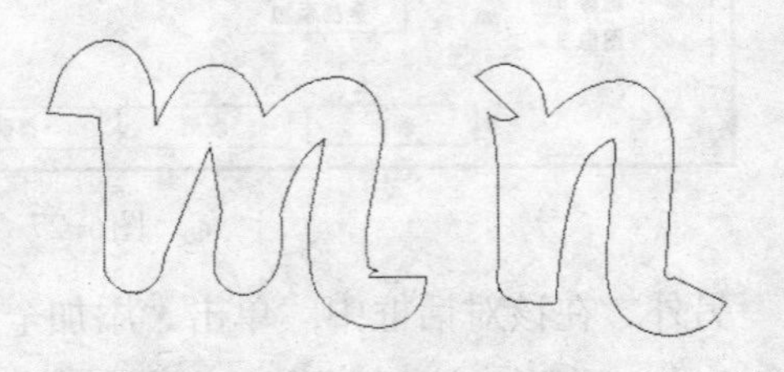

图6-32 绘制的图形

（2）如不满意所绘图形的笔触宽度，在属性栏中重新调整笔触宽度值后，单击所绘图形或按Enter键即可，如图6-33所示。

6.1.4 使用钢笔工具

CorelDRAW中的钢笔工具使用起来要比Illustrator、Photoshop或FreeHand中的钢笔工具更方便。

钢笔工具的操作类似于手绘工具。要使用钢笔工具绘制曲线，首先选取钢笔工具，光标将变形，单击将产生起始点，依次单击可绘制连续的直线段，单击并拖曳可绘制曲线段，并可调节的方向和曲率，最后单击或按Enter键即可绘制完成曲线，如图6-34所示。按Esc键则取消绘制。

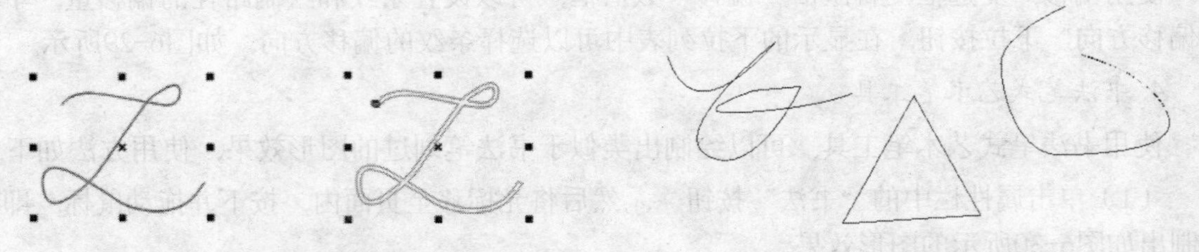

图6-33 调整图形的笔触宽度

图6-34 绘制的曲线效果

在属性栏中若单击“预览模式”按钮，将实时显示要绘制的曲线形状和位置。单击“自动增加/删除节点”按钮，此时光标若移动到节点时变形，单击可删除节点；若光标移动到路径上时变形，单击可增加节点；光标移动到起始点将改变形状，单击可闭合路径。在绘制曲线过程中，按下Alt键，可以编辑路径段，进行节点转换，移动和调整节点等操作，释放Alt键仍可继续绘制曲线。

6.1.5 使用B样条线工具

这是在这一版本中新增加的一种绘图工具，使用这种工具可以绘制出非常平滑的曲线，也可以绘制封闭的曲线。绘制时，单击鼠标确定起点，然后根据需要移动鼠标并依次单击，即可绘制出需要的曲线。绘制结束时，按Enter键。这种工具相比其他工具绘制的曲线更加平滑，效果如图6-35所示。

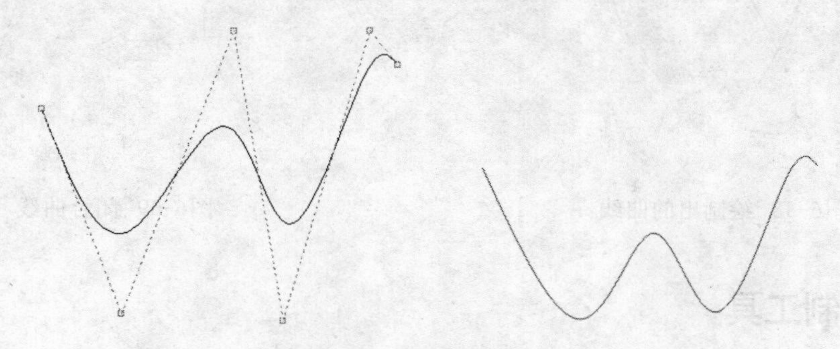

图6-35 绘制的曲线效果

6.1.6 使用折线工具

使用折线工具可以绘制各种各样的不规则形状。在使用该工具绘制曲线时，先单击确定起点，再单击另外一个位置确定一个点，继续单击确定点直到获得需要的形状为止，如图6-36所示。然后根据需要进行填色即可。

也可以绘制直线、折线、手绘线、可交叉复合线，还可以生成封闭的图形，如图6-37所示。如果要绘制复合线，首先选取折线工具，光标将变形，单击确定复合线的起始点，并拖出任意方向线段确定终点后松开鼠标。按住Ctrl键，可限制线的角度为15°的整倍数，可绘制水平线、垂直线，以及30°、45°、60°线。若单击并拖曳可沿光标移动轨迹生成手绘曲线。

图6-36 绘制出的形状

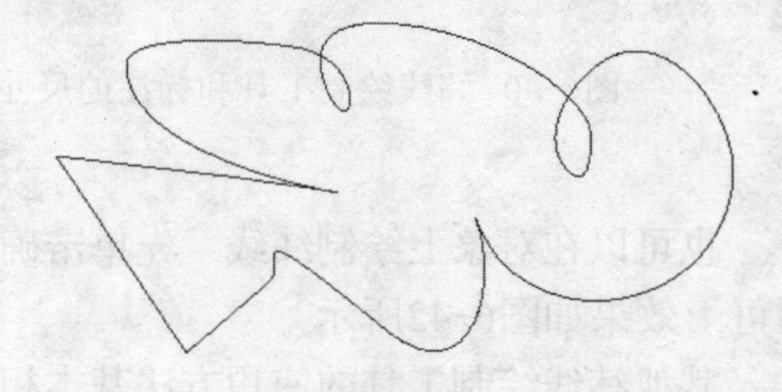

图6-37 复合曲线

6.1.7 使用3点曲线工具

在CorelDRAW中进行平面设计时，使用3点曲线工具可以绘制各种各样的弧线或者近似圆弧的曲线。在使用该工具绘制曲线时，先单击确定圆弧的起点，拖动到另外一个位置确定终点，继续进行拖动即可创建弧线，如图6-38所示。

使用该工具绘制出弧线之后，如果想闭合该曲线，那么可以通过单击“自动闭合曲线”按钮来完成，如图6-39所示。

提示 使用该工具绘制的曲线或者封闭曲线都可以进行填色。

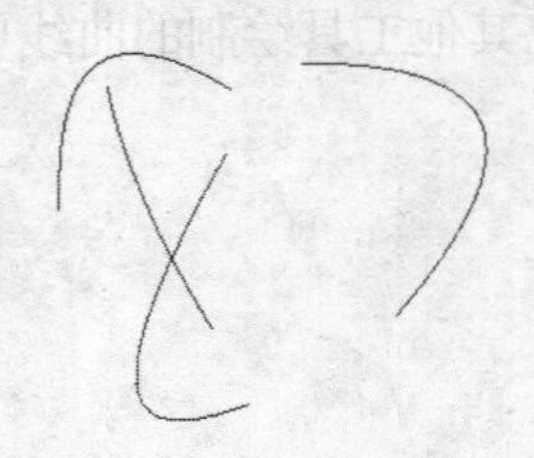

图6-38 绘制出的曲线

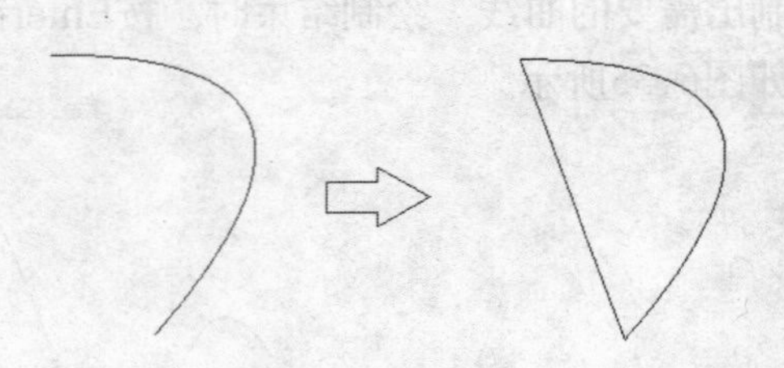

图6-39 闭合曲线

6.2 纬线绘制工具

纬线绘制工具是在这一版本中新增加的。使用该工作组中的工具可以绘制出对象的长度、宽度、角度等标注尺寸的纬线，类似于以前版本中的度量工具，而且包含多种工具，如图6-40所示。

这些工具的使用也非常简单，最好借助于标尺或者网格进行绘制。像平行纬线工具既可绘制平行的纬线，也可以绘制倾斜的纬线。使用该工具进行绘制时，在绘图区单击确定一点，然后移动鼠标并单击即可绘制完成，如图6-41所示。

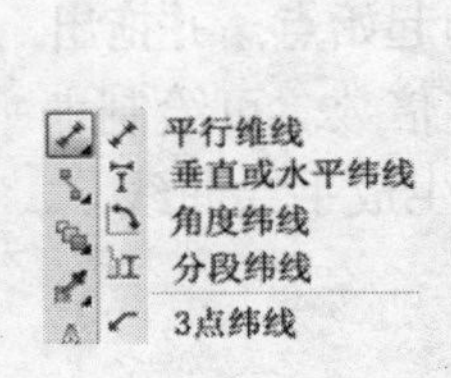

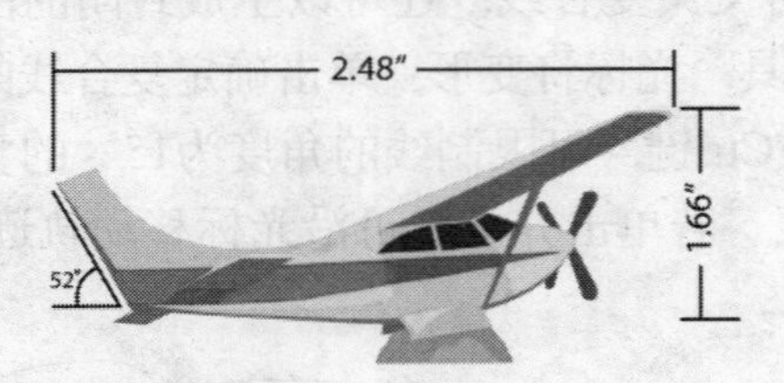

图6-40 纬线绘制工具和标注的尺寸

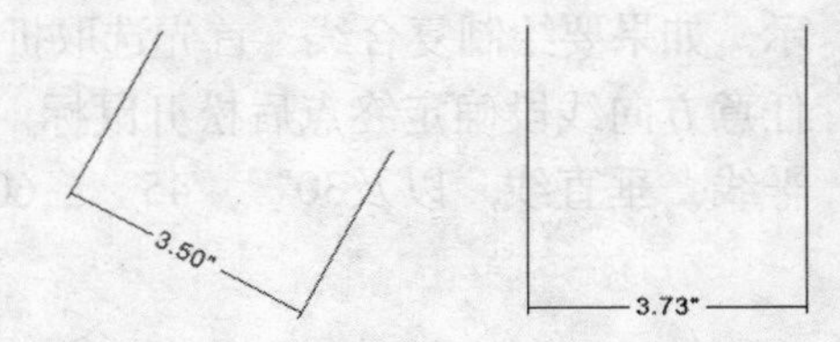

图6-41 使用平行纬线工具绘制的效果

也可以在对象上绘制纬线，先单击确定一个点，拖动鼠标确定纬线的长度，然后单击鼠标即可，效果如图6-42所示。

其他纬线绘制工具的使用方法基本相同，不再一一介绍。还可双击工具箱中纬线绘制工具图标，在打开的如图6-43所示的“选项”对话框中设置工具的默认值。

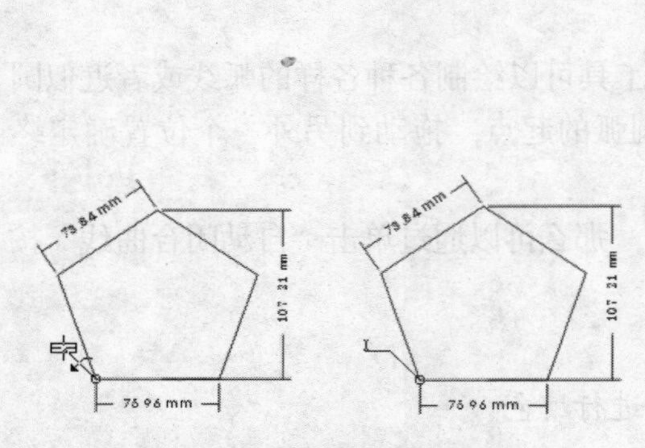

图6-42 在对象上绘制的纬线效果

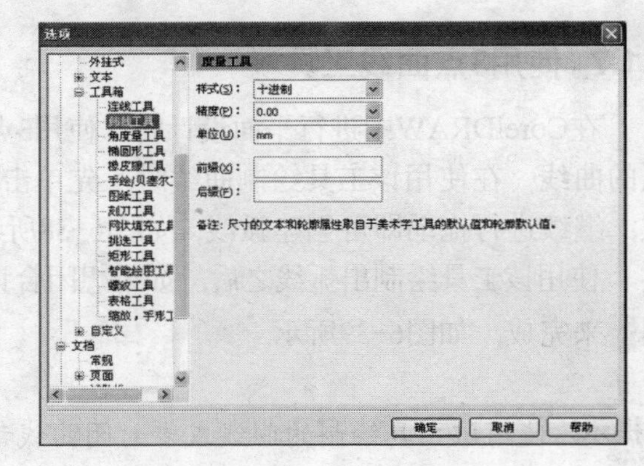

图6-43 “选项”对话框

6.3 连线工具组

该工作组中的工具是用来连接图形的一种特殊工具，可以绘制各种流程图和组织图，并且可以根据连接图形的位置来自动调整连接线的折点情况。可以绘制两个对象之间的连接线，包括多种连接方式，如图6-44所示。

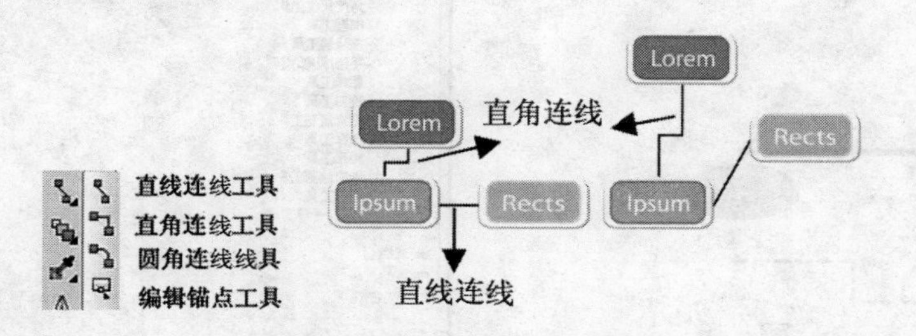

图6-44 连接工具组和连接效果

下面介绍连线工具的使用方法。

（1）在页面中绘制或打开几个图形。

（2）选择工具箱中的直角连线工具，并在其属性栏中单击"直角连线"按钮。然后将光标移至其中一个对象的适当位置单击，并按住鼠标拖动至另一个对象上，松开鼠标后，即可将这两个对象连接起来。可以使用同样的方法将其他对象连接起来，一个最基本的流程图就绘制好了，如图6-45（左）所示。

（3）如单击属性栏中的"直线连线"按钮，可使用相同的方法在两个对象之间绘制一条直线，将它们连接起来。当移动相互连接的对象之一或全部对象时，连线也会随之变换，如图6-45（右）所示。

也可以用于连接非封闭的曲线，首先激活连线工具，在一个端点单击，然后拖动鼠标到另外一个端点上单击即可，效果如图6-46所示。注意不要松开鼠标。

图6-45 使用工具连接图形对象和使用工具连接图形对象

图6-46 连接曲线的效果

使用连接工具绘制出的连接线的形状和长短，是由鼠标拖动的方向和移动距离的大小来决定的。如要删除连接对象之间的连接线，可先使用选择工具将其选中，然后按Delete键即可。

（4）绘制连线后，将激活属性栏中的其他选项，从而可以调整连线的类型和粗细等属性，如图6-47所示。

（5）还可以通过双击连线工具图标，打开如图6-48所示的“选项”对话框。通过调整“直线阈值”数值框中的数值，可以调节所绘制的连接线的平滑度。

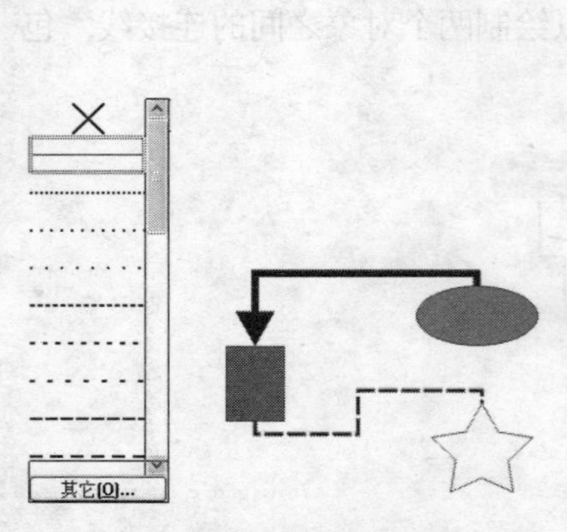

图6-47 调整连接线的属性

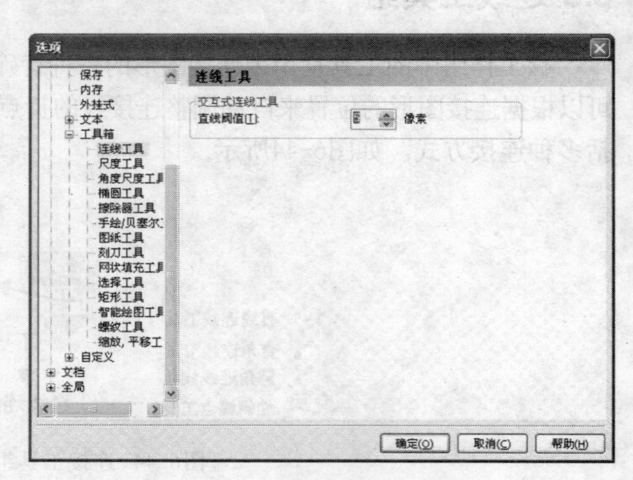

图6-48 “选项”对话框

其他连线工具的使用基本相同，不再一一介绍。

6.4 实例：手绘时尚插画

本例中主要使用了贝塞尔工具、矩形工具和钢笔工具等来绘制插画。绘制的最终效果如图6-49所示。

（1）打开CorelDRAW并创建一个新的文档，根据需要设置适当的大小。

（2）单击工具箱中的矩形工具□，在页面中绘制一个和页面一样大小的矩形，将其填充为灰绿色，如图6-50所示。

图6-49 最终效果

图6-50 绘制的矩形

（3）绘制头部轮廓。在工具箱中选择贝塞尔工具，使用贝塞尔工具绘制人物头部的轮廓，然后在工具箱中选择形状工具，使用形状工具对其进行调整，调整的最终效果如图6-51所示，最后将其填充为粉红色。

（4）绘制头发。在工具箱中选择贝塞尔工具，使用贝塞尔工具绘制头发的轮廓，然后在工具箱中选择形状工具，使用形状工具对其进行调整，调整的最终效果如图6-52所示，最后将其填充为黑色。在绘制的过程中注意调整图层的顺序。

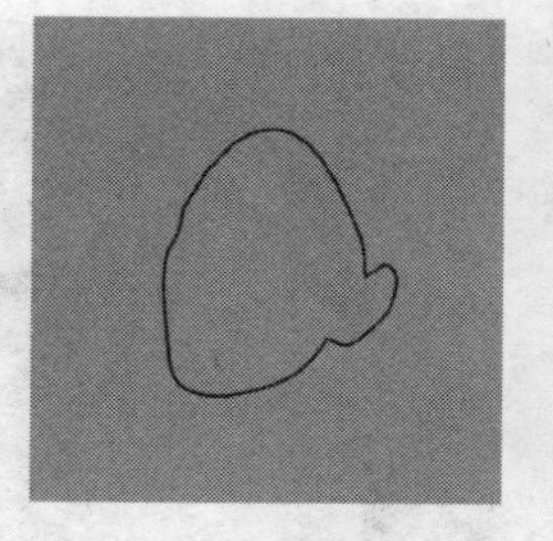
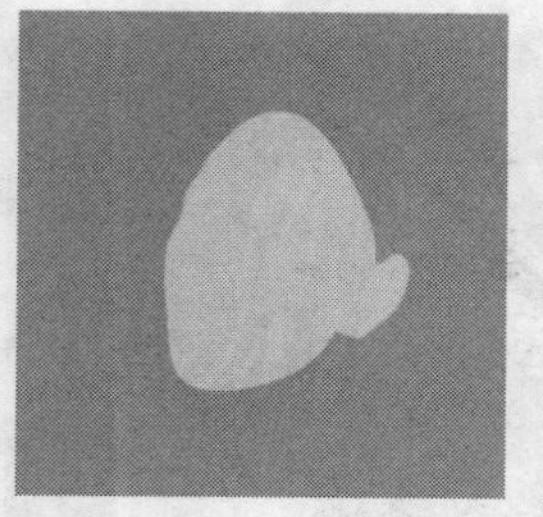

图6-51 绘制的头部轮廓

图6-52 绘制的头发

（5）绘制头发的亮部。在工具箱中选择贝塞尔工具，使用贝塞尔工具绘制头发亮部的轮廓，然后在工具箱中选择形状工具，使用形状工具对其进行调整，调整的最终效果如图6-53所示，最后将其分别填充为暗黄色和灰色。

（6）绘制头发的阴影。在工具箱中选择贝塞尔工具，使用贝塞尔工具绘制头发阴影的轮廓，然后在工具箱中选择形状工具，使用形状工具对其进行调整，调整的最终效果如图6-54所示，最后将其分别填充为暗黄色。

图6-53 绘制的头发的亮部

图6-54 绘制的头发的阴影

（7）绘制脸部的阴影。在工具箱中选择贝塞尔工具，使用贝塞尔工具绘制脸部阴影的轮廓，然后在工具箱中选择形状工具，使用形状工具对其进行调整，调整的最终效果如图6-55所示，最后将其分别填充为暗黄色和棕色。

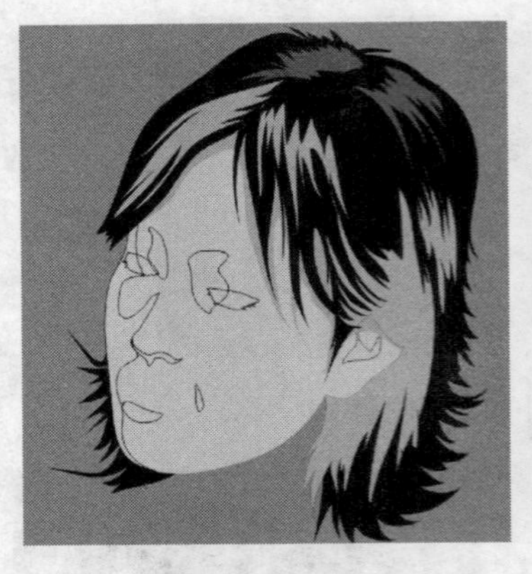

图6-55 绘制的脸部的阴影

（8）绘制眉毛。在工具箱中选择贝塞尔工具，使用贝塞尔工具绘制眉毛的轮廓，然后在工具箱中选择形状工具，使用形状工具对其进行调整，调整的最终效果如图6-56所示，最后将其分别填充为黑色。

图6-56 绘制的眉毛

（9）绘制眼睛。单击工具箱中的贝塞尔工具，在页面上绘制一个如图6-57所示的图形，将其填充为白色。

图6-57 绘制的眼睛

（10）绘制眼球。单击工具箱中的贝塞尔工具，在页面上绘制一个如图6-58所示的图形，将其填充为棕色。

图6-58 绘制的眼球

（11）绘制瞳孔。单击工具箱中的椭圆工具，在页面上绘制一个椭圆，并将其填充为黑色，如图6-59所示。

图6-59 绘制的瞳孔

（12）绘制眼球的高光。单击工具箱中的贝塞尔工具，在页面上绘制一个如图6-60所示的图形，将其填充为白色。

图6-60 绘制的眼球的高光

（13）绘制眼睫毛。单击工具箱中的贝塞尔工具，在页面上绘制一个如图6-61所示的图形，将其填充为黑色。

（14）按照同样的方法绘制出另一只眼睛，如图6-62所示。

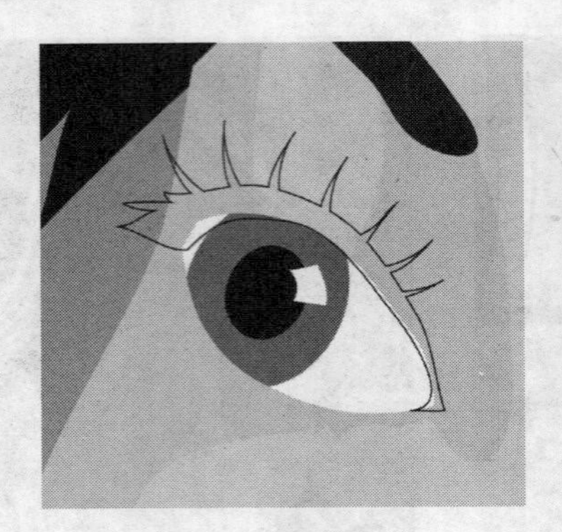

图6-61 绘制的眼睫毛

图6-62 绘制的眼睛

（15）绘制鼻孔。单击工具箱中的贝塞尔工具，在页面上绘制一个如图6-63所示的图形，将其填充为暗红色。

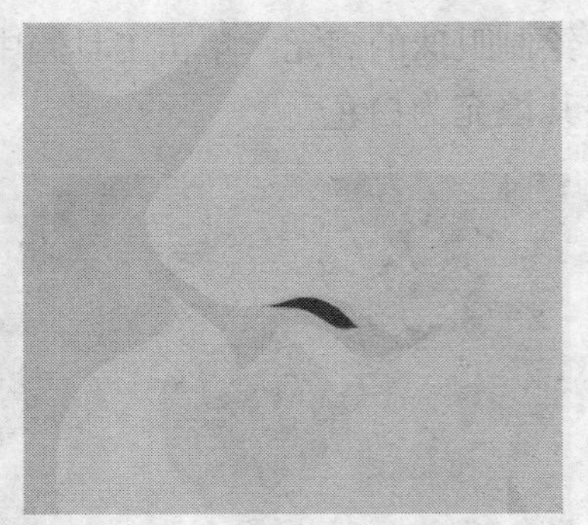

图6-63 绘制的鼻孔

（16）绘制嘴巴。单击工具箱中的贝塞尔工具，在页面上绘制一个如图6-64所示的图形，将其填充为红色。

（17）绘制嘴巴的缝隙。单击工具箱中的贝塞尔工具，在页面上绘制一个如图6-65所示的图形，将其填充为暗红色。

（18）绘制嘴巴的高光。单击工具箱中的贝塞尔工具，在页面上绘制一个如图6-66所示的图形，将其填充为白色。

图6-64 绘制的嘴巴

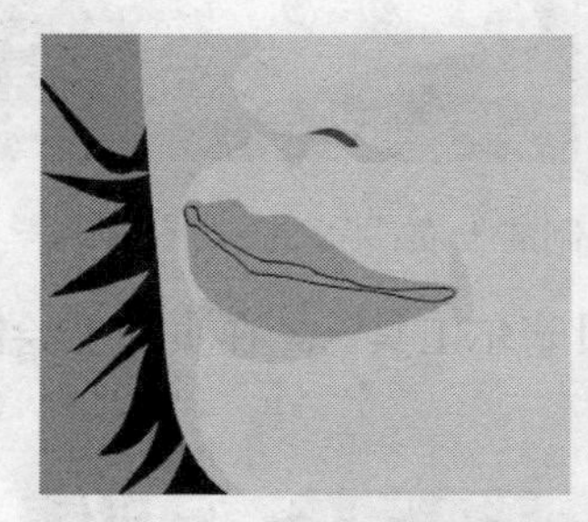

图6-65 绘制的嘴巴的缝隙

图6-66 绘制的嘴巴的高光

（19）绘制脖子。单击工具箱中的贝塞尔工具，在页面上绘制一个如图6-67所示的图形，将其填充为粉红色，然后调整图层的顺序。

图6-67 绘制的脖子

（20）绘制上衣。单击工具箱中的贝塞尔工具，在页面上绘制一个如图6-68所示的图形，将其填充为白色。

图6-68 绘制的上衣

（21）绘制上衣的阴影。单击工具箱中的贝塞尔工具，在页面上绘制一个如图6-69所示的图形，将其填充为灰色。

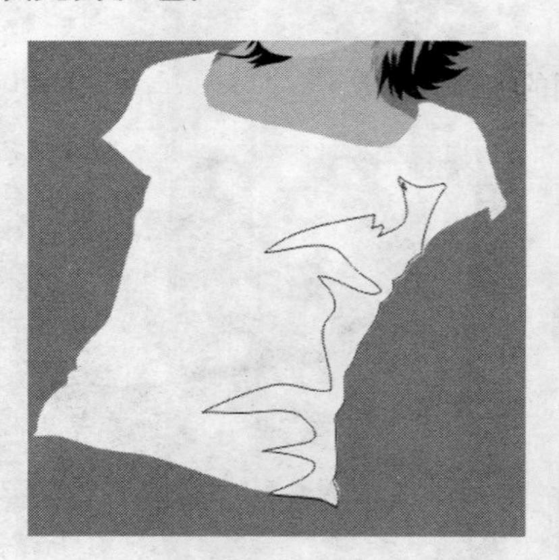

图6-69 绘制的上衣的阴影

（22）绘制丝巾。单击工具箱中的贝塞尔工具，在页面上绘制一个如图6-70所示的图形，将其填充为橘黄色。

图6-70 绘制的丝巾

（23）绘制丝巾的暗部。单击工具箱中的贝塞尔工具，在页面上绘制一个如图6-71所示的图形，将其填充为暗红色。

图6-71 绘制的丝巾的暗部

（24）绘制裤子。单击工具箱中的贝塞尔工具，在页面上绘制一个如图6-72所示的图形，将其填充为蓝色，然后调整图层的顺序。

（25）绘制裤子的明暗部分。单击工具箱中的贝塞尔工具，在页面上绘制一个如图6-73所示的图形，分别将其填充为蓝灰色和灰色，然后调整图层的顺序。

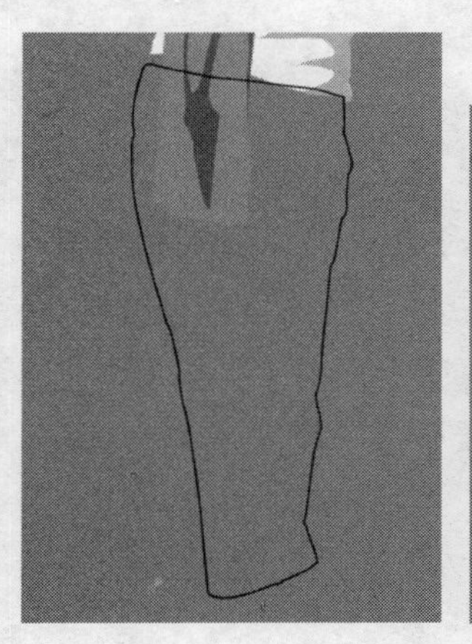

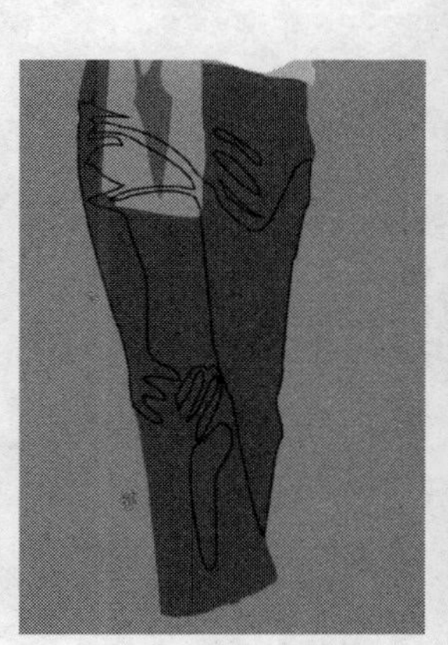

图6-72 绘制的裤子

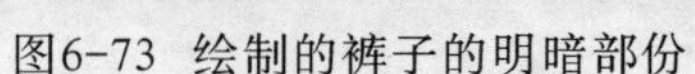
图6-73 绘制的裤子的明暗部份

（26）绘制人物的其他部分。在绘制人物的其他部分时可以依据上述的方法，但一定要注意绘制的明暗部分的合理性。绘制的人物的最终效果如图6-74所示。将绘制的人物的各部分选中，按键盘上的Ctrl+G组合键，将其群组。

（27）绘制背景。绘制背景可以参照上述的方法，在这里只稍做提示。绘制星星时可以使用工具箱中的多边形工具；绘制窗户时可以使用工具箱中的矩形工具；绘制直线时可以在按住键盘上的Shift键的同时使用工具箱中的钢笔工具；绘制圆时可以使用工具箱中的椭圆工具，如图6-75所示。

图6-74 绘制的角色效果

图6-75 绘制的星星、窗和其他元素

（28）至此时尚插画就绘制完成了，最终效果如图6-49所示。

第7章 对象变形

在CorelDRAW中，可以通过编辑节点、应用交互式变形效果、使用封套及相应的菜单命令等对对象进行一系列的变形操作。

在本章中主要介绍下列内容：

- ▲ 曲线变形
- ▲ 封套变形
- ▲ 切割对象
- ▲ 焊接对象
- ▲ 对象变形

7.1 曲线变形操作

实际上，曲线图形是由节点与线段构成的。在曲线图形的路径中，节点用于决定路径的方向，而相邻两个节点之间的部分就是线段，曲线图形可以有曲线线段和直线线段两种类型，它们之间可以互相转换。

在CorelDRAW中，使用手绘工具、贝塞尔曲线工具、艺术笔工具或螺纹工具所绘制的图形都是曲线。当使用绘图工具绘制出曲线图形时，经常需要对其进行必要的修改才能符合要求。

单击工具箱中的形状工具右下角的小三角形，将弹出变形工具组中的所有变形工具，如图7-1所示。其中，使用形状工具可以通过编辑节点来使曲线对象变形。由于封闭的图形也含有节点，因此变形工具同样可以对封闭图形进行变形操作，但在有些情况下，需要通过选择“排列”命令将其转换为曲线对象，方能对节点进行编辑。

使用变形工具可以改变所选对象的外形、改变矩形的圆角、制作弧线和扇形等，其使用非常简单，下面介绍一下具体操作过程。

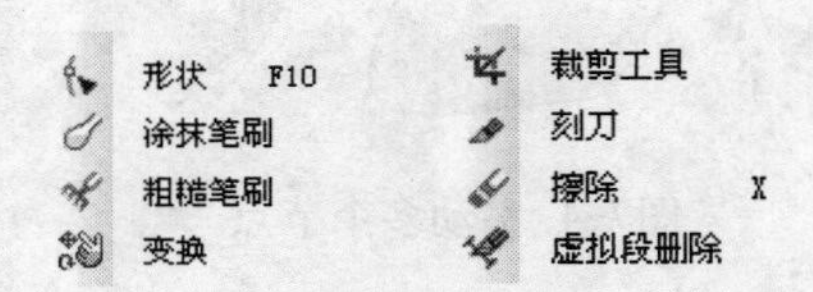

图7-1 变形工具组

（1）使用选择工具选取对象后，选择形状工具，则该对象的外形曲线上将显示全部节点。将光标移至曲线图形的某个节点上单击，即可将该节点选中，这时被选中的节点将显示用于调节它的控制点和控制手柄，通过移动控制手柄即可调整曲线的形状。效果如图7-2所示。

（2）如要选择封闭图形中的某一节点，只需使用变形工具单击该封闭图形中要选择的节点即可；如按住Shift键，并使用选择工具逐个单击要选择的节点，或者框选几个节点，即可一次选择多个节点；如在选择变形工具后，单击属性栏中的“选择所有节点”按钮，或选择“编辑→全选→节点”菜单命令，可以选择所有的节点。

（3）如要取消选择多个处于选中状态的节点中的某个节点，只需按下Shift键，并使用选择工具单击要取消选择的节点即可；如要取消所有被选择的节点，只需在对象外单击鼠标即可。

（4）选中节点后，通过移动节点、控制点以及节点连线（节点连线就是指曲线上节点和节点之间的线段），即可改变曲线对象的外形，方法如下：

使用变形工具单击节点并进行拖动，即可移动节点的位置从而改变曲线的形状，如图7-3所示。

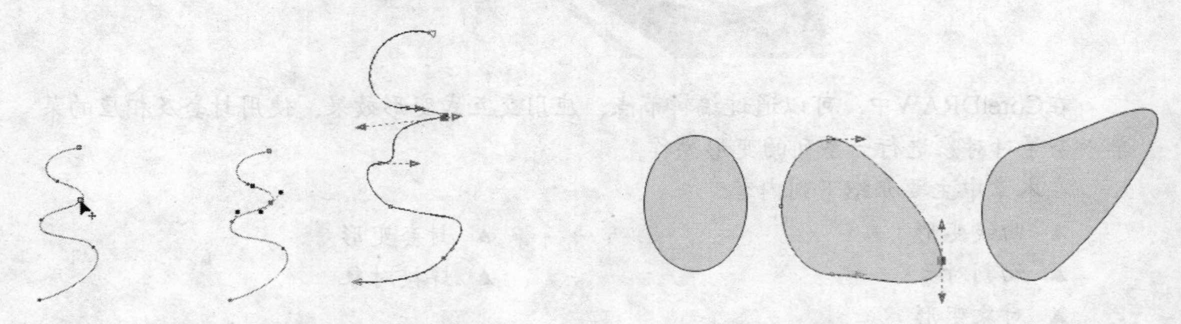

图7-2 选取节点和调整效果（右图） 图7-3 移动节点改变曲线的形状

如果选择了多个节点，只要在任何一个节点上，按下鼠标并拖动，则其他几个被选节点将同时移动相同的位移，如图7-4所示。

提示 如单击属性栏中的“弹性模式”按钮后再移动节点，则其他被选节点将随着被拖动的节点，做不同比例的移动。

移动曲线上节点与节点之间的连线，可以大幅度地改变曲线的形状。只需将光标移至需要调节的节点连线上，按下并拖动鼠标即可，如图7-5所示。

图7-4 移动多个节点 图7-5 移动节点连线改变曲线的形状

选中节点后，节点将显示带有控制点的调节手柄。在控制点上按下并拖动鼠标，系统将会根据节点类型的不同而产生不同的曲线变形效果，如图7-6所示。

（5）当选择变形工具时，将显示如图7-7所示的属性栏。使用该属性栏中的各种节点编辑工具，可对节点进行必要的编辑，从而得到一个满意的图形变化效果。

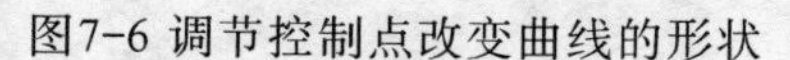

图7-6 调节控制点改变曲线的形状

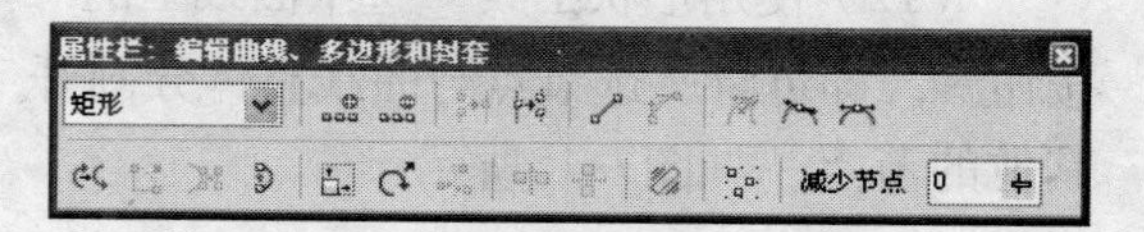

图7-7 属性栏

（6）如要在对象上添加一个节点，可先使用工具在图形对象要添加节点的地方单击一下，此时单击处将出现一个小黑点，然后单击属性栏中的“添加节点”按钮，即可在该处增加一个节点，如图7-8所示。此外，直接在曲线需要添加节点的位置双击鼠标也可以添加节点。

（7）如果所选曲线需要添加多个节点，除使用上述方法一个一个添加外，还可以使用工具框选多个节点后，单击属性栏中的按钮，即可在每个处于选中状态的节点前面添加一个新的节点，如图7-9所示。

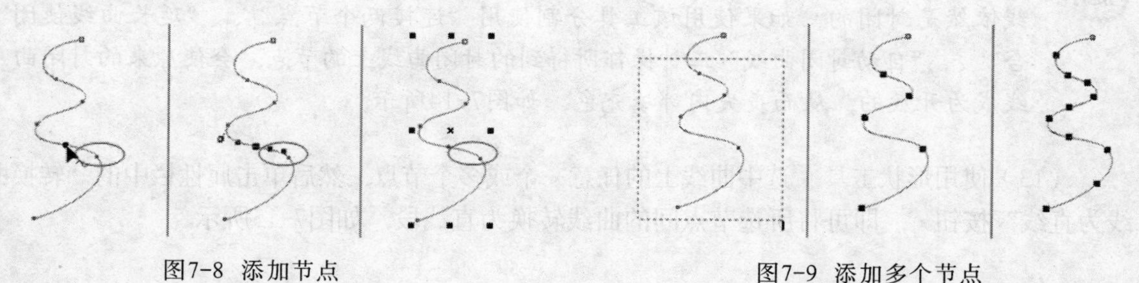

图7-8 添加节点

图7-9 添加多个节点

（8）如需删除曲线上的某一个节点，先使用工具选中该节点，然后单击属性栏中的“删除节点”按钮或单击Delete键，也可双击要删除的节点，均可将所要删除的节点删除。

提示 如需对封闭图形添加或删除节点，应先将其转换为曲线，然后即可按添加曲线节点和删除曲线节点的方法进行添加或删除。

（9）如要将一条曲线首尾连接，使其成为一个封闭的图形，可按住Shift键同时选中要连接的曲线的首尾节点，然后单击属性栏中的“连接两个节点”按钮，即可将所选的节点结合起来，结合后的节点将位于原来两个节点的中间。因为结合后的图形是一个封闭图形，可对其进行颜色填充，如图7-10所示。

（10）使用形状工具选中曲线首尾节点，然后单击属性栏中的“延长曲线使闭合”按钮，可以使曲线的末端节点直线延长到首端节点，从而使曲线封闭，如图7-11所示。

图7-10 连接两个节点

图7-11 延长曲线使之闭合

（11）如单击属性栏中的“自动封闭曲线”按钮，可自动将一条曲线的首尾节点连接起来，使之成为封闭图形，如图7-12所示。

（12）使用形状工具选中曲线上的一个或多个节点，然后单击属性栏中的“分割曲线”按钮，即可将所选节点与曲线整体分割开。所选节点分割开后，可以单独移动而不会影响到其他的节点，如图7-13所示。

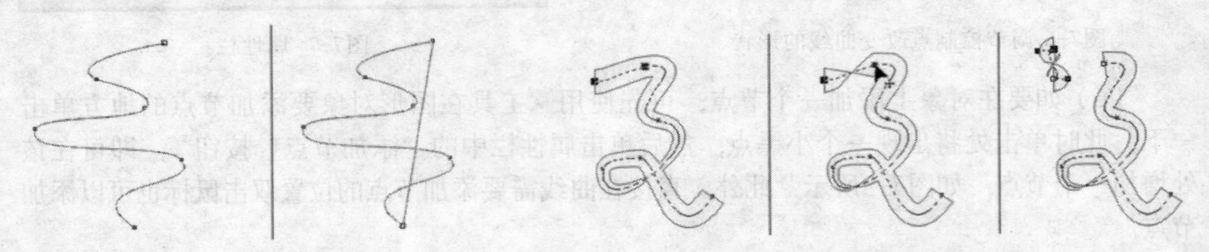

图7-12　自动封闭曲线　　图7-13　分割曲线并移动所分割的节点

提示　图7-13显示的是使用分割曲线工具分割使用艺术笔工具所绘制的曲线，分割后的曲线依然是封闭的。如果使用该工具分割使用“连接两个节点”、“延长曲线使闭合”、“自动封闭曲线”三种操作所得到的封闭曲线上的节点，会使原来的封闭曲线成为开放的，从而丧失内部填充色，如图7-14所示。

（13）使用形状工具选中曲线上的任意一个或多个节点，然后单击属性栏中的“转换曲线为直线”按钮，即可将所选节点间的曲线转换为直线段，如图7-15所示。

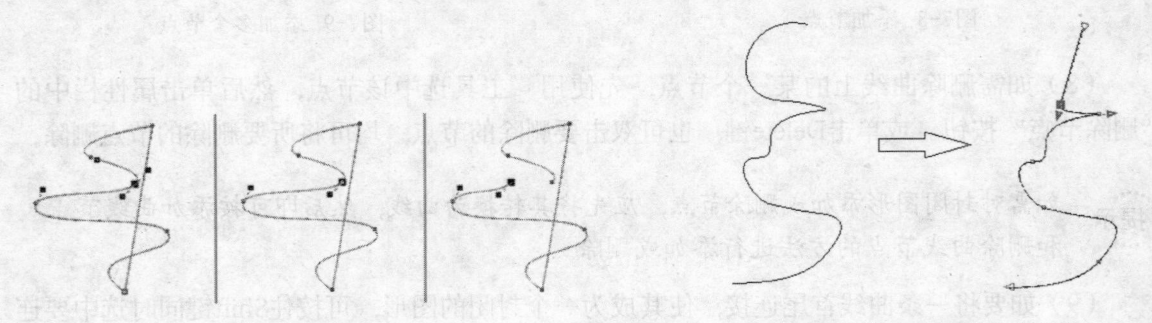

图7-14　分割曲线　　图7-15　将曲线转换为直线段

（14）如在直线段上单击鼠标，然后单击属性栏中的“转换直线为曲线”按钮，即可将原本的直线段转换为具有控制点的曲线，如图7-16所示。

（15）在制作曲线时，可以适度选用属性栏中相关的节点编辑按钮，以调整各节点附近的曲线。使用形状工具选中节点后，单击属性栏中的“使节点成为尖突”按钮，则该节点两侧的控制点在移动时将会互不关联，曲线经过该节点时会产生锐利的角度曲折，如图7-17所示。

（16）使用形状工具选中节点，再单击属性栏中的“平滑节点”按钮，当调整该节点两侧的控制点时，另一侧的控制点会同时往反方向移动，这种节点会以较平滑的方式和相临的线段连接，如图7-18所示。

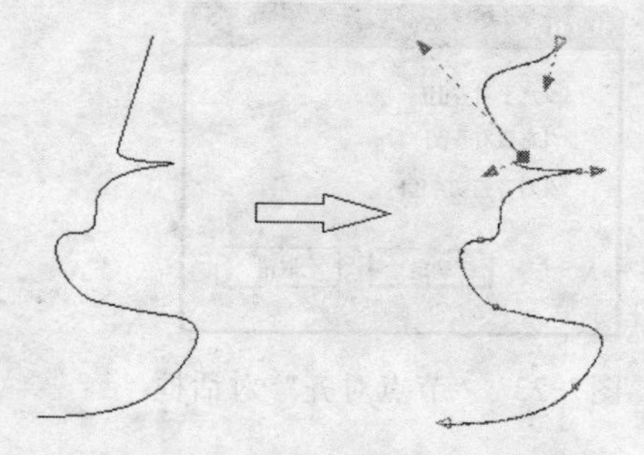

图7-16 将直线段转换为曲线

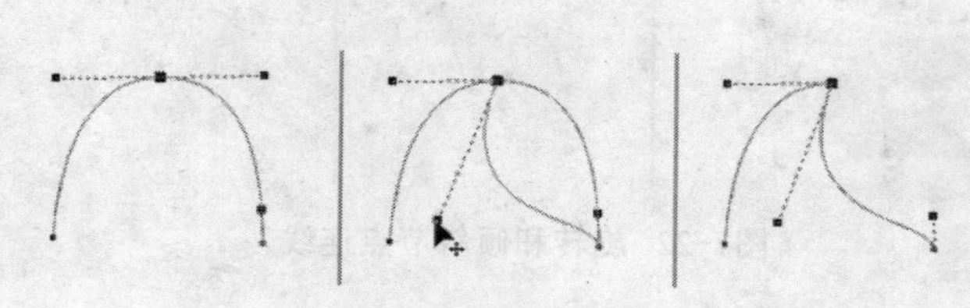

图7-17 使节点尖突

（17）使用形状工具选中节点，再单击属性栏中的“生成对称节点”按钮，当调整该节点一侧的控制点时，另一侧的控制点会同时往反方向做等量的移动，这种节点会在两端产生相同的曲线弧度，如图7-19所示。

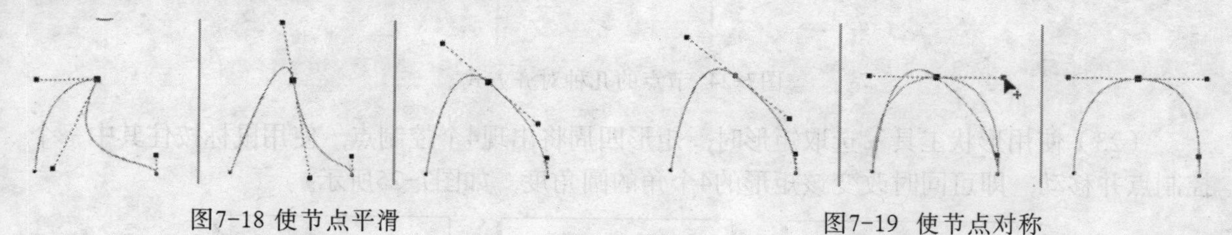

图7-18 使节点平滑

图7-19 使节点对称

（18）单击属性栏中的“反转曲线方向”按钮，可将曲线的首尾节点进行交换，从而改变曲线路径的方向，图7-20显示了交换一条具有轮廓属性的曲线的首尾节点。

（19）单击属性栏中的“提取子路径”按钮，可以提取曲线的补充路径。

（20）使用形状工具选中节点，然后单击属性栏中的“伸长和缩短节点连线”按钮，此时所选节点周围将出现8个尺寸控制点，通过使用鼠标拖动控制点可以延伸或缩短节点之间的连线，如图7-21所示。

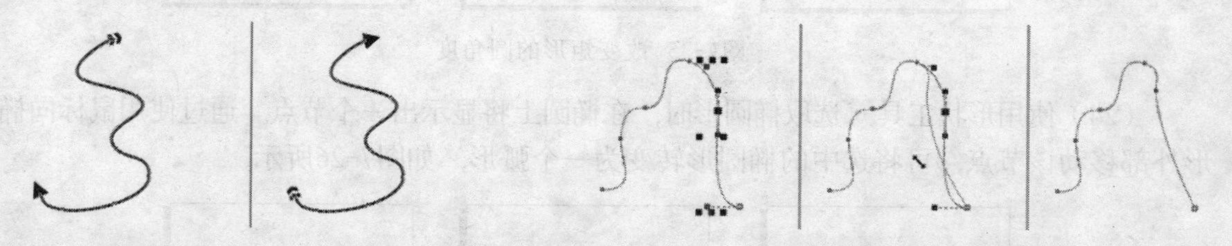

图7-20 反转曲线方向

图7-21 缩放节点连线

（21）使用形状工具选中节点，然后单击属性栏中的“旋转和倾斜节点连线”按钮，此时所选节点周围将出现8个旋转/倾斜控制点，使用鼠标拖动旋转控制点进行旋转即可旋转节点连线；使用鼠标拖动倾斜控制点即可倾斜节点连线，如图7-22所示。

（22）使用形状工具选择曲线中的两个以上的节点，然后单击属性栏中的“对齐节点”按钮，此时将显示如图7-23所示的“节点对齐”对话框。

在该对话框中，选中“水平对齐”复选框，可以使所选的曲线节点水平对齐；选中“垂直对齐”复选框，可以使所选的曲线节点垂直对齐；选中以上的两个复选框，再选中“对齐控制点”复选框，可以使所选的两个节点对齐在一点上，从而形成一个曲线节点，如图7-24所示。

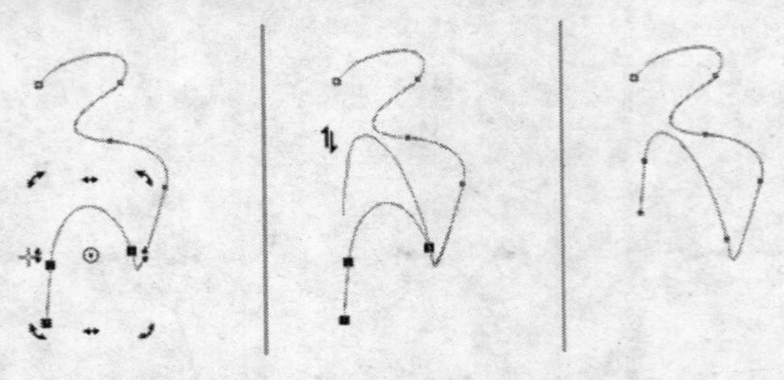

图7-22 旋转和倾斜节点连线

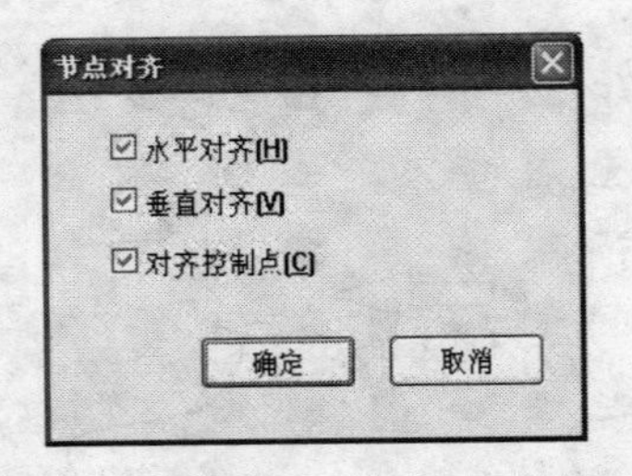

图7-23 “节点对齐”对话框

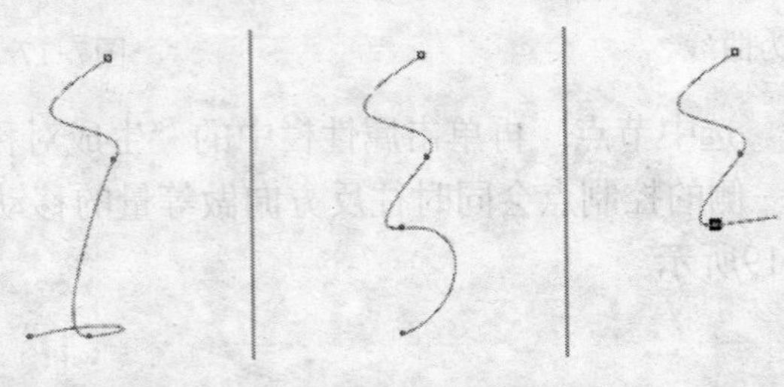

图7-24 节点的几种对齐方式

（23）使用形状工具选取矩形时，矩形四周将出现4个控制点，使用鼠标按住其中一个控制点并移动，即可同时改变该矩形的4个角的圆角度，如图7-25所示。

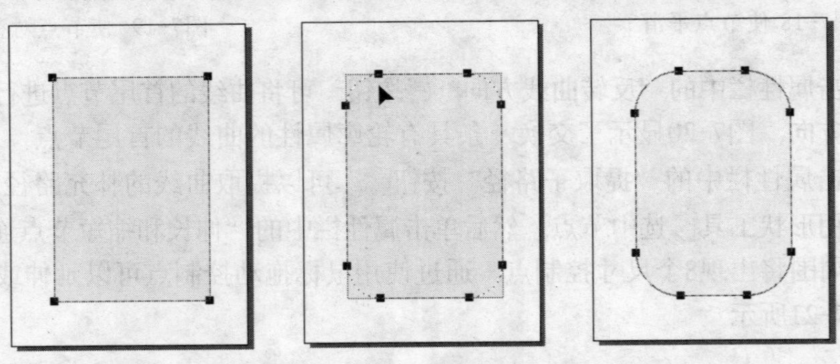

图7-25 改变矩形的圆角度

（24）使用形状工具选取椭圆形时，在椭圆上将显示出一个节点。通过使用鼠标向椭圆形外部移动该节点，可将选中的椭圆形转变为一个弧形，如图7-26所示。

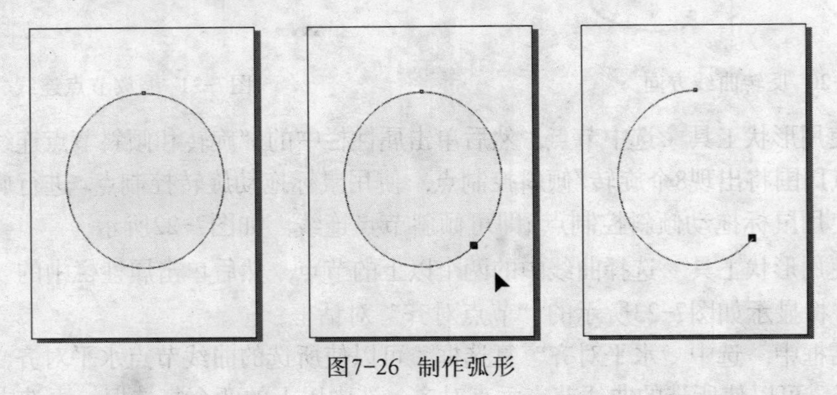

图7-26 制作弧形

（25）如果使用形状工具向椭圆形内部移动其节点，松开鼠标后，可得到一个封闭的扇形，如图7-27所示。

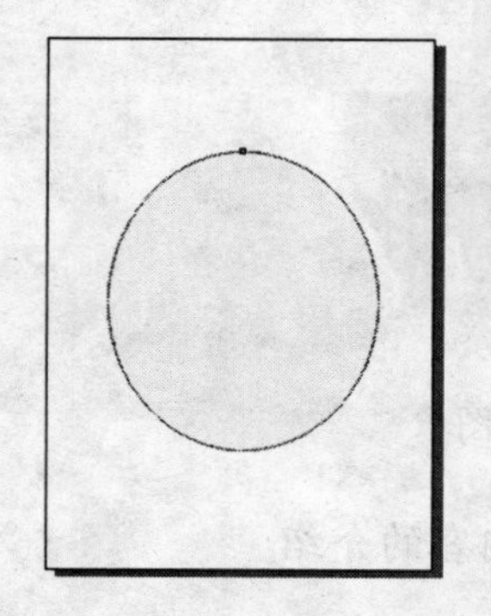
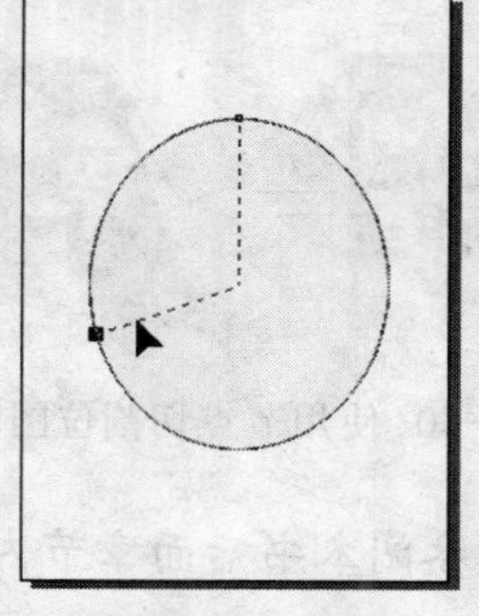
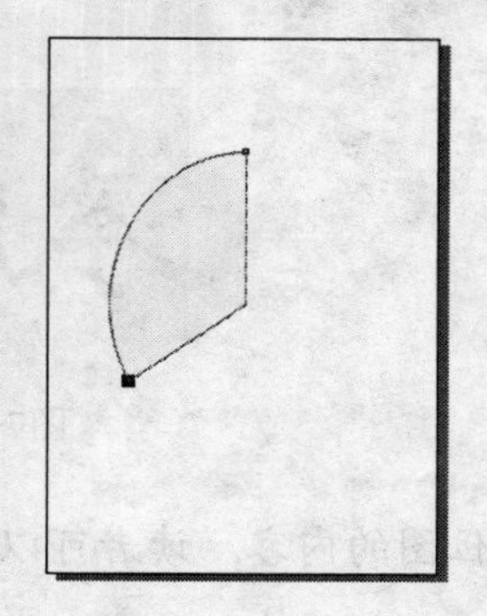

图7-27 制作扇形

注意 在制作圆弧或扇形时，如果先按下Ctrl键，则可以15°来逐步增减圆弧或扇形的角度。

（26）使用形状工具还可以改变文字的编排。使用形状工具选中文本后，在文本下面出现一个横向及一个纵向的箭头，而每个字符左下方会有一个控制点，拉动横向箭头，可以调整文本的字间距离，拉动纵向箭头，可以调整文本的行间距离，如图7-28所示。

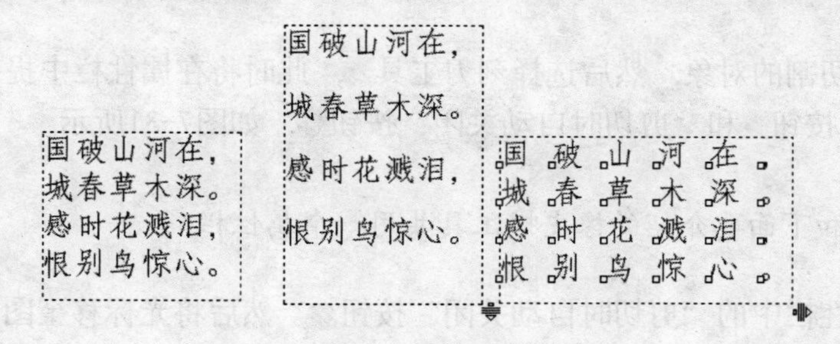

图7-28 改变文字间距和行距

提示 文字的创建非常简单，只要激活工具箱中的文本工具，然后在视图中单击确定位置，和在Word里一样输入文字就可以了。使用选择工具可以把段落文本作为一个对象进行调整。

（27）如果使用形状工具单击并拖动各字符左下方的控制点，则可以单独调整该文字的基线位置，如图7-29所示。

图7-29 调整文字基线位置

（28）使用形状工具选取位图图像时，在位图的四周将出现4个节点，此时可以移动节点的位置或是根据需要在适当位置增减节点，即可将不需要的图像部分切除，如图7-30所示。

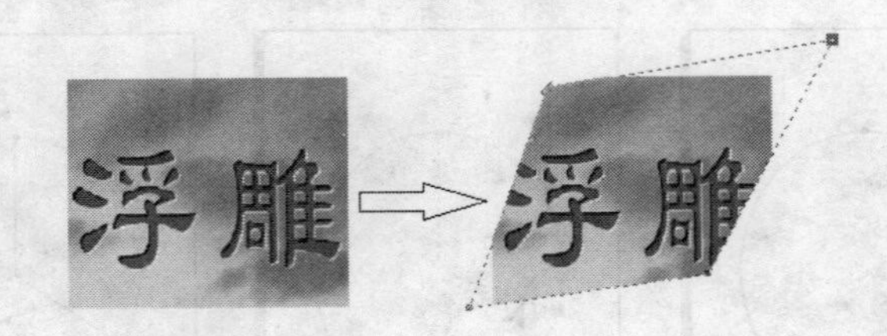

图7-30 使用节点切割位图图像

提示 关于位图的内容，读者可以参阅本书后面章节内容的介绍。

7.2 切割和擦除对象

在CorelDRAW中，使用刻刀工具和橡皮擦工具不仅可以处理路径和矢量图形，还可以处理位图图像。

7.2.1 切割对象

使用CorelDRAW中的刻刀工具可以切割路径、矢量图形以及位图图像，其使用过程如下。

（1）选中要切割的对象，然后选择刻刀工具，此时将在属性栏中提供两个功能按钮："成为一个对象"按钮和"剪切时自动关闭"按钮，如图7-31所示。

提示 刻刀工具和下面要介绍的橡皮擦工具共用一个属性栏。

（2）单击属性栏中的"剪切时自动关闭"按钮，然后将光标移至图形轮廓线上准备切割的起始点，当光标变为形状时单击鼠标，再移至要切割的终点单击，切割完后使用选择工具将其分开，一个封闭的图形对象即被分割为两个自动封闭路径的对象，如图7-32所示。

图7-31 刻刀和橡皮擦工具属性栏

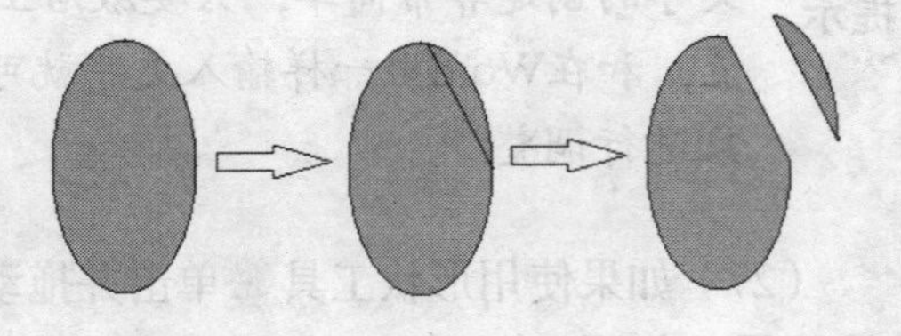

图7-32 封闭对象的切割效果

（3）如单击属性栏中的"成为一个对象"按钮，则切割后所有部分仍为一个集合体，需要选择"排列→拆分"菜单命令，才能使用选择工具将其分开。

注意 如果取消按下"剪切时自动关闭"按钮，则切割之后，原本有内部填色的实心对象，被切成数条线段，变为非封闭曲线，因此也失去其内部的填充色，如图7-33所示。

（4）通过刻刀工具属性栏中的"剪切时自动关闭"按钮，还可以切割位图图像，如图7-34所示。

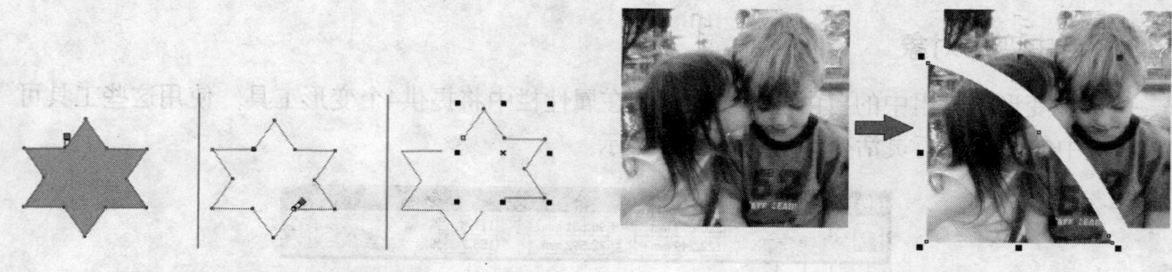

图7-33 切割对象为非封闭曲线　　　　图7-34 切割位图图像

7.2.2 擦除对象

使用橡皮擦工具，可以将图形对象多余的部分擦除掉，其操作过程如下。

（1）选中要擦除的对象，然后选择橡皮擦工具。

（2）将光标移至图形上，按下并拖动鼠标，即可擦除鼠标移动过的部分，如图7-35所示。

（3）如果要擦除的对象部分很大或很小，可以使用如图7-36所示的属性栏调节和选择橡皮擦工具的厚度及类型。

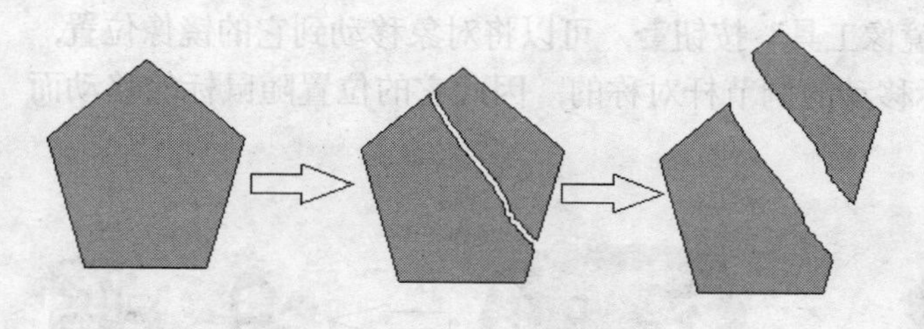

图7-35 擦除图形

图7-36 刻刀和橡皮擦工具属性栏

属性栏中各选项的功能如下:

· 在“橡皮擦厚度”数值框中输入数值，可以调节橡皮擦工具的厚度。数值越大，擦除的宽度越宽。

· 单击“擦除时自动减少”按钮，可以减少使用橡皮擦工具擦除对象时所产生的节点。

按下“圆/方”按钮，此时橡皮擦工具的形状为方形；如果取消按下该按钮，橡皮擦工具的形状为圆头。

（4）使用橡皮擦工具还可以擦除位图图像，其方法是相同的，如图7-37所示。

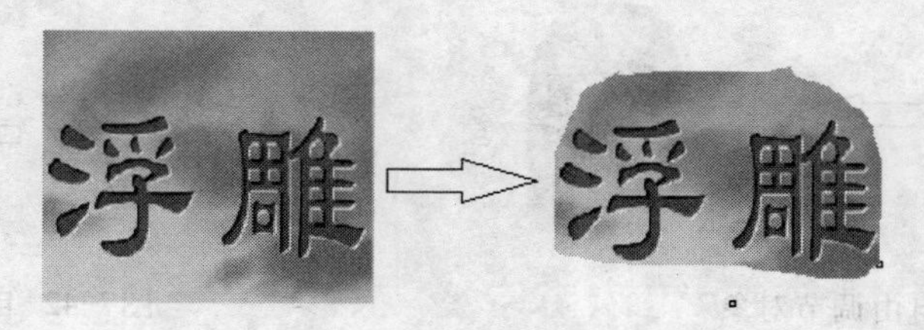

图7-37 擦除位图图像

7.3 变形对象

在CorelDRAW中，可以使用自由变形工具、涂抹工具和粗糙工具使对象进行变形操作。

7.3.1 自由变形对象

选择变形工具组中的自由变形工具，在属性栏中将提供4个变形工具，使用这些工具可以对选中的图形进行灵活变形，如图7-38所示。

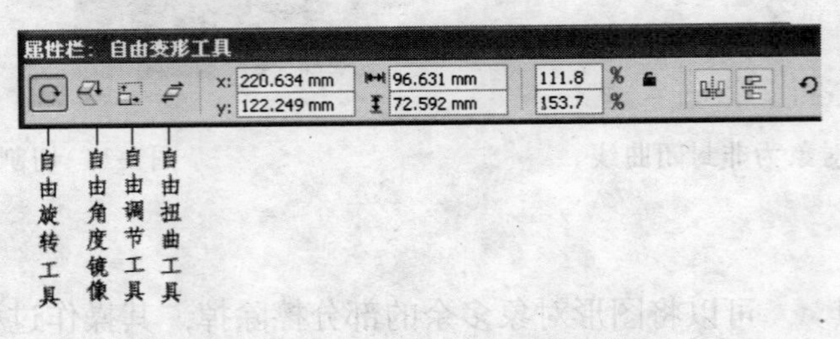

图7-38 自由变形工具属性栏

（1）先使用选择工具选取图形对象，接着选择自由变形工具，并单击属性栏中的“自由旋转工具”按钮，然后将光标移至页面某处单击并移动鼠标，则选中的对象将以单击处为参考点，随着鼠标的移动而旋转，如图7-39所示。

（2）若单击属性栏中的“自由角度镜像工具”按钮，可以将对象移动到它的镜像位置，如图7-40所示。对象的镜像位置是与鼠标移动的调节杆对称的，因此它的位置随鼠标的移动而移动。

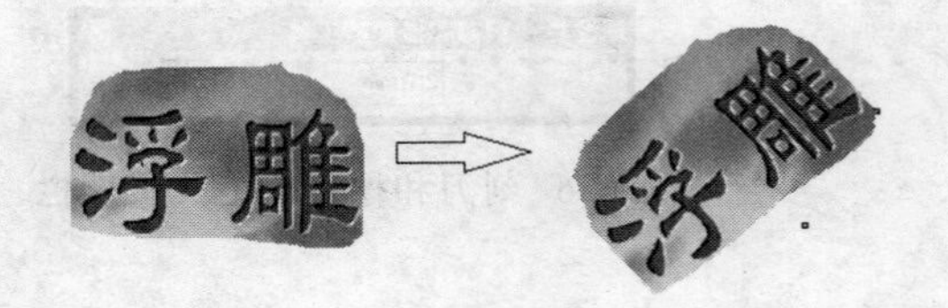

图7-39 自由旋转所选对象

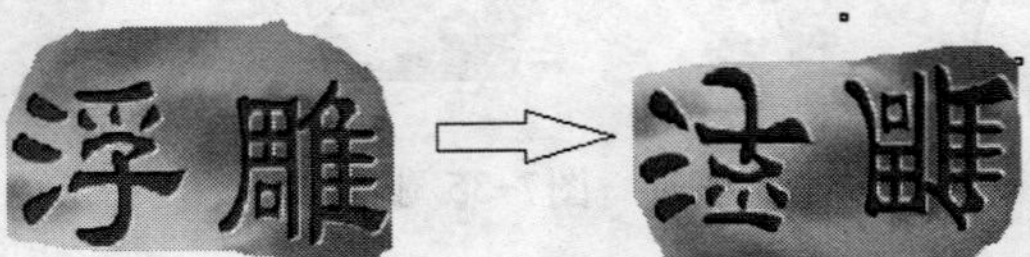

图7-40 对象镜像

（3）若单击属性栏中的“自由调节工具”按钮，则可以通过拖动鼠标来调节对象的大小，如图7-41所示。

（4）若单击属性栏中的“自由扭曲工具”按钮，则可以将所选对象沿不同方向进行倾斜，如图7-42所示。

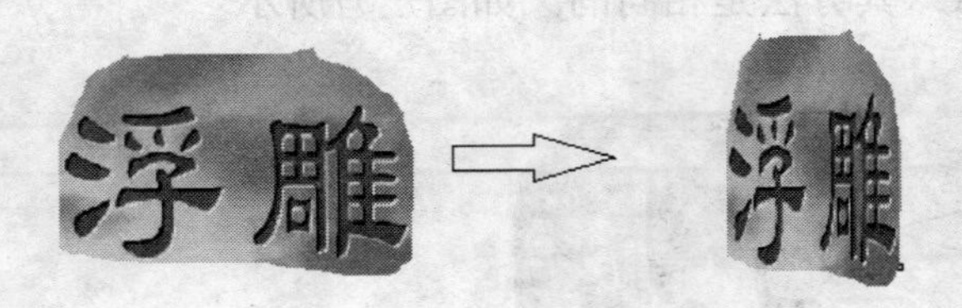

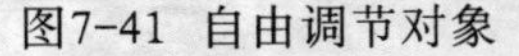

图7-41 自由调节对象

图7-42 自由扭曲图像

提示 当使用自由变形工具对所选对象进行变形时，若单击一下鼠标右键再释放，即可保留对象在原先的位置，而将所做的变形操作应用于在指定位置复制出的另一个完全相同的对象上。先按下数字键盘上的“+”键，再使用自由变形工具对选中的对象变形，同样可得到复制的效果。

7.3.2 涂抹对象

在CorelDRAW中，使用涂抹工具可以涂抹图形对象的边缘或者内部使之变形。效果如图7-43所示。

在工具箱中激活涂抹工具后，可以在属性栏中设置相关的参数，如图7-44所示。

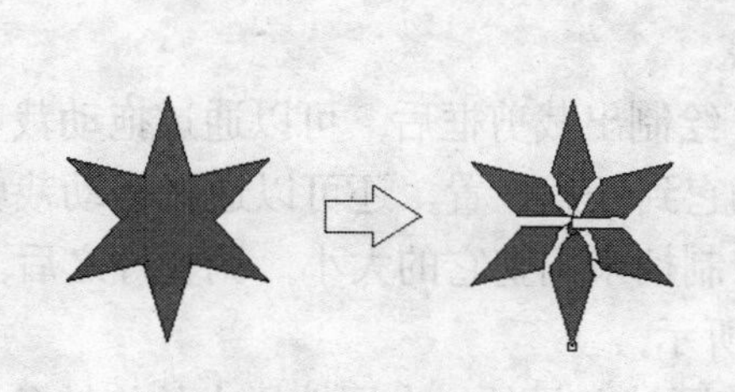

图7-43 涂抹效果

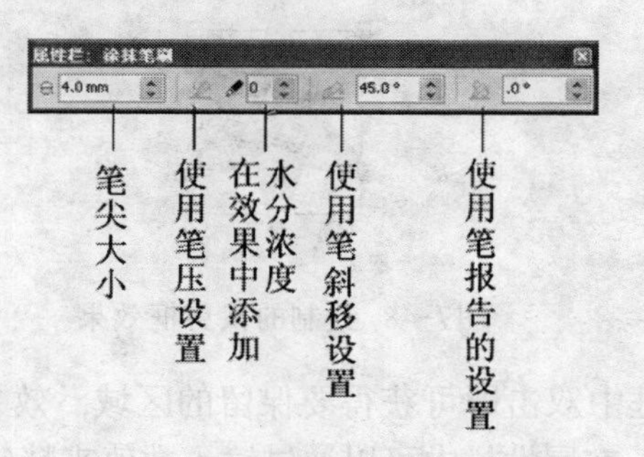

图7-44 涂抹工具属性栏

7.3.3 粗糙对象

使用粗糙工具可以通过涂抹图形对象的边缘或者内部使之变形，效果如图7-45。

在工具箱中激活粗糙工具后，可以在属性栏中设置相关的参数，如图7-46所示。

注意 需要将“笔尖大小”值设置得大一些才能更明显地看到粗糙效果。

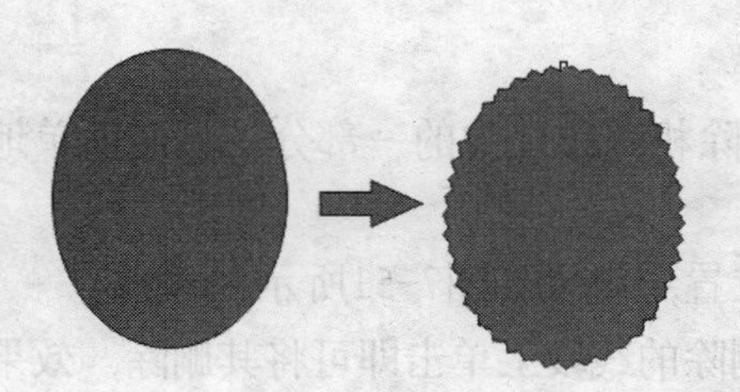

图7-45 粗糙效果

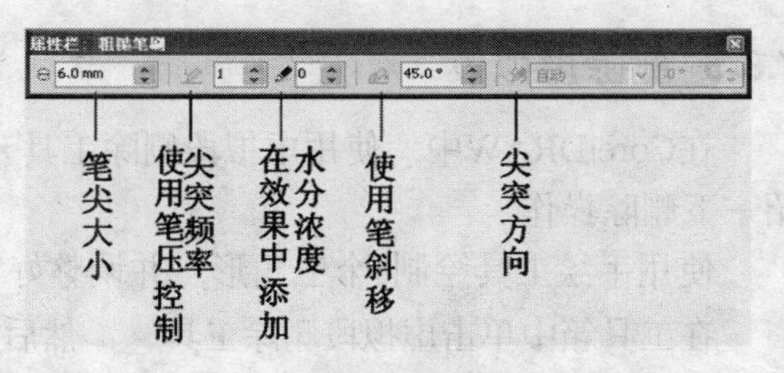

图7-46 粗糙工具属性栏

如果要对图形进行粗糙变形，则会打开“转换为曲线”对话框，如图7-47所示。单击“确定”按钮会把图形转换为曲线，然后就可以对图形进行涂抹或者粗糙变形了，否则不能对图形进行变形操作。

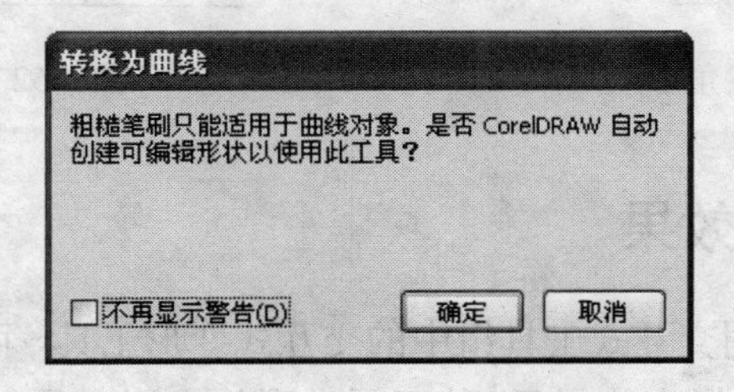

图7-47 “转换为曲线”对话框

7.3.4 裁剪图形

使用裁剪工具可以裁剪绘制的矢量图，应用了各种效果的矢量图，比如应用了填充效果或者透明效果，还可以裁剪导入的位图。

图7-48 绘制的裁剪框效果

在工具箱中激活裁剪工具后，在要裁剪的对象上拖动鼠标即可绘制出一个裁剪框，不需要保留的部分将变得非常暗淡，效果如图7-48所示。

绘制出裁剪框后，可以通过拖动裁剪框来移动它到任意位置。还可以通过拖动裁剪框上的控制柄来调整它的大小。调整好之后，在裁剪框中双击即可获得要保留的区域，效果如图7-49所示。

在属性栏中可以通过输入数值来精确地调节裁剪区域。另外，在属性栏中的旋转角度栏中输入数值可以旋转裁剪区域，如图7-50所示。

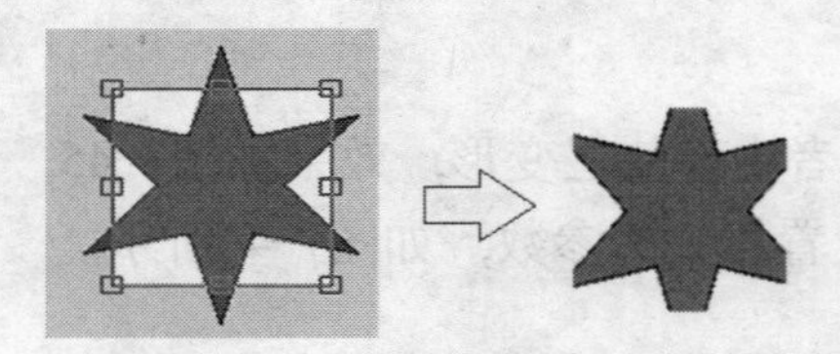

图7-49 裁剪效果（右图）

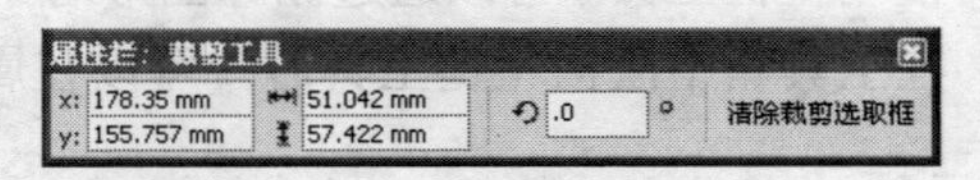

图7-50 裁剪工具属性栏

7.3.5 删除虚拟段

在CorelDRAW中，使用虚拟段删除工具可以删除相交路径中的一部分，下面简单地介绍一下删除操作。

使用手绘工具绘制3个三角形，并调整好它们的位置，效果如图7-51所示。

在工具箱中单击虚拟段删除工具，然后在需要删除的线段上单击即可将其删除，效果如图7-52所示。

图7-51 绘制的三角形效果

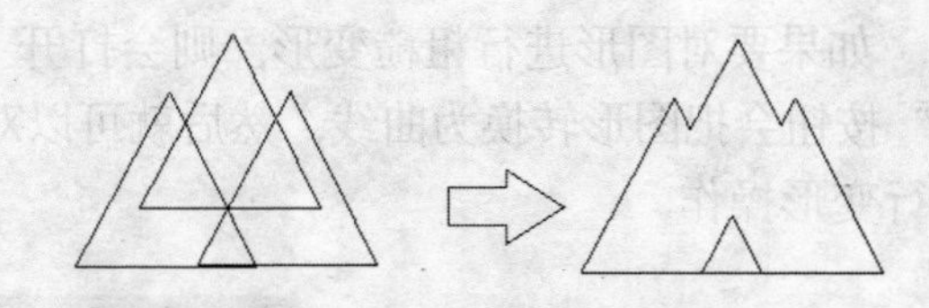

图7-52 删除效果（右图）

7.4 使用交互式变形效果

在CorelDRAW中，使用交互式工具组中的交互式变形工具可以更为迅速地改变对象的外形。当选择该工具时，属性栏中将显示3种不同类型的变形工具：推拉变形、拉链变形、扭曲变形，如图7-53所示。

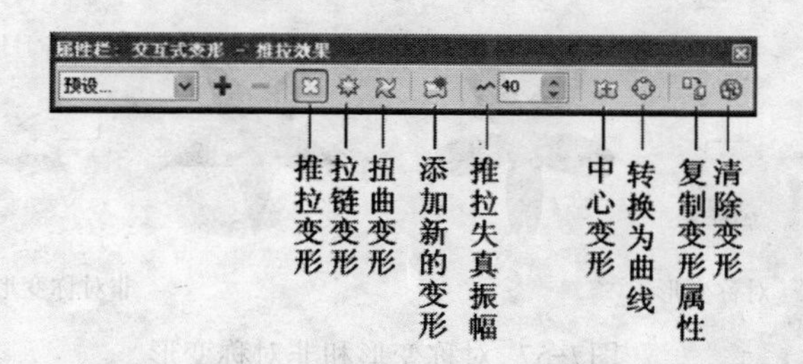

图7-53 交互式变形工具属性栏

7.4.1 推拉变形

使用交互式推拉变形工具变形对象的操作过程如下。

（1）选中要变形的对象，然后选择交互式工具组中的交互式变形工具，并在属性栏中单击“推拉变形”按钮。

（2）将光标移至图形上按下并拖动鼠标，这时会在鼠标按下的起始点产生一个菱形控制点，在鼠标当前位置产生一个方形控制点，图形就会随着起始点的位置、控制点的拖拉方向、位移大小而变形。然而，鼠标拖拉的方向与位移的大小会影响图形的变形情况，因此沿不同的方向推拉图形，将会得到不同的效果，如图7-54所示。

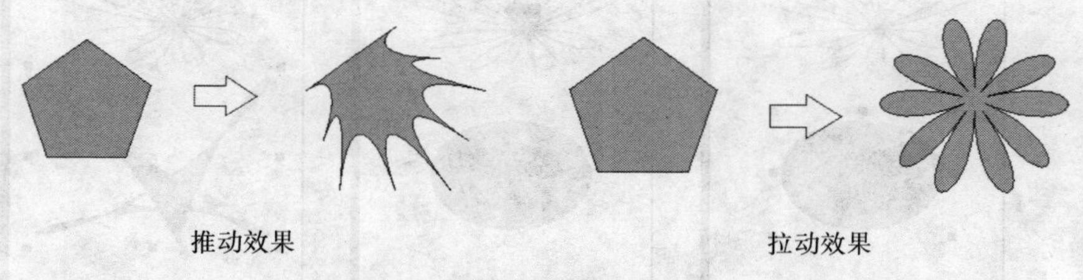

图7-54 推拉图形效果

（3）使用鼠标拖动起始处与终点处的控制点，可以对变形后的结果进行再次变形，如图7-55所示。

（4）单击属性栏中的“添加新的变形”按钮，可以添加另外一个变形到所选对象上，如图7-56所示。

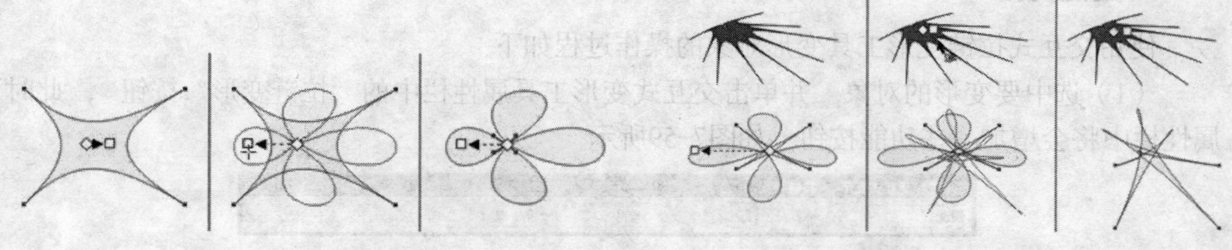

图7-55 再次变形图形　　图7-56 为图形添加新的变形

（5）在属性栏的“推拉失真振幅”参数框中，通过输入数值可以调节推拉变形对象的变形程度，其取值范围为 - 200 ~ 200。

（6）在推拉变形不规则的图形时，可以随时单击属性栏中的“中心变形”按钮，将起始点移到对象的中心，使对象的推拉变形从中心点开始，变为比较对称的图形，如图7-57所示。

图7-57 对称变形和非对称变形

（7）对图形进行对称变形之后，它本身仍为某种对称图案，只能用起始点与终点来控制其外形的整体变化。这时，可以单击属性栏中的“转换为曲线”按钮，通过控制其各部位外框上的节点来任意修改其外形。

（8）如要将一个推拉变形对象的属性应用到其他对象上，应先将要得到推拉变形的对象选中，然后选择交互式变形工具，并单击其属性栏中的“复制变形属性”按钮，此时鼠标变为➡状态，移动光标到推拉变形效果对象上并单击鼠标，即可将所单击的推拉变形效果对象的属性应用于所选对象，如图7-58所示。

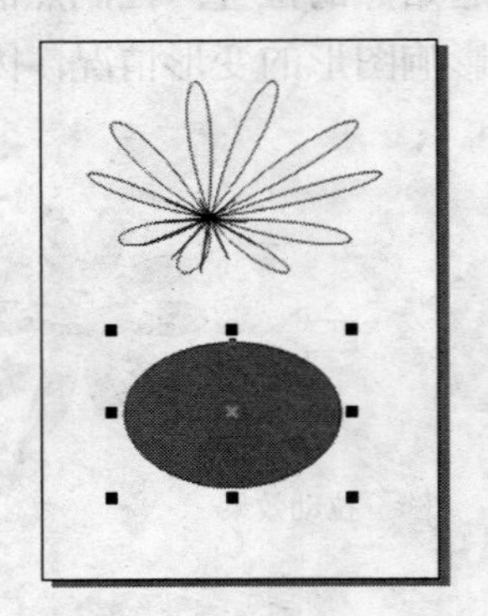
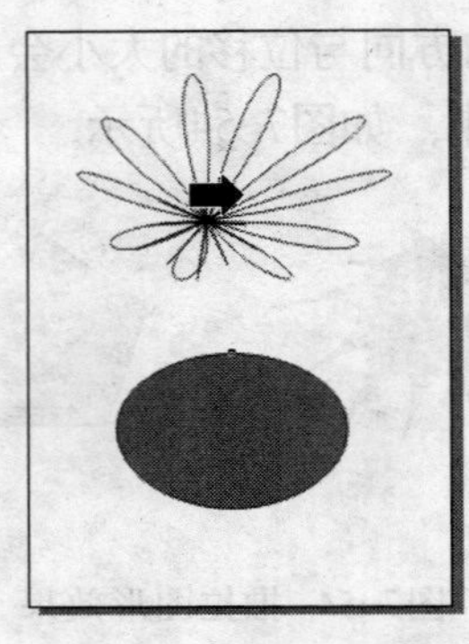
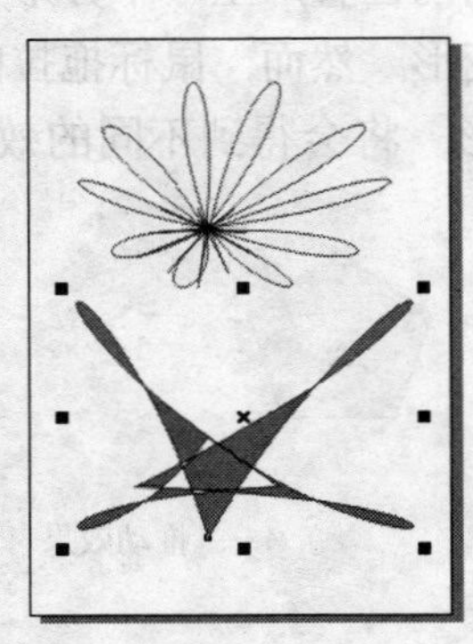

图7-58 复制变形属性

（9）如要清除推拉变形对象的变形效果，只需选中该对象后，单击属性栏中的“清除变形”按钮即可。

7.4.2 拉链变形

使用交互式拉链变形工具变形对象的操作过程如下。

（1）选中要变形的对象，并单击交互式变形工具属性栏中的“拉链变形”按钮，此时属性栏中将会增加一些功能按钮，如图7-59所示。

图7-59 交互式变形工具-拉链效果属性栏

提示 把鼠标指针移动到属性栏中的选项上即可显示出该选项的名称，在本书中不再一一注解。

（2）在图形上按下并拖动鼠标，即可展开拉链变形，如图7-60所示。

（3）通过在属性栏的“拉链失真振幅”参数框中输入数值，可以调节对象拉链变形的程度，其中数值越大变形效果越明显，也就是说变化出的波峰越突出。

（4）在进行拉链变形时，在起始点旁的虚线上会有一个控制变形频率的控制点，通过移动该控制点，可在对象外缘增减波峰的个数；也可以通过在属性栏的“拉链失真频率”参数框中改变数值，来对拉链变形所产生的波峰频率（波峰的个数）进行设置，如图7-61所示。

图7-60 拉链变形效果　　图7-61 增加波峰个数

（5）通过单击属性栏中的“随机变形”按钮、“平滑变形”按钮或“局部变形”按钮，可以改变图形外缘锐角的变化，如图7-62所示。

随意变形　　平滑变形　　局部变形

图7-62 拉链变形的3种变形效果

7.4.3 扭曲变形

使用交互式扭曲变形工具变形对象的操作过程如下。

（1）选中图形，然后单击交互式变形工具属性栏中的“扭曲变形”按钮，此时属性栏将发生变化，如图7-63所示。

图7-63 交互式变形工具-扭曲效果属性栏

（2）将光标移到要进行变形的图形上，按下并拖动鼠标，即可按一定方向旋转从而改变图形的外形，如图7-64所示。

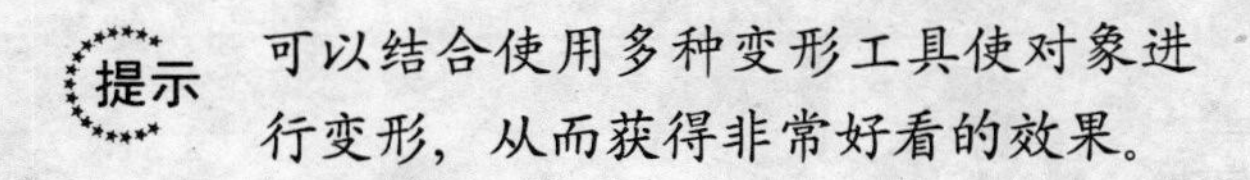

提示　可以结合使用多种变形工具使对象进行变形，从而获得非常好看的效果。

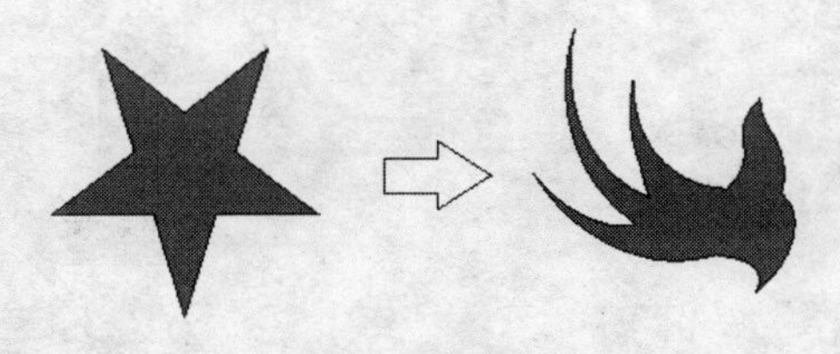

图7-64 扭曲变形效果

（3）如在属性栏中单击“顺时针旋转”按钮，所选扭曲对象将按顺时针旋转；单击“逆时针旋转”按钮，所选扭曲对象将按逆时针旋转；单击“中心变形”按钮，所选扭曲对象将以中心旋转，如图7-65所示。

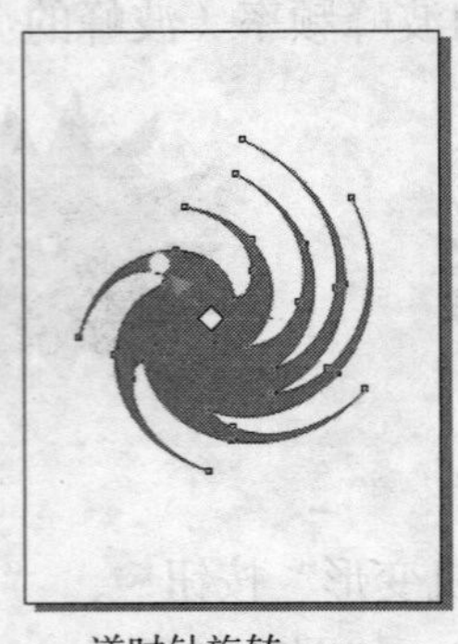
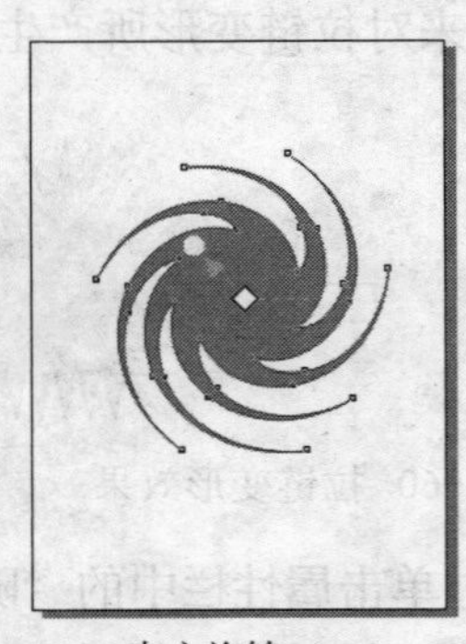
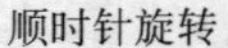

逆时针旋转　　中心旋转

图7-65　扭曲变形的3种变形效果

（4）在属性栏的“完全旋转”参数框中，可通过调节数值来设置所选对象的旋转圈数；在“附加角度”参数框中，可以设置所选对象在原来的旋转基础上再旋转的角度。

除了使用以上3个变形工具手动变形对象外，还可以直接单击交互式变形工具属性栏中的“预设”下拉按钮，从弹出的下拉列表中为要变形的对象选择一种变形效果，如图7-66所示。

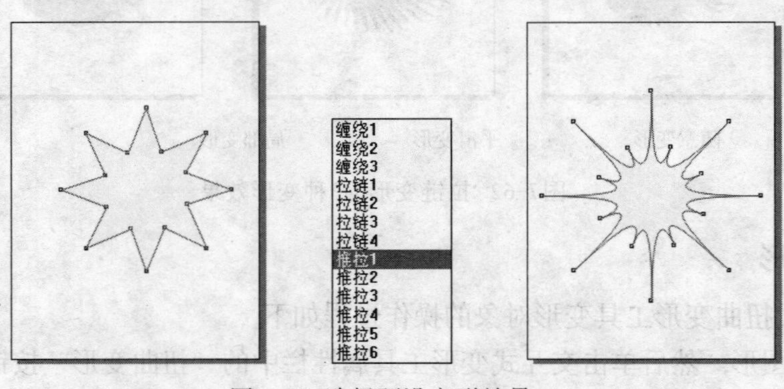

图7-66　选择预设变形效果

此外，单击属性栏中的“添加预设”按钮，可在打开的“另存为”对话框中保存新的变形样式，将其添加到预设变形样式列表中，留待以后使用；单击“删除预设”按钮，可将选中的预设变形样式删除。

提示　在这里只列举了一些图形对象的简单变形情况，也可以选择一些符号或文字，使用这些变形工具将它们转变成一些奇妙的图案，如图7-67所示。

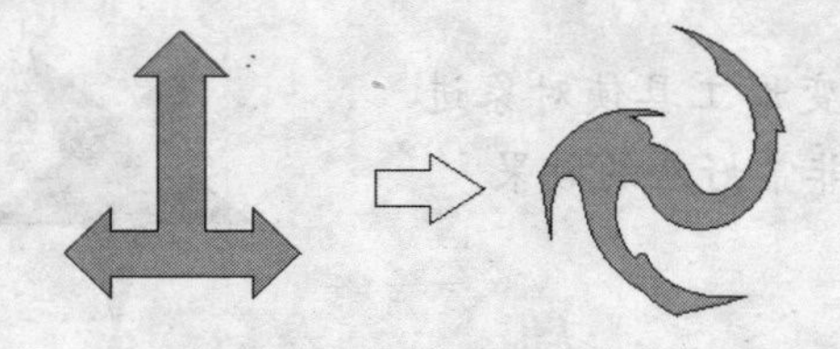

图7-67　一种箭头符号的变形效果

7.5 使用封套变形对象

选择交互式工具组中的交互式封套工具，可以通过调整封套的造型，来改变对象外观，操作过程如下。

（1）选中一个图形对象，然后选择交互式工具组中的交互式封套工具，此时所选对象将自动添加系统默认的封套。使用鼠标调节封套上的各个节点，使封套变形，从而达到使图形变形的目的，如图7-68所示。

（2）当选择交互式封套工具时，将显示如图7-69所示的交互式封套工具属性栏，使用该属性栏可以对封套进行设置。

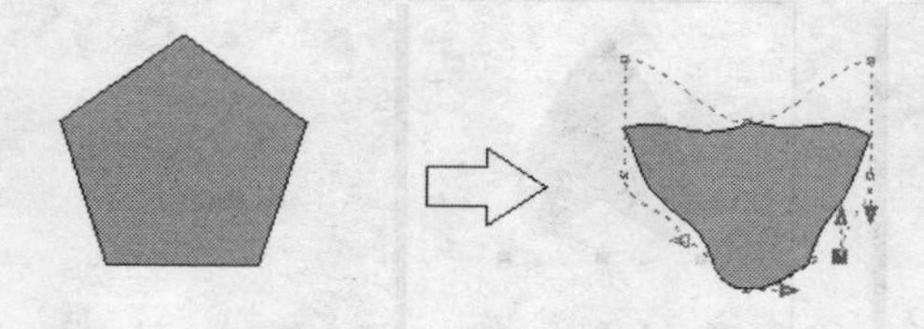

图7-68　使用交互式封套工具变形对象

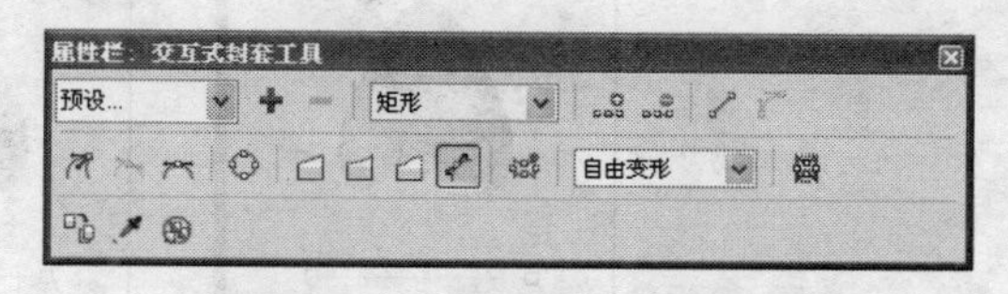

图7-69　交互式封套工具属性栏

（3）如果对封套形状不满意，可单击交互式封套工具属性栏中的“边框样式”下拉按钮，在显示的下拉列表中，为要变形的对象选择一种封套边框样式，如图7-70所示。

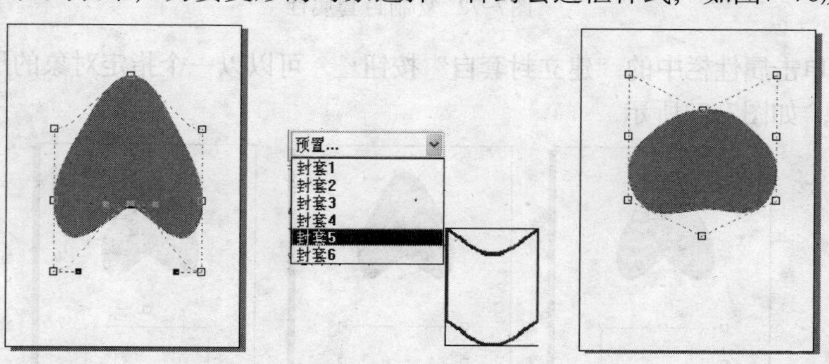

图7-70　选择封套边框样式

（4）若对调节后的封套边框样式满意，单击属性栏中的“添加预设”按钮，在弹出的对话框中为该预设输入名称并单击“保存”按钮，即可将该边框添加到封套预设下拉列表中，便于以后使用，如图7-71所示。

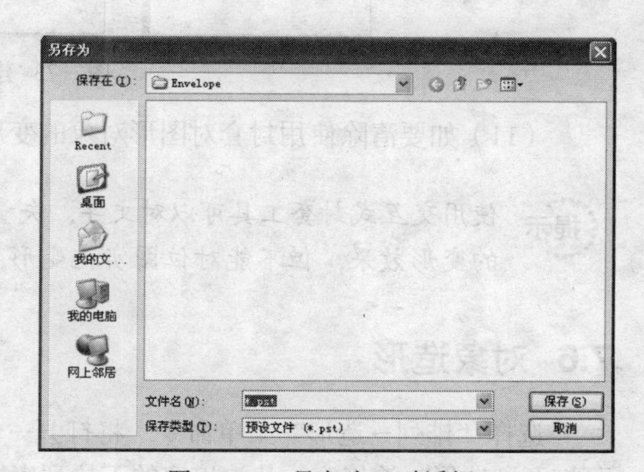

图7-71　“另存为”对话框

（5）如要删除预设列表中的某个边框样式，只需选中该预设，然后单击“删除预设”按钮即可。

（6）使用属性栏中的多个节点编辑按钮可以编辑封套上的节点，其作用已在前面的形状工具中做了详细介绍，所以此处不再重复。此外，单击“封套直线模式”按钮，在使用鼠标调节封套节点扭曲对象时，将以直线进行扭曲；单击“封套单弧模式”按钮，在使用鼠标调节封套节点扭曲对象时，将以单一弧度扭曲；单击“封套双弧模式”按钮，在使用鼠标调节封套节点扭曲对象时，将以双弧度扭曲；单击“封套非强制模式”按钮，使用鼠标调节封套上的节点可以不受约束任意扭曲对象。

（7）如单击属性栏中的“添加新封套”按钮，系统将在所选对象上添加一个新的封套。

（8）单击“转换为曲线”按钮，可以将对象上的封套转换为曲线对象，从而可以像编辑曲线对象一样编辑它。

（9）如要将一个封套对象的属性应用到另一个对象封套上，单击属性栏中的“复制封套属性”按钮即可，如图7-72所示。

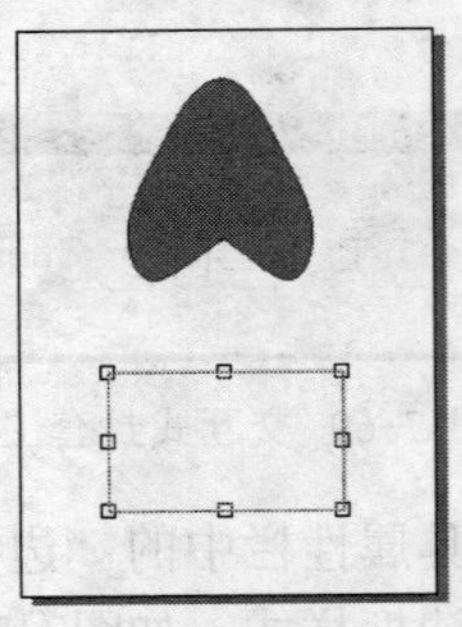
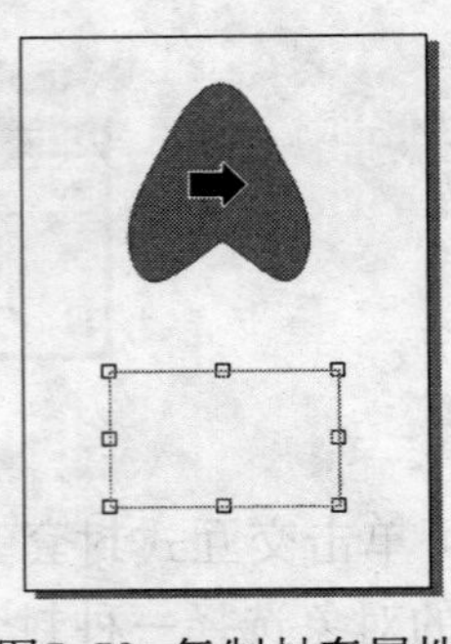
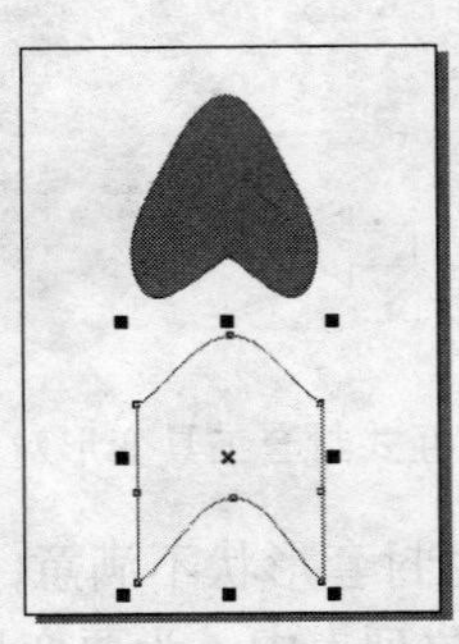

图7-72 复制封套属性

（10）如单击属性栏中的“建立封套自”按钮，可以以一个指定对象的形状为依据建立一个新的封套，如图7-73所示。

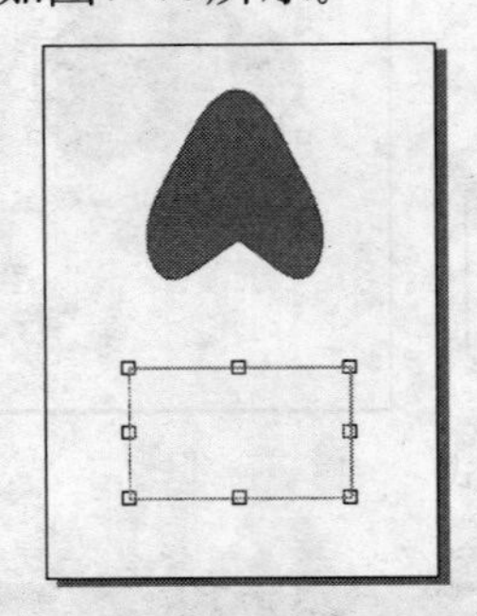
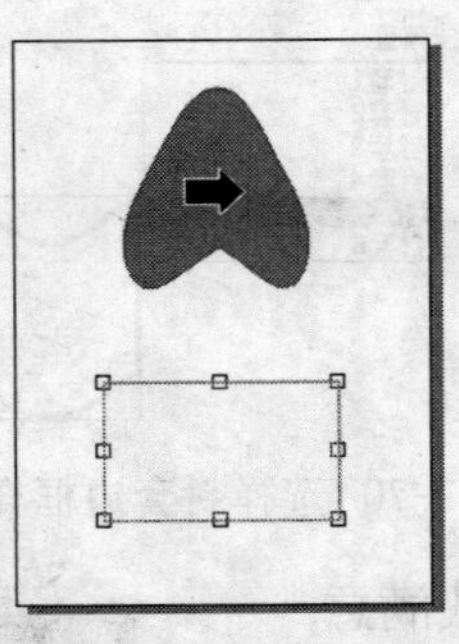
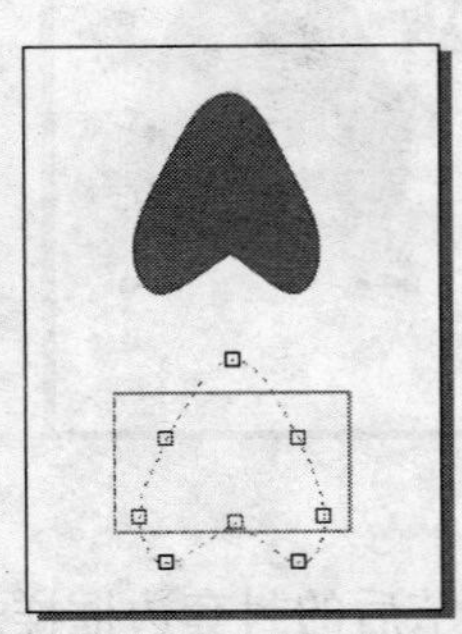

图7-73 建立新封套

（11）如要清除使用封套对图形对象的变形，单击属性栏中的“清除封套”按钮即可。

提示 使用交互式封套工具可以对文字、矢量图形添加各种不同模式封套，产生各种各样的变形效果，但不能对位图实施变形。

7.6 对象造形

选择“排列→造形”菜单命令，将打开一个如图7-74所示的子菜单，当选择“修剪”时，可打开“造形”泊坞窗，从泊坞窗的下拉列表框中可以选择需要的操作选项，焊接、修剪、相交和简化对象等，从而将一个不规则的图形转换为一个新的形状。

7.6.1 焊接对象

使用“焊接”命令，可以使两个或多个对象结合在一起，从而创建一个独立的对象。如果焊接的是重叠的对象，它们会结合在一起成为拥有一个轮廓的对象；如果不是重叠对象，它们会形成一个焊接群组，从而作为一个独立的对象进行各种操作。焊接对象的操作过程如下。

（1）选中要进行焊接的对象，然后选择“排列→造形→焊接”菜单命令，并在打开的“造形”泊坞窗的下拉列表框中选择“焊接”项，显示“焊接”泊坞窗，如图7-75所示。

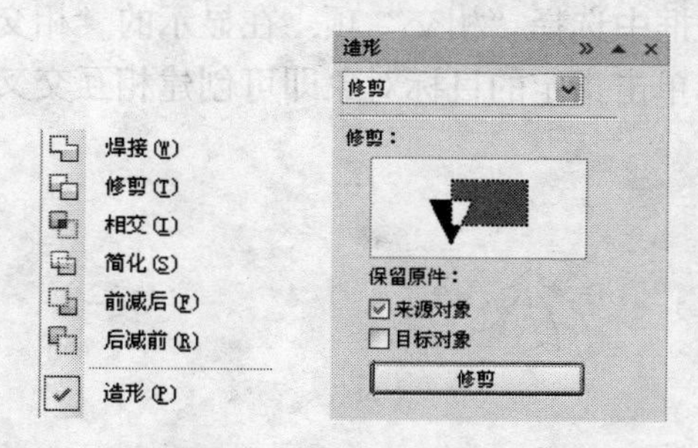

图7-74 “造型”子菜单和“造形”泊坞窗

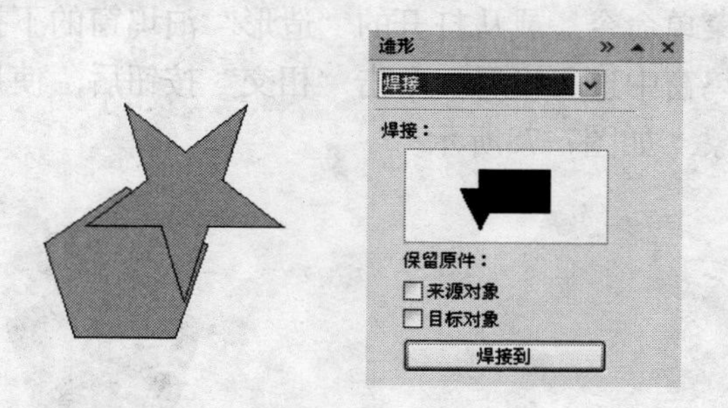

图7-75 “焊接”泊坞窗

（2）在“焊接”泊坞窗中，选中“来源对象”复选框可以保留一个选取对象的拷贝；选中“目标对象”复选框可以保留一个目标对象的拷贝。

（3）单击“焊接到”按钮，然后在绘图区中单击图形即可将所选对象焊接成为一体，如图7-76所示。

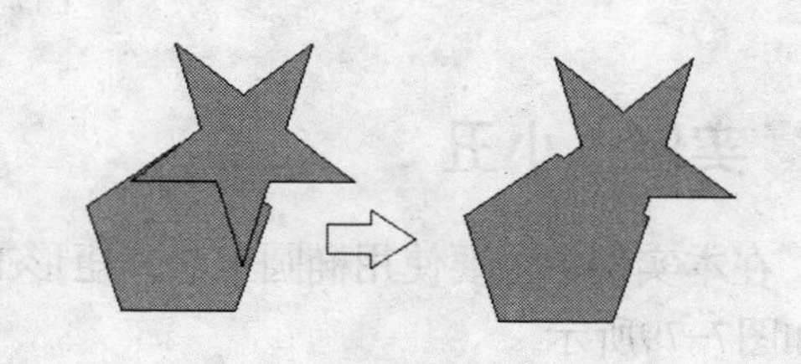

图7-76 焊接对象

注意 焊接后的对象将改变为统一的颜色。如果两个图形的颜色不同，那么最终颜色将取决于在绘图区单击的图形颜色。

7.6.2 修剪对象

使用“修剪”命令，可以将目标对象与其他对象重叠的区域，从目标对象中修剪掉，而目标对象仍然会保留其填充和轮廓属性。

如果要修剪对象，应先选中要修剪的所有对象，然后选择“排列→造形→修剪”菜单命令，或者从打开的“造形”泊坞窗的下拉列表框中选择“修剪”项，在显示的“修剪”泊坞窗中进行设置，单击“修剪”按钮后，使用鼠标单击要修剪的目标对象即可，如图7-77所示。

图7-77 修剪对象

提示 修剪对象后，需要把其中的一个图形移动开之后，才能看到修剪效果。

7.6.3 相交对象

使用“相交”命令，可以将两个或多个重叠对象的交集部分，创建成一个新对象，该对象的填充和轮廓属性以指定作为目标对象的属性为依据。

要对图形对象执行相交操作，应先选中相交的一个对象，然后选择“排列→造形→相交”菜单命令，或从打开的“造形”泊坞窗的下拉列表框中选择“相交”项，在显示的“相交”泊坞窗中进行设置。单击“相交”按钮后，使用鼠标单击指定的目标对象即可创建相互交叉的对象，如图7-78所示。

图7-78 相交对象

7.7 实例：小丑

在本实例中主要使用椭圆工具、矩形工具和多边形工具等来绘制一个小丑，绘制的最终效果如图7-79所示。

（1）打开CorelDRAW，创建一个新的文档，并设置适当的大小。

（2）单击工具箱中的椭圆工具，在页面上绘制一个正圆，然后在属性栏设置轮廓宽度为2.0mm，如图7-80所示。

图7-79 最终效果

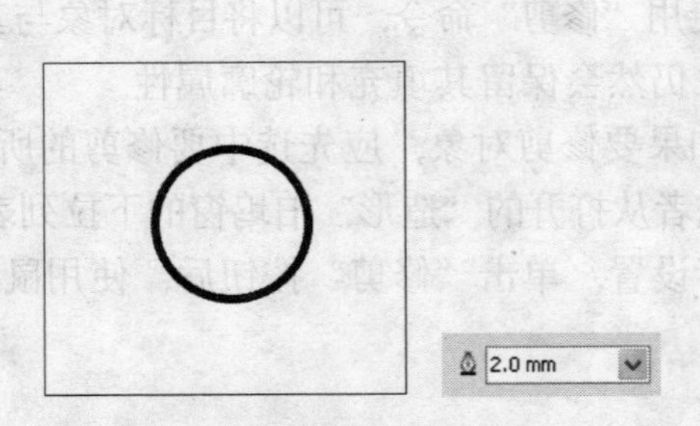

图7-80 绘制的正圆

（3）单击工具箱中的多边形工具，然后将属性栏中多边形的边数改为4，在页面上绘制一个四边形，如图7-81所示。

（4）选择刚绘制好的四边形，将其填充为黑色，并调整到如图7-82所示的位置，然后按照同样的方法绘制另一个四边形，调整到合适的位置。

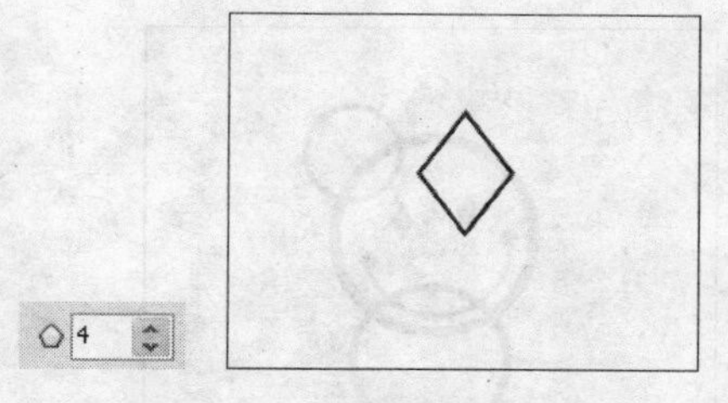

图7-81 绘制的四边形

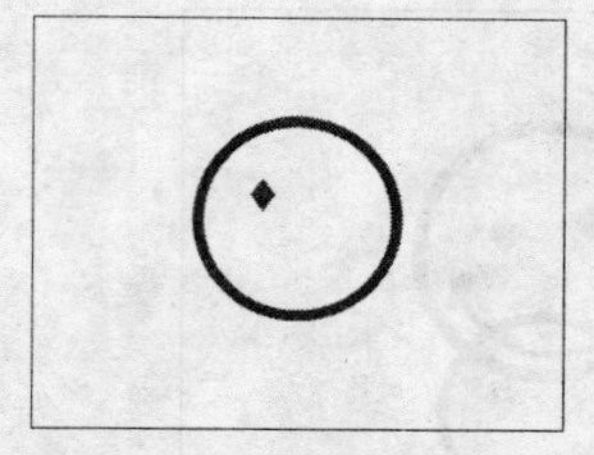

图7-82 绘制的四边形及其位置

（5）单击工具箱中的椭圆工具，在页面上绘制一个正圆，将其填充为黑色，并调整到合适的位置，如图7-83所示。

（6）按照同样的方法，绘制另一个正圆，并调整到合适的位置，如图7-84所示。

图7-83 绘制的正圆及其位置

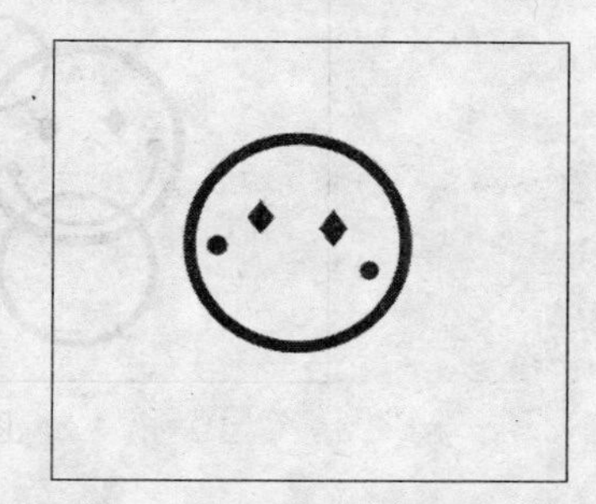

图7-84 绘制的另一个正圆及其位置

（7）单击工具箱中的椭圆工具，在页面上绘制一个正圆，然后在属性栏设置轮廓宽度为1mm，选中新绘制的正圆，单击属性栏中的“弧形”按钮，这时正圆变为如图7-85所示。

（8）选择绘制的圆弧，在属性栏设置各项参数调整圆弧的形状，并将其调整到合适位置，如图7-86所示。

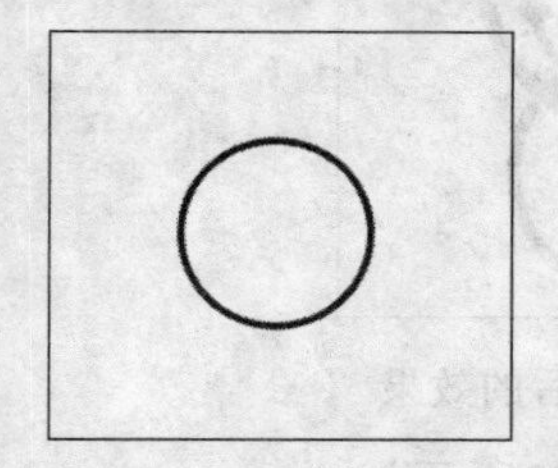

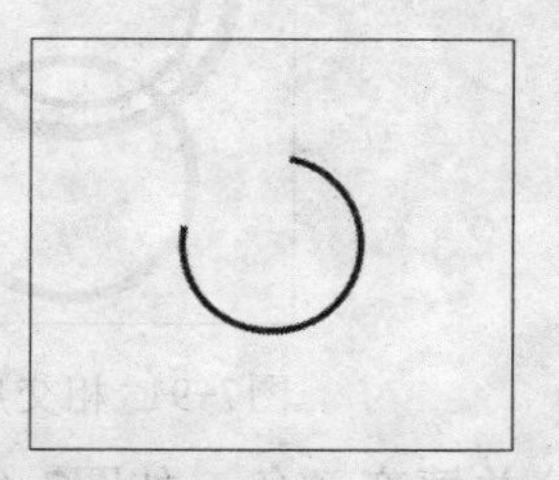

图7-85 绘制的圆和变为弧形的圆

图7-86 绘制的圆弧及其位置

（9）单击工具箱中的椭圆工具，在页面上绘制一个正圆，然后在属性栏设置轮廓宽度为1.5mm，并调整其位置如图7-87所示。

（10）绘制小丑的帽子。单击工具箱中的椭圆工具，在页面上绘制一个正圆，然后在属性栏设置轮廓宽度为1.5mm，并调整其位置如图7-88所示。

（11）同时选中刚绘制的帽子和小丑头部的轮廓，单击属性栏中的“相交”按钮，然后调整图层顺序，并将其填充蓝色，如图7-89所示。

（12）单击工具箱中的椭圆工具，在页面上绘制一个正圆，然后在属性栏设置轮廓宽度为0.2mm，并调整其位置如图7-90所示。

图7-87 绘制的正圆及其位置

图7-88 绘制的正圆及其位置

图7-89 相交后的效果

（13）同时选中刚绘制的圆和之前绘制的圆，单击属性栏中的“相交”按钮，然后调整图层顺序，并将其分别填充颜色，如图7-91所示。

图7-90 绘制的正圆及其位置

图7-91 相交后的效果

（14）按照同样的方法制作出帽子的其他部分并填充颜色，如图7-92所示。

（15）绘制小丑的手。单击工具箱中的椭圆工具，在页面上绘制一个正圆，然后在属性栏设置轮廓宽度为0.2mm，并填充为红色，然后调整其位置如图7-93所示。

图7-92 绘制的其他部分及其位置

图7-93 绘制的正圆及其位置

（16）按照同样的方法绘制小丑的另一只手，将其填充为蓝色，并调整其位置如图7-94所示。

（17）绘制小丑的腿。单击工具箱中的椭圆工具，在页面上绘制一个正圆，然后在属性栏设置轮廓宽度为0.2mm，调整其位置如图7-95所示。

图7-94 绘制另一只手

图7-95 绘制的正圆及其位置

（18）同时选择刚绘制的正圆和小丑的身体部分，单击属性栏中的“相交”按钮，然后调整图层顺序，并将其分别填充颜色，如图7-96所示。

（19）依据上述方法制作出小丑的腿的其他部分，如图7-97所示。

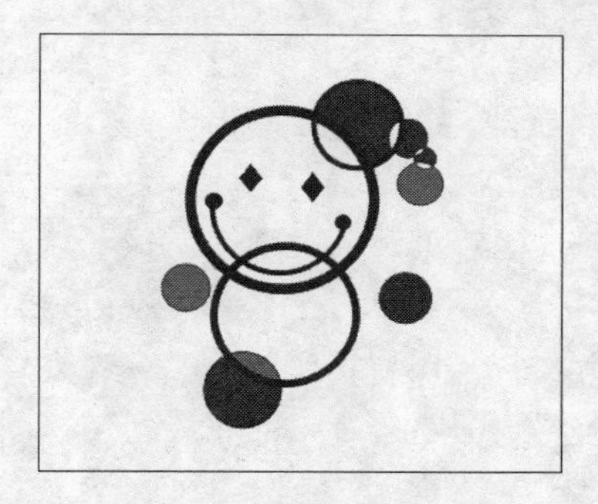

图7-96 相交后的效果

图7-97 绘制的小丑的腿的其他部分

（20）在工具箱中选择标题形状工具，然后在属性栏中单击“完美形状”按钮，在下拉菜单中选择，然后在页面上绘制如图7-98所示的图形，并将其填充为红色。

（21）选择绘制的全部图形，执行“排列→群组”命令，或直接按键盘上的Ctrl+G组合键将其群组。

（22）单击工具箱中的矩形工具，在页面中心再绘制一个矩形，将新绘制的矩形的轮廓线填充为黄色，并将轮廓线线宽设为5mm，然后调整其位置如图7-99所示。

图7-98 绘制的图形

图7-99 绘制的矩形及其位置

（23）按照同样的方法制作其他的矩形，如图7-100所示。注意，此处绘制的矩形为黄色，也可以填充为其他的颜色。

图7-100 绘制的其他矩形及其位置

（24）至此小丑就绘制完成了，最终效果如图7-79所示。

第8章 应用颜色和填充

在CorelDRAW中使用绘图工具绘制出图形后，可以为所绘的图形添加颜色、图案、底纹以及其他对象的填充属性，还可以应用一些特殊效果，从而使图形达到需要的设计构思，使之变得更加形象、完美。

在本章中主要介绍下列内容：

- ▲ 应用颜色
- ▲ 使用调色板
- ▲ 填充对象
- ▲ 使用交互式填充工具
- ▲ 使用滴管工具

8.1 应用颜色

在CorelDRAW中，颜色的使用是非常重要的，如果使用的颜色不匹配，将会影响所绘图形的美观。因此需要正确地使用和设置颜色，而颜色主要通过颜色调色板来设置。

8.1.1 选择调色板

选择“窗口→调色板”菜单命令，将打开一个如图8-1所示的子菜单，其中提供了多种不同的调色板供选择使用。

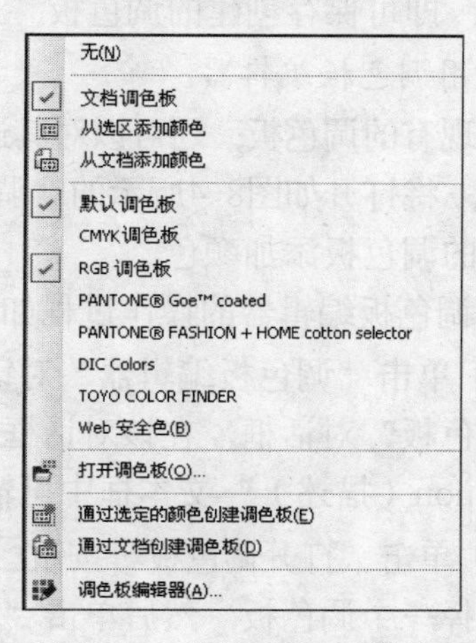

图8-1 “调色板”子菜单

提示 选择一个调色板后，该调色板选项前会显示一个“✓”，并且所选调色板出现在CorelDRAW的工作区中；再次单击该调色板选项，即可将其关闭。在CorelDRAW中，可以同时打开多个调色板，这样能够更方便地选择颜色。

如果不使用调色板，可选择“调色板”子菜单中的“无”选项，此时将关闭所有在CorelDRAW工作区中打开的调色板。

使用“打开调色板”命令，可以将保存在磁盘中的调色板装入并进行使用。只需选择“窗口→调色板→打开调色板”菜单命令，在打开的“打开调色板”对话框中选择所需的调色板，然后单击“打开”按钮，即可将所选择的调色板装入到CorelDRAW中，如图8-2所示。

8.1.2 调色板的创建与编辑

在CorelDRAW中还可以创建新的调色板，另外，也可以根据个人的需要对调色板进行编辑。

1. 使用文档新建调色板

可以使用现有的文档创建一个新的调色板，以备后用。在菜单栏中选择“窗口→调色板→通过文档创建调色板”命令，将打开“另存为”对话框，如图8-3所示。在打开的“另存为”对话框中指定创建的文件名和文件类型后单击“保存”按钮，即可保存创建的调色板。

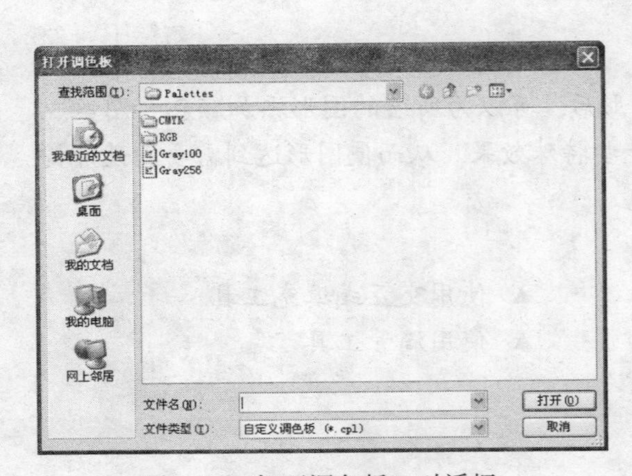

图8-2 “打开调色板”对话框

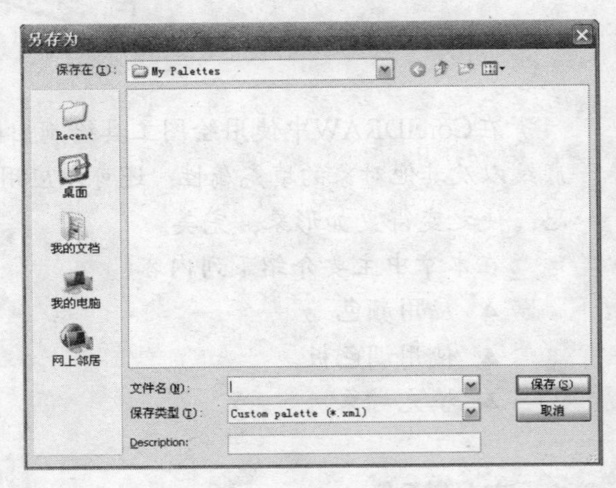

图8-3 “另存为”对话框

也可以使用现有的选定颜色来创建调色板。在菜单栏中选择“窗口→调色板→通过选定的颜色创建调色板”命令，也将打开“另存为”对话框。指定好文件名和文件类型后单击“保存”按钮，即可保存创建的调色板。

2. 使用调色板编辑器

对于现有的调色板，还可以对其进行编辑，在菜单栏中选择“窗口→调色板→调色板编辑器”命令，将打开如图8-4所示的“调色板编辑器”对话框。使用该对话框可以新建调色板，并为新建的调色板添加颜色。

使用调色板编辑器的操作过程如下。

（1）单击“调色板编辑器”对话框中的“新建调色板”按钮，可打开如图8-5所示的“新建调色板”对话框。在该对话框的“文件名”文本框中可输入新建调色板的文件名，在“Description（描述）”文本框中可输入相关说明信息，然后单击“保存”按钮即可。

（2）单击“打开调色板”按钮，将显示如图8-6所示的“打开调色板”对话框。在该对话框中选择一个调色板，然后单击“打开”按钮，即可打开指定的调色板。

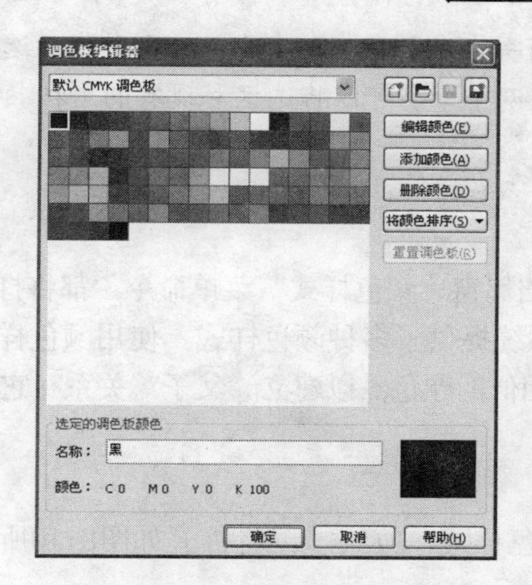

图8-4 “调色板编辑器”对话框

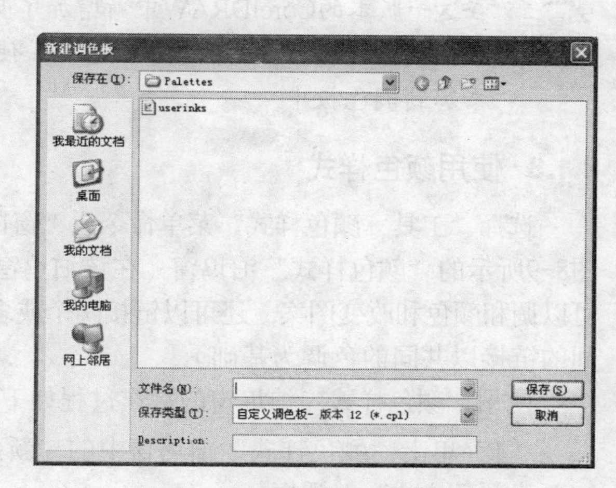

图8-5 “新建调色板”对话框

（3）在窗口中新建一个调色板后，单击“保存调色板”按钮，即可对新建的调色板进行保存。如果单击“调色板另存为”按钮，则可在打开的“保存调色板为”对话框中将当前调色板另存。

（4）单击“编辑颜色”按钮，将打开如图8-7所示的“新建颜色样式”对话框，在该对话框中可编辑当前所选的颜色。编辑完后，单击“确定”按钮即可。

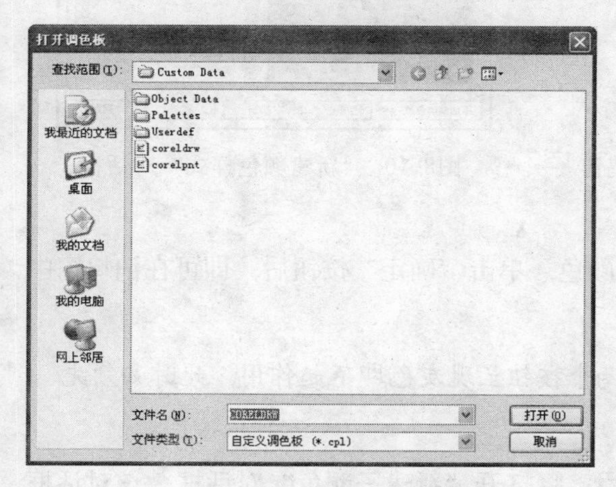

图8-6 “打开调色板”对话框

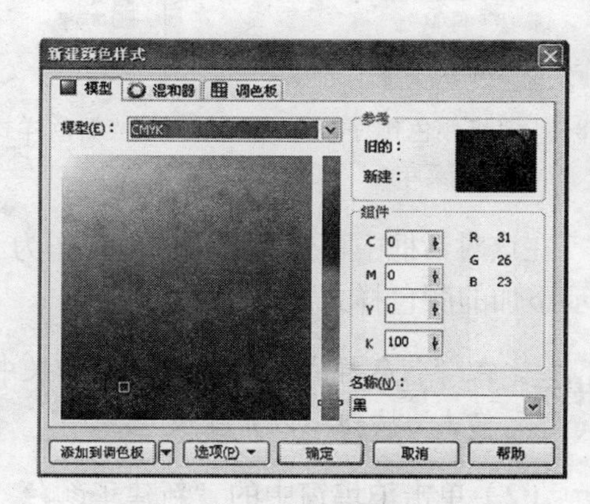

图8-7 “新建颜色样式”对话框

提示 在窗口的名称栏中，可以显示所选颜色的名称。

（5）如果要向指定的调色板中添加颜色，可单击“添加颜色”按钮，在打开的“选择颜色”对话框中调节好所需的颜色，然后单击“添加到调色板”按钮，即可将调节好的颜色添加到调色板中。

（6）如果要删除某个颜色，单击“删除颜色”按钮即可将所选的颜色删除。

（7）单击“将颜色排序”按钮，将弹出如图8-8所示的下拉菜单，在该下拉菜单中可以选择调色板中颜色的排列方式。

（8）单击“重置调色板”按钮，可以恢复系统的默认值。

在这一版本的CorelDRAW中新增加了两个有关颜色调色板的命令，分别是“从选区添加颜色”和“从文档添加颜色”，使用这两个命令可以将选区和现有的文档颜色添加到调色板中。

8.1.3 使用颜色样式

选择“工具→颜色样式”菜单命令或“窗口→泊坞窗→颜色样式”菜单命令，都将打开如图8-9所示的“颜色样式”泊坞窗。在该泊坞窗内系统提供了多种颜色样式。使用颜色样式，可以调和颜色和改变图案，还可以链接两个或多个相似的颜色，以建立“父子”关系（它们之间的链接以共同的色调为基础）。

使用“颜色样式”泊坞窗的操作过程如下。

（1）单击“颜色样式”泊坞窗中的“新建颜色样式”按钮，将打开如图8-10所示的“新建颜色样式”对话框。

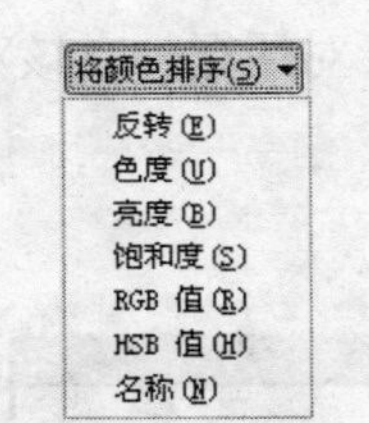

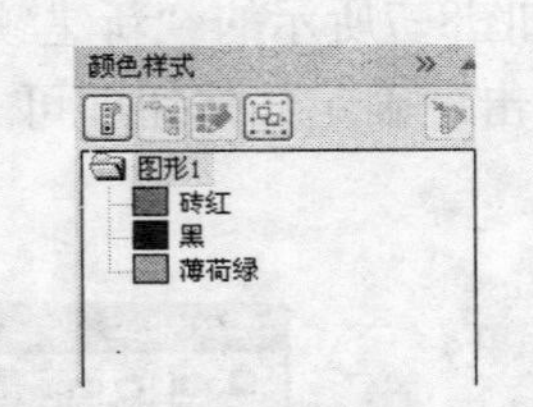

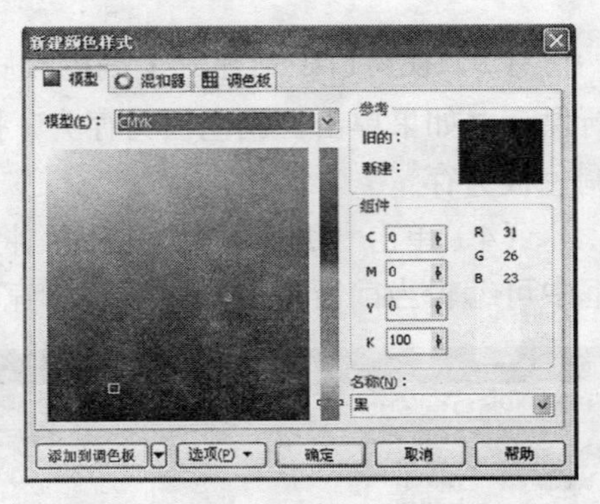

图8-8 “将颜色排序”下拉菜单

图8-9 “颜色样式”泊坞窗

图8-10 “新建颜色样式”对话框

在该对话框中可选择合适的颜色作为“父”颜色，单击“确定”按钮后，即可在泊坞窗中显示添加的颜色样式，如图8-11所示。

提示 在“颜色样式”泊坞窗中，如果中间的两个按钮呈现灰色即不起作用，此时必须先单击按钮，以产生父色。

（2）单击泊坞窗中的“新建子颜色”按钮，将打开“新建子颜色”对话框。该对话框主要用于创建新的子颜色，如图8-12所示。

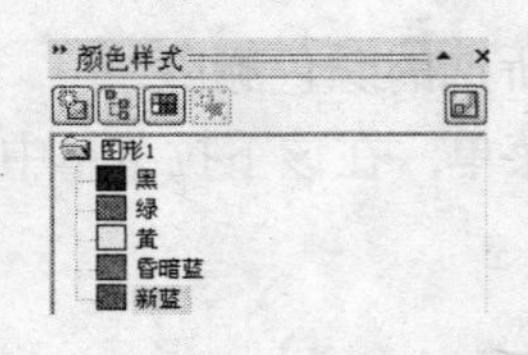

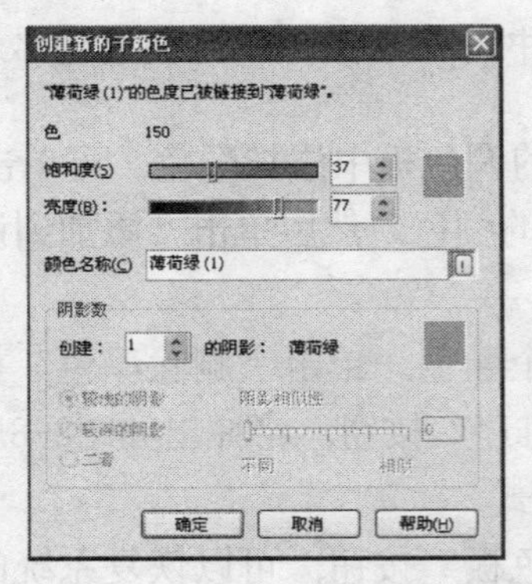

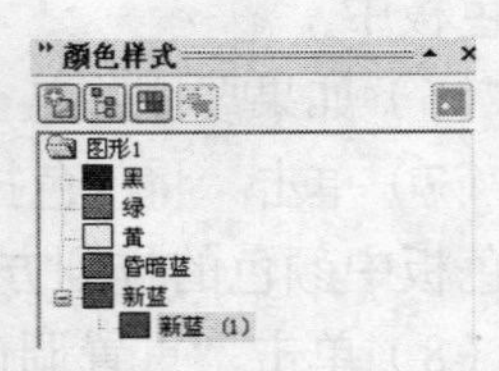

图8-11 新增加的“新蓝”色

图8-12 创建新的子颜色

（3）单击泊坞窗中的“编辑颜色样式”按钮，在打开的“编辑颜色样式”对话框中，可以对创建的父色或子色进行编辑，如图8-13所示。

（4）单击泊坞窗中的“自动创建颜色样式”按钮，可以打开“自动创建颜色样式”对话框，自动创建颜色样式，如图8-14所示。

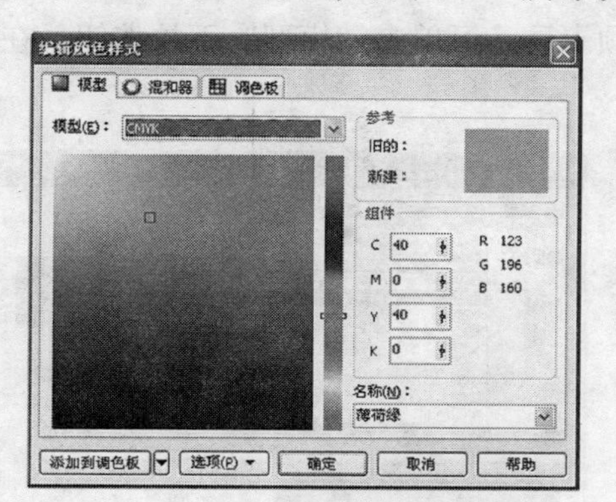

图8-13 “编辑颜色样式”对话框

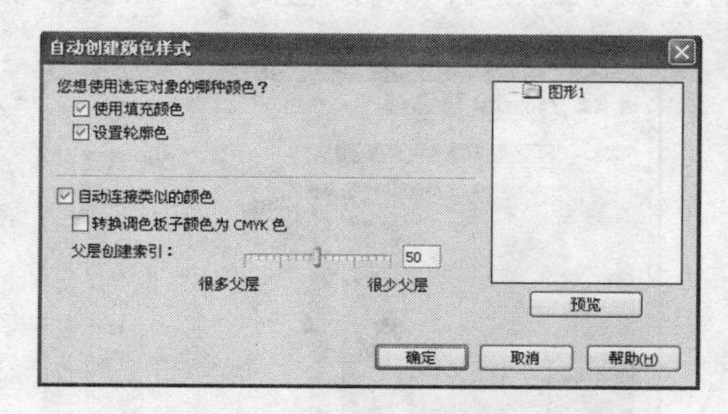

图8-14 “自动创建颜色样式”对话框

8.2 填充对象

在CorelDRAW中，绘图对象以及文本对象都具有填充属性，但对于开放的路径对象来说，虽然具有填充属性，但不能填充颜色，因此开放路径的对象无法显示填充；而对于封闭路径的对象来说，都可以应用填充功能进行填充。

单击工具箱中的填充工具右下角的小三角形，可以打开含有各种填充工具的工具组，如图8-15所示。使用这些填充工具，可以为对象进行各种各样的填充操作。

8.2.1 均匀填充

均匀填充就是在封闭路径的对象内填充单一的颜色，这是CorelDRAW最基本的填充方式。

一般情况下，最简单的填充方法就是在绘制完图形之后，通过在工作界面最右侧的调色板中单击一个颜色样本块将绘制的图形填充为需要的颜色，如图8-16所示。

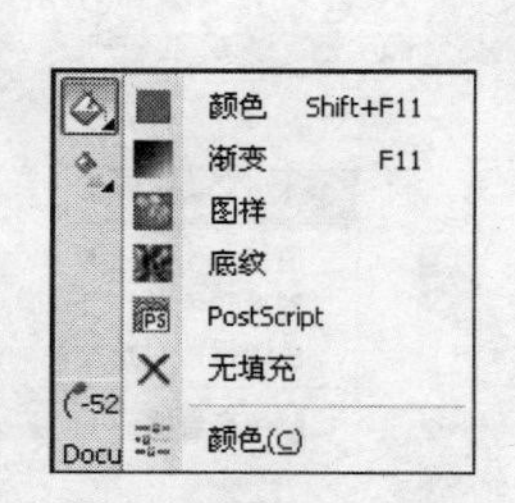

图8-15 填充工具组

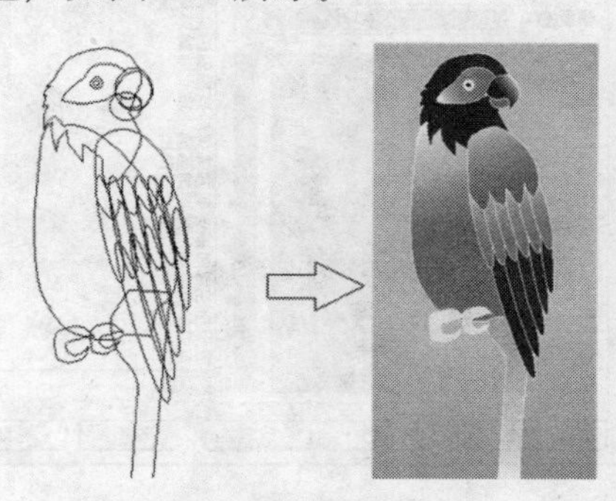

图8-16 填充效果（右图）

如果在调色板中没有需要的颜色，那么还可以自定义颜色。通过填充工具组中的“颜色”按钮，可对选定的对象进行均匀填充的操作。单击该按钮，将打开如图8-17所示的“均匀填充”对话框。在该对话框中包括了“模型”选项卡、“混和器”选项卡、“调色板”选项卡3

种不同的颜色模型选项卡以供使用。

下面对该对话框中的几个选项卡做一下简要的解释。

1. 使用“模型”选项卡

使用“模型”选项卡设置颜色的操作过程如下。

（1）在“均匀填充”对话框选择“模型”选项卡后，可单击“模型”下拉按钮，在显示的下拉列表中选择一种颜色模型，如图8-18所示。

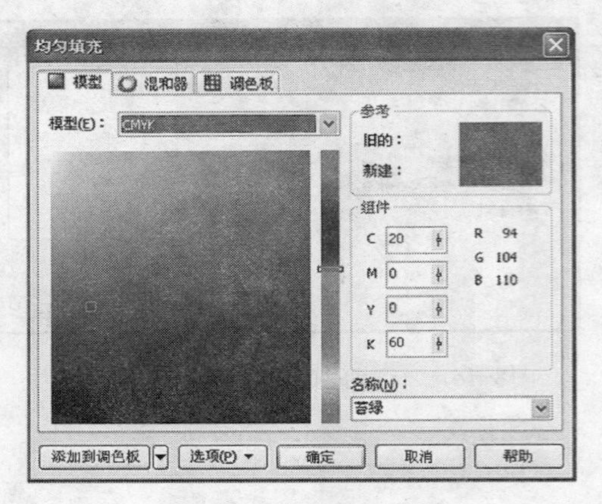

图8-17 “均匀填充”对话框

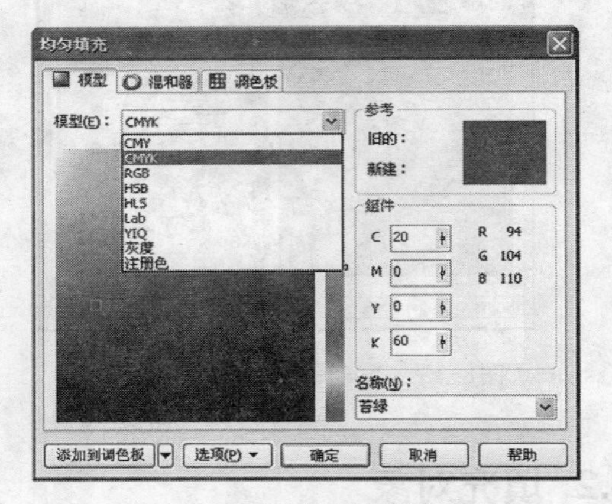

图8-18 选择颜色模型

（2）当选择好了颜色模型后，即可用鼠标直接拖移视图窗内各色轴上的控制点来得到各种颜色。在“组件”选项区中将显示出颜色参数的具体设置，也可以对这些参数加以调整，得到所需的颜色。

（3）在“名称”下拉列表框中，可以选择系统定义好的一种颜色名称，此时在该对话框中将显示出选中颜色的有关信息，如图8-19所示。

（4）在选中一种颜色后，单击“添加到调色板”按钮，在调色板最后面将增添选中的颜色。

（5）单击“选项”按钮，在弹出的菜单中可以做进一步的设定，如图8-20所示。

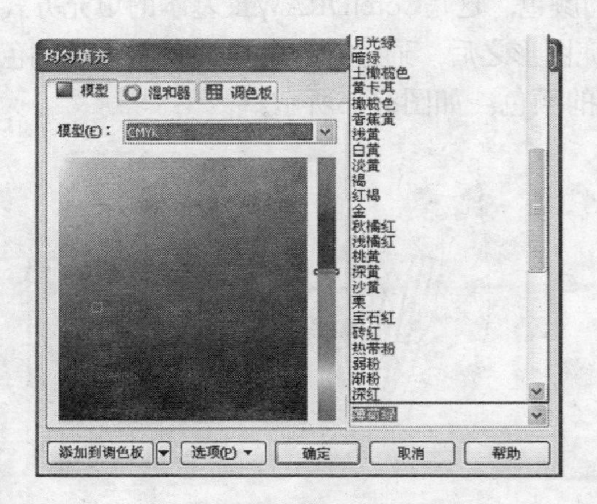

图8-19 选择系统定义好的颜色

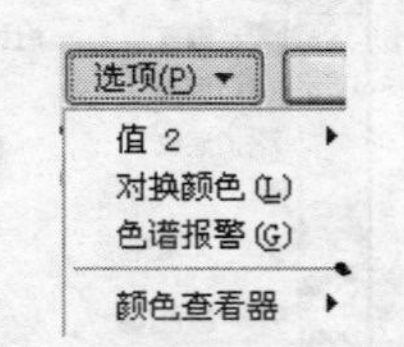

图8-20 “选项”菜单

菜单中各选项的意义如下：

· 选择“值2”选项，可以从其弹出的子菜单中选择颜色的其他模式。

· 选择“对换颜色”选项，可以切换选中的新、旧颜色。

· 当在某些颜色模型（如RGB模型）下选择颜色时，有时所选定的颜色会超出CMYK四色印刷油墨的色域范围而无法正确印刷，为了避免这种困扰，可以选择“色谱报警”选项，在对话框中就会显示超出CMYK色域范围的颜色区域。

提示 若没有选择“色谱报警”选项，所选的颜色超出了CMYK色域范围，则在该对话框中的新颜色将显示异常，如图8-21所示。

· 选择“颜色查看器”选项，可从其弹出的子菜单中选择各种不同的颜色模式，再用鼠标直接拖动色轴上的控制点，即可得到各种颜色。

（6）设置完毕后，单击“确定”按钮，即可将选定的颜色填充到所选对象。

2. 使用“混和器”选项卡

使用“混和器”选项卡设置颜色的操作过程如下。

（1）选择“混和器”选项卡，单击“选项”按钮，并从“混和器”子菜单中选择“颜色调和”选项，此时“混和器”选项卡如图8-22所示。

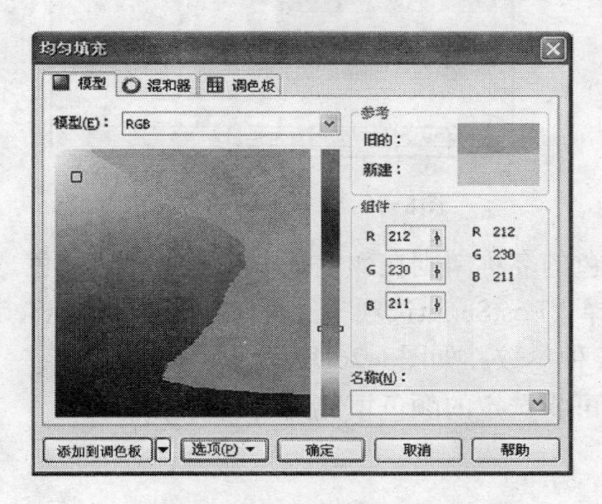

图8-21 颜色显示异常

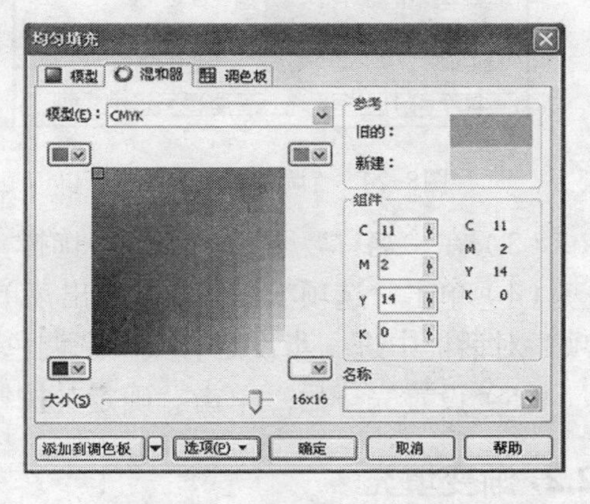

图8-22 “混和器”选项卡

（2）在这里，同样可以从“模型”下拉列表框中选择一种颜色类型，然后分别设定4个角落的颜色，并通过调整“大小”滑块来设置颜色窗口中的格点大小。当选择颜色时，只要在颜色视图窗内单击鼠标即可。

（3）如果单击“选项”按钮，从“混和器”子菜单中选择了“颜色协调”选项，此时“均匀填充”对话框中的“混和器”选项卡如图8-23所示。

（4）在这里，可以从“色度”下拉列表框中选择一种色度；可以从“变化”下拉列表框中选择颜色变化的趋向；还可以通过调整“大小”滑块来设置颜色窗口中的格点大小。但无论对哪项做出选择，“组件”选项区中的数值都会随着选择而改变。这样，就可以得到不同的颜色，而不必为配色感到头疼了。

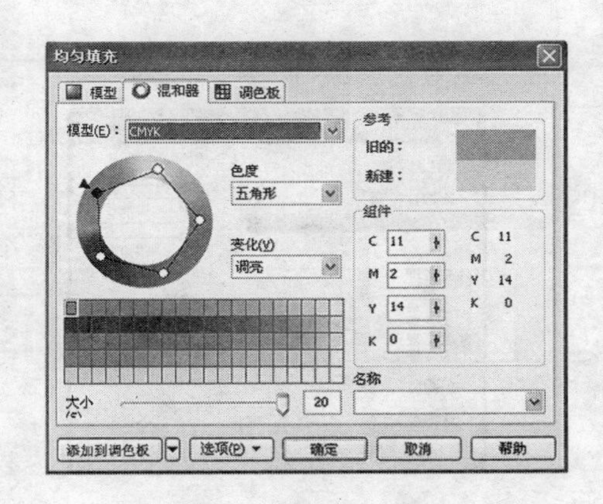

图8-23 “混和器”选项卡

（5）设置完毕后，单击“确定”按钮，即可将选定的颜色填充到所选对象。

3. 使用“调色板”选项卡

使用“调色板”选项卡设置颜色的操作过程如下。

（1）选择“调色板”选项卡，可在“调色板”下拉列表框中选择各种印刷工业中常见的标准调色板，如图8-24所示。

（2）单击“选项”按钮，从弹出的菜单中可以选择“值1”命令作为“组件”选项区中第一列的颜色参数，或选择“值2”命令作为“组件”选项区中的第二列的颜色参数，它们可以相同也可以不同，如图8-25所示。

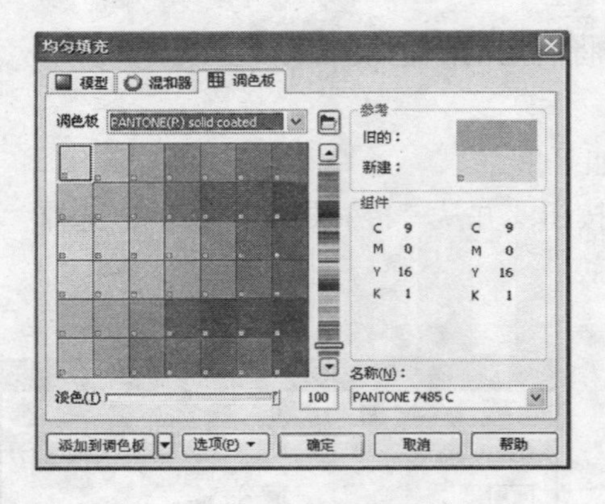

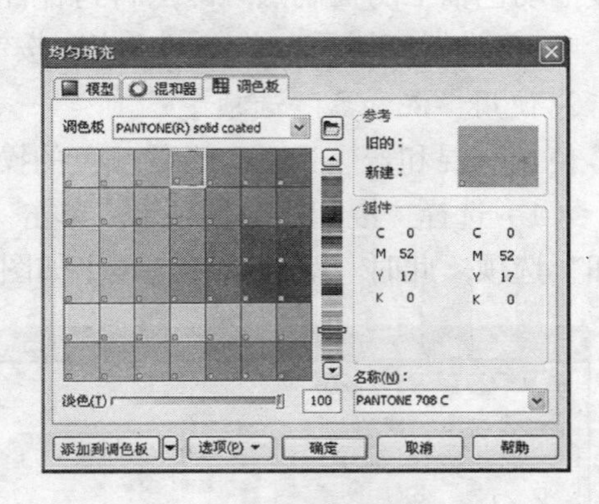

图8-24 “调色板”选项卡　　图8-25 选择不同的颜色值

（3）在“名称”下拉列表框中选择一个颜色的名称，则在颜色框中将显示出该颜色。

（4）单击“选项”按钮，从弹出菜单中选择“PostScript选项”，可在打开的“PostScript选项”对话框中进一步设定有关所选调色板的各种参数，如图8-26所示。

（5）设置完毕后，单击“确定”按钮，即可将选定的颜色填充到所选对象。

8.2.2 渐变填充

渐变填充就是指以线性、射线、锥形或方形作为路径贯穿色轮的渐变过程。使用“渐变填充”对话框，可以进行渐变填充的操作，操作过程如下。

（1）单击填充工具组中的“渐变”按钮，打开“渐变填充”对话框，如图8-27所示。

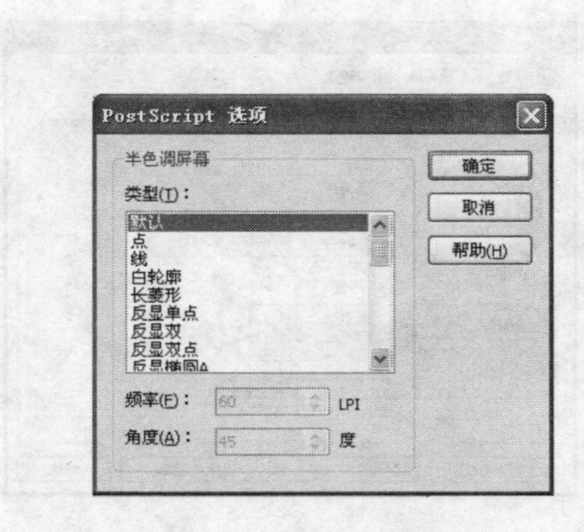

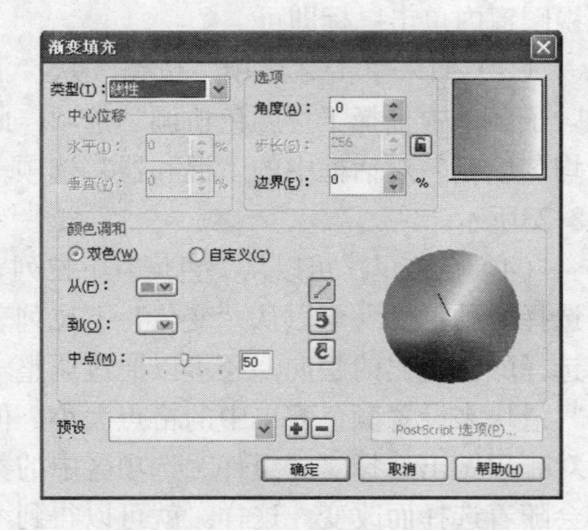

图8-26 “PostScript 选项”对话框　　图8-27 “渐变填充”对话框

（2）单击该对话框中的“类型”下拉按钮，在显示的下拉列表中可以选择所需的渐变类型，如线性、射线、圆锥或方角，如图8-28所示。

（3）在“中心位移”选项区中，通过调节“水平”和“垂直”参数栏中的数值，可以设置射线、圆锥或方角填充的中心在水平和垂直方向上的位移。

提示 在对话框右上角的预览窗格中，通过拖动鼠标可以更直观地对所选渐变类型的中心偏移位置进行调节。

（4）通过调节“角度”参数栏中的数值，可以设置线性、圆锥或方角填充的角度。输入正值可按逆时针旋转，输入负值可按顺时针旋转。

注意 设置线性填充角度，还可以使用鼠标在预览窗格中拖动来进行调节。

（5）单击“步长”参数栏旁的“锁定”按钮，使其呈打开状态，可以设置步长值。增加步长值可以使色调更平滑、调和，但会延长打印时间；减少步长值可以提高打印速度，但会使色调变得粗糙，如图8-29所示。

（6）调节“边界”参数栏中的数值可以设置线性、射线或方角填充的颜色调和比例，如图8-30所示。

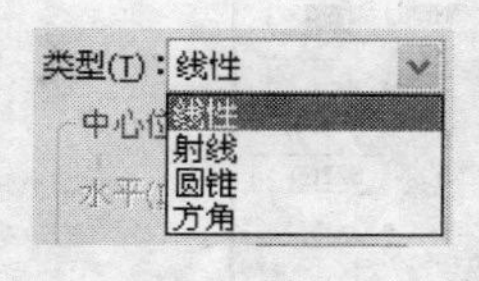

图8-28 下拉列表

步长值为256 步长值为10

图8-29 不同步长值产生的效果

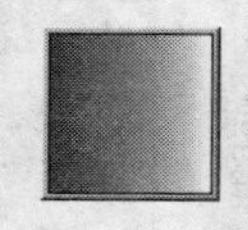

边界值为0% 边界值为40%

图8-30 不同边界值产生的调和效果

（7）在“颜色调和”选项区中选择“双色”选项，可在“从”和“到”栏中选择所需的两个主色调，并通过在“中点”参数栏中设置所选两种颜色的汇聚点的位置，及选择渐变变化的旋转方向，就可以轻易制作出相当不错的渐变效果。

注意 单击按钮，可在色轮中沿直线调和颜色；单击按钮，可在色轮中以逆时针路径调和颜色；单击按钮，可在色轮中以顺时针路径调和颜色。

（8）选择“自定义”选项，可以将两种以上的颜色添加到渐变填充中，制作出各种彩虹或光影的效果。选择“自定义”选项后，“颜色调和”选项区将发生如图8-31所示的变化。

其中，自定义填充渐变的方法为：使用鼠标在色谱标尺的任意位置双击，设定所要添加的中间颜色的位置；然后在颜色列表中选择所需的中间颜色，即可将所选颜色添加到色谱标尺的指定位置。如果单击“其他”按钮，可在打开的对话框中调节所需的中间颜色，如图8-32所示。

（9）在“预设”下拉列表框中，可以选择系统中预设的渐变填充类型，也会有很好的效果，如图8-33所示。此外，单击按钮即可将当前自定义的渐变填充保存到“预设”下拉列表中，单击按钮可将当前选定的渐变填充类型删除。

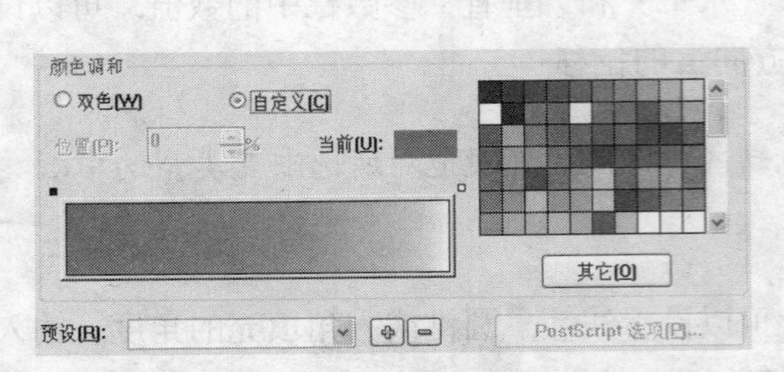

图8-31 变化后的“颜色调和”选项区

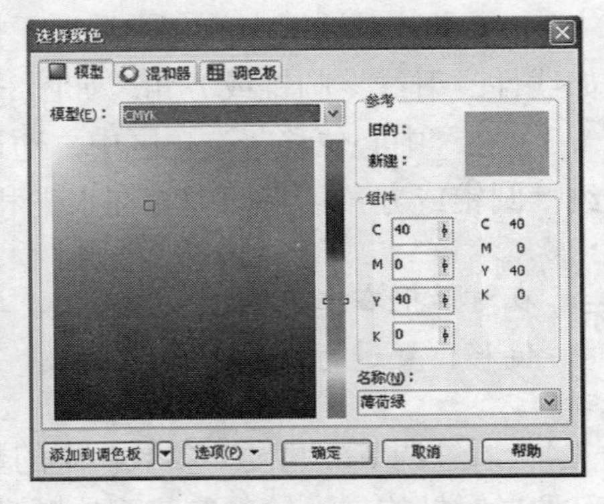

图8-32 自定义填充渐变

（10）设置完毕后，单击“确定”按钮，即可将选定的渐变类型填充到所选对象中。

8.2.3 图样填充

图样填充就是指使用预先产生的、对称的图像进行填充，此类图案易于平铺。单击填充工具组中的“图样”按钮，可以对选定的对象进行图样填充，操作过程如下。

（1）单击填充工具组中的“图样”按钮，打开“图样填充”对话框，如图8-34所示。

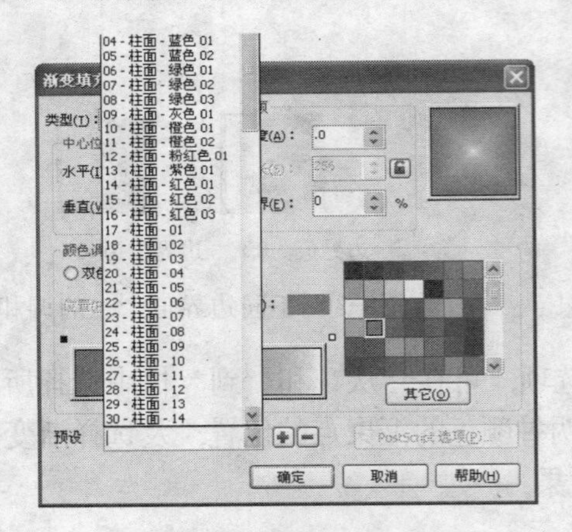

图8-33 选择预设效果

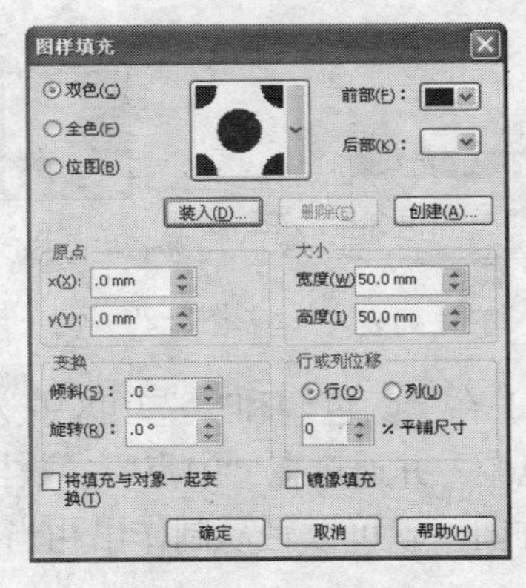

图8-34 “图样填充”对话框

（2）在该对话框中可以选择不同的填充图案类型。选择“双色”选项可指定两种颜色的图案；选择“全彩”选项可指定由线条和填充组成的图案；选择“位图”选项可指定由像素网格或点网格组成的图案。

（3）指定了图案类型后，单击图案显示样本按钮，即可在打开的样本库中选择系统预设的图样，如图8-35所示。

（4）当选择“双色”图案类型时，可以在“前部”和“后部”选项中设定双色图案的前景色与背景色。

（5）单击“装入”按钮，可在打开的”导入”对话框中选择所需的图样填充，将其添加到当前所选图案的下拉列表中，如图8-36所示。

（6）单击“删除”按钮可将当前选定的图案删除，此时将弹出如图8-37所示的对话框，提示是否确认删除所选的图案样本。

图8-35 不同图案的样本库

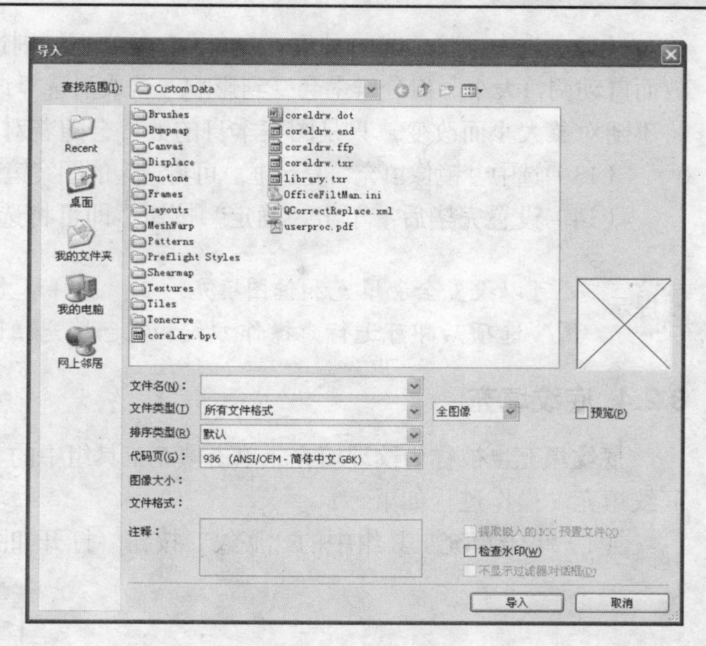

图8-36 “导入”对话框

（7）单击“创建”按钮，将打开“双色图案编辑器”对话框，在这里可以自己创建图案，如图8-38所示。

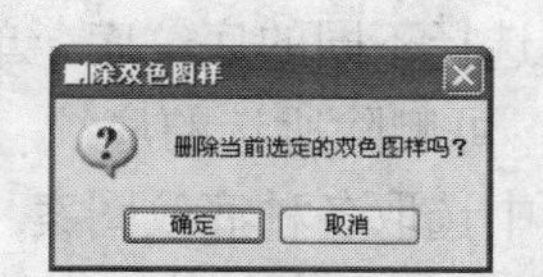

图8-37 “删除双色图案”对话框

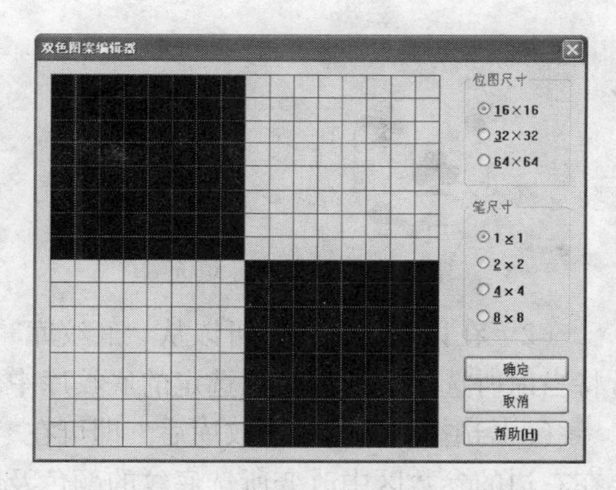

图8-38 “双色图案编辑器”对话框

（8）通过调节“原点”选项区中的X、Y参数值，可以在指定第一个平铺位置的情况下将图案左右、上下移动。

（9）在“大小”选项区中，通过调节“宽度”和“高度”参数栏中的数值，可以自定义图案的平铺宽度和高度。

（10）在“变换”选项区中，调节“倾斜”参数值可以设置图案倾斜的角度（角度为正值时填充的图案将向左倾斜，为负值时图案向右倾斜）；调节“旋转”参数值可设置图案的旋转角度。

（11）在“行或列位移”选项区中，选择“行”选项可指定行平铺尺寸的百分比，选择“列”选项可指定列平铺尺寸的百分比；调节“平铺尺寸”参数栏中的数值可指定行或列的交错数值。

（12）选中“将填充与对象一起变换”复选框，则选中的图案将随着对象外框的大小或缩放而自动调整大小，但分辨率会受到影响。若取消选择该复选框，则图案本身的分辨率及大小将不随对象大小而改变，只是图案本身的数目会随着对象的缩放而自动减少或增加。

（13）选中“镜像填充”复选框，可将选定的图案镜像填充到所选对象中，如图8-39所示。

（14）设置完毕后，单击“确定”按钮，即可将选定的图样填充到所选对象。

提示 还可以设置全色填充和位图填充，在“图样填充”对话框中勾选“全色”或者“位图”选项后即可进行，操作方式和双色填充相同，不再赘述。

8.2.4 底纹填充

底纹填充也被称为纹理填充。单击填充工具组中的“底纹”按钮，可以对所选对象进行底纹填充，操作过程如下。

（1）单击填充工具组中的“底纹”按钮，打开如图8-40所示的“底纹填充”对话框。

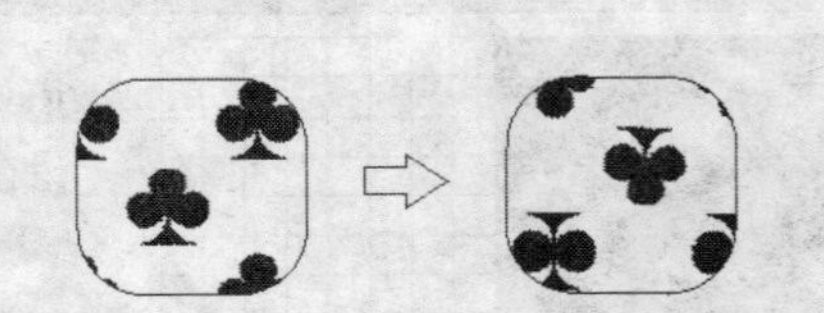

图8-39 图案镜像填充

图8-40 “底纹填充”对话框

（2）在该对话框中，可以从“底纹库”下拉列表框中选择不同的底纹库。单击按钮，可将当前所选的底纹另存到选定的底纹库中；单击按钮，可删除所选的底纹。

（3）选择好所需的底纹库后，即可在“底纹列表”框中选取各种底纹图案，并可根据需要在右边的参数区中改变所选底纹的颜色及明亮对比等参数，以产生各种不同的底纹图案。

（4）单击“选项”按钮，可打开如图8-41所示的“底纹选项”对话框。使用该对话框可以设定所选底纹图案的分辨率和平铺尺寸。

（5）单击“平铺”按钮，将打开“平铺”对话框，在这里可以进一步设定所选底纹图案的拼接方式，如图8-42所示。

（6）设置完毕后，单击“确定”按钮，即可将选定的底纹填充到所选对象。

8.2.5 PostScript填充

在CorelDRAW中，所谓PostScript填充，就是指使用PostScript语言设计出的一种特殊的底纹填充。单击填充工具组中的“PostScript底纹”按钮，可以执行PostScript底纹填充，操作过程如下。

图8-41 “底纹选项”对话框

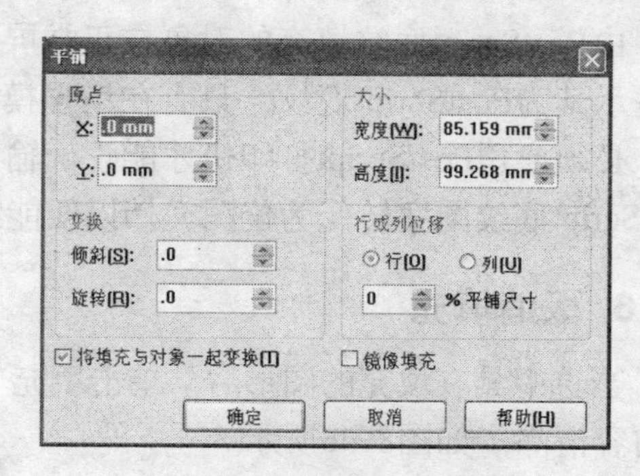

图8-42 “平铺”对话框

（1）单击填充工具组中的“PostScript底纹”按钮，打开如图8-43所示的“PostScript底纹”对话框。

（2）在该对话框左边的列表框中可以选用各种内建的PostScript底纹，并可通过选中“预览填充”复选框，在预览窗格中预览所选的PostScript底纹图案。

（3）在“参数”选项区中，调节“频度”参数值，可以改变所选PostScript底纹填充的外观；调节“行宽”参数值，可以设置所选填充的行宽；调节“前景灰”和“背景灰”参数值可以调整所选PostScript底纹填充的前景灰度与背景灰度。

（4）在选中“预览填充”复选框后，单击“刷新”按钮，可在预览窗格中预览更改设置后产生的效果，如图8-44所示。

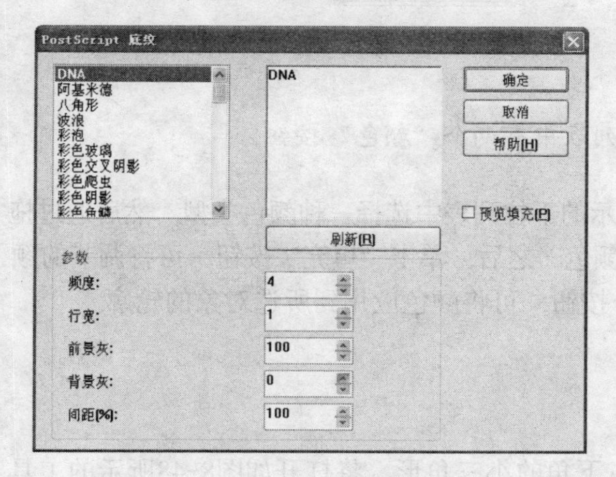

图8-43 “PostScript底纹”对话框

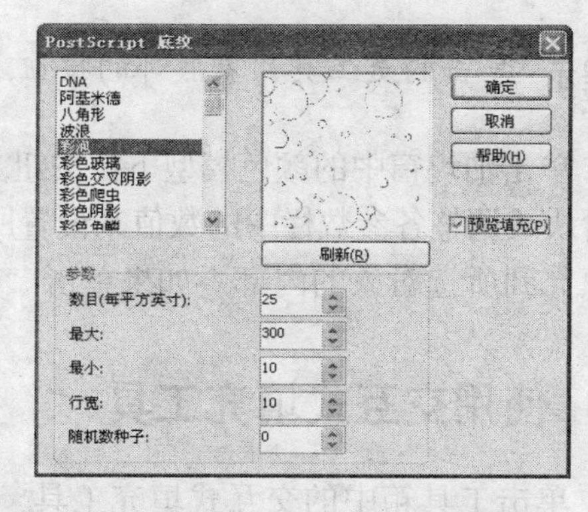

图8-44 显示的“彩泡”预览效果

（5）设置完毕后，单击“确定”按钮，即可将选定的PostScript底纹填充到所选对象，效果如图8-45所示。

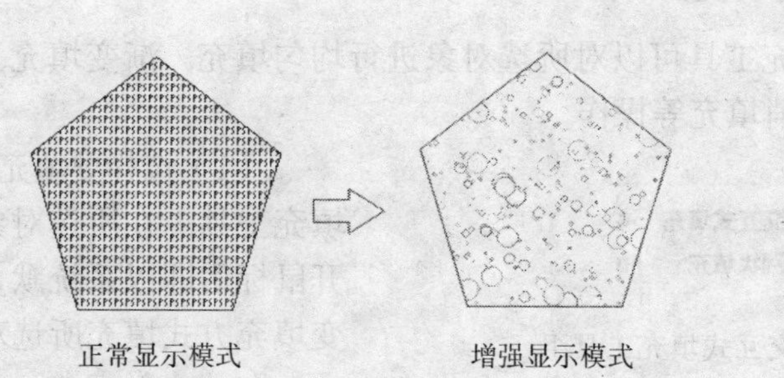

图8-45 PostScript底纹填充效果

由PostScript底纹填充的对象在正常屏幕显示模式下，仅能以“PS”两个小字作为底纹，以提示其为PostScript底纹，只有在增强模式下才能在屏幕上显示出其图案内容。早期的版本中，必须要用PostScript打印机才能正确输出PostScript底纹图案，而在现在的版本中则自动将PostScript底纹图案转变为位图文档以便能在一般的非PostScript打印机输出。

8.2.6 取消填充

当选中具有填充的图形后，单击填充工具组中的“无填充”按钮☒，即可将所选对象的填色内容清除，如图8-46所示

8.2.7 使用“颜色”泊坞窗填充

单击填充工具组中的“颜色”按钮，在屏幕的右边将显示如图8-47所示的“颜色”泊坞窗。使用该泊坞窗可以更有效地对图形对象进行颜色编辑。

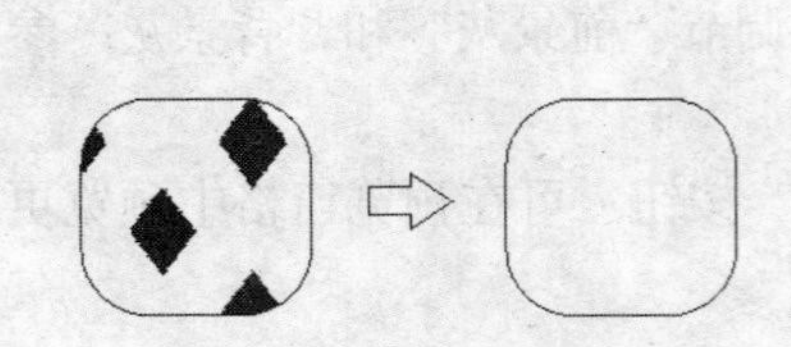

图8-46 取消填充

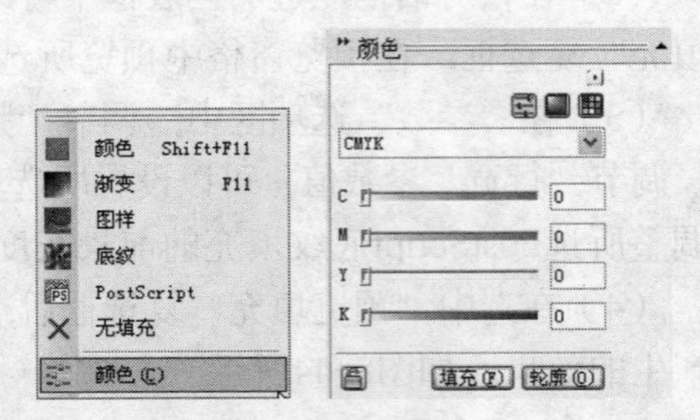

图8-47 填充工具组和“颜色”泊坞窗

提示 单击的是工具列表底部的按钮，在该列表中有两个“颜色”按钮。

单击泊坞窗中的颜色模型下拉按钮，在显示的下拉列表中选择一种颜色类型，然后通过拖动滑块或调整各参数栏中的数值来设置所需的颜色。之后，单击“填充”按钮，可将调节的颜色填充到所选对象的内部；如果单击“轮廓”按钮，可将颜色应用到所选对象的轮廓。

8.3 使用交互式填充工具

单击工具箱中的交互式填充工具图标右下角的小三角形，将打开如图8-48所示的工具组，使用这两个填充工具可以对所选对象进行特殊填充。

8.3.1 使用交互式填充工具

使用交互式填充工具可以对所选对象进行均匀填充、渐变填充、图样填充、底纹填充、PostScript填充及取消填充等操作。

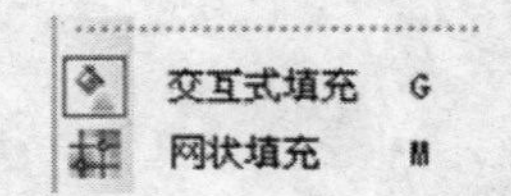

图8-48 交互式填充工具组

（1）选择要填充的对象，然后选择交互式填充工具，在所选对象上按下并拖动鼠标，松开鼠标后即以系统默认的黑色至白色直线式渐变填充方式填充所选对象，如图8-49所示。

（2）在填充时，虚线连接的两个小方块，代表渐变色的起点与终点。在线条的中央有一个代表渐变填色中间点的控制条，当用鼠标移动渐变线条上的两个端点及中间点的位置，就会改变渐变填色的分布状况，效果如图8-50所示。

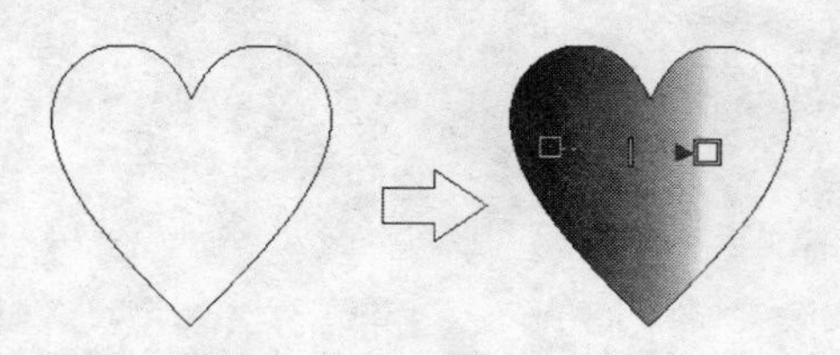

图8-49 交互式填充效果

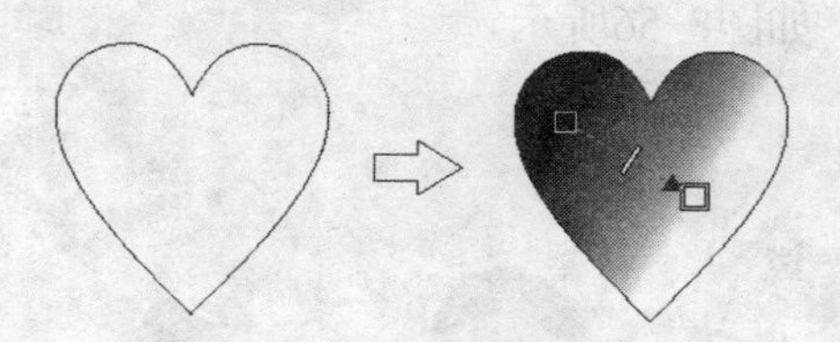

图8-50 改变填充方向的效果

（3）使用鼠标还可以将调色板中的颜色拖至交互式填充效果对象的虚线上或者方块中，松开鼠标后，即可将所选颜色添加到对象，得到更加漂亮的效果，如图8-51所示。

（4）如果在图形内有填充色，那么将以原来的填充色为基础进行填充，效果如图8-52所示。

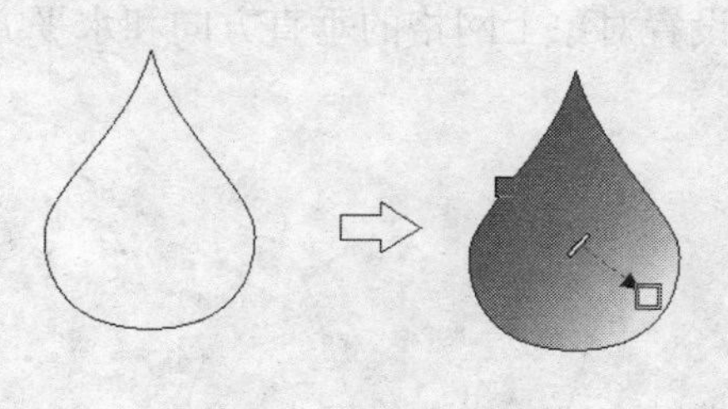

图8-51 添加颜色

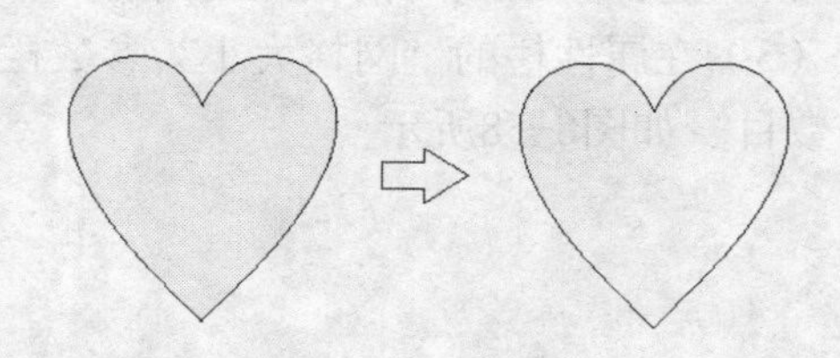

黄色　　黄色和白色的填充效果

图8-52 填充效果

提示　也可以在交互式填充工具的属性栏中设置渐变填充颜色。

（5）在交互式填充工具属性栏中的“填充类型”下拉列表中，可以选择填充的类型，如图8-53所示。

当选择一种填充类型时，属性栏中将显示相应的参数，通过调整参数，可设置填充属性。属性栏如图8-54所示。

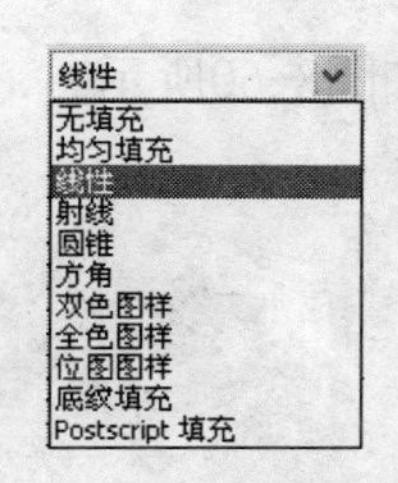

图8-53 选择填充类型

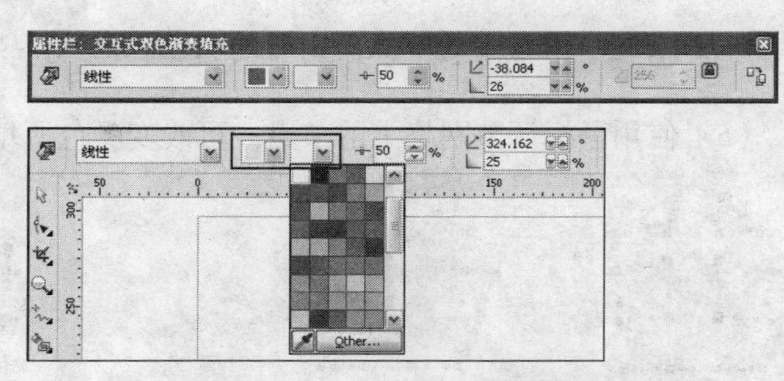

图8-54 交互式填充工具的属性栏

8.3.2 使用交互式网格填充工具

使用交互式网格填充工具可以更容易地对图形对象进行变形和多样填充，而且可以填充出非常高级的效果，如图8-55所示。

下面简单地介绍一下操作过程。

（1）选择对象后，选择交互式网格填充工具，此时将会在所选的图形对象上出现一些网格，如图8-56所示。

图8-55 使用交互式网格填充工具制作的渐变效果

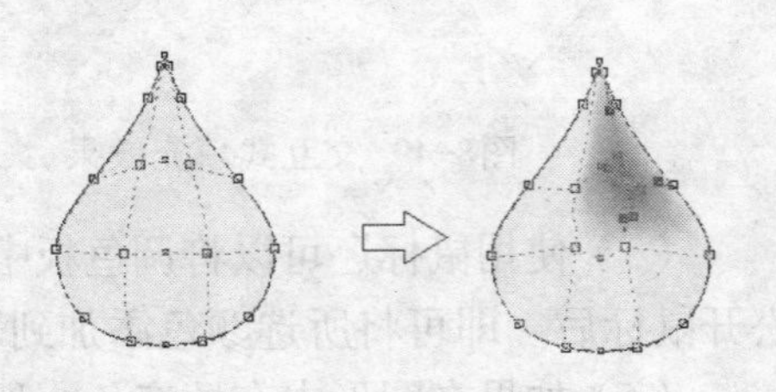

图8-56 出现交互式网格

（2）选择交互式网格填充工具后，将显示如图8-57所示的交互式网格填充工具属性栏。

（3）在属性栏的“网格大小”参数栏中，可以设置对象上网格的垂直方向和水平方向的网格数目，如图8-58所示。

图8-57 交互式网格填充工具属性栏

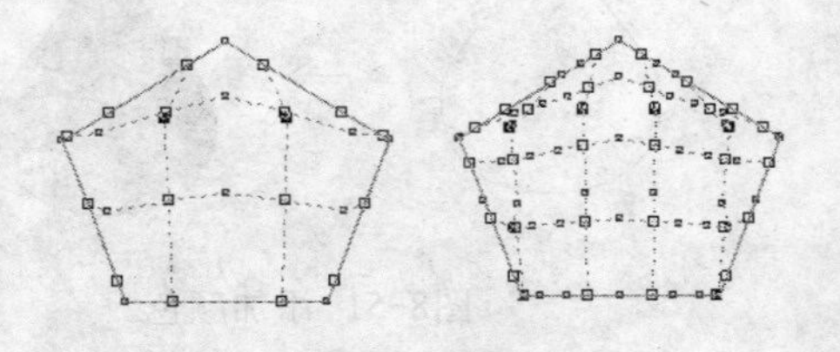

图8-58 改变网格数目

注意 如果网格数量调节得适当，有利于调节对象的填充。

（4）使用鼠标在任意一个网格中单击，即可将该网格选中，此时在调色板中选择一种颜色，将会看到所选颜色以选中的网格为中心，向外分散填充，如图8-59所示。

提示 如果选中网格上的节点，则所选颜色将以该节点为中心向外分散填充。

（5）使用鼠标调节网格上的节点，可改变颜色所填充的区域，如图8-60所示。

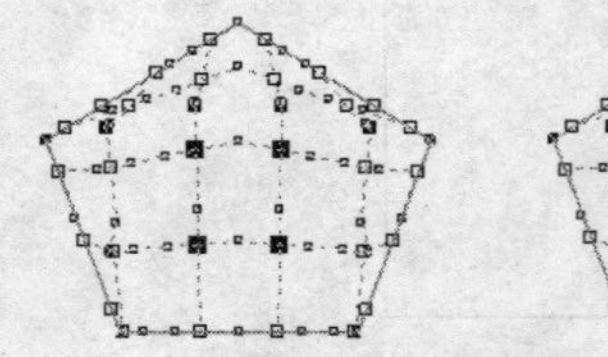

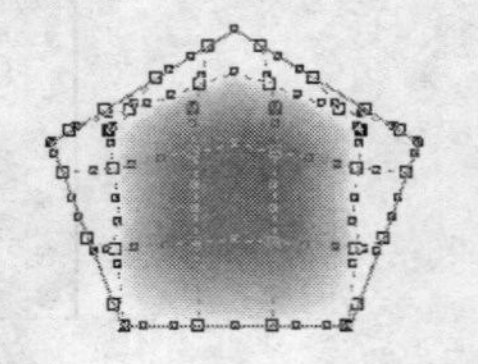

图8-59 网格填色

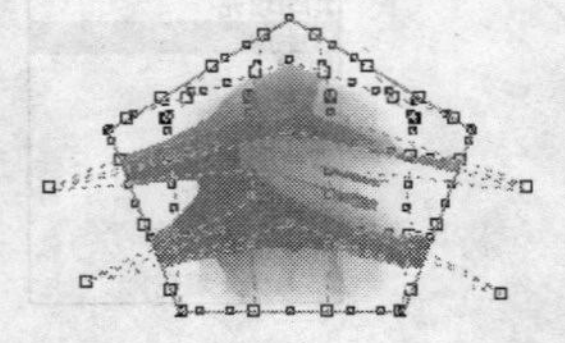

图8-60 调整填充区域

8.4 使用滴管工具

使用滴管工具组的滴管工具和颜料桶工具可以将其他对象的填充色应用到所选对象上。

如果使用滴管工具进行填充，那么在绘制的图形处于选中的情况下，在调色板中单击需要的颜色，即可对图形进行填充，效果如图8-61所示。

如果使用颜料桶工具进行填充，那么需要先使用滴管工具吸取需要的颜色，然后使用颜料桶工具，在需要填充的对象内部单击即可将吸取的颜色填充到该对象中。使用颜料桶工具填充时，将光标移到要着色对象的边缘上，当光标变为状态时单击，可将吸取的颜色填充到对象的轮廓上，如图8-62所示。

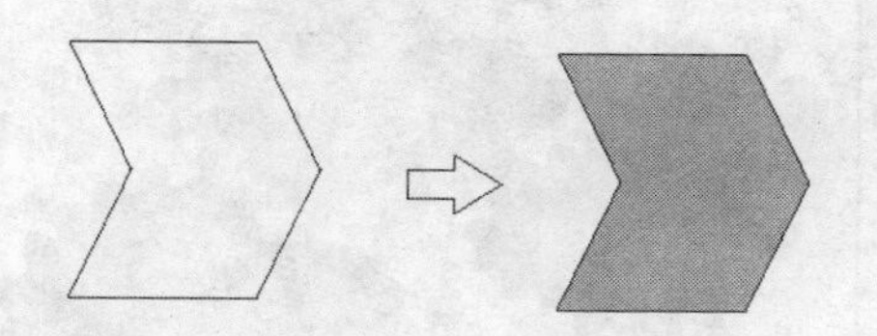

图8-61 使用滴管工具进行填充

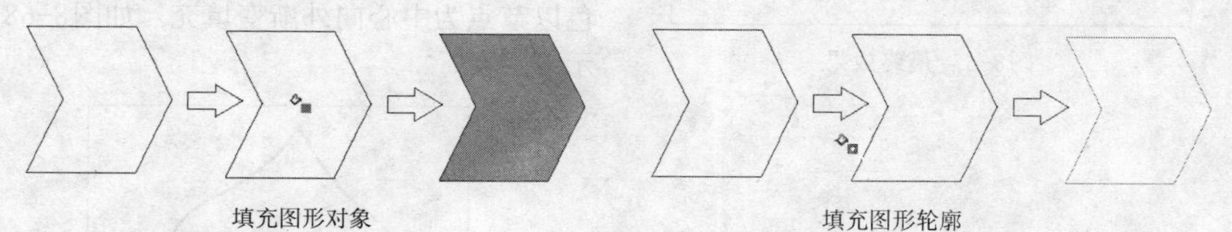

图8-62 使用滴管工具和颜料桶工具填充

以上所介绍的都是封闭对象的填充，如果要填充一个开放曲线，可选择“工具→选项”菜单命令，并在打开的“选项”对话框中依次选择“文档→常规”，然后在显示的“选项”对话框中，选中“填充开放式曲线”复选框，并单击“确定”按钮，如图8-63所示。

此后，就可以为所选的开放曲线进行填充了，效果如图8-64所示。

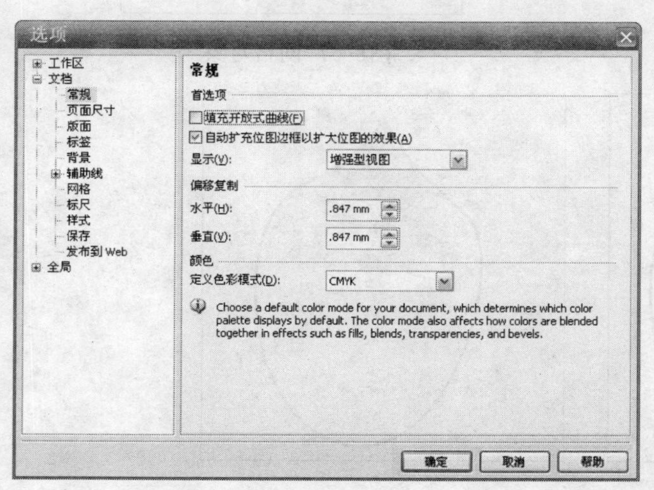

图8-63 “选项”对话框

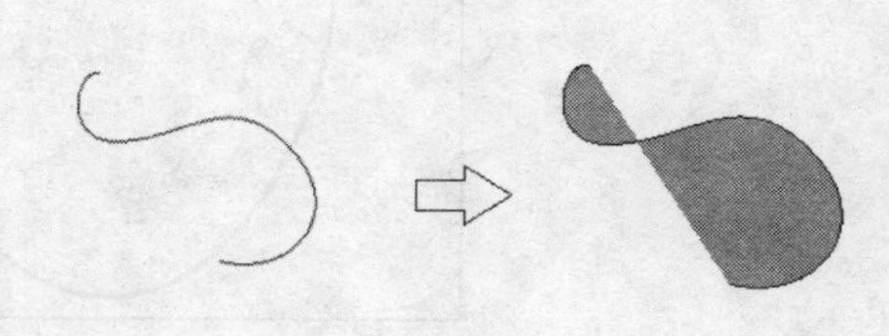

图8-64 填充开放曲线的效果

8.5 实例：手绘时尚插画

本实例中主要使用了贝塞尔工具、交互式网格填充工具和渐变填充工具等来绘制一幅荷花图。绘制的最终效果如图8-65所示。

图8-65 最终效果

（1）打开CorelDRAW，创建一个新的文档，并设置适当的大小。

（2）单击工具箱中的贝塞尔工具，在页面中绘制一个如图8-66所示的图形。

（3）选中刚绘制的图形，单击工具箱中的交互式网格填充工具，这时绘制的图形就转变成了网格对象，如图8-67所示。

（4）选择图形顶部的节点，然后在调色板中选择粉红色，即为该节点填充了颜色，颜色以节点为中心向外渐变填充，如图8-68所示。

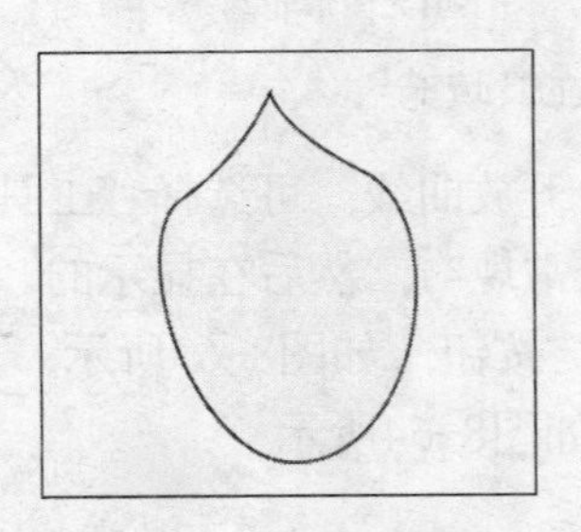

图8-66 绘制的图形

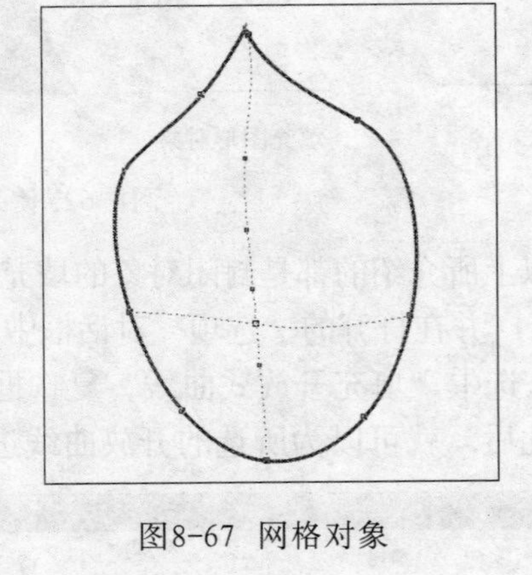

图8-67 网格对象

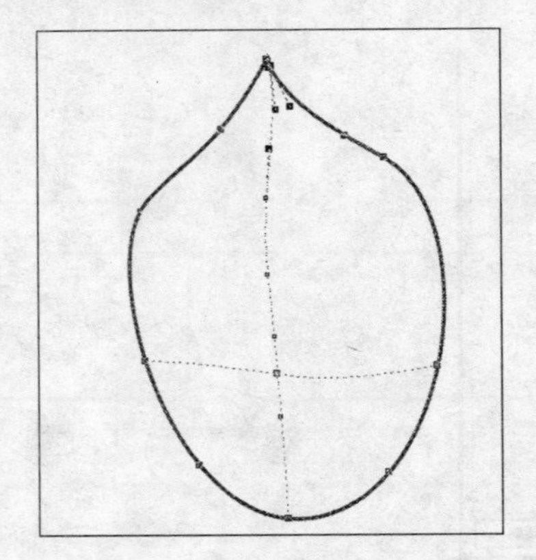

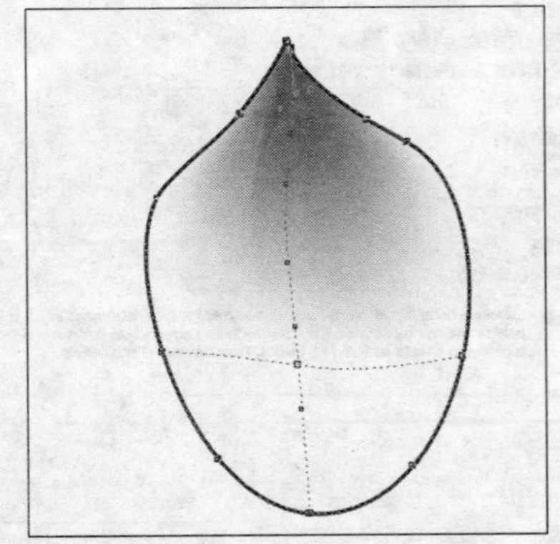

图8-68 填充的颜色

（5）添加网格。使用鼠标左键在图形的任意位置双击，即可为图形添加网格，如图8-69所示。

（6）继续为网格填充颜色，填充后的效果如图8-70所示。

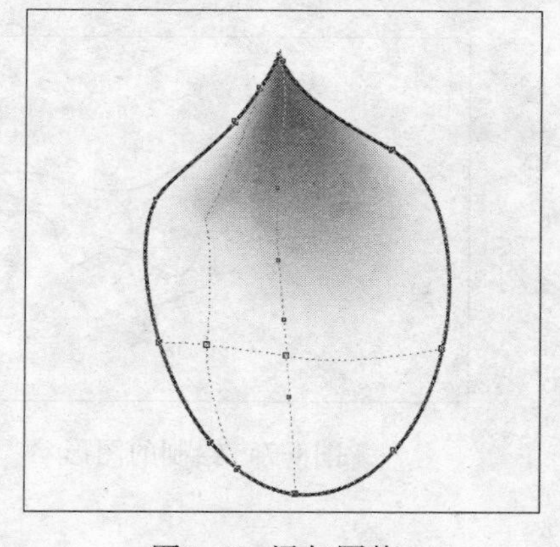

图8-69 添加网格

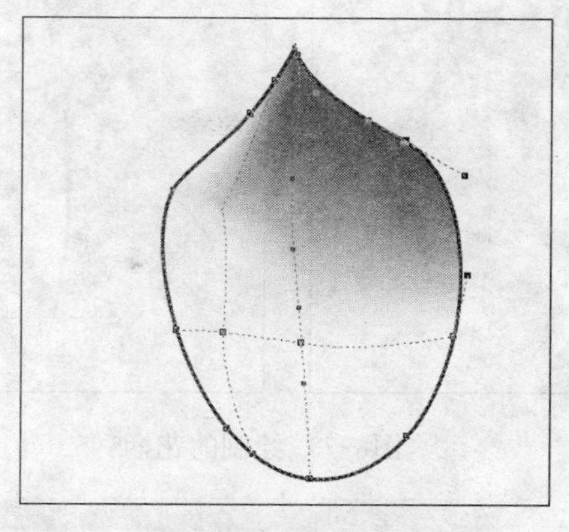

图8-70 填充颜色

（7）重复添加网格，并填充颜色直至满意为止，最后注意将轮廓设置为无色，如图8-71所示。

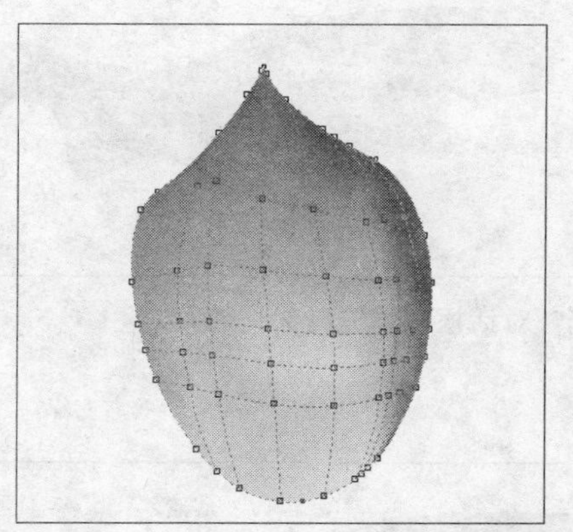

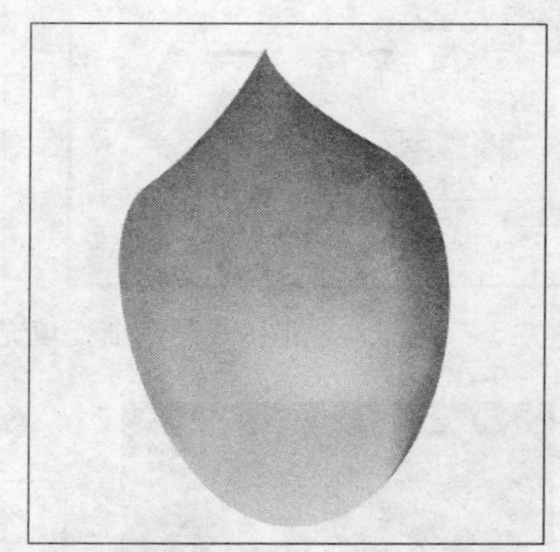

图8-71 添加网格并填充颜色

（8）按照上述同样的方法绘制出荷花的其他部分，如图8-72所示。

图8-72 绘制完成的荷花

（9）绘制花柄。单击工具箱中的贝塞尔工具，在页面上绘制一个如图8-73所示的曲线，将其填充为绿色，轮廓宽度设置为1mm，然后调整图层的顺序。

（10）绘制荷叶。单击工具箱中贝塞尔工具，在页面中绘制一个如图8-74所示的图形。

（11）选择刚绘制的图形，单击填充工具组中的“渐变”按钮，打开渐变填充对话框，设置渐变颜色为“深绿色→绿色”，渐变类型为“线性”，并设置“角度”值，单击“确定”按钮，如图8-75所示。注意将轮廓设置为无色。

（12）绘制荷叶的背面。单击工具箱中贝塞尔工具，在页面中绘制一个如图8-76所示的图形，然后将其填充为浅绿色。

图8-73 绘制的花柄

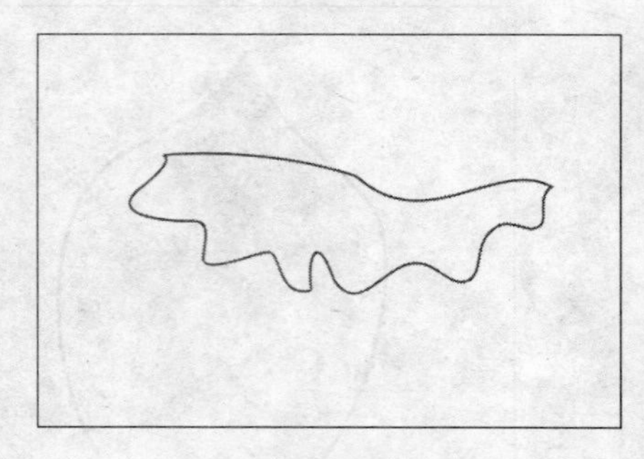

图8-74 绘制的图形

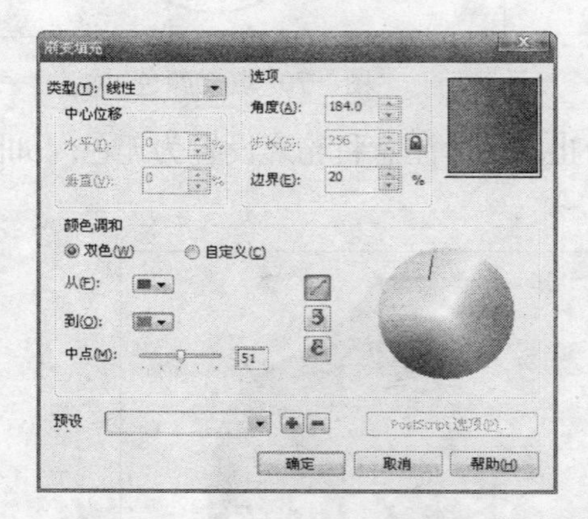

图8-75 “渐变填充”对话框和填充效果

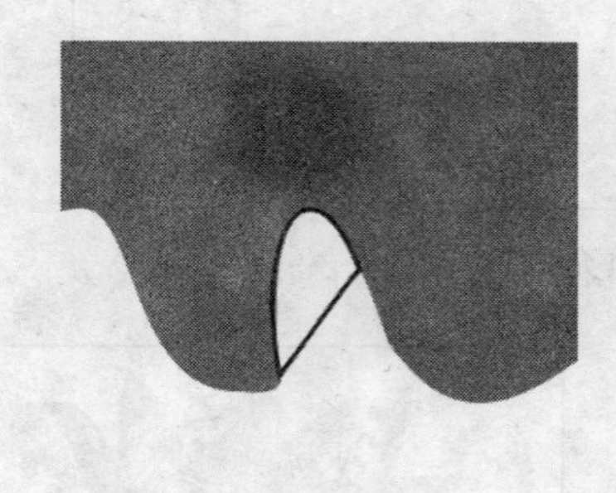

图8-76 绘制的荷叶的背面

（13）单击工具箱中贝塞尔工具，在页面中绘制一个如图8-77所示的图形。

（14）选择刚绘制的图形，单击填充工具组中的“渐变”按钮，打开“渐变填充”对话框，设置渐变颜色为“深绿色→绿色”，渐变类型为“线性”，“角度”值为340°，单击“确定”按钮，如图8-78所示。注意将轮廓设置为无色。

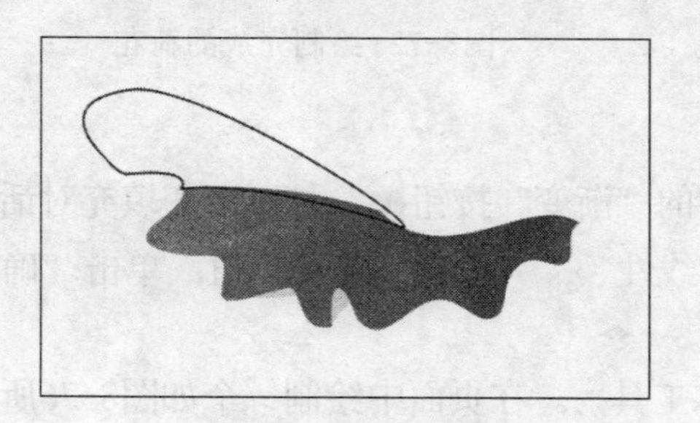

图8-77 绘制的图形

（15）按照同样的方法绘制出荷叶的其他部分，如图8-79所示，然后将其调整到合适的位置。

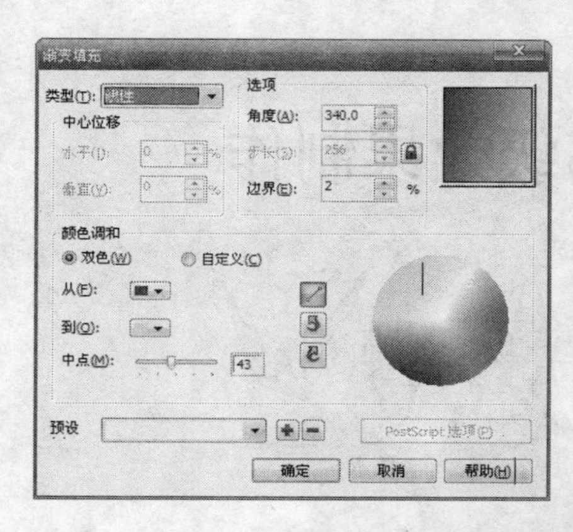

图8-78 “渐变填充”对话框和填充效果

图8-79 绘制的荷叶及其位置

（16）绘制荷叶柄。单击工具箱中的贝塞尔工具，在页面上绘制一个如图8-80所示的曲线，将其填充为绿色，轮廓宽度设置为1mm，然后调整图层的顺序。

（17）将绘制好的荷花和荷叶复制两份，并调整大小和位置，使画面变得丰富，效果如图8-81所示。

（18）至此荷花图就绘制完成了，最终效果如图8-65所示。

图8-80 绘制的荷叶柄

图8-81 复制的荷花和荷叶

第9章 高级效果制作

在CorelDRAW中，使用绘图工具绘制出图形后，可以使用交互式调和工具组中的调和工具为所绘的图形添加更复杂的效果，从而使图形更接近设计构思，使之变得更加形象、完美。

在本章中主要介绍下列内容：

▲ 使用交互式调和工具
▲ 制作和管理效果
▲ 复制和克隆效果
▲ 清除效果

9.1 使用调和工具

单击工具箱中的交互式调和工具图标右下角的小三角形，将打开如图9-1所示的交互式调和工具组，使用这些工具，可以为所选对象应用特殊效果。其中交互式变形工具和交互式封套工具已在前面介绍过，本节将主要介绍其他几个工具。

图9-1 交互式调和工具组

9.1.1 使用交互式调和工具

使用交互式调和工具，可以使两个分离的对象之间逐步产生调和化的叠影，中间的图形会有不同的颜色、线框和填充效果。

（1）选择交互式调和工具，然后将光标移到要调和的两个图形中的其中一个上，按下并拖动鼠标到另一个图形，当发现两个图形中均出现一个矩形块时，松开鼠标即可得到如图9-2所示的调和效果。

（2）选择了交互式调和工具后，将显示如图9-3所示的交互式调和工具属性栏，使用该属性栏可以对对象的调和效果进行编辑。

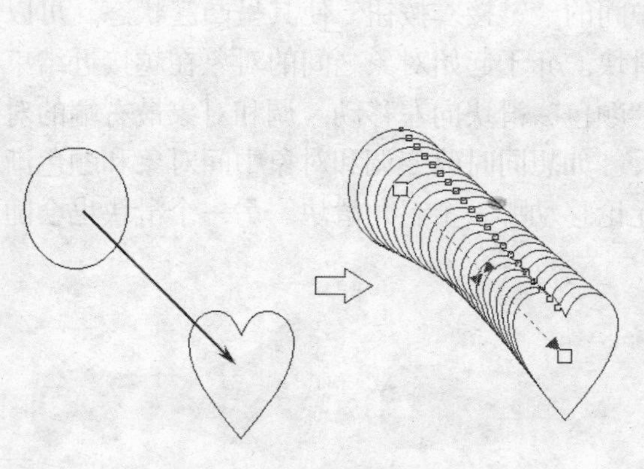

图9-2 交互式调和效果

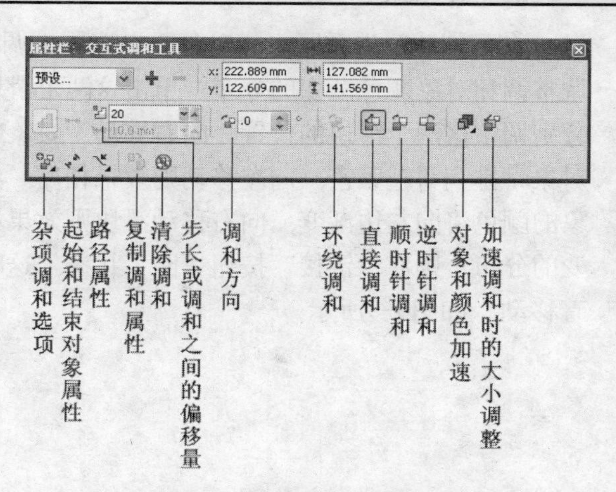

图9-3 交互式调和工具属性栏

（3）在属性栏中提供了3种交互式调和类型，通过单击“直接调和”按钮、“顺时针调和”按钮或“逆时针调和”按钮，选择不同的调和类型，可以改变光谱颜色的变化，如图9-4所示。

（4）在属性栏的“步长或调和之间的偏移量”参数栏中，通过设置数值可以定义调和对象之间的中间图形数量。设置好后，按下Enter键即可应用于所选的调和对象，如图9-5所示。

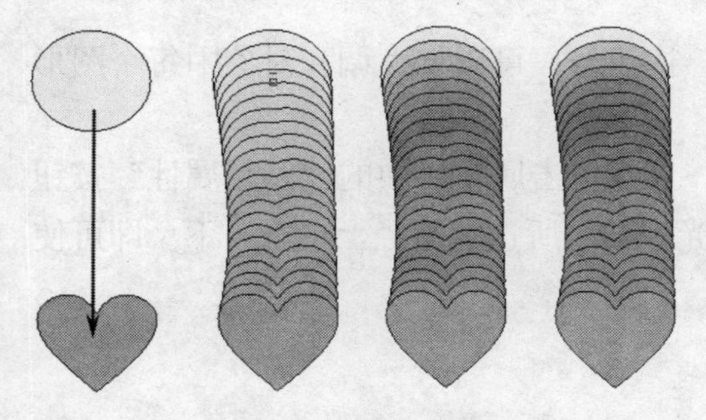

图9-4 直接调和、顺时针调和和逆时针调和

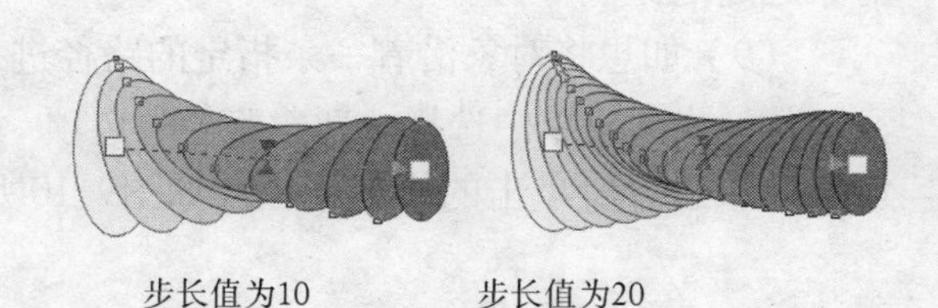

图9-5 使用不同步长值调和的效果

（5）在属性栏的“调和方向”参数栏中可以设定中间生成图形在调和过程中旋转的角度，如图9-6所示。

（6）设置好调和对象的旋转角度后，可单击属性栏中的“环绕调和”按钮，使所选调和对象的中间生成的图形绕着调和路径产生回转，形成一种弧形旋转调和效果，如图9-7所示。

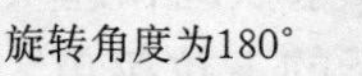

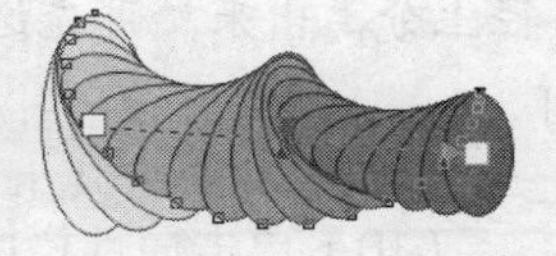

图9-6 不同旋转角度的调和效果

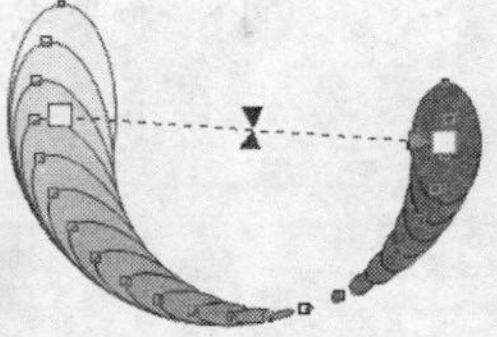

图9-7 回转调和效果

（7）单击属性栏中的“对象和颜色加速”按钮，将显示一个如图9-8所示的弹出式面板，使用该面板可调节所选调和对象的中间对象的分布和颜色渐变分布，方法如下：

在“加速”选项区，“对象”滑块用于调整调和对象中间对象的分布；“颜色”滑块用于调整调和对象颜色渐变的分布。单击这两个滑块中间的“链接”按钮，使其呈凸起状态，可以分别调整这两个滑块的位置。向右移动“对象”滑块，介于起始对象之间的对象在越接近结束对象时排列得越紧密，向左移动则效果相反；将“颜色”滑块向左移动，调和对象最右端的对象的颜色将向左边渐变，向右移动滑块则效果相反。如想同时改变调和对象中间对象和颜色渐变的分布，则使“链接”按钮呈凹下状态，这时无论移动哪一个三角滑块，另一个滑块也会随着移动，如图9-9所示。

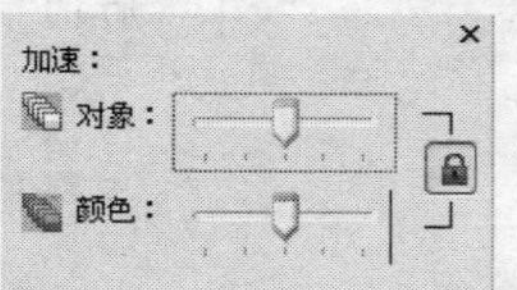

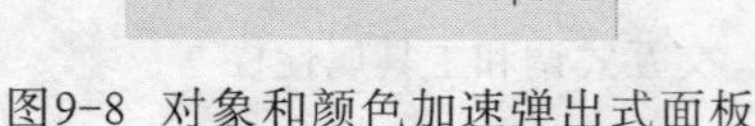
图9-8 对象和颜色加速弹出式面板

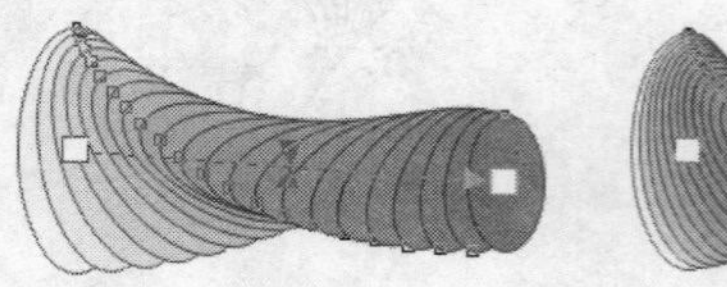

图9-9 加速调和对象中间对象与颜色渐变分布

除了使用弹出式面板调节调和对象中间对象的分布和颜色渐变分布外，还可以直接在调和对象中通过移动调和线上、下两个三角滑块在调和线上的位置，来改变中间对象的分布和颜色渐变分布。其中，移动红色三角滑块可以调节调和的颜色渐变分布；移动蓝色三角滑块可以调节中间对象的分布。

（8）单击属性栏中的“加速调和时的大小调整”按钮，可以加大调和对象中每个图形对象之间的距离。

（9）如想将对象沿着一条指定的路径进行调和，只需单击属性栏中的“路径属性”按钮，从弹出的菜单中选择“新建路径”选项，然后将光标移至所选的路径上单击一下，即可使调和效果适合所单击的指定路径，如图9-10所示。

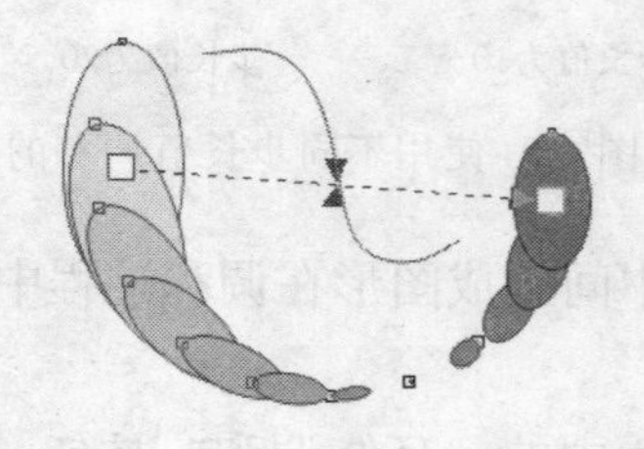

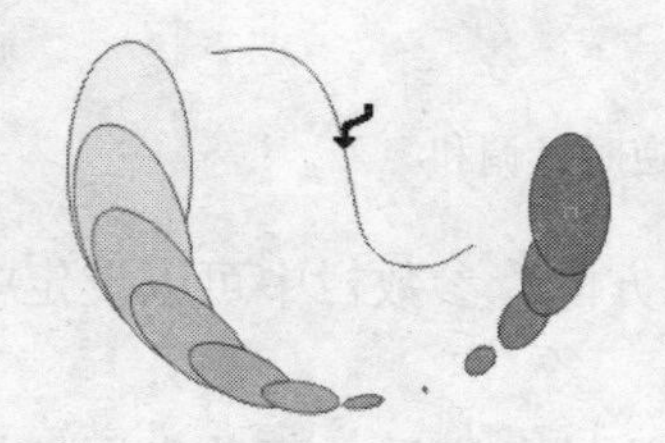

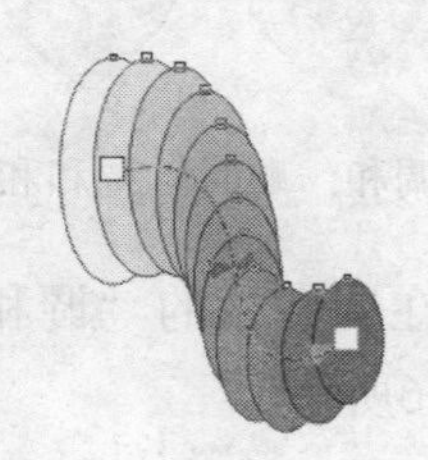

图9-10 按指定路径渐变

如果要观察一个调和对象的路径，在“路径属性”菜单中选择“显示路径”选项即可；如果要将适合路径后的调和对象从路径上分离出来，可先选中该调和对象，然后在菜单中选择“从路径分离”选项即可。

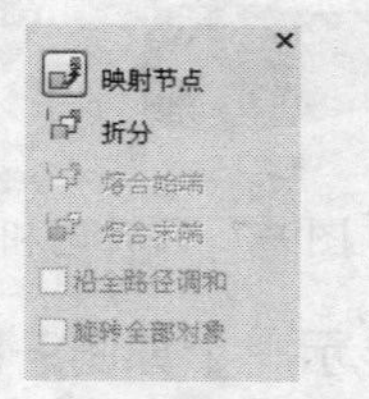

图9-11 各种调和选项菜单

（10）单击属性栏中的“杂项调和选项”按钮，将弹出如图9-11所示的下拉菜单。

其中各调和选项的意义如下：

· 选择“映射节点”项，再依次选取对象上的节点做一些相应的处理，即可更精确地控制渐变的旋转过程。

· 选择“拆分”项，然后将光标移到调和对象上单击，该调和对象将在单击处被断开。使用鼠标移动两端的对象，可对其所在的部分进行移动和变化，对另一部分无任何影响。

· 选择“熔合始端”项，可以组合被拆分调和的始端。

· 选择“熔合末端”项，可以组合被拆分调和的末端。

· 选中“沿全路径调和”复选框，可使所选调和对象排满整个路径。

· 选中“旋转全部对象”复选框，可使所选调和对象的中间对象全部进行旋转。

（11）单击属性栏中的“起始和结束对象属性”按钮，将显示如图9-12所示的弹出菜单。

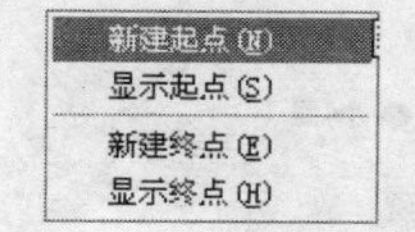

图9-12 弹出菜单

其中各选项的意义如下：

· 选择“新建起点”选项，并将光标移至调和对象的终点图形上单击，即可将调和对象的终点变为调和对象的始点。

· 选择“显示起点”选项，系统将自动选中调和对象的始点图形。

· 选择“新建终点”选项，可以选择调和对象的终点。

· 选择“显示终点”选项，系统将自动选中调和对象的终点图形。

（12）如果要将一个比较好的调和效果作为样本应用于其他调和对象，也就是复制一个调和对象的属性应用于其他调和对象。只需先选中要复制属性的调和对象，然后单击属性栏中的“复制调和属性”按钮，并将光标移至效果较好的调和对象上单击，即可将该调和对象的属性复制到所选的调和对象上。

（13）如果要删除对象的调和效果，只需选中该调和对象后，单击属性栏中的“清除调和”按钮，即可将所选对象的调和效果清除。

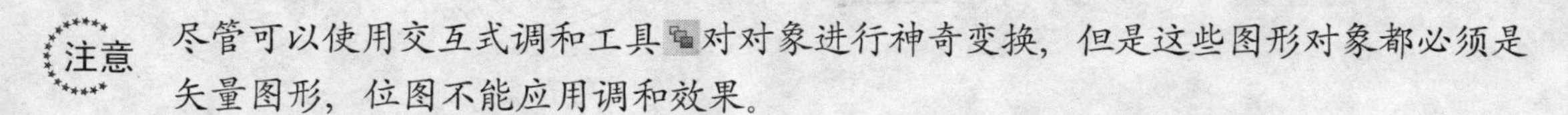
注意 尽管可以使用交互式调和工具对对象进行神奇变换，但是这些图形对象都必须是矢量图形，位图不能应用调和效果。

9.1.2 使用交互式轮廓线工具

使用交互式轮廓线工具，可以使选中的对象的轮廓向内或向外增加同心的轮廓线，产生一种轮廓线的效果。

（1）选中对象，选择交互式工具组中的交互式轮廓线工具，然后将光标移至对象上，按下并拖动鼠标，松开鼠标后即可为所选对象添加轮廓线效果，如图9-13所示。

（2）选择交互式轮廓线工具后，将显示如图9-14所示的交互式轮廓线工具属性栏。使用该属性栏可以对图形的轮廓线间距、颜色、增加方式等进行设置。

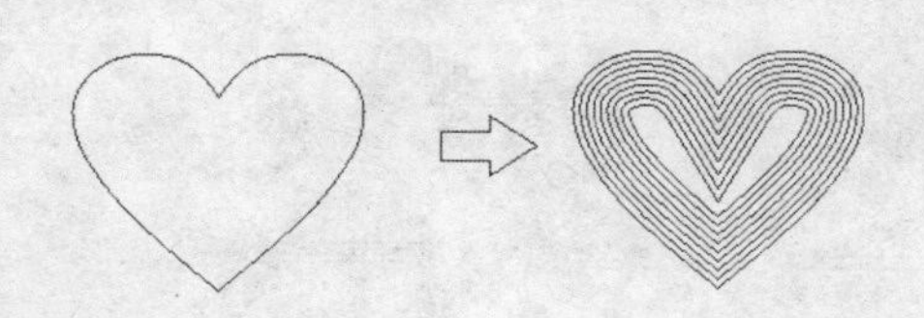
图9-13 轮廓线效果

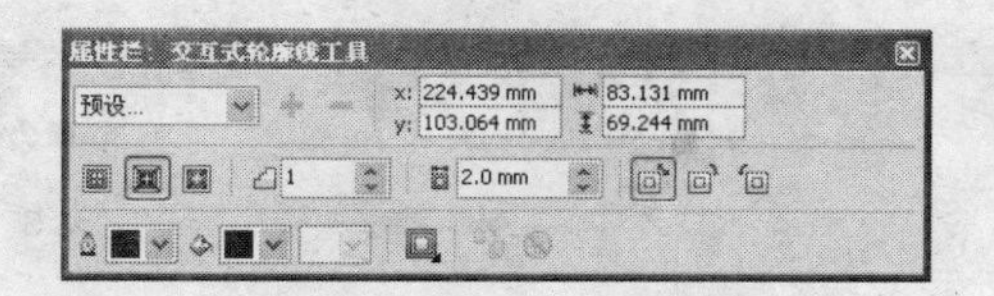

图9-14 交互式轮廓线工具属性栏

提示 把鼠标指针移动到属性栏中的选项上即可显示出该选项的名称，在这里不再标注。

（3）通过单击属性栏中的“到中心”按钮、“向内”按钮或“向外”按钮，可以设置轮廓线的增加方式，如图9-15所示。

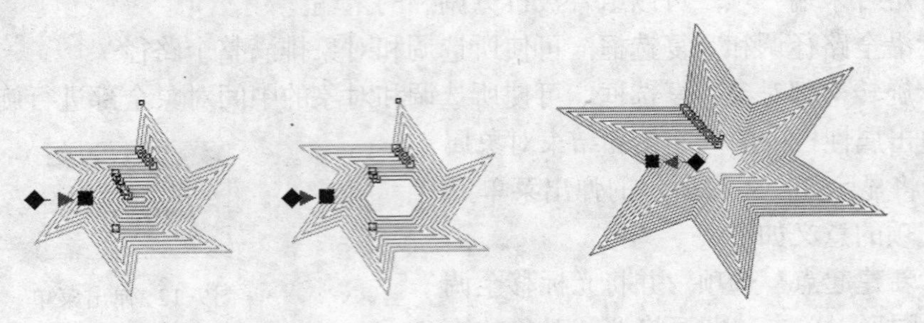

图9-15 到中间、向内、向外增加轮廓线

（4）在属性栏的“轮廓线步数”参数栏中可以设置增加的轮廓线条数，在“轮廓线偏移”参数栏中可以设置轮廓线间的距离，如图9-16所示。

（5）当需要改变系统预设的轮廓线颜色时，可以单击属性栏的“轮廓色”按钮，在显示的下拉列表中选择一种颜色，CroelDRAW会自动将其应用到增加的轮廓线上，如图9-17所示。

图9-16 调整轮廓线步数和轮廓线偏移

图9-17 应用蓝色的轮廓色

（6）如果要对添加的轮廓线进行填充，可单击属性栏中的“填充色”按钮，在显示的下拉列表中选择对象的填充色。

（7）在属性栏中还列举了3种轮廓线填充的类型。单击“线性轮廓线颜色”按钮，可将轮廓线的颜色以直线轮廓填充；单击“顺时针轮廓线颜色”按钮，轮廓线的颜色将以顺时针的方向进行填充；单击“逆时针轮廓线颜色”按钮，轮廓线的颜色将以逆时针的方向进行填充，如图9-18所示。

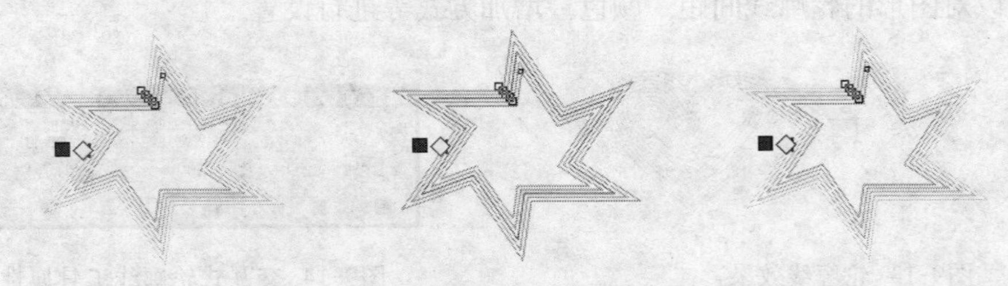

图9-18 同一图形的3种轮廓线填充类型

9.1.3 使用交互式立体化工具

使用交互式立体化工具，可以快速地为一个平面对象添加立体化效果，通常使用它来制作立体图形效果或者立体字效果，下面介绍一下操作过程。

（1）选中对象，选择交互式立体化工具，用鼠标单击对象并拖动，即可使所选对象产生立体化效果，如图9-19所示。

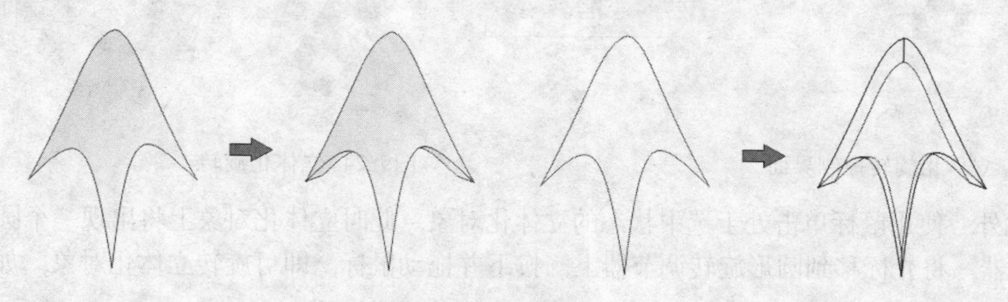

图9-19 立体化效果

提示 也可以对文字进行立体化操作，使用工具箱中的文本工具在页面中单击，输入文字后，使用交互式立体化工具进行处理即可，效果如图9-20所示。

（2）选择了交互式立体化工具后，将显示如图9-21所示的交互式立体化属性栏。使用该属性栏，可以对立体化效果做进一步的设置。

图9-20 文字的立体化效果

图9-21 交互式立体化属性栏

（3）通过拖动立体化对象调节箭头上的滑块，或调节属性栏“深度”参数栏中的数值，可以改变立体化对象的深度，如图9-22所示。

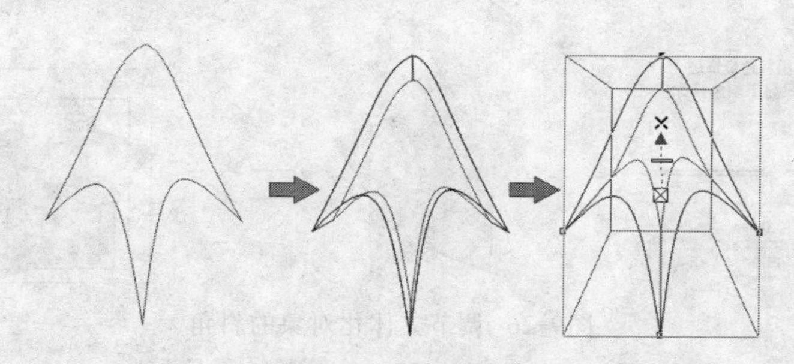

图9-22 改变立体化深度

（4）在属性栏中通过调节“灭点坐标”参数栏中的数值，可以设定灭点的位置。如单击“灭点属性”按钮锁到对象上的灭点，可在显示的下拉列表中对立体化对象的属性进行选择。

如果需要相对于标尺上的（0,0）点定位坐标，单击属性栏中的“VP对象/VP面”按钮，即可相对于选定对象的中心定位灭点。

（5）单击属性栏中的“立体的方向”按钮，将弹出如图9-23所示的控制界面。使用该控制界面可旋转立体化对象。

改变立体化对象方向的方法如下：

使用鼠标直接拖动圆盘即可旋转所选的立体化对象，如图9-24所示。

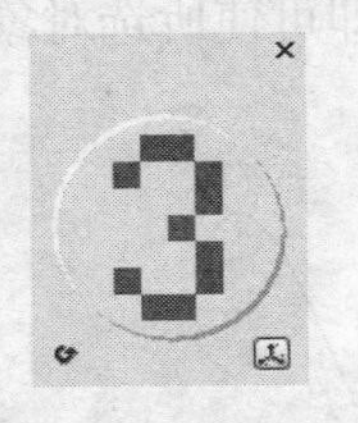

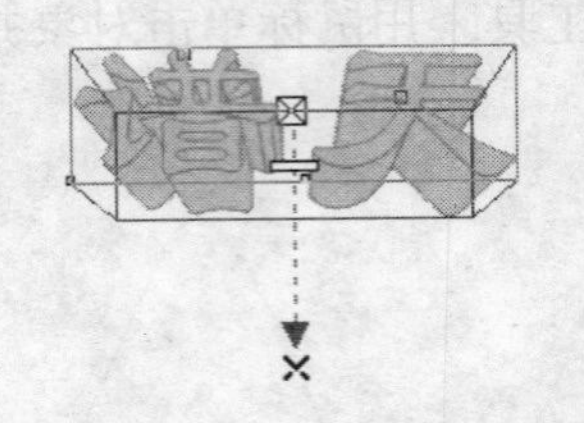

图9-23 立体化旋转控制界面

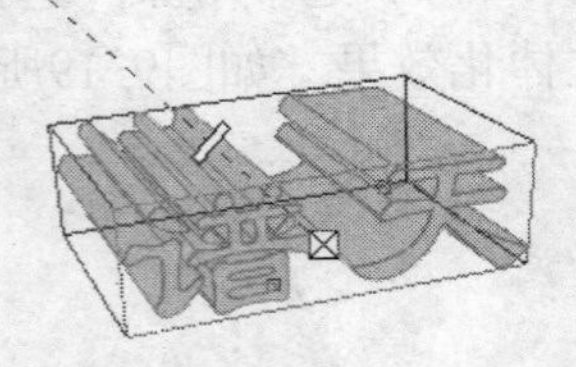

图9-24 立体化旋转

此外，使用鼠标单击处于选中状态的立体化对象，此时立体化对象上将出现一个圆形的旋转调节器，将光标移到圆形旋转调节器上，按下并拖动鼠标，即可旋转立体化对象，如图9-25所示。

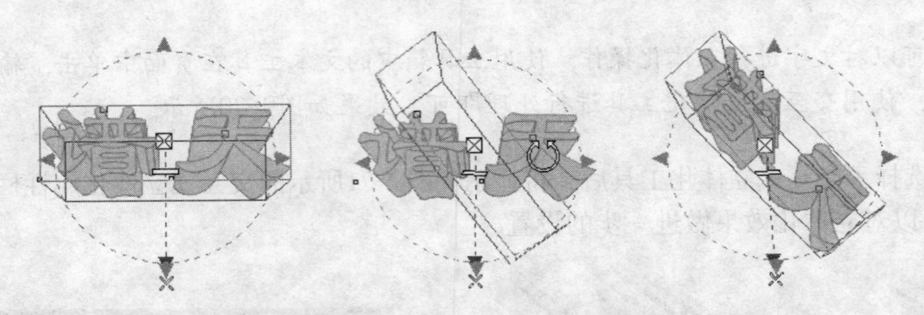

图9-25 使用鼠标旋转立体化对象

将光标移到旋转调节器内部，此时光标为状态，按住并拖动鼠标，不但可以使立体化对象进行旋转，还可以对其进行变形。

（6）单击属性栏中的“斜角修饰边”按钮，在弹出式面板中选中“使用斜角修饰边”复选框，并在斜角深度和斜角角度参数栏中输入适当的斜角深度与角度数值，即可制作出带有斜边的立体效果，如图9-26所示。

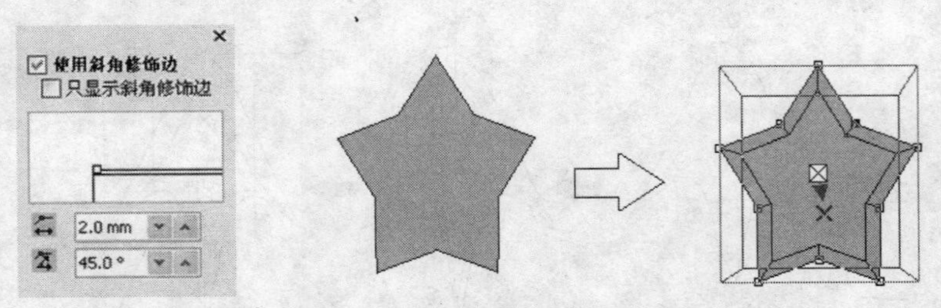

图9-26 调节立体化对象的斜角

在制作斜角效果时，如果只选中“只显示斜角修饰边”复选框，将得到一个仅有斜边而没有深度的立体效果，如图9-27所示。

（7）在制作立体化对象时，系统预设的立体化边缘填色是使用对象填色，单击属性栏中的“颜色”按钮，在弹出的如图9-28所示的下拉式面板中，可以重新设置立体化部分的颜色填充。

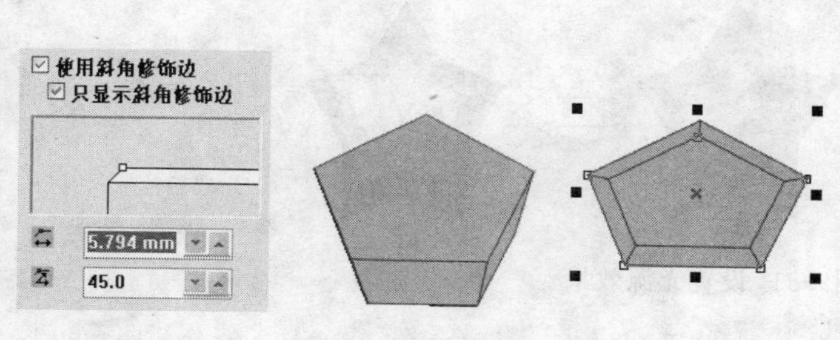

图9-27 仅显示斜角

图9-28 颜色下拉式面板

使用颜色下拉式面板的方法如下：

单击该面板中的“使用纯色”按钮，将激活第一个选择颜色按钮。单击该颜色按钮，可在弹出的颜色列表中为立体化对象重新选择一个填充颜色，如图9-29所示。

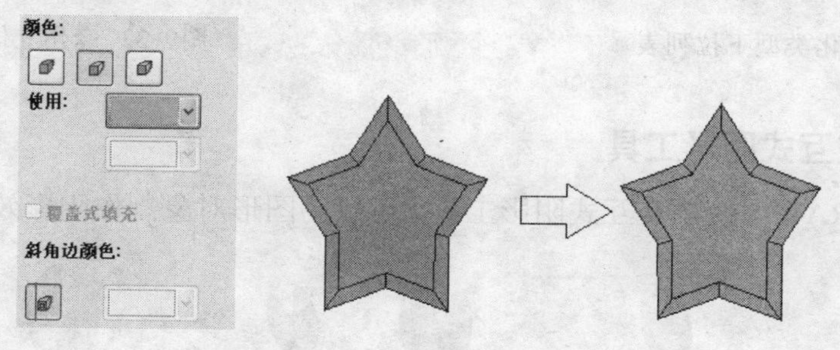

图9-29 选择填充颜色

单击“使用递减的颜色”按钮，可激活前两个颜色按钮。单击上面的颜色按钮可选择立体化部分的填充颜色；单击下面的颜色按钮可选择立体化对象的阴影颜色，从而制作出有颜色明暗变化的立体效果，如图9-30所示。

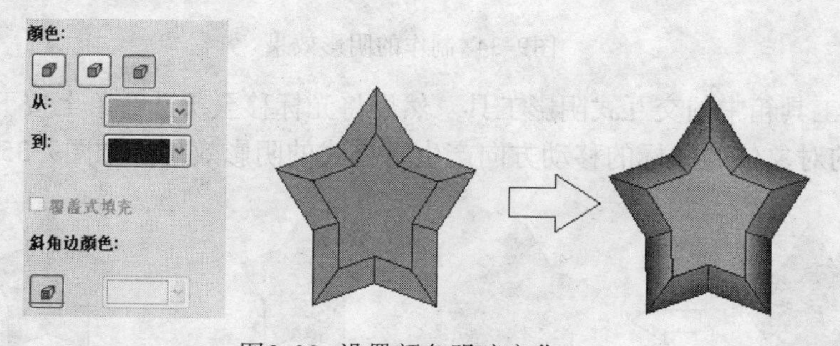

图9-30 设置颜色明暗变化

（8）在使用交互式立体化工具时，可以根据需要为立体化效果对象使用光源。单击属性栏中的“灯光”按钮，从弹出式面板中可以选择光源的类型和光线的强度，如图9-31所示。

（9）单击属栏中的“立体化类型”下拉按钮，在显示的下拉列表中，可以选取一种预设的立体模式效果，如图9-32所示。

（10）选中一个非立体化的对象，并单击交互式立体化属性栏中的“立体化类型”按钮，然后使用鼠标双击对象，将出现如图9-33所示的效果。通过使用鼠标调节所选对象，可以在不同的位置进行观察。

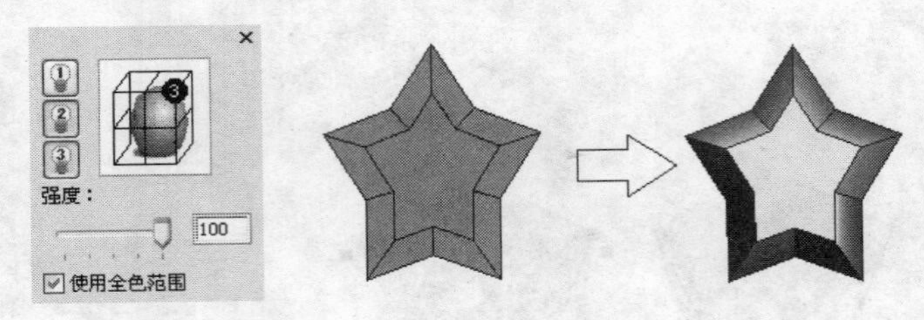

图9-31 设置光源效果

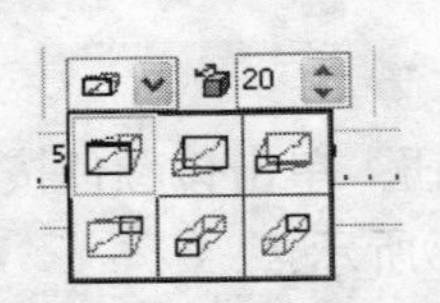

图9-32 立体化类型下拉列表

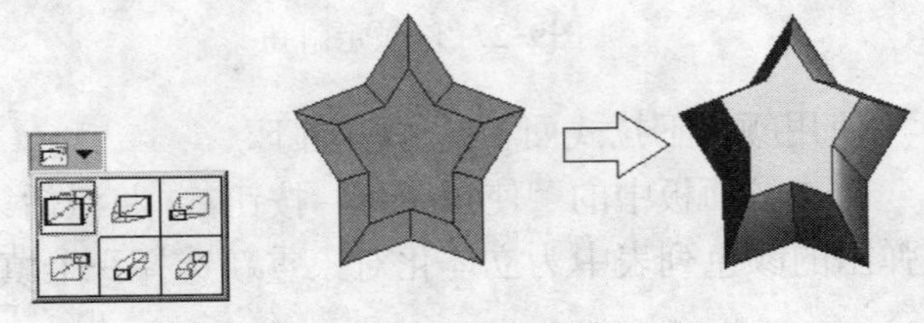

图9-33 套用立体化模式

9.1.4 使用交互式阴影工具

在CorelDRAW中使用交互式阴影工具可以为图形对象制作阴影效果，如图9-34所示。

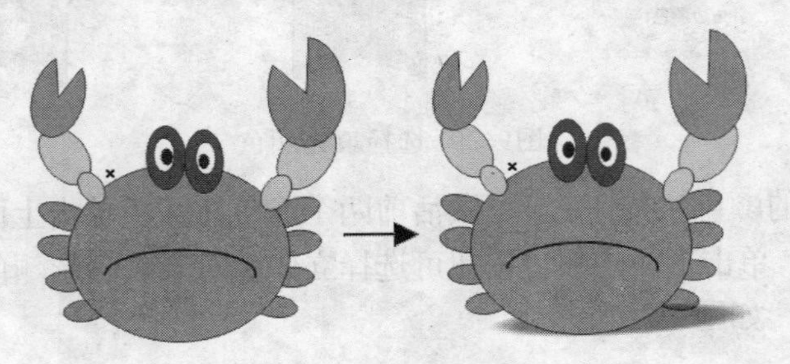

图9-34 制作的阴影效果

（1）选择工具箱中的交互式阴影工具，然后将光标移至所选对象上按下并拖动鼠标，即可使一个平面的对象依照鼠标的移动方向产生下拉式的阴影效果，如图9-35所示。

图9-35 阴影效果

（2）选择交互式阴影工具后，将显示如图9-36所示的交互式阴影属性栏，使用该属性栏可编辑对象的阴影效果。

（3）在属性栏的“阴影偏移”（x: -5.327 mm, y: 3.074 mm）参数栏中，通过调节X、Y值，可以设置对象阴影和对象之间的偏移量。另外，也可使用鼠标调节阴影效果对象上的黑色控制块来改变阴影和对象之间的偏移量，如图9-37所示。

图9-36 交互式阴影属性栏

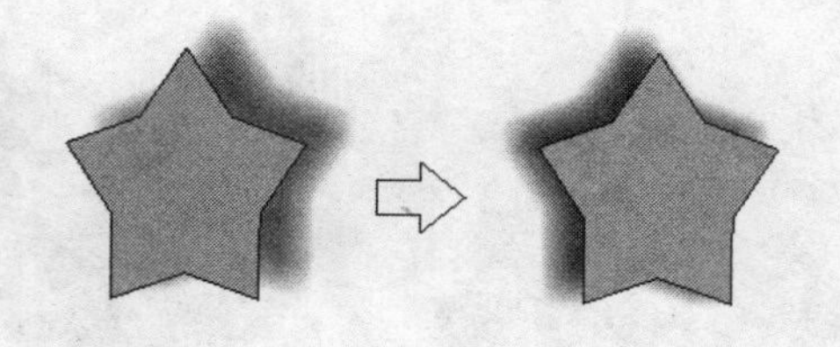

图9-37 调整阴影的位置

（4）通过调节“阴影的不透明度”参数栏中的数值，可以调整对象的阴影透明度。此外，也可使用鼠标调整调节箭头上的矩形滑块，来改变阴影的透明度，如图9-38所示。

（5）在属性栏中，还可以通过调节“阴影羽化”参数栏中的数值来改变对象阴影的羽化程度，如图9-39所示。

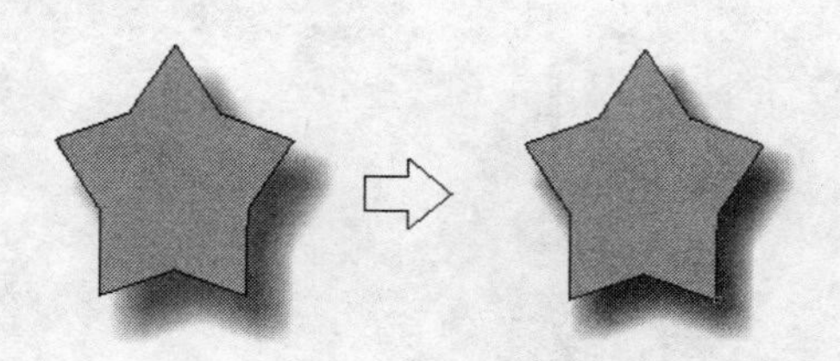

图9-38 调整阴影的透明度

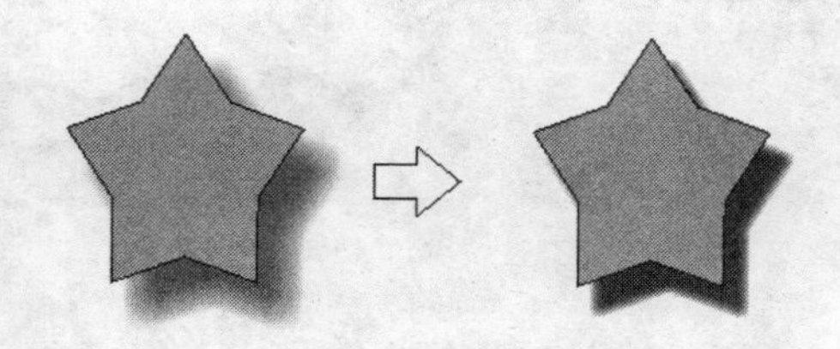

图9-39 调整阴影羽化程度

（6）单击属性栏中的“阴影羽化方向”按钮，可在弹出的如图9-40所示的下拉菜单中设置对象的羽化方向为向内、中间、向外或平均，其中平均是默认的羽化方向。

（7）当选择羽化方向为向内、中间、向外或平均时，将激活属性栏中的“阴影羽化边缘”按钮。单击该按钮，可在弹出的如图9-41所示的下拉菜单中，选择不同的阴影羽化边缘的类型。

图9-40 羽化方向列表

图9-41 羽化边缘列表

（8）单击属性栏中的“阴影颜色”按钮，可在弹出的颜色列表中为对象的阴影设置颜色，如图9-42所示。

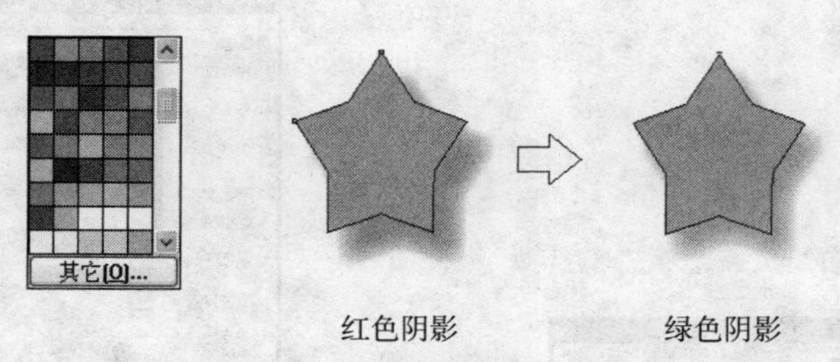

红色阴影 绿色阴影

图9-42 设置阴影颜色

如果想删除创建的阴影效果，那么在属性栏中单击“清除阴影”按钮，就会把创建的阴影删除掉，如图9-43所示。

图9-43 删除阴影效果

9.1.5 使用交互式透明度工具

使用交互式透明度工具，可以为图形对象应用均匀、渐变、图案或底纹透明效果，而且可以创建比较真实的玻璃透明效果，如图9-44所示。

图9-44 制作的玻璃透明效果

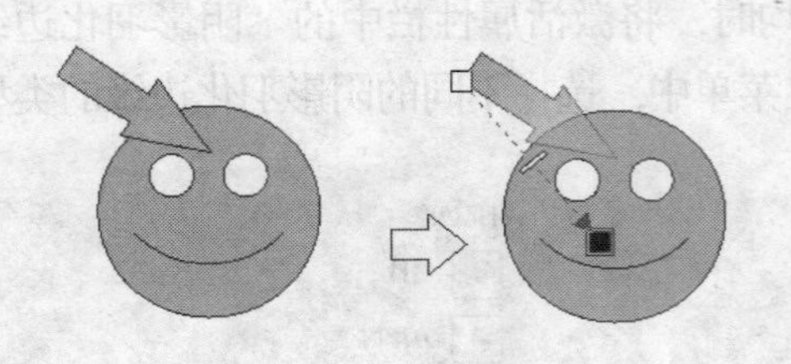

图9-45 透明效果（右）

透明效果看起来像是填充对象，实际上是在图形对象当前的填充上应用一个灰度蒙版，其效果与其他平面处理软件中的图层蒙版十分类似，如图9-45所示。这种效果既可应用于矢量图，也可以应用于位图，操作方式是相同的。

在交互式渐变透明属性栏中包含有多个选项，可以使用这些选项来设置各种各样的透明效果，如图9-46所示。

单击属性栏中的“编辑透明度”按钮，打开“渐变透明度”对话框，如图9-47所示。在该对话框中可以设置渐变透明的更多选项。

图9-46 交互式渐变透明属性栏

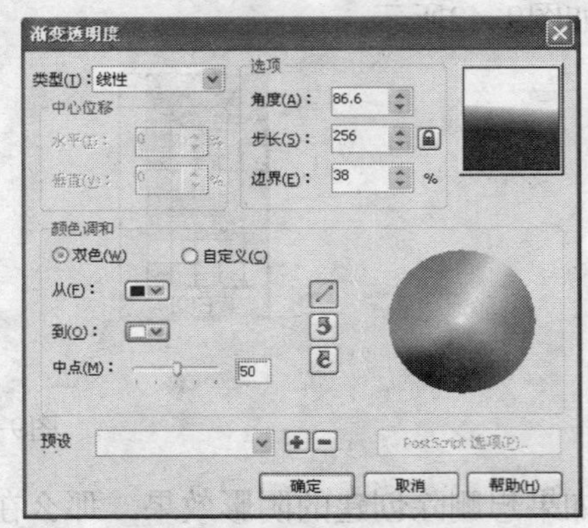

图9-47 “渐变透明度”对话框

9.2 制作与管理效果

用户除了可以使用特殊效果制作工具制作特殊效果外，还可使用“效果”菜单中的命令制作和管理特殊效果。不过值得注意的是，“效果”菜单中的某些命令所适用的对象是不同的，例如“效果→调整”命令中的大部分效果仅适用于位图图像。

9.2.1 使用艺术笔

在CorelDRAW中，除了使用艺术笔工具绘制自然符号外，还可使用“效果”菜单下的“艺术笔”命令，将一些艺术性的符号应用于已绘制的图形对象。下面是使用艺术笔绘制的两种效果，如图9-48所示。

选择“效果→艺术笔”菜单命令，打开如图9-49所示的“艺术笔”泊坞窗。使用该泊坞窗，可以为艺术笔选择符号，或将一些艺术符号应用到绘制的图形中。

图9-48 使用艺术笔绘制的两种效果

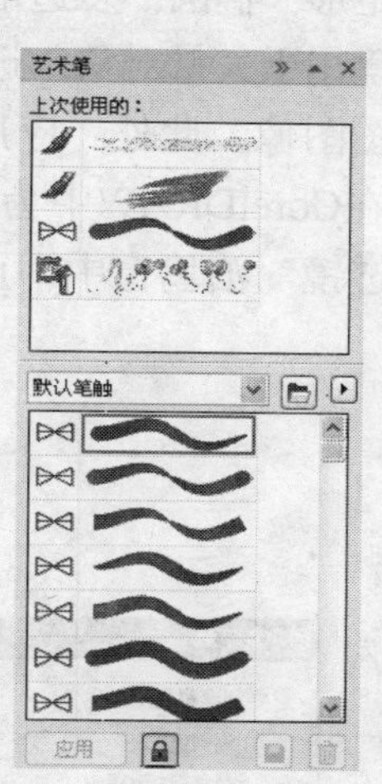

图9-49 “艺术笔”泊坞窗

（1）CorelDRAW提供了5种可供选择的艺术笔，它们分别是预设、画笔、喷罐、书法和压力。其中，预设的图标为，画笔的图标为，喷罐的图标为。

单击“艺术笔”泊坞窗中的按钮，在弹出菜单中可以选择添加到泊坞窗中的艺术笔类型，如图9-50所示。

（2）选择希望使用艺术笔的对象，然后在泊坞窗中选择希望使用的笔触并单击“应用”按钮，即可将所选笔触应用于该对象。图9-51显示了使用对象喷雾器艺术笔的效果。

图9-50 选择艺术笔

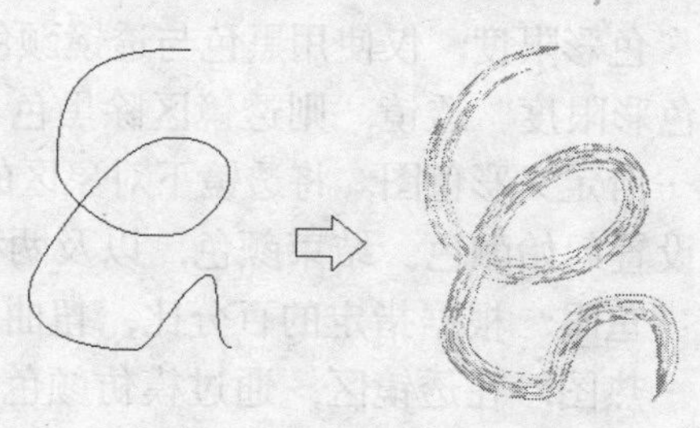

图9-51 使用艺术笔绘制的效果

提示　在泊坞窗的“上次使用的”列表框中列出了最近使用的艺术笔，从这里可以查看使用过的艺术笔。

（3）单击泊坞窗中的“浏览”按钮，可以选择包含艺术笔的文件，将其中包含的艺术笔添加到泊坞窗的“默认笔触”列表框中。

（4）当创建一种新的艺术笔时，单击“保存”按钮，将弹出“创建新笔触”对话框，如图9-52所示。用户可根据需要在“笔刷”选项和“对象喷罐”选项中选择一个，以指定笔触类型。单击“确定”按钮，系统将打开“另存为”对话框，用户可使用该对话框保存艺术笔。

（5）如果要删除所选的艺术笔，单击泊坞窗中的“删除”按钮即可。

9.2.2 使用透镜

在CorelDRAW中还提供了透镜效果，可以将透镜应用于使用CorelDRAW创建的任意对象（如矩形、椭圆、多边形等），也可以将透镜应用于段落文本、美工文本或位图图像等。如果将透镜用于矢量对象，透镜自身将变为矢量图像。如果将透镜用于位图图像，透镜自身也将成为位图图像。此外，应用透镜后，还可将其用于其他对象。

在CorelDRAW中为用户提供了多种透镜类型，选择菜单栏中的“效果→透镜”命令后，在“透镜”泊坞窗中即可看到透镜类型下拉列表，如图9-53所示。

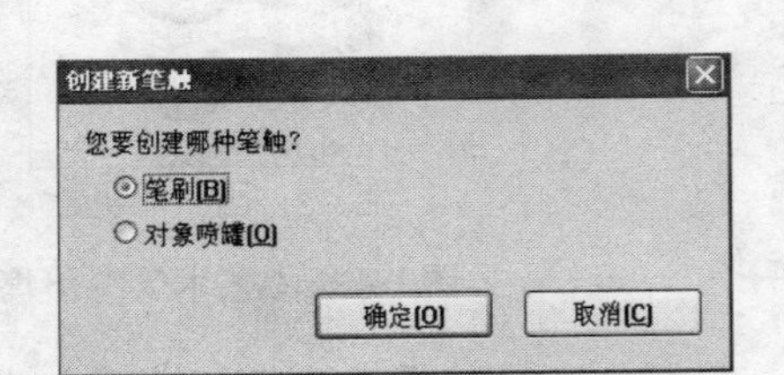

图9-52　“创建新笔触”对话框

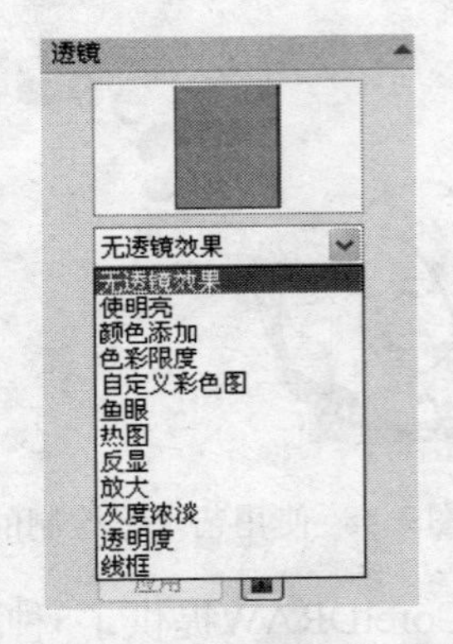

图9-53　透镜类型下拉列表

下面介绍一下这些透镜的基本功能。

· 使明亮：加亮或加暗对象，并可设置相应的参数。

· 颜色添加：模拟在黑色背景中放置了三盏彩色聚光灯（红色、蓝色与绿色），用户可选择使用的颜色及颜色数量。

· 色彩限度：仅使用黑色与透镜颜色观察对象区域。例如，如果在位图图像上放置一个绿色“色彩限度”透镜，则透镜区除黑色与绿色以外的其他颜色都被过滤掉。

· 自定义彩色图：将透镜下对象区的所有颜色改变为指定的两种颜色之间的颜色范围。用户可设置起始颜色、结束颜色，以及两种颜色之间的过渡方法。

· 鱼眼：根据指定的百分比，扭曲、放大或收缩透镜区。

· 热图：在透镜区，通过模仿颜色的热级创建红外图像效果。

· 反显：将透镜区颜色调整为CMYK反色。

· 放大：根据指定数量放大透镜区域，它使对象看起来好象透明一样。

· 灰度浓淡：将透镜下的对象颜色改为灰色。

· 透明度：使对象看起来像彩色胶片或彩色玻璃。

· 线框：以指定的轮廓或填充色显示透镜所在区。

1. 使用透镜

使用透镜的操作非常简单，下面通过一个简单的实例来介绍一下使用透镜的一般操作步骤。

（1）选择“效果→透镜”菜单命令，打开如图9-54所示“透镜”泊坞窗。

（2）导入一幅图形或者选取一个图像，并在图像上使用绘图工具（如椭圆工具）绘制一个封闭图形，作为透镜的镜头，如图9-55所示。

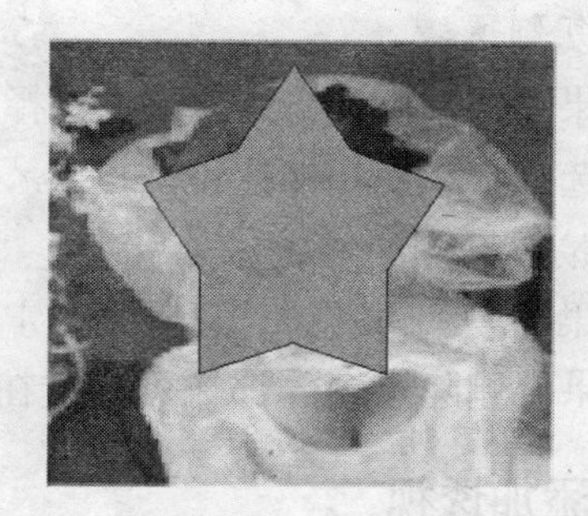

图9-54 “透镜”泊坞窗　　图9-55 选择图像并绘制透镜镜头

（3）在“透镜”泊坞窗的透镜类型下拉列表中选择“使调亮”透镜，并通过调节“比率”参数栏中的数值改变图像的明暗比例，然后单击“应用”按钮，即可以看到镜头下面的图像亮度发生变化，如图9-56所示。

在该泊坞窗中还有3个复选框可供选择，它们的意义如下：

· “冻结”复选框。如果选中该复选框，表示将捕获透镜中的当前内容，以便在不影响其外观的情况下移动透镜，如图9-57所示。

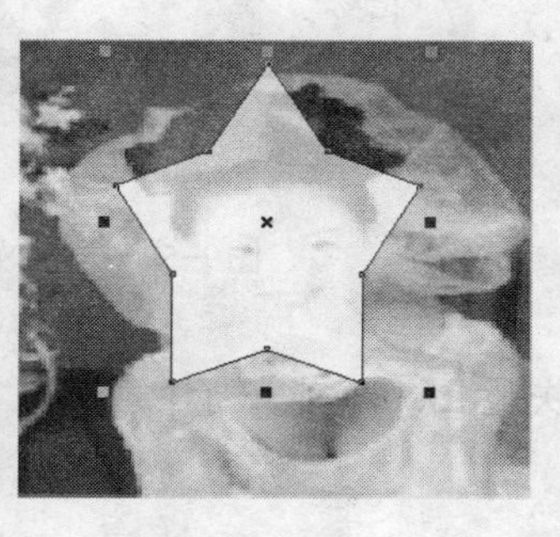

图9-56 调亮效果　　图9-57 冻结透镜效果

· “视点”复选框。如果选中该复选框，表示可在不移动透镜的情况下，通过移动视点显示透镜下图像的特定部分。选中该复选框后，将在该复选框右侧出现一个“编辑”按钮及X、Y坐标编辑框。单击“编辑”按钮后，将在透镜区的中心显示视点符号。此时将光标移至工作区单击视点并移动，或者在“透镜”泊坞窗中调整视点的X、Y坐标值，然后单击“应用”按钮，即可显示改变视点后的效果，如图9-58所示。

· “移除表面”复选框。对于诸如反显和透明度等透镜而言，如果不选中“移除表面”复选框，其效果将针对整个透镜区。否则，如果选中“移除表面”复选框，表示仅允许在透镜覆盖对象的地方显示透镜，从而避免因使用透镜而影响到页面的其他空白部分。

此外，在“应用”按钮的右侧还有一个锁定按钮。如果该按钮被按下，表示当用户改变透镜类型或参数时，其效果将直接反映在编辑区。否则，如果该按钮被弹起，则在选择其他透镜类型或修改透镜参数时必须单击“应用”按钮才可以看到效果。

提示 不能直接将透镜用于链接组，如混合对象、轮廓对象、下拉阴影，或者使用艺术笔创建的对象等。如果将透镜用于这些对象，透镜将单独作用于组中的每个对象。但是，链接组对象可复制其他对象的透镜效果。

2. 复制透镜

如果需要复制透镜，应首先选择目标对象，然后选择“效果→复制效果→透镜自”菜单命令，再选择希望使用的透镜即可。

3. 编辑和删除透镜

如果需要编辑透镜，只需在选定对象后，使用“透镜”泊坞窗重新设置透镜类型或参数即可。如果要删除透镜，那么可通过在透镜泊坞窗中选择“无透镜效果”项来删除透镜。

9.2.3 添加透视

在CorelDRAW中，使用“添加透视”命令，可以改变图形的透视，从而为对象制作出具有三维空间距离和深度的视觉透视效果。此外，由于透视效果是将一个对象的一边或相邻的两边缩短之后产生的，所以透视效果分为单点透视和两点透视，透视效果如图9-59所示。

图9-58 改变视点效果

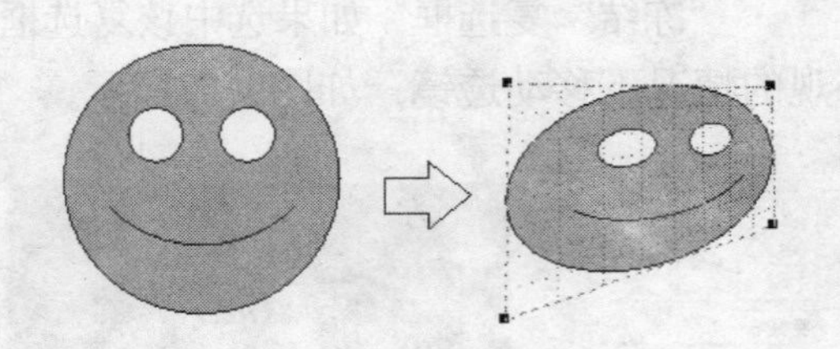

图9-59 透视效果

注意 在CorelDRAW中，透视效果只能应用于矢量图，不能用于位图。

1. 单点透视

所谓单点透视就是缩短对象的一边，使对象呈现出向一个方向后退的效果。制作该效果的过程如下。

（1）使用选择工具在绘图区中选取对象，然后选择“效果→添加透视”菜单命令，这时在对象四周会出现一个虚线外框和4个小黑点，如图9-60所示。

（2）将光标移至任意一个控制点上，按下Ctrl键单击并拖动，从而创建出单点透视效果，如图9-61所示。

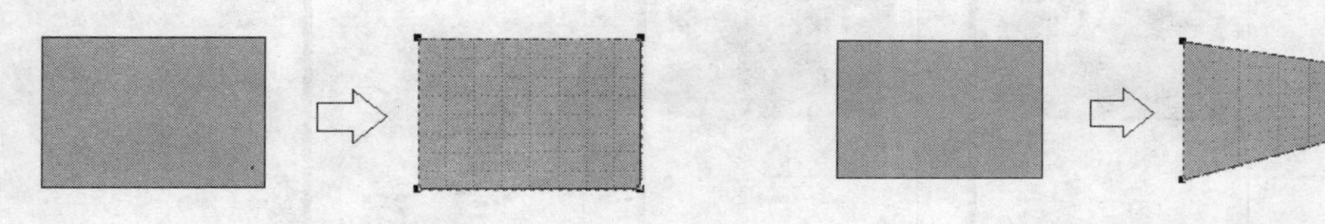

图9-60 执行“添加透视”命令　　图9-61 单点透视效果

（3）在制作透视效果时，直接拉动屏幕上新出现的消逝点（X），也可以制作出各种角度的透视效果，如图9-62所示。

2. 两点透视

两点透视就是缩短对象的相邻两边，从而使对象呈现出向两个方向后退的效果。添加两点透视的方法很简单，只需使用鼠标拖动对象的任意一个控制点，并沿图形的对角线方向移动，即可创造出两点透视效果，如图9-63所示。

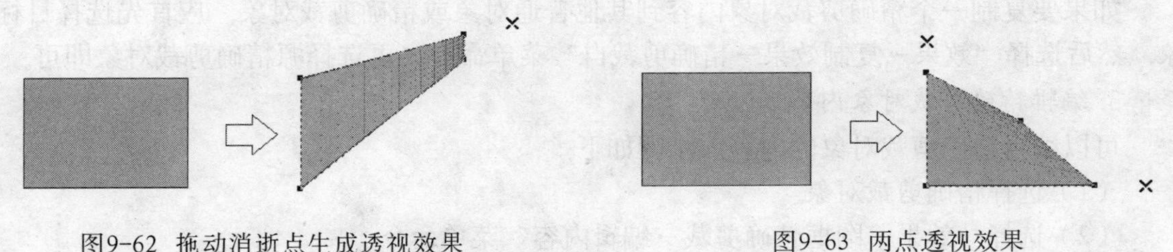

图9-62 拖动消逝点生成透视效果　　图9-63 两点透视效果

9.2.4 使用其他效果

在前面介绍了工具箱中各种交互式效果工具的特点与用法，在“效果”菜单下也提供了相应的效果命令，包括“调和”、“轮廓线”、“封套”和“立体化”等。选择任何一个命令，即可打开相应的泊坞窗。由于用法与交互式效果工具基本相同，在此不再赘述。

至于位于“效果”菜单中“调整”、“变换”和“校正”子菜单中的各种效果，由于它们主要是针对图像对象的，因此将放在后面的内容中进行讲解。在这里只介绍如何进行精确的剪裁。

1. 精确剪裁对象

通过选择“效果→精确剪裁”菜单命令，可将一个矢量对象或图像放置到其他对象中，此时便创建了一个精确剪裁对象。

当放置在容器对象中的内容对象比容器大时，内容将被剪裁，以适应容器。此外，作为精确剪裁的容器对象必须是封闭的路径对象，如美工文本、矩形等。通过将一个精确剪裁对象放置在另一个精确剪裁对象中，用户可创建复杂的嵌套精确剪裁对象。用户还可将精确剪裁对象的内容复制到其他精确剪裁对象中。

用户在创建精确剪裁对象后，还可修改其内容和容器。可提取内容，以便在删除或修改内容时不影响容器。

如果要创建精确剪裁对象，应首先选定内容，然后选择“效果→图框精确剪裁→放置在容器中”菜单命令，接下来选择希望作为容器的对象并单击即可，如图9-64所示。

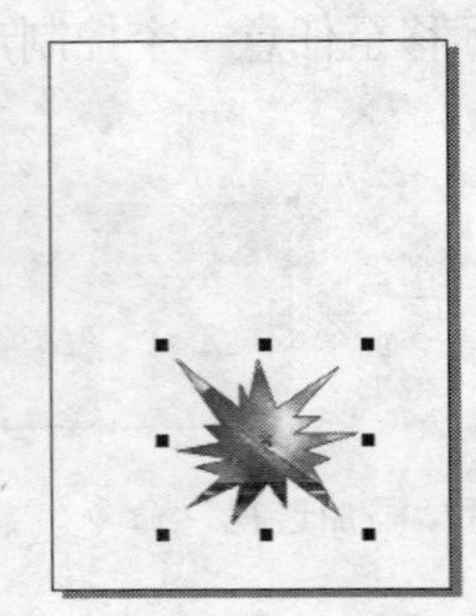

图9-64 创建精确剪裁对象

2. 提取与复制精确剪裁对象内容

将对象放置到指定的容器后，还可以将其提取出来。为此，只需选中精确剪裁对象后，选择“效果→图框精确剪裁→提取内容”菜单命令即可。从精确剪裁对象中提取内容后，精确剪裁对象将变成普通对象。

如果要复制一个精确剪裁对象内容到其他普通对象或精确剪裁对象，应首先选择目标对象，然后选择“效果→复制效果→精确剪裁自”菜单命令，再选择源精确剪裁对象即可。

3. 编辑精确剪裁对象内容

可以编辑精确剪裁对象的内容，步骤如下。

（1）选择精确剪裁对象。

（2）选择“效果→图框精确剪裁→编辑内容”菜单命令。

提示 编辑图框剪裁对象内容时，容器将以灰色线框模式显示，并且不能被选择。

（3）编辑精确剪裁对象的内容。

（4）编辑结束后，选择“效果→图框精确剪裁→结束编辑”菜单命令，即可结束对象编辑。

9.2.5 复制与克隆效果

在前面曾介绍过对象的复制与克隆，在CorelDRAW中，还可以用类似的方法复制与克隆特殊效果。

1. 复制效果

如果要复制效果，那么可选择“效果→复制效果”菜单中的相应命令。通过使用这些菜单命令，可以复制透视、封套、调和、立体化、轮廓线、透镜、精确剪裁、下拉式阴影、变形等效果。

2. 克隆效果

如果要克隆效果，那么可选择“效果→克隆效果”菜单中的相应命令。通过使用这些菜单命令，可以克隆调和、立体化、轮廓线、下拉式阴影等效果。

使用“克隆效果”命令与使用“复制效果”命令相似，但是使用“克隆效果”命令得到的对象与原始的对象有某种关联。当原始对象的相关属性起任何变化时，克隆对象的效果属性将自动随之改变。

9.2.6 清除效果

选择施加到对象上的某种效果，然后选择“效果→清除效果”菜单命令，可清除所选效果。但是，该命令的名称会根据对对象所添加的最后效果而发生变化。例如，假定作用在对象上的最后一个效果为“添加透视”，那么此时应在选中效果后选择“效果→清除透视点”菜单命令。

9.3 斜角效果

在CorelDRAW中，使用“效果”菜单中的“斜角”命令可以创建出立体的三维效果，这是一种比较常用的效果。下面介绍一下制作该效果的过程。

（1）绘制一个图形，这里绘制的是一个多边形，然后使用选择工具在绘图区中选取对象，如图9-65所示。

（2）在菜单栏中选择“效果→斜角”菜单命令，这时会在绘图区右侧打开“斜角”泊坞窗，如图9-66所示。

（3）保持泊坞窗中的默认参数不变，然后单击下方的“应用”按钮即可获得斜角效果，如图9-67所示。

图9-65　绘制的图形

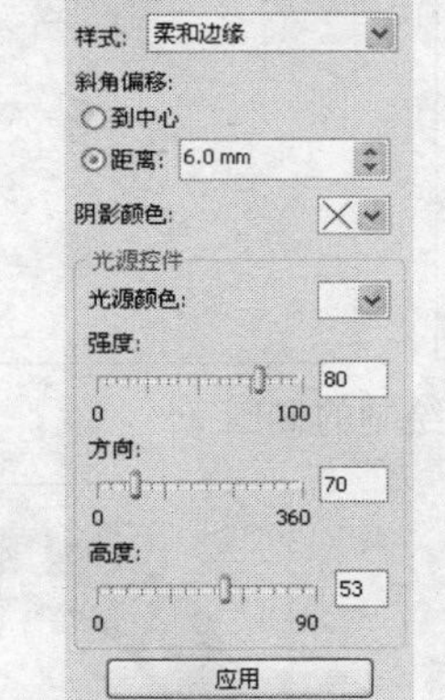

图9-66　“斜角”泊坞窗

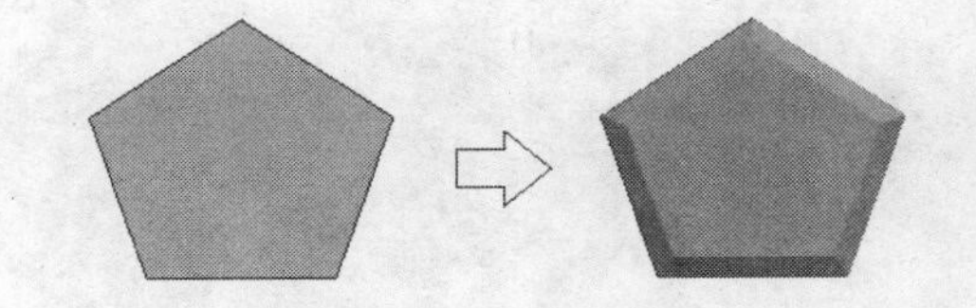

图9-67　创建的斜角效果

（4）通过在“斜角”泊坞窗中调整其他的参数，比如“斜角偏移”、“阴影颜色”和“光源颜色”，可以获得不同的效果，如图9-68所示。

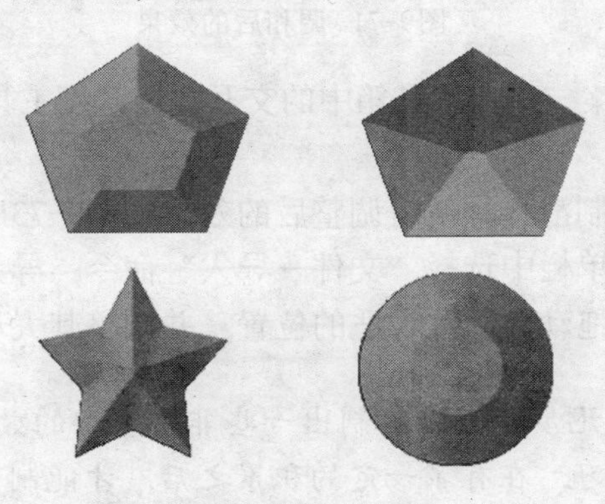

图9-68　创建的其他斜角效果

9.4 实例：为图片添加彩虹效果

本实例中主要使用了椭圆工具、交互式调和工具和交互式透明度工具等来为一幅图片添加彩虹的效果。绘制的最终效果如图9-69所示。

图9-69 最终效果

（1）打开CorelDRAW，创建一个新的文档，并设置适当的大小。

（2）单击工具箱中的椭圆工具，在页面上绘制两个椭圆，分别将其填充为紫色和红色，如图9-70所示。

（3）选择其中一个椭圆，在工具箱中选择交互式调和工具，在两个椭圆之间进行调和，在属性栏中设置“调和步长”为200，方向为“顺时针调和”，调和后的效果如图9-71所示。

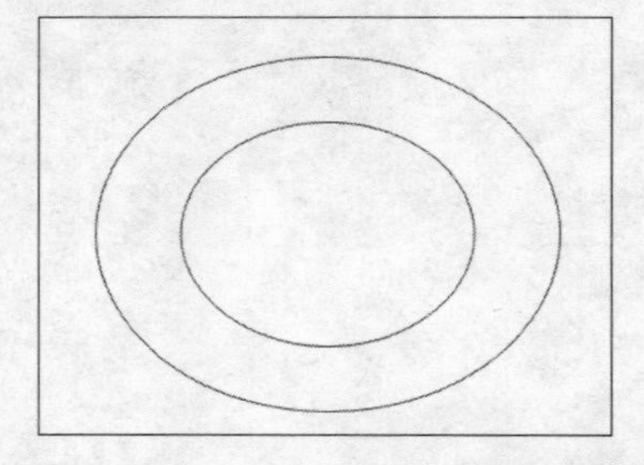

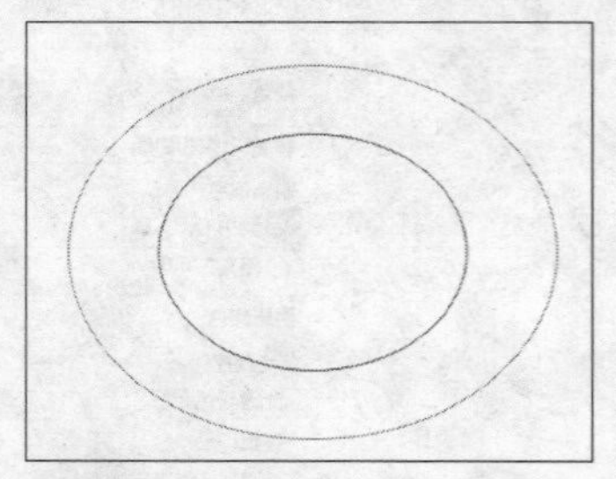

图9-70 绘制的椭圆

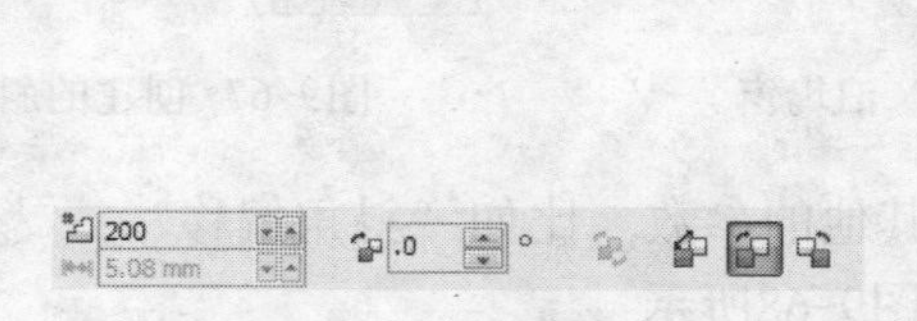

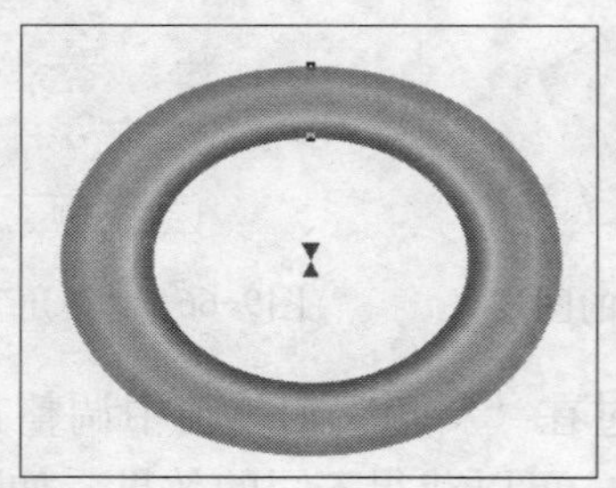

图9-71 调和后的效果

（4）选中调和后的图案，单击工具箱中的交互式透明度工具，在页面中进行拖动，效果如图9-72所示。

（5）调整透明度的控制滑杆，使得调整后的效果如图9-73所示。

（6）导入图片。在菜单栏中选择“文件→导入”命令，导入图片，如图9-74所示。

（7）将绘制好的彩虹拖动到图片合适的位置，并调整其大小和方向，如图9-75所示。

提示 有时，只需简单的几步就可以绘制出一些非常复杂的效果，不过，需要读者多观察、多思考和多练习，在有了一定的积累之后，才能制作出非常好的效果。

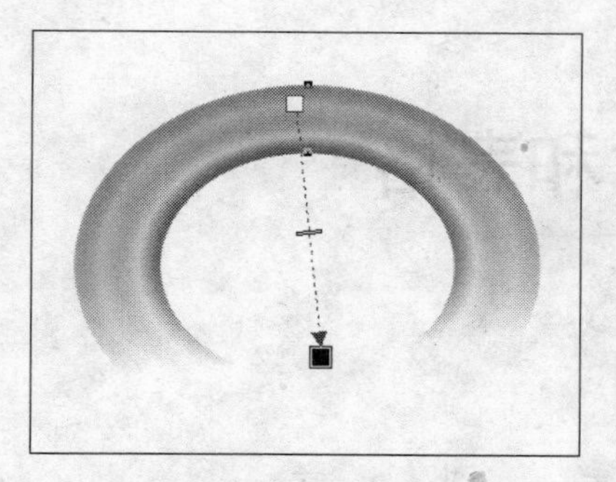

图9-72 透明效果

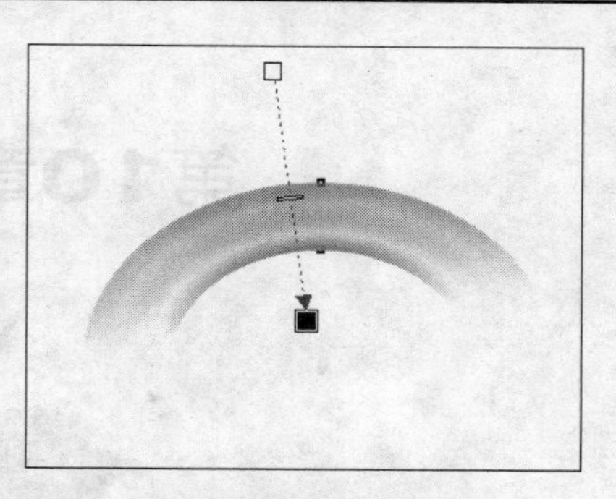

图9-73 调整效果

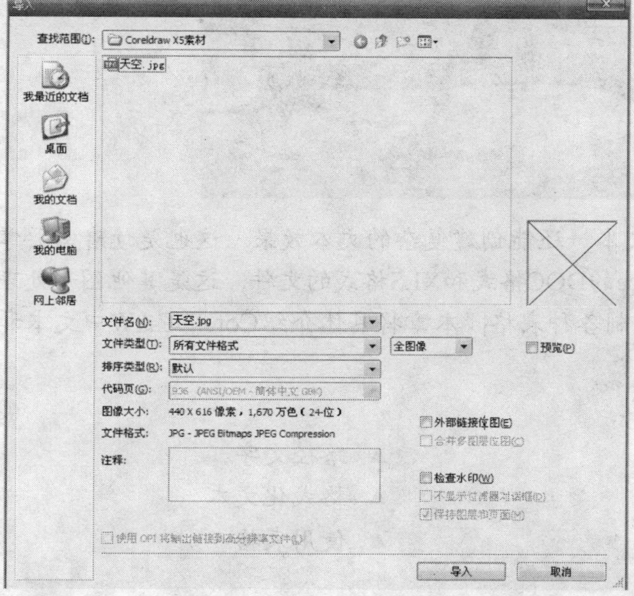

图9-74 导入图片

图9-75 绘制的彩虹

第10章 文本和表格

使用CorelDRAW可以编排文本，还能创建复杂的文本效果，这也是读者需要掌握的基本操作。CorelDRAW支持Office的DOC格式和XLS格式的文件，这是其他图形处理软件所无法实现的。另外，还可以绘制各种表格。本章将具体介绍CorelDRAW中文本和表格的一些基本操作及使用技巧。

在本章中主要介绍下列内容：

- ▲ 创建文本
- ▲ 编辑文本
- ▲ 文字排版
- ▲ 路径文字
- ▲ 格式化文本
- ▲ 使用表格

10.1 创建文本

在CorelDRAW中，文本分为美术字文本和段落文本两种类型，它们都是使用工具箱中的文本工具字，并结合键盘创建的，而且两者之间可以互相转换。

10.1.1 创建美术字文本

如果要在页面中输入美术字文本，只需选择工具箱中的文本工具后，在页面上单击鼠标，此时单击处将出现一个输入光标，使用键盘即可键入美术字文本，如图10-1所示。

提示 在CorelDRAW中既可以输入中文，也可以输入英文。

由于美术字文本以“字母”为单位，因此可以随意地改变文字的外观。选择工具箱中的形状工具选中文本，通过单击各字符左下方的控制点，逐个选取字符，可以分别移动它们的位置，如图10-2所示。

既可使用调色板改变所选字符的颜色，也可使用属性栏中的各选项改变字符的字体类型、大小及其他属性，如图10-3所示。

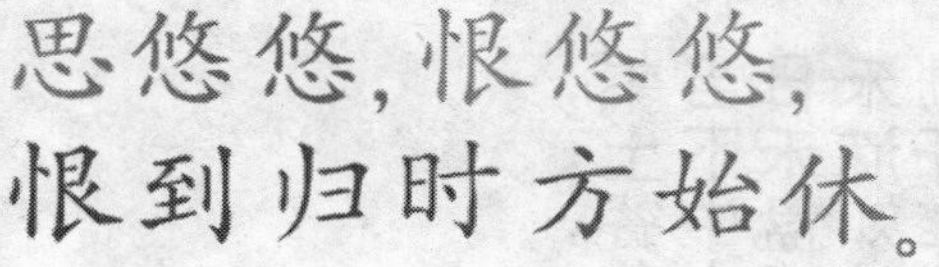

思悠悠，恨悠悠，
恨到归时方始休。

图10-1 创建的美术字文本

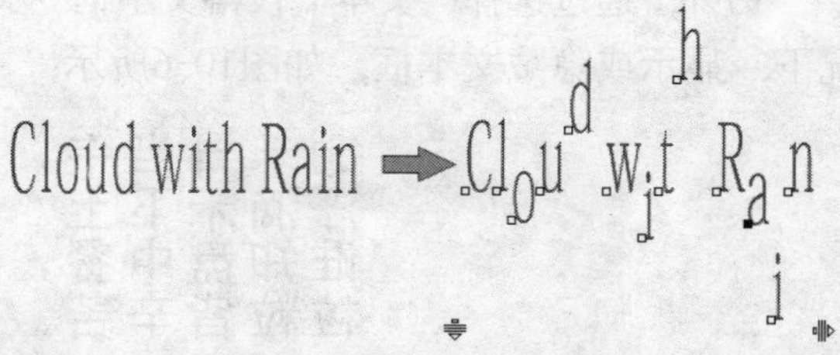

Cloud with Rain

图10-2 移动单个字符的效果

使用选择工具选中美术字文本后，选择“排列→转换为曲线”菜单命令，可将文本对象转换为如图10-4所示的路径状态，此时可以使用形状工具增加、删除、移动节点，修改文本的形状。但是要记住，美术字文本转换为曲线对象后，就无法再套用任何文本格式了。

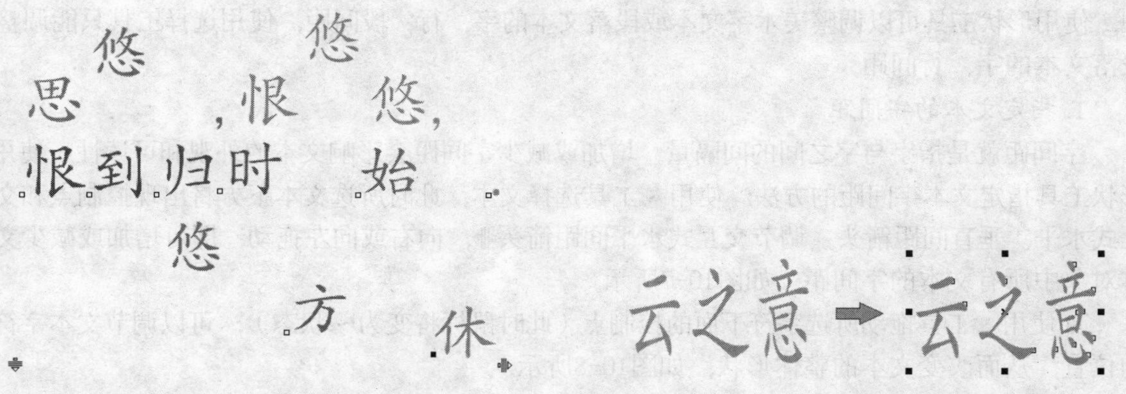

图10-3 改变文本位置、颜色的效果

云之意
云之意

图10-4 将美术字文本转换为曲线

提示 将图形对象转换为曲线的快捷方式是按Ctrl+Q组合键。

10.1.2 创建段落文本

段落文本以“句”为单位，它应用了排版系统常见的框架概念。以段落文本方式输入的文字，都会包含在框架内，用户可以移动、缩放文本框，使它符合版面的需求。使用段落文本可以排出非常复杂的版面效果。

如果要创建段落文本也很简单，只需选择文本工具并使用鼠标在页面上拖出一个矩形文本框，这时文字光标将停留在文本框的左上角，使用键盘直接键入文字即可，如图10-5所示。

锄禾日当午，
汗滴禾下土。
谁知盘中餐，
粒粒皆辛苦。

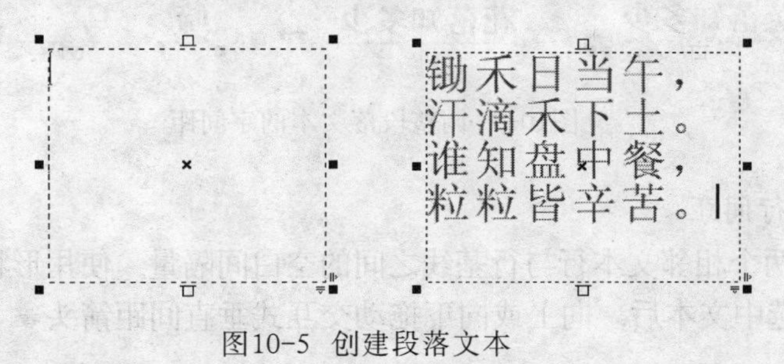

图10-5 创建段落文本

另外，通过选择“文本→段落文本框→文本框”菜单命令，可使段落文本在没有选中的情况下，显示或隐藏文本框，如图10-6所示。

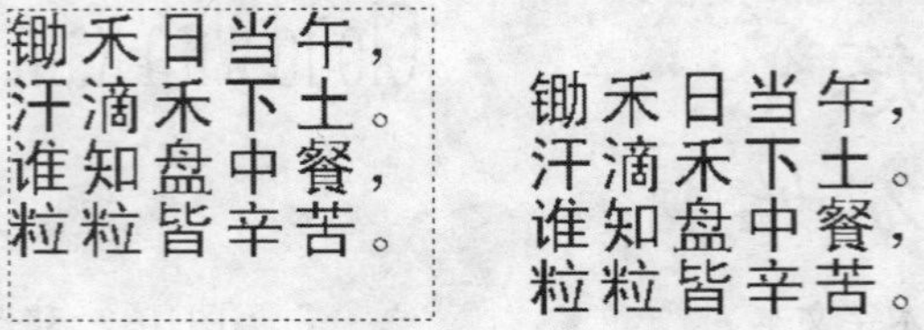

锄禾日当午，
汗滴禾下土。
谁知盘中餐，
粒粒皆辛苦。
锄禾日当午，
汗滴禾下土。
谁知盘中餐，
粒粒皆辛苦。

图10-6 显示或隐藏文本框

10.1.3 设置文本的字、行、段间距

创建文本后，用户可以根据需要使用形状工具或选择工具调整文本的字、行、段间距。其中，使用形状工具可以调整美术字文本或段落文本的字、行、段间距，使用选择工具只能调整段落文本的字、行间距。

1. 指定文本的字间距

字间距就是指字与字之间的间隔量。增加或减少字间距会影响文本的外观和可读性。使用形状工具指定文本字间距的方法：使用工具选择文本，此时所选文本下方将出现控制点和交互式水平、垂直间距箭头。调节交互式水平间距箭头，向右或向左拖动，即可增加或减少文本对象中所有文本的字间距，如图10-7所示。

如使用工具拖动所选字符下面的控制点（此时鼠标将变为状态），可以调节文本字符的位置，从而改变文本的整体形状，如图10-8所示。

美丽的神话与传说
美丽的神话与传说

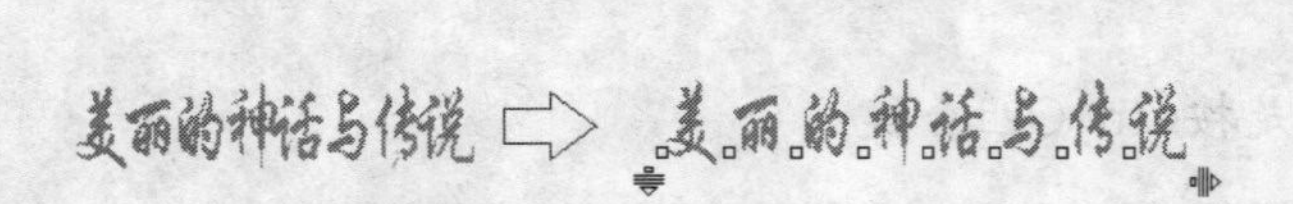

图10-7 调整文本的字间距

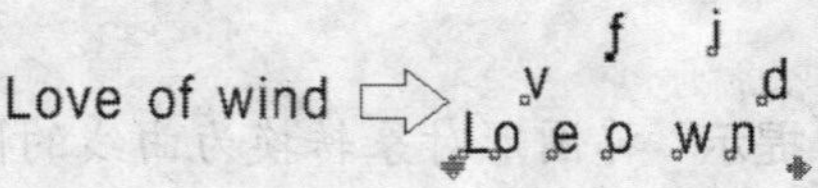

Love of wind

图10-8 调整文本字符的位置

使用选择工具调整字间距的方法：选中段落文本，然后向右或向左拖动交互式水平间距箭头，即可增加或减少文字间距，如图10-9所示。

春眠不觉晓
处处闻啼鸟
夜来风雨声
花落知多少
春眠不觉晓
处处闻啼鸟
夜来风雨声
花落知多少

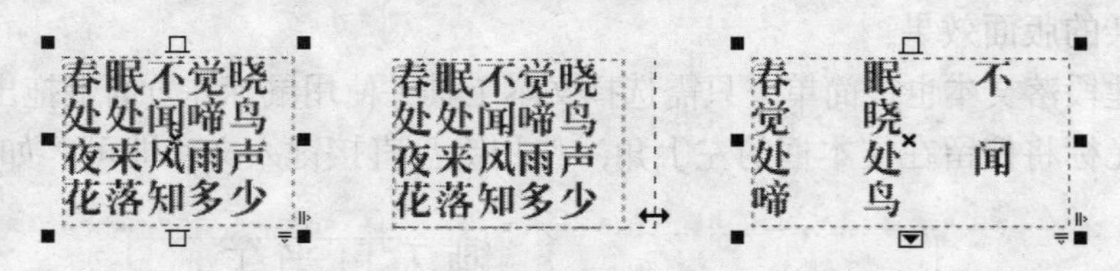

图10-9 调整段落文本的字间距

2. 指定文本的行间距

行间距就是指两个相邻文本行与行基线之间的空白间隔量。使用形状工具调整行间距的方法：使用形状工具选中文本后，向上或向下拖动交互式垂直间距箭头，减少或增加行间距，如图10-10所示。

使用选择工具调整行间距的方法：选中段落文本后，向下或向上拖动交互式垂直间距箭头 ≑，来减少或增加行间距。

3. 指定文本的段间距

所谓段间距就是指两个段落之间的间隔量。在段落文本框中每按一次Enter键就会创建一个段落。

使用形状工具选择文本，然后在按下Ctrl键的同时，向下或向上拖动交互式垂直间距箭头 ≑，即可调整段间距。

10.1.4 转换文本

美术字文本与段落文本虽各有特性，但它们可以互相转换。如果要转换文本，只需选中美术字文本或段落文本，然后选择“文本→转换到段落文本”菜单命令，即可将美术字文本与段落文本互相转换。图10-11显示了将美术字文本转换为段落文本的结果。

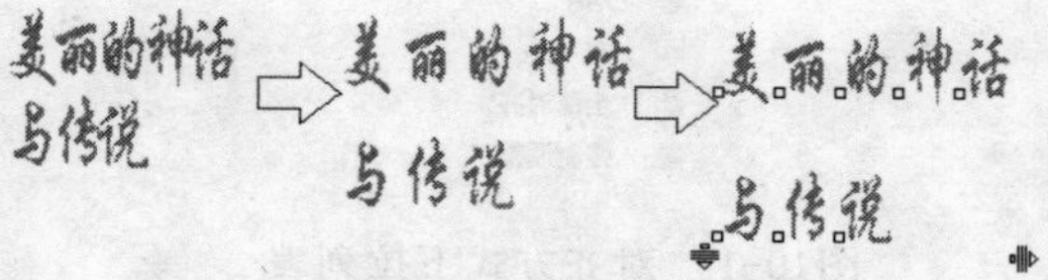

美丽的神话
与传说

图10-10 调整文本的行间距

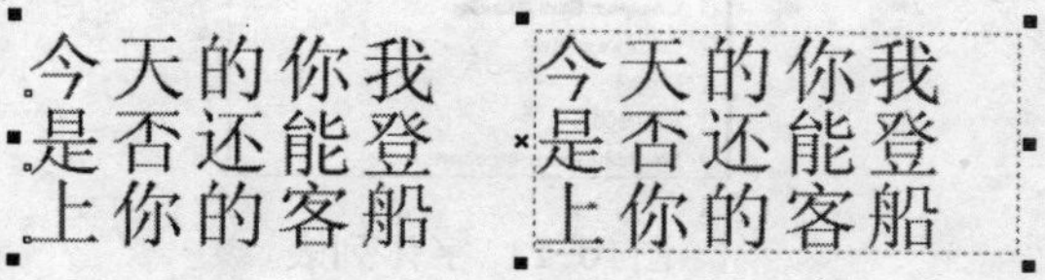

今天的你我
是否还能登
上你的客船

图10-11 将美术字文本转换为段落文本

提示 在有些情况下，不能将段落文本转换为美术字文本，例如段落文本的框架与其他框架链接、段落文本应用了封套效果等。

10.2 编辑文本

使用“文本”菜单下的字符格式化和编辑文本命令，可以对美术字文本和段落文本进行编辑。

10.2.1 格式化文本

在CorelDRAW中选择“文本→字符格式化”命令，将打开“字符格式化”泊坞窗，如图10-12所示。

（1）使用工具箱中的选择工具选择文本，然后选择“文本→字符格式化”菜单命令，打开“字符格式化”泊坞窗。

（2）单击“字体”下拉按钮，从打开的列表中可以设置中英文及数字的字体，如图10-13所示。

图10-12 字符格式化泊坞窗

（3）还可以在 24.0 pt 栏中设置字符的大小，这些也可以在文本工具的属性栏中进行设置。

（4）单击“下画线” U 按钮，可以为文本添加下画线，再次单击“下画线” U 按钮可以删除下画线，如图10-14所示。

（5）单击“对齐方式”按钮，打开对齐方式下拉列表，可以设置字符的对齐方式，如图10-15所示。

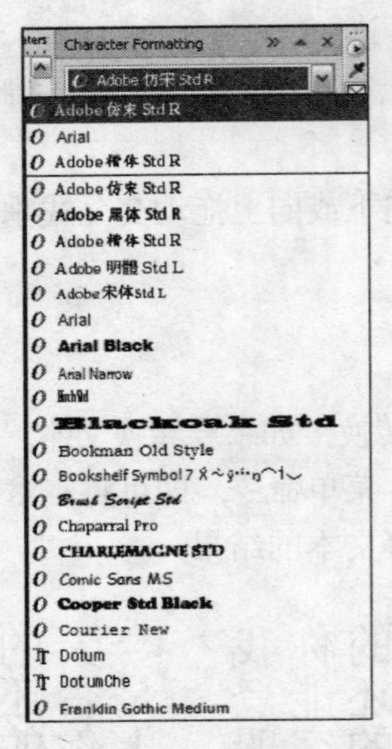

图10-13 字体列表

图10-14 添加的下画线效果

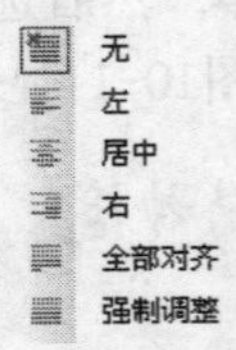

图10-15 对齐方式下拉列表

（6）在工具箱中选择文本工具后，可以看到文本属性栏，如图10-16所示。使用属性栏中的选项可以设置文字的很多属性，比如大小、字体和添加下画线等。

（7）在旋转栏中输入数字，可以将文字旋转一定的角度，比如输入30度后的效果如图10-17所示。

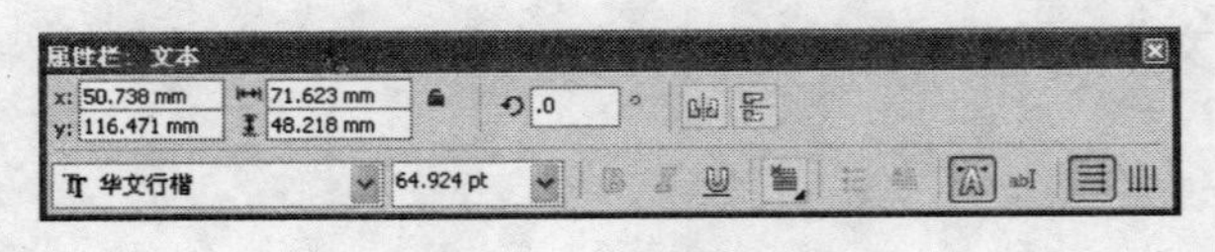

图10-16 文本属性栏

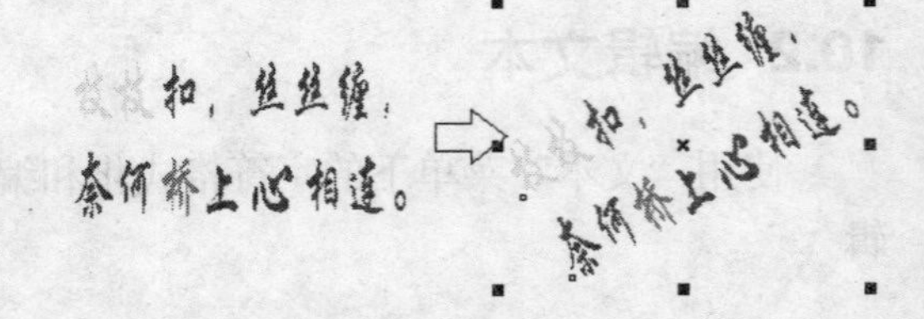

图10-17 旋转30度的效果

（8）选中文字后，单击“镜像”按钮可以对文字进行镜像，如图10-18所示。

（9）选中文字后，单击“垂直镜像”按钮可以对文字进行垂直镜像，如图10-19所示。

图10-18 水平镜像效果

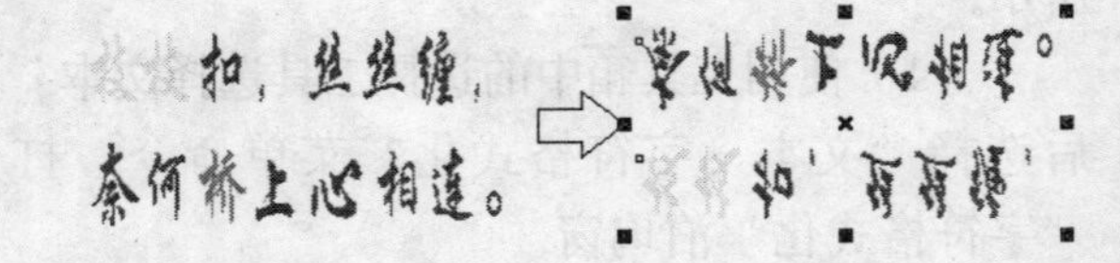

图10-19 垂直镜像效果

（10）在“字体”列表和“字体大小”列表中可以设置文字的字体和字体大小。

（11）在属性栏中单击“粗体”按钮，可以使文字变粗，如图10-20所示。

（12）在属性栏中单击“斜体”按钮，可以使文字变为斜体，如图10-21所示。

（13）在属性栏中单击“把字体改变为垂直方向”按钮，可以使文字改变方向，如图10-22所示。

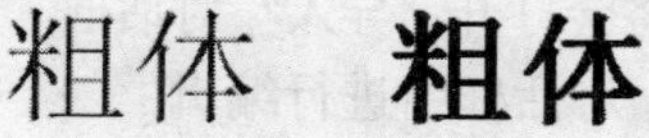

粗体　**粗体**

图10-20　文字变粗

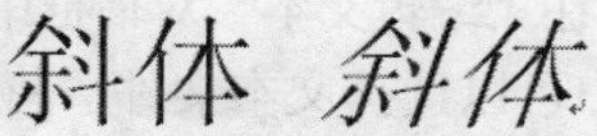

斜体　*斜体*

图10-21　文字变为斜体

（14）再次单击“把字体改变为水平方向”按钮，可以使文字方向改变为水平方向。

10.2.2　“编辑文本”对话框

选择“编辑→文本”命令，将打开“编辑文本”对话框，如图10-23所示。可以对所选的美术字文本或段落文本进行编辑，还可以输入新的文本、检查文本语法与拼写以及设置文本的其他属性，操作步骤如下。

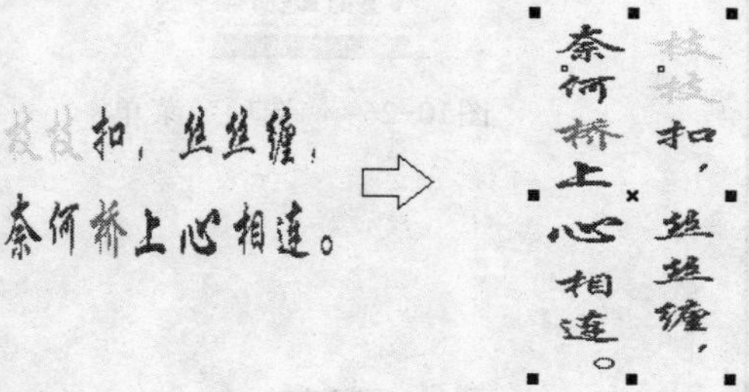

枝枝扣，丝丝缠，
奈何桥上心相连。

图10-22　文字方向变为垂直

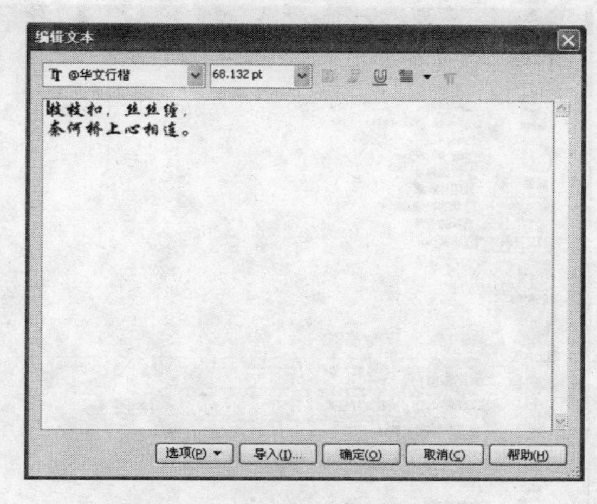

图10-23　“编辑文本”对话框

（1）使用选择工具选择段落文本或美术字文本。

（2）选择菜单栏中的“编辑→文本”菜单命令，或单击属性栏中的按钮，打开如图10-23所示的“编辑文本”对话框。使用该对话框，可以为整个文本设置合适的字体、大小、对齐方式等属性，也可以调整文本中个别字符的属性。

（3）在“字体”下拉列表框中可以选择文本所要使用的字体；在“字号”下拉列表框中可以设置所选文本的大小；单击“粗体”按钮、“斜体”按钮或“下画线”按钮，可以加粗、倾斜文本或为所选文本加上下画线。

（4）单击“对齐方式”按钮将打开一个下拉列表，可以选择文字的对齐方式，如图10-24所示。单击“无”按钮可不执行任何对齐效果；单击“左”按钮可将文本向左对齐；单击“右”按钮可将文本居中对齐；单击“右”按钮可将文本向右对齐；单击“全部对齐”按钮可将文本两端对齐；单击“强制调整”按钮可强制文本全部对齐。

以上的设置，也可以在选择文本后显示的属性栏中使用相同的方法来完成。

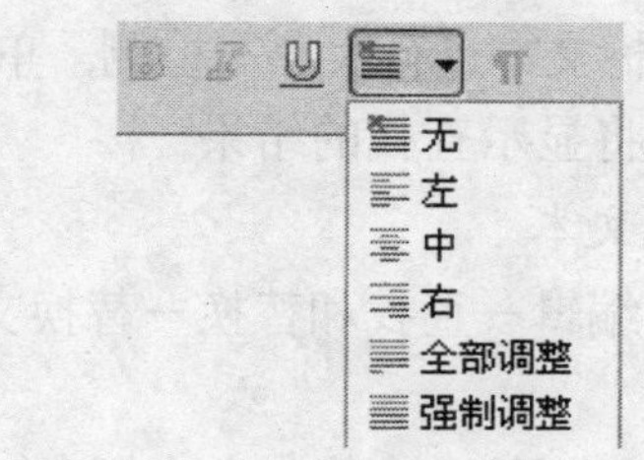

图10-24　“对齐方式”下拉列表

（5）在“编辑文本”对话框中单击“导入”按钮，将会打开“导入”对话框，如图10-25所示。用户可以选择文本文件，将其导入到“编辑文本”对话框中进行编辑。

（6）单击“选项”按钮，将打开一个菜单，可以对文字进行查找、替换、拼写检查等操作，如图10-26所示。

（7）编辑完毕后，单击“确定”按钮，即可将所做的设置应用于选中的文本。

10.2.3 查找和替换文本

选择“编辑→查找和替换”菜单命令，将打开如图10-27所示的子菜单，通过选择其中的“查找文本”和“替换文本”两项，就可以查找和替换需要的文本。

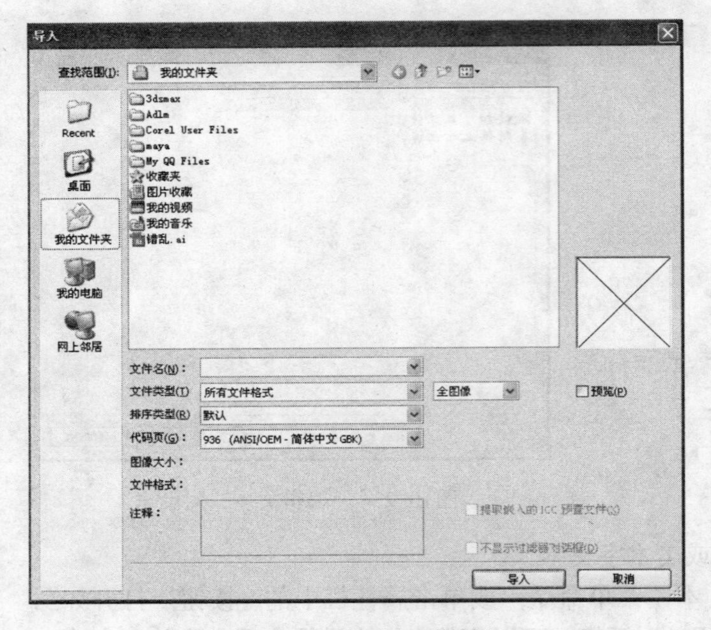

图10-25 “导入”对话框

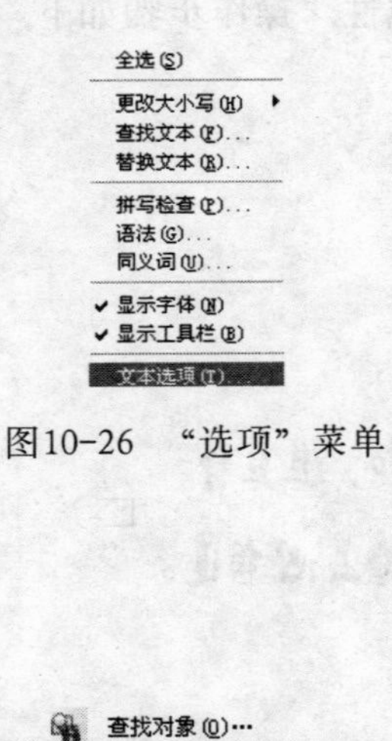

图10-26 “选项”菜单

查找对象(O)...
替换对象(R)...
查找文本(F)...
替换文本(A)...
最近的搜索

图10-27 “查找和替换”子菜单

提示 也可以使用“编辑文本”对话框中的“选项”菜单中的“查找文本”和“替换文本”命令进行查找和替换操作。

1. 查找文本

在菜单栏中选择“编辑→查找和替换→查找文本”菜单命令，将打开如图10-28所示的“查找下一个”对话框。

在该对话框的“查找”文本框中键入查找的文本，如选中“区分大小写”复选框，系统将对键入的目标文本进行大小写检测，单击“查找下一个”按钮，即可执行查找操作，单击“关闭”按钮，将显示查找的结果。

2. 替换文本

选择“编辑→查找和替换→替换文本”菜单命令，将打开如图10-29所示的“替换文本”对话框。

在该对话框的“查找”文本框中键入要查找的文本，在“替换为”文本框中键入替换的文本，单击“替换”或“全部替换”按钮，然后单击“关闭”按钮，即可显示替换的结果。

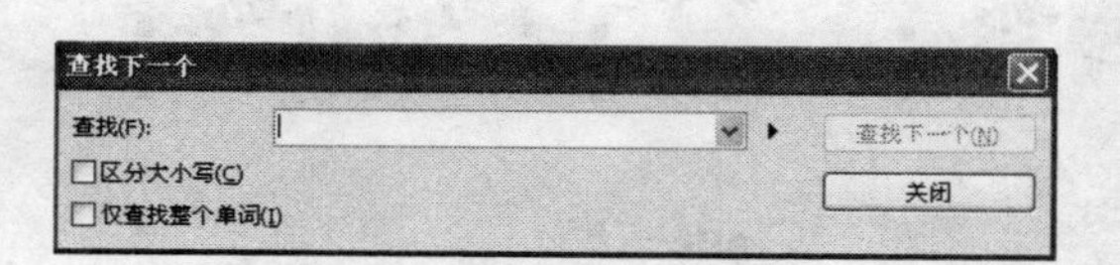

图10-28 “查找下一个”对话框

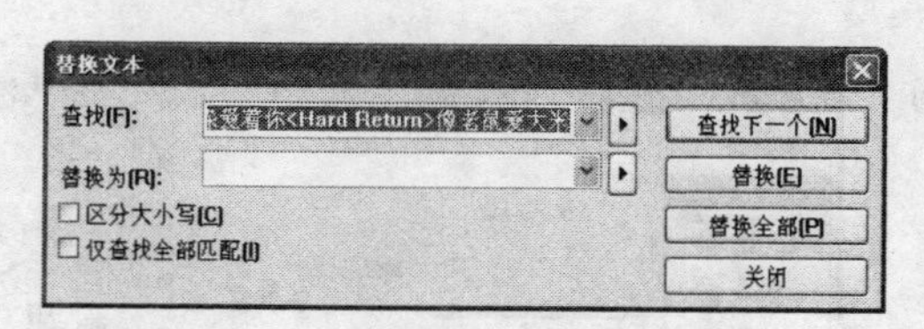

图10-29 “替换文本”对话框

10.3 文本的特殊编辑

在CorelDRAW中，还可以对文本进行特殊的编辑，比如将文本沿路径排列、将文本填入框架、使段落文本围绕图形等。

10.3.1 使文本适合路径

使用“文本”菜单中的“使文本适合路径”命令，可以将文字填入一个指定的对象，如曲线、线条、矩形、椭圆形等，还可以使用属性栏来调整填入后的文本的形状和方向，操作步骤如下。

（1）使用工具箱中的文本工具创建一行美术字文本，并使用工具箱中的手绘工具随意绘制一条曲线。

（2）使用工具箱中的选择工具，同时选中键入的文字和绘制的曲线路径，如图10-30所示。

（3）选择“文本→使文本适合路径”菜单命令，将选中的美术字文本填入选中的路径，如图10-31所示。

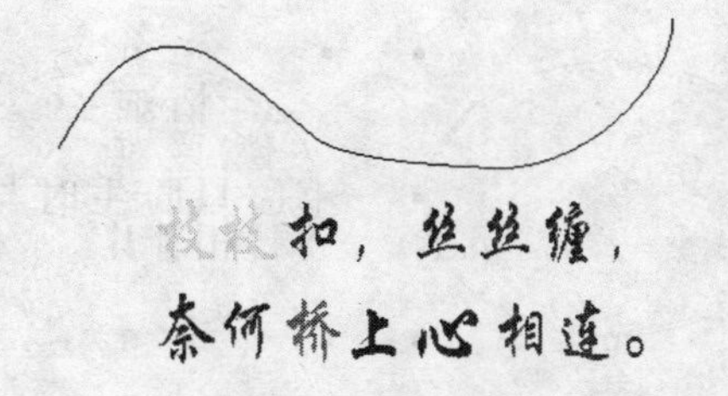

图10-30 选中文本和曲线路径

图10-31 将文字填入路径

提示 还可以使用选择工具把文字移动到曲线的下方，效果如图10-32所示。

（4）将文本填入路径后，将显示如图10-33所示的属性栏。

图10-32 将文字移动到路径下方的效果

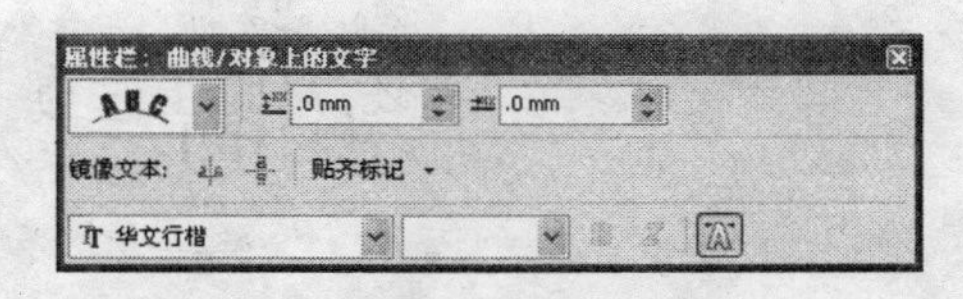

图10-33 属性栏

（5）在该属性栏的“文本方向”下拉列表框中，可以选择文本对象在路径上的方向，如图10-34所示。

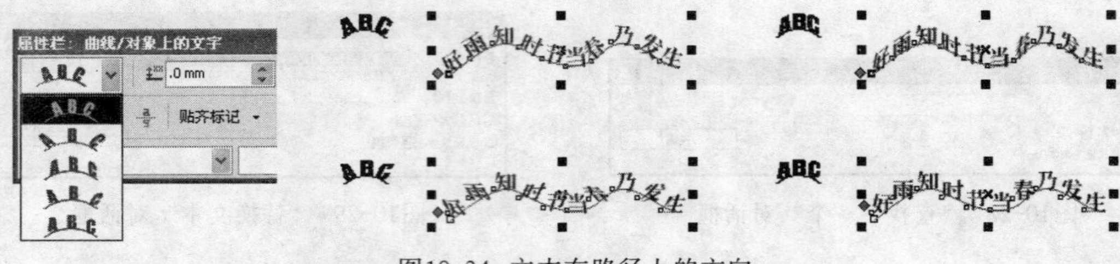

图10-34 文本在路径上的方向

（6）通过调节“与路径的距离”参数框和“水平偏移”参数框，可以设置文本与路径垂直或水平方向的距离。

（7）单击“镜像文本”中的“水平镜像”按钮可以使文本进行水平镜像，单击“垂直镜像”按钮可以使文本进行垂直镜像。

10.3.2 将文本填入框架

在封闭曲线图形或矩形、椭圆形、多边形对象中，可以放入段落文本，并可以选择使用“使文本适合框架”命令，使整个文本适合于框架显示，操作步骤如下。

（1）选择工具箱中的椭圆工具，在页面上绘制一个椭圆，并使用选择工具选中该椭圆，如图10-35所示。提示，读者也可以绘制其他的图形进行练习。

（2）选择文本工具，将光标移至椭圆上，当光标成形状时单击鼠标，这时该椭圆外框内缘会自动产生一个虚线文本框架，并在其上端出现一个文字游标，如图10-36（左）所示。

（3）在该文本框内直接键入文字，或使用“再制”和“粘贴”方式将事先创建好的段落文本输入其中，如图10-36（右）所示。

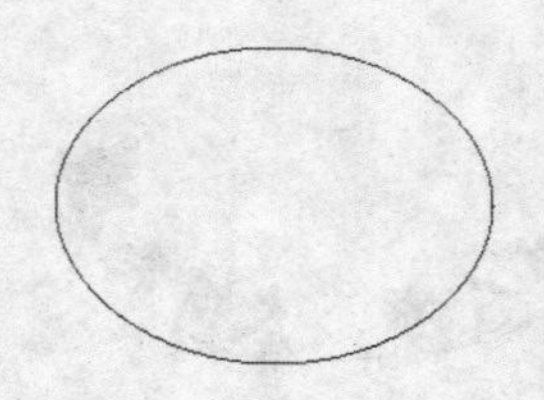

图10-35 绘制的椭圆

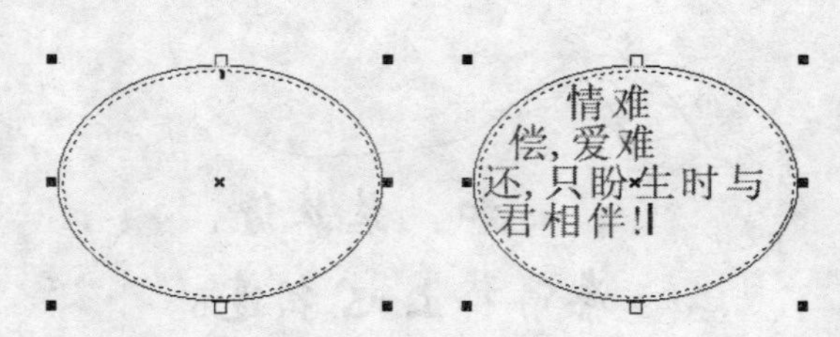

图10-36 在框架中键入文字

（4）如果键入的文字太多，有部分文字无法出现在文本框架内，可以选择“文本→段落文本框→按文本框架显示文本”菜单命令，系统就会根据文本框架的大小而自动调整字体大小，以使整个段落文本呈现在文本框架中，如图10-37所示。

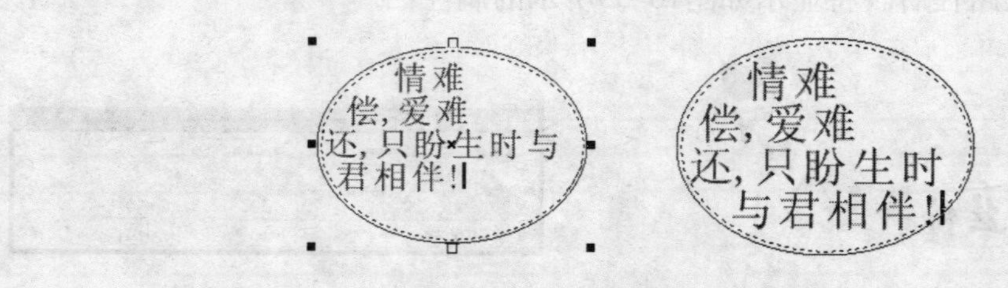

图10-37 使文本适合框架显示

当对图形对象进行任何变动时，其中的段落文本也会做相同的变动。例如移动图形，则文本框架也随之移动。如不希望文本随对象移动，则必须将对象与文本框架分离。如果需要分离对象与文本框架，应先使用选择工具选中对象与文本框架，然后选择“排列→拆分”菜单命令，即可将对象与文本框架分离。

10.3.3 使段落文本环绕图形

文本环绕图形的效果经常见于报刊和杂志，它可以使文本围绕图形的外框排列，操作步骤如下。

（1）使用文本工具创建段落文本，如图10-38所示。

提示 也可以通过绘制一个文本框，从Word或者其他程序中复制文本到文本框中，从而节省输入文本的时间。

（2）使用基本形状工具绘制一个心形，如图10-39所示。

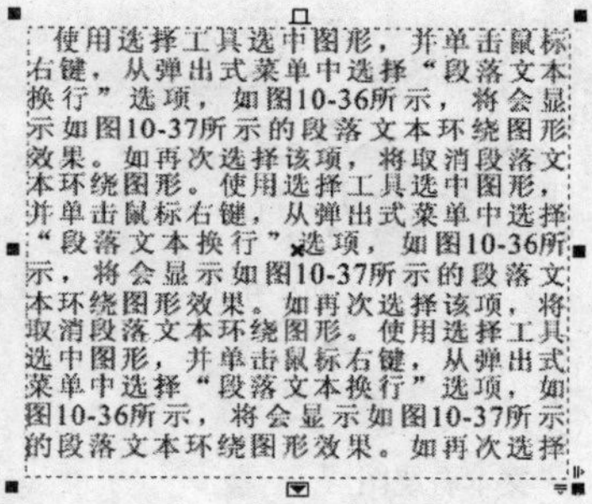

使用选择工具选中图形，并单击鼠标右键，从弹出式菜单中选择“段落文本换行”选项，如图10-36所示，将会显示如图10-37所示的段落文本环绕图形效果。如再次选择该项，将取消段落文本环绕图形。使用选择工具选中图形，并单击鼠标右键，从弹出式菜单中选择“段落文本换行”选项，如图10-36所示，将会显示如图10-37所示的段落文本环绕图形效果。如再次选择该项，将取消段落文本环绕图形。使用选择工具选中图形，并单击鼠标右键，从弹出式菜单中选择“段落文本换行”选项，如图10-36所示，将会显示如图10-37所示的段落文本环绕图形效果。如再次选择

图10-38 创建的段落文本

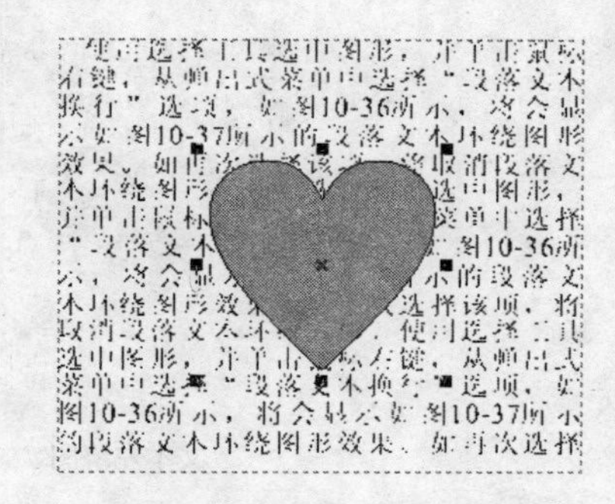

图10-39 段落文本与绘制的图形

（3）使用选择工具选中图形，并单击鼠标右键，从弹出的菜单中选择“段落文本换行”选项，如图10-40所示，将会显示如图10-41所示的段落文本环绕图形效果。如再次选择该选项，将取消段落文本环绕图形。

（4）在选择图形对象的状态下，单击属性栏中的按钮右下角的小黑三角，将显示如图10-42所示的弹出式面板。通过选择其中的适当选项，可以设置段落文本环绕图形的不同样式。

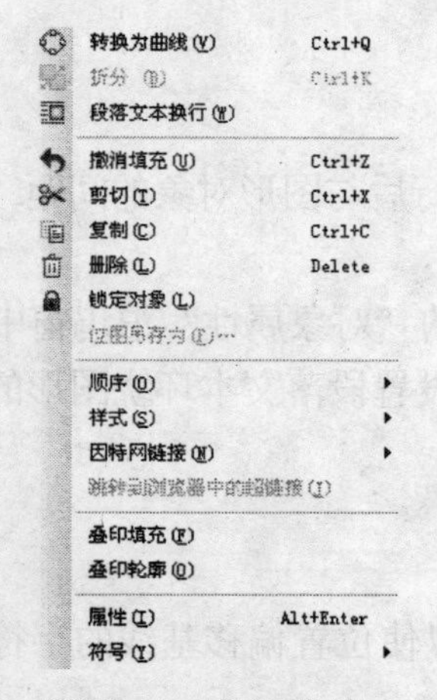

图10-40 右键菜单

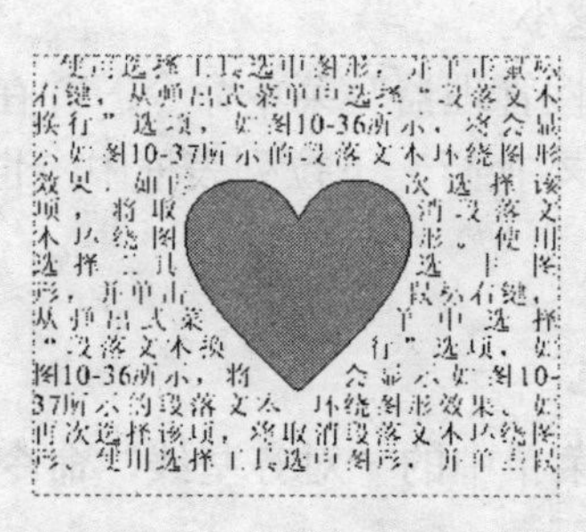

图10-41 使段落文本环绕图形

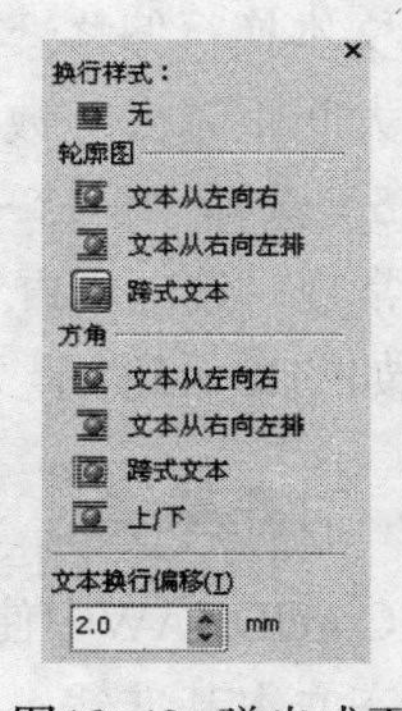

图10-42 弹出式面板

下面介绍一下该面板中各选项的意义：

· 单击“无”按钮▣，可以将段落文本换行取消。

· 在“轮廓图”选项区中，可以设置段落文本环绕图形轮廓的位置，如图10-43所示。

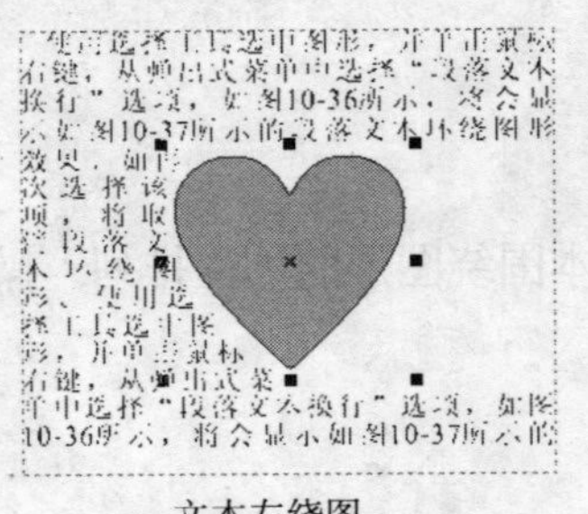

文本左绕图

文本右绕图

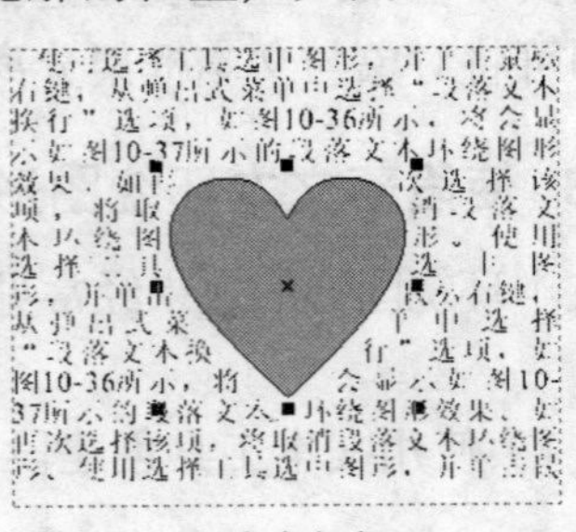

跨式文本

图10-43 围绕图形轮廓的三种位置

· 在“方角”选项区中，无论选择的图形对象的轮廓如何，段落文本均以方形的形式围绕图形，如图10-44所示。

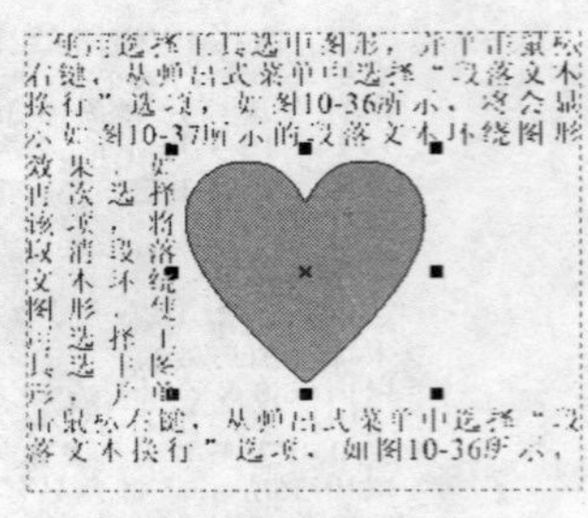

文本左绕图

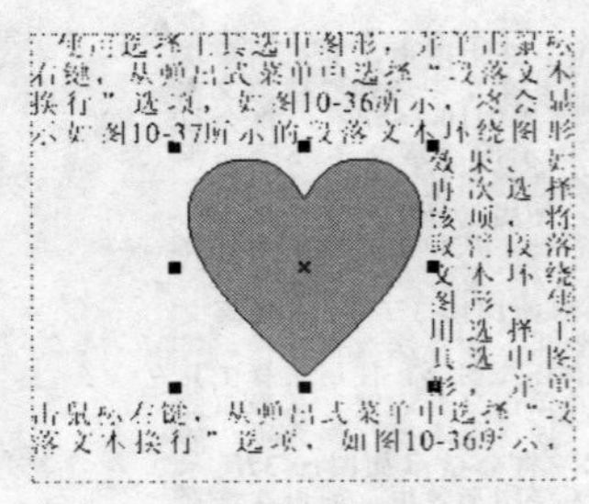

文本右绕图

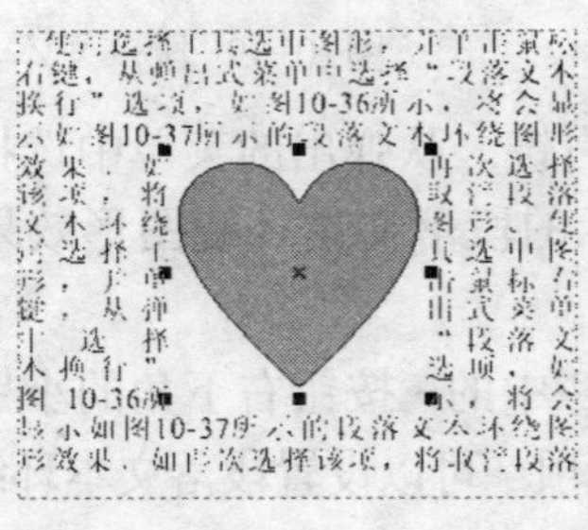

跨式文本

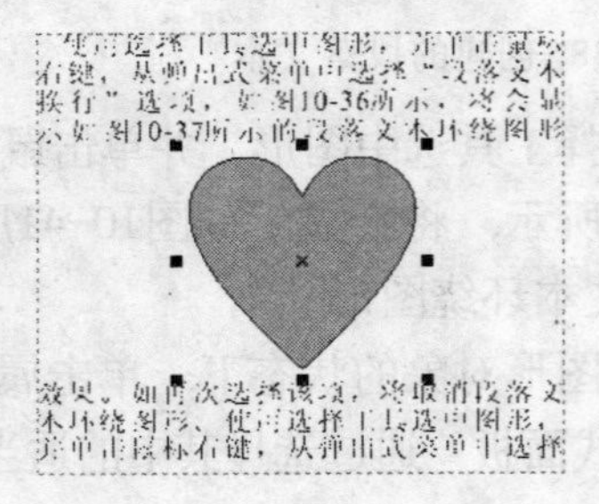

上/下

图10-44 围绕图形的位置

· 文本换行偏移：在“文本换行偏移”参数框中可以设置文本换行后与图形对象的间距，数值越大间距越大，数值越小间距越小。

（5）选择“窗口→泊坞窗→属性管理器”菜单命令，并在打开的“对象属性”泊坞窗中单击“常规”选项卡▢，在“段落文本换行”下拉列表框中，也可以设置段落文本环绕图形的样式，如图10-45所示。

10.3.4 对齐基线

在CorelDRAW中使用“文本”菜单中的“对齐基线”命令，可以使位置偏移基线的字符垂直对齐文本基准线，如图10-46所示。

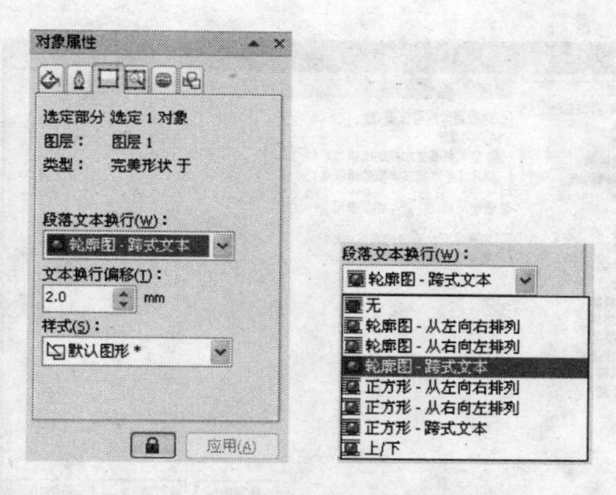

图10-45 “对象属性/常规”泊坞窗

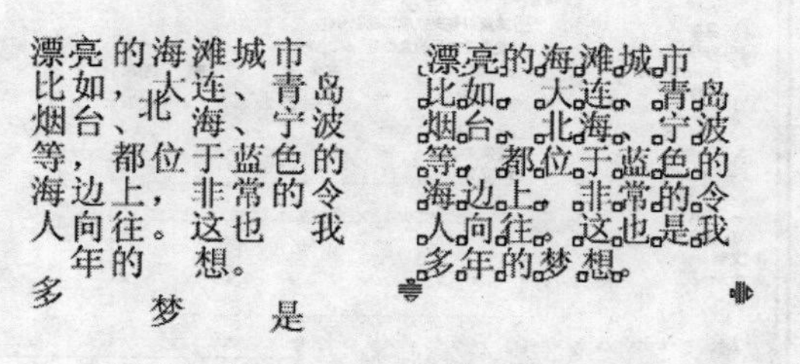

图10-46 对齐基线效果

如要对填入路径的文本应用该命令，必须先使用选择工具进行选择，然后选择“排列→拆分”菜单命令，将文本与路径分离后，才能使用“对齐基线”命令。

10.3.5 矫正文本

“矫正文本”命令的功能与“对齐基准”的功能相似，可以将文本排得更整齐，可用于中文和外文。

使用选择工具选择不规则文本后，选择“文本→矫正文本”菜单命令，可以将文本对齐，如图10-47所示。

提示 如要对填入路径的文本应用该命令，也必须先将文本与路径分离。

10.3.6 书写工具

选择“文本→书写工具”菜单命令，将打开一个子菜单，使用其中的命令，可以对英文进行拼写和语法检查等操作，从而改正错误，如图10-48所示。

图10-47 矫正文本效果

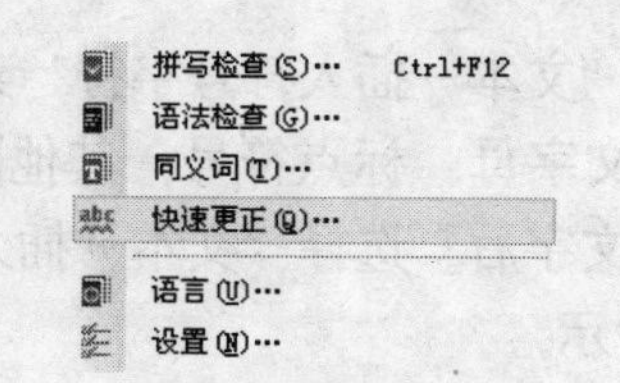

图10-48 “书写工具”子菜单

下面介绍一下该子菜单中各命令的功能：

· 选择“拼写检查”命令，可以对所选的整个文档进行自动检查。

· 选择“语法检查”命令，可以检查文本中是否有拼错的字、语法错误及标点符号错误。

· 选择“同义词”命令，可以查找所选单词的同义词，替换该单词。

· 选择“快速更正”命令，可以打开如图10-49所示的“选项”对话框。使用该对话框可以控制句首文字的大写，并可以对文字进行替换。

· 选择“语言”命令，可以选择需要使用的语言。

· 选择“设置”命令，可以打开如图10-50所示的“选项”对话框，对显示错误的范围、系统提供的拼写建议数量等进行设定。

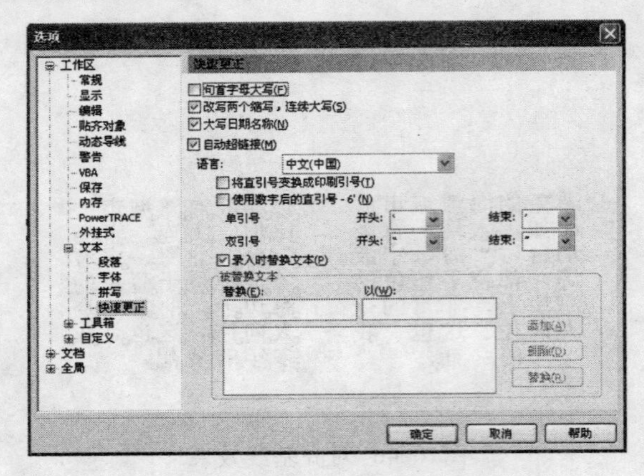

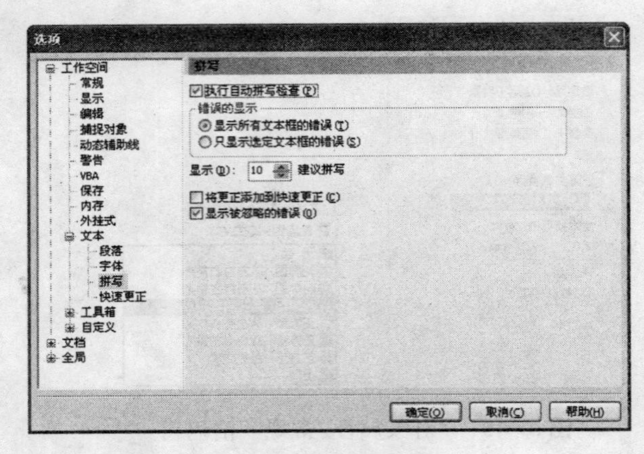

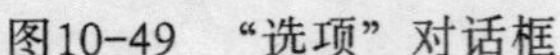

图10-49 “选项”对话框　　　　图10-50 “选项”对话框

10.3.7 更改大小写

选择“文本→更改大小写”菜单命令，将打开如图10-51所示的“更改大小写”对话框。使用该对话框可以对英文字母的大小写进行转换。

下面介绍一下该对话框中各选项的功能：

· 选择“句首字母大写”选项，可以使所选文本中每一个句子的第一个单词的第一个字母大写。

· 选择“小写”选项，可以使所中的文本全部小写。

· 选择“大写”选项，可以使选中的文本全部大写。

· 选择“首字母大写”选项，可以将每个单词的第一个字母大写。

· 选择“大小写转换”选项，可以对选中的文本进行大小写转换，也就是说，在选择该项后，原文中的大写将变为小写字母，小写字母则变为大写字母。

10.3.8 插入符号字符

选择“文本→插入符号字符”菜单命令，可以在文本中插入自己需要的字符，比如括号、数字、英文字母、标点符号、其他国家的语言文字等。

输入文字后，选择“文本→插入符号字符”菜单命令，将会打开“插入字符”泊坞窗，如图10-52所示。

选择需要的字符，比如“$”和“&”字符等，然后单击“插入”按钮即可，如图10-53所示。插入符号后，也可以将其删除。

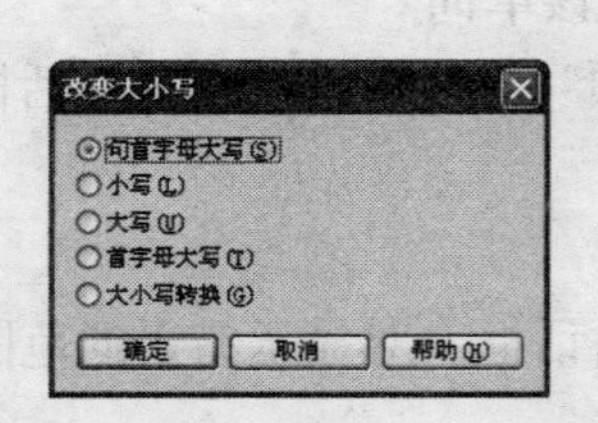

图10-51 “更改大小写”对话框

图10-52 “插入字符”泊坞窗

节约用水，节约&用水，
人人有责。人人$有责。

图10-53 插入字符效果

10.3.9 文字统计信息

选择“文本→文字统计信息”菜单命令，可以打开“统计”对话框，显示所选文本或整个文档中文本的统计资料，如图10-54所示。

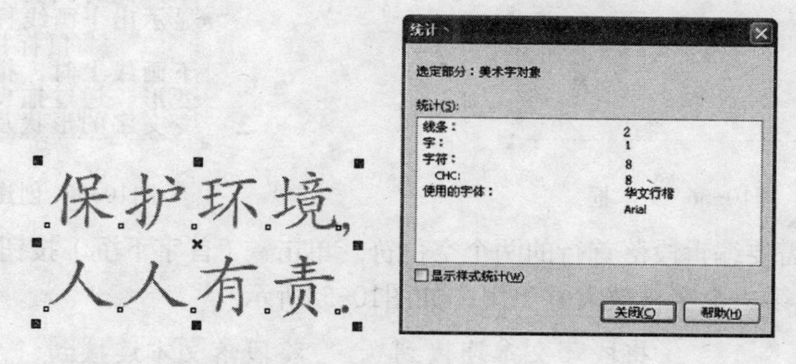

图10-54 “统计”对话框

在“统计”对话框中显示了文档中所选文本的行、字、字符的数目及使用的字体等信息。选中“显示样式统计”复选框，可以在“统计”对话框中将已用过的样式的名称和数目显示出来。单击“关闭”按钮，即可关闭该对话框。

10.3.10 显示非打印字符

选择“文本→显示非打印字符”菜单命令，可在屏幕上显示出一些像回车、空格等不会打印出来的字符。使用该命令之前，应先使用选择工具选中美术字文本或段落文本。

10.4 实例：首字下沉

在CorelDRAW中，可以实现文本段落的首字下沉效果，下面介绍一下具体的操作。

（1）新建一个文档，并调整工作区的大小，如图10-55所示。

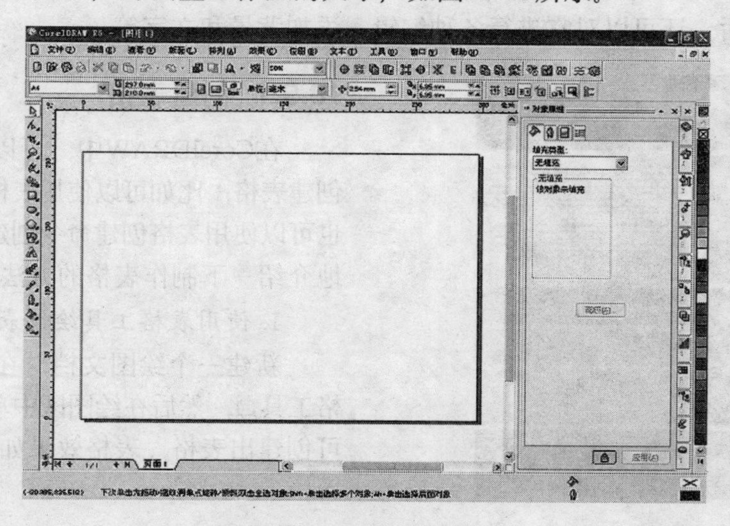

图10-55 新建文档

（2）使用工具箱中的文本工具拖曳出一个文本框，如图10-56所示。

（3）在文本框中输入段落文本，如图10-57所示。

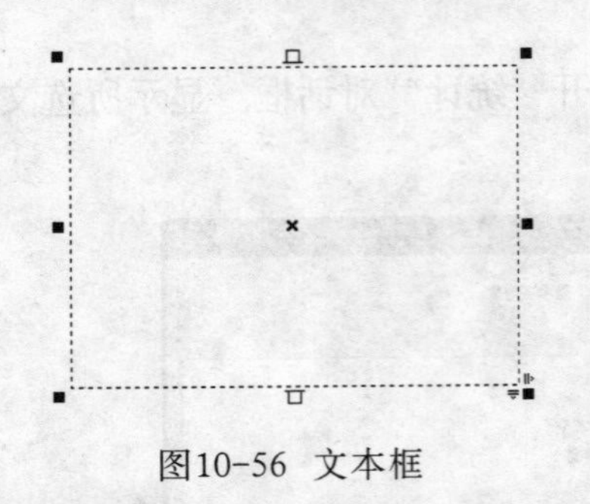

图10-56 文本框

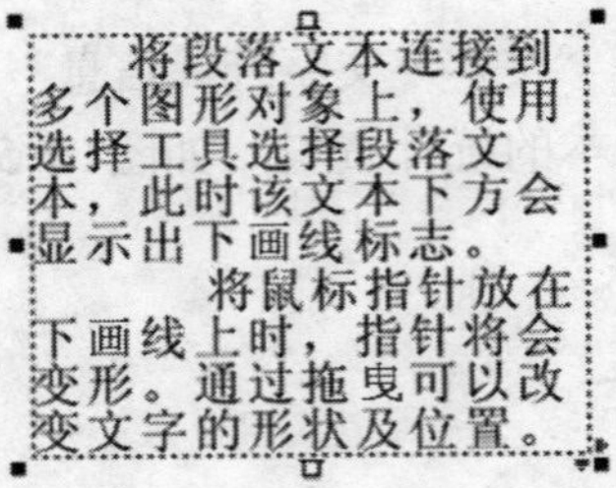

将段落文本连接到多个图形对象上，使用选择工具选择段落文本，此时该文本下方会显示出下画线标志。
将鼠标指针放在下画线上时，指针将会变形。通过拖曳可以改变文字的形状及位置。

图10-57 创建文字

（4）删除需要编辑段落首行的两个空位符，单击（首字下沉）按钮，可以使选定的段落文本的首行的第一个字符放大并下沉，如图10-58所示。

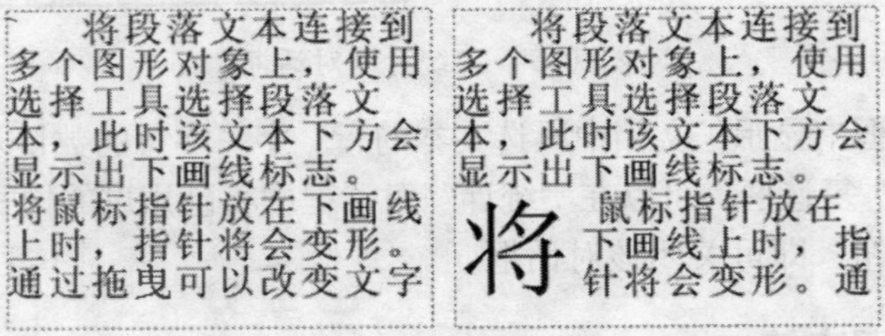

将段落文本连接到多个图形对象上，使用选择工具选择段落文本，此时该文本下方会显示出下画线标志。将鼠标指针放在下画线上时，指针将会变形。通过拖曳可以改变文字

将段落文本连接到多个图形对象上，使用选择工具选择段落文本，此时该文本下方会显示出下画线标志。将鼠标指针放在下画线上时，指针将会变形。通

图10-58 首字下沉效果

提示 也可以把在其他文档和网页中复制的文本粘贴到CorelDraw页面中。

10.5 使用表格

在CorelDRAW中还可以使用表格工具创建表格，和Office Word中的表格工具类似。不过，在CorelDRAW绘制的表格主要用于设计一些绘图版面，使用起来非常方便，如图10-59所示。创建出表格后，还可以对它进行各种编辑、添加背景和文字等。

图10-59 借助于表格工具设计的版面

10.5.1 创建表格

在CorelDRAW中，可以使用多种方式来创建表格，比如可以使用表格工具绘制表格，也可以使用表格创建命令创建表格。下面简单地介绍一下制作表格的方法。

1. 使用表格工具绘制表格

新建一个绘图文档，在工具箱中激活表格工具，然后在绘图区中单击并拖动鼠标即可创建出表格，表格效果如图10-60所示。

2. 使用表格创建命令创建表格

在菜单栏中选择“表格→新建表格”命令，打开“新建表格”对话框，如图10-61所示。在该对话框中可以设置表格的行数和列数，以及高度和宽度。然后单击“确定”按钮即可创建需要的表格。

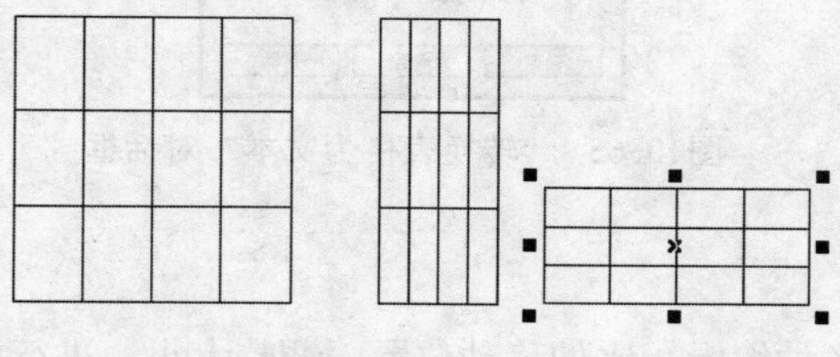

图10-60 使用表格工具绘制的表格

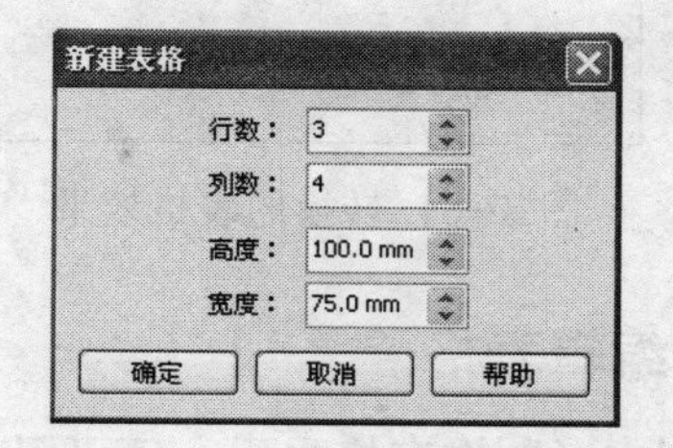

图10-61 “新建表格”对话框

3. 使用转换命令制作表格

如果已经在绘图区输入了一段文字，那么可以直接将这段文字转换成表格，下面介绍一下转换的操作过程。

（1）使用文本工具输入一段文字，如图10-62所示。注意，在每行文本的后面都有一个逗号或句号。

（2）使用选择工具选择输入的文本，然后在菜单栏中选择“表格→转换文本为表格”命令，打开“转换文本为表格”对话框，如图10-63所示。

花自飘零水自流。
一种相思，两处闲愁。
此情无计可消除，
才下眉头，却上心头。

图10-62 输入的文字效果

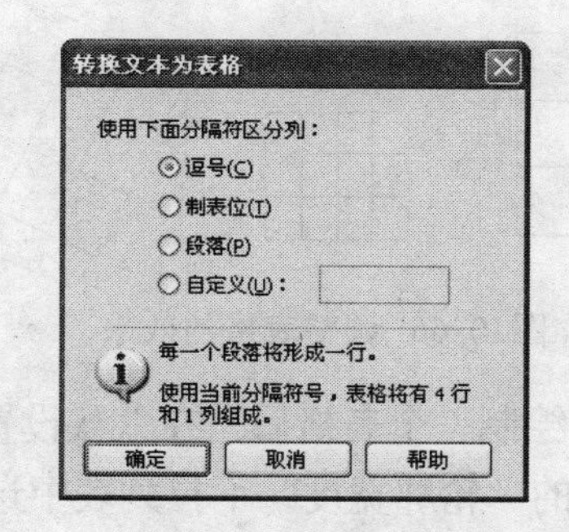

图10-63 “转换文本为表格”对话框

提示 在“转换文本为表格”对话框中，选择不同的分隔符，则可以创建出不同的表格效果。

（3）在“转换文本为表格”对话框中单击“确定”按钮，即可将文本转换成一个表格，效果如图10-64所示。

注意 在把文本转换为表格后，还可以将表格转换为文本。选择表格，在菜单栏中选择“表格→转换表格为文本”命令，打开“转换表格为文本”对话框，如图10-65所示。然后单击“确定”按钮即可。

图10-64 转换的表格效果

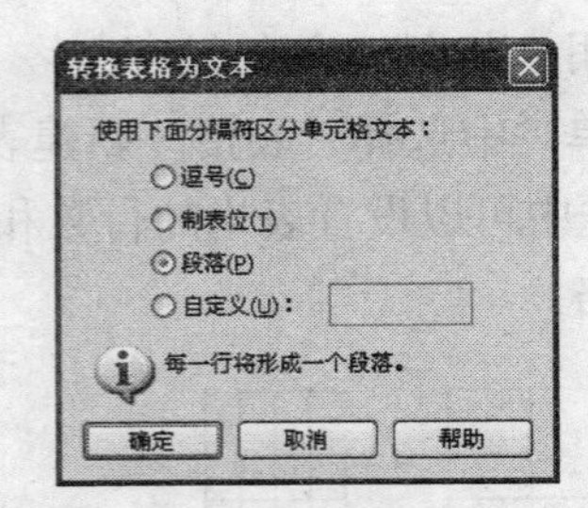

图10-65 “转换表格为文本”对话框

10.5.2 编辑表格

绘制或者制作表格之后，还可以对表格进行各种编辑，比如移动位置、调整大小、进行旋转、填充颜色等。下面就介绍一下编辑表格的操作。

1. 调整位置、大小和角度

可以和其他图形一样对表格进行位置、大小和角度的编辑操作。绘制表格之后，使用选择工具可以把表格移动到绘图区的任意位置。通过调整表格四周的控制框可以调整表格的大小。连续单击表格后，会显示出旋转柄，通过调整旋转柄可以旋转表格。效果如图10-66所示。

在绘制表格后，还可以在属性栏中对表格进行编辑，比如改变表格外边框的粗细、颜色、表格的行数和列数等。表格工具属性栏如图10-67所示。

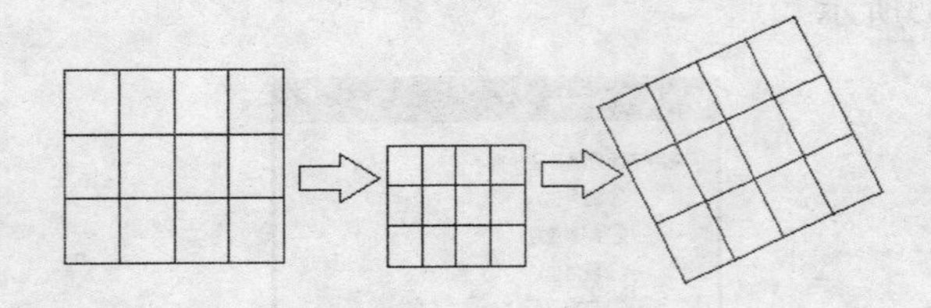

图10-66 调整表格的效果

图10-67 表格工具属性栏

比如绘制一个表格后，在默认设置下，外边框轮廓线和单元格的边线粗细是相同的。通过在属性栏的“轮廓宽度”下拉列表中选择粗一些的轮廓线，可以使轮廓线变得粗一些，效果如图10-68所示。

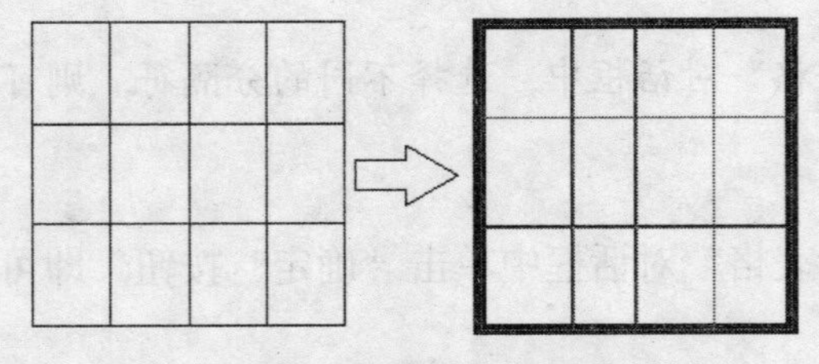

图10-68 改变轮廓线粗细后的效果

2. 选择表格元素

绘制表格后，还可以在表格中选择行、列和单元格等。这些表格元素的选择非常简单，不过不能使用选择工具进行选择，需要使用形状工具进行选择。

在工具箱中选择形状工具，在表格中单击单元格则选择一个单元格；把鼠标指针移动到表格的一侧，当光标变成箭头形状时单击则可以选择表格的一列或者一行。选择效果如图

10-69所示。

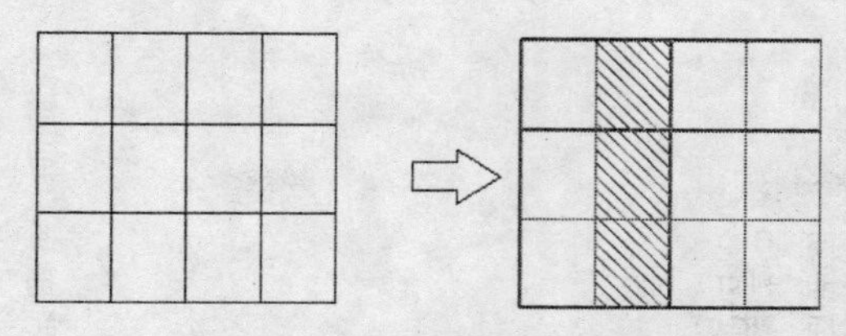

图10-69 选择一列的效果

如果要选择不是同一行或者同一列的多个单元格，那么在工具箱中选择形状工具后，按住键盘上的Ctrl键选择需要的单元格即可。选择效果如图10-70所示。

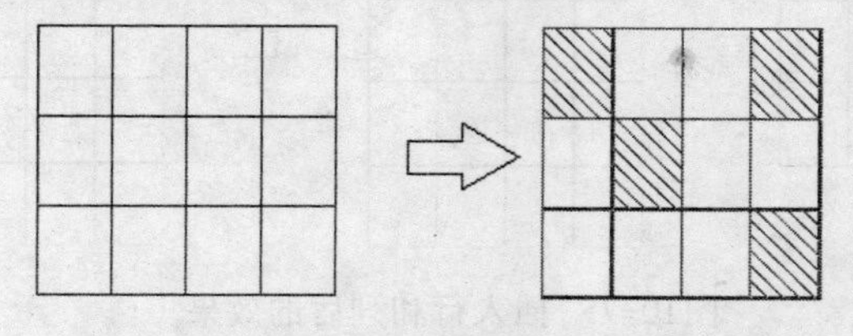

图10-70 选择多个单元格的效果

提示 选择一个单元格后，如果想在该单元格中输入文本，那么激活文本工具字，在选择的单元格中单击，然后输入文本即可。输入文本的效果如图10-71所示。注意也可以输入数字或者中文。输入文本后，可以通过按Ctrl+A组合键来选择单元格中的所有文本。

通过选择并编辑网格线还可以编辑网格的形状。在工具箱中选择形状工具后，把鼠标指针移动到表格的网格线上，当鼠标指针变成双箭头形状时，即可移动网格线，从而改变表格的单元格大小，效果如图10-72所示。

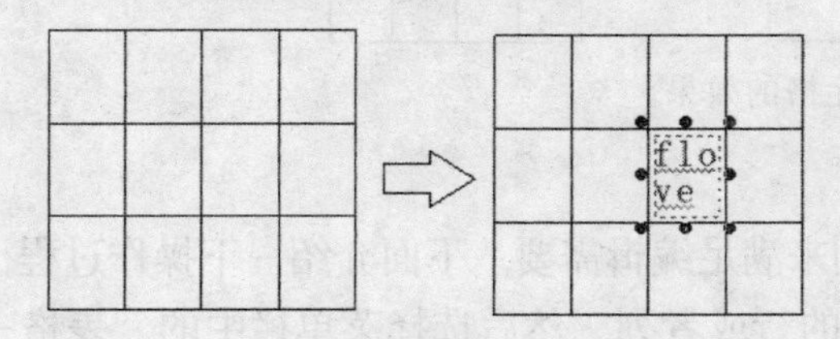

图10-71 输入的文本效果

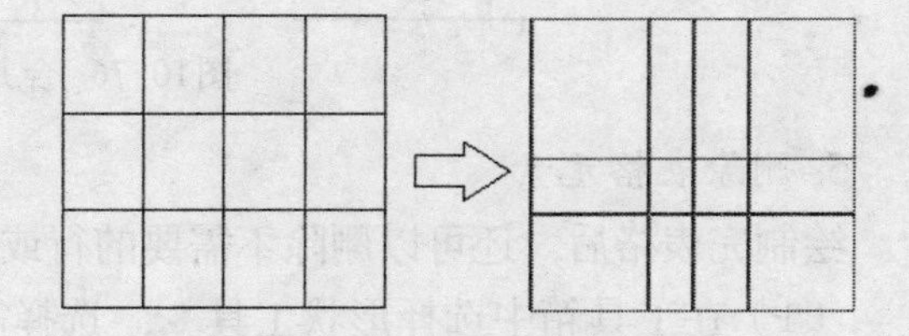

图10-72 移动表格线的效果

也可以使用菜单命令来选择表格元素，如图10-73所示。不过，需要在工具箱中选择形状工具后才能使用这些菜单命令。

3. 插入单元格

绘制完表格后，还可以插入新的行或者列来满足编辑需要，下面介绍一下操作过程。

（1）在工具箱择选择形状工具并选择一个单元格。然后选择菜单栏中的“表格→插入”命令，将打开一个子菜单，如图10-74所示。

（2）如果在该子菜单中选择“上方行”命令，那么将在选择的单元格上方插入一行单元格。如果选择“下方行”命令，那么将在选择的单元格下方插入一行单元格。如果选择“右侧列”命令，那么将在选择的单元格右侧插入一行单元格，依此类推。下面是插入行和列后的效果，如图10-75所示。

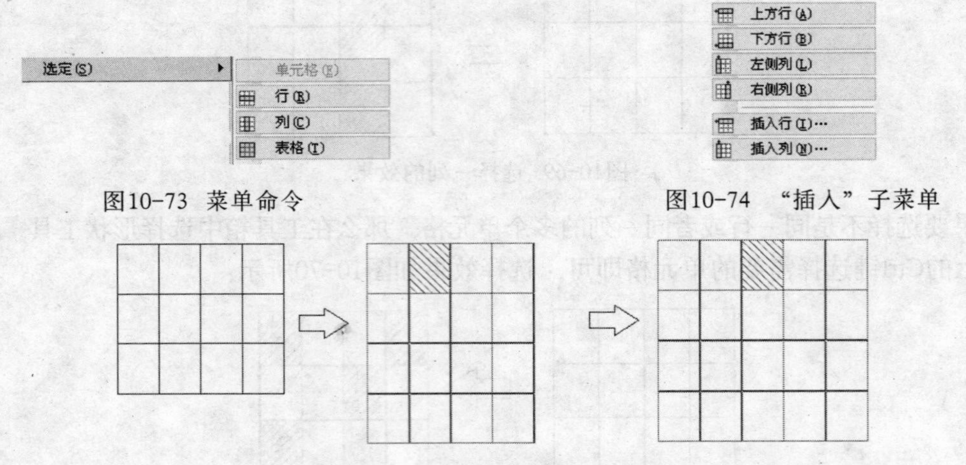

图10-73 菜单命令

图10-74 “插入”子菜单

图10-75 插入行和列后的效果

4. 合并单元格

在绘制完表格后，还可以合并单元格，比如把2个或者3个单元格合并为一个单元格。也可以把成行或者成列的单元格合并为一个单元格。

合并单元格时，选择多个单元格后，选择菜单栏中的“表格→合并单元格”命令即可将其合并为一个单元格。效果如图10-76所示。

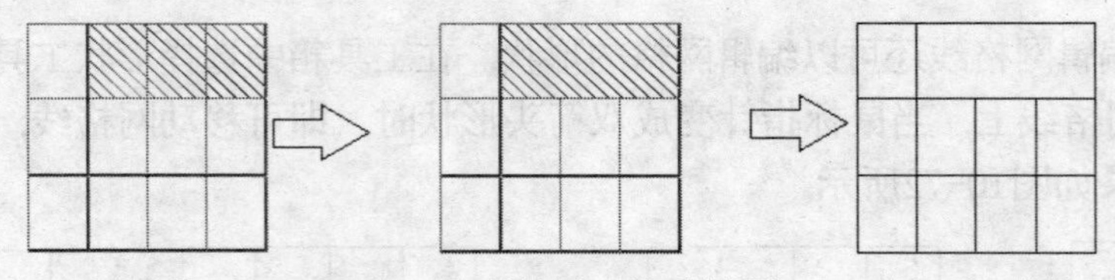

图10-76 合并单元格的效果

5. 删除表格元素

绘制完表格后，还可以删除不需要的行或者列来满足编辑需要，下面介绍一下操作过程。

（1）在工具箱中选择形状工具，选择需要的行或者列，然后选择菜单栏中的“表格→删除”命令，将打开一个子菜单，如图10-77所示。

（2）如果选择表格中的一行，那么执行“表格→删除→行”命令的效果，如图10-78所示。

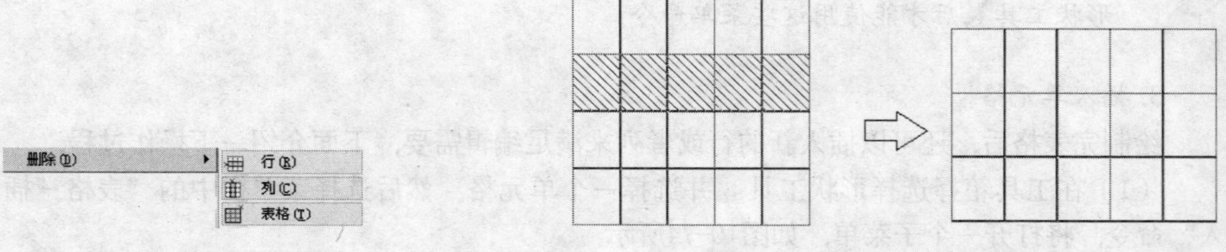

图10-77 “删除”子菜单

图10-78 删除一行后的表格效果

6. 在表格中插入符号

绘制完表格后，还可以在指定的单元格中插入各种符号，下面介绍一下操作过程。

（1）在工具箱中选择形状工具，选择需要插入符号的单元格，然后选择菜单栏中的“文本→插入符号字符”命令，将打开“插入字符”泊坞窗，如图10-79所示。

（2）选择需要的符号，然后单击“插入”按钮即可。插入一个美元符号“$”的效果，如图10-80所示。

图10-79 “插入字符”泊坞窗

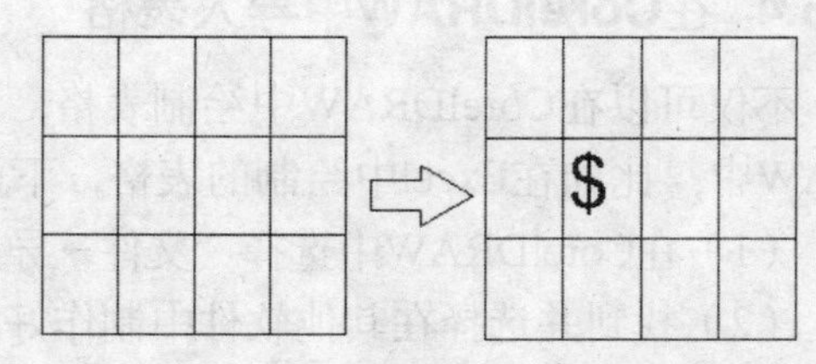

图10-80 插入符号的效果

10.5.3 在表格中添加图形和设置背景色

绘制或者制作表格之后，还可以在表格中添加各种图形，也可以设置整个表格的背景色或者某个单元格的背景色。

1. 为整个表格填充颜色

绘制好表格之后，使用选择工具选中表格，在颜色调色板中单击需要的颜色样本即可。为表格填充颜色的效果如图10-81所示。

2. 为单元格填充颜色

绘制好表格之后，还可以为某一个或者多个单元格填充颜色。使用形状工具选中单元格后，在颜色调色板中单击需要的颜色样本即可。为单元格填充颜色的效果如图10-82所示。

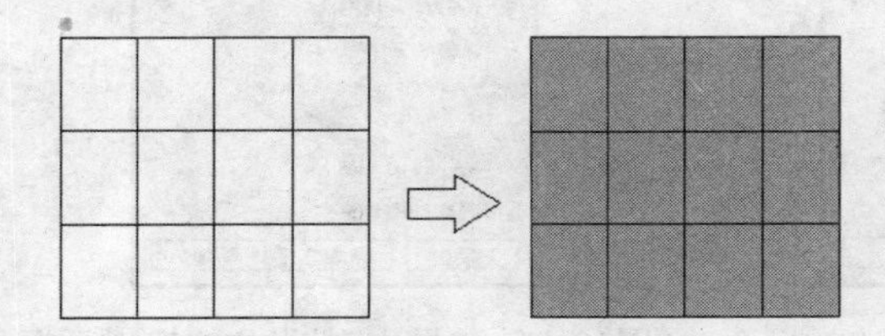

图10-81 为表格填充颜色的效果

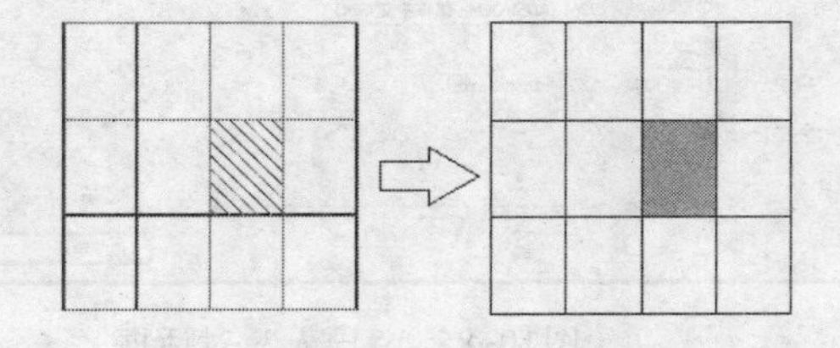

图10-82 为单元格填充颜色的效果

3. 在单元格中添加图形

绘制好表格之后，还可以在某一个或者多个单元格中添加各种图形。操作非常简单，下面简单地介绍一下。

（1）打开或者绘制一幅图形，如图10-83所示。然后选择菜单栏中的“编辑→复制”命令进行复制。也可以使用键盘快捷键Ctrl+C。

提示 也可以打开和使用位图。

（2）选中一个单元格，然后选择菜单栏中的“编辑→粘贴”命令，粘贴图片的效果如图10-84所示。

图10-83 绘制的图形效果

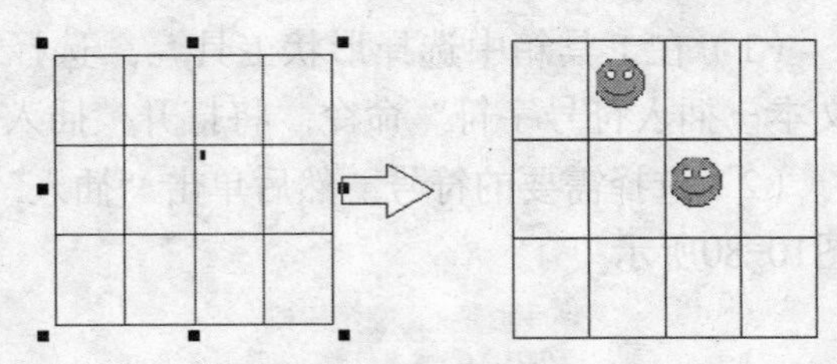

图10-84 添加图形的效果

10.5.4 在CorelDRAW中导入表格

不仅可以在CorelDRAW中绘制表格，还可以把在其他应用程序中制作的表格导入CorelDRAW中，比如在Excel中绘制的表格。下面就以Excel表格为例介绍一下如何导入表格。

（1）在CorelDRAW中选择“文件→导入”命令，打开“导入”对话框，如图10-85所示。

（2）找到并选择在其他软件中制作好的表格文件，然后单击“导入”按钮。一般会打开“导入/粘贴文本”对话框，如图10-86所示。

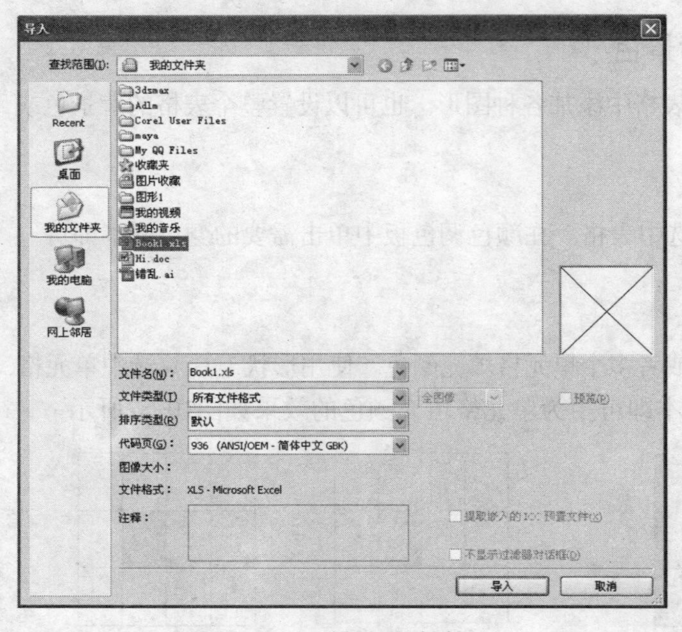

图10-85 “导入”对话框

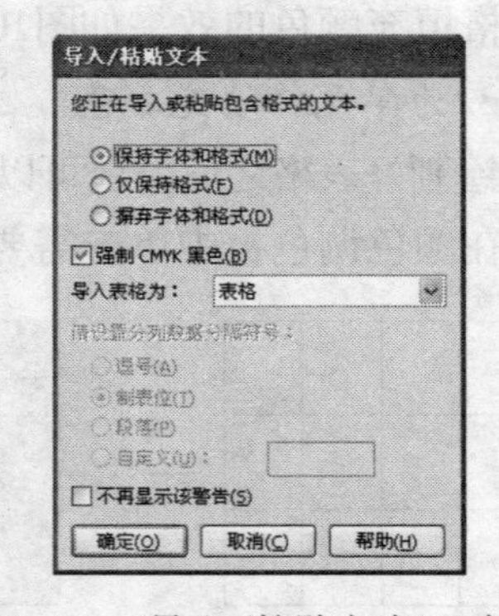

图10-86 “导入/粘贴文本”对话框

（3）在“导入/粘贴文本”对话框中，把“导入表格为”项设置为“表格”，然后单击“确定”按钮。如果在计算机中没有合适的字体，那么将打开“缺失字体的替代字体”对话框，如图10-87所示。在该对话框中提示缺失的字体和用于替代的字体。

（4）在“缺失字体的替代字体”对话框中单击“确定”按钮即可把选择的表格导入进CorelDRAW中。

注意，导入表格时，和导入位图一样，在绘图区中，鼠标指针将改变成┌形状，然后在绘图区拖曳才可以显示出导入的表格。

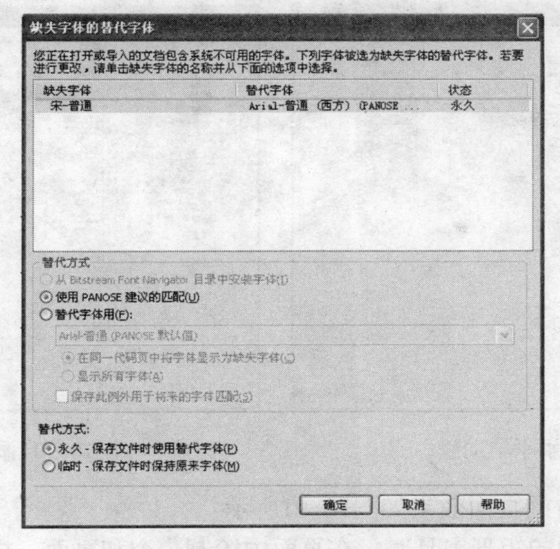

图10-87 “缺失字体的替代字体”对话框

10.6 实例：封面设计

本实例中，将结合本章和前面几章介绍的知识来设计书籍的封面，设计的最终效果如图10-88所示。

图10-88 封面的最终效果

（1）打开CorelDRAW并创建一个新的文档，设置纸张的大小为323mm × 216mm。注意，大小需要根据实际情况而定。

（2）添加辅助线，用于确定书籍出血线位置，以及封面、封底和书脊的大小。在菜单栏中选择“视图→设置→网格和标尺设置”命令，在弹出对话框中选择“辅助线”→“水平”，然后在3、213处添加水平辅助线，如图10-89所示。

（3）继续添加辅助线。在“辅助线”下选择“垂直”，然后在图示的位置添加辅助线，如图10-90所示。最后单击“确定”按钮完成辅助线的添加。

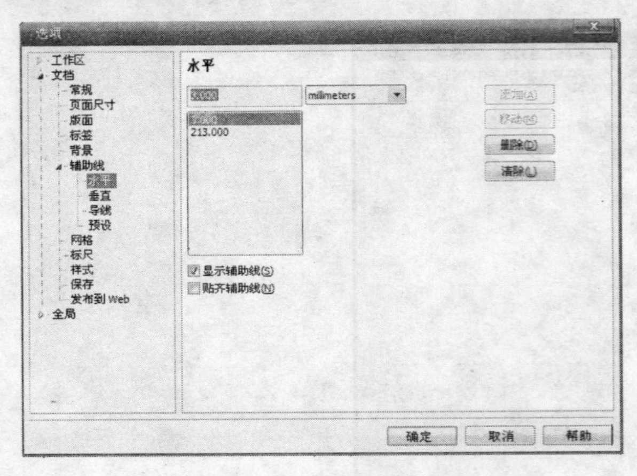

图10-89 添加水平辅助线

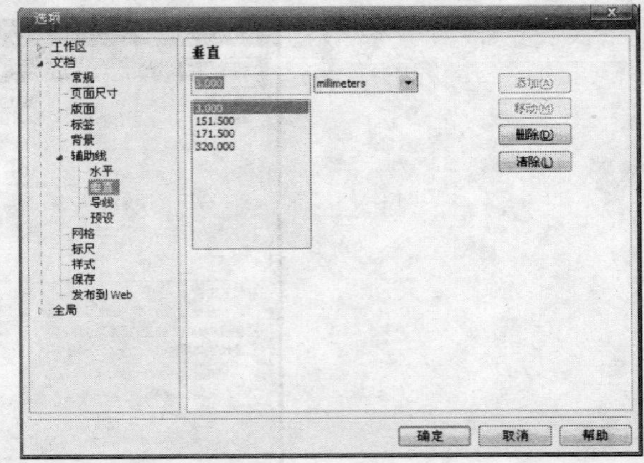

图10-90 添加垂直辅助线

（4）添加辅助线后的页面效果如图10-91所示。

（5）单击工具箱中的矩形工具□，在页面中绘制一个和页面一样大小的矩形，将其填充为浅绿色到白色的渐变色，如图10-92所示。

图10-91 添加辅助线后的页面效果

图10-92 绘制的矩形

（6）单击工具箱中的矩形工具□，在页面中封面的位置绘制一个矩形，将其填充为白色，如图10-93所示。

（7）单击工具箱中的文本工具字，在属性栏中设置字体为“汉仪超粗黑简”，字体大小为“132pt”，在页面上输入“Design”，调整位置如图10-94所示。

图10-93 绘制的矩形

图10-94 输入的文字

（8）同时选择绘制好的白色矩形和文字，执行“效果→透镜”命令，打开“透镜”泊坞窗。在泊坞窗的透镜类型中选择“反显”，然后单击“应用”按钮，效果如图10-95所示。

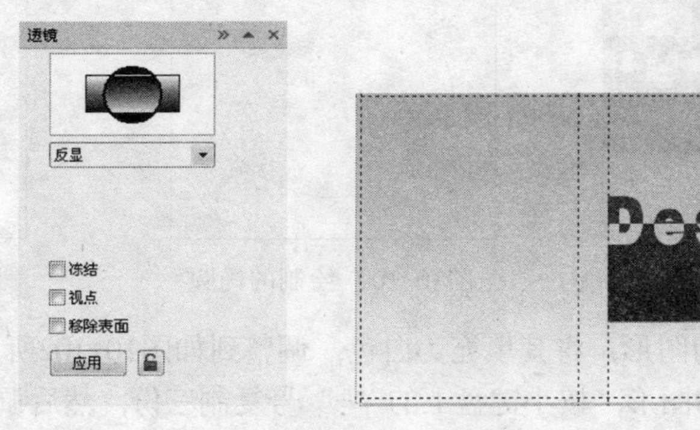

图10-95 透镜效果

（9）选择输入的文字，右击在出现的快捷菜单中选择“转换为曲线”命令，效果如图10-96所示。

图10-96 转换为曲线的效果

（10）选择工具箱中的形状工具，选择字母“I”最上边的六个节点，按键盘上的向上的方向键↑，直到合适的位置松开，效果如图10-97所示。

（11）单击工具箱中的矩形工具□，在页面中书脊的位置绘制一个矩形，将其填充为灰色，如图10-98所示。

图10-97 调整后的效果

图10-98 绘制的矩形

（12）单击工具箱中的矩形工具□，在页面中封底的位置绘制三个矩形，分别将其填充为黄色、绿色和橘黄色，如图10-99所示。

（13）单击工具箱中的椭圆工具○，在页面中绘制一个椭圆，如图10-100所示。

（14）选择刚绘制的椭圆，单击工具箱中的交互式变形工具，在属性栏中单击“推拉变形”按钮，然后在页面中拖动鼠标，效果如图10-101所示。

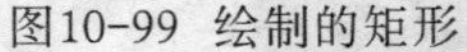
图10-99 绘制的矩形

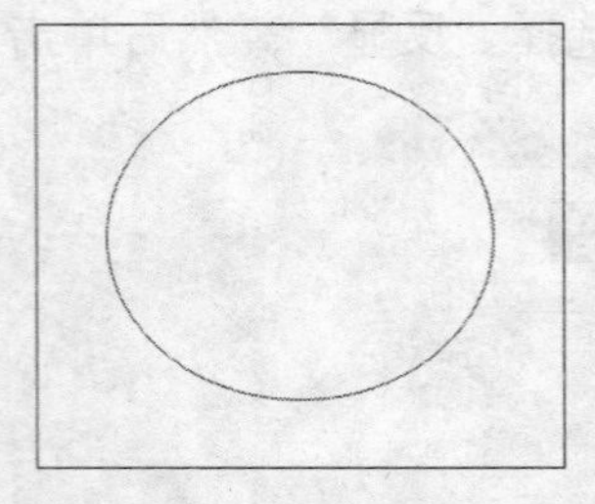
图10-100 绘制的椭圆

图10-101 变形效果

（15）选择刚绘制完的图形，将其填充为白色，调整到如图10-102所示的位置。

（16）选择刚绘制完的图形，按小键盘上的“+”号复制三份，然后调整其大小和位置如图10-103所示。

图10-102 图形的位置

图10-103 复制的图形及其位置

（17）绘制出版社的标志。单击工具箱中的椭圆工具，在页面中绘制三个椭圆，如图10-104所示。

（18）选择刚绘制好的图形，将其群组，然后调整到如图10-105所示的位置。

图10-104 绘制的图形

图10-105 图形的位置

（19）添加文本。单击工具箱中的文本工具，在属性栏中设置字体为“楷体”，字体大小为“18pt”，在页面上输入“设计家必备设计理论丛书”，调整位置如图10-106所示。

（20）选择刚输入的文字，将光标移动到第一个文字前面，然后执行“文本→插入符号字符”命令，在打开的“插入字符”泊坞窗中找到如图10-107所示的符号，然后单击“插入”按钮。

（21）按照同样的方法插入其他的符号，效果如图10-108所示。

（22）继续添加文本，效果如图10-109所示。

图10-106 输入的文字

图10-107 插入的符号

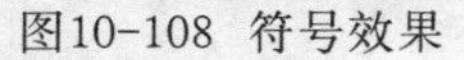

图10-108 符号效果

图10-109 添加文本后的效果

（23）制作条形码。在菜单栏中选择“编辑→插入条形码”，弹出“条码向导”对话框，如图10-110所示。

注意 关于条形码的制作可以参阅本书后面有关章节的介绍。

（24）按提示完成条形码的制作，最后把制作好的条形码移动到如图10-111所示的位置。

图10-110 “条码向导”对话框

图10-111 制作的条形码效果

（25）删除辅助线。在菜单栏中选择“视图→设置→网格和标尺设置”命令，在弹出的对话框中选择“辅助线”→“水平”，然后单击“清除”按钮，删除水平辅助线，如图10-112所示。使用同样的方法删除垂直辅助线。

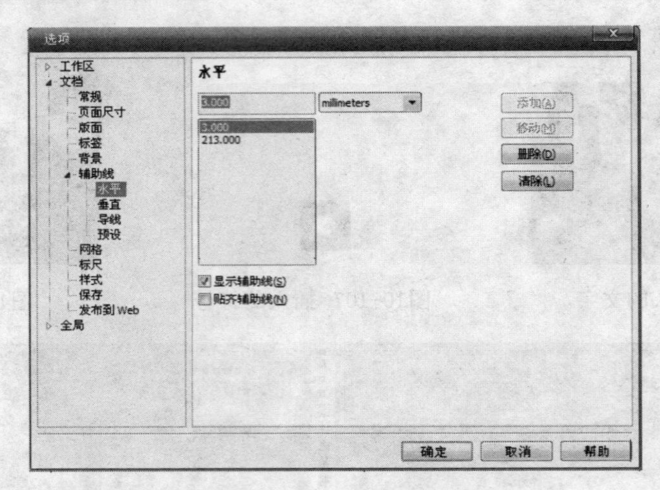

图10-112　清除水平辅助线

（26）至此，一个简单的封面就设计完成了，最终效果如图10-88所示。

第11章 高级文字特效

使用CorelDRAW，可以随心所欲地设计图形图像，其中包括设计各种文字效果。尤其是在各种设计领域，文字是重要的组成部分，因此在本章中专门介绍使用CorelDRAW制作的几种文字特效。

在本章中主要介绍下列内容：

- ▲ 制作渐变字
- ▲ 制作变形字
- ▲ 制作浮雕字
- ▲ 制作渐变透明字
- ▲ 制作风景字

11.1 制作渐变字

在本例中，介绍如何制作渐变字。主要使用的是“效果”菜单中的“调和”命令，制作的最终效果如图11-1所示。

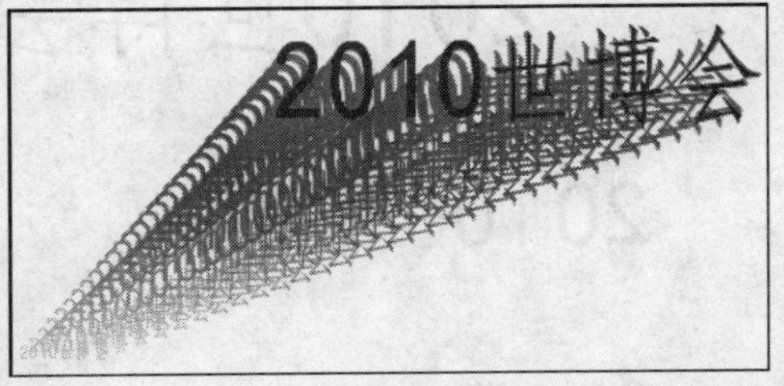

图11-1 渐变字

（1）在菜单栏中选择“文件→新建”命令新建一个绘制页面，并选择“版面→切换页面方向”命令将其水平放置，如图11-2所示。

（2）选择工具箱中的文本工具字，在页面中输入文字“2010世博会”，并将其选中，然后在属性栏中设置其字体、大小，如图11-3所示。

（3）单击调色板中的粉色样本框，将绘图页面上的文本填充为粉色，如图11-4所示。

（4）使用工具箱中的选择工具选中文本，然后选择“编辑→复制”菜单命令，将文本复制到剪贴板中，并连续两次选择“编辑→粘贴”菜单命令，将复制的文本粘贴生成两份。

（5）使用选择工具将粘贴生成的两份文本中的其中一份填充为蓝色并移到一边；然后将另一份填充为绿色，并缩小移到绘图页面的左下角，如图11-5所示。

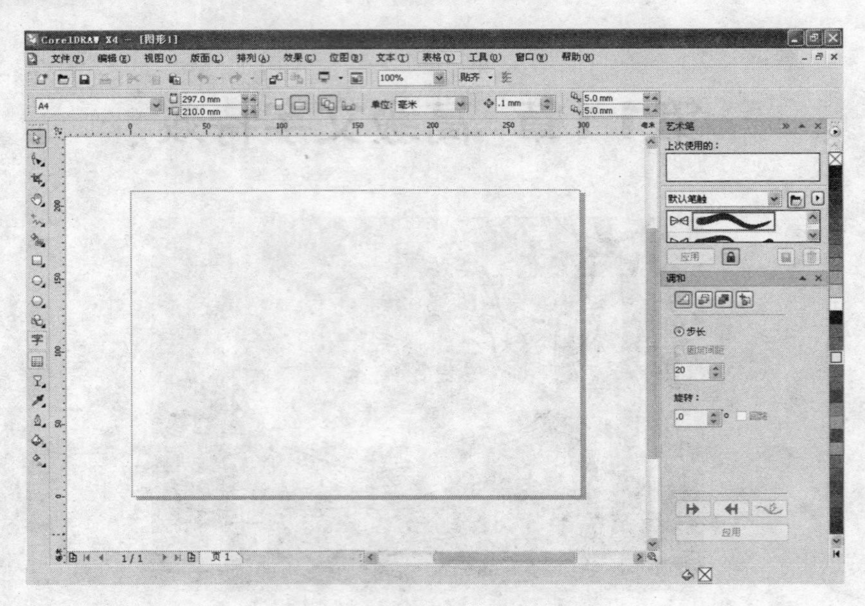

图11-2 新建并调整页面

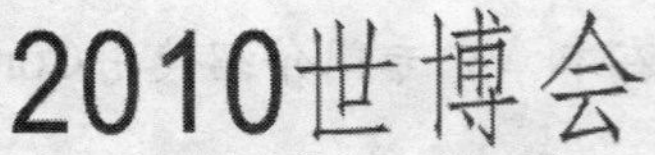

2010世博会　　2010世博会

图11-3 创建的文本效果 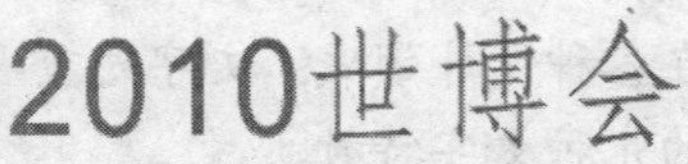　　图11-4 改变颜色后的效果

提示 为了使绘制页面中的文字效果更好一些，可以使用选择工具将其任意缩小和移动位置。

（6）选中蓝色的文本，并选择“排列→顺序→向前一层”菜单命令，将其放置到最前面一层。然后按住Shift键，同时选中绿、粉两份文本，如图11-6所示。

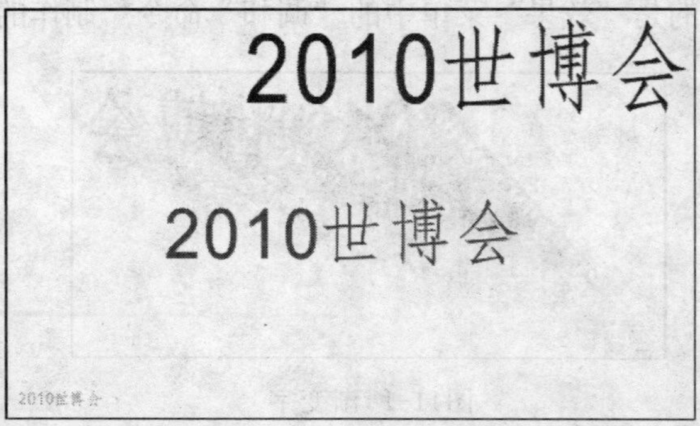

2010世博会

2010世博会

2010世博会

图11-5 生成两份文本

图11-6 选中两份文本

（7）在菜单栏中选择“效果→调和”菜单命令，在打开的“调和”泊坞窗中单击“调和步长”按钮，然后在显示的选区中设置“步长”值，也可以根据需要设置该数值，如图1-7（左）所示。单击“应用”按钮后，效果如图11-7（右）所示。

（8）在“调和”泊坞窗中单击“调和速度”按钮，并在选区中拖动滑块，如图11-8（左）所示。然后单击“应用”按钮，效果如图11-8（右）所示。

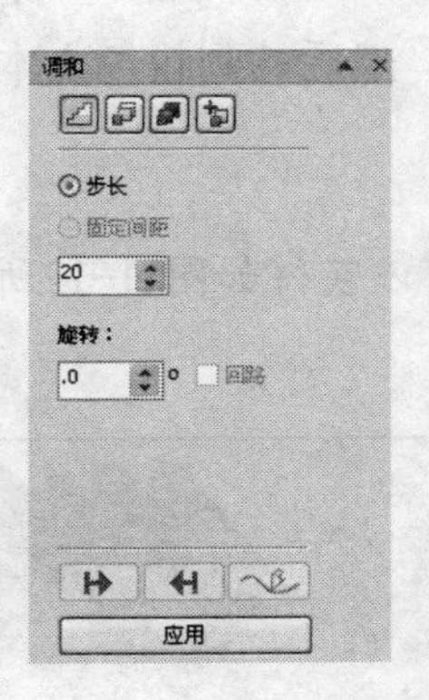

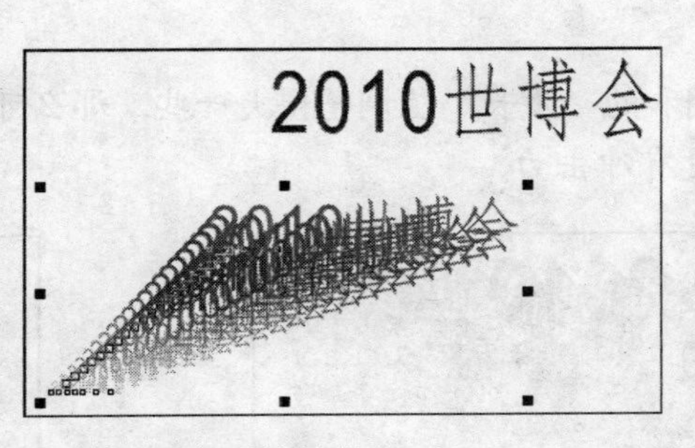

图11-7　设置调和后的效果

（9）在“调和”泊坞窗中单击“杂项调和选项”按钮，将会打开更多的用于设置调和结果的选项，如图11-9所示。读者可以根据选项的字面意思进行理解，不再赘述。

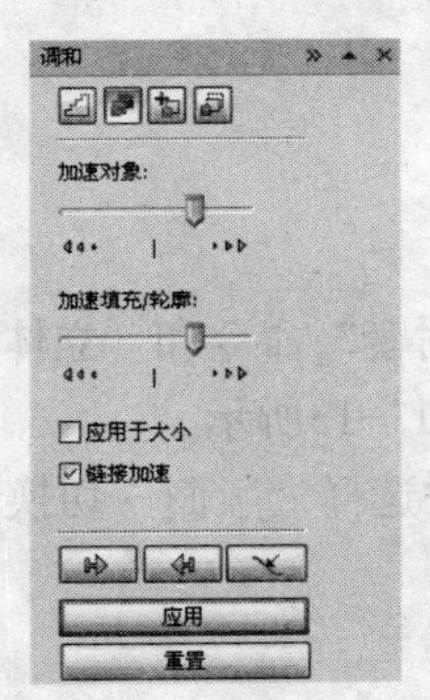

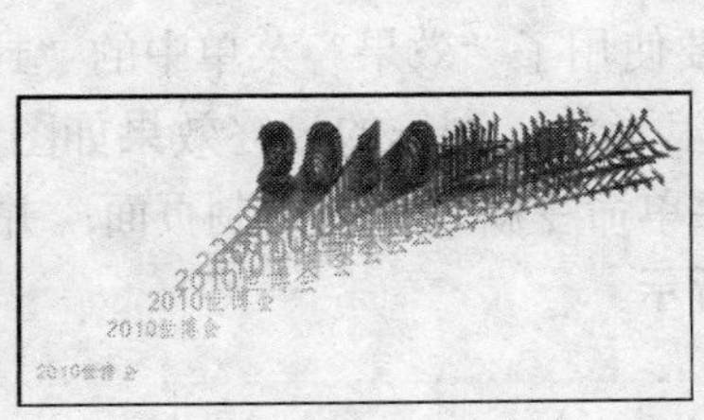

图11-8　调整滑块后的效果

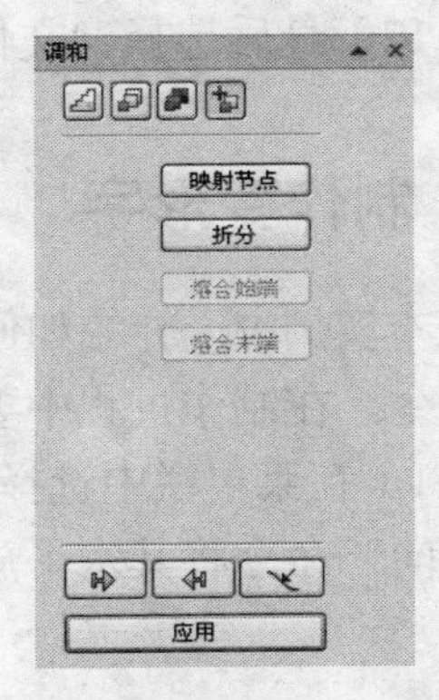

图11-9　用于调整调和效果的更多选项

（10）在“调和”泊坞窗中单击“调和颜色”按钮，如图11-10（左）所示。然后单击“顺时针路径”按钮，再单击“应用”按钮后，效果如图11-10（右）所示。

图11-10　调整颜色后的效果

注意　此操作基于第（8）步的结果。读者可以按Ctrl+Z组合键恢复到第（8）步。

（11）确定蓝色文本处于最前面一层。如果不能确定，那么选中蓝色文本，并选择“排列

→顺序→向前一层”菜单命令，将其放置到最前面一层，然后移到粉色文本上并与之重合，效果如图11-11所示。

提示 如果把调和的“步长”值调整得大一些，那么可以获得如图11-12所示的结果。这样看其来更有冲击力。

图11-11 调整文字的位置

图11-12 调整步长后的效果

（12）最后选择“文件→保存”菜单命令，将文件保存起来。

11.2 制作变形字

在本实例中，介绍如何制作变形字。主要使用了“效果”菜单中的“封套”命令和“立体化”命令，在制作过程中要注意变形字的波浪形状。制作的最终效果如图11-13所示。

（1）在菜单栏中选择“文件→新建”菜单命令新建一个绘制页面，并选择“版面→切换页面方向”命令将其水平放置，如图11-14所示。

图11-13 变形字

图11-14 新建并调整页面

（2）选择工具箱中的文本工具字，在页面中输入文字“奇妙的星空真美丽！”几个文字。

（3）选中输入的文本，并在属性栏中设置文本的字体、大小，然后将其移至合适的位置，如图11-15所示。

（4）在菜单栏中选择“效果→封套”菜单命令，打开“封套”泊坞窗，单击“添加预设”按钮，并如图11-16（左）所示设置各选项，然后单击“应用”按钮，效果如图11-16（右）所示。注意，底部使用的是“自由变形”选项。

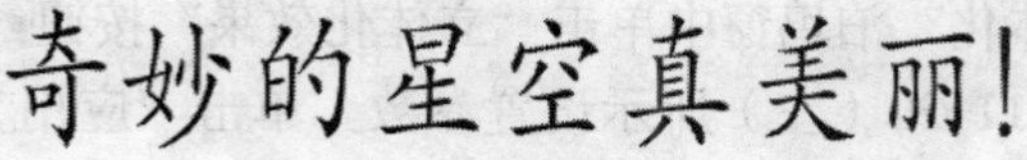

奇妙的星空真美丽!

图11-15 输入的文本效果

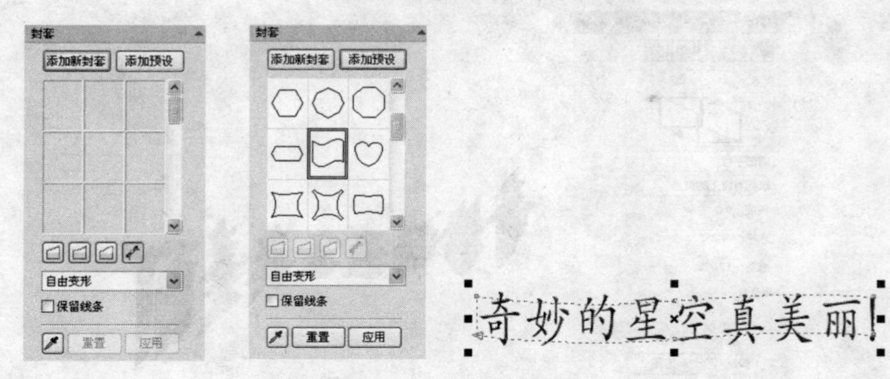

图11-16 改变文本的形状

（5）使用鼠标单击文本中间的节点，使其出现调节手柄，然后拖动调节手柄，再次改变文本的形状，使其形呈波浪状，效果如图11-17所示。

提示 在CorelDRAW中，也可以输入英文单词或者数字来制作变形字。

（6）在CorelDRAW工作区的调色板中单击蓝色色块，将页面上的文本填充为蓝色，如图11-18所示。

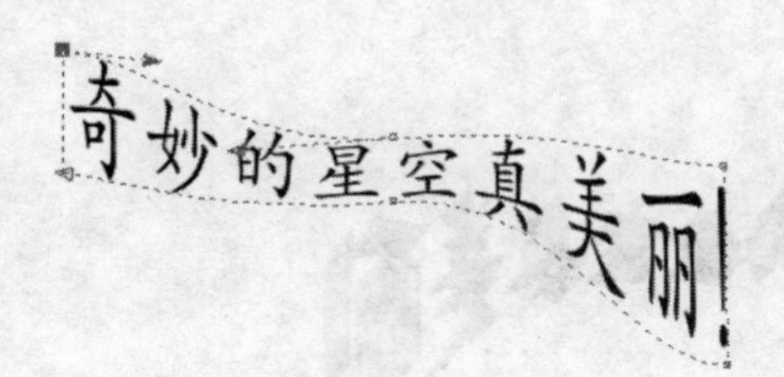

图11-17 再次改变文本的形状使其呈波浪状

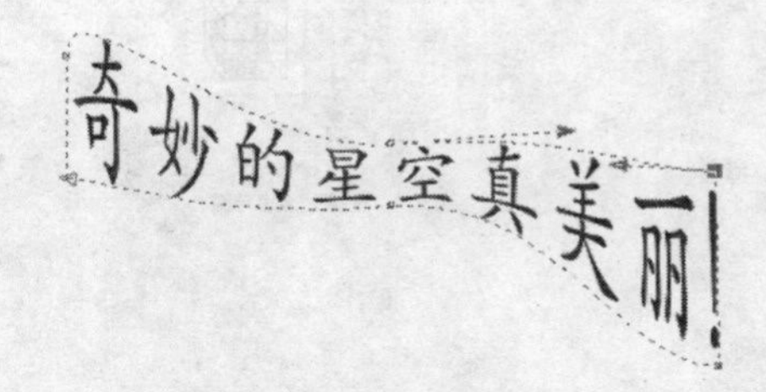

图11-18 改变文本的颜色

（7）在菜单栏中选择“效果→立体化”菜单命令，打开“立体化”泊坞窗，同时在绘图区中的文字上显示一个立体框，如图11-19所示。

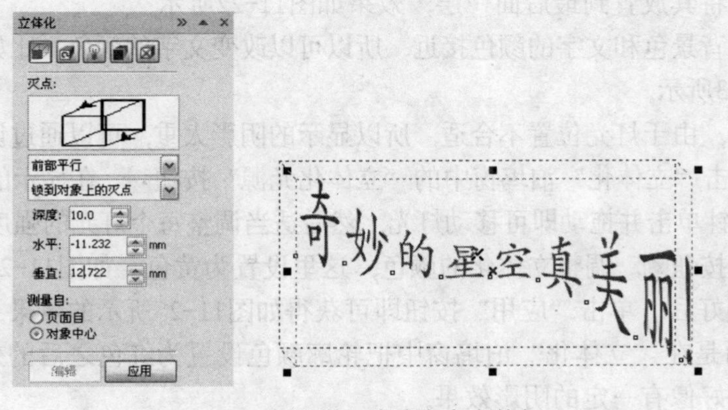

图11-19 “立体化”泊坞窗和立体框

（8）在打开的“立体化”泊坞窗中单击“立体化效果”按钮，然后在显示的选区中单击“编辑”按钮，并如图11-20（左）所示设置参数。单击“应用”按钮后，效果如图11-20（右）所示。

图11-20 设置文字的立体化效果

（9）单击“立体化”泊坞窗中的“立体化光源”按钮，设置3盏灯光的强度值分别：1号为50、2号为90、3号为90，如图11-21（左）所示。然后单击“应用”按钮，效果如图11-21（右）所示。

图11-21 设置灯光后的效果

（10）选择“文件→导入”菜单命令，导入一幅图片，然后选择“排列→顺序→向后一层”菜单命令，将其放置到最后面一层，效果如图11-22所示。

（11）由于背景色和文字的颜色接近，所以可以改变文字的颜色，比如把文字改变为黄色的效果如图11-23所示。

（12）但是，由于灯光位置不合适，所以显示的阴影太重，可以通过调整灯光的位置来改变这种效果。单击“立体化”泊坞窗中的“立体化光源”按钮，在显示的选区中调整灯光位置，使用鼠标指针单击并拖动即可移动灯光，然后适当调整每个灯光的强度。还可以通过单击“立体化颜色”按钮，调整立体化的颜色，这里设置为黄色，如图11-24所示。

（13）设置好后，单击“应用”按钮即可获得如图11-25所示的效果。

（14）下面是在“立体化”泊坞窗中把轮廓颜色设置为红色之后的效果，如图11-26所示。这样看起来好像有一定的阴影效果。

图11-22 将导入图片放置到最后面一层

图11-23 改变文字的颜色

图11-24 设置灯光和颜色参数

图11-25 调整灯光和颜色后的效果

图11-26 调整颜色后的效果

（15）最后，在菜单栏中选择“文件→保存”菜单命令保存文件。

提示 在本章中，将以实例方式介绍高级文字特效的制作，使用的主要是“效果”菜单中的命令。

11.3 制作浮雕字

在本例中介绍如何制作浮雕字。主要使用的是“位图”菜单下的“转换为位图”命令和“浮雕”命令。制作的最终效果如图11-27所示。

（1）单击工具栏中的“新建”按钮新建一个绘制页面，并选择“版面→切换页面方向”命令将其水平放置，如图11-28所示。

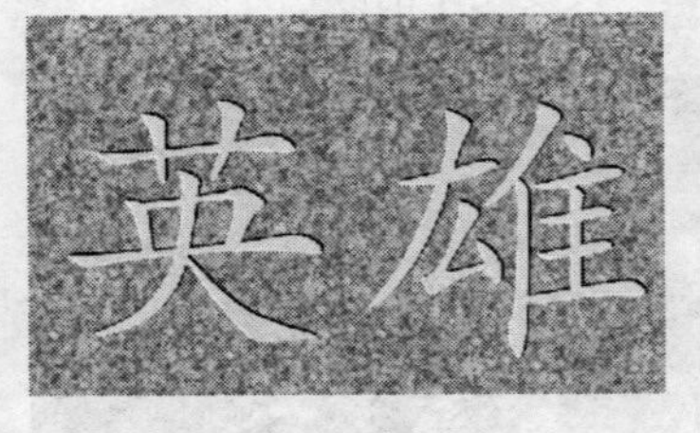

图11-27 浮雕字

图11-28 新建并调整页面

（2）选择“文件→导入”菜单命令，导入一幅图片，如图11-29所示。

（3）选择工具箱中的文本工具，在页面中输入文字“英雄”，如图11-30所示。读者也可以输入其他的文字。

图11-29 导入图片

图11-30 输入的文字效果

（4）在属性栏中设置文字的字体为“Adobe 楷体StdR”，效果如图11-31所示。

（5）此时，可以把文字的颜色改变为其他的颜色，比如黄色，这样可以醒目一些，效果如图11-32所示。

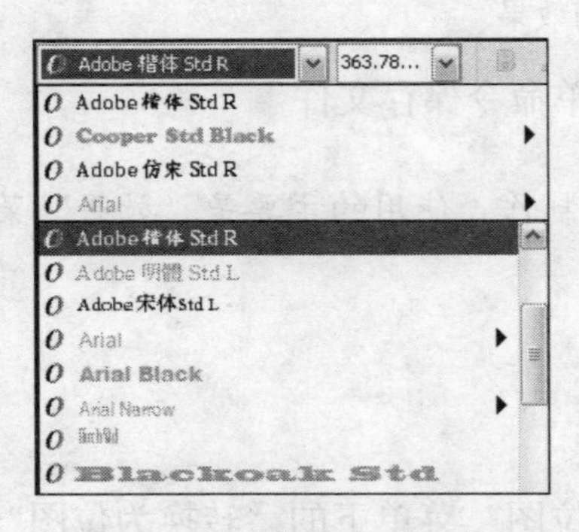

图11-31 改变文字的字体

（6）选中输入的文本，单击属性栏中的“字符格式化”按钮，在弹出的“字符格式化”泊坞窗中可以设置文本的字体、大小、间距等，如图11-33所示。

（7）在菜单栏中选择“位图→转换为位图”命令，打开“转换为位图”对话框。在该对话框中设置将文本转换为位图时的参数，如图11-34所示，单击“确定”按钮后，页面中的文本即被转换为位图。

提示 一定要选中“透明背景”项，否则将不能获得需要的效果。

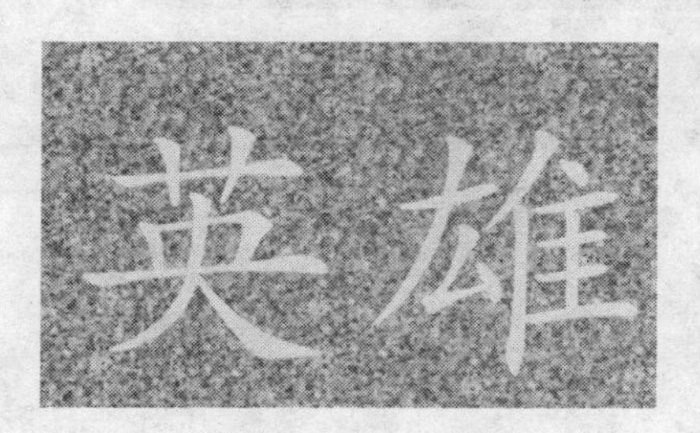

图11-32 改变文字的颜色

图11-33 “字符格式化”泊坞窗

（8）在菜单栏中选择“位图→三维效果→浮雕”命令，打开“浮雕”对话框，设置各参数如图11-35所示。

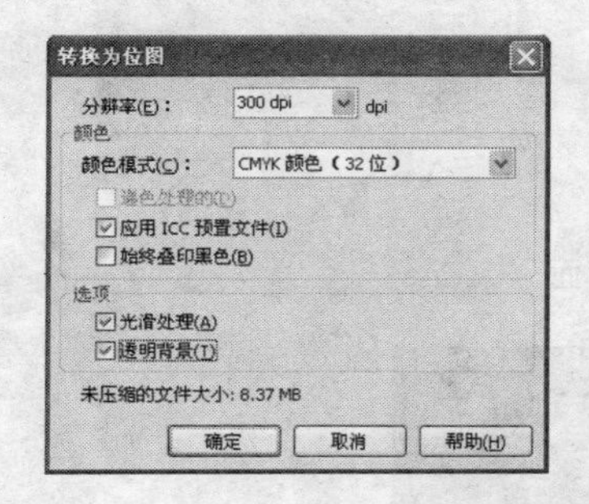

图11-34 “转换为位图”对话框

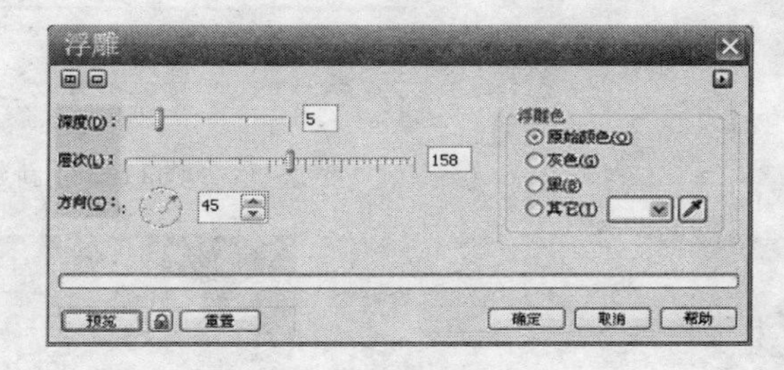

图11-35 “浮雕”对话框

（9）单击“确定”按钮后，效果如图11-36所示。这样就生成了浮雕文字效果。

图11-36 设置浮雕参数后的效果

11.4 制作渐变透明字

在本例中，介绍如何制作渐变透明字。主要使用的是交互式填充工具和交互式透明度工具，在制作过程中，需要设置渐变填充颜色和透明度的参数。制作的最终效果如图11-37所示。

图11-37 渐变透明字

（1）单击工具栏中的“新建”按钮新建一个绘制页面，并选择“版面→切换页面方向”命令将其水平放置，如图11-38所示。

（2）在菜单栏中选择“文件→导入”命令，导入一幅图片，效果如图11-39所示。

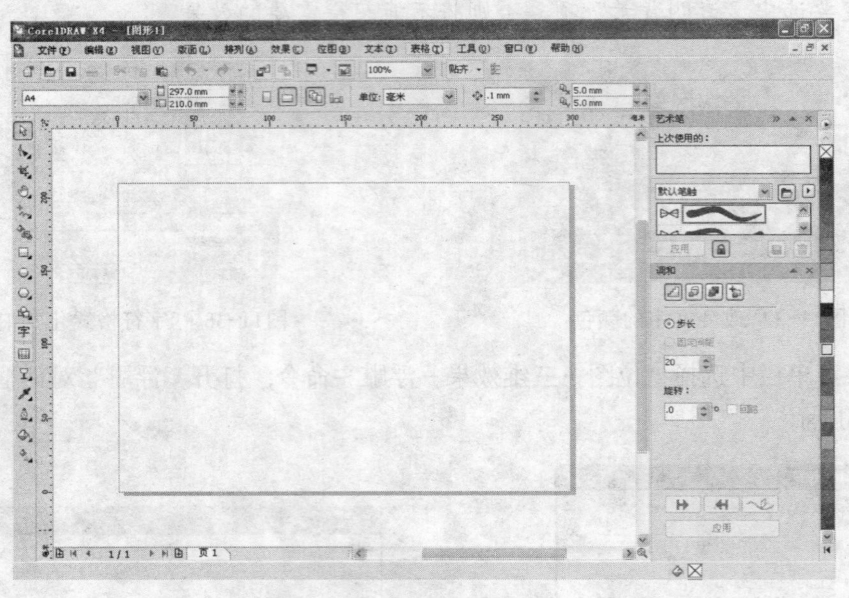

图11-38 新建并调整页面

图11-39 导入图片

提示 如果图像亮度不够的话，那么在菜单栏中选择“位图→图像调整实验室”命令调整图像的亮度。因为如果过暗，会影响文字的效果。

（3）选择工具箱中的文本工具字，在页面中输入文字“温馨浪漫”。并在属性栏中调整文本的字体，然后调整它在页面中的位置，如图11-40所示。

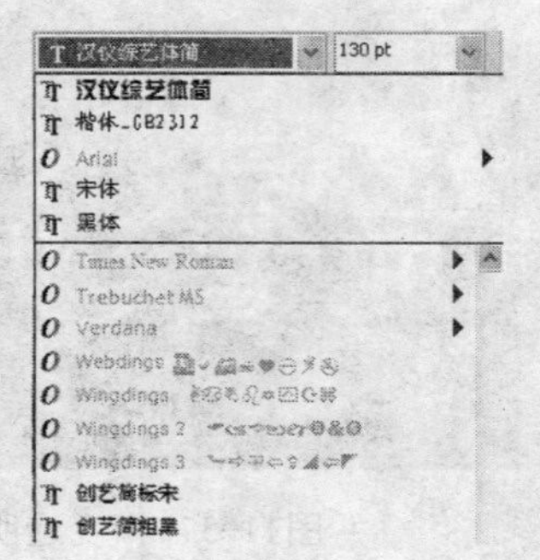

图11-40 输入文字效果

（4）选择工具箱中的交互式填充工具，打开“渐变填充”对话框，设置颜色和角度，如图11-41所示。

（5）从调色板中选择蓝色，将其拖到顶端的渐变控制框中，制作出如图11-42所示的填充效果。

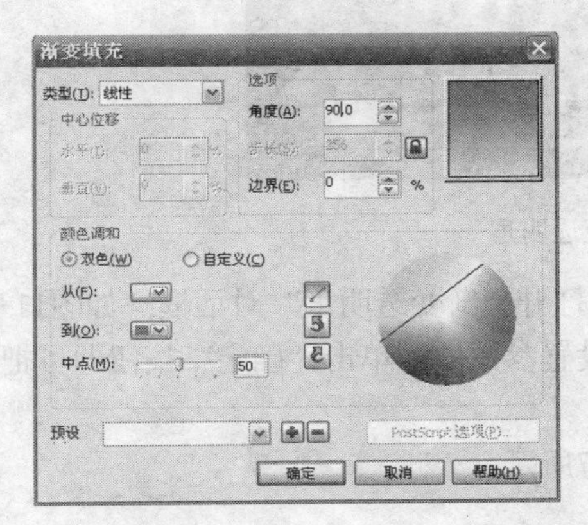

图11-41 “渐变填充”对话框

图11-42 改变填充颜色的效果

提示 在图像中显示有渐变控制框时，直接使用鼠标把颜色调色板中的一种颜色拖曳到渐变控制框中即可改变渐变颜色。

（6）把渐变类型设置为“射线”后的效果，如图11-43所示。

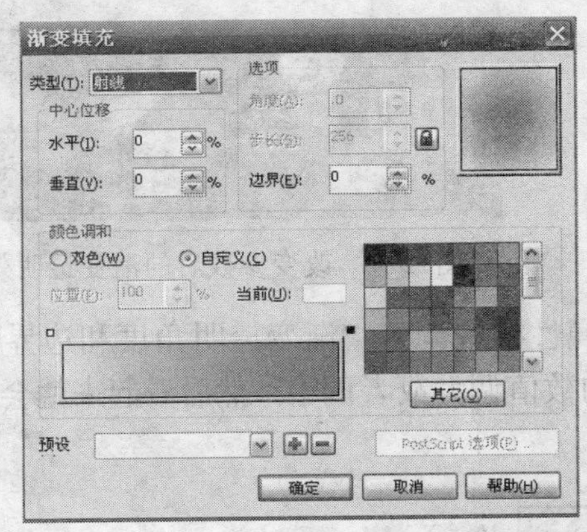

图11-43 改变渐变类型的效果

（7）选择工具箱中的交互式透明度工具，并在其属性栏中选择“射线”选项，此时文字效果如图11-44所示。

（8）在属性栏中把“透明度操作”设置为“添加”类型后的效果，如图11-45所示。如果选择其他的类型，则可以获得更加丰富的透明效果。

图11-44 设置透明度后的效果

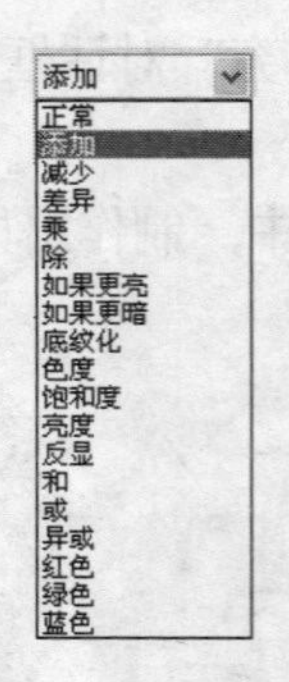

图11-45 设置渐变透明度

（9）单击属性栏中的“编辑透明度”按钮，打开“渐变透明度”对话框，如图11-46所示。在该对话框中可以设置渐变透明的更多参数，设置参数后，单击“确定”按钮即可把设置的渐变透明参数应用于图像。

（10）改变参数后的渐变透明效果，如图11-47所示。

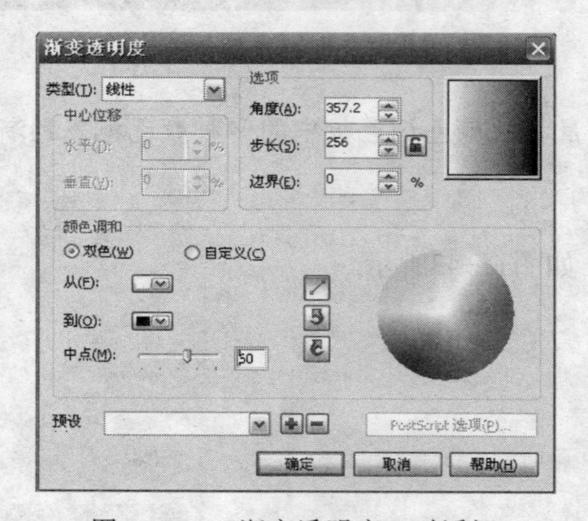

图11-46 “渐变透明度”对话框

图11-47 改变参数后的渐变透明效果

（11）如果字太虚，看不太清楚，可以在属性栏中调整“渐变透明角度和边界”参数，如图11-48所示。把“渐变透明角度和边界”的数值调大或者调小，然后看起来就会比较清楚了。

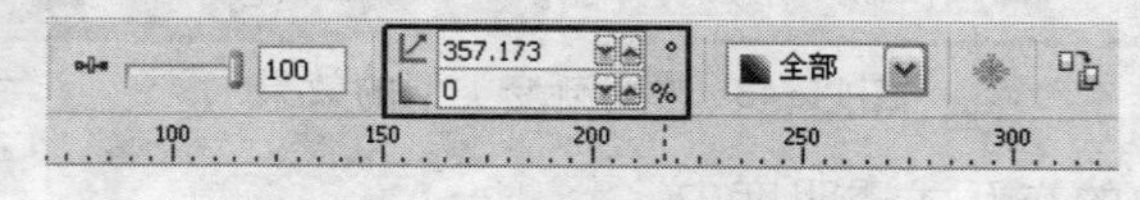

图11-48 调整透明的角度和边界

11.5 制作风景字

在本例中，介绍如何制作风景字。主要使用的是“文件”菜单中的“导入”命令，“效果”菜单中的“精确裁剪”命令以及“版面”菜单中的“页面背景”等命令。制作的最终效果如图11-49所示。

（1）单击工具栏中的“新建”按钮新建一个绘制页面，并选择“版面→切换页面方向”命令将其水平放置，如图11-50所示。

图11-49 风景字

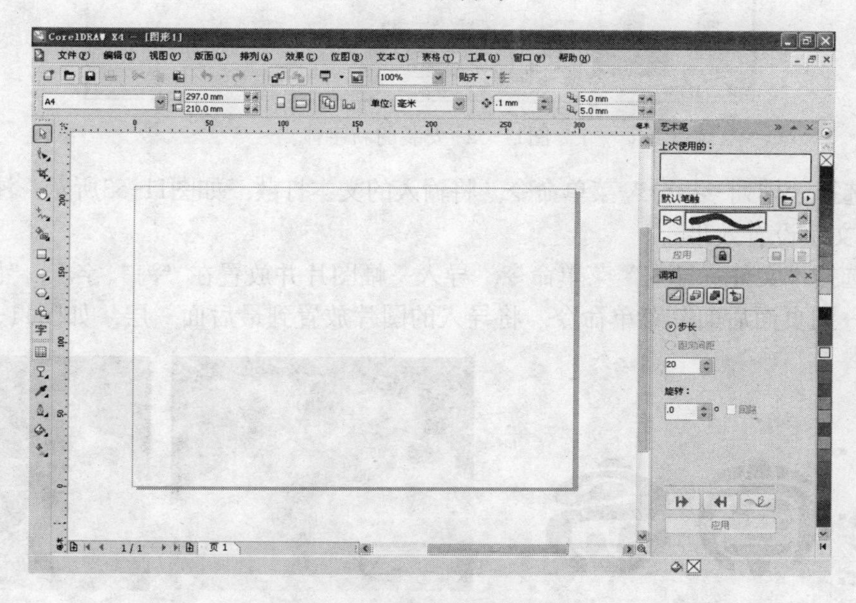

图11-50 新建并调整页面

（2）选择工具箱中的文本工具字，在文档中输入文字“海南岛”。然后在属性栏中设置文本的字体、大小，并将其移至合适的位置，如图11-51所示。

图11-51 创建的文本效果

提示 也可以根据需要设置为自己喜欢的字体。如果计算机上没有这种字体，那么可以在网上下载这种字体，并把它复制到计算机系统盘的Windows的Font文件夹中即可，如图11-52所示。可以安装多种类型的字体。

图11-52 安装的新字体

（3）选择“排列→拆分”菜单命令，将输入的文本打散，如图11-53所示。注意，可以单独地为每个文字设置效果。

（4）选择“文件→导入”菜单命令，导入一幅图片并放置在“海”字上，然后选择“排列 → 顺序→到页面后面”菜单命令，将导入的图片放置到最后面一层，如图11-54所示。

图11-53 打散文本

图11-54 导入的图片及放置到最后面一层的效果

注意 为了使导入的图片置于文字中的效果更好一些，可以调整位图的大小。

（5）选中导入的图片，选择“效果→图框精确裁剪→放置在容器中”菜单命令，此时光标变为黑色箭头状态，将光标移至“海”字上单击，效果如图11-55所示。

图11-55 将图片置于文字中的效果

（6）再导入一幅图片，然后把“南”字转换成风景字，效果如图11-56所示。

（7）再导入一幅图片，然后把“岛”字转换成风景字，整体效果如图11-57所示。

图11-56 将图片置于“南”字中的效果

图11-57 整体效果

（8）选择“版面→页面背景”菜单命令，打开“选项”对话框，如图11-58所示。在该对话框中选中“位图”选项，单击“浏览”按钮，打开“导入”对话框，选择一幅合适的图片。

（9）关闭“导入”对话框后，再次进入到“选项”对话框中，然后单击“确定”按钮，即可导入背景图片，效果如图11-59所示。

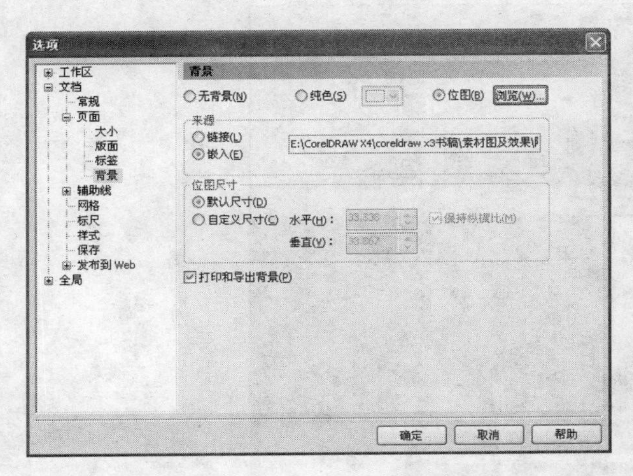

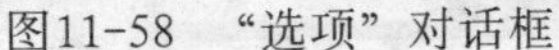

图11-58 “选项”对话框

图11-59 添加背景后的效果

注意 添加的背景图片需要足够大，如果太小的话，将会产生重叠或者叠加效果，如图11-60所示。如果添加的图片太大，那么多余的部分会被自动裁剪掉。

（10）调整文字的位置和角度，最终效果如图11-49所示。

图11-60 背景重叠的效果

11.6 实例：房产广告

本实例中主要使用了文本工具、矩形工具和交互式立体化工具等来绘制一幅房产广告。绘制的最终效果如图11-61所示。

图11-61 最终效果

（1）打开CorelDRAW，创建一个新的文档，并设置适当的大小。

（2）制作房产标志。选择“视图→网格”菜单命令，显示出网格线，这样便于设计制作时进行参照，绘制出更为精确的图形。

（3）使用工具箱中的选择工具，在页面中拖曳出两条辅助线，然后将坐标原点拖动到两条线的交点处，如图11-62所示。

（4）单击工具箱中的多边形工具，然后在属性栏中将多边形的边数改为3，在页面上绘制两个三角形，如图11-63所示。

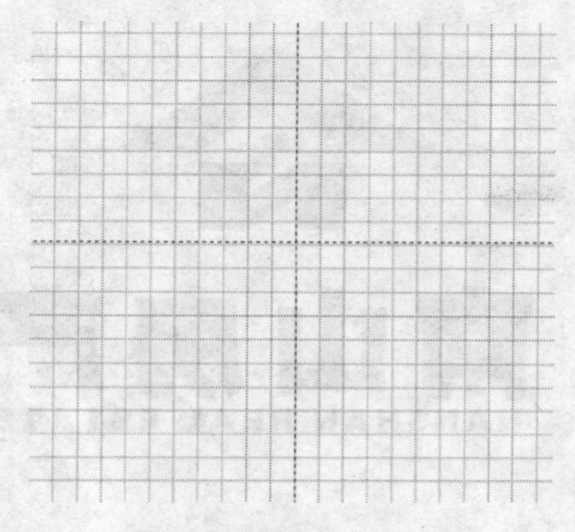

图11-62 辅助线效果

图11-63 绘制的三角形

（5）同时选中绘制的两个三角形，然后单击属性栏中的“后减前”按钮，并将其填充为天蓝色，轮廓设置为无色，如图11-64所示。

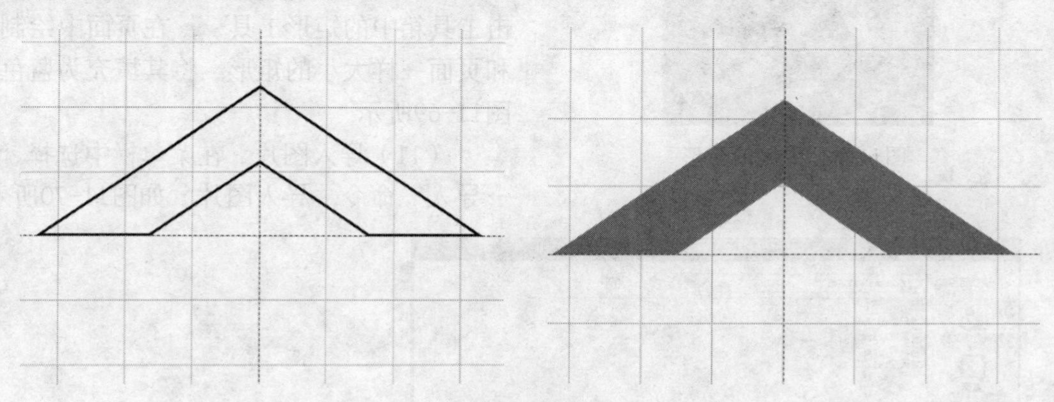

图11-64 “后减前”的效果

（6）单击工具箱中的矩形工具，在图中所示的位置绘制一个矩形，将其填充为蓝色，如图11-65所示。

（7）单击工具箱中的文本工具字，在页面相应的位置单击，然后在属性栏中设置“字体”为“汉仪超粗黑简”，“字体大小”为28pt，在页面中输入“N”，如图11-66所示。

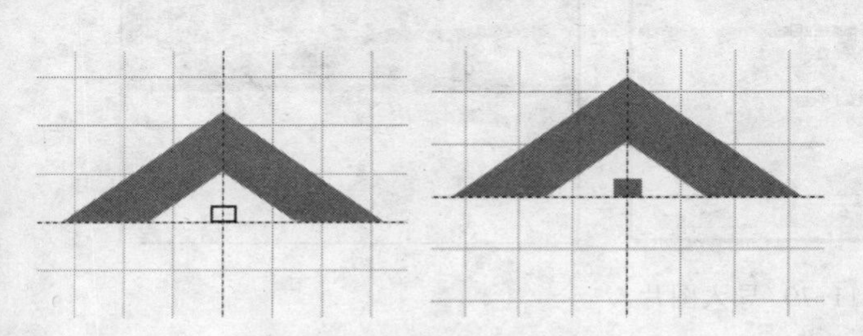

图11-65 绘制的矩形

图11-66 输入的文字

（8）单击工具箱中的文本工具字，在页面相应的位置单击，然后在属性栏中设置“字体”为“汉仪超粗黑简”，“字体大小”为38pt，在页面中输入“南山房产”，如图11-67所示。

（9）按照同样的方法，在页面上输入“NANSHAN REAL ESTATE”，将字体设置为“汉仪超粗黑简”，“字体大小”为9.5pt。然后将绘制好的房产标志群组，如图11-68所示。

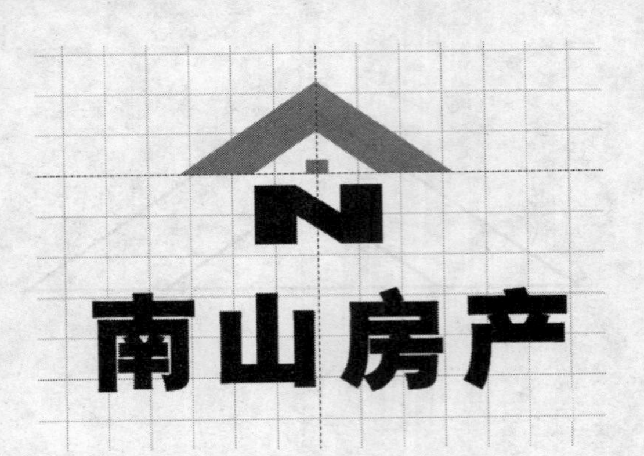

图11-67 输入的文字

图11-68 输入的文字

图11-69 绘制的矩形

（10）再次选择“视图→网格”菜单命令，可将网格线隐藏，同时将辅助线删掉。单击工具箱中的矩形工具□，在页面中绘制一个和页面一样大小的矩形，将其填充为蓝色，如图11-69所示。

（11）导入图片。在菜单栏中选择“文件→导入”命令，导入图片，如图11-70所示。

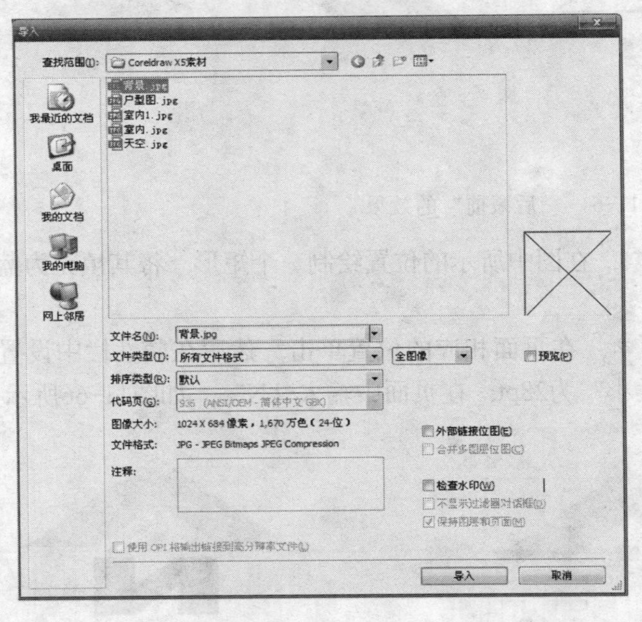

图11-70 导入图片

（12）单击工具箱中的矩形工具□，在页面中绘制一个矩形，选择刚导入的图片，选择“效果→图框精确剪裁→放置在容器中”菜单命令，然后单击刚绘制的矩形，效果如图11-71所示。将其轮廓设置为无色，调整到页面合适的位置。

（13）按照同样的方法，制作出其他的图片，并调整到合适的位置，如图11-72所示。

（14）将之前绘制的房产的标志调整到页面中合适的位置，如图11-73所示。

图11-71 将图片放置在容器中

图11-72 制作的其他图片

图11-73 房产标志的位置

（15）单击工具箱中的矩形工具▭，在页面中绘制一个矩形，然后在属性栏设置圆角为3度，将其填充为白色，轮廓设置为无色，然后调整到页面合适的位置，如图11-74所示。

（16）单击工具箱中的矩形工具▭，在页面中绘制一个矩形，将其填充为白色，轮廓设置为无色，然后调整到页面合适的位置，如图11-75所示。

图11-74 绘制的圆角矩形

图11-75 绘制的矩形

（17）单击工具箱中的矩形工具▭，在页面中绘制四个矩形，将其填充为白色，轮廓设置为无色，然后调整成如图11-76所示的形状，并调整到合适的位置。

（18）单击工具箱中的椭圆工具○，在页面中绘制一个正圆，将其填充为红色，轮廓设置为无色，并调整位置如图11-77所示。

图11-76 绘制的矩形

图11-77 绘制的正圆

（19）在工具箱中选择标注形状工具，然后在属性栏中单击“完美形状”按钮，在下拉菜单中选择，然后在页面中绘制如图11-78所示的图形，并将其填充为白色。

（20）单击工具箱中的文本工具，在页面相应的位置单击，然后在属性栏中设置“字体”为“黑体”，“字体大小”为13pt，在页面中输入“荣成佳苑”。将文字填充为红色，轮廓设置为无色，并调整到合适的位置，如图11-79所示。

图11-78 绘制的标注形状

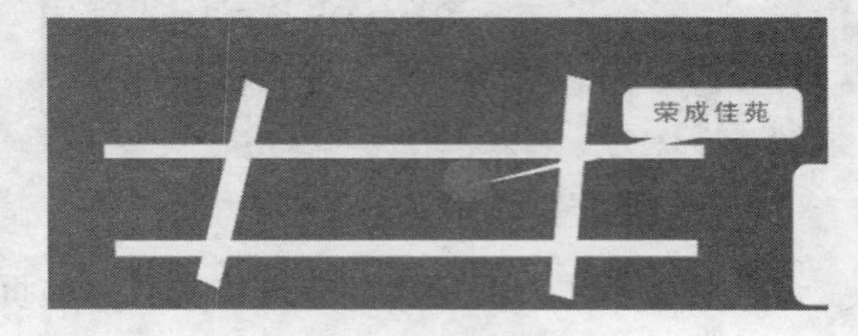

图11-79 输入的文字

（21）单击工具箱中的文本工具，在页面相应的位置单击，然后在属性栏中设置“字体”为“汉仪超粗黑简”，“字体大小”为42pt，在页面中输入“荣成佳苑”，如图11-80所示。

（22）选择刚输入的文字，将其填充为红色，轮廓设置为黄色，如图11-81所示。

图11-80 输入的文字

图11-81 填充的颜色

（23）选中输入的文字，单击工具箱中的交互式立体化工具，在页面上往合适的位置拖动，然后将其调整到页面合适的位置，如图11-82所示。

（24）单击工具箱中的文本工具，在页面相应的位置单击，然后在属性栏中设置“字体”为“宋体”，“字体大小”为18pt，在页面中输入文字，并填充为红色。如图11-83所示。

（25）按照同样的方式输入其他的文本。在这里需要注意的是，在输入整段文本的时候可以使用工具箱中的文本工具，在页面上绘制一个文本框，然后在输入文字，如图11-84所示。

图11-82　制作的立体文字

图11-83　输入的文字

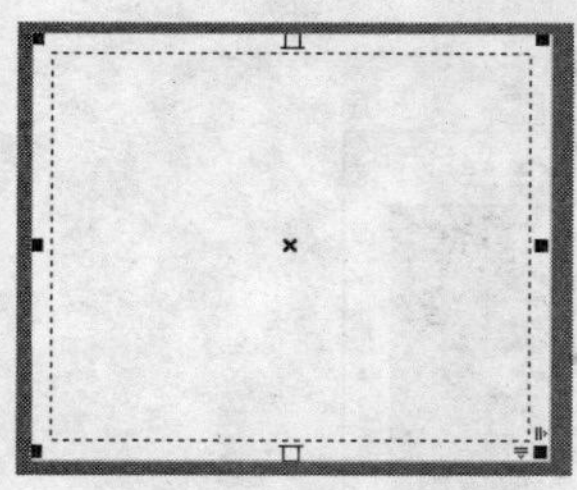

图11-84　文本框及输入的文字

（26）至此房产广告就绘制完成了，最终效果如图11-61所示。

第12章 使用泊坞窗

在CorelDRAW中包含了多种泊坞窗，其中有些泊坞窗已在前面的章节中陆续地介绍了。本章将主要介绍几个比较常用的泊坞窗：“对象管理器”泊坞窗、“对象数据”泊坞窗、“图形和文本”泊坞窗、“符号管理器”泊坞窗的功能和用法。

在本章中主要介绍下列内容：

- ▲ “对象管理器”泊坞窗
- ▲ “图形和文本”泊坞窗
- ▲ “对象数据”泊坞窗
- ▲ “符号管理器”泊坞窗

12.1 “对象管理器”泊坞窗

启动CorelDRAW，选择“工具→对象管理器”菜单命令，或选择“窗口→泊坞窗→对象管理器”菜单命令，都可以打开“对象管理器”泊坞窗，如图12-1所示。在该泊坞窗中将显示当前绘图区域中的对象、图层和页面的组织结构。

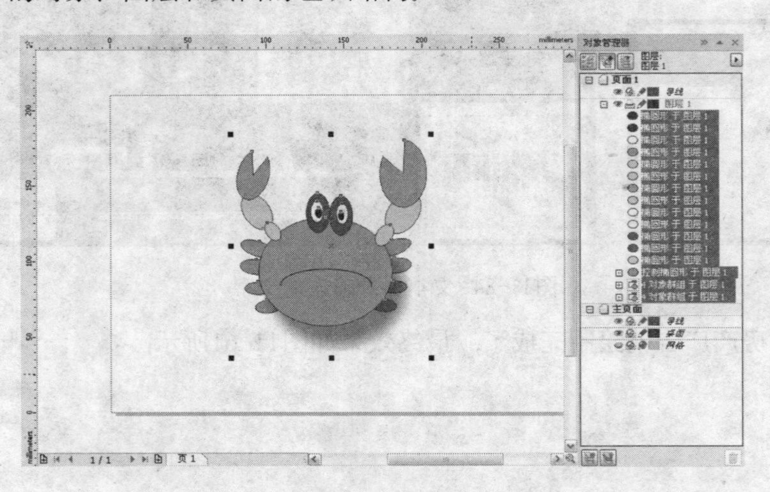

图12-1 在绘图区域右侧打开的“对象管理器”泊坞窗

使用“对象管理器”泊坞窗，可以通过创建、复制、移动、删除图层以及隐藏、锁定和打印选定图层来控制绘图区域中的图形对象彼此之间的重叠方式。当图形对象多时，还可选取和编辑图层。总之，使用该泊坞窗可以方便地管理图形对象，使用方法如下。

（1）绘制或者打开一幅包含多个对象的图形文档，如图12-2所示。读者也可以自己绘制其他的形状进行练习。

（2）选择“工具→对象管理器”菜单命令，打开“对象管理器”泊坞窗，查看文档中所有图形的信息，如图12-3所示。

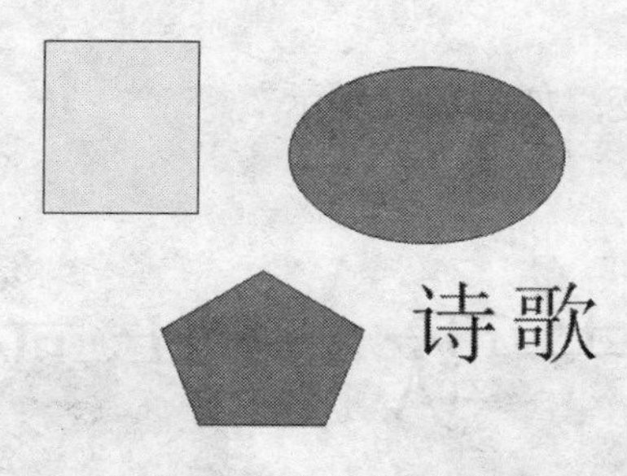

图12-2 绘制的图形

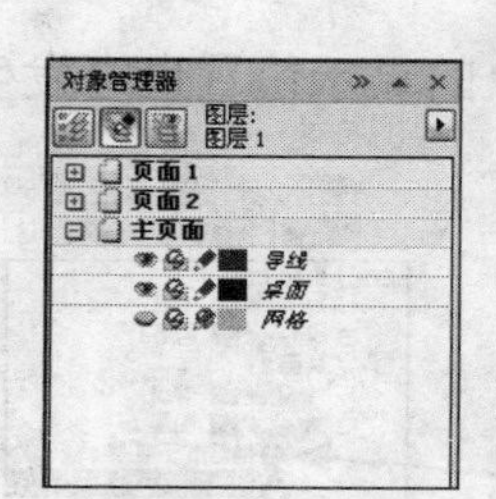

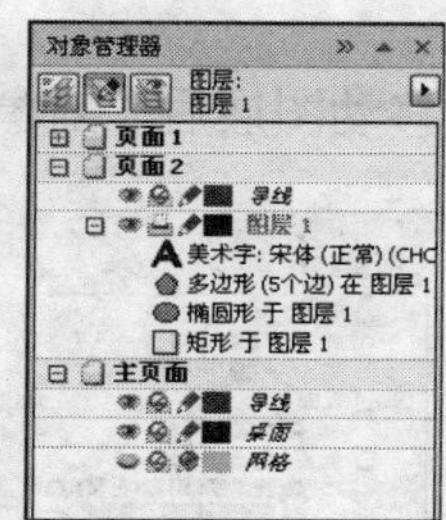

图12-3 “对象管理器”泊坞窗（右图是展开部分选项后的效果）

（3）单击该泊坞窗右上角的▶按钮，在弹出的菜单中选择“新建图层”选项，可创建一个新的图层，这时新增图层将显示在泊坞窗的列表中，如图12-4所示。此外，单击泊坞窗左下角的“新建图层”按钮，也可创建一个新的图层。

提示 如选择弹出菜单中的“新建主图层”选项，或单击“新建主图层”按钮，可以新建一个主图层，如图12-5所示。

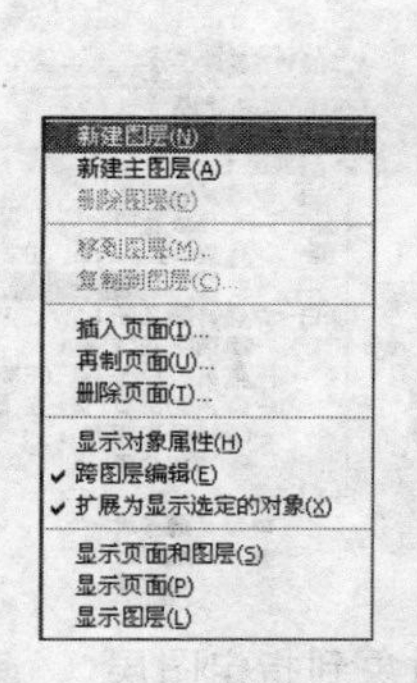

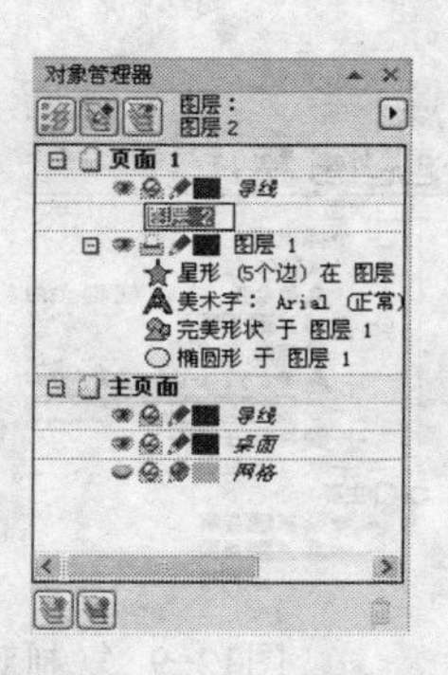

图12-4 新建图层

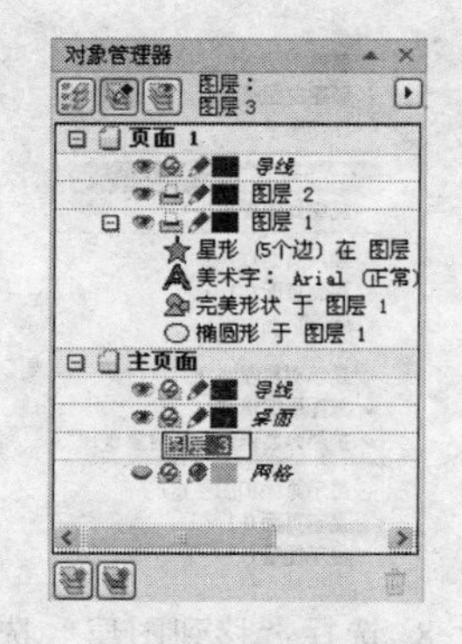

图12-5 新建主图层

（4）如要删除某个图层，只需先选中将要删除的图层，然后在弹出菜单中选择“删除图层”选项，或按键盘上的Delete键。

（5）在泊坞窗的列表中每个图层前都有几个功能图标，了解并掌握它们的功能将有助于图层的管理，它们的功能如下：

· 单击眼睛图标，可隐藏或显示图层，该图标为灰色则表示此图层是不可见的。

· 打印机图标表示在打印输出时是否可打印该图层。在默认情况下，网格和导线是不可打印的，因此其前面的打印机图标为灰色。当单击该图标使其打开时，就可以打印网格和导线了。

· 铅笔图标✎表示是否可编辑该图层，该图标显示为灰色表示锁定了该图层，该图层中的任何对象均不可编辑，这样可防止意外修改或移动图层中的对象。

· 铅笔图标后面的色块为图层的颜色，双击该色块可在显示的颜色列表中设置图层的颜色。

此外，在“对象管理器”泊坞窗中，当前正在使用的工作图层名称将呈现红色状态。

（6）如需改变对象在图层内或图层间的层叠顺序，可使用鼠标拖动的方式来进行（使用鼠标拖动方式来改变对象的层叠顺序，仅限于同一页面）。如选择“图层1”中的文本，并按下鼠标将其拖动到“图层2”上，松开鼠标后，所选的文本即被移到“图层2”中，如图12-6所示。

移动图层后，对象的显示位置也会发生相应的改变，如图12-7所示。

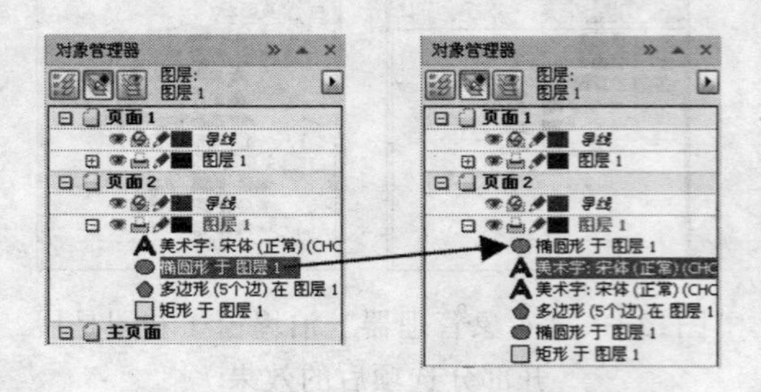

图12-6 移动对象到其他图层中

图12-7 对象显示位置改变的效果

提示 如果要在不同图层间改变对象顺序，还可选择弹出菜单中的“移到图层”选项，如图12-8所示。然后单击要移至的图层，即可以将所选的对象移到该图层中。

（7）选中某个对象，并选择弹出菜单中的“复制到图层”选项，然后单击要复制到的图层，即可以将所选对象复制一份到指定的图层，如图12-9所示。

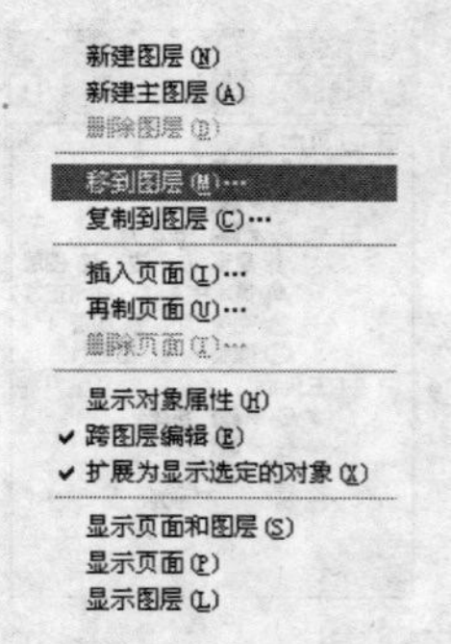

图12-8 选择“移到图层”选项

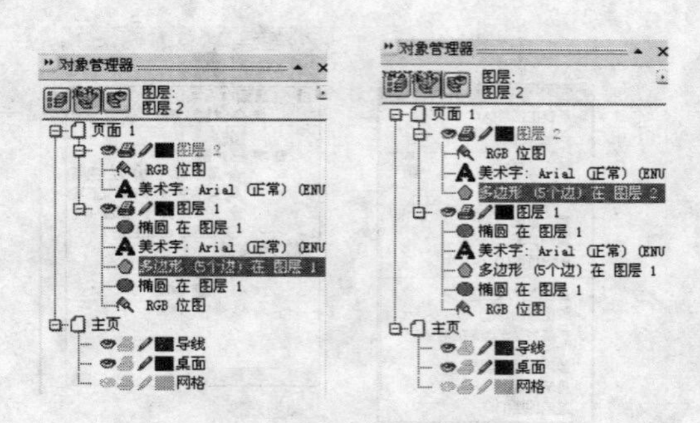

图12-9 复制对象到指定图层

（8）单击泊坞窗上的“显示对象属性”按钮，或选择弹出菜单中的“显示对象属性”选项，此时在泊坞窗中将会显示出对象的相关属性。拉大“对象管理器”泊坞窗，或将鼠标放在任意对象上，都会看到它们的属性，如图12-10所示。

提示 单击泊坞窗列表中的结构层次按钮⊞，使其变成⊟状态，可以将下一层对象的结构展开。单击泊坞窗列表中的结构层次按钮⊟，使用变成⊞状态，可以将该对象的所有层次隐藏起来，如图12-11所示。

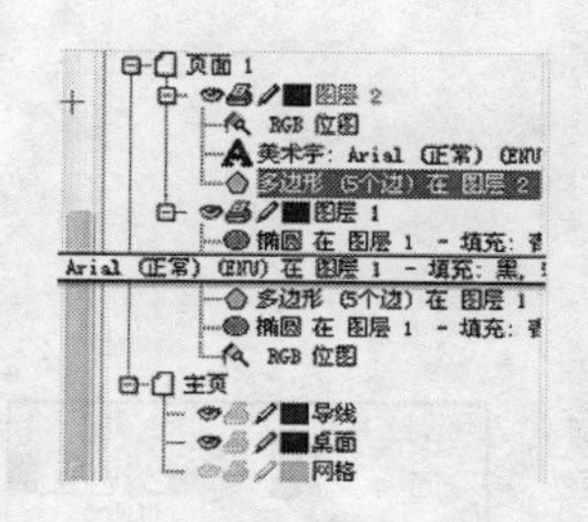

图12-10 显示对象属性

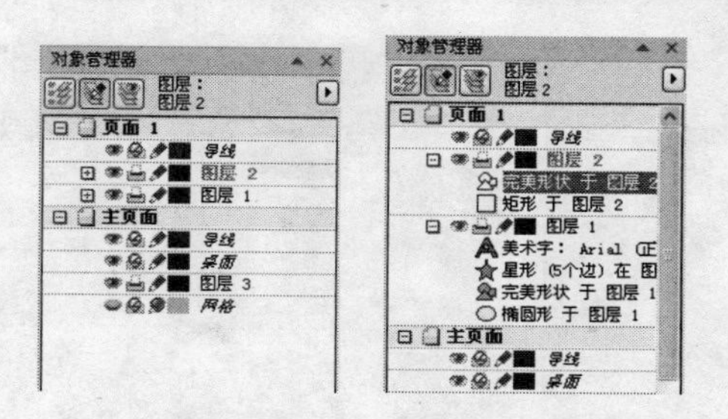

图12-11 折叠图层和展开图层的效果

（9）单击泊坞窗上的“跨图层编辑”按钮，或选择弹出菜单中的“跨图层编辑”选项（使选项前出现“√”），可以同时在多个图层上进行编辑，此时泊坞窗中所有图层上的对象都处于可选择状态。如果关闭该功能，则只能编辑当前被选中的图层上的对象。

（10）在泊坞窗弹出菜单中选择“显示页面和图层”选项，将显示文档中所包含的页面和所有图层，如图12-8（左）所示；选择“显示页面”选项，将显示文档中所包含的页面，如图12-8（中）所示；选择“显示图层”选项，则显示所有的图层，如图12-12（右）所示。

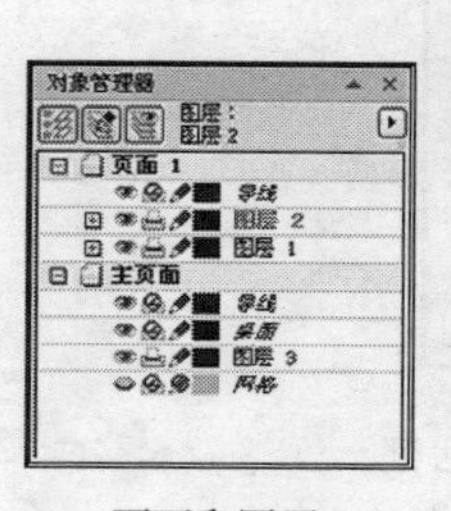

页面和图层

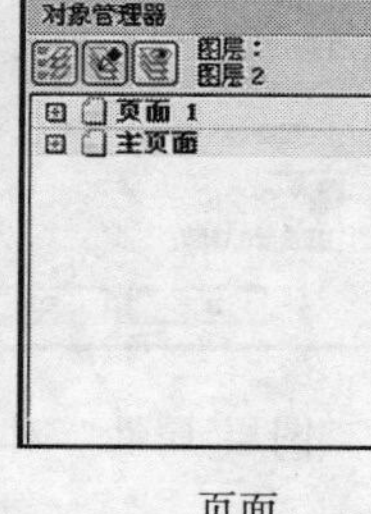

页面

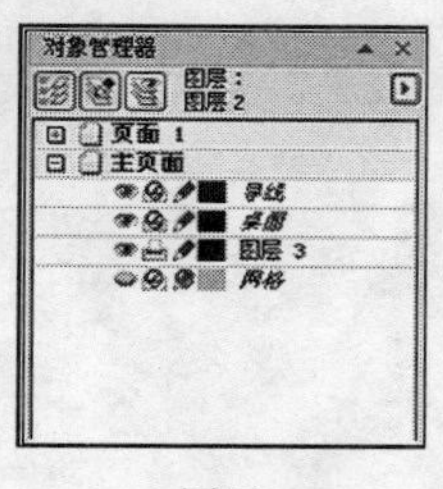

图层

图12-12 页面和图层的显示方式

提示 当在泊坞窗中选中一个对象名称时，将对应地选中文档中的该对象，用这种方法可以快速选择对象（特别是相互重叠在一起的对象），对它们进行编辑。

12.2 图层属性

在“对象管理器”泊坞窗中不仅可以重新排列或者组织不同图层的顺序，还可以设置图层的属性，比如是否可见、是否可打印和是否可编辑等。在“对象管理器”泊坞窗的图层上单击鼠标右键，将打开一个快捷菜单，如图12-13所示。

如果对应的命令处于勾选状态，那么表示该属性是可用的，否则表示该属性不可用。比如，取消勾选“可见”项，那么该图层中的内容就看不到了，如图12-14所示。

另外，还可以对图层执行剪切、复制、粘贴、删除和重命名等操作。选择“属性”命令后，将打开“图层属性”对话框，如图12-15所示。在该对话框中可以设置图层的属性。

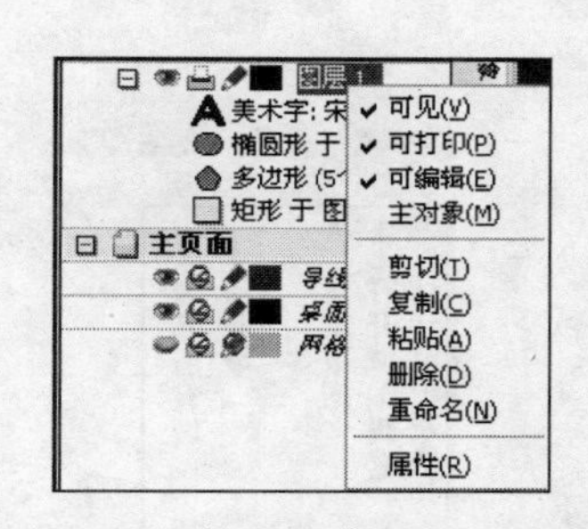

图12-13 打开的快捷菜单

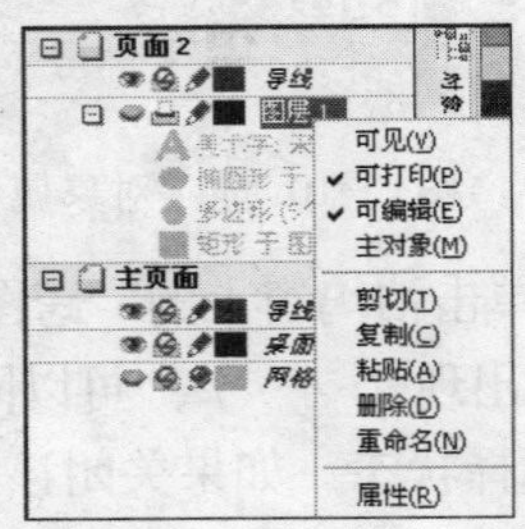

图12-14 该图层中的对象看不到了

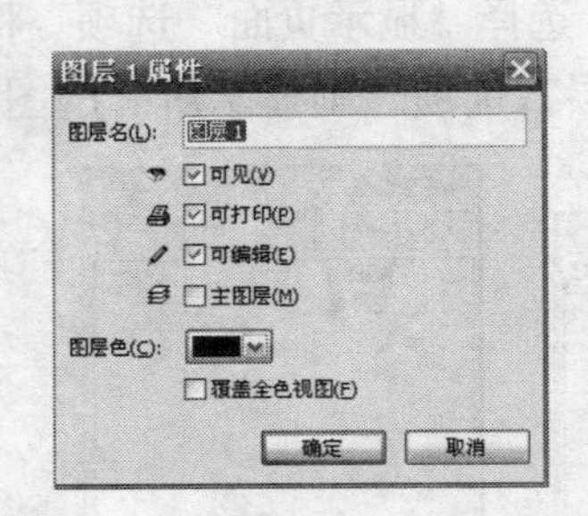

图12-15 “图层 属性”对话框

12.3 “对象数据”泊坞窗

选择菜单栏中的“工具→对象数据管理器”菜单命令，或选择“窗口→泊坞窗→对象数据管理器”菜单命令，都将显示“对象数据”泊坞窗，如图12-16所示。使用该泊坞窗可以为选中的对象，或是群组对象附加一些信息，如文本、数字、数据及时间等，这样有利于图形对象的管理。

下面介绍一下它的使用方法。

（1）选择菜单栏中的“工具→对象数据管理器”命令，打开“对象数据”泊坞窗，此时泊坞窗是空白的，需要单击其中的按钮才能打开相应的对话框。

（2）单击泊坞窗中的“打开电子表格”按钮，将会打开如图12-17所示的“对象数据管理器”窗口，使用它可以输入和编辑多个对象，创建对象信息。

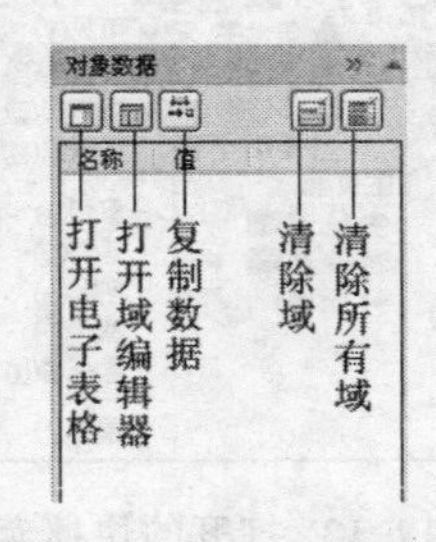

图12-16 “对象数据”泊坞窗

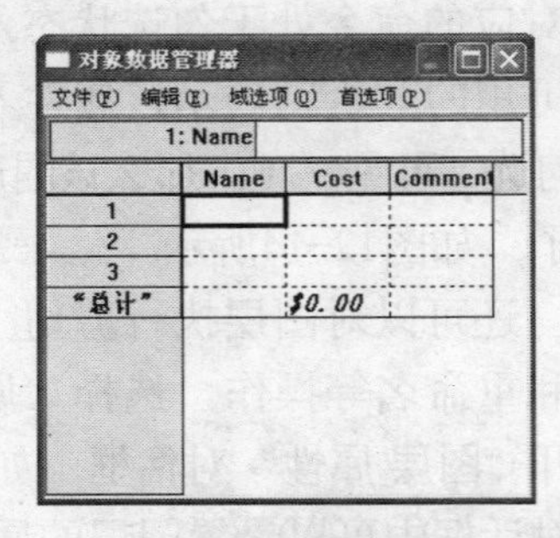

图12-17 “对象数据管理器”窗口

“对象数据管理器”窗口中各菜单的功能如下:

· “文件”菜单：可以设置页面、打印文件和关闭“对象数据管理器”窗口，如图12-18所示。

· “编辑”菜单：可以撤销和重做操作，剪切、复制、粘贴和删除单元内容，如图12-19所示。

· 使用“域选项”菜单中的各选项，可以完成一些特殊的操作。例如选择“显示分层结构”选项，可以缩进所选的同一列上所有的群组对象；选择“概括群组”选项，可以显示所选列的群组概括，如图12-20所示。

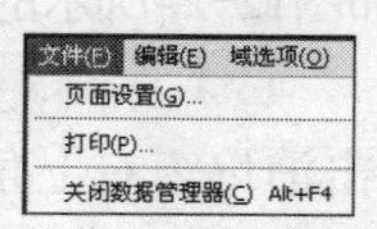

图12-18　“文件”菜单

图12-19　“编辑”菜单

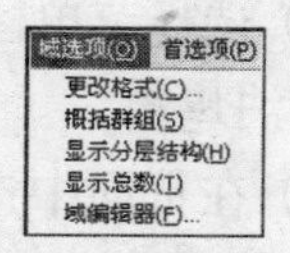

图12-20　“域选项”菜单

· 在“首选项”菜单中包含了指定显示数据的方式选项，可以显示群组区域或是突出显示顶层对象和输入数据，如图12-21所示。

（3）在“对象数据管理器”窗口的“域选项”菜单中选择“域编辑器”选项，或者在“对象数据”泊坞窗中单击“打开域编辑器”按钮，将会打开如图12-22所示的“对象数据域编辑器”对话框。

“对象数据域编辑器”窗口中各选项的功能如下:

· 单击“新建域”按钮，可以增加新域；单击“添加选定的域”按钮，可以添加选取的域；单击“删除域”按钮，可以删除域。

· 在“添加域到”选项区中可以设定域的添加范围。

· 单击“格式”选项区中的“更改”按钮，可打开“格式定义”对话框，对所选择的栏位进行格式定义，如图12-23所示。

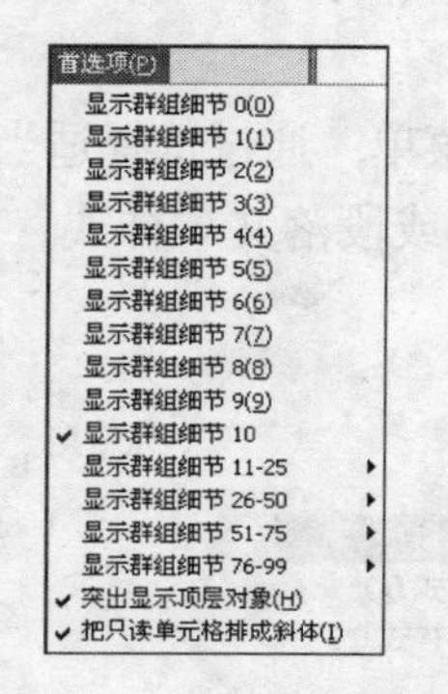

图12-21　“首选项”菜单

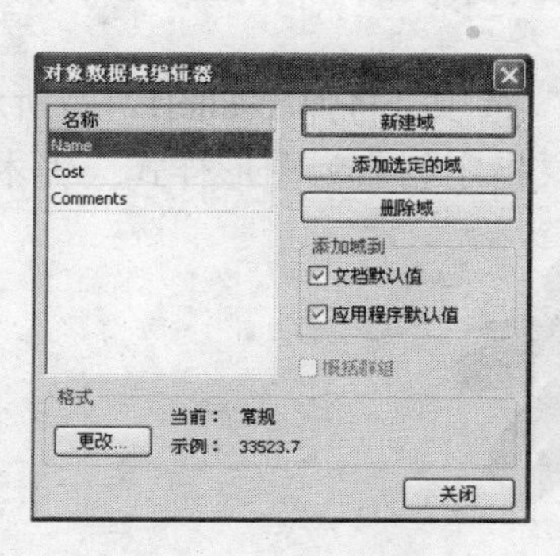

图12-22　“对象数据域编辑器”对话框

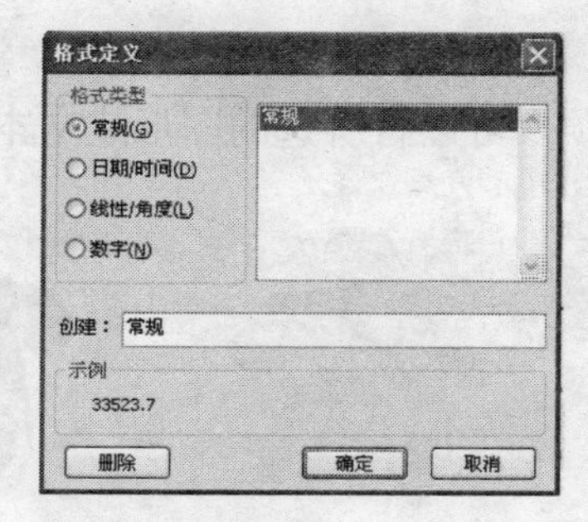

图12-23　“格式定义”对话框

（4）当在“数据管理”泊坞窗中增加了新的域后，可以通过单击“清除域”按钮或“清除所有域”按钮来清除新增的域。

（5）通过单击“复制数据”按钮可以复制其他指定对象数据到所选对象中。

12.4 “图形和文本”、“符号管理器”泊坞窗

在CorelDRAW中，为了制图的需要，经常会对图形和文本使用特殊的样式，或将系统中的一些符号应用到图形中。

12.4.1 图形和文本样式

选择“工具→图形和文本样式”命令可以打开“图形和文本”泊坞窗。使用“图形和文本”泊坞窗，可以对图形或文本应用特殊的样式，以产生特殊效果。下面介绍一下其使用方法。

（1）选择菜单栏中的“工具→图形和文本样式”菜单命令，打开如图12-24所示的“图形和文本”泊坞窗。

（2）在页面中选择图形，并在泊坞窗中选择适当的样式，然后单击泊坞窗右上角的▸按钮，从弹出的菜单中选择“应用样式”选项，即可以将选定的样式应用到所选的图形上，如图12-25所示。

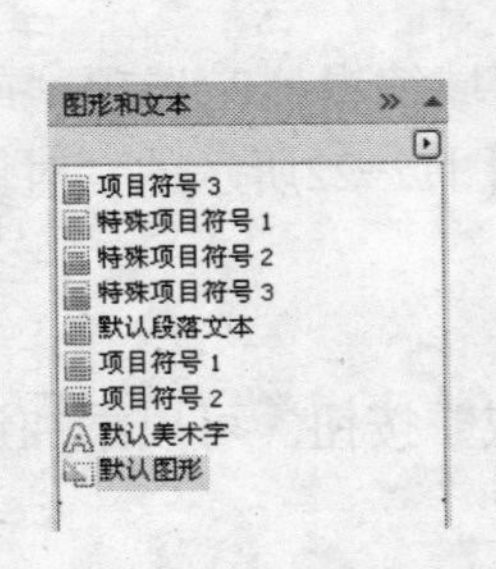

图12-24 “图形和文本”泊坞窗

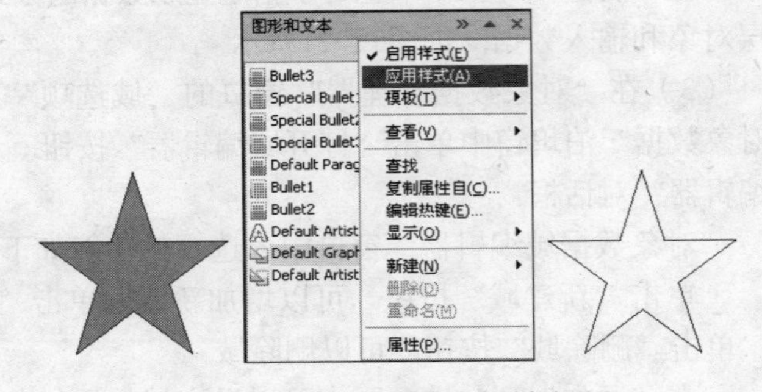

图12-25 选择并应用样式

注意 也可以在选中对象后，直接使用鼠标将泊坞窗中所需的样式拖至图形上，松开鼠标后，即可以将所选样式应用到图形上，如图12-26所示。

（3）选择弹出菜单中的“新建”选项，将弹出如图12-27所示的子菜单，通过选择适当的选项，可以将所选的图形或文本对象指定创建为图形样式、美术字样式或段落文本样式。

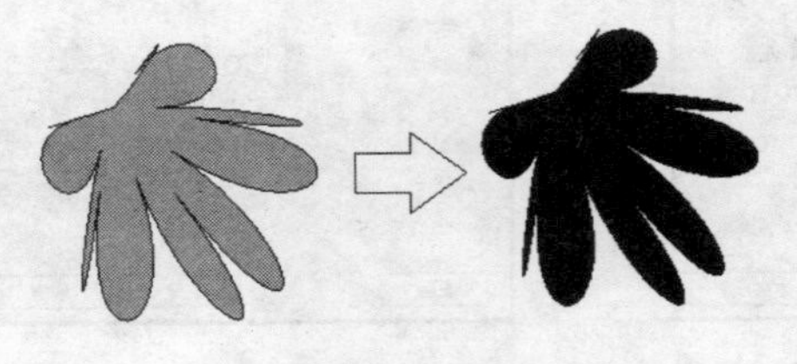

图12-26 应用样式

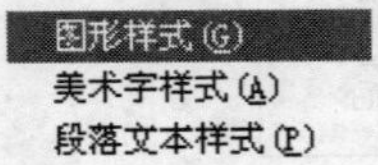

图形样式(G)
美术字样式(A)
段落文本样式(P)

图12-27 “新建”子菜单

提示 除了使用菜单创建样式外，还有一种创建样式的简单方法，就是直接将带有属性的图形或文本对象拖到“图形和文本”泊坞窗中，系统将自动为其命名并添加到图形或文本样式中，如图12-28所示。

（4）选择弹出菜单中的“模板”选项，将弹出如图12-29所示的子菜单。

图12-28 创建新样式

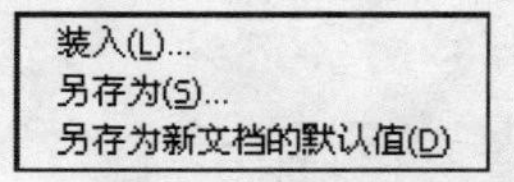

图12-29 “模板”子菜单

“模板”子菜单中各选项的功能如下:

· 选择“装入”选项，可打开如图12-30所示的“从模板中装入样式”对话框。在该对话框中选择一个模板后，单击“打开”按钮，即可将该样式模板装入系统中。

图12-30 “从模板中装入样式”对话框

· 选择“另存为”选项，在打开的“保存模板”对话框中输入文件的名称并单击“保存”按钮，即可以将当前的样式保存到模板中，如图12-31所示。

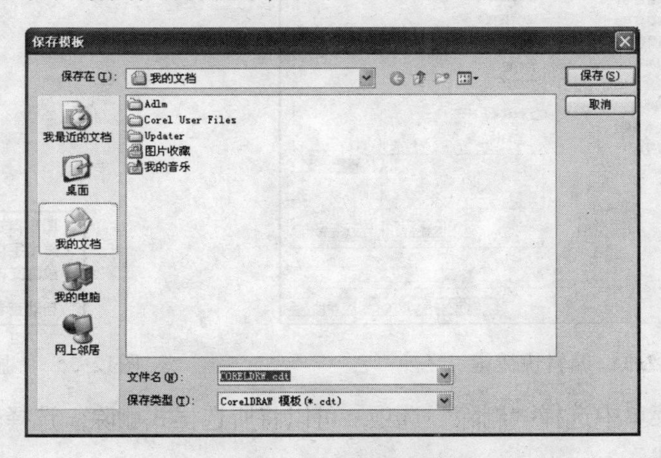

图12-31 “保存模板”对话框

· 选择“另存为新文档的默认值”选项，可以将当前的样式保存为新文档的默认模板。

（5）选择弹出菜单中的“查看”选项，在弹出的子菜单中可以选择泊坞窗中参数的显示方式，如图12-32所示。

选择不同的选项，图形和文本的样式将以不同的方式显示，比如选择“大图标”和“列表”项后，样式的显示方式如图12-33所示。

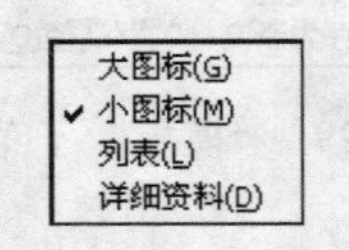

图12-32 “查看”子菜单

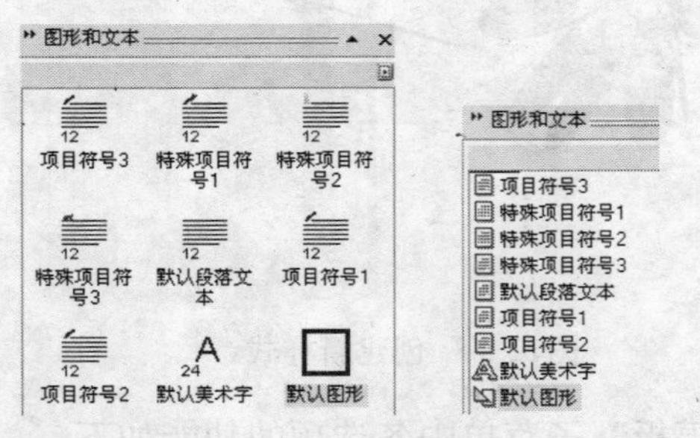

图12-33 大图标（左）和列表（右）显示方式

（6）选择弹出菜单中的“查找”选项，可以查找具有选定样式的对象。首先选中对象，并在泊坞窗中选中样式，然后选择“查找”选项即可。选择该选项后，该选项将变为“查找下一个”，以提示是否需要继续查找。

（7）选择弹出菜单中的“复制属性自”选项，可以将文档中对象的填充、轮廓、段落等属性复制到选定的样式中。只需在泊坞窗中选定样式，然后选择该选项，此时鼠标变为黑箭头形状，在页面中单击要复制属性的对象即可。

（8）在泊坞窗的弹出菜单中还可以选择“编辑热键”选项，选择后将打开“选项”对话框。单击该对话框中的“快捷键”选项卡，可以编辑样式所使用的快捷键，如图12-34所示。

（9）选择弹出菜单中的“显示”选项，将弹出如图12-35所示的子菜单。通过选择该子菜单中的适当选项，将在泊坞窗中显示相应的样式；如选择“自动查看”选项，则根据文档中对象使用的样式自动显示在泊坞窗中。

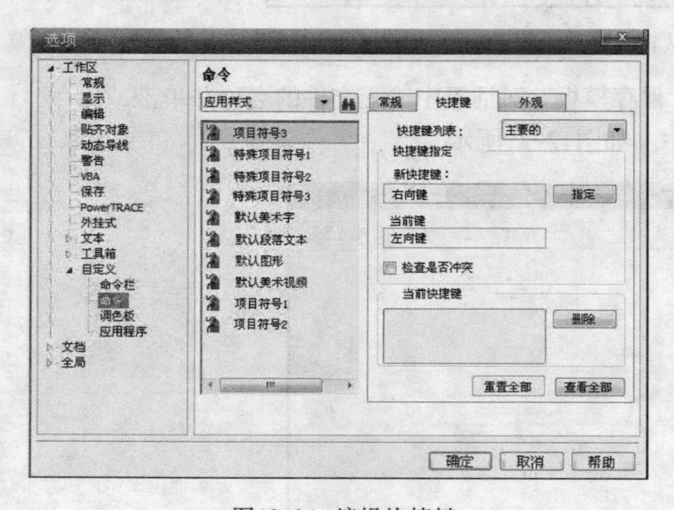

图12-34 编辑快捷键

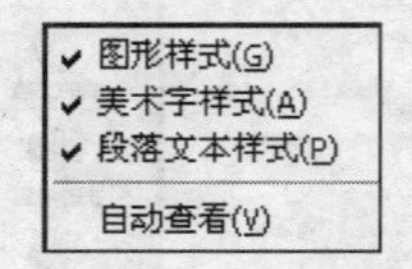

图12-35 “显示”子菜单

（10）在弹出菜单中选择“删除”选项，可以将所选样式删除；选择“重命名”选项，可以重新命名所选样式。

（11）选择“属性”选项，将会打开如图12-36所示的“选项”对话框，在该对话框中可以自定义所选样式的属性。

12.4.2 “符号管理器”泊坞窗

在CorelDRAW的“符号管理器”泊坞窗中提供了多种符号与特殊字符，用户可以直接将这些符号拖到页面中使用。

在CorelDRAW中，选择“窗口→泊坞窗→符号管理器”菜单命令，打开“符号管理器”泊坞窗，如图12-37所示。

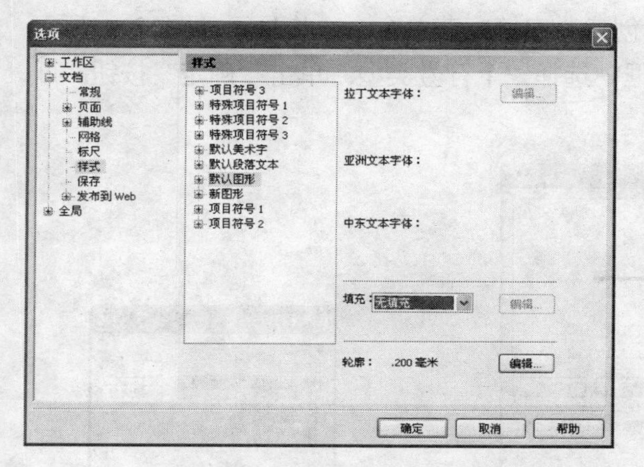

图12-36 “选项”对话框

图12-37 “符号管理器”泊坞窗

在“符号管理器”泊坞窗的树型目录中可以选择要使用的符号管理器，包括当前图形文件、本地符号和网络符号。在符号列表框中选择一个或者多个符号后，可以在上面的“符号预览”框中显示该符号的内容。

如果选中本地符号或者网络符号，则“添加库”按钮可用，单击该按钮可以在当前位置添加扩展名为.csl的符号管理器。如果选中当前图形，那么“导出库”按钮处于可用状态，单击该按钮可打开“导出库”对话框，如图12-38所示。使用该对话框可以导出扩展名为.csl的新库。

在“符号管理器”泊坞窗的底部有5个按钮，它们分别是：“插入符号”按钮，用于在工作页面中插入符号对象；“编辑符号”按钮，用于对符号进行编辑；“删除符号”按钮，用于删除符号对象及在工作页面中的相关实例；“缩放到实际单位”按钮，用于匹配符号和当前绘图文件的大小；“清除未用定义”按钮，用于清除未使用的符号对象。

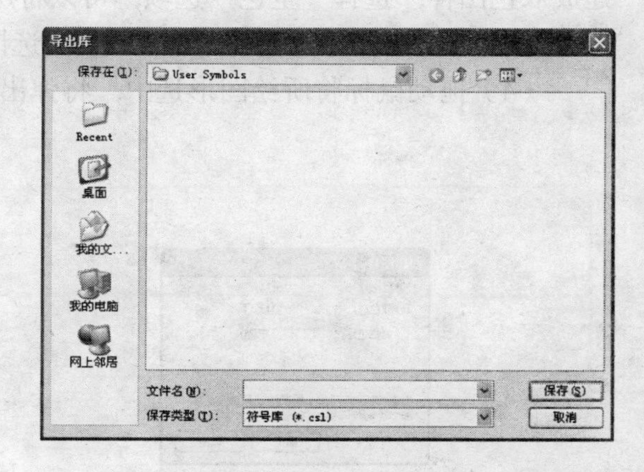

图12-38 “导出库”对话框

12.4.3 创建符号

选择“工具→创建”菜单命令，将弹出如图12-39所示的子菜单，使用该子菜单，可以制作箭头、图样及符号。

1. 制作箭头

在绘图区选中一个对象，然后选择“工具→创建→箭头”菜单命令，将打开如图12-40所示的“创建箭头”对话框，单击“确定”按钮，即可以将选中的对象创建为箭头。

2. 制作字符

选中一个对象，选择菜单栏中的“工具→创建→字符”菜单命令，将显示如图12-41所示的“插入字符”对话框。在“字符类别”列表框中选择一个符号类型，单击“确定”按钮，即可以将所选对象创建为符号。

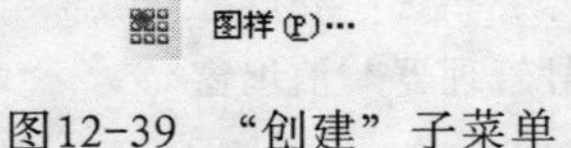

图12-39 “创建”子菜单

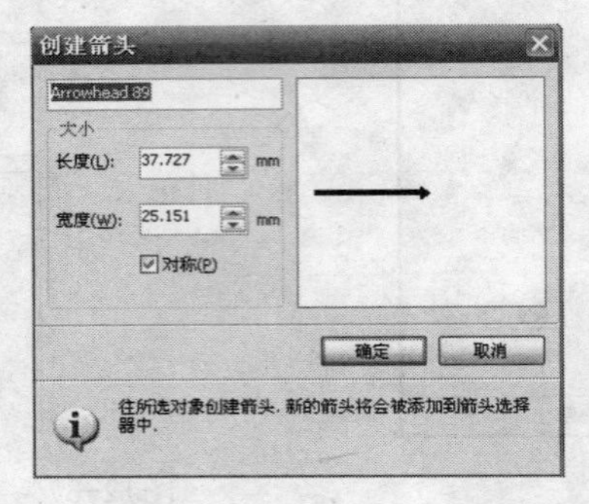

图12-40 “创建箭头”对话框

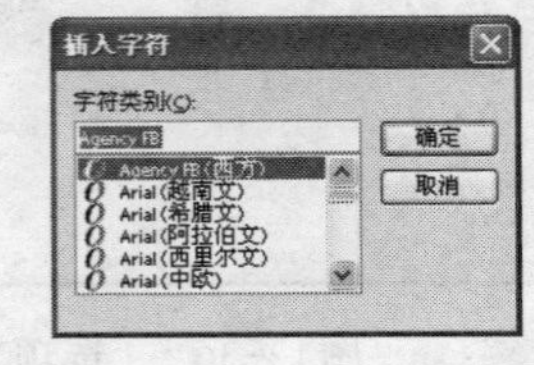

图12-41 “插入字符”对话框

3. 制作图样

使用“创建”子菜单下的“图样”命令，可以创建图样，方法如下。

（1）在页面上绘制一个要作为填充图样的图形，然后选择菜单栏中的“工具→创建→图样”菜单命令，打开如图12-42所示的“创建图样”对话框。

（2）在“类型”选项区中选取创建的花纹类型。选择“双色”选项，可以将所选对象创建成双色图样；选择“全色”选项，可以将所选对象创建成全色图样。

（3）在“分辨率”选项区中根据需要选择创建的图样的分辨率，然后单击“确定”按钮。

（4）拖动鼠标将所绘图形选中，将弹出如图12-43所示的提示对话框。

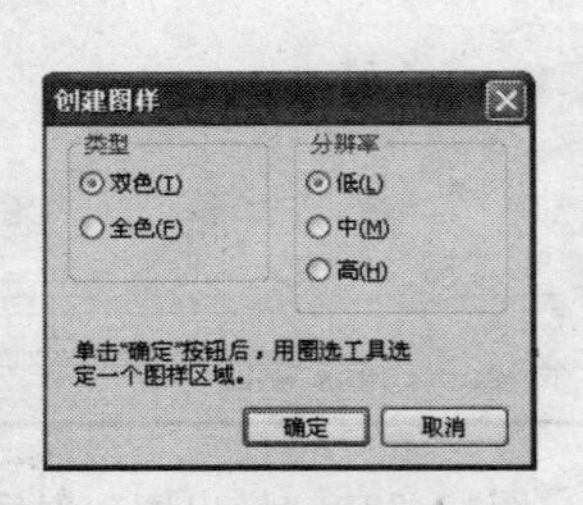

图12-42 “创建图样”对话框

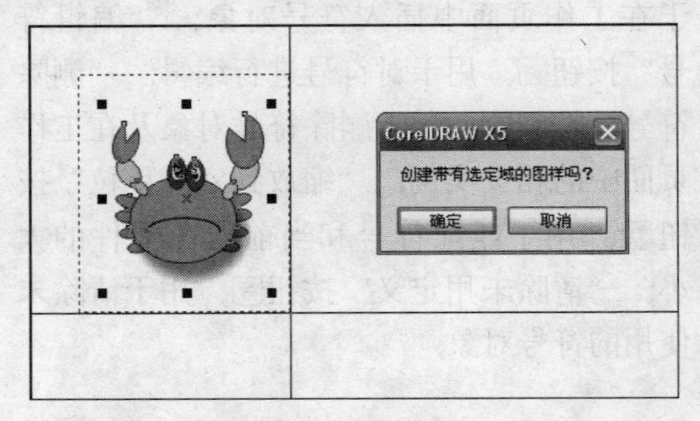

图12-43 提示对话框

（5）单击“确定”按钮，打开“保存向量图样”对话框，如图12-44所示。设置好名称后，单击“保存”按钮，即可将选中的图形作为一种图样保存到CorelDRAW系统中的图样填充样式库中。

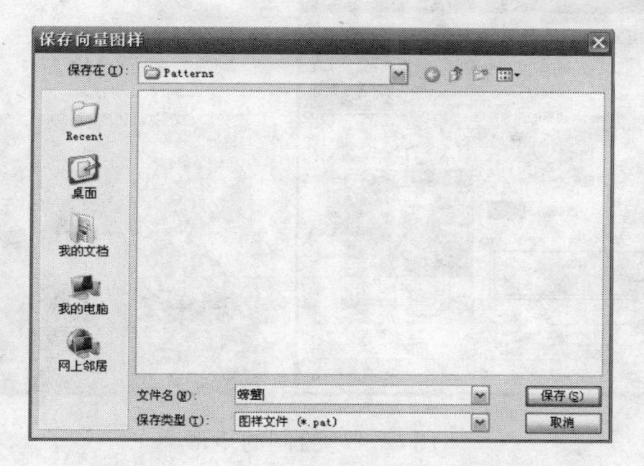

图12-44 “保存向量图样”对话框

（6）比如，这里保存的是一只小螃蟹，下面是在“图样填充”对话框中找到的已保存好的小螃蟹图案，如图12-45所示。

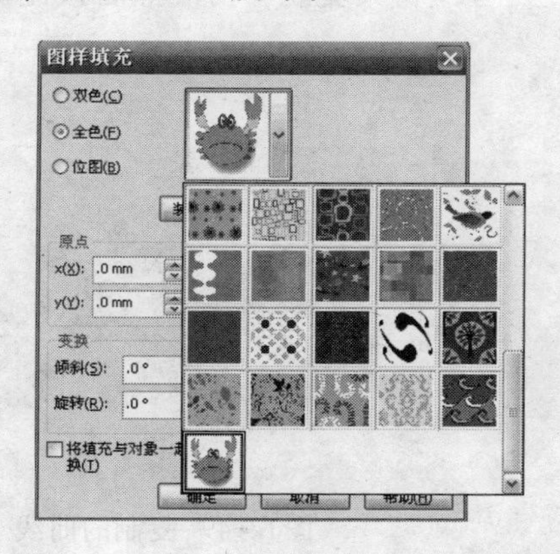

图12-45 找到的小螃蟹图案以及填充效果

另外，还有其他几个泊坞窗，比如“视图管理器”泊坞窗、“链接管理器”泊坞窗、“撤销管理器”泊坞窗、“因特网书签管理器”泊坞窗等，它们的应用将在以后的章节中分别予以介绍，在此不再赘述。

12.5 实例：形象海报

本例中主要使用了文本工具、贝塞尔工具和交互式立体化工具等来绘制一幅形象海报。绘制的最终效果如图12-46所示。

图12-46 最终效果

（1）打开CorelDRAW，创建一个新的文档，并根据需要设置适当的大小。

（2）单击工具箱中的矩形工具□，在页面中绘制一个和页面一样大小的矩形，并为其填充渐变色，如图12-47所示。

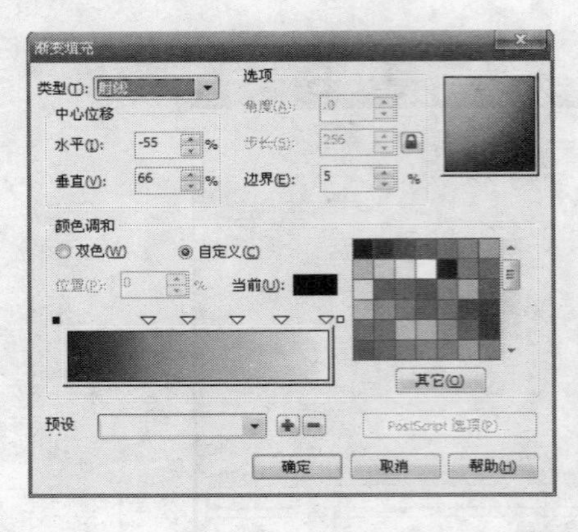

图12-47 绘制的矩形

（3）绘制装饰线条。单击工具箱中的贝塞尔工具，在画面底部绘制一条曲线，并设置轮廓线为白色，如图12-48所示。

（4）选择刚绘制的曲线，按小键盘上的“+”号，将其复制一份，然后按比例缩小，移动到画面的左上方，如图12-49所示。

图12-48 绘制的曲线

图12-49 复制的曲线

（5）选择“窗口→泊坞窗→调和”命令，在窗口的右侧会出现“调和”泊坞窗，将刚绘制的两条曲线全部选中，然后在泊坞窗中设置“步长”为70，然后单击“应用”按钮，效果如图12-50所示。

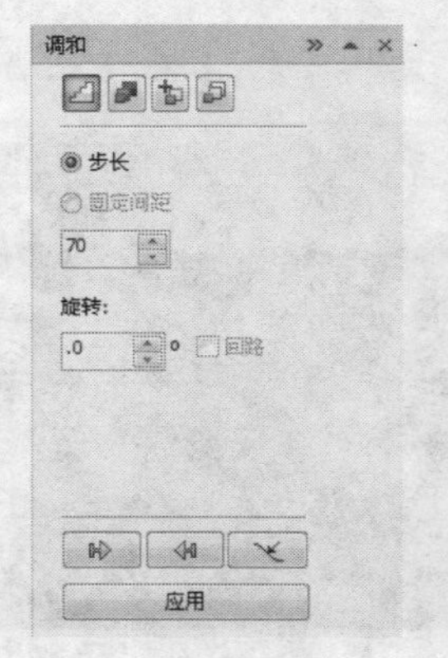

图12-50 创建调和对象

（6）选中调和对象，单击工具箱中的交互式透明度工具，在属性栏设置透明度类型为“标准”，效果如图12-51所示。

图12-51 添加“标准”透明度效果

（7）单击工具箱中的贝塞尔工具，在画面上绘制两条曲线，设置轮廓线为白色，如图12-52所示。

图12-52 绘制的曲线

（8）选择“窗口→泊坞窗→调和”命令，在窗口的右侧会出现“调和”泊坞窗，将刚绘制的两条曲线全部选中，然后在泊坞窗中设置“步长”为70，然后单击“应用”按钮，效果如图12-53所示。

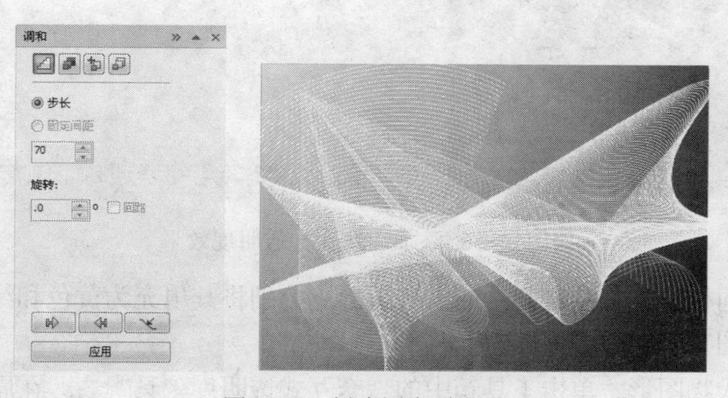

图12-53 创建调和对象

（9）选中调和对象，单击工具箱中的交互式透明度工具，在属性栏设置透明度类型为“标准”，效果如图12-54所示。

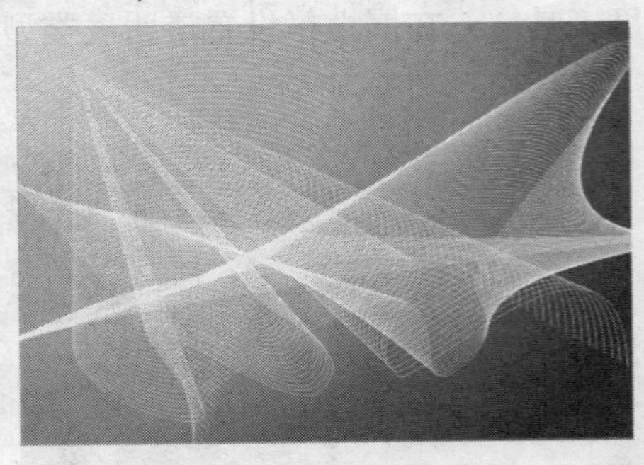

图12-54 添加“标准”透明度效果

（10）单击工具箱中的贝塞尔工具，在页面上绘制一个人物图形，将其填充为红色，设置轮廓为无色，将其调整到如图12-55所示的位置。

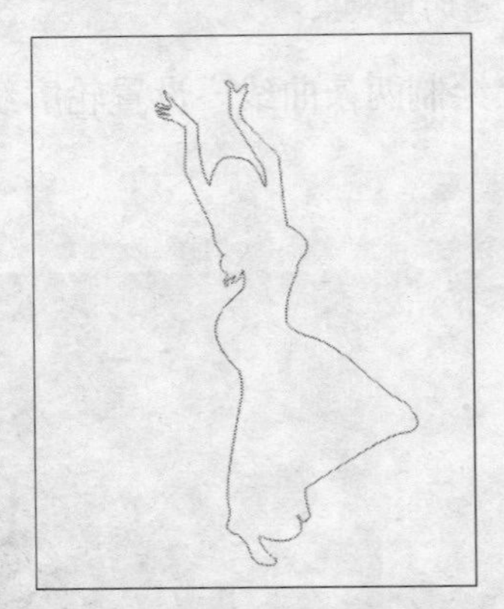

图12-55 绘制的人物图形

（11）选中人物图形，单击工具箱中的交互式透明度工具，在属性栏设置透明度类型为“线性”，效果如图12-56所示。

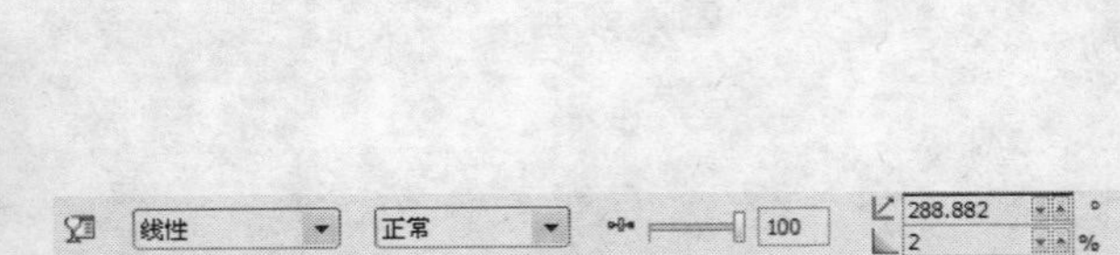

图12-56 添加“线性”透明度效果

（12）按照同样的方法绘制其他的人物图形，分别将其填充为黄色和绿色，设置轮廓为无色，并调整到如图12-57所示的位置。

（13）选中人物图形，单击工具箱中的“交互式透明度工具”，在属性栏设置透明度类型为“线性”，效果如图12-58所示。

（14）制作立体字效果。单击工具箱中的文本工具，在属性栏设置“字体”为宋体，并设置字体的大小，在页面中输入字母“S”，如图12-59所示。

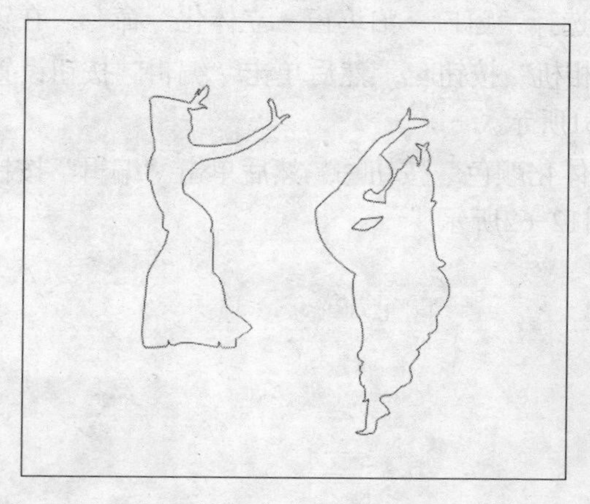

图12-57 绘制的其他人物图形

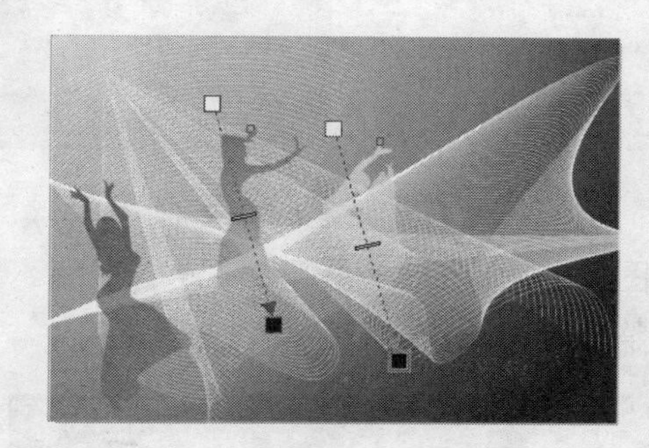

图12-58 添加“线性”透明度效果

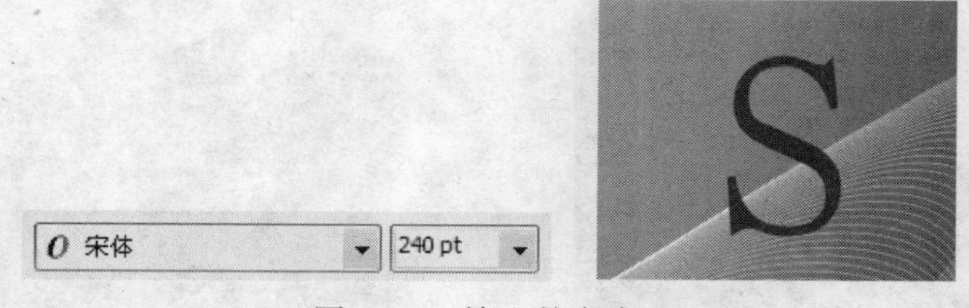

图12-59 输入的文字

（15）选择刚输入的字母，将其填充为绿色到黄色的渐变，调整到合适的位置，如图12-60所示。

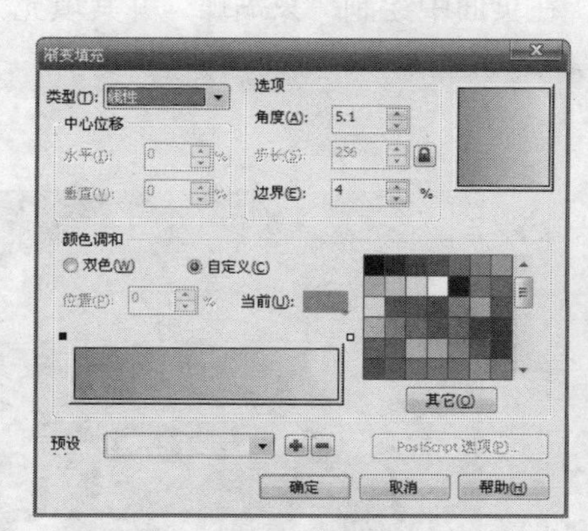

图12-60 文字颜色和位置

（16）确定输入的字母处于选中状态，选择“窗口→泊坞窗→立体化”命令，在窗口的右侧会出现“立体化”泊坞窗。单击“立体化相机”按钮，然后单击“编辑”按钮设置相机参数，最后单击“应用”按钮，效果如图12-61所示。

（17）单击“立体化”泊坞窗中的“立体化颜色”按钮，然后单击“编辑”按钮设置颜色参数，最后单击“应用”按钮，效果如图12-62所示。

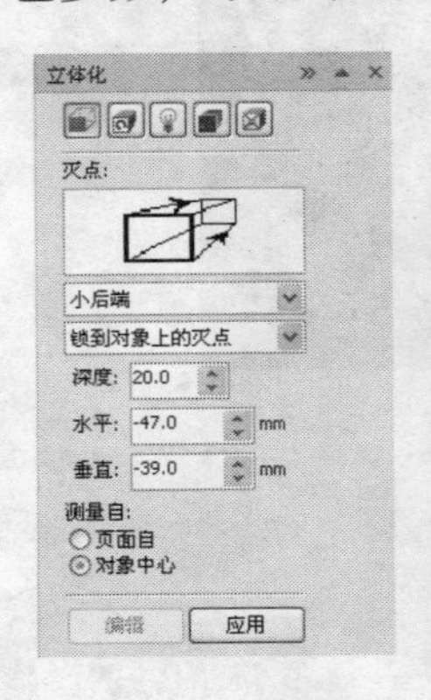

图12-61 立体化的文字

图12-62 文字的颜色效果

（18）将制作好的立体字调整到合适的位置，如图12-63所示。

（19）按照同样的方法制作其他的立体字，并调整位置如图12-64所示。

图12-63 文字的位置

图12-64 制作的其他文字

（20）单击工具箱中的贝塞尔工具，在页面中绘制一只蝴蝶，并其填充为白色，轮廓设置为无色，调整到如图12-65所示的位置。

图12-65 绘制的蝴蝶

（21）按照同样的方法绘制其他的蝴蝶，并将其调整到合适的位置，设置其透明度，如图12-66所示。

图12-66 绘制的其他蝴蝶

（22）选择“窗口→泊坞窗→艺术字”命令，在窗口的右侧会出现“艺术字”泊坞窗。在默认笔触框中选择需要的笔触，单击工具箱中的艺术笔工具，在页面中画一条曲线，效果如图12-67所示。

（23）选择刚绘制的笔触，将其填充为白色，轮廓设置为无色，调整到如图12-68所示的位置。

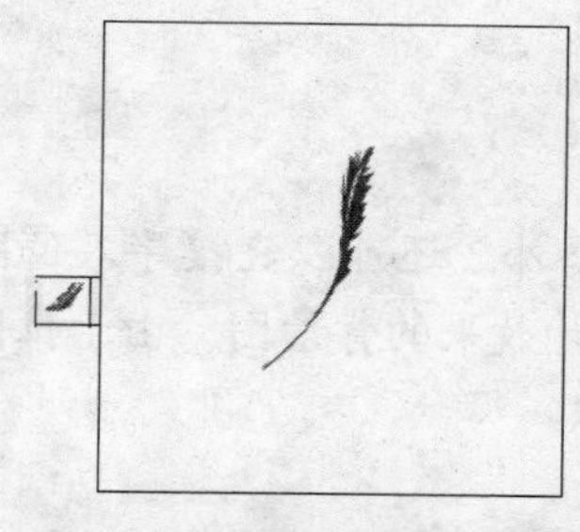

图12-67 选择的笔触

图12-68 笔触的位置

（24）至此形象海报就绘制完成了，最终效果如图12-46所示。

第13章 使 用 位 图

在CorelDRAW中，除了可以绘制与编辑矢量图形对象外，还可以直接导入位图，并对位图进行各种编辑。另外，也可以直接导入位图作为设计效果的背景图。由于位图的使用率也很高，因此在本章中就来介绍使用位图方面的知识。

在本章中主要介绍下列内容：

▲ 位图　　▲ 调整位图

▲ 矢量图和位图相互转换　　▲ 编辑位图

13.1 位图

在本书前面的内容中，已经介绍过位图图形是由屏幕上的无数个细微的像素点构成的，位图图形与屏幕上的像素有着密不可分的关系。可以在CorelDRAW中对位图进行一定的操作，如移动、缩放、着色、排列等。

在CorelDRAW中，可以导入位图，而且在导入的同时可以对位图进行简单的调整，比如裁剪、缩放、重新取样等。在导入位图后也可以根据需要对它进行编辑，比如旋转、倾斜和镜像等。

下面介绍导入位图的操作。

（1）选择菜单栏中的“文件→导入”菜单命令，打开“导入”对话框，如图13-1所示。

（2）选择需要的位图文件后单击“导入”按钮即可将位图导入到CorelDRAW中。但是位图在工作页面中并不会立即显示出来，需要把光标移动到工作页面中，光标将改变为⌈形状，单击或者单击并拖动，才能显示出导入的位图，如图13-2所示。

下面介绍“导入”对话框中的几个选项，如图13-3所示。

· 外部链接位图：选中该项后，将以链接方式导入位图，这样对位图所做的编辑可以自动更新。

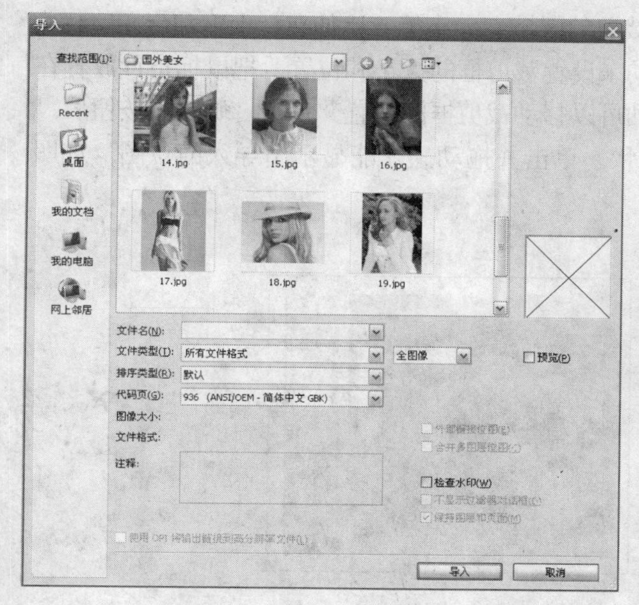

图13-1 “导入”对话框

图13-2 显示出来的位图

· 合并多图层位图：如果导入的位图包含多个图层，如PSD格式的文件，那么选中该项后，可以合并图层。

· 检查水印：选中该项后，将检查导入位图中的水印信息。

· 不显示过滤器对话框：选中该项后，导入位图时将隐藏过滤器对话框。

· 保持图层和页面：选中该项后，导入位图时将保持位图的图层和页面。

另外，在“文件类型”下拉列表框右侧有一个“全图像”下拉列表框，如图13-4所示。

· 全图像：这是默认设置，单击“导入”按钮后，需要把光标移动到工作页面中，光标将改变为⌈形状，单击并拖动，才能显示出导入的位图。

· 裁剪：如果选中该项，单击“导入”按钮后，将打开“裁剪图像”对话框，如图13-5所示。

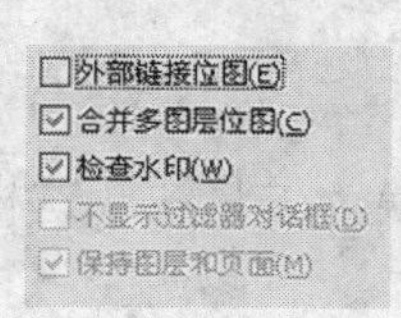

图13-3 选项

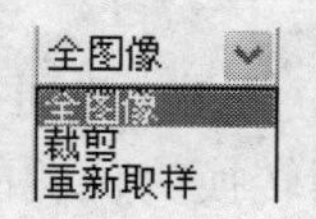

图13-4 下拉列表框

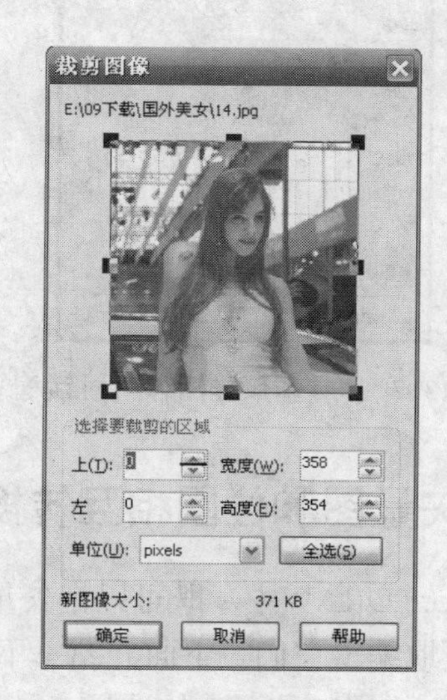

图13-5 “裁剪图像”对话框

在“裁剪图像”对话框中可以设置需要裁剪的区域、大小等，比如在“上”和“左”栏中设置裁剪框的位置。也可以直接使用鼠标拖动来设置裁剪框的大小和位置。把鼠标指针放置在裁剪框中，此时鼠标指针变为手形，通过拖动可以移动裁剪框的位置。单击“确定”按钮后，把光标移动到工作页面中，光标将变为⌈形状，单击并拖动，才能显示出导入的位图，如图13-6所示。

图13-6 裁剪效果

· 重新取样：如果选中该项，单击“导入”按钮后，将打开“重新取样图像”对话框，如图13-7所示。

在“重新取样图像”对话框中，若选中“保持纵横比”项，将维持导入图像的宽高比；在“宽度”和“高度”栏中可以设置重新取样图像的宽度和高度。在“分辨率”选项区中，可以设置取样位图水平方向和垂直方向的分辨率，如果选中“相同值”项，那么取样位图水平方向和垂直方向上的分辨率将保持相同。设置好后，单击“确定”按钮，把光标移动到工作页面中，光标将变为⌈形状，单击并拖动，才能显示出导入的位图，如图13-8所示。

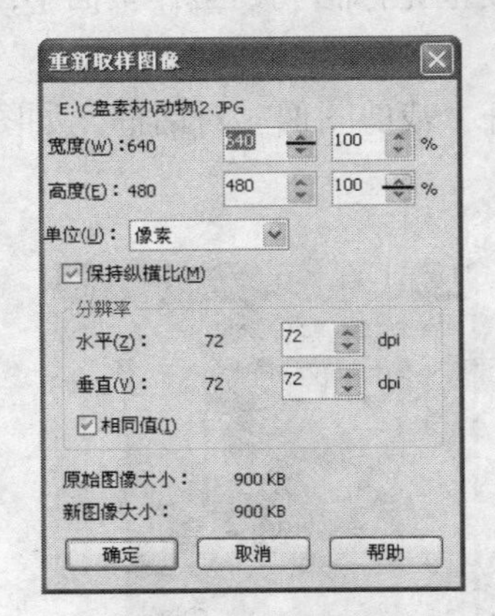

图13-7 “重新取样图像”对话框

图13-8 重新取样图像

13.2 矢量图和位图相互转换

在CorelDRAW中，既可以把矢量图转换为位图，也可以把位图转换为矢量图，这样可以更加方便地编辑它们。下面介绍一下将矢量图转换为位图的步骤。

（1）使用工具箱中的选择工具在页面中框选出需要转换的矢量图，如图13-9所示。

（2）选择菜单栏中的“位图→转换为位图”菜单命令，打开“转换为位图”对话框。在“颜色模式”下拉列表框中选择矢量图转换成位图后的颜色模式，在“分辨率”下拉列表框中选择转换成位图后的分辨率，如图13-10所示。

图13-9 选择矢量图

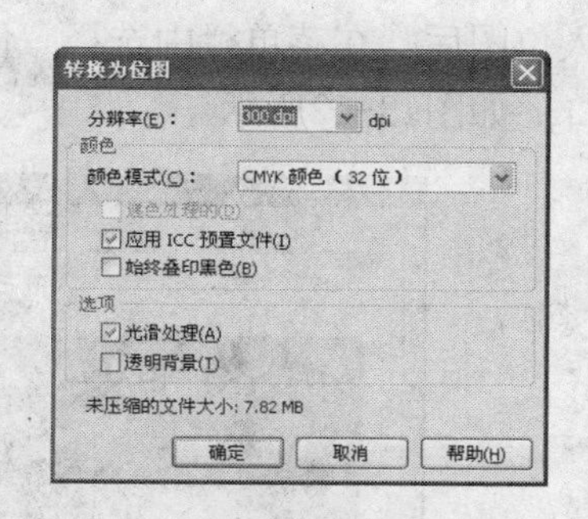

图13-10 “转换为位图”对话框

如要使所选的矢量图转换为位图后可以使用各种位图效果，必须在“转换为位图”对话框中将对象的色彩和分辨率参数设置得较高一些，一般颜色选择在24位以上，分辨率选择在200dpi以上。

（3）在“转换为位图”对话框中，选择“递色处理的”选项，可以使矢量图转换为位图后的颜色变浅；选择“应用ICC预置文件”选项，可以使用ICC色彩将矢量图转换为位图；选择“始终叠印黑色”选项，可以使图形总是叠印黑色，边缘更平滑；选择“光滑处理”选项，可以使图形在转换的过程中消除锯齿，边缘更平滑；选择“透明背景”选项，可以使背景透明。

（4）设置好后单击“确定”按钮，即可将所选的矢量图转换为位图，转换后的效果看起来稍微有点模糊的感觉，如图13-11所示。

图13-11 转换为位图后的效果（右图）

在彩色模式下才能看得到转换成位图后的对比效果。本书是黑白印刷的，可能看不出来。

13.3 图像调整实验室

使用“图像调整实验室”窗口可以对导入的位图的色温、色调、饱和度、亮度、对比度、高光、暗部和中间调进行各种编辑，从而获得自己需要的图形效果。

导入位图后，在菜单栏中选择“位图→图像调整实验室”命令，即可打开“图像调整实验室”窗口，如图13-12所示。

图13-12 “图像调整实验室”窗口

在“图像调整实验室”窗口的顶部有一排按钮，可以对图形进行旋转、平移、缩放、分开预览等操作。在该窗口右侧的调整栏中，可以通过拖动各项的滑块来调整图形的色调。在该窗口的左下角有三个按钮，如果对所做的调整不满意，那么可以通过单击这几个按钮撤销对图形的调整。比如，对导入的蝴蝶图形进行如图13-13所示调整。

图13-13 把位图调整为暖色调后的对比效果

通过在“图像调整实验室”窗口中调整“亮度”滑块可以调整位图的的亮度。下面是对位图调整亮度后的对比效果，如图13-14所示。

图13-14 位图调整亮度后的对比效果

提示 对于导入的位图，如果亮度和对比度不够或者过强，也可以选择“效果→调整→亮度/对比度/强度”命令，打开“亮度/对比度/强度”对话框来调整位图的亮度和对比度，如图13-15所示。

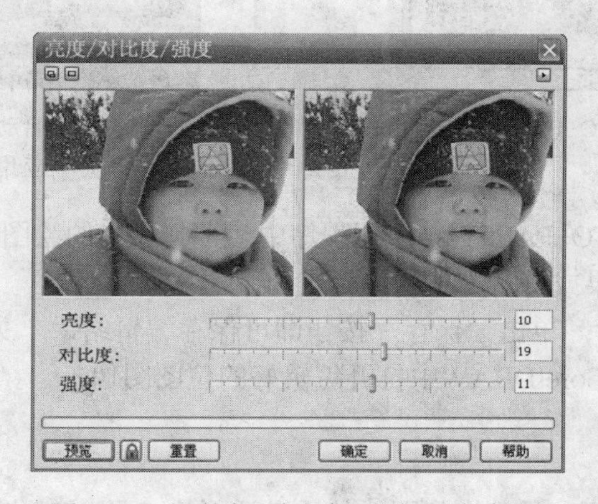

图13-15 “亮度/对比度/强度”对话框

13.4 编辑位图

使用CorelDRAW X5中文版提供的附加应用程序Corel PHOTO-PAINT X5，可以对位图进行编辑，操作方法如下。

（1）使用选择工具在页面中选择位图，如图13-16所示。

图13-16 选中位图后的效果

（2）选择“位图→编辑位图”菜单命令，启动CorelDRAW中附带的Corel PHOTO-PAINT X5应用程序，如图13-17所示。

提示 Corel PHOTO-PAINT X5应用程序也可以通过选择“开始→所有程序→CorelDRAW Graphics Suite X5→Corel PHOTO-PAINT X5”菜单命令来打开，如图13-18所示。

图13-17 启动Corel PHOTO-PAINT X5应用程序

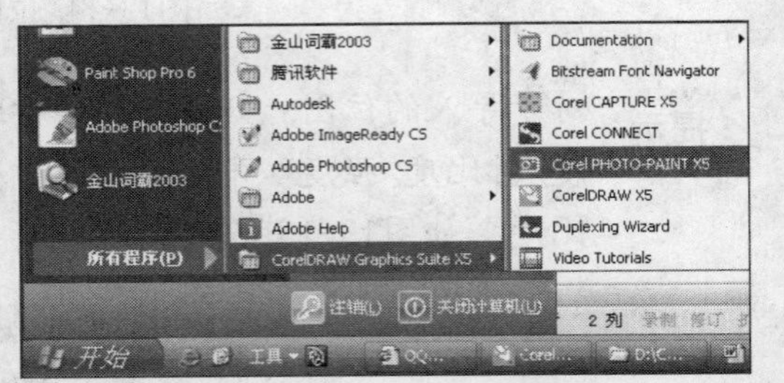

图13-18 启动Corel PHOTO-PAINT X5应用程序的另外一种方式

（3）在Corel PHOTO-PAINT X5应用程序中，选择适当的绘图工具或者编辑工具可以在图像中加入一些特殊效果或进行其他的编辑工作。

（4）编辑完毕之后，单击“保存”按钮即可保存编辑结果。关闭Corel PHOTO-PAINT X5应用程序后，即可在CorelDRAW中打开编辑好的位图图像。

13.4.1 裁剪位图

使用工具箱中的选择工具选中位图，然后激活形状工具，调节图像周围的4个控制点，然后选择“位图→裁剪位图”菜单命令，即可裁剪位图。裁剪后的效果如图13-19所示。

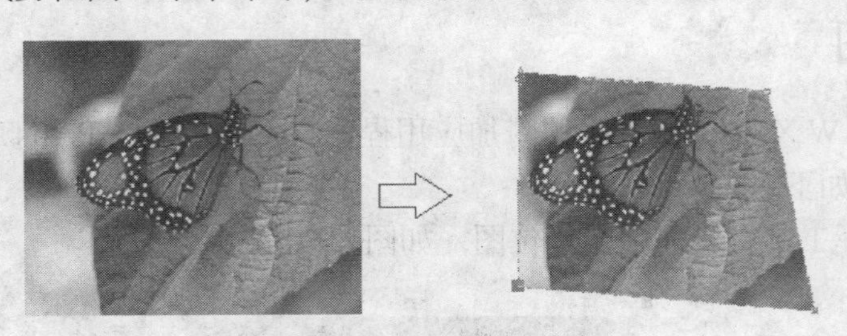

图13-19 裁剪位图的效果

13.4.2 重新取样

在CorelDRAW中，使用“重新取样”命令可以重新改变图像的属性，操作方法如下。

（1）导入位图后，使用选择工具在页面中选取需要重新取样的图像。

（2）选择菜单栏中的“位图→重新取样”菜单命令，打开“重新取样”对话框。在“图像大小”选项区中的“宽度”和“高度”参数栏里设置图像的尺寸以及使用的单位，在“分辨率”选项区中的“水平”和“垂直”参数栏里设置图像水平与垂直方向的分辨率，如图13-20所示。

（3）在该对话框中，选中“光滑处理”复选框，可以消除图像中的不光滑的边缘。

（4）选中“保持纵横比”复选框，可以在变换的过程中保持原图像的大小比例。如取消选择该选项，可激活“相同值”选项，选中“相同值”选项可保持图像水平和垂直方向分辨率一致。

（5）选中“保持原始大小”复选框，可以使变换后的图像仍然保持原来的尺寸大小。

（6）设置完毕后，单击“确定”按钮，即可显示重新取样结果。把分辨率和图像宽度降低之后的对比效果，如图13-21所示。

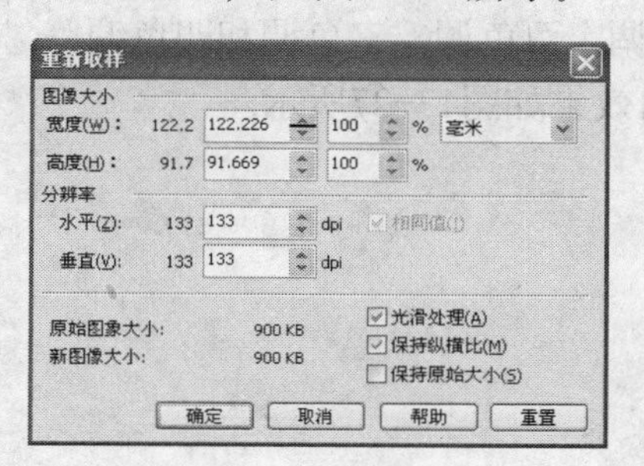

图13-20 “重新取样”对话框

图13-21 重新取样前后的对比效果

13.4.3 改变位图颜色模式

如果要改变位图的颜色模式，可以选择“位图→模式”菜单命令，将会打开“模式”子菜单，如图13-22所示。各种颜色模式的意义如下：

· 黑白：将位图转换成不同类型的1位黑白图像。选中导入的位图后，选择“位图→模式→黑白”菜单命令，将会打开“转换为1位”对话框，如图13-23所示。

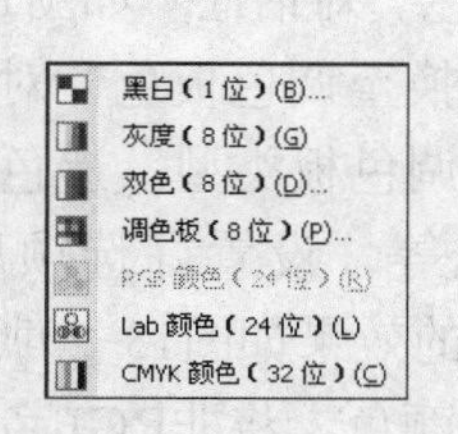

图13-22 “模式”子菜单

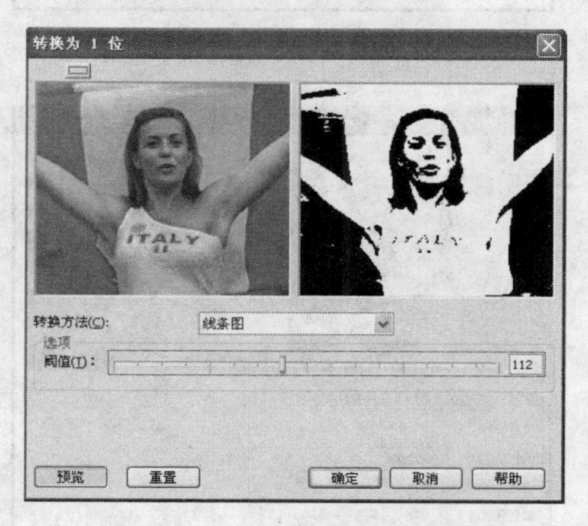

图13-23 “转换为1位”对话框

设置好“转换方法”，比如从右侧的下拉列表中选择“线条图”，调整好阈值，单击“确定”按钮后的效果如图13-24所示。

· 灰度：将位图转换成8位灰度图。选中导入的位图后，选择“位图→模式→灰度”菜单命令，将会直接把彩色的位图转换为灰度图，如图13-25所示。

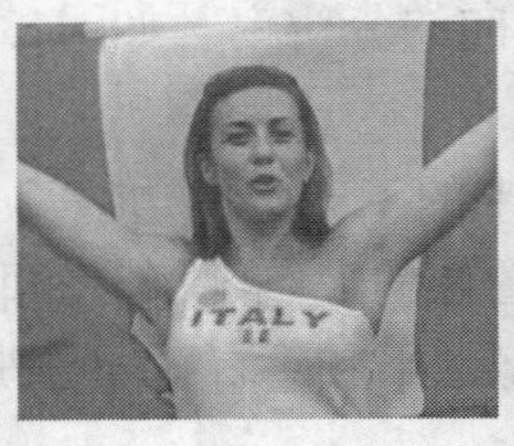

图13-24 转换为黑白效果（右）

图13-25 转换为灰度效果（右）

· 双色：将全彩图像转换成8位双色套印彩色图像。选中导入的位图后，选择“位图→模式→双色调”菜单命令，将会打开“双色调”对话框，如图13-26所示。

在“双色调”对话框中可以设置类型，比如单色调、双色调、三色调和四色调等，还可以设置叠印效果。调整好阈值，单击“确定”按钮后的效果如图13-27所示。

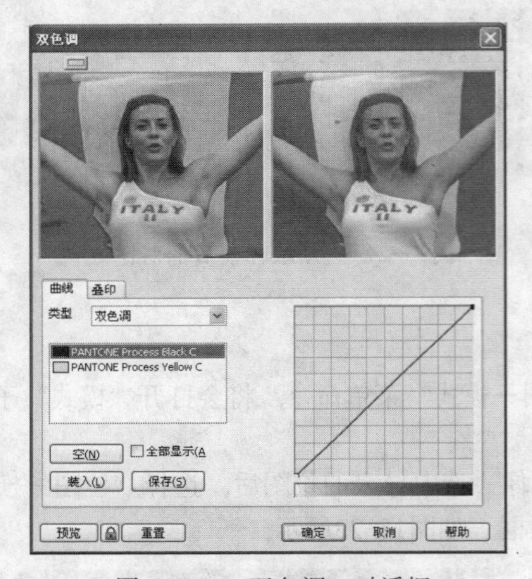

图13-26 “双色调”对话框

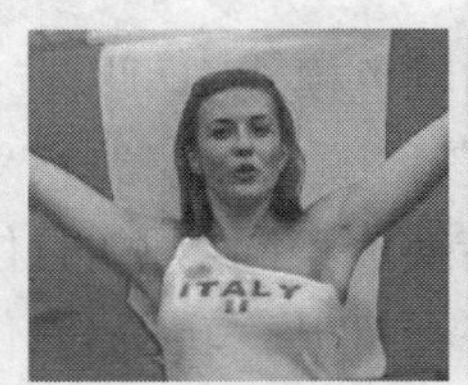

图13-27 转换为双色调效果（右）

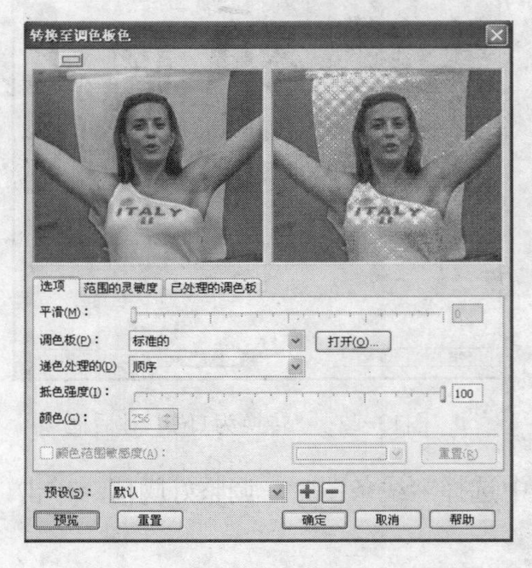

图13-28 “转换至调色板色”对话框

· 调色板：将全彩图像转换成指定的调色板模式图像。选中导入的位图后，选择“位图→模式→调色板”命令，将会打开“转换至调色板色”对话框，如图13-28所示。

在“转换至调色板色”对话框中可以设置平滑度、调色板类型、递色处理的、抵色强度和颜色等。设置好选项后，单击“确定”按钮后的效果如图13-29所示。

· RGB颜色：将非RGB色的位图转换成24位RGB色彩模式。

· Lab颜色：将全彩图像转换成24位Lab色彩模式。

· CMYK颜色：将全彩图像转换成32位CMYK色彩模式。

13.4.4 扩充位图

在CorelDRAW中，在对图像做特效处理时，有时在图像的边缘或角落上会出现没有进行特效处理的现象，通过使用“扩充位图边框”命令，可以将位图适度膨胀，以确保所有特效都能够应用于整个图像。

选中图像后，可以选择“位图→扩充位图边框→自动扩充位图边框”菜单命令，自动为位图添加默认的边沿；也可以选择“位图→扩充位图边框→手动扩充位图边框”菜单命令，将打开如图13-30所示的“位图边框扩充”对话框。

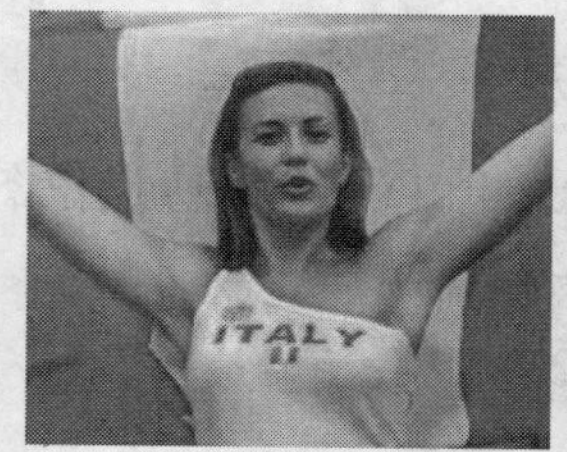

图13-29 转换为调色板效果（右）

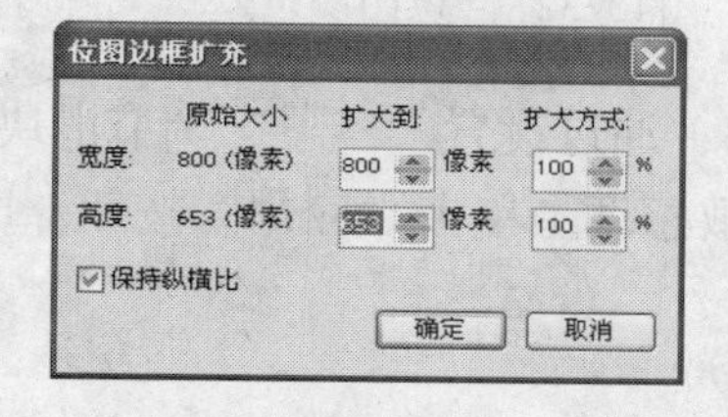

图13-30 “位图边框扩充”对话框

选择“保持纵横比”选项，可决定是否按比例扩充位图边框，然后在“宽度”和“高度”参数栏中设置膨胀的像素大小或百分比。设置完毕后，单击“确定”按钮即可扩充所选的位图。扩充效果如图13-31所示。

图13-31 扩充位图边框的效果

13.4.5 位图颜色遮罩

在CorelDRAW中，使用“位图颜色遮罩”命令可以将图像中的某部位（通常是背景）的图像隐藏起来，下面简单地介绍一下使用过程。注意，这样的位图图像的背景是单一的颜色或者实色，比如绿色或者黑色等。

（1）使用工具箱中的选择工具选中图像，选择“位图→位图颜色遮罩”菜单命令，打开“位图颜色遮罩”泊坞窗，如图13-32所示。

（2）在泊坞窗中选择“隐藏颜色”选项，并单击“颜色选择”按钮，在图像上吸取一种颜色；可以单击“编辑颜色”按钮，在打开的“选择颜色”对话框中选择合适的颜色作为图像的遮罩色，如图13-33所示。

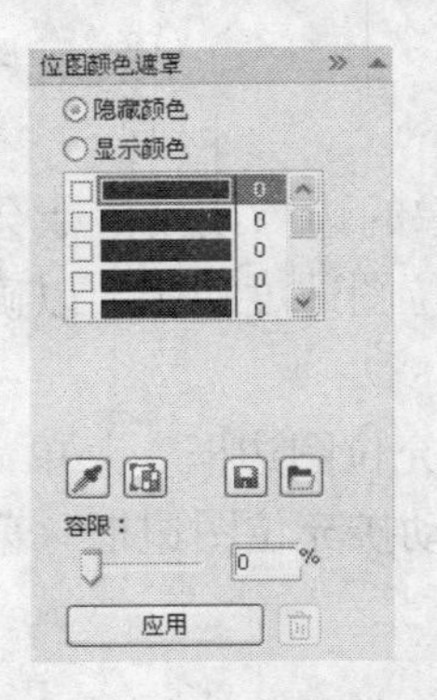

图13-32 “位图颜色遮罩”泊坞窗

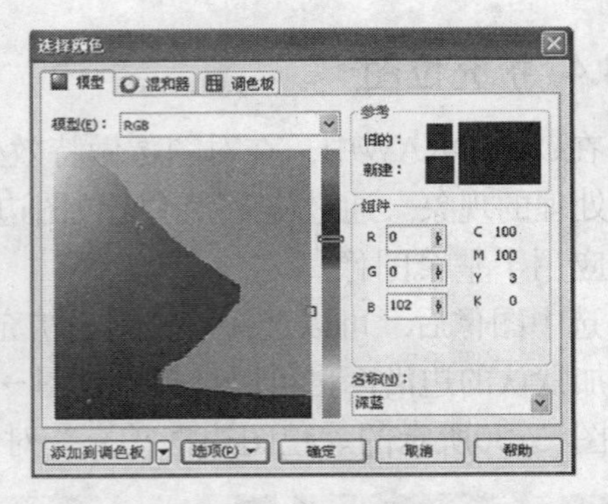

图13-33 “选择颜色”对话框

（3）通过设置“容限”调节滑块的位置，或直接在参数栏中输入数值，可调整所选位图颜色的敏感度。单击“应用”按钮，即可显示颜色遮罩效果，如图13-34所示。

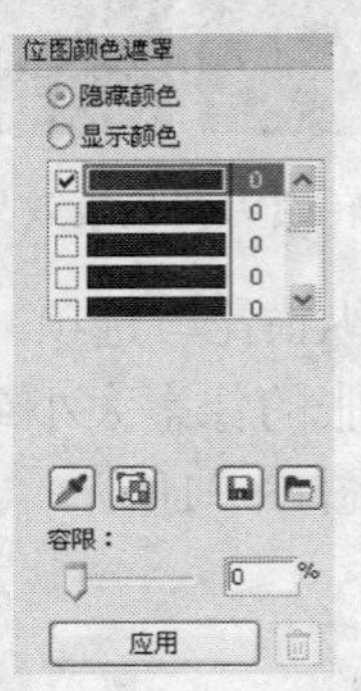

图13-34 应用色彩遮罩（隐藏颜色）

（4）如果在泊坞窗中选中“显示颜色”选项，然后选择需要显示的颜色并调整“容限”参数。单击“应用”按钮，图像中将只显示选中的颜色，如图13-35所示。

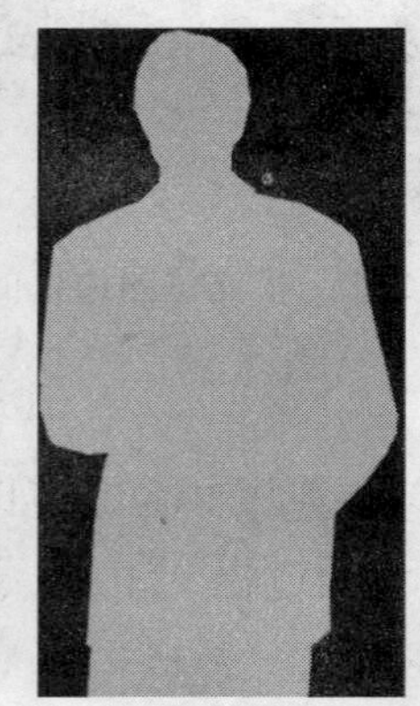
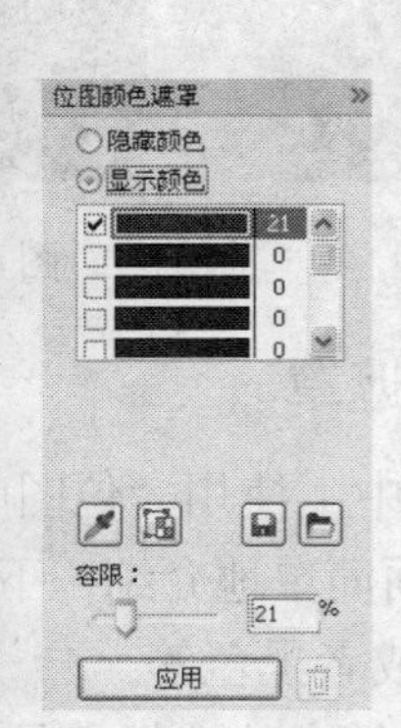

图13-35 显示颜色

（5）如果单击“保存遮罩”按钮，可将遮罩以*.INI类型保存。

（6）如果单击“打开遮罩”按钮，可打开遮罩样式文件，即将选定的遮罩样式应用到当前图像中。

（7）如果单击“删除遮罩”按钮，可以删除图像中应用的任何遮罩。

13.4.6 链接位图

对导入的位图进行链接可以减少文件所占的空间。在CorelDRAW中，若要使图像以外部链接的方式输入文档，可以选择“文件→导入”菜单命令，在打开的“导入”对话框中选择一种位图，并选中“外部链接位图”选项，如图13-36所示。

图13-36 以外部链接方式输入位图

单击“导入”按钮后，光标将显示为Γ形状，在页面绘制区按下并拖动鼠标，即可将链接后的位图输入。

为了减小文件的大小，对于以外部链接方式置入页面中的位图，可以选择“位图→中断链接”菜单命令，解除位图之间的链接；如果用户对链接位图进行了修改，则可以选择“位图→自链接更新”菜单命令更新链接的位图。

第14章 使用位图特效

在CorelDRAW中，还可以对位图实施各种效果，比如模糊、三维效果、艺术笔触、扭曲、浮雕等，从而获得需要的设计效果。

在本章中主要介绍下列内容：

- ▲ 三维效果
- ▲ 艺术笔触效果
- ▲ 模糊效果
- ▲ 相机效果
- ▲ 扭曲效果
- ▲ 轮廓图效果

在CorelDRAW中，可以对位图设置三维效果、艺术笔触、模糊、相机、颜色转换、轮廓图、扭曲、杂点等特殊效果。一般使用“位图”菜单中的位图特效菜单命令进行设置，如图14-1所示。

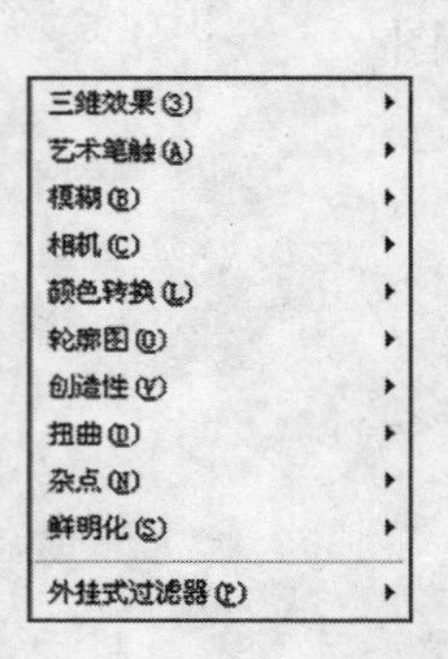

图14-1 “位图”菜单命令

14.1 三维效果

在菜单栏中选择“位图→三维效果”菜单命令，此时将会打开如图14-2所示子菜单，使用其中的命令可以对位图进行三维效果设置。

1. 三维旋转

使用“三维旋转”命令，可改变位图水平方向或垂直方向的角度，以模拟三维空间的方式来旋转位图，产生出立体透视的效果，操作方法如下。

（1）使用选择工具选中需要编辑的图像，选择“位图→三维效果→三维旋转”菜单命令，打开“三维旋转”对话框，如图14-3所示。

图14-2 “三维效果”子菜单

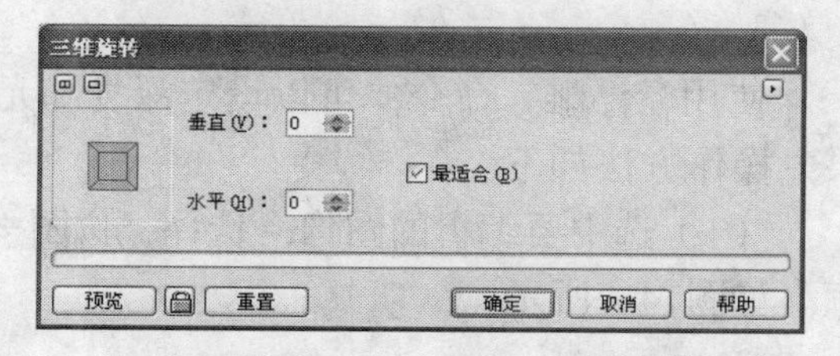

图14-3 “三维旋转”对话框

（2）在该对话框的“垂直”和“水平”参数栏中设置旋转角度，并选中“最适合”选项，使图像以最合适的大小显示。

（3）单击“预览”按钮，可以在预览框中预览设置的效果，如图14-4所示。

提示 单击对话框右上方的按钮，使之成为状态，可以打开两个预览框，对比所选位图和编辑后的效果，如图14-3所示；单击按钮使之成为状态，可以单独对设置的效果进行预览；单击按钮，可以锁定预览结果。

注意 在CorelDRAW中，特效类对话框都可以这样进行操作和显示。

（4）如对旋转效果满意，单击“确定”按钮，即可将效果应用于选中的位图，如图14-5所示。

图14-4 “三维旋转”对话框

图14-5 三维旋转效果

提示 在预览框中可以通过拖动的方式移动图像，也可以通过在图像上单击左键放大图像，在图像上单击右键缩小图像。

2. 柱面

使用“柱面”命令，可以建立一种看起来如同位图被粘贴在柱面上的视觉效果，操作方法如下。

（1）选中要编辑的图像，选择“位图→三维效果→柱面”菜单命令，打开“柱面”对话框，如图14-6所示。

（2）在该对话框的“柱面模式”选项区中选择“水平”或“垂直”模式，并调节“百分比”数值滑块。

（3）设置完毕后单击“确定”按钮，将效果应用于选中的位图。

3. 浮雕

使用“浮雕”命令，可以设定深度和光线的方向，在平面的图像上建立一种三维浮雕效果，操作方法如下。

（1）选中要编辑的图像，选择“位图→三维效果→浮雕”菜单命令，打开“浮雕”对话框，如图14-7所示。

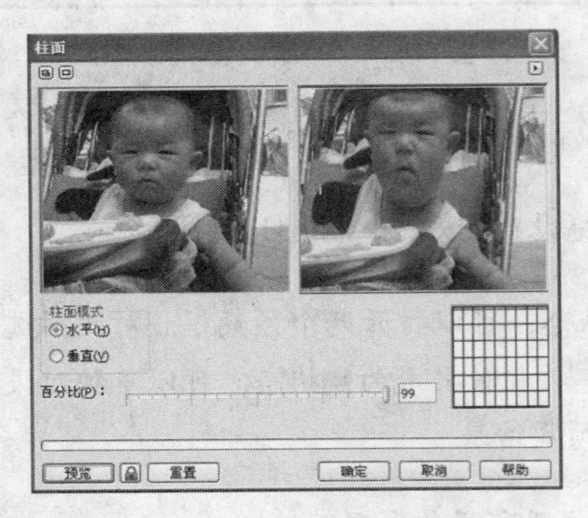

图14-6 “柱面”对话框

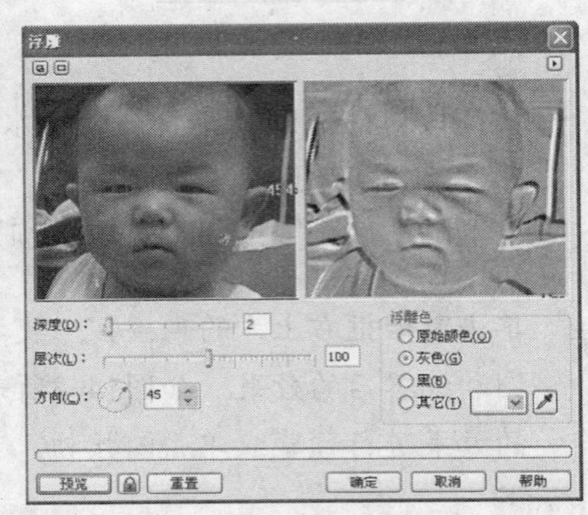

图14-7 “浮雕”对话框

（2）在该对话框的“浮雕色”选项区中选择“灰色”作为创建浮雕效果的背景色。

（3）单击“确定”按钮，即可获得设置的效果。

提示 选择“原始颜色”选项可以原始色作为浮雕效果的背景色；选择“灰色”选项可以灰色作为背景色；选择“黑色”选项可以黑色作为背景色；选择“其他”选项可以单击颜色块，从弹出的颜色列表中选择一种颜色，或单击按钮，从图像中选取一种颜色，来作为浮雕效果的背景色。

（4）调节“深度”滑块或直接在参数栏中输入数值，改变浮雕的凹凸深度，其数值越大凹凸程度越明显；调节“层次”滑块，设置浮雕色包含背景色的数量；调节“方向”圆盘中的滚动箭头或在参数栏中直接输入数值，设置浮雕的光照角度。

（5）设置完毕后单击“确定”按钮即可。

4. 卷页

使用“卷页”命令，可以从图像的4个角落开始，将位图的部分区域像纸一样卷起，操作方法如下。

（1）选择要编辑的图像，选择“位图→三维效果→卷页”菜单命令，打开“卷页”对话框。

（2）在该对话框中单击选择一个卷页类型，然后在“定向”选项区中选择卷页的方向；在“纸张”选项区中选择卷页部分是否透明；在“颜色”选项区中设置“卷曲”为黄色，把

"背景"设置为白色。

（3）调整卷页的"宽度"和"高度"参数值，如图14-8所示。

（4）单击"确定"按钮，即可获得需要的效果。

提示 在所有这些位图特效对话框中，只有在单击"预览"按钮后，才能看到位图特效的预览效果，否则不显示应用特效的效果。

5. 透视

使用"透视"命令，可以调整图像四角的控制点，将三维透视效果应用于位图，操作方法如下。

（1）导入并选择位图，选择"位图→三维效果→透视"菜单命令，打开"透视"对话框，如图14-9所示。

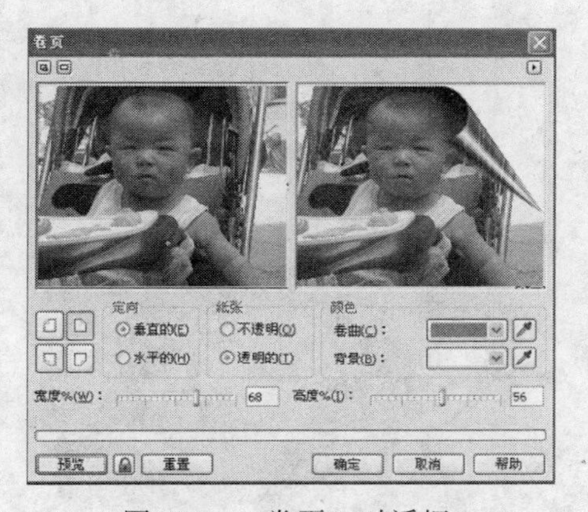

图14-8 "卷页"对话框

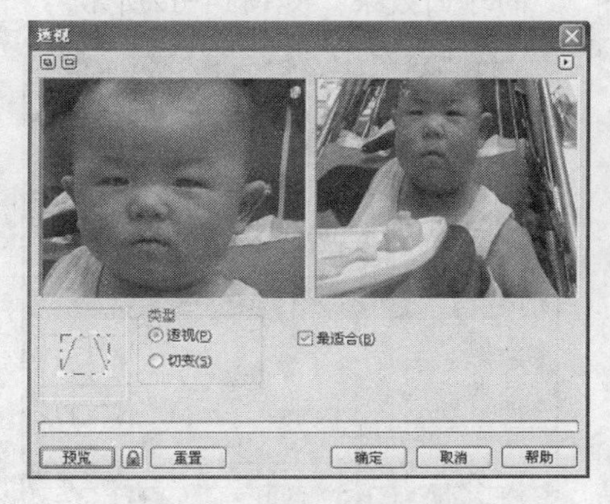

图14-9 "透视"对话框

（2）在该对话框的"类型"选项区中选择"透视"选项，然后调整窗口中的4个控制点，可改变图像的透视点位置；如选择"切变"选项，可调整图像的倾斜透视点。

（3）设置完毕后单击"确定"按钮，即可获得设置的效果。

6. 挤远/挤近

使用"挤远/挤近"命令，可通过调整对话框中的滑块位置，使位图看起来像是被捏起或挤压下，操作方法如下。

（1）选择需要编辑的图像，选择"位图→三维效果→挤远/挤近"菜单命令，打开"挤远/挤近"对话框，如图14-10所示。

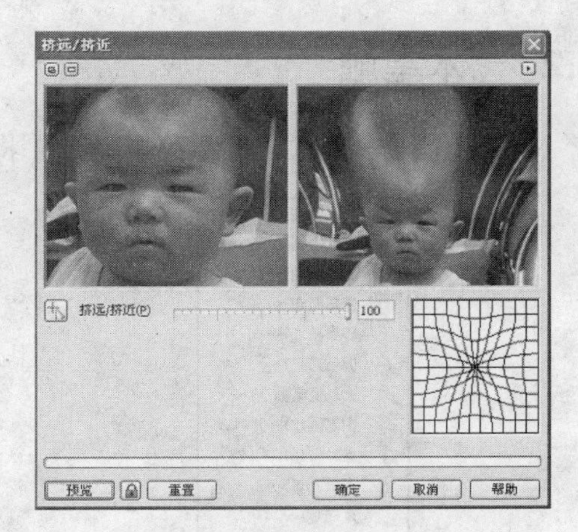

图14-10 "挤远/挤近"对话框

（2）单击按钮，在预览框的原图像上单击，确定捏起或挤压位置，并通过调节"挤远/挤近"数值滑块，改变图像的捏起或挤压程度。

提示 "挤远/挤近"参数值为负值时，图像显示挤压效果；为正值时，图像显示捏起效果。

（3）设置完毕后单击“确定”按钮，即可获得设置的效果。

7. 球面

使用“球面”命令，可以建立一种看起来如同位图被粘贴在球体上的视觉效果，或者鼓起的效果，操作方法如下。

（1）选择要编辑的图像，选择“位图→三维效果→球面”菜单命令，打开“球面”对话框，如图14-11所示。

（2）在该对话框的“优化”选项区中选择优化方式为“快速”或“质量”；然后单击按钮，在预览框的原图像上单击鼠标，确定球的中心位置；并调整“百分比”参数，改变球体化程度。

提示 “百分比”参数值为正值时，应用的是凸起的球面效果；为负值时，应用的是凹下的球面效果，如图14-12所示。

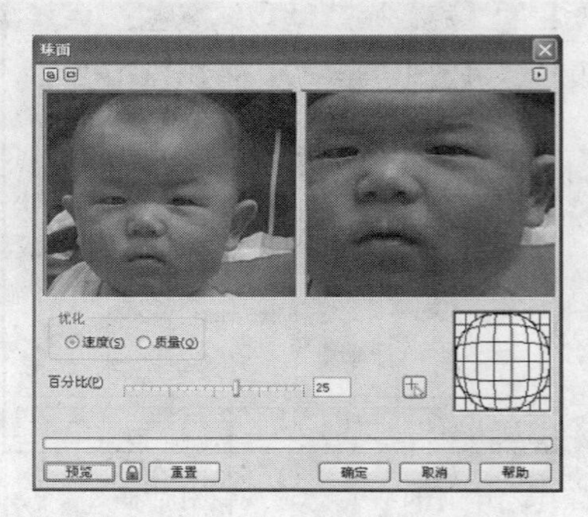

图14-11 “球面”对话框

图14-12 凹下的球面效果

（3）设置完毕后单击“确定”按钮，即可将效果应用于所选的位图。

14.2 艺术笔触

选择“位图→艺术笔触”菜单命令，将会打开如图14-13所示子菜单，使用其中的命令，可以使位图显示出自然描绘的效果。

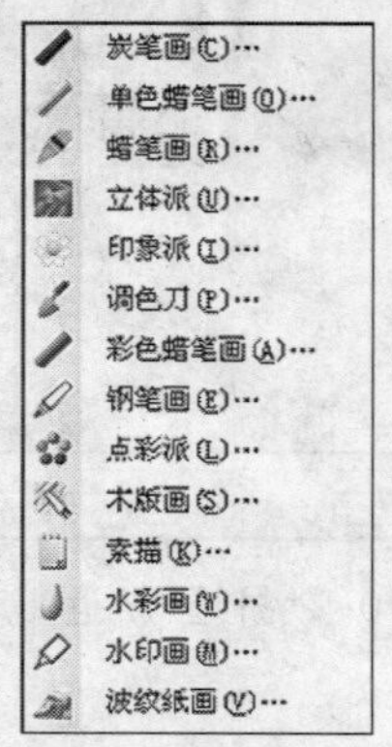

图14-13 “艺术笔触”子菜单

1. 炭笔画

在CorelDRAW中，使用“炭笔画”命令，可以使图像产生一种素描效果，下面简单地介绍一下操作方法。

（1）使用工具箱中的选择工具选择需要编辑的图像。

（2）选择“位图→艺术笔触→炭笔画”菜单命令，打开“碳笔画”对话框，如图14-14所示。

（3）在该对话框中调节“大小”和“边缘”数值滑块，设置素描的像素大小和黑白度。

（4）设置完毕后单击“确定”按钮，即可将效果应用于选中的位图。

2. 单色蜡笔画

使用“单色蜡笔画”命令可以使图像产生单色蜡笔画效果，下面简单地介绍一下操作方法。

（1）选中需要编辑的图像，选择“位图→艺术笔触→单色蜡笔画”菜单命令，打开“单色蜡笔画”对话框，如图14-15所示。

图14-14 “炭笔画”对话框

图14-15 “单色蜡笔画”对话框

（2）在该对话框的“单色”选项区中选择一种颜色，并单击“纸张颜色”框旁的按钮，从弹出的颜色列表中选择一种颜色，或单击按钮，从图像中选取一种颜色，作为纸张的颜色。

（3）调节“压力”数值滑块，控制产生效果的颜色轻重；调节“底纹”数值滑块，设置纹理质地的粗糙程度，数值越大质地越粗糙。

（4）设置完毕后单击“确定”按钮，将效果应用于选中的位图。

3. 蜡笔画

在CorelDRAW中，使用“蜡笔画”命令，可以使图像产生蜡笔绘画效果，操作方法如下。

（1）选择需要编辑的位图图像，选择“位图→艺术笔触→蜡笔画”菜单命令，打开“蜡笔画”对话框，如图14-16所示。

（2）调节“大小”数值滑块，可设置像素分散的稠密程度（也就是图像的粗糙程度），数值越小图像越粗糙，数值越大图像越平滑；调节“轮廓”数值滑块可设置图像轮廓显示的轻重程度。

（3）设置完毕后单击“确定”按钮，即可将效果应用于选中的位图。

4. 立体派

使用“立体派”命令可以使位图图像产生一种立体派油画效果，下面简单地介绍一下操作方法。

（1）选择需要编辑的图像，选择“位图→艺术笔触→立体派”菜单命令，打开“立体派”对话框，如图14-17所示。

图14-16 “蜡笔画”对话框

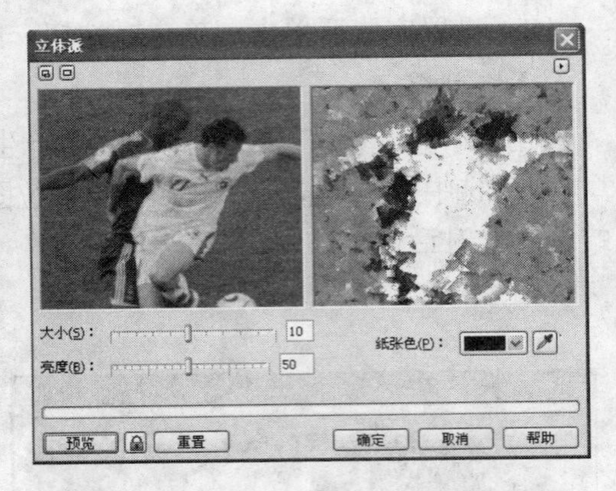

图14-17 “立体派”对话框

（2）在该对话框中调节“大小”和“亮度”数值滑块，可以设置图像色彩的粗糙程度和亮度，并在“纸张色”中设置一种合适的纸张颜色。

（3）设置完毕后单击“确定”按钮，即可将效果应用于选中的位图。

5. 印象派

使用“印象派”命令，可以在图像上产生一种朦胧的色彩，形成印象派画的效果，操作方法如下。

（1）选择需要编辑的图像，选择“位图→艺术笔触→印象派”菜单命令，打开“印象派”对话框，如图14-18所示。

（2）在该对话框的“样式”选项区中选择一种印象主义描绘手法：笔触或色块。

（3）在“技术”选项区中，调节所选样式（笔触或色块）的大小参数值，设置图像的变形程度；调节“着色”数值滑块，设置图像的着色轻重；调节“亮度”数值滑块，设置图像的印象亮度。

（4）设置完成后单击“确定”按钮，将效果应用于选中的位图。

6. 调色刀

在CorelDRAW中，使用“调色刀”命令可以改变图像的像素分配，从而产生调色刀效果。

（1）选择需要编辑的图像，选择“位图→艺术笔触→调色刀”菜单命令，打开“调色刀”对话框，如图14-19所示。

图14-18 “印象派”对话框

图14-19 “调色刀”对话框

（2）在该对话框中调节“刀片尺寸”数值滑块，可以设置油画效果的锋利程度，调节“柔软边缘”数值滑块，可以调节油画边缘的坚硬程度。

（3）调节“角度”数值框，可以设置油画效果的角度。

（4）设置完毕后单击“确定”按钮，将效果应用于选中的位图。

7. 彩色蜡笔画

使用“彩色蜡笔画”命令可以使图像产生彩色蜡笔画的效果，下面简单地介绍一下操作过程。

（1）选中位图，选择“位图→艺术笔触→彩色蜡笔画”菜单命令，打开“彩色蜡笔画”对话框，如图14-20所示。

（2）在该对话框的“彩色蜡笔类型”选项区中选择一种蜡笔类型：柔性或油性。

注意 在特效对话框中为位图设置特效时，需要单击“预览”按钮才可以在右侧的浏览框中看到效果。

（3）调节“笔触大小”数值滑块，设置蜡笔笔迹尺寸；调节“色度变化”数值滑块，设置蜡笔在图像上绘制时的色彩变化程度。

（4）设置后单击“确定”按钮，将效果应用于所选的位图。

8. 钢笔画

使用“钢笔画”命令可以使图像产生一种类似钢笔素描画的效果，下面简单地介绍一下操作过程。

（1）选择要编辑的图像，选择“位图→艺术笔触→钢笔画”菜单命令，打开“钢笔画”对话框，如图14-21所示。

图14-20 “彩色蜡笔画”对话框

图14-21 “钢笔画”对话框

（2）在该对话框的“样式”选项区中选择一种钢笔的样式：交叉阴影或点画。

（3）调节“密度”数值滑块，设置钢笔绘制的线条或黑点的密度；调节“墨水”数值滑块，设置使用的墨水深浅程度。

（4）设置好后，单击“确定”按钮，将效果应用于选中的位图。

9. 点彩派

使用“点彩派”命令，可以以图像的主要色彩勾画出一幅点彩画，操作方法如下。

（1）选择需要编辑的图像，选择“位图→艺术笔触→点彩派”菜单命令，打开“点彩派”对话框，如图14-22所示。

（2）在该对话框中调节“大小”和“亮度”数值滑块，设置点的大小及色彩的亮度。

（3）设置完毕后单击“确定”按钮，即可将效果应用于选中的位图。

10. 木版画

使用“木版画”命令可以使图像产生一种类似刮痕的木版画效果，操作方法如下。

（1）选择要编辑的图像，选择“位图→艺术笔触→木版画”菜单命令，打开“木版画”对话框，如图14-23所示。

图14-22 “点彩派”对话框

图14-23 “木版画”对话框

（2）在该对话框的“刮痕至”选项区中选择色彩类型：颜色或白色；并调节“密度”数值滑块，设置刮痕的密度大小；调节“大小”数值滑块，设置刮痕线条的尺寸大小。

（3）设置完毕后单击“确定”按钮，将效果应用于选中的位图。

11. 素描

使用“素描”命令可以使图像产生类似于铅笔素描的效果，操作方法如下。

（1）选择需要编辑的图像，选择“位图→艺术笔触→素描”菜单命令，打开“素描”对话框，如图14-24所示。

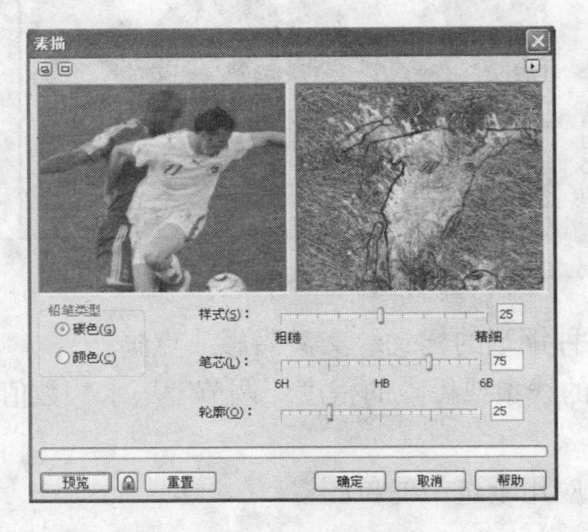

图14-24 “素描”对话框

（2）在该对话框的“铅笔类型”选项区中选择一种铅笔类型：碳色或颜色；调节“样式”数值滑块，设置图像的平滑度；调节“笔芯”数值滑块，设置使用的铅笔笔芯；调节“轮廓”滑块，设置图像的轮廓线宽度。

（3）设置好后单击“确定”按钮，将效果应用于选中的位图。

12. 水彩画

使用“水彩画”命令可以使图像产生类似于水彩画的效果，下面简单地介绍一下操作方法。

（1）选中要编辑的图像，选择“位图→艺术笔触→水彩画”菜单命令，打开“水彩画”对话框，如图14-25所示。

（2）在该对话框中调节“画刷大小”数值滑块，设置画笔大小；调节“粒状”数值滑块，设置画面的粗糙程度；调节“水量”数值滑块，设置色彩的湿润程度；调节“出血”数值滑块，设置色彩显示的明显程度，调节“亮度”数值滑块，设置图像的亮度。

（3）设置完毕后单击“确定”按钮，将效果应用于选中的位图。

13. 水印画

使用“水印画”命令可以使图像产生类似于水印的效果，下面简单地介绍一下操作方法。

（1）选中要编辑的图像，选择“位图→艺术笔触→水印画”菜单命令，打开“水印画”对话框，如图14-26所示。

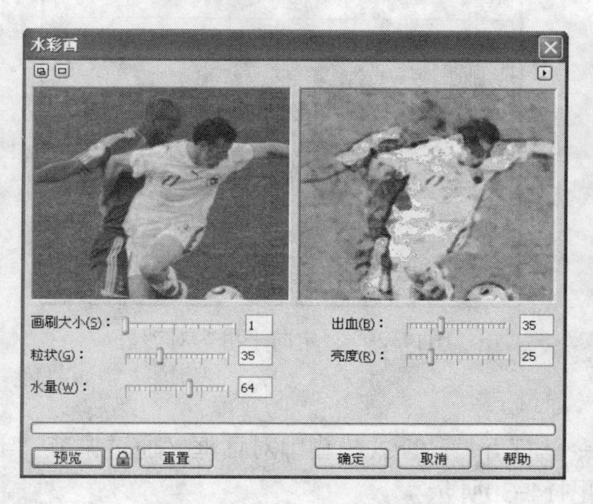

图14-25　“水彩画”对话框

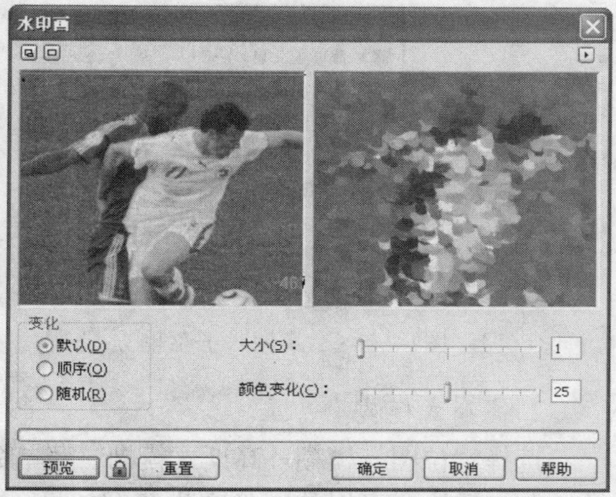

图14-26　“水印画”对话框

（2）在该对话框的“变化”选项区中选择一种麦克笔类型：默认、顺序或随机。

（3）调节“大小”数值滑块，设置麦克笔画点的大小；调节“颜色变化”数值滑块，设置色彩的深浅程度。

（4）设置好后单击“确定”按钮，将效果应用于选中的位图。

14. 波纹纸画

使用“波纹纸画”命令可以使图像产生不同的波纹纸效果，下面简单地介绍一下操作方法。

（1）选中要编辑的图像，选择“位图→艺术笔触→波纹纸画”菜单命令，打开“波纹纸画”对话框，如图14-27所示。

（2）在该对话框的“笔刷颜色模式”选项区中选择一种颜色类型：颜色或黑白，调节“笔刷压力”数值滑块，设置波浪线条的颜色深浅。

图14-27　“波纹纸画”对话框

（3）设置完毕后单击“确定”按钮，即可将效果应用于所选的位图。

14.3 模糊

在菜单栏中选择“位图→模糊”菜单命令，将打开如图14-28所示子菜单，使用其中的命令可以使图像产生模糊效果。

1. 定向平滑

选择“位图→模糊→定向平滑”菜单命令，打开“定向平滑”对话框，通过调节“百分比”数值滑块，可以改变图像边缘平滑模糊程度（数值越大，图像的边界越平滑模糊），如图14-29所示。

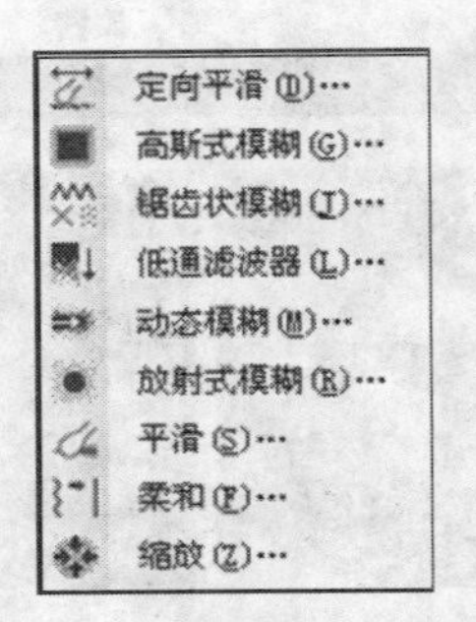

图14-28 “模糊”子菜单

图14-29 “定向平滑”对话框

2. 高斯式模糊

选择“位图→模糊→高斯式模糊”菜单命令，打开“高斯式模糊”对话框，通过调节“半径”数值滑块，可以使图像产生薄雾效果，如图14-30所示。

3. 锯齿状模糊

选择“位图→模糊→锯齿状模糊”菜单命令，打开“锯齿状模糊”对话框，如图14-31所示。通过调节“宽度”和“高度”数值滑块，可以产生一种柔和的模糊效果。

图14-30 “高斯式模糊”对话框

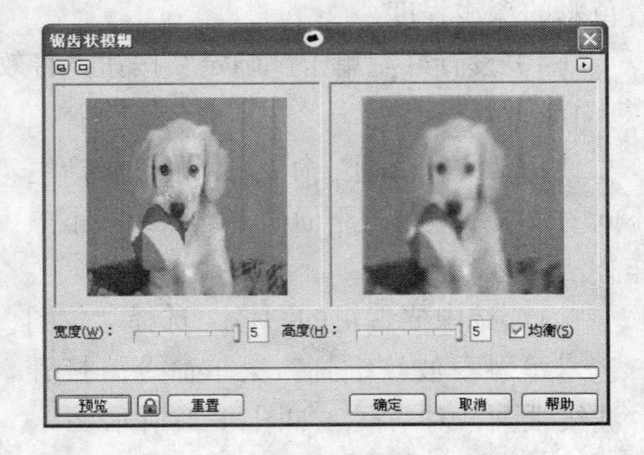

图14-31 “锯齿状模糊”对话框

在“锯齿状模糊”对话框中，选中“均衡”选项，可平衡地调节图像在宽度与高度方向上的模糊程度；如取消选择该选项，可单独调节图像在宽度与高度方向上的模糊程度。

4. 低通滤波器

选择“位图→模糊→低通滤波器”菜单命令，打开“低通滤波器”对话框，如图14-32所示。通过调节"百分比"数值滑块，设置图像边缘的平滑程度，通过调节"半径"数值滑块，设置图像的模糊程度，从而产生模糊效果。

5. 动态模糊

使用"动态模糊"命令，可以使图像产生快速移动时的模糊效果，下面简单地介绍一下操作步骤。

（1）使用工具箱中的选择工具选中要编辑的图像。

（2）选择"位图→模糊→动态模糊"菜单命令，打开"动态模糊"对话框，如图14-33所示。调节"间隔"数值滑块，设置动态模糊效果图像和图像之间的距离；调节"方向"数值，设置图像运动的角度；并在"图像外围取样"选项区中选择运动图像的取样模式。

图14-32 "低通滤波器"对话框

图14-33 "动态模糊"对话框

（3）设置完毕后单击"确定"按钮，将效果应用于所选的位图。

6. 放射状模糊

选择"位图→模糊→放射状模糊"菜单命令，打开"放射状模糊"对话框，如图14-34所示。单击按钮，在原图像上单击确定放射中心，并调节"数量"数值滑块，设置放射模糊数量，这时可以从图像的放射中心发出模糊光线，产生模糊效果。

7. 柔和

选择"位图→模糊→柔和"菜单命令，打开"柔和"对话框，如图14-35所示。通过调节"百分比"数值滑块，设置图像的柔和程度，可以将一个颜色比较粗糙的图像柔化，产生较为柔和的效果。

8. 缩放

选择"位图→模糊→缩放"菜单命令，打开"缩放"对话框，如图14-36所示。单击按钮，在原图像上单击确定缩放中心，并调节"数量"数值滑块，设置缩放效果的明显程度，这时可以使图像以缩放中心向外发散，产生模糊效果。

图14-34 "放射状模糊"对话框

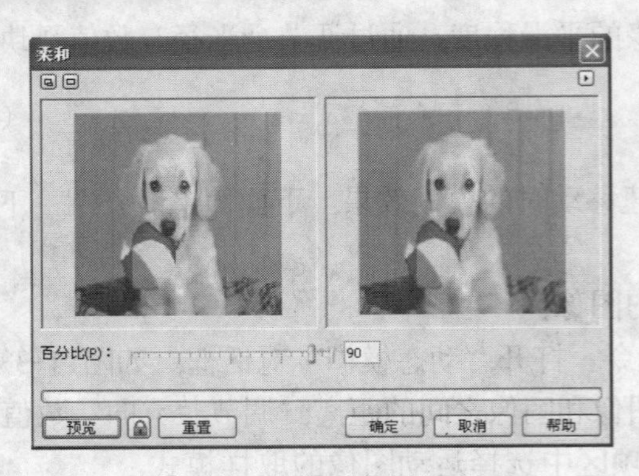

图14-35 “柔和”对话框

图14-36 “缩放”对话框

14.4 相机

选择菜单栏中的“位图→模糊→相机→扩散”菜单命令，打开“扩散”对话框，调节“层次”数值滑块可以设置扩散效果，从而产生镜头模糊的效果，如图14-37所示。

14.5 颜色转换

选择菜单栏中的“位图→颜色转换”菜单命令，将打开如图14-38所示子菜单，使用其中的命令，可以对图像进行颜色转换。

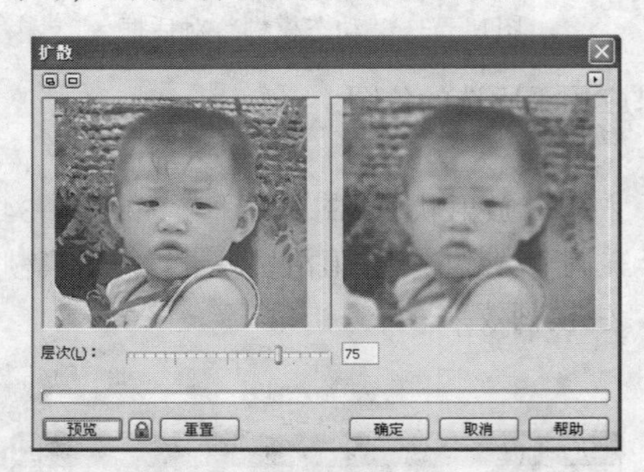

图14-37 “扩散”对话框

图14-38 “颜色转换”子菜单

1. 位平面

选择“位图→颜色转换→位平面”菜单命令，在打开的“位平面”对话框中可以通过调节红、绿、蓝三种颜色参数，改变图像的颜色，使图像显示在基本的RGB模式下的效果，如图14-39所示。

2. 半色调

使用“颜色转换”中的“半色调”命令可以使图像产生一种网格效果，下面简单地介绍一下操作方法。

（1）选中要编辑的图像，选择“位图→颜色转换→半色调”菜单命令，在打开的“半色调”对话框中，通过调节青、品红、黄、黑等数值滑块，设置色彩的通道角度，从而生成混合色彩，如图14-40所示。

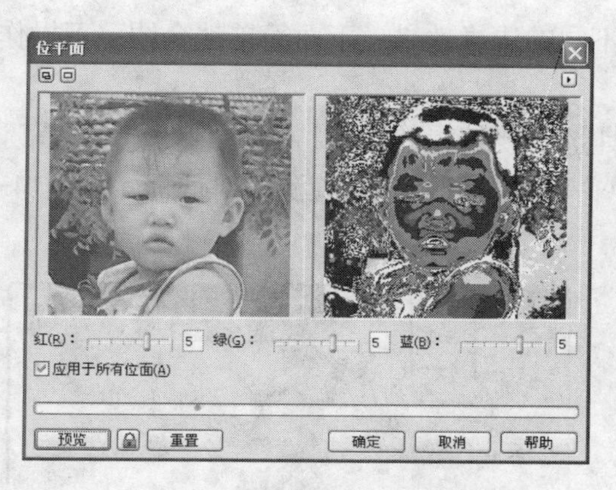

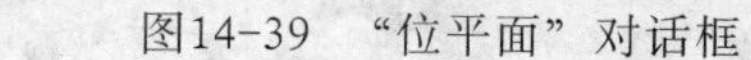
图14-39 “位平面”对话框

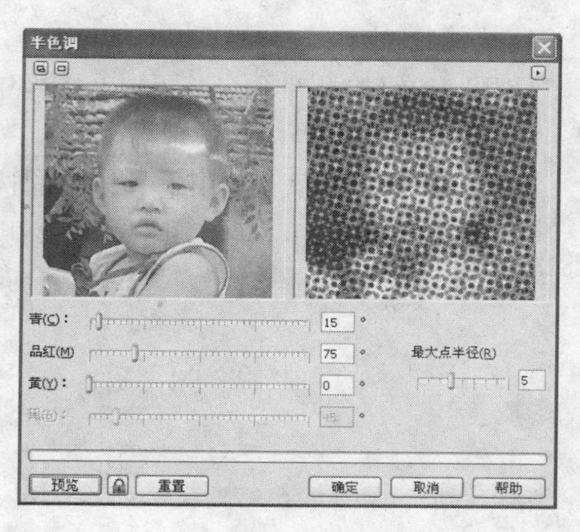

图14-40 “半色调”对话框

（2）调节“最大点半径”数值滑块，设置网格点的半径大小。

（3）设置完成后单击“确定”按钮，即可应用设置好的效果。

3. 梦幻色调

使用“梦幻色调”命令可以使图像产生很亮的电子颜色的效果，下面简单地介绍一下操作方法。

（1）选择“位图→颜色转换→梦幻色调”菜单命令，打开“梦幻色调”对话框，如图14-41所示。

（2）调节“层次”数值滑块，可以调节梦幻色彩的效果。

（3）设置完成后单击“确定”按钮，即可应用设置好的效果。

4. 曝光

使用“曝光”命令可以使图像产生底片曝光的效果。选择“位图→颜色转换→曝光”菜单命令，在打开的“曝光”对话框中，通过调节“层次”数值滑块，可以改变图像的曝光程度，如图14-42所示。

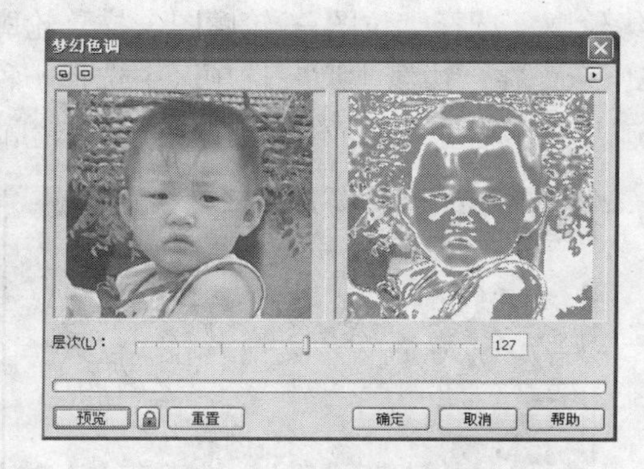

图14-41 “梦幻色调”对话框

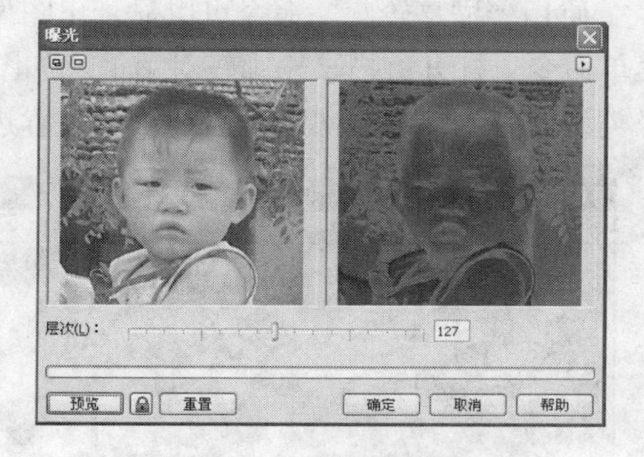

图14-42 “曝光”对话框

14.6 轮廓图

选择菜单栏中的“位图→轮廓图”菜单命令，将打开如图14-43所示子菜单，使用其中的命令，可以得到图形的轮廓效果。

1. 边缘检测

使用“边缘检测”命令，可以在图像中加入不同的边缘效果，下面简单地介绍一下操作步骤。

（1）导入位图后，使用工具箱中的选择工具选中要编辑的图像。

（2）选择“位图→轮廓图→边缘检测”菜单命令，打开“边缘检测”对话框，如图14-44所示。

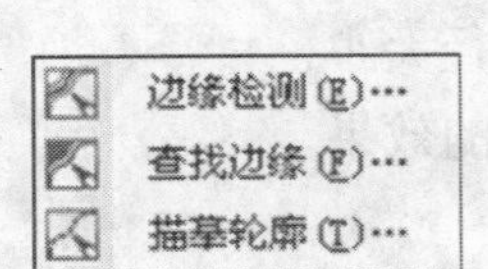

图14-43 “轮廓”子菜单

图14-44 “边缘检测”对话框

（3）在该对话框的“背景色”选项区中选择一种颜色作为背景色，并调节“灵敏度”数值滑块，设置图像边缘的清晰度。

（4）设置完毕后单击“确定”按钮，即可将效果应用于选中的位图。

2. 查找边缘

使用“查找边缘”命令可以使图像的边缘轮廓较亮显示。选择“位图→轮廓图→查找边缘”菜单命令，打开“查找边缘”对话框。在“边缘类型”选项区中选择一种边缘类型，并调节“层次”数值滑块，设置边缘亮度，从而使图像的边缘轮廓较亮显示，如图14-45所示。

3. 描摹轮廓

使用“描摹轮廓”命令可以显示出图像的边缘轮廓。选择“位图→ 轮廓图→描摹轮廓”菜单命令，打开“描摹轮廓”对话框，如图14-46所示。在“边缘类型”选项区中选择一种边缘类型，并调节“层次”数值滑块，设置边缘痕迹及变形程度，从而显示图像的边缘轮廓。

图14-45 “查找边缘”对话框

图14-46 “描摹轮廓”窗口

使用“上面”和“下降”两个选项可以设置不同的边缘类型，如图14-47所示。

使用“上面”项的效果

使用“下降”项的效果

图14-47 效果对比

提示 由于本书篇幅有限，其他的位图效果放在了本书配套资料中，请下载参阅。

第15章 颜色调整与变换

在CorelDRAW中，使用“效果”菜单中的“调整”和“变换”命令可以调整图像的颜色和色调等，从而获得需要的图像效果；通过选择“效果→变换”菜单中的适当命令，可以反转颜色和执行色调分离等。

在本章中主要介绍下列内容：

▲ 调整颜色

▲ 变换颜色

15.1 颜色调整

在CorelDRAW中，通过在菜单栏中选择“效果→调整”菜单中的命令，可以调整图像的颜色与色调。注意一点，在“效果”菜单中有些命令只对位图图像起作用，而对矢量图图像不起作用。在选中图像后，如果菜单栏中的命令处于激活状态，那么它就起作用，否则不起作用。

选择“效果→调整”菜单，将打开如图15-1所示的子菜单。使用其中的命令，可以直接在CorelDRAW中对图像的颜色进行处理。

高反差(C)...
局部平衡(O)...
取样/目标平衡(M)...
调合曲线(T)...
亮度/对比度/强度(I)... Ctrl+B
颜色平衡(L)... Ctrl+Shift+B
伽玛值(G)...
色度/饱和度/亮度(S)... Ctrl+Shift+U
所选颜色(V)...
替换颜色(R)...
取消饱和(D)
通道混合器(N)...

图15-1 “调整”子菜单

1. 高反差

使用“调整”菜单中的“高反差”命令，可以使图像的颜色达到平等的效果，操作方法如下。

（1）导入需要的图像，然后使用选择工具选择图像，如图15-2所示。

（2）选择“效果→调整→高反差”菜单命令，打开如图15-3所示的“高反差”对话框。

图15-2 选取的图像

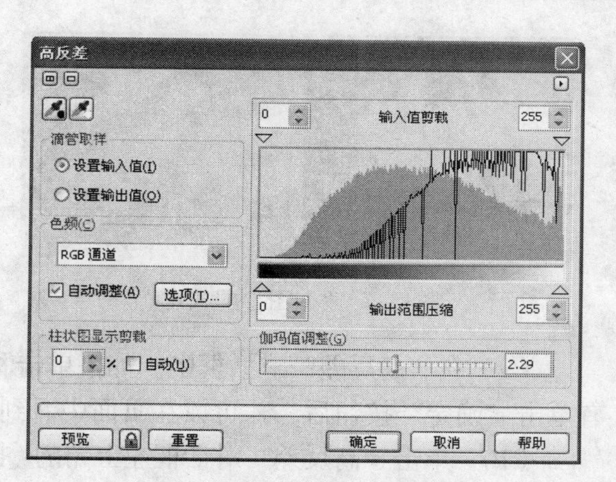

图15-3 “高反差”对话框

（3）单击“色频”选项区的下拉按钮，在显示的下拉列表中可选择一种通道类型，如图15-4所示。

（4）单击“选项”按钮，打开如图15-5所示的“自动调整范围”对话框，通过调节“黑色限定”和“白色限定”参数栏中的数值，可以改变图像的边界颜色限度。

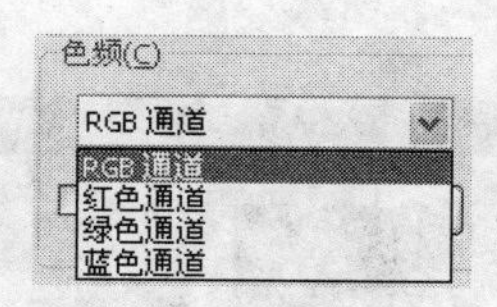

图15-4 通道类型

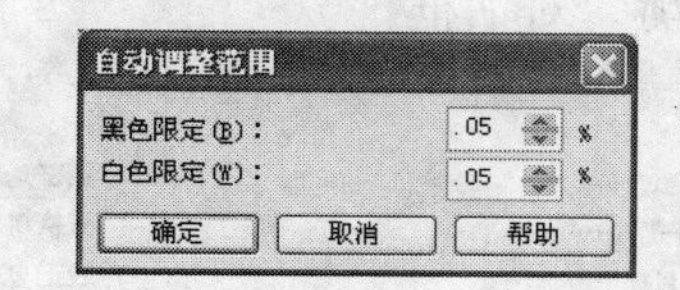

图15-5 “自动调整范围”对话框

（5）在“柱状图显示剪裁”选项区中，“自动”选项一般处于选中状态。也就是说，在默认状态下“柱状图显示剪裁”的显示方式是系统自动设置的。如果要自定义显示方式，可取消选择该选项，并调节其左边参数栏中的数值，这时在预览框中将会看到曲线的变化。

（6）将“输出范围压缩”左边参数栏中的数值逐渐调大，可以使图像变暗，将其右边参数栏中的数值逐渐调小，可以使图像变亮，如图15-6所示。

图15-6 改变图像的亮度

（7）调整“输出范围压缩”左边和右边的数值可以改变图像的灰度，效果如图15-7所示。

注意 使用“高反差”对话框上部的吸管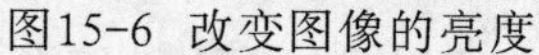也可以设置输入值和输出值。

（8）在“伽玛值调整”选项区中通过调节伽玛值的大小，可以改变图像中明暗等细节部分，效果如图15-8所示。

图15-7 改变图像的灰度

图15-8 调整伽玛值的效果

（9）在“高反差”对话框中，如果单击🔒按钮，这时将无法预览对图像进行的改变，只有单击“确定”按钮后，才可以在页面中看到变化后的效果。

（10）单击“高反差”对话框左上角的▸按钮，将打开如图15-9所示的菜单。其中的菜单命令和菜单栏中的命令是对应的。

2. 局部平衡

在CorelDRAW中，使用“局部平衡”命令可以使图像边缘部分颜色均衡，操作方法如下。

（1）选中导入的图像，选择“效果→调整→局部平衡”菜单命令，打开如图15-10所示的“局部平衡”对话框。

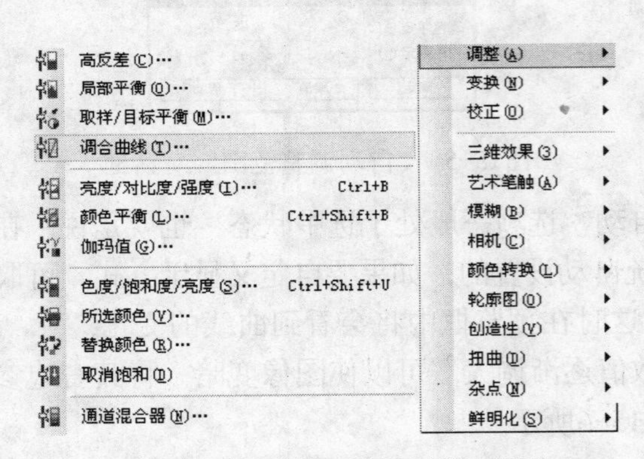

图15-9 “高反差”对话框弹出菜单

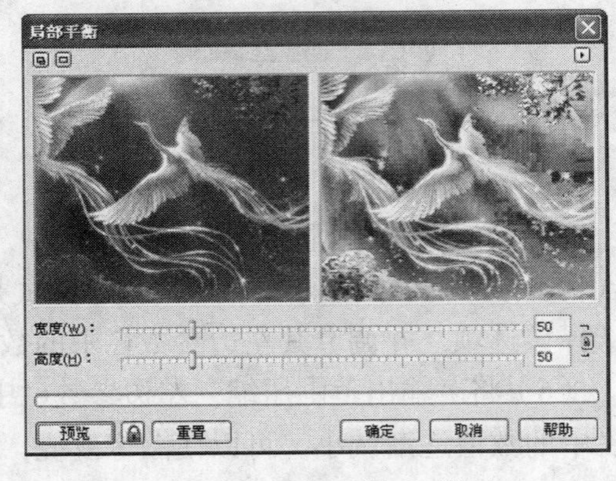

图15-10 “局部平衡”对话框

（2）单击“宽度”和“高度”参数栏之间的🔒按钮，使其呈🔓状态，解除锁定，从而可以随意调解“宽度”和“高度”的数值。然后单击“预览”按钮，显示局部均衡后的效果。

（3）单击“确定”按钮，即可把调整好的效果应用到图像。

3. 取样/目标平衡

使用“取样/目标平衡”命令，可以将选择的目标色应用到从图像中吸取的每一个样本色，从而使样本色与目标色达到平衡，操作方法如下。

（1）导入并选中图像，选择“效果→调整→取样/目标平衡”菜单命令，打开如图15-11所示的“取样/目标平衡”对话框。

（2）单击“通道”选项区的下拉按钮，在显示的下拉列表中选择一种通道类型，如图15-12所示。

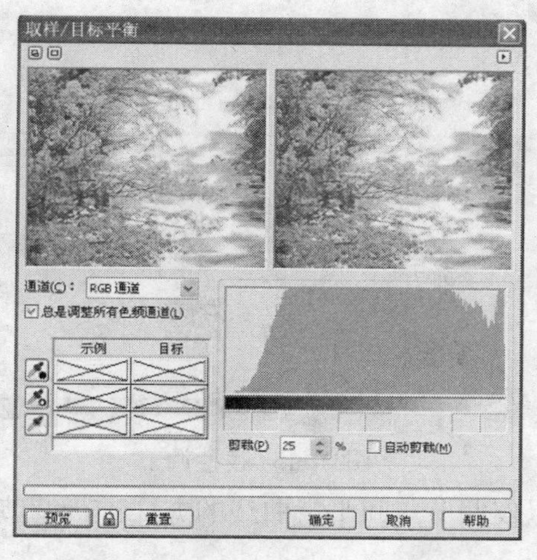

图15-11 “取样/目标平衡”对话框

图15-12 通道类型

（3）使用吸管工具、和在图像中吸取样本色的暗部、中间和亮部的颜色；并通过单击“目标”下面的方块，在显示的颜色对话框中选择目标色的暗部、中间和亮部的颜色。

（4）在默认状态下，“自动剪裁”选项处于选中状态，如果要自定义修剪的方式，可取消选择该选项，并在“裁剪”参数栏中调节数值。

（5）设置满意后，单击“确定”按钮即可。

4. 调合曲线

使用“效果”菜单中的“调合曲线”命令可以改变图像颜色的色调和亮度，下面简单地介绍一下操作方法。

（1）选中图像，选择“效果→调整→调合曲线”菜单命令，打开如图15-13所示的“调合曲线”对话框。

（2）单击“色频通道”下拉按钮，在弹出的下拉列表中选择所需的颜色通道，如RGB通道、红色通道、绿色通道和蓝色通道等。

（3）在“曲线选项”选区中，系统提供了4种曲线样式，如图15-14所示，意义如下:

· 使用“曲线”类型可以在曲线调节窗格中以平滑曲线进行调节。

· 使用“线性”类型可以在曲线调节窗格中以两节点间保持平直的尖锐曲线进行调节，如图15-15所示。

· 使用“手绘”类型可以在曲线调节窗格中以手绘曲线的方式进行调节，如图15-16所示。

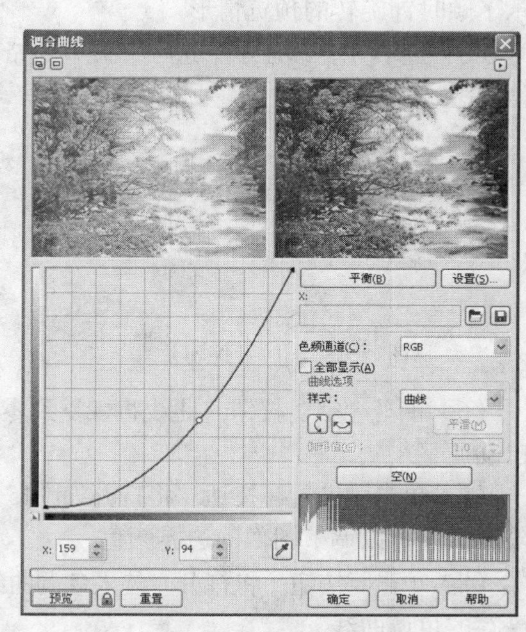

图15-13 “调合曲线”对话框

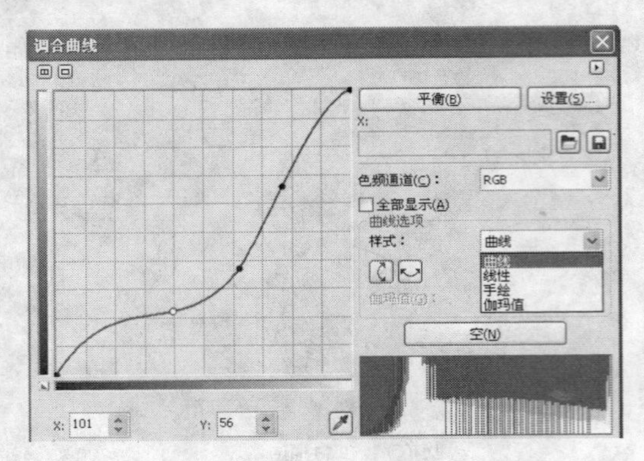

图15-14 曲线样式

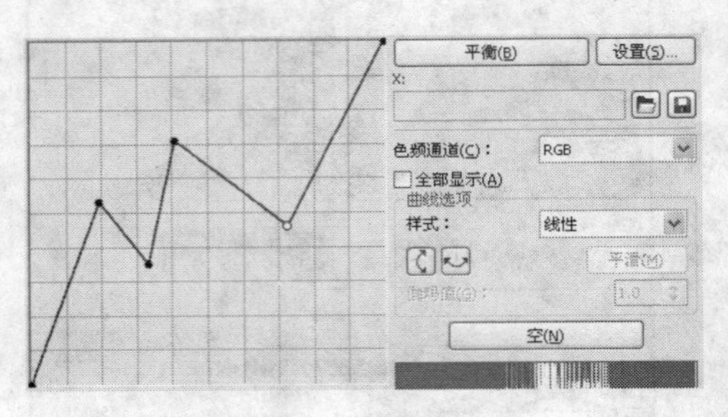

图15-15 线性调节

· 使用“伽玛值”类型可以在曲线调节窗格中以仅两节点间平滑曲线的方式进行调节，如图15-17所示。

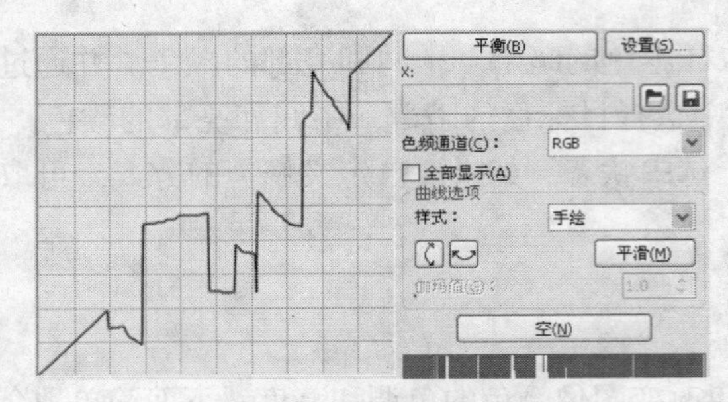

图15-16 手绘调节

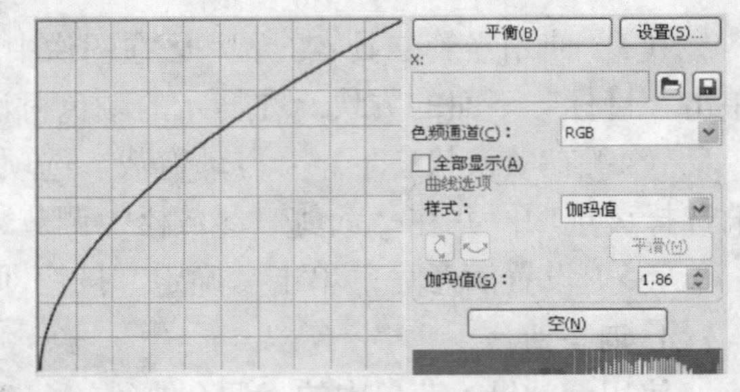

图15-17 伽玛值调节

（4）单击对话框中的按钮，可以将调节的色调曲线顺时针旋转90°；单击按钮，可以将调节的色调曲线逆时针旋转90°。如果再次单击，可将曲线恢复为原来的设置，图15-18显示了顺时针旋转的预览情形。

（5）选中“全部显示”选项，调节窗格中将出现一条蓝色的直线，以标明线型的原始位置，如图15-19所示。

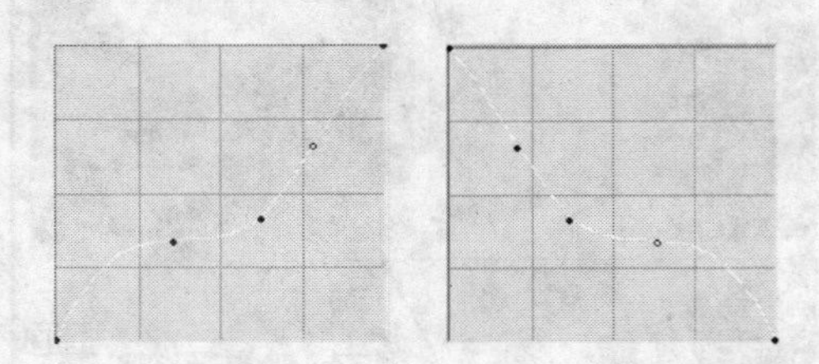

图15-18 顺时针旋转效果

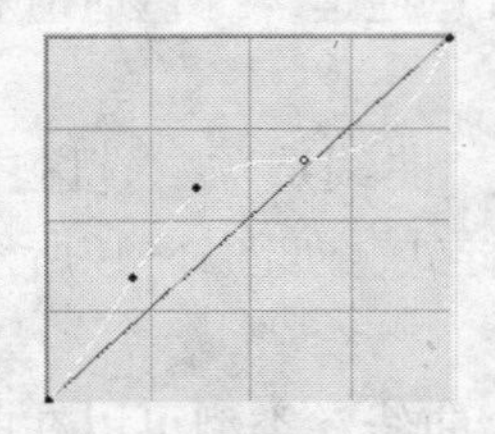

图15-19 蓝色直线

（6）单击“空”按钮，曲线将恢复到零值，即不改变色调。单击“平衡”按钮，曲线将被自动调整。

（7）单击“设置”按钮，将打开如图15-20所示的“自动调整范围”对话框，通过设置黑白限定值，可以调节图像的边界颜色。

（8）单击按钮，将打开“装入色调曲线文件”对话框，如图15-21所示，可从中选择一种已存的色调曲线。

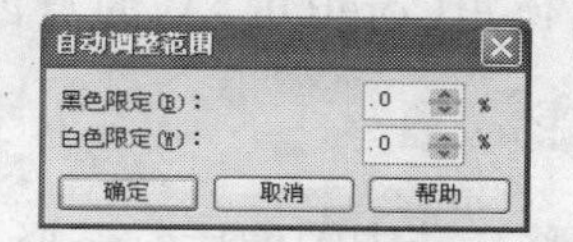

图15-20 “自动调整范围”对话框

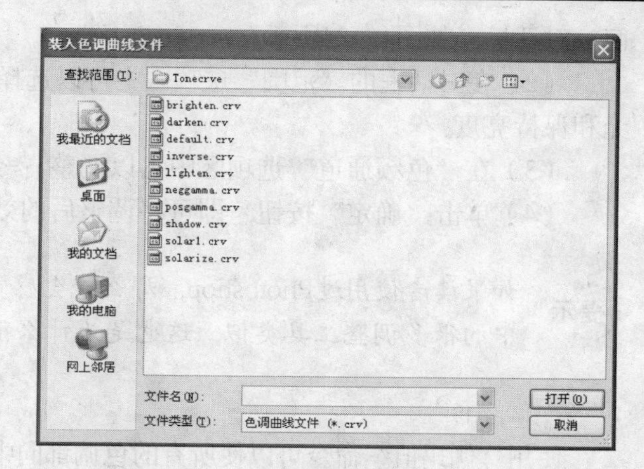

图15-21 “装入色调曲线文件”对话框

（9）单击按钮，将打开“保存色调曲线文件”对话框，如图15-22所示。使用该对话框可以将定制好的色调曲线保存起来，以便以后使用。

5. 亮度/对比度/强度

使用“效果”菜单中的“亮度/对比度/强度”命令可以调整图像的亮度、对比度和强度，操作方法如下。

（1）使用选择工具选中绘图区中的图像，然后选择“效果→调整→亮度/对比度/强度”菜单命令，打开“亮度/对比度/强度”对话框，如图15-23所示。

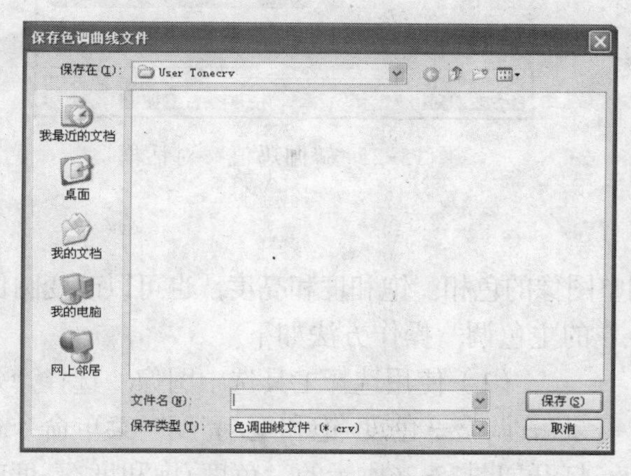

图15-22 “保存色调曲线文件”对话框

图15-23 “亮度/对比度/强度”对话框

（2）调节对话框中的“亮度”数值滑块或直接输入数值，可以等量地调亮或调暗图像的像素；调节“对比度”参数值，可以调整位图中最亮与最暗像素间的差距；调节“强度”参数值，可以调节图像中浅色区域的亮度而不影响深色区域。

（3）设置好后单击“确定”按钮，即可将调整后的效果应用于选择的图像。

6. 颜色平衡

使用“效果”菜单中的“颜色平衡”命令可以调整图像的颜色平衡，比如可以把以绿色为主色调的图像转换为以红色或者其他颜色为主色调的图像。

（1）选中绘图区中的图像，选择“效果→调整→颜色平衡”菜单命令，打开“颜色平衡”对话框，如图15-24所示。

（2）在对话框的“范围”选项区中可以选择调整图像的范围，包括阴影、中间色调、高光和保持亮度。

（3）在“色频通道”选项区中可以调整青-红、品红-绿、黄-蓝颜色参数。

（4）单击“确定”按钮，即可将调整后的效果应用于选择的图像。

提示 如果读者使用过Photoshop，那么就会感觉到CorelDRAW中的这些工具和Photoshop中的很多调整工具类似。这也是为什么很多人喜欢使用CorelDRAW的原因之一。

7. 伽玛值

使用“伽玛值”命令可以使所有的色调都向中间色调偏移。选中图像后，选择“效果→调整→伽玛值”菜单命令，在打开的“伽玛值”对话框中调整“伽玛值”参数即可，如图15-25所示。

图15-24 “颜色平衡”对话框

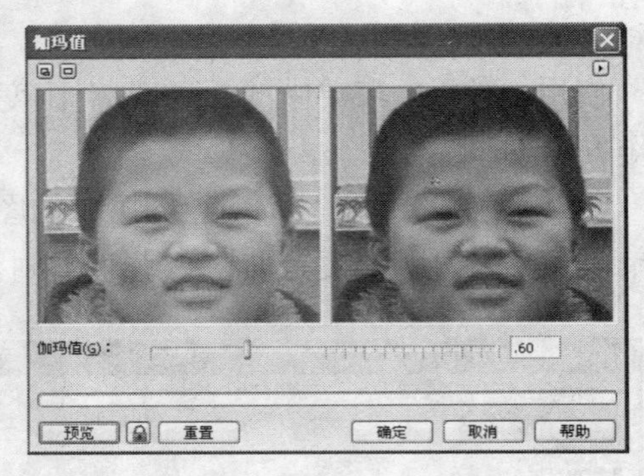

图15-25 “伽玛值”对话框

8. 色度/饱和度/亮度

使用“色度/饱和度/亮度”命令，可以调整图像的色相、饱和度和亮度，也可以改变图像的主色调，操作方法如下。

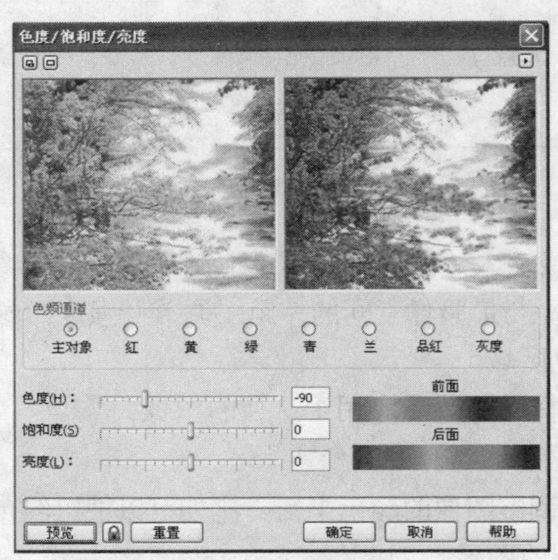

图15-26 “色度/饱和度/亮度”对话框

（1）使用选择工具选中图像，选择“效果→调整→色度/饱和度/亮度”菜单命令，打开如图15-26所示的“色度/饱和度/亮度”对话框。

（2）在“色频通道”选项区中选择一种颜色作为调整对象。其中，当选中“主对象”选项时，可设置图像的总体效果。

（3）调整“色度”、“饱和度”、“亮度”参数，可以分别调整图像的色度、饱和度和亮度。

（4）调整满意后，单击“确定”按钮，将调整后的效果应用于图像。

9. 所选颜色

与其他颜色校正工具相同，使用“所选颜色”可以校正颜色不平衡问题和调整颜色。“所选颜色”校正是高档扫描仪和分色程序使用的一项技巧，它在图像中的每个加色和减色的原色成分中增加和减少印刷颜色的数量。

通过增加和减少与其他印刷油墨相关的印刷油墨的数量，用户可以有选择地修改任何原色中印刷颜色的数量，而不会影响其他原色。例如，用户可以使用“所选颜色”命令进行校正以显著减少图像绿色成分中的青色，同时保留蓝色成分中的青色不变。

（1）选中图像，然后选择“效果→调整→所选颜色”菜单命令，打开“所选颜色”对话框，如图15-27所示。

（2）在“颜色谱”选项区中选择一种适当的颜色光谱，或在“灰”选项区中选择一种调色范围。

（3）在“调整”选项区中调整各颜色的参数值，改变图形对象中的颜色。

（4）在“调整百分比”选项区中可以根据需要选择“相对”选项或“绝对”选项。

（5）单击“确定”按钮，即可将调整后的效果应用于图像。

10. 替换颜色

使用“替换颜色”命令可以将图像中原有的颜色替换为新的颜色，下面简单地介绍一下其使用方法。

（1）选中绘图区中的图像，选择“效果→调整→替换颜色”菜单命令，打开“替换颜色”对话框，如图15-28所示。

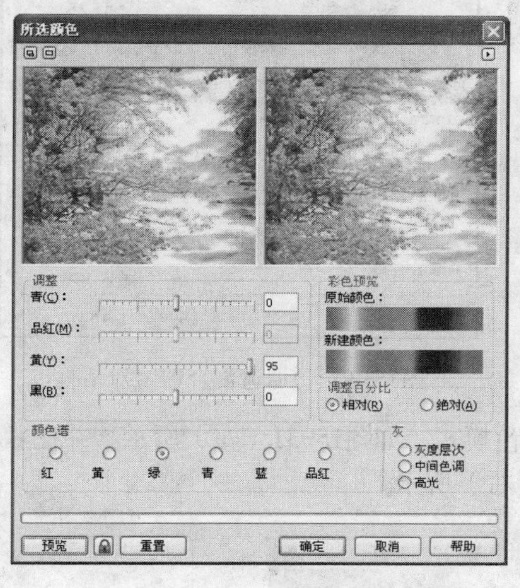

图15-27 “所选颜色”对话框

图15-28 “替换颜色”对话框

（2）在“原颜色”下拉列表框中选择一种将要被替换的颜色，或单击按钮，使用滴管工具从图像中吸取要替换的颜色；然后在“新建颜色”下拉列表框中选择一种用来替换的颜色，也可以单击按钮吸取用来替换的颜色。

（3）在“选项”选项区中选中“忽略灰度”选项，可以忽略图像中的灰度；如选中“单目标颜色”选项，可以使图像中的新颜色发亮。

（4）在“颜色差异”选项区中，设置色度、饱和度和亮度的参数值，调整新颜色的色相、饱和度与明度。

（5）调整“范围”参数值，可以改变调整的范围。

（6）单击“确定”按钮，即可将替换后的效果应用于图像。

11. 取消饱和

选择“效果→调整→取消饱和”菜单命令，可以清除图像的彩色成分，使图像呈灰色显示，如图15-29所示。使用这种方法可以把彩色的照片转换成黑白的照片。

其操作方法非常简单，在绘图区中选中图像，然后执行“效果→调整→取消饱和”菜单命令即可。

注意 执行“效果→调整→取消饱和”菜单命令后不会打开任何对话框。

12. 通道混合器

选择“通道混合器”命令，在打开的对话框中可以通过调整所选通道的颜色参数而改变图像的颜色，操作方法如下。

（1）选择“效果→调整→通道混合器”菜单命令，将会打开如图15-30所示的“通道混合器”对话框。

图15-29 取消饱和效果

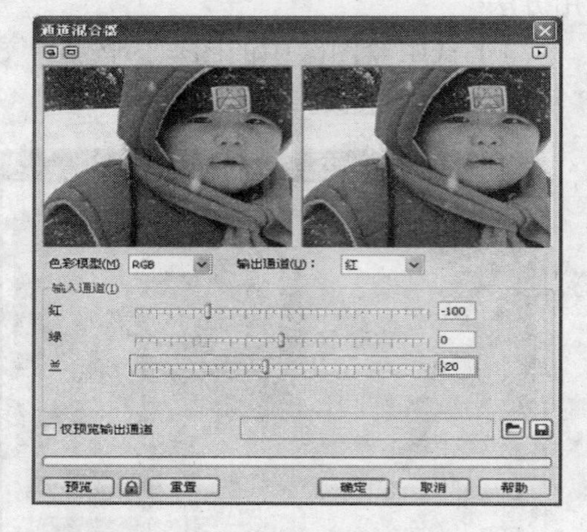

图15-30 “通道混合器”对话框

（2）在“色彩模型”下拉列表中选择一种颜色模式，如图15-31（左）所示。并在“输出通道”下拉列表中选择所需的通道，如图15-31（右）所示。

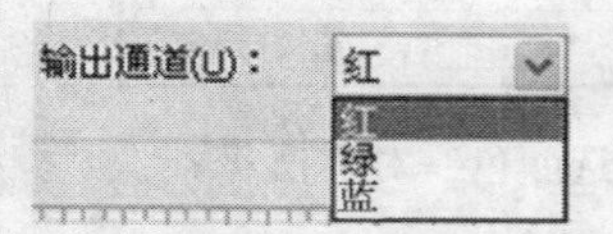

图15-31 “色彩模型”和“输出通道”下拉列表

（3）在“输入通道”选项区中，调节各颜色的参数值，然后单击“确定”按钮，即可将调整颜色后的效果应用于图像。

15.2 颜色变换

在CorelDRAW中，通过选择“效果→变换”菜单中的适当命令，可以反转颜色和执行色调分离等。

选择“效果→变换”菜单命令，将弹出如图15-32所示的子菜单。使用其中的三个命令，可以将选择的图像变换为另一种效果。

1. 去交错

使用“去交错”命令，可以将图像中不清楚的颜色以扫描的形式进行变换。选择该命令将打开“去交错”对话框，如图15-33所示。在“扫描行”选项区中通过选择“偶数行”或“奇数行”选项，可扫描偶数行或奇数行颜色；在“替换方法”选项区中通过选择“复制”或“插补”选项，可将移动的颜色复位。

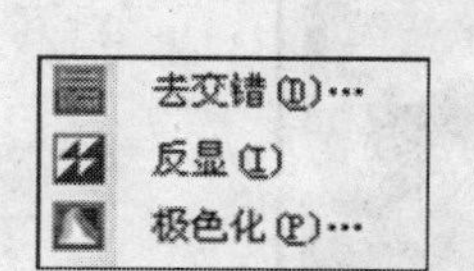

图15-32 “变换”子菜单

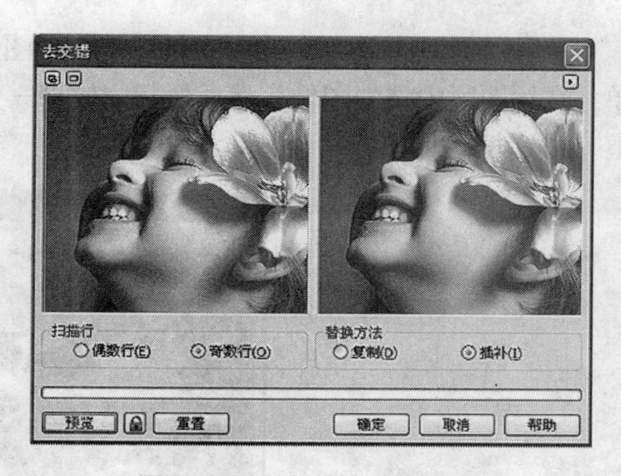

图15-33 “去交错”对话框

提示 扫描行是一种电视术语，分为隔行扫描和逐行扫描。隔行扫描是扫描构成图像中的所有水平线，计算机显示器一般都是采用的逐行扫描，因此在计算机显示器上观看的图片效果要清晰一些。隔行扫描是扫描构成图像中的奇数水平线或者偶数水平线，电视机一般都是采用的隔行扫描，因此在电视机上观看的图片效果相对计算机显示器不是很清晰。

2. 反显

使用“反显”命令，可以使所选图像的颜色反向显示，如图15-34所示。操作方法非常简单，在绘图区中选中图像，然后执行“效果→变换→反显”命令即可。

3. 极色化

使用“极色化”命令，可以使所选图像中的颜色数量减少。当选择该命令时，系统将打开“极色化”对话框。通过调整该对话框中的“层次”数值滑块，可以调整图像的色调分离效果。数值越低，色调分离效果越明显；数值越高，色调分离效果越不明显，如图15-35所示。

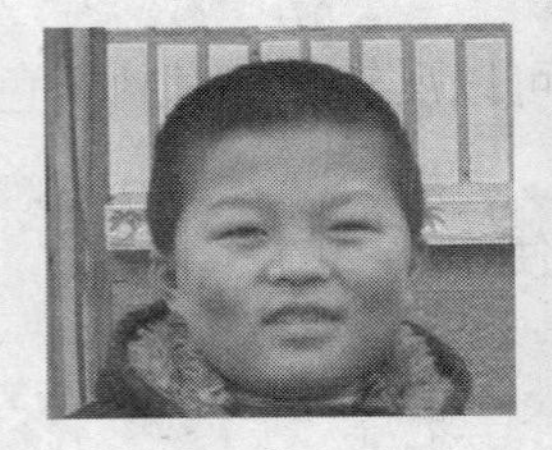

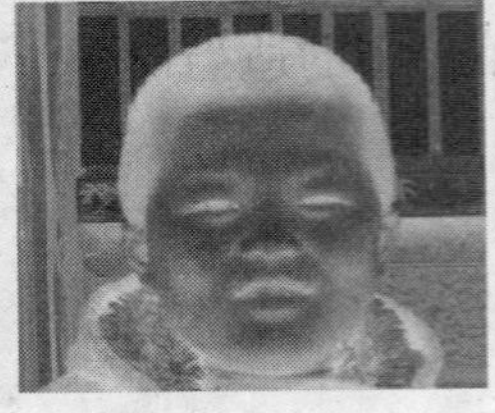

原图 反显效果

图15-34 图像反显效果

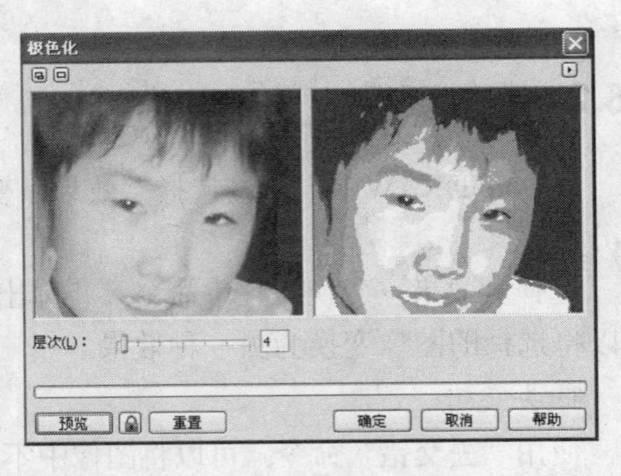

图15-35 “极色化”对话框

15.3 尘埃与刮痕

使用“尘埃与刮痕”命令，可以使所选图像中的杂色或者刮痕数量减少。操作方法非常简单，在绘图区中选中图像，然后执行“效果→变换→尘埃与刮痕”命令打开，打开“尘埃与刮痕”对话框，如图15-36所示。

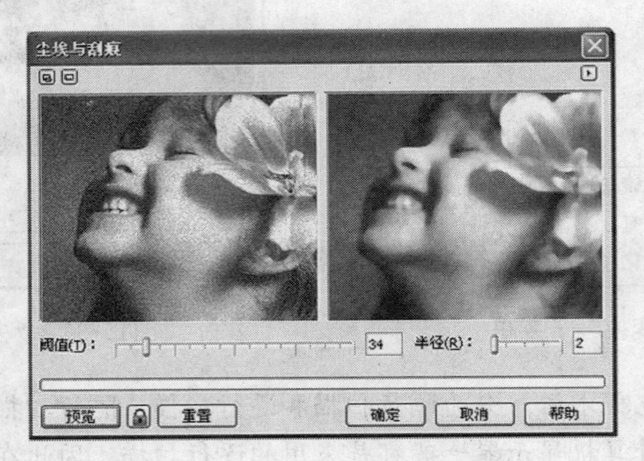

图15-36 “尘埃与刮痕”对话框

通过调整“阈值”和“半径”数值滑块可以调整图像中刮痕减少的效果。设置完成后单击“确定”按钮，即可将设置好的效果应用于选择的图像。

通常，在使用“尘埃与刮痕”命令去除图像中的尘埃和刮痕时，图像的质量也会有一定程度的降低。

15.4 实例：草原之光

制作的草原之光最终效果如图15-37所示。

（1）打开CorelDRAW创建一个新的文档，并设置其大小和方向。

（2）在菜单栏中选择“文件→导入”命令导入一幅位图，如图15-38所示。

（3）选择导入的位图，然后单击属性栏中的“编辑位图”按钮，打开PHOTO-PAINT X5，如图15-39所示。

图15-37 最终效果

图15-38 导入的位图

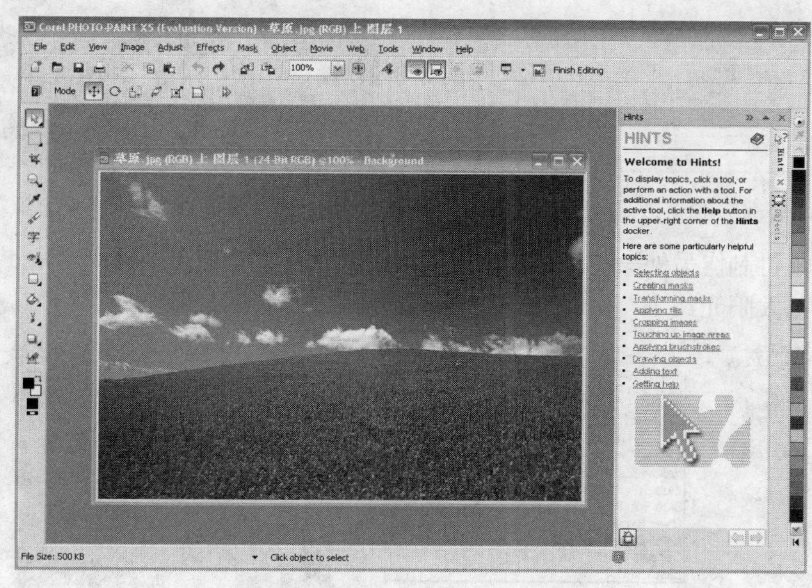

图15-39 打开PHOTO-PAINT X5

提示 PHOTO-PAINT X5是CorelDRAW X5中的一个组件，使用该软件可以更加方便地编辑位图。在计算机上安装CorelDRAW X5的同时也安装了PHOTO-PAINT X5，不过，它是英文版的。

（4）在菜单栏中选择“Effects（效果）→Camera（相机）→Lens Flare（镜头光晕）”命令，打开“Lens Flare（镜头光晕）”对话框，如图15-40所示。

（5）在“镜头光晕”对话框中单击“双屏显示”按钮，显示两个预览窗口，单击激活“预览”按钮，在预览窗口中可显示出默认的光晕效果，如图15-41所示。

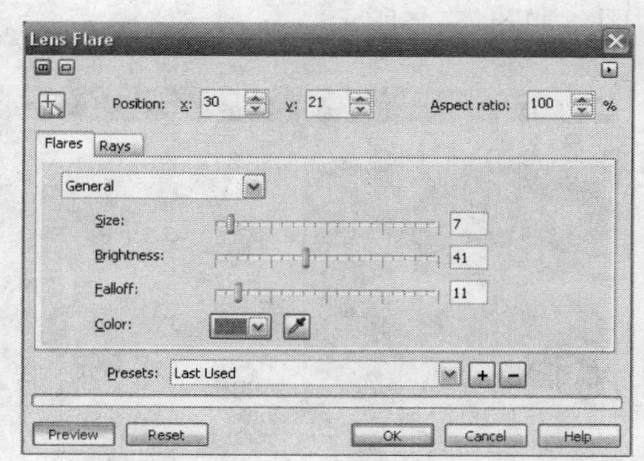

图15-40 “镜头光晕”对话框

（6）可以调整镜头光晕的大小、亮度和衰减等参数，调整完成后，单击“OK”按钮，即可获得如图15-42所示效果。

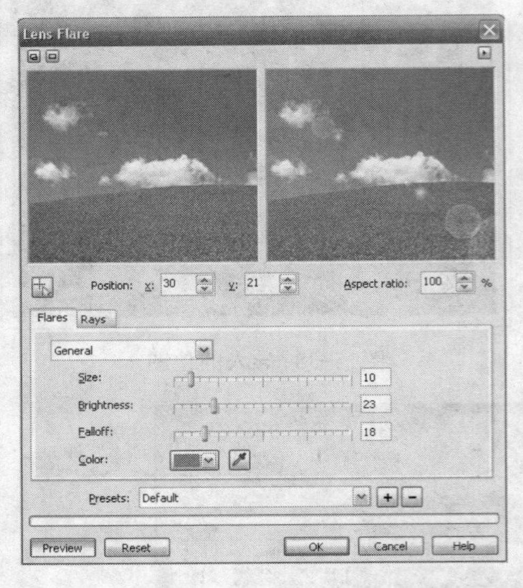

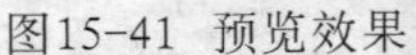

图15-41 预览效果

图15-42 创建的镜头光晕效果

（7）这里，再制作另外一种光的效果，从预设的默认下拉菜单中选择“Red Sun Rays Left Bright（左侧红色太阳光线）”，这时窗口自动更新，如图15-43所示。

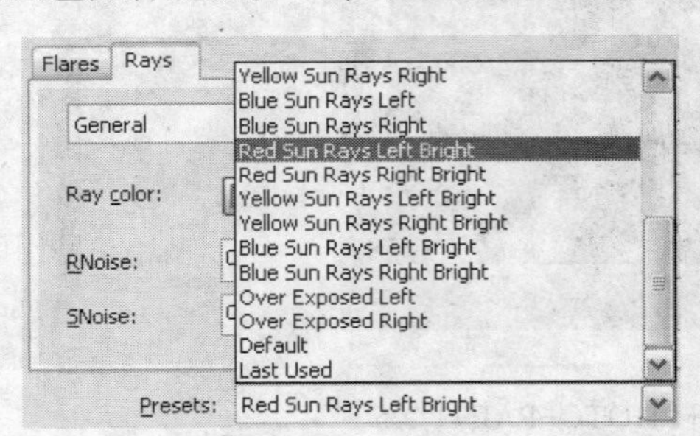

图15-43 下拉菜单和红色太阳光线效果

（8）使用鼠标调整光晕的位置，并设定各项参数的数值，如图15-44所示。

（9）设置完毕后，在“镜头光晕”对话框中单击“确定”按钮，把设置好的效果应用到位图，如图15-45所示。

图15-44 调整效果

图15-45 应用效果

（10）在菜单栏中选择“File→Save”命令，保存光晕效果，这样就会把效果直接应用到CorelDRAW的位图中，如图15-46所示。

（11）从整幅画面来看，画面对比度过于强烈，在PHOTO-PAINT X5中执行“Adjust（调整）→Bright/Contrast/Intensity（亮度/对比度/强度）”命令，打开“亮度/对比度/强度”对话框，并降低亮度和对比度的值，如图15-47所示。

图15-46 在CorelDRAW中的效果

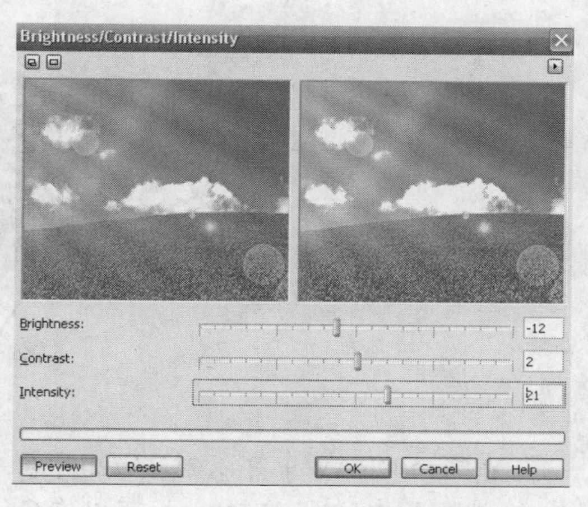

图15-47 “亮度/对比度/强度”对话框

（12）如果要调整画面的整体色调。在菜单栏中选择“Adjust（调整）→Hue/Saturation/Bright(色度/饱和度/亮度)”命令，打开“色度/饱和度/亮度”对话框，设置各项参数改变整体的色调，如图15-48所示。

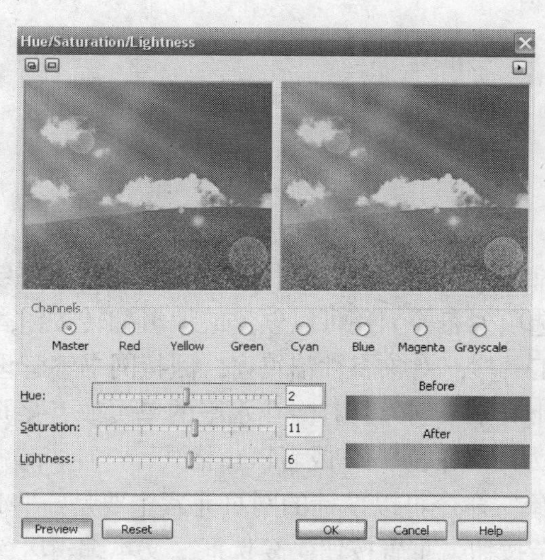

图15-48 “色度/饱和度/亮度”对话框

（13）设置完毕后单击“确定”按钮，效果如图15-37所示。最后按Ctrl+S组合键保存文档。

第16章 创建Web对象和条形码

在CorelDRAW中可以创建Web对象，并可以将文本转换为与Web兼容的文本，使其能在浏览器中进行编辑；也可以在CorelDRAW文档中插入Web对象，并可以将CorelDRAW中的对象转换为交互式翻转对象。还可以制作带有交互式翻转按钮或表单的复杂Web页面，并可以把制作好的网页按需要优化和发布为HTML、SWF或者PDF格式。

在本章中主要介绍下列内容:

- ▲ 创建Web页
- ▲ 导出到HTML
- ▲ 制作条形码

16.1 创建Web页

在CorelDRAW中可以制作或者转换HTML文本，并可以插入系统预设的因特网对象，包括按钮、复选框、文本框、选项列表等。还可以创建或编辑翻转按钮，为图形或者文本创建超链接。系统还提供了因特网工具栏、对象属性泊坞窗、因特网书签管理器和链接管理器泊坞窗，这样就可以方便地使用Web对象来创建具有专业水平的单页或者多页Web页面。可以把制作好的网页按需要优化和发布为HTML、SWF或者PDF格式。

使用“插入因特网对象”命令可以设计的网页元素主要是一些Java Applet小程序，包括:内嵌文件、简单按钮、复杂按钮、重置按钮、复选框、文本编辑区、文本编辑框、弹出菜单或选项列表等。

16.2 创建翻转按钮

所谓翻转按钮就是当鼠标指针移动到其上，或者在其上按下鼠标键时，按钮会改变形状。而当鼠标指针移开时，按钮恢复成原来的形状。在CorelDRAW中可以很方便地创建翻转按钮。使用翻转按钮可以创建出比较活泼的动态网页效果。

使用“效果”菜单下的“翻转”命令，可以轻松地创建与编辑翻转对象，操作方法如下。

（1）绘制一个椭圆形，并将其填充为一种自己需要的颜色，如图16-1所示。

（2）通过选择“效果→斜角”菜单命令，将其制作为具有立体感的效果，使其看其来像是一个按钮，如图16-2所示。

图16-1 绘制的图形　　图16-2 制作立体感的效果

（3）使用选取工具选取对象，然后选择“效果→翻转→创建翻转”菜单命令，就可以将所选的对象或者文字转换为翻转对象，如图16-3所示。效果在外观上没有什么变化。

（4）激活文本工具，输入字母“Button”，如图16-4所示。然后选择“排列→群组”菜单命令，将文字和按钮组合在一起。

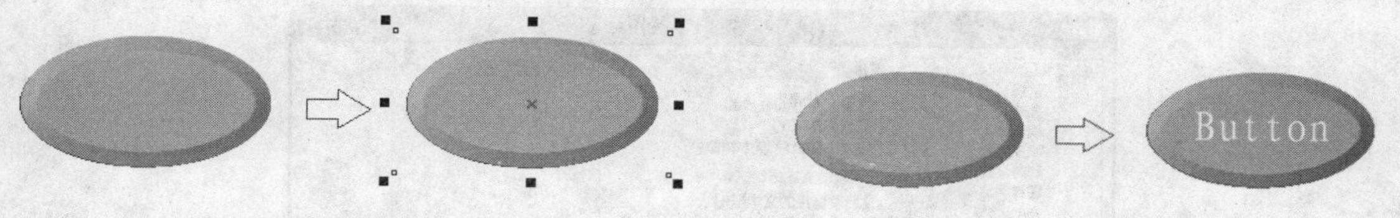

图16-3 创建翻转对象　　图16-4 输入的文本效果

（5）选择“效果→翻转→编辑翻转”菜单命令，可对翻转对象进行编辑，同时打开“因特网”属性栏，如图16-5所示。

（6）可在“因特网”属性栏中分别切换到按钮的下面三种状态：常规、上、下，如图16-6所示。然后分别调整对象的状态，或修改其内容。

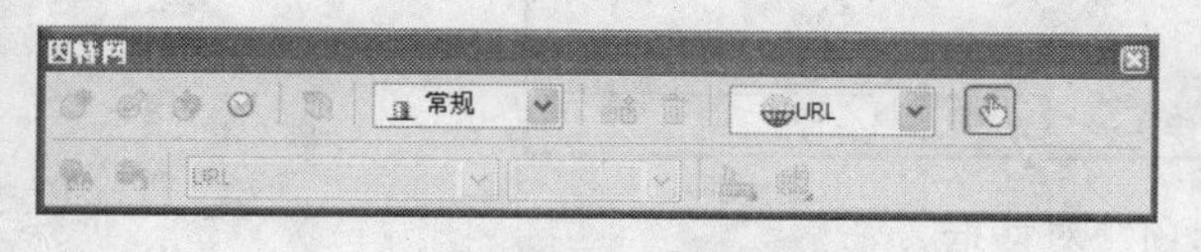

图16-5 “因特网”属性栏

图16-6 状态选项

（7）编辑结束后，选择“效果→翻转→完成编辑翻转”菜单命令，结束对翻转对象的编辑。

（8）选择“效果→翻转→提取翻转”菜单命令可以提取翻转对象，比如按钮等。

（9）选择“文件→HTML”菜单命令，打开“发布到Web”对话框，如图16-7所示，设置好需要的选项后，就可以将图像发布为HTML文件或SWF格式动画。

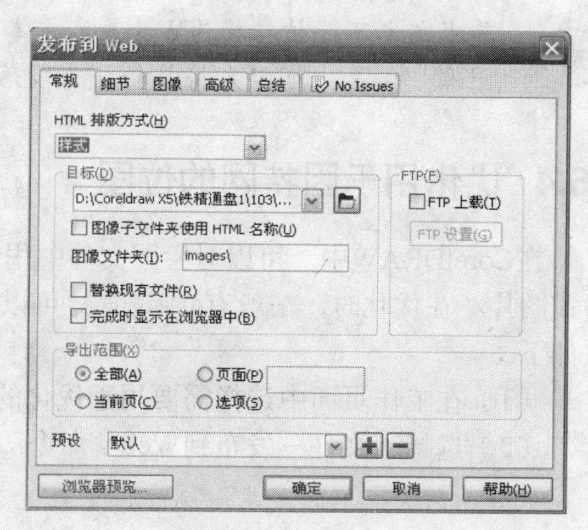

图16-7 “发布到Web”对话框

（10）选择“文件→导出到Web”菜单命令，可以打开“导出到Web”窗口，在该窗口中通过设置需要的选项可以优化图像。

提示 关于“导出到Web”对话框可以参阅本章后面的内容。

16.3 创建Web兼容文本

在CorelDRAW中，可以将段落文本转换为与Web兼容的文本，这样的话，就可以在HTML编辑器中编辑已发布文档的文本，还可以设置文本属性，包括字型、大小和字样等。

在创建与Web兼容的文本时，只需选择段落文本，然后选择“文本→生成Web兼容的文本”菜单命令即可。此外，选择“工具→选项”菜单命令，并在打开的“选项”对话框的左侧列表中依次选择“工作区→文本→段落”选项，然后在显示的如图16-8所示的“选项”对话框中，选中“使所有新的段落文本框具有Web兼容性”复选框，即可使新建的文本与Web兼容。

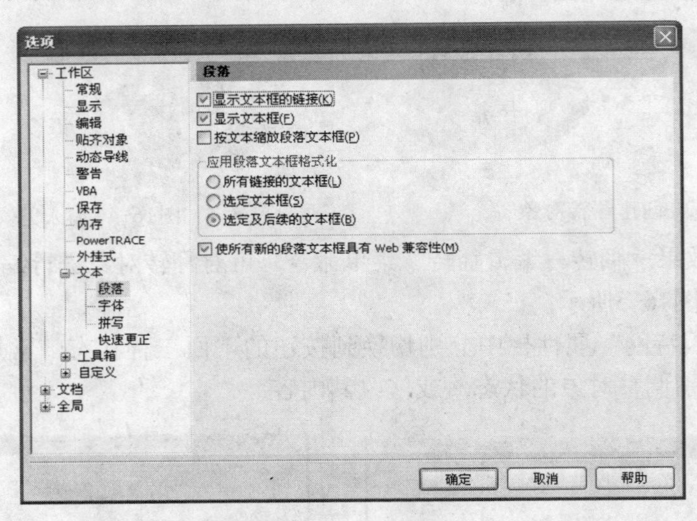

图16-8 “选项”对话框

提示 美术文本不能被转换为Web兼容文本，在将文档进行发布的过程中通常被视为位图图像。但是，可以先将其转换为段落文本，然后再使它们与Web兼容。

16.4 优化用于因特网的位图

在CorelDRAW中，可以对绘图文件中用于Web的位图进行优化，比如GIF、JPEG和PNG格式图片。在优化时，一般有4种设置，可以通过比较预览的结果来优化位图。优化的操作方法如下：

（1）在工作页面中选择需要用于优化的位图。

（2）选择“文件→发布到Web”命令，打开如图16-9所示的“导出到Web”窗口。

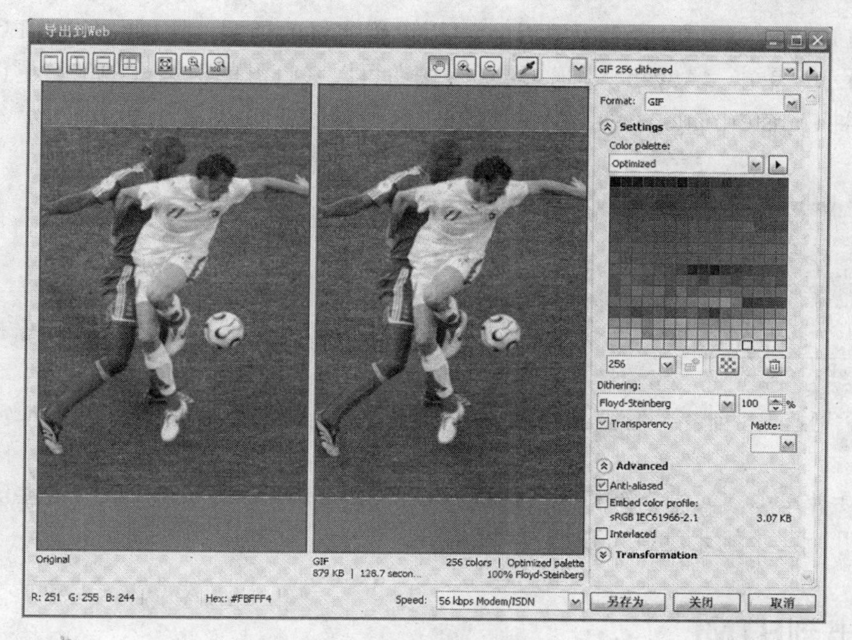

图16-9 “导出到Web”窗口

（3）在“导出到Web”窗口顶部单击预览视图显示模式按钮，可以设置以多个视图还是单视图显示。下面是单击按钮后以四视图显示的效果，如图16-10所示。

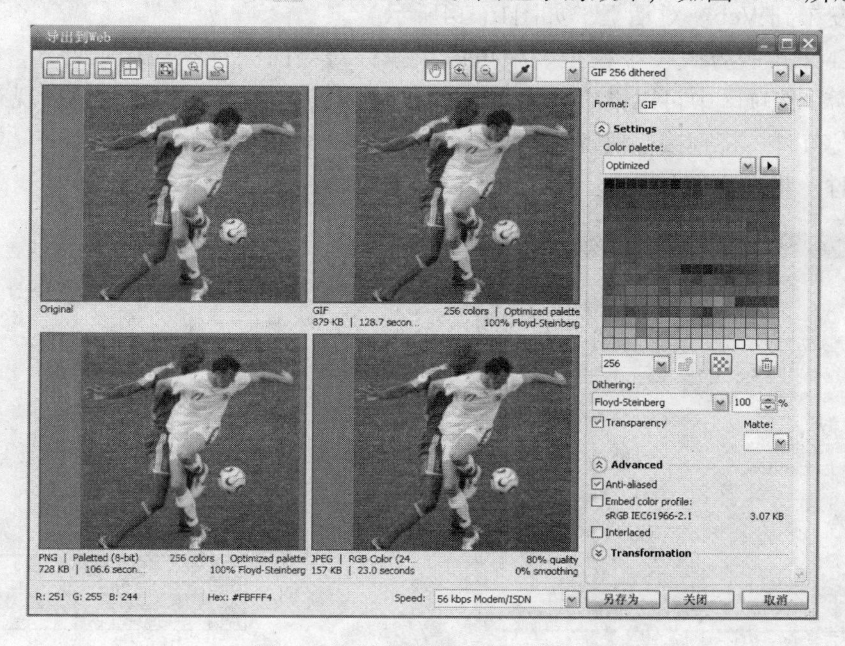

图16-10 以四视图显示的效果

（4）在底部的网速下拉列表中，可以设置需要选择的浏览速度为56Kbit/s，还可以设置为如图16-11所示的其他速度。

（5）在Optimized（优化）下拉列表中可以按需要选择优化设置，如图16-12所示。

（6）使用“放大”和“缩小”工具可以对图片进行缩放。使用手形工具可以移动图片。

（7）在Fomat（格式）下拉列表中，可以设置文件的类型，比如GIF、JPEG和PNG等，如图16-13所示。单击“Advanced（高级）”按钮可以在打开的对话框中进行更详细的设置。还能设置多种Transformation（变换）属性。

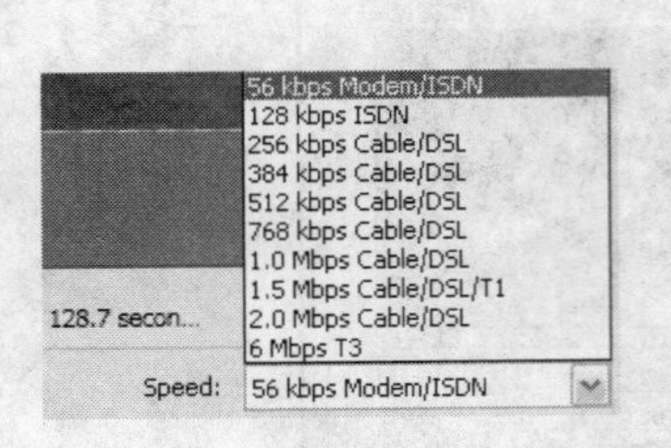

图16-11 网速下拉列表

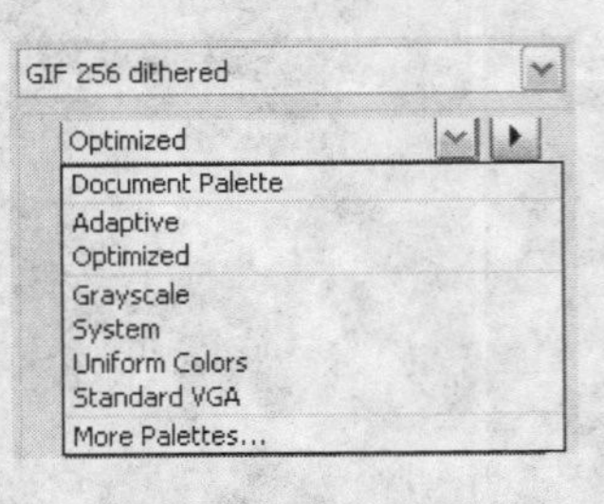

图16-12 优化下拉列表

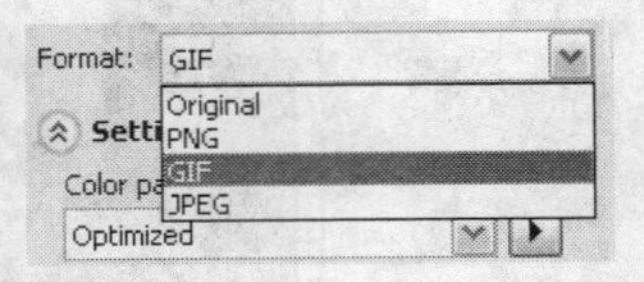

图16-13 文件类型下拉列表

提示 最好将左上方的浏览窗格设置为原位图，这样可以方便优化比较。有些浏览器需要使用外挂功能才能显示JPEG2文件。

16.5 导出到HTML

在CorelDRAW中编辑好绘图文件或者页面后，可以随时导出为HTML或者SWF格式的文件并发布到Web。如果要发布为HTML格式，那么在菜单栏中选择“文件→HTML”菜单命令，打开“发布到Web”对话框，如图16-14所示。

在“HTML排版方式”下拉列表中可以选择针对当前浏览器的排版方式，如图16-15所示。在“目标”选项区中可以设置目标文件和图片的存放位置。若选中“替换现有文件”复选框，那么在发布时，将直接替换现有的文件。若选中“完成时显示在浏览器中”复选框，那么在发布完成时，将在浏览器中显示该网页。

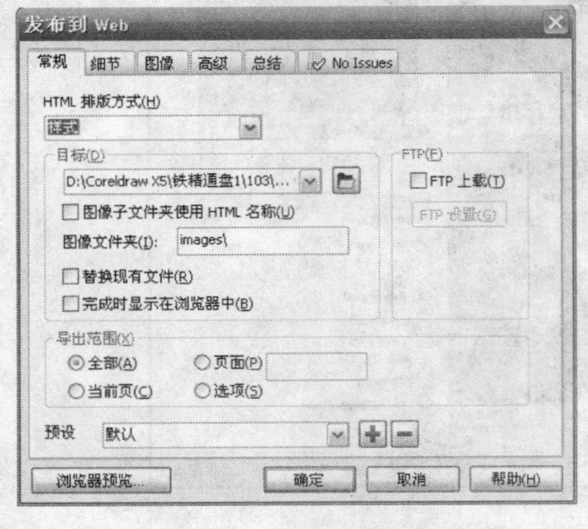

图16-14 “发布到Web”对话框

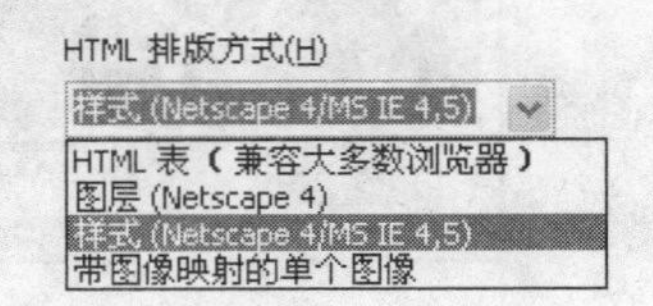

图16-15 排版方式

在“导出范围”选项区中可以设置导出页面的范围，有4个选项：全部、页面、当前页和选项。

在FTP选项区中，选中“FTP上载”复选框，激活“FTP设置”按钮，单击该按钮后，打开“FTP上载”对话框，如图16-16所示。在该对话框中可以设置上载服务器、用户名和口令等。可以将导出的HTML目标文件上载到服务器中。

若在“发布到Web”对话框中单击打开“细节”选项卡，那么将会列出导出的HTML文件、页面、文件名等，如图16-17所示。

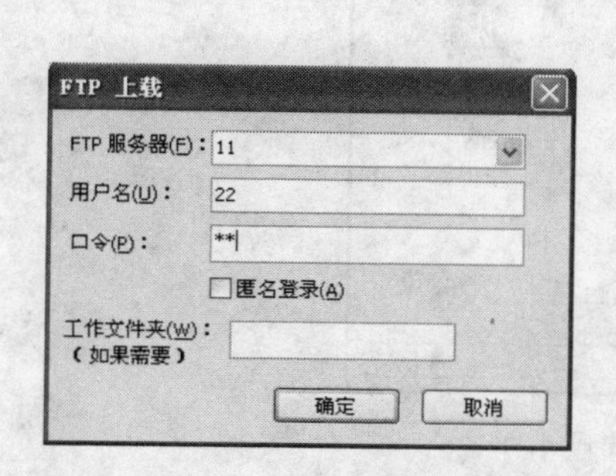

图16-16 “FTP上载”对话框

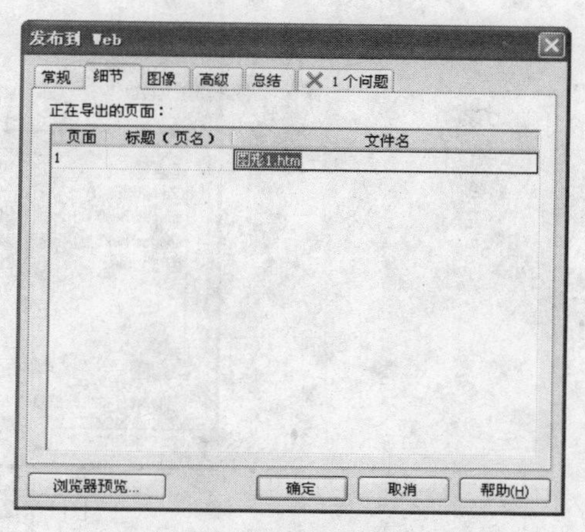

图16-17 “细节”选项卡

若单击打开“图像”选项卡，那么将会列出导出文件的全部图片名称、类型等。如图16-18所示。

若单击打开“高级”选项卡，将会列出4个选项，如图16-19所示。选中第一项，则保持链接至外部链接文件。选中第二项，则生成翻滚的Java脚本。第三项和第四项用于设置CSS（网页样式表）的用户ID和文本样式。

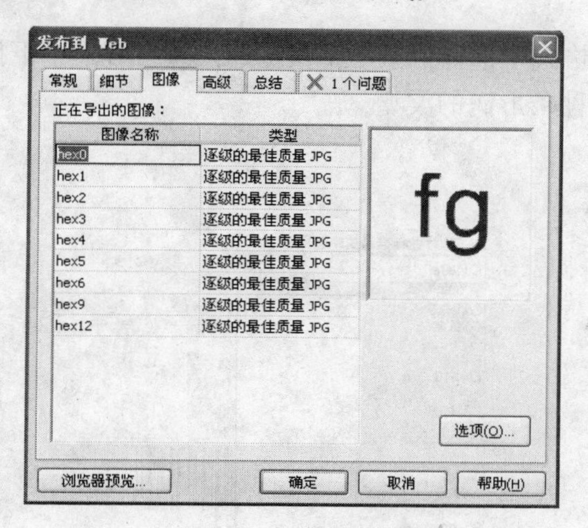

图16-18 “图像”选项卡

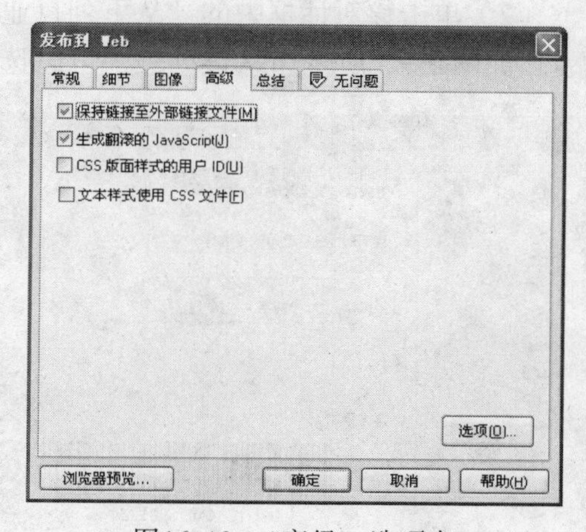

图16-19 “高级”选项卡

若单击打开“总结”选项卡，将会列出导出的全部文件细节，比如文件名、下载速度等，如图16-20所示。

设置完成后，如果单击“浏览器预览”按钮，就可以直接打开浏览器预览要发布的网页效果。如果单击“确定”按钮就会导出网页。单击“取消”按钮就会取消导出网页。

也可以在CorelDRAW中制作整个的网页内容，并能够对整个网页进行发布，也可以导出为嵌入HTML的Flash文件和PDF格式的文件。

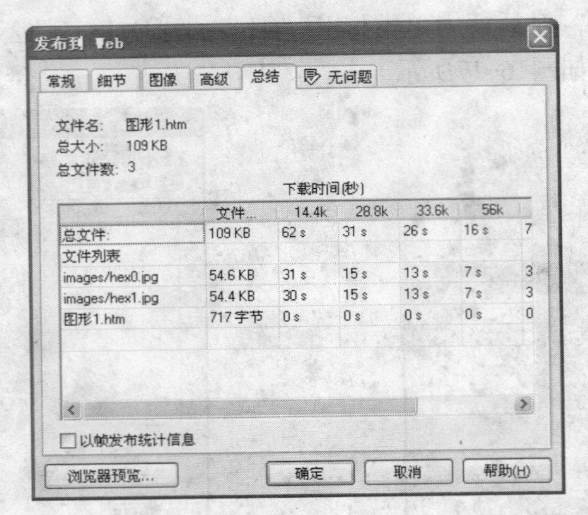

图16-20 “总结”选项卡

16.6 制作条形码

使用CorelDRAW提供的“编辑”菜单中的“插入条形码”命令，可以轻易地制作出具有专业水平的条形码图案，制作方法如下。

（1）新建一个绘图文档，选择“编辑→插入条形码”菜单命令，打开“条码向导”对话框，如图16-21所示。

（2）单击该对话框中的“从下列行业标准格式中选择一个”下拉按钮，将打开一个下拉列表，如图16-22所示。从该列表中可以选择一种条形码的类型。

图16-21 “条码向导”对话框

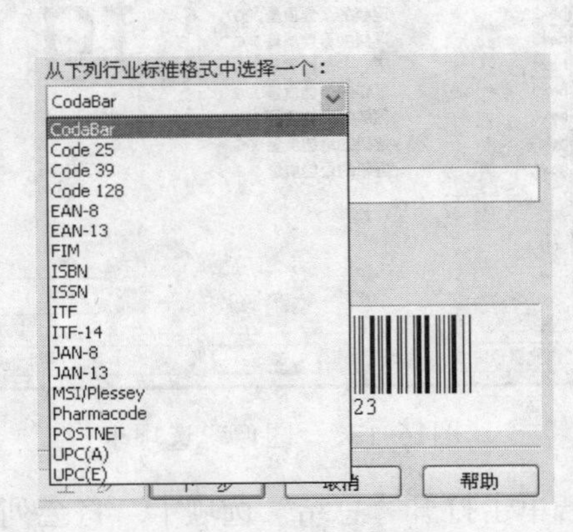

图16-22 条形码类型

提示 其中，该列表中的ISBN就是在正式出版的书籍中的书号，一般在书的封面上都有。

（3）在“最多输入30个数字……”参数框中输入相应的条形码数值，如图16-23所示。

（4）单击“下一步”按钮，进入如图16-24所示的对话框。在该对话框中，可以设置：打印机分辨率、单位、条形码宽度减少值、缩放比例、条形码高、宽度压缩率等。

图16-23 设置条形码数值

图16-24 “条码向导”对话框

（5）设置完毕后，单击“下一步”按钮，进入如图16-25所示的对话框。在该对话框中可以调整条形码的文本属性，包括：字体、大小、粗细、对齐方式等。

（6）设置完毕后，单击“完成”按钮，即可在CorelDRAW中插入生成的条形码，如图16-26所示。

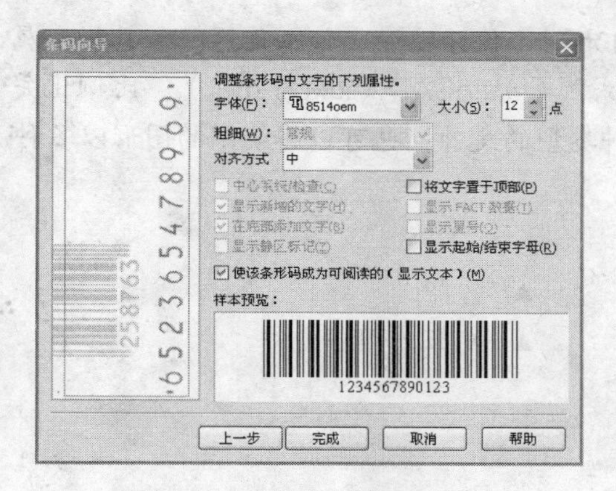

图16-25 “条码向导”对话框

图16-26 生成的条形码

提示 使用这种方法制作的条形码图案除了可在CorelDRAW文档中直接使用之外，还可以输出成WMF、EPS、TIF文件格式以载入其他排版程序中使用，适合用来制作封面及包装外盒。

第17章 自定制工作环境与文件输出

在CorelDRAW中，可以根据自己的喜好自定制工作环境，比如工作区、工具栏和属性栏的显示等。同时它支持更多的流行文件格式，如AutoCAD（.dxf与.dwg）、比例化矢量图形（.svg）。可以在CorelDRAW中输入多种类型的文件，也可以将绘制的图形以多种形式输出。

在本章中主要介绍下列内容：

▲ 定制工作环境
▲ 打印
▲ 导入和导出文件
▲ 发布为PDF文件

17.1 自定制工作环境

在CorelDRAW中可以使用“选项”对话框对工作界面进行定制或者设置，也可以根据自己的喜好定制工作环境。可定制的内容包括工作区、工具栏、菜单命令和调色板等，基本上所有的界面元素都可以进行自定制。

17.1.1 定制工作区

选择“工具→选项”命令，打开“选项”对话框，在“选项”对话框左侧的树型目录中，选择“工作区”项，如图17-1所示。

可以在“工作区”栏中看到两个选项，“X5默认工作区”处于选中状态。如果选中“Adobe（R）Illustrator（R）”项，则会使用基于Adobe Illustrator风格的工作区，如图17-2所示。

· 选择不同的工作区模式后，单击“确定”按钮，就可以使用选择的工作区了。

· 单击“新建”按钮，将会打开“新工作区”对话框，如图17-3所示。在“新工作区的名字”栏中输入创建工作区的名称，在“基新工作区于”下拉列表中选择要基于的工作区，在“新工作区的描述”栏中输入创建工作区的简单描述。如果选中“设定为当前工作区”项，那么将把创建的工作区作为当前工作区。单击“确定”按钮后即可创建新的工作区，而且在“选项”对话框中就可以看到新的工作区了。

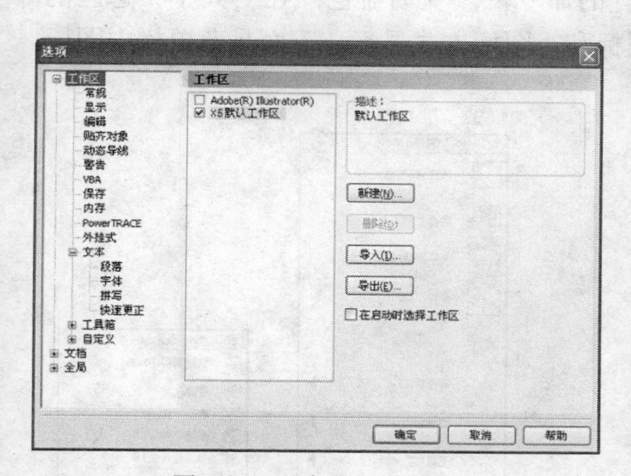

图17-1 “选项”对话框

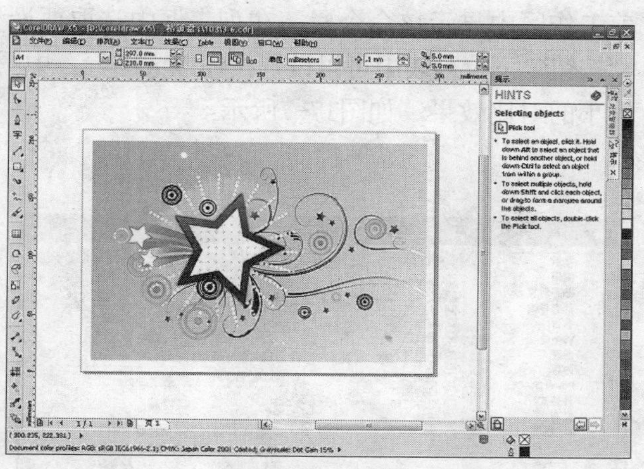

图17-2 Illustrator风格的工作界面

· 单击“导入”按钮，将会打开“导入工作区”对话框，使用该对话框可以导入扩展名为.xslt的文件作为新工作区，如图17-4所示。

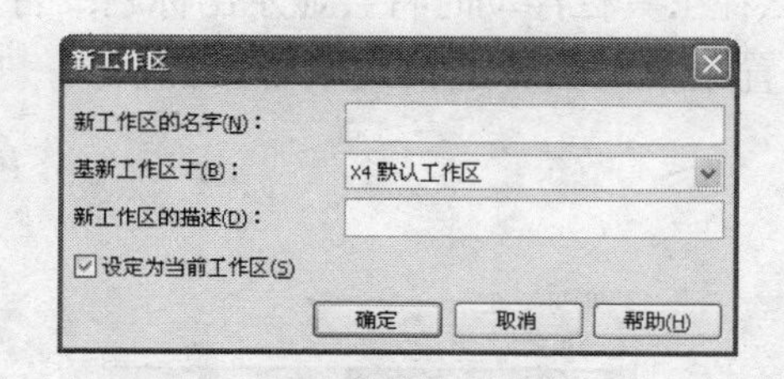

图17-3 “新工作区”对话框

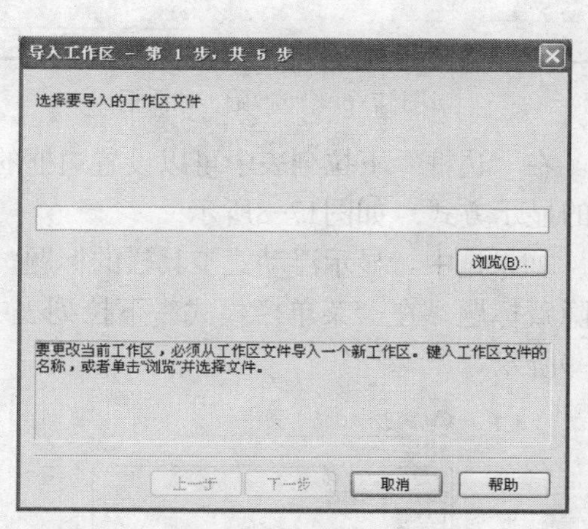

图17-4 “导入工作区”对话框

· 单击“导出”按钮，将会打开“导出工作区”对话框，使用该对话框可以设置在导出的工作区中包含哪些选项，如菜单、工具栏等，单击“保存”按钮可以将导出的工作区保存为扩展名为.xslt的文件，如图17-5所示。

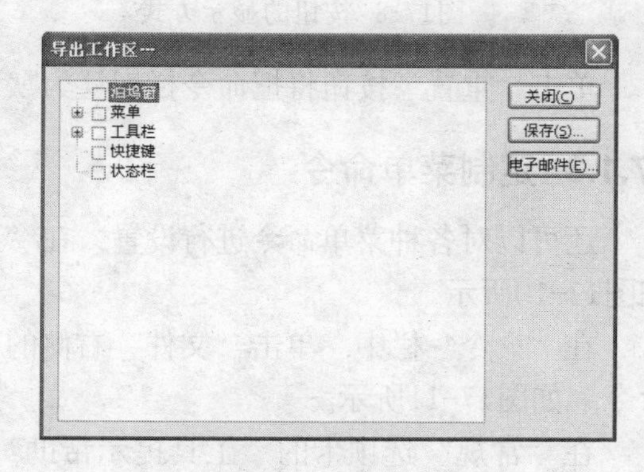

图17-5 “导出工作区”对话框

17.1.2 定制命令栏

通常，菜单栏、状态栏、工具箱和属性栏等都可以称为命令栏，而且可以定制它们。选择“工具→选项”命令，打开“选项”对话框，在“选项”对话框左侧的树型目录中，选择“命令栏”项，如图17-6所示。

在“命令栏”栏中可以看到有的选项处于选中状态，也就是显示有“✓”号，这表示在当前工作区中显示该命令栏。在列表框中选取要设置的命令栏，变为蓝色，在“大小”选区的“按钮”下拉列表中可以设置按钮以大图标、中图标和小图标方式显示。下面是菜单栏中图标大小的对比效果，如图17-7所示。

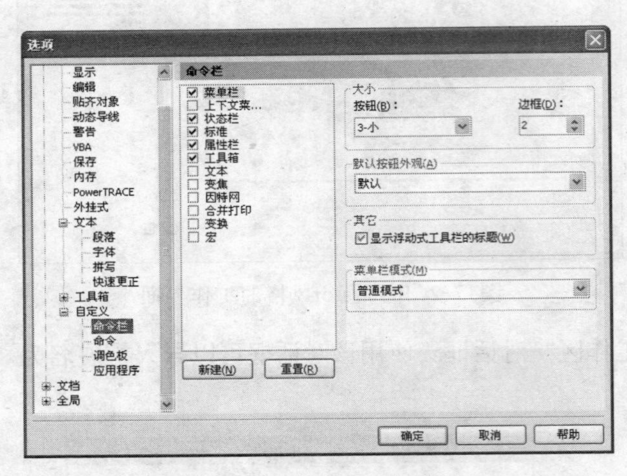

图17-6 “选项”对话框

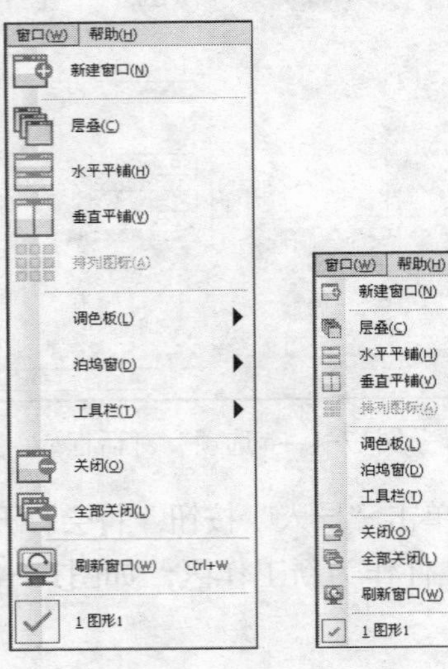

图17-7 图标大小对比

在“边框”下拉列表中可以设置边框的大小。在“默认按钮外观”下拉列表中可以选择按钮的显示方式，如图17-8所示。

如果选中“显示浮动式工具栏的标题”项，那么在工具栏浮动时将会显示出标题，否则将会隐藏标题。在“菜单栏模式”下拉列表中可以设置菜单栏为普通模式或者文件模式，如图17-9所示。

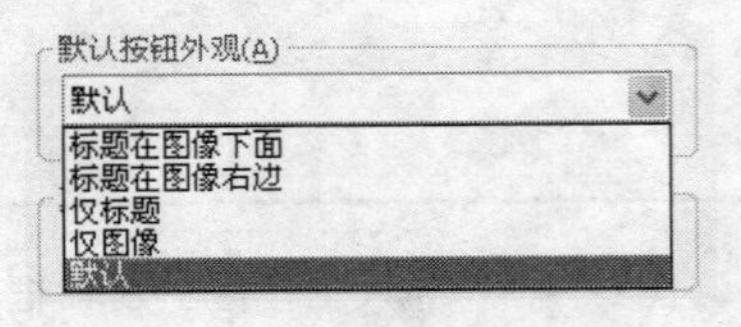

图17-8 按钮的显示方式

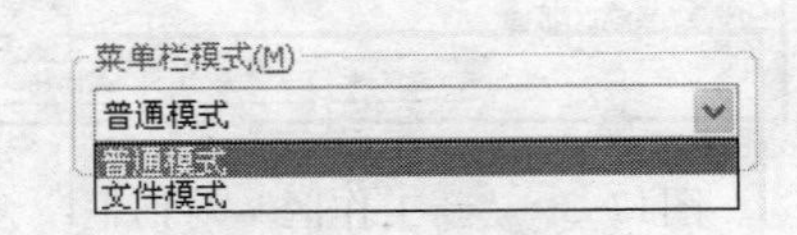

图17-9 菜单栏的显示方式

单击“重置”按钮将把命令栏恢复为默认设置。单击“新建”按钮可以创建新的命令栏。

17.1.3 定制菜单命令

还可以对各种菜单命令进行设置。在“选项”对话框左侧的树型目录中选择“命令”项，如图17-10所示。

在“命令”栏中，单击“文件”右侧的下拉按钮打开下拉列表，从中可以选择需要设置的命令，如图17-11所示。

在“常规”选项卡的“工具提示帮助”文本框中会显示该命令的提示信息，如名称。在“当前可用于”文本框中将列出该命令的有效菜单栏。

在“快捷键”选项卡中显示的是为菜单命令设置快捷键的有关选项，比如新建快捷键、把快捷键指定到某个命令、重置快捷键等，如图17-12所示。

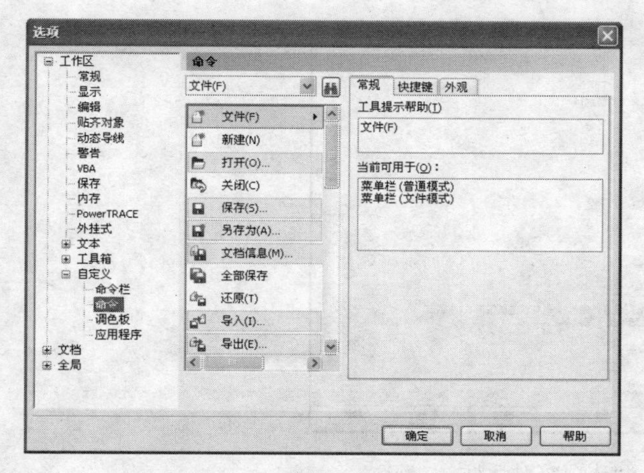

图17-10 “选项”对话框

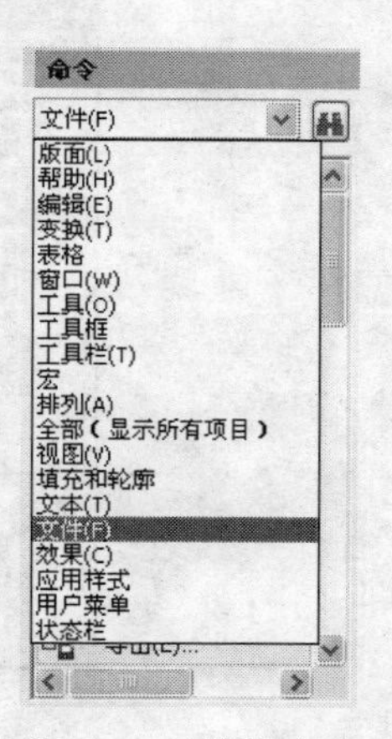

图17-11 选择命令

在“外观”选项卡中可以设置命令图标的显示外观，比如可以设置图标的大小、是否透明和笔颜色等，如图17-13所示。

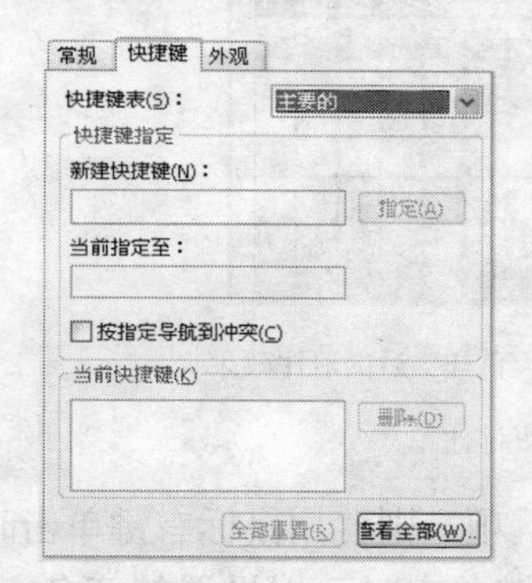

图17-12 “快捷键”选项卡

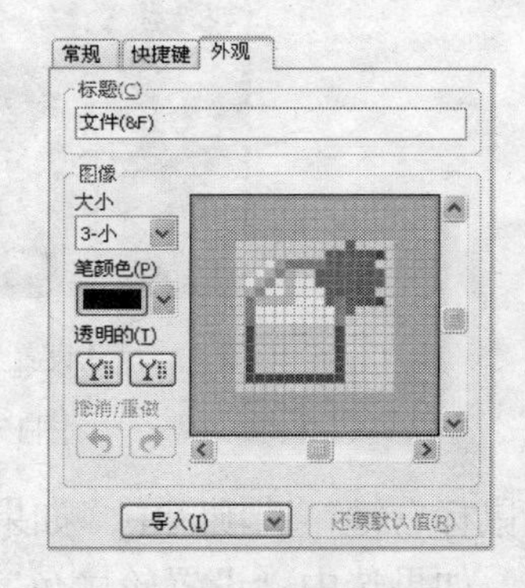

图17-13 “外观”选项卡

在“标题”选项区中显示了当前命令的标题名称。在“图像”选项区中可以编辑命令图标的外观。在“大小”下拉列表中可以设置图标的大小。在“笔颜色”下拉列表中可以设置绘图笔的颜色。使用“透明的”按钮可以设置命令图标的透明度。单击“导入”按钮可以导入已有图标作为基础的图标进行编辑。单击“还原默认值”按钮将还原已编辑的图标为默认的设置。

17.1.4 定制调色板

还可以对各种“调色板”进行设置。在“选项”对话框左侧的树型目录中选择“调色板”项，如图17-14所示。

在“调色板选项”选项区中，通过调整“停放后的调色板最大行数”参数栏，可以设置调色板显示的最多行数。

在“彩色方格”选项区中，如果选中“宽边框”项，将产生宽边的颜色块，如果选中“大色样”项，则将产生大的颜色方格。如果选中“显示‘无色’方格”项，则将显示没有颜色的方格。在默认设置下，前两者处于非选中状态。下面是选中这两项的效果对比，如图17-15所示。

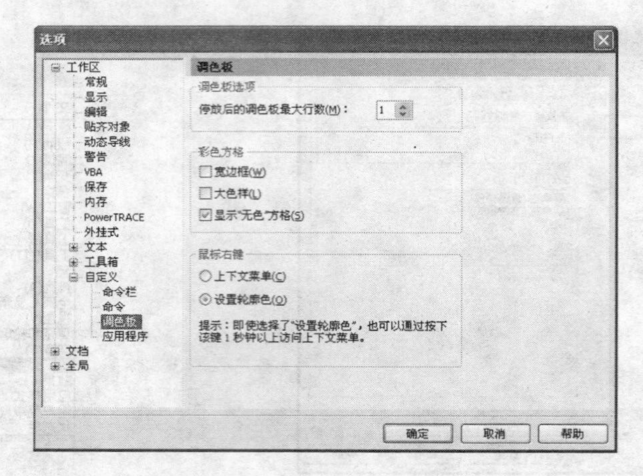

图17-14 “选项”对话框

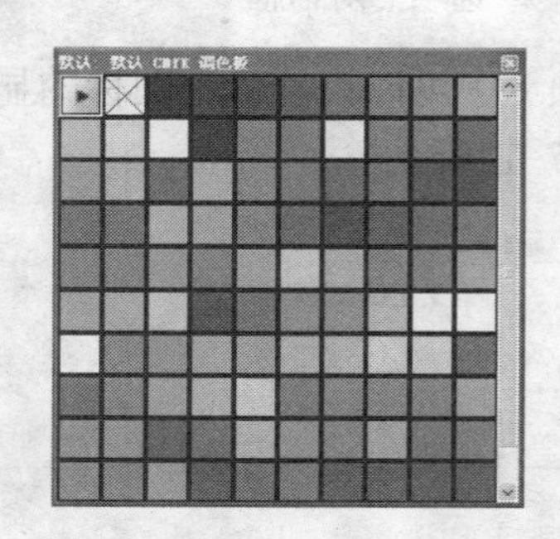

默认设置　　选择“宽边框”和“大色样”后的对比效果

图17-15 调色板的显示效果对比

在“鼠标右键”选项区中，如果选中“上下文菜单”项，则使用鼠标右键单击时将会打开快捷菜单。如果选中“设置轮廓色”项，则使用鼠标右键单击时可以设置轮廓色。

17.1.5 设置透明的界面

在默认设置下，工作界面是非透明的，但是可以把工作界面设置为透明的。在“选项”对话框左侧的树型目录中选择“应用程序”项，如图17-16所示。

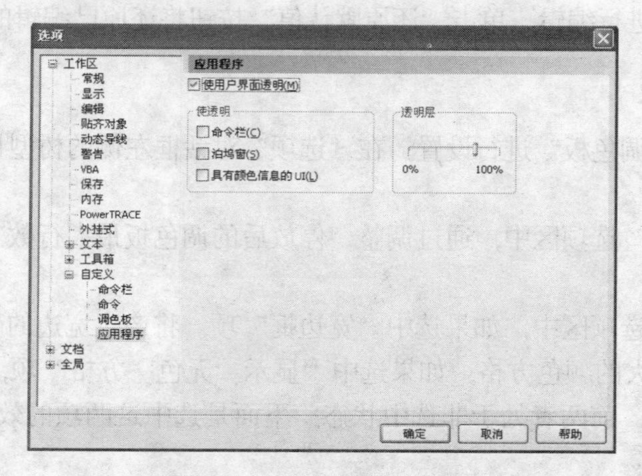

图17-16 “选项”对话框

注意 在“选项”对话框中选中“使用户界面透明”项后，下面的选项才能被激活。

选中“使用户界面透明”项，然后在“使透明”选区中，选中需要透明显示的选项，并调整右侧的“透明层”下面的滑块来设置透明度，然后单击“确定”按钮即可。下面是把菜单栏设置为透明后的效果，如图17-17所示。

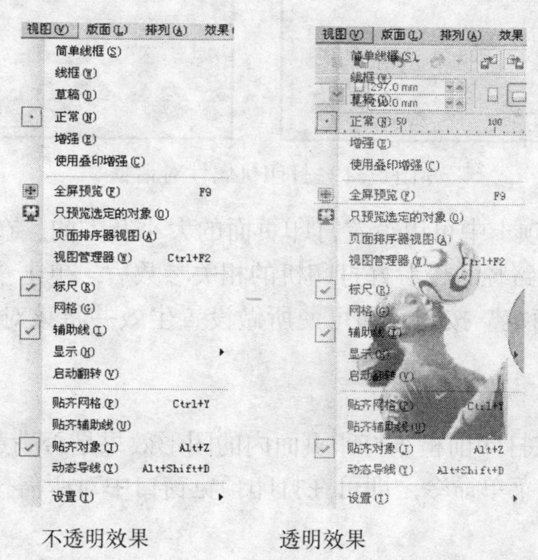

不透明效果 透明效果

图17-17 对比效果

17.2 打印文件

把绘制好的文件打印出来是导出文件的一种最普遍的手段。一般情况下，打印一个文件有两个必要步骤：打印设置与打印预览。要将绘制好的图形更好地打印出来，必须要掌握如何设置打印机。下面就介绍一下如何进行打印设置及打印预览。

17.2.1 设置打印机

所谓打印设置就是对打印机的类型以及其他各种打印事项进行设置，比如页面大小和纸张大小等，下面简单地介绍一下。

（1）选择“文件→打印设置”菜单命令，将打开如图17-18所示的“打印设置”对话框。该对话框显示了有关打印机的一些相关信息，如名称、状态、类型、位置以及说明。

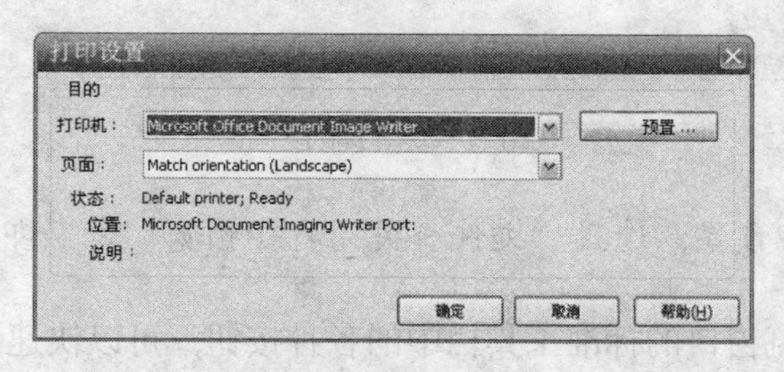

图17-18 “打印设置”对话框

（2）单击“属性”按钮，将打开如图17-19所示打印机属性对话框。

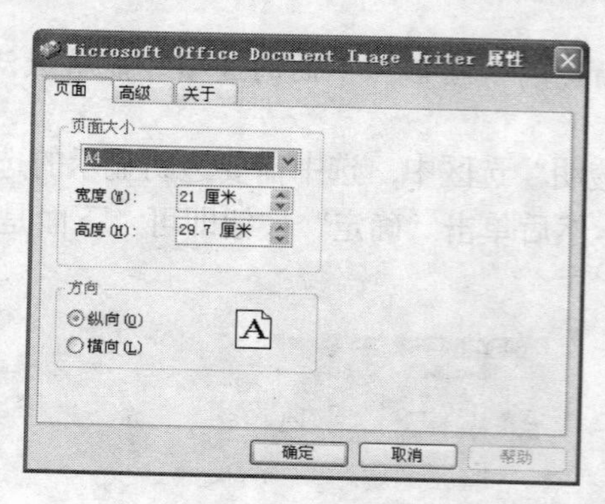

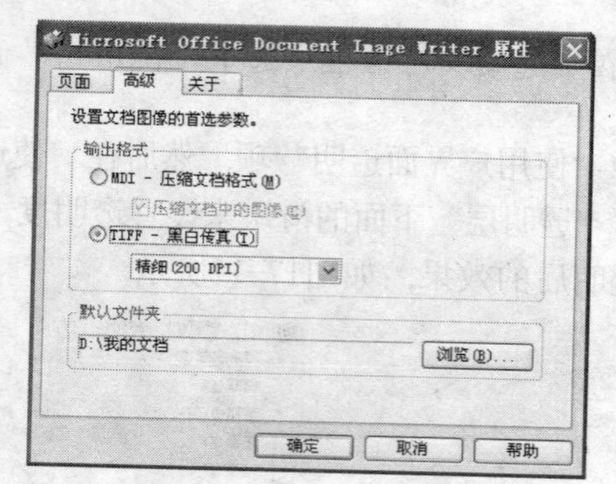

图17-19 打印机属性对话框

（3）在“页面”选项卡中可以设置打印页面的大小及方向。在“高级”选项卡中可以设置打印页面的输出格式及路径。设置好打印机的相关参数后，单击“确定”按钮返回“打印机设置”对话框，单击“确定”按钮，即可使所做设置生效并将该对话框关闭。

17.2.2 打印预览

通过打印预览可以在打印前检查打印页面内的图形效果是否满意。在打印机设置完毕后，选择“文件→打印预览”菜单命令，即可在打印预览窗口中对所需打印对象的效果进行预览，如图17-20所示。

图17-20 打印预览

提示 如果要关闭打印预览，选择“文件→关闭打印预览”命令即可。

此外，使用打印预览窗口的标准工具栏中的各种按钮，可以快速地设定一些打印选项，它们的功能如下：

· 单击“打印样式”下拉按钮，在显示的列表中可以选择适用的打印类型。

· 单击“打印样式另存为”按钮，可将目前的打印样式存为一个新的打印类型。

· 单击“删除打印样式”按钮，可将选择的打印样式删除。

· 单击“打印选项”按钮，打开“打印选项”对话框，在该对话框中可以具体设置打印的各种选项，如图17-21所示。

· 如对预览窗口中的预览效果满意，单击“打印”按钮即可进行打印。

· 单击“缩放”下拉按钮，在显示的缩放比例下拉列表中可以选择不同的缩放比例，如图17-22所示。

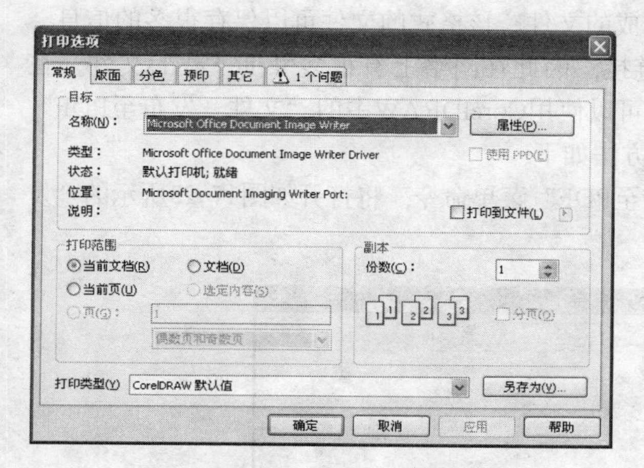

图17-21 “打印选项”对话框

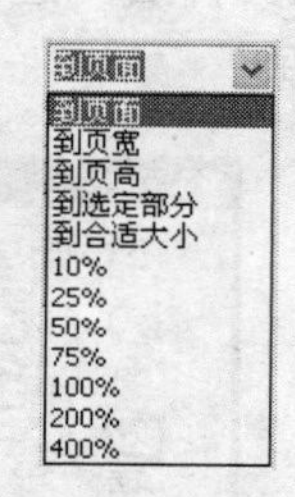

图17-22 缩放比例

· 单击“满屏”按钮，可使打印对象充满屏幕，以便更清楚地预览对象的打印效果。

· 单击“启用分色”按钮，可以把一幅图像分成四色打印。

· 单击“反色”按钮，可以打印文档的底片效果。

· 单击“镜像”按钮，可以打印文档的镜像或反片效果。

· 单击“关闭打印预览”按钮，则关闭打印预览窗口，返回正常编辑状态。

下面介绍一下打印预览窗口的工具栏中各个工具的功能：

· 挑选工具：用于在预览窗口中选择或者移动图形。

· 版面布局工具：用于在预览窗口中指定和编辑拼版版面。

· 标记放置工具：用于在预览窗口中增加、删除、定位打印标记。

· 缩放工具：用于在预览窗口中缩放工作区。

17.2.3 打印选项

可根据打印需要，在“打印选项”对话框的“常规”、“版面”、“分色”、“印前”、“其他”和“警告”6个选项卡中设置打印的各种选项。在各选项卡中可以设置的内容如下：

· “常规”选项卡：可以设置目标文件、打印范围、份数及选择打印类型。

· “版面”选项卡：使用该选项卡可设置图像位置与尺寸，以及出血限制等。

· “分色”选项卡：使用该选项卡可设置分色打印、补漏等。

· “印前”选项卡：使用该选项卡可设置纸张和胶片，以及是否打印文件信息、页码、裁剪/折叠标记、注册标记、刻度条等。

· “其他”选项卡：使用该选项卡可设置是否应用ICC描述文件、是否打印作业信息表、在校样上所打印的对象类型，还可以设置位图缩减像素采样等。

· “警告”选项卡：使用该选项卡可查看一些警告信息。

根据自己的需要设置完成后，单击“打印”按钮，即可对页面打印区域中的对象进行打印。

17.3 发布为PDF文件

PDF文件一般是由Adobe Acrobat软件生成的文件，该格式的文件可以保存很多的信息，包括文本和图形等。另外，该格式支持超链接，因此在网络上有很多可供下载的文件。在CorelDRAW中就可以生成这种格式的文件。可以使用CorelDRAW中的“文件→发布至PDF”菜单命令将CDR文件转换为PDF文件，操作方法如下。

（1）绘制完文件后，选择“文件→发布至PDF”菜单命令，将打开如图17-23所示的“发布至PDF”对话框。

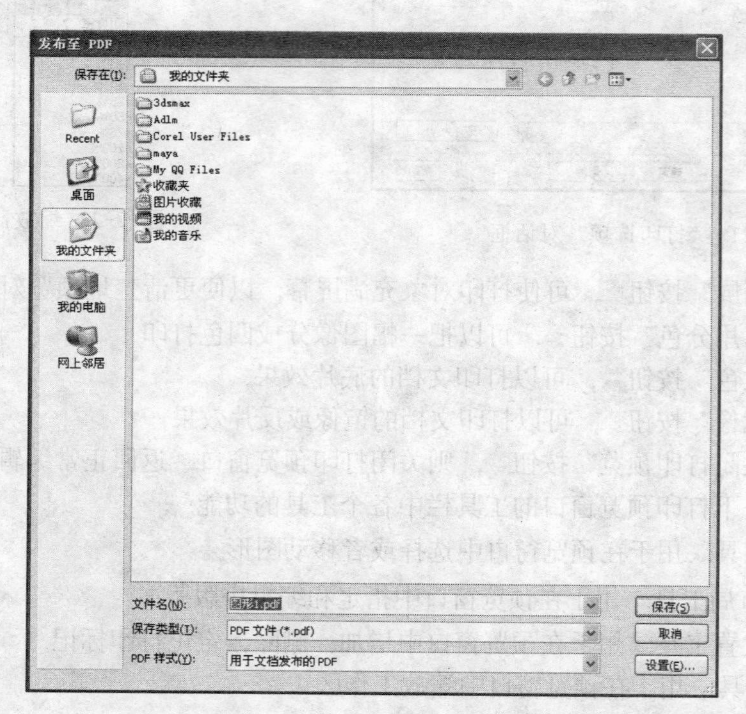

图17-23 “发布至PDF”对话框

（2）在该对话框的“文件名”文本框输入文件的名称，在“保存类型”中选择PDF文件类型。

（3）单击“设置”按钮，将打开如图17-24所示的“PDF设置”对话框，在该对话框中可以对文件做进一步的设置。

“PDF设置”对话框中的各选项卡的功能如下：

· “常规”选项卡：可对导出范围、兼容性、PDF样式等进行编辑，并可为PDF文档输入作者与关键字。

· “对象”选项卡：可对位图压缩类型及压缩质量、文本和字体导出方式、转换类型、位图色调、代码类型进行编辑，如图17-25所示。

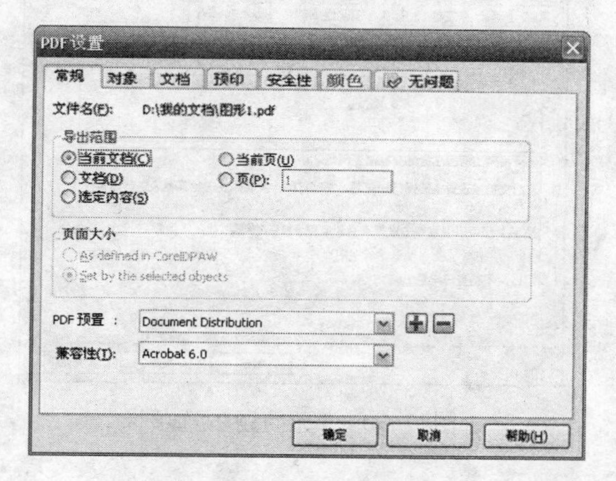

图17-24 “PDF设置”对话框

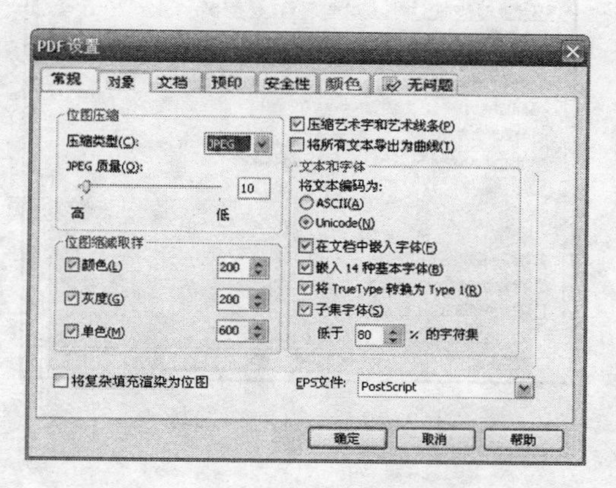

图17-25 “对象”选项卡

· “文档”选项卡：可对PDF文件包含的书签进行设置，例如是否包含超链接、是否产生书签、是否产生缩图，以及开始时的显示状态，如图17-26所示。

· “预印”选项卡：可对出血线、印刷标记进行设置，并可设置是否在PDF文件中包含工作标签，如图17-27所示。

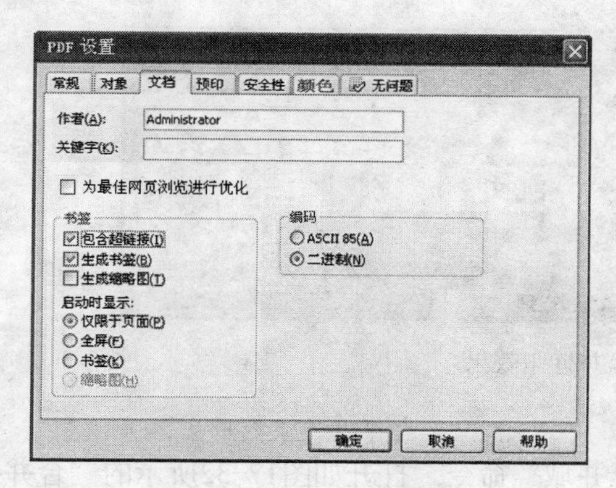

图17-26 “文档”选项卡

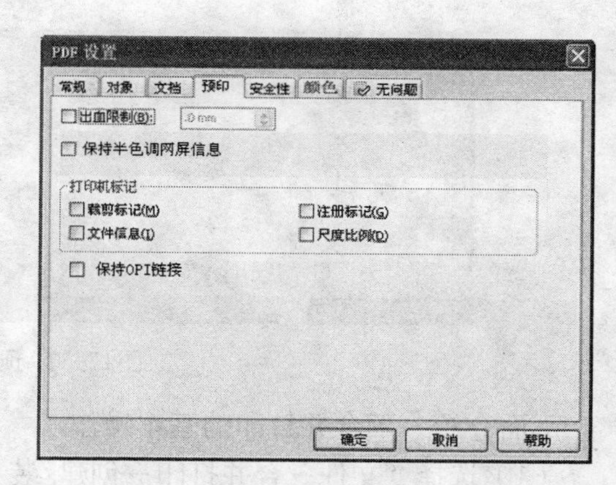

图17-27 “预印”选项卡

· “安全性”选项卡：可设置打开密码、许可密码，是否允许复制文本、图像及其他内容，如图17-28所示。

· “颜色”选项卡：可设置是否使用文档颜色设置、是否使用颜色校验设置、是否转换专色、是否使用嵌套颜色轮廓，以及进行颜色管理和导出类型的设置等，如图17-29所示。

· “无问题”选项卡：可对页面中的对象进行检查并提出警告，有关的资料将显示在对话框中，如图17-30所示。

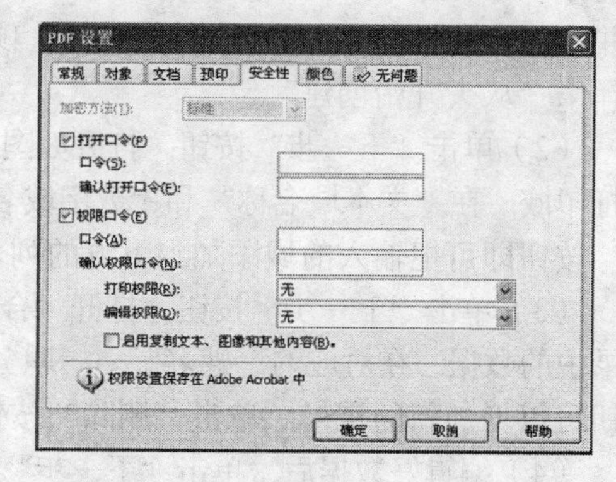

图17-28 “安全性”选项卡

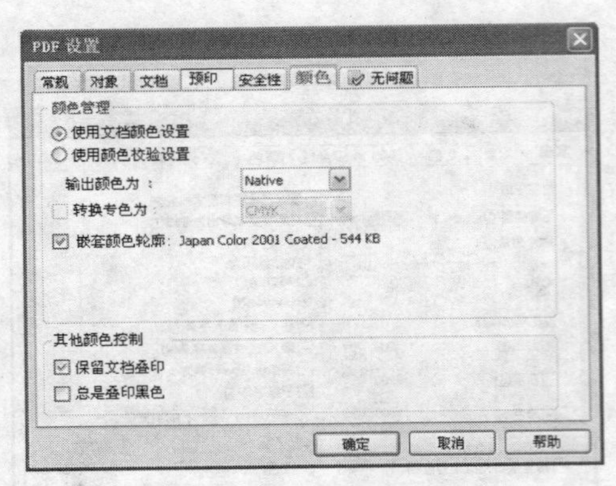

图17-29 “颜色”选项卡

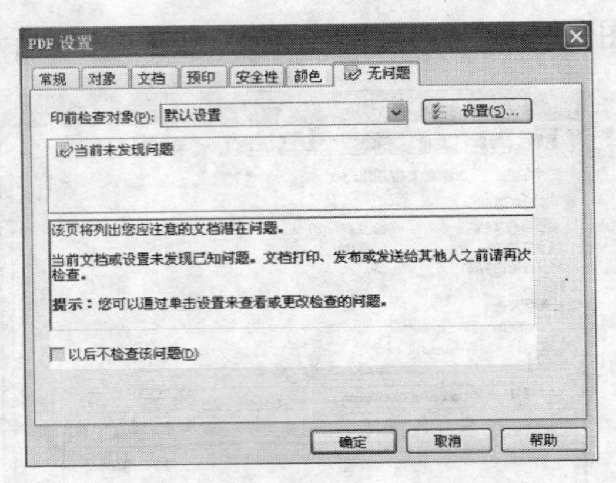

图17-30 “无问题”选项卡

17.4 合并打印

在CorelDRAW中，可以使用“合并打印”功能来组合文字和图形，比如可以在不同的名片上打印不同的姓名、职务和电话等。这样，只需要编辑一个名片文件，就可以打印同一公司中所有员工的名片。如图17-31所示就是合并打印效果的预览。

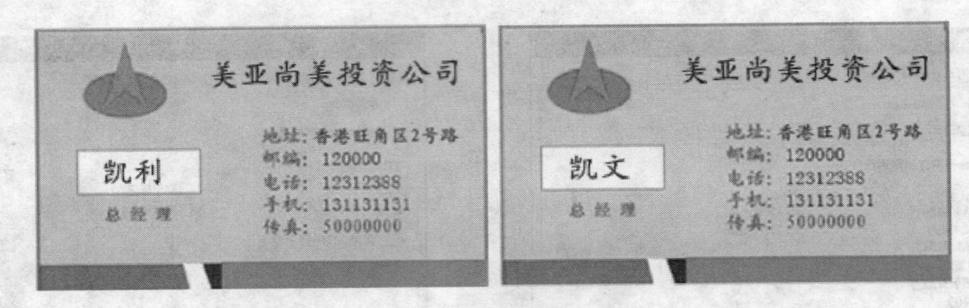

图17-31 预览合并打印效果

下面介绍一下合并打印的基本操作。

（1）选择“文件→合并打印→创建/装入合并域”命令，打开如图17-32所示的“合并打印向导”对话框。在该对话框中，如果选中“从头开始创建”项，那么将从头开始创建并装入合并域。如果选中“从现有文件中选择”项，那么将从现有的文件来创建并装入合并域。这里选择第“从头开始创建”。

（2）单击“下一步”按钮，打开如图17-33所示的“合并打印向导”对话框。可以创建合并打印域，在“文本域名称”和“数字域名称”栏中输入要创建的合并打印域，然后单击“添加”按钮即可把输入的域添加到下方的列表框中，可以对列表中的域进行编辑。

（3）单击“下一步”按钮，打开“合并打印”对话框，如图17-34所示。可以创建和编辑记录中的数据，在对应的“姓名”、“职务”和“部门”栏中输入需要的内容。单击“新建”按钮可以增加新的记录。单击“删除”按钮可以删除选择的记录。

（4）编辑好数据后，单击“下一步”按钮，打开如图17-35所示的“合并打印向导”对话框。如果选中“数据设置另存为”项，那么将把合并域、记录等保存到一个数据文件中以便在以后调用。编辑完成后，单击“完成”按钮。

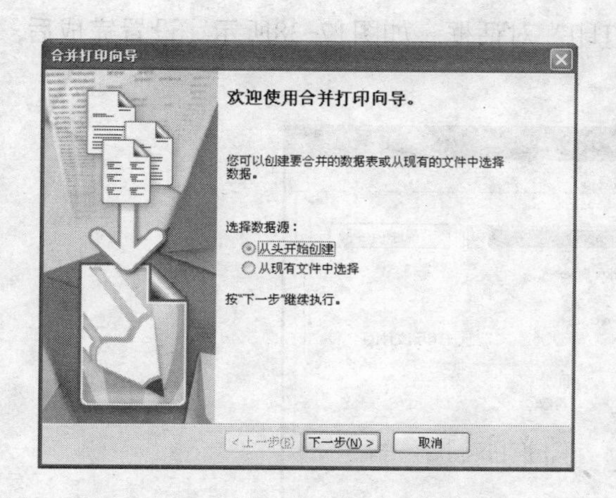

图17-32 “合并打印向导”对话框（1）

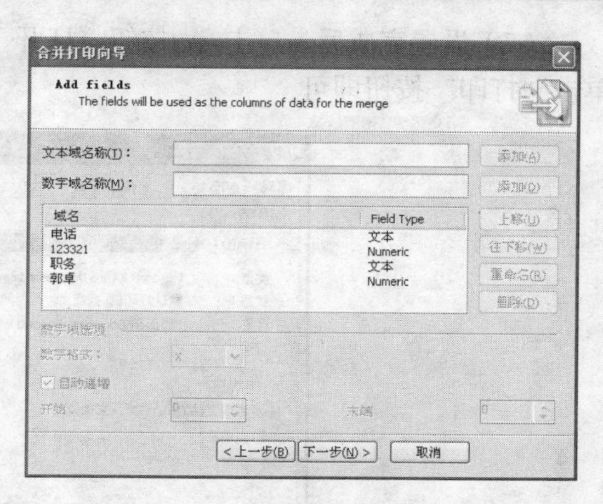

图17-33 “合并打印向导”对话框（2）

图17-34 “合并打印”对话框

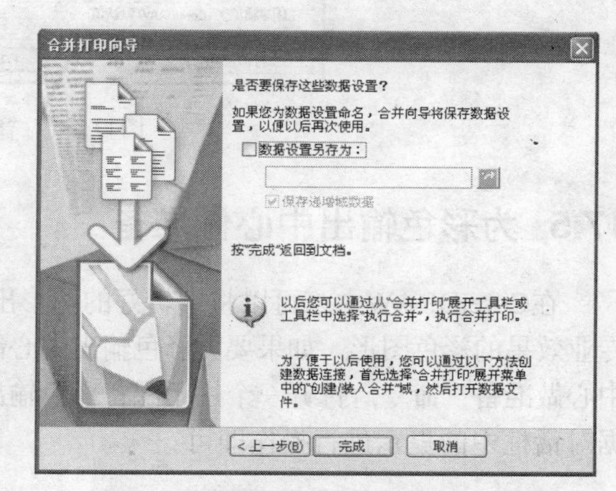

图17-35 “合并打印向导”对话框（3）

（5）单击“完成”按钮后，将会在工作界面中打开“合并打印”属性栏，如图17-36所示。

图17-36 “合并打印”属性栏

（6）单击“域”下拉按钮，可以选择域名，然后单击右侧的插入合并打印域按钮，在工作界面需要的位置一一单击，即可插入要合并的域，还可以设置字体和大小等，如图17-37所示。

图17-37 合并打印

（7）设置完成后，单击打印按钮，打开“打印”对话框，如图17-38所示。设置完成后，单击“打印”按钮即可。

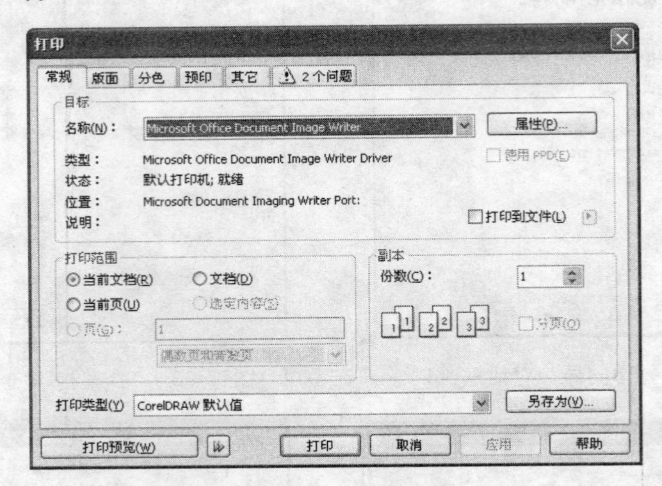

图17-38 “打印”对话框

17.5 为彩色输出中心做准备

在CorelDRAW中，可以将编辑好的图形出版物输出到彩色输出中心，导出为高分辨率的专业效果的彩色图形。如果要为彩色输出中心制作需要的文档，可以选择“文件→为彩色输出中心做准备”命令，打开一个用于配备彩色输出中心的向导，根据需要选择需要的选项，并根据对话框中的提示进行操作即可。

17.6 实例：公司通用信封的批量制作

大部分公司经常需要向客户批量地发信，从而需要批量地设计或者书写信封。而使用CorelDRAW可以帮助完成这个烦琐的工作，使得工作变得轻松而又方便。在本实例中，将介绍如何成批地制作通用的信封。制作的最终效果如图17-39所示。

1. 制作信封正面

（1）打开CorelDRAW创建一个新的文档，或者按Ctrl+N组合键新建一个空白文档。然后在对话框底部的“页面1”上单击右键，在打开的快捷菜单中选择“切换页面方向”，并按键盘上的Z键打开缩放工具放大页面，如图17-40所示。

（2）使用选择工具在页面中单击，并在属性栏中把纸张类型和大小设置为“信封#14”，如图17-41所示。也可以选择其他的信封。

（3）在工作页面底部单击按钮，插入一个新的页面。

（4）在工作页面底部的“页面1”上单击右键，在打开的快捷菜单中选择“重命名页面”命令，打开“重命名页面”对话框，并输入“信封正面”，如图17-42所示，这样可以为“页面1”重命名。使用同样的方法把“页面2”重命名为“信封背面”。

（5）在工作页面底部单击“信封正面”，切换到信封正面，如图17-43所示。

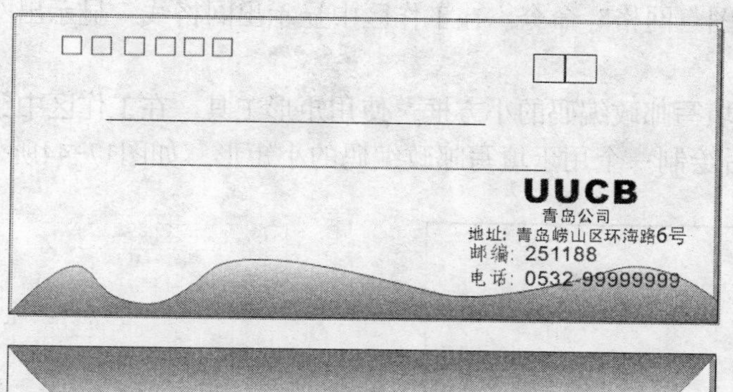

图17-39 信封效果

图17-40 新建并调整页面

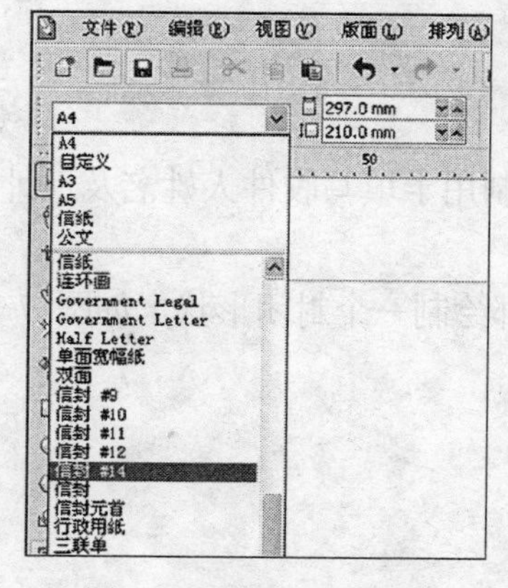

图17-41 选择信封类型

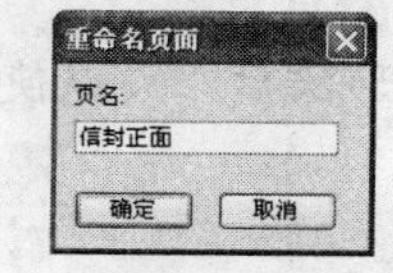

图17-42 “重命名页面”对话框

（6）选择“视图→网格”命令，在工作区中显示出网格线。显示出网格是为了在绘图时进行参考。

（7）绘制用于填写邮政编码的小方框。使用矩形工具，在工作区中绘制一个与页面同样大小的大矩形，然后绘制一个用于填写邮政编码的小矩形，如图17-44所示。

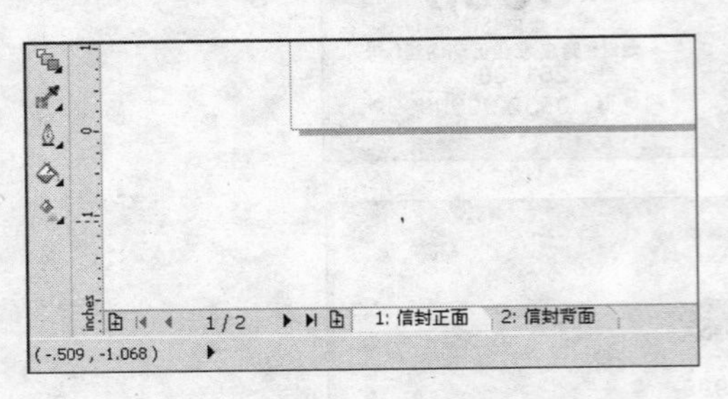

图17-43 命名信封的正面和背面

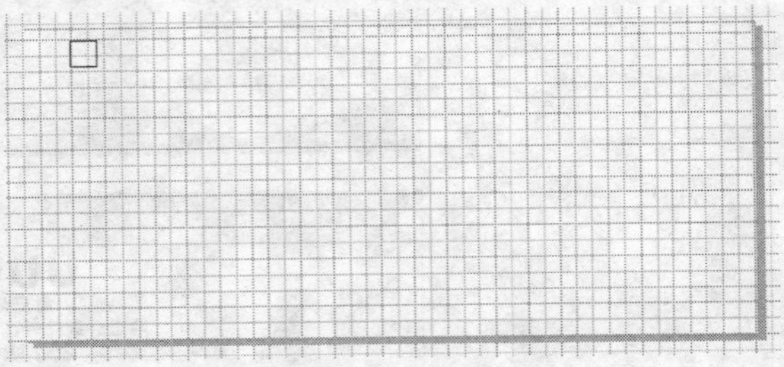

图17-44 绘制矩形

（8）使用选择工具选择小矩形，复制5个。然后选择6个小矩形，并选择“排列→对齐和分布→底端对齐“命令，将6个矩形对齐，如图17-45所示。

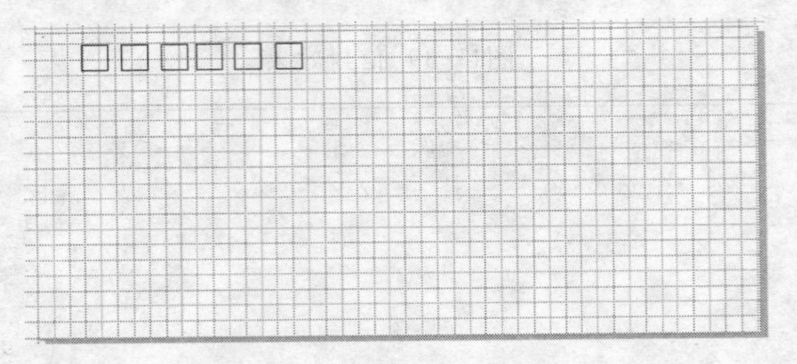

图17-45 对齐矩形

（9）在信封右侧绘制两个稍大一些的矩形，并进行对齐，如图17-46所示。

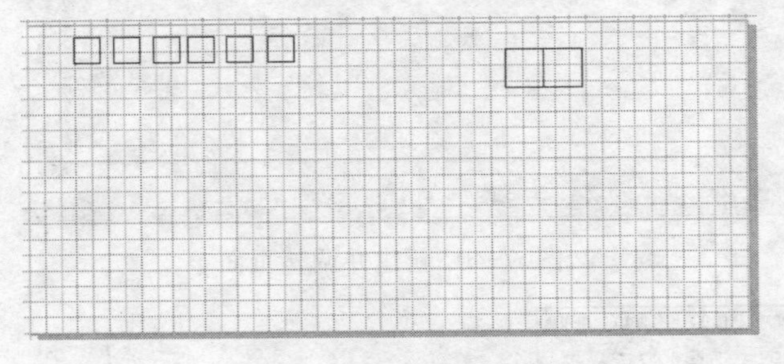

图17-46 绘制矩形

（10）使用两点直线或者手绘工具在信封上绘制用于填写收件人姓名及地址的直线，如图17-47所示。

（11）绘制装饰图案。使用贝塞尔工具在信封底部绘制一个封闭形状，如图17-48所示。

注意 绘制完形状后，可以使用形状工具进行调整。

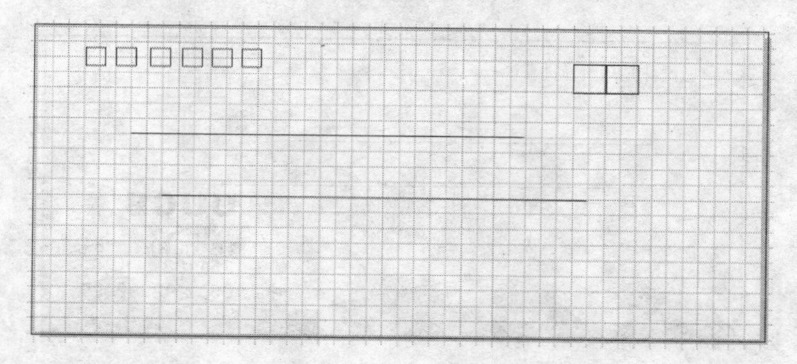

图17-47 绘制直线

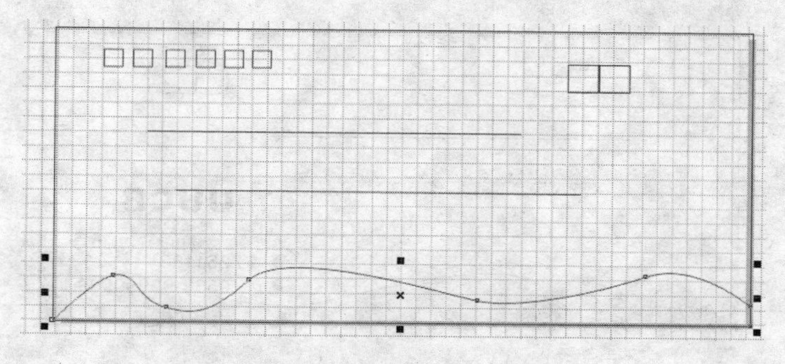

图17-48 绘制形状

（12）为装饰图案填充合适的颜色，并使用渐变填充工具设置由下到上的渐变效果，如图17-49所示。

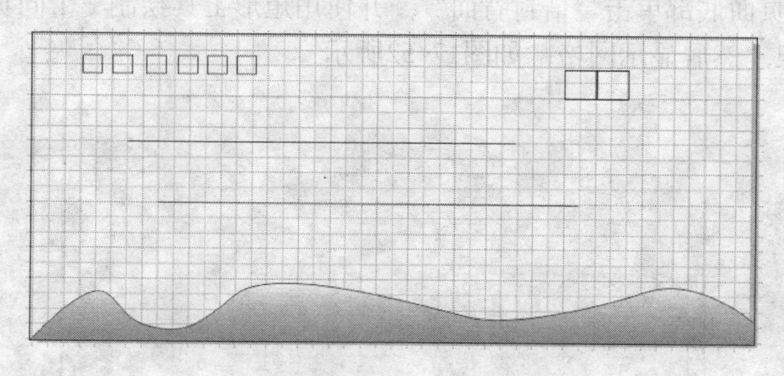

图17-49 装饰图案效果

（13）激活工具箱中的文本工具，输入文字，并调整好文字的大小和位置，如图17-50所示。

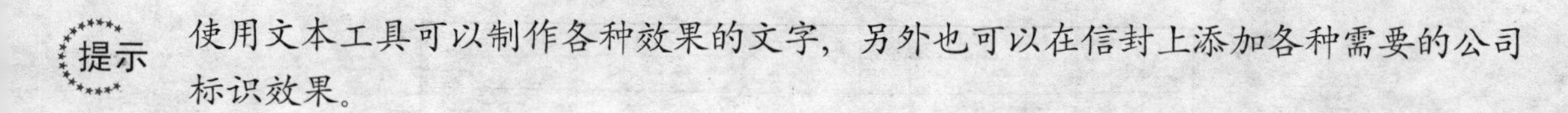

提示 使用文本工具可以制作各种效果的文字，另外也可以在信封上添加各种需要的公司标识效果。

（14）在菜单栏中选择“视图→网格”命令，隐藏网格。一个绘制好的信封正面效果就完成了，如图17-51所示。

图17-50 输入文字效果

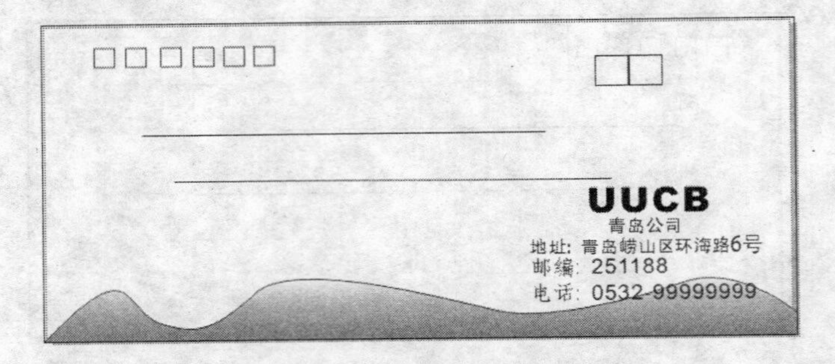

图17-51 信封正面效果

2. 制作信封背面

（1）在工作页面底部单击“信封背面”，并使用矩形工具绘制一个同页面同样大小的矩形，作为信封框架，然后显示网格，如图17-52所示。

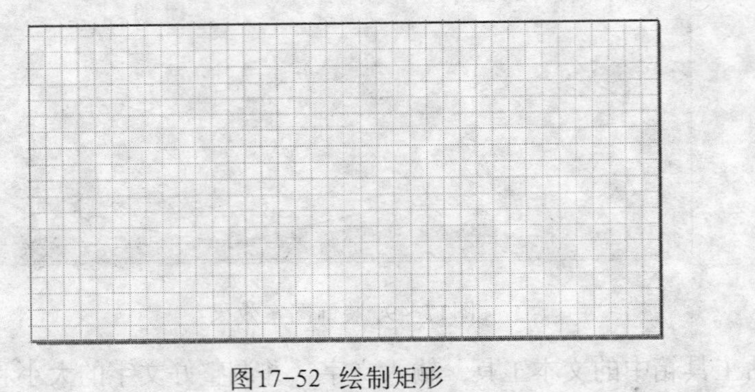

图17-52 绘制矩形

（2）使用钢笔工具在信封顶部绘制一个封闭形状，如图17-53所示，作为信封口。

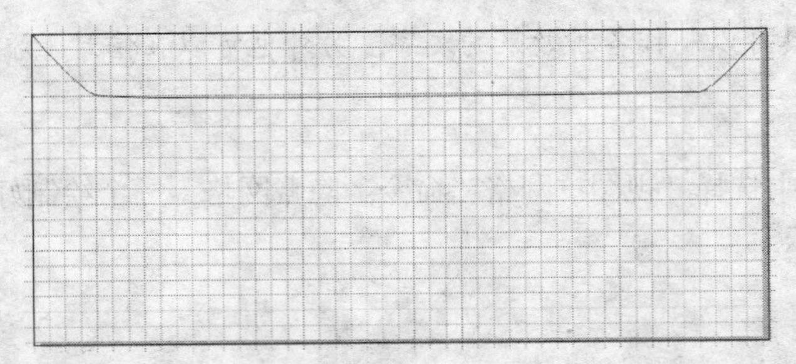

图17-53 绘制封闭形状

（3）将形状填充为淡蓝色，如图17-54所示。

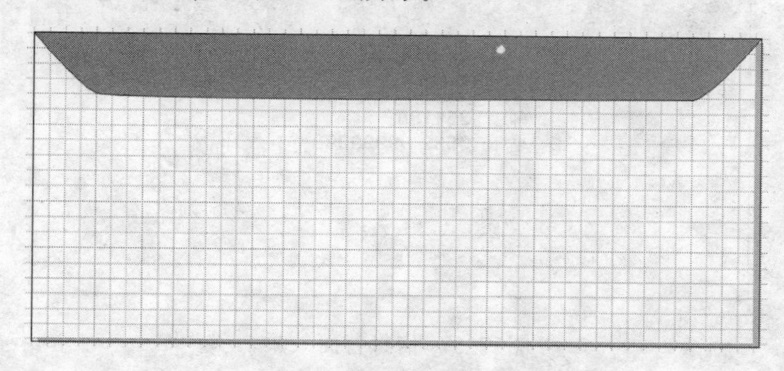

图17-54 填充颜色

（4）在工具箱中激活交互式透明工具，在绘制形状的顶端单击，然后按住鼠标拖曳到底端，这样是为了创建线性的透明效果，如图17-55所示。也可以使用渐变填充工具进行设置。

图17-55 设置透明效果

（5）返回到信封正面，把标志文字复制到信封背面，如图17-56所示。

图17-56 复制文字效果

提示 可以根据自己的需要，把文字设置为其他的颜色，比如黄色或者蓝色。

（6）在菜单栏中选择“视图→网格”命令，隐藏网格。信封背面效果如图17-57所示。

提示 读者可以根据自己的需要在信封背面添加需要的文本及其他内容。

图17-57 信封背面效果

如果要打印的话，可以使用的内容中前面介绍的“合并打印”功能进行打印。选择“文件→合并打印→创建/装入合并域”命令，打开如图17-58所示的“合并打印向导”对话框。在该对话框中，选中“从头开始创建”项，从头开始创建并装入合并域。

单击“下一步”按钮，然后根据提示进行设置，最后进行打印即可。

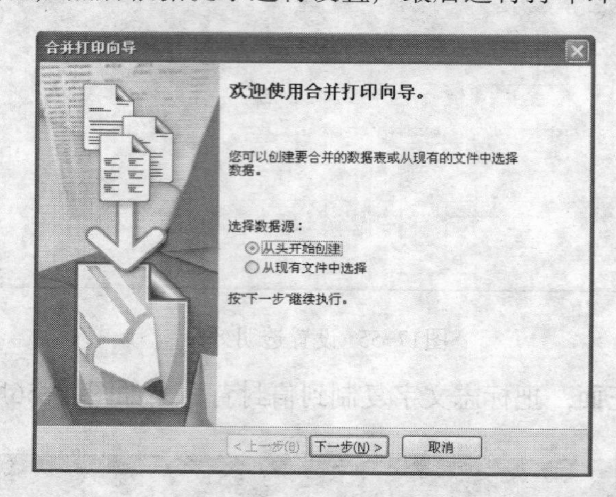

图17-58 “合并打印向导”对话框

第18章 综合实例

CorelDRAW X5中文版在很多领域都有应用，比如图形设计、包装设计、国画绘制、年画设计和书籍封面设计等。在这一章中，摘选2个典型的实例，向读者介绍一下这方面的知识。

在本章中主要介绍下列内容：

▲ 国画绘制

▲ 包装设计

18.1 国画绘制——牡丹图

本例中主要使用了贝塞尔工具、椭圆工具和渐变填充工具等来绘制一幅牡丹图。绘制的最终效果如图18-1所示。

（1）打开CorelDRAW，创建一个新的文档，并设置适当的大小。

（2）绘制树干。单击工具箱中贝塞尔工具，在页面中绘制一个如图18-2所示的图形，然后将其填充为棕色，轮廓设置为无色。

（3）单击工具箱中贝塞尔工具，在页面中绘制一个如图18-3所示的图形，然后将其填充为深棕色，轮廓设置为无色。

（4）单击工具箱中贝塞尔工具，在页面中绘制一个如图18-4所示的图形，然后将其填充为绿色，轮廓设置为无色。然后调整到树干的合适位置。

图18-1 最终效果

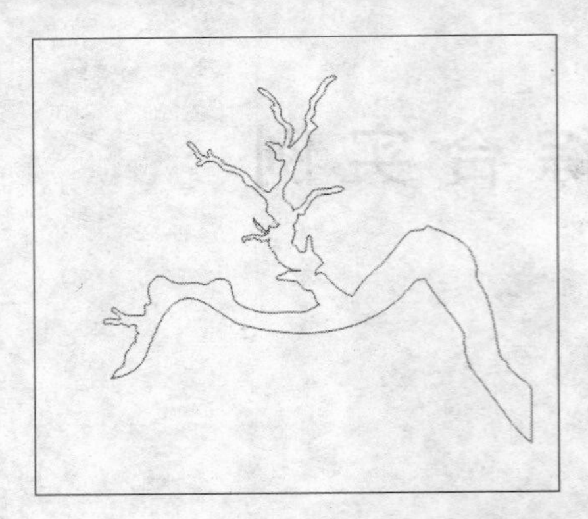
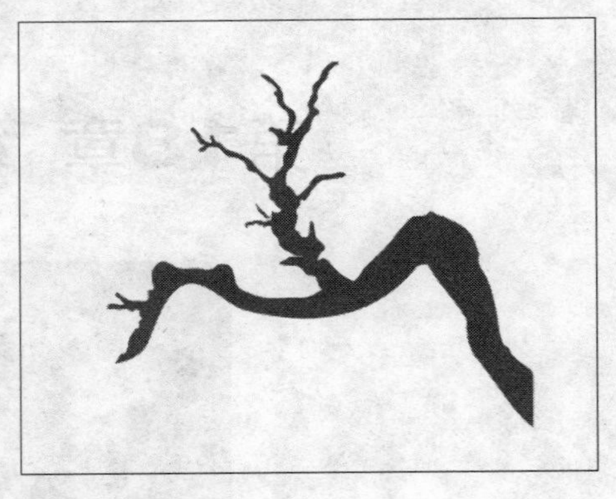

图18-2 绘制的树干

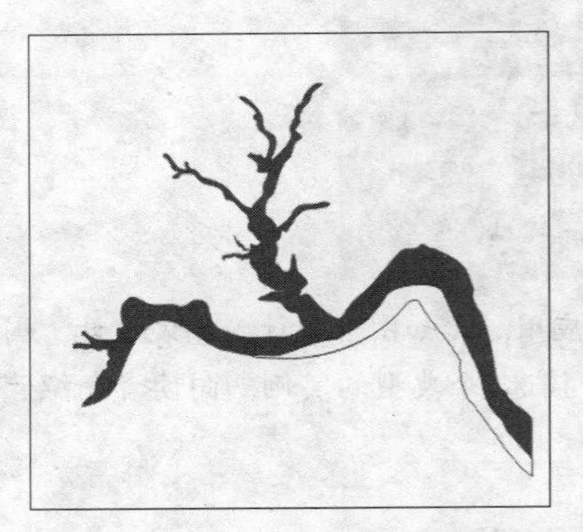
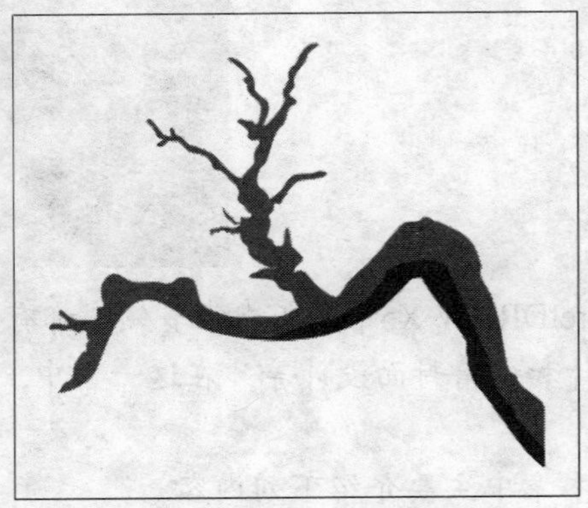

图18-3 绘制的图形

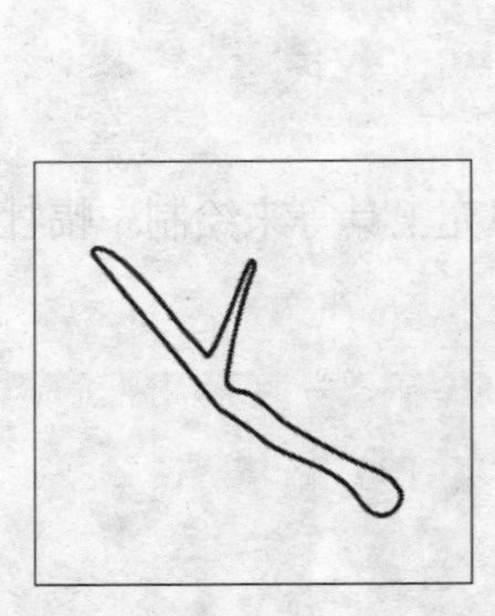
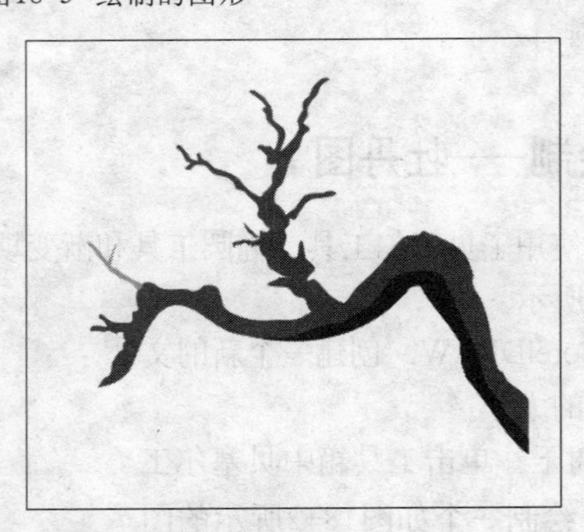

图18-4 绘制的图形

（5）按照同样的方法绘制其他的树枝，效果如图18-5所示。

（6）绘制牡丹花的花蕊。单击工具箱中贝塞尔工具，在页面中绘制一条闭合曲线，然后将其填充为黄色，轮廓设置为无色，如图18-6所示。

（7）继续绘制花蕊。单击工具箱中贝塞尔工具，在页面中绘制一条闭合曲线，然后将其填充为黄色，轮廓设置为无色，如图18-7所示。

（8）继续绘制其余的花蕊。单击工具箱中贝塞尔工具，在页面中绘制一条闭合曲线，然后将其填充为黄色，轮廓设置为无色，如图18-8所示。选择所有的花蕊，单击右键，在弹出的快捷菜单中选择“群组”命令或直接按键盘上的Ctrl+G快捷键。

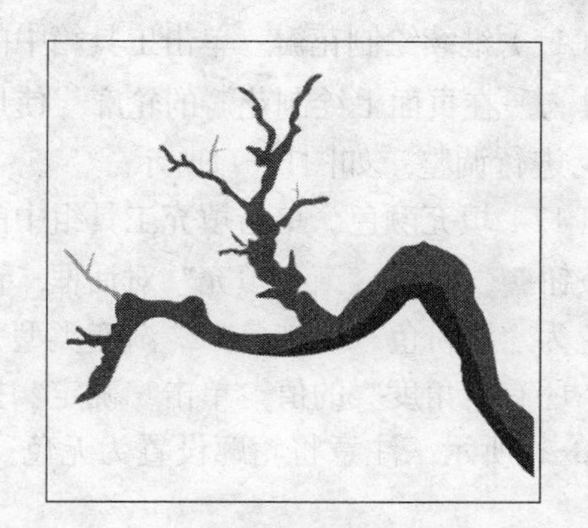

图18-5 绘制的图形

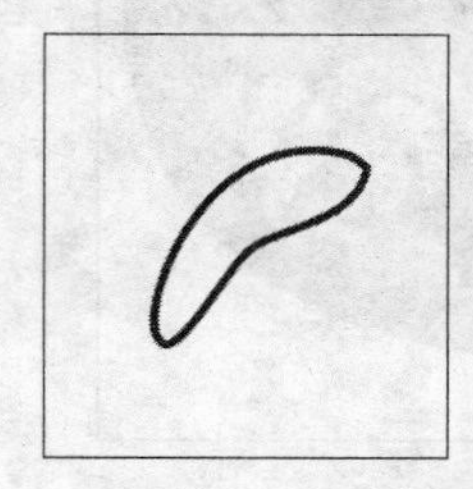

图18-6 绘制的花蕊

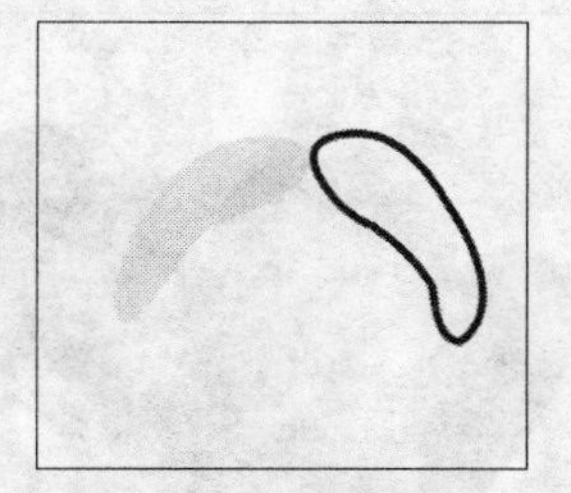

图18-7 绘制的花蕊

图18-8 绘制的花蕊

（9）绘制牡丹花的花瓣。单击工具箱中贝塞尔工具，在页面中绘制牡丹花花瓣的轮廓，使用形状工具进行调整，如图18-9所示。

（10）填充颜色。选择刚绘制的花瓣的轮廓，将其填充为红色，如图18-10所示。

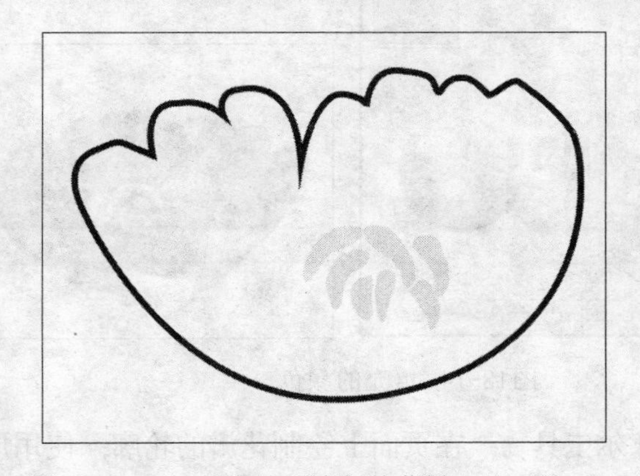

图18-9 绘制的花瓣

图18-10 填充的颜色

图18-11　绘制的花瓣

（11）继续绘制花瓣。单击工具箱中的贝塞尔工具，在页面上绘制花瓣的轮廓，使用形状工具进行调整，如图18-11所示。

（12）填充颜色。单击填充工具组中的“渐变”按钮，打开“渐变填充”对话框，设置渐变颜色为“浅粉色→粉红色”，渐变类型为“线性”，还有“角度”的值，单击“确定”按钮，如图18-12所示。注意将轮廓设置为无色。

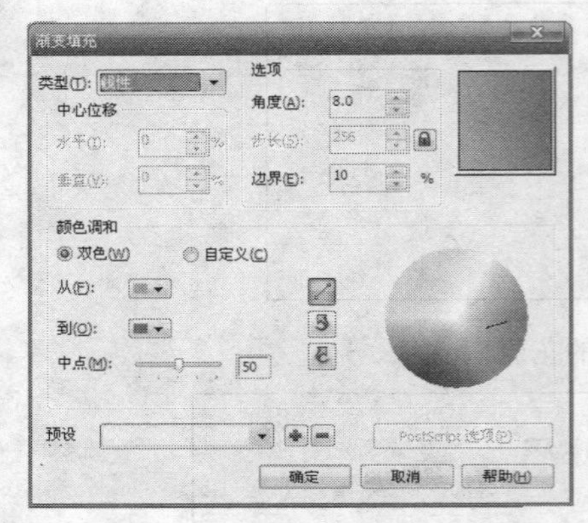

图18-12　填充的颜色

（13）继续绘制花瓣。单击工具箱中的贝塞尔工具，在页面上绘制花瓣的轮廓，使用形状工具进行调整，如图18-13所示。

（14）填充颜色。单击填充工具组中的“渐变”按钮，打开“渐变填充”对话框，设置渐变颜色为“浅粉色→粉红色”，渐变类型为“射线”，单击“确定”按钮，如图18-14所示。注意将轮廓设置为无色。

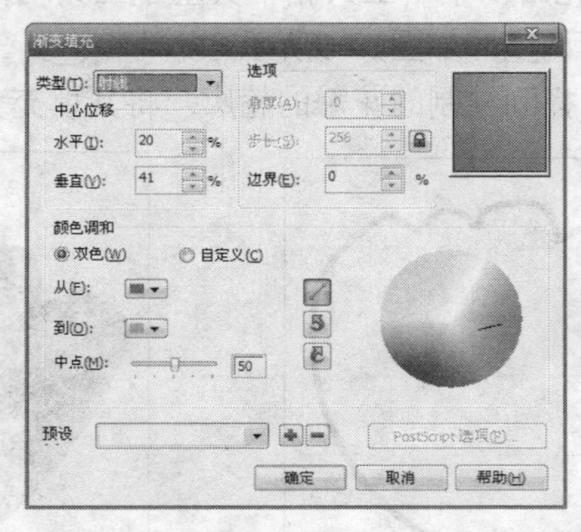

图18-13　绘制的花瓣

图18-14　填充的颜色

（15）继续绘制花瓣。单击工具箱中的贝塞尔工具，在页面上绘制花瓣的轮廓，使用形状工具进行调整，如图18-15所示。

（16）填充颜色。单击填充工具组中的“渐变”按钮■，打开“渐变填充”对话框，设置渐变颜色为“浅粉色→粉红色”，渐变类型为“线性”，还有“角度”的值，单击“确定”按钮，如图18-16所示。注意将轮廓设置为无色。

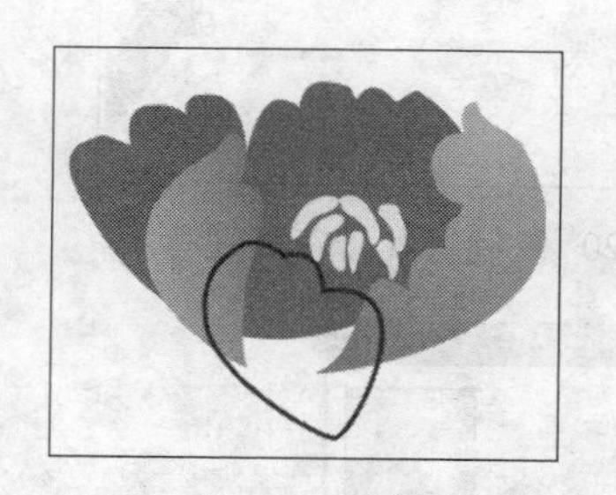

图18-15 绘制的花瓣

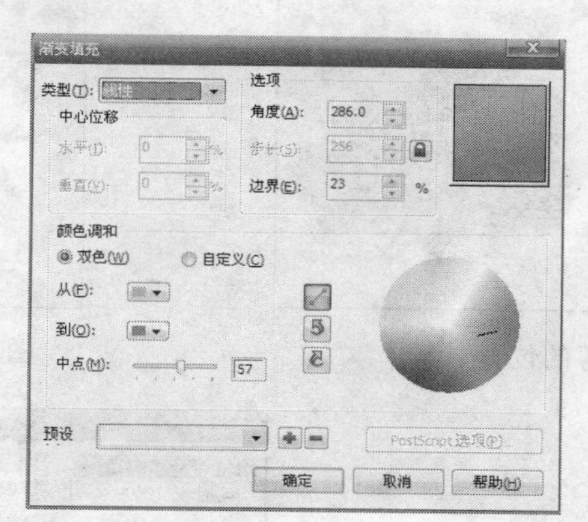

图18-16 填充的颜色

（17）继续绘制其余的花瓣。绘制的牡丹花的效果如图18-17所示。选择所有的花瓣将其群组。

（18）绘制花萼。单击工具箱中的贝塞尔工具，在页面上绘制出花萼的轮廓，将其填充为深绿色，轮廓设置为无色，如图18-18所示。

图18-17 绘制的牡丹花

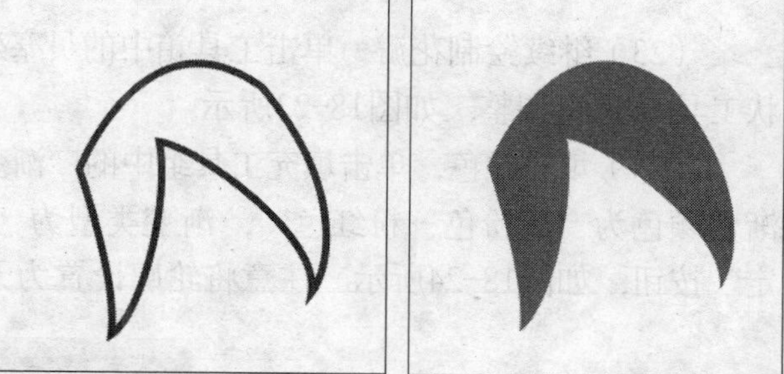

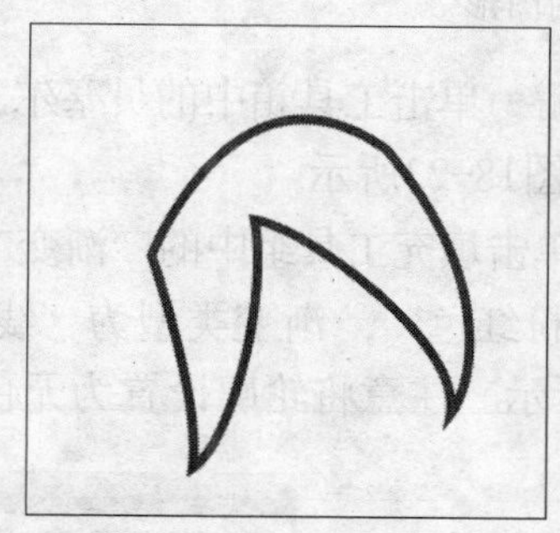

图18-18 绘制的花萼

（19）选择刚绘制好的花萼，将其移动到合适的位置，并调整图层的顺序，如图18-19所示。

（20）选择绘制好的牡丹花和花萼将其群组，重复复制并缩小和旋转，分别移至树枝的合适部位，效果如图18-20所示。

（21）绘制半开的牡丹花。单击工具箱中的贝塞尔工具，在页面上绘制花瓣的轮廓，使用形状工具进行调整，如图18-21所示的图形。

（22）填充颜色。单击填充工具组中的“渐变”按钮■，打开“渐变填充”对话框，设置渐变颜色为“浅粉色→粉红色”，渐变类型为“线性”，还要设置“角度”的值，单击“确定”按钮，如图18-22所示。注意将轮廓设置为无色。

图18-19　花萼的位置

图18-20　复制的牡丹花和花萼

图18-21　绘制的图形

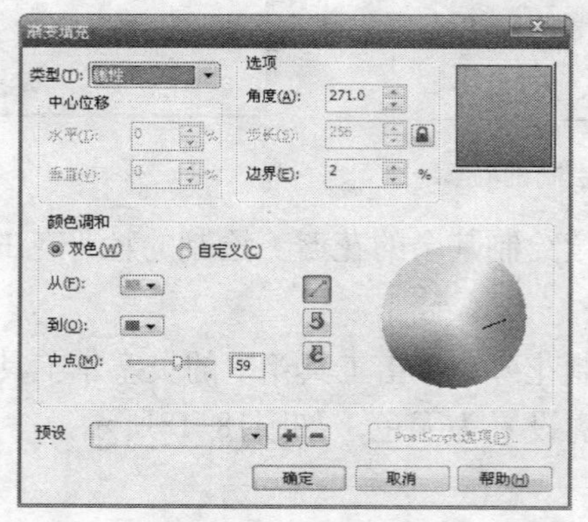

图18-22　填充的颜色

（23）继续绘制花瓣。单击工具箱中的贝塞尔工具，在页面上绘制花瓣的轮廓，使用形状工具进行调整，如图18-23所示。

（24）填充颜色。单击填充工具组中的“渐变”按钮，打开“渐变填充”对话框，设置渐变颜色为“浅粉色→粉红色”，渐变类型为“线性”，还要设置“角度”的值，单击“确定”按钮，如图18-24所示。注意将轮廓设置为无色。

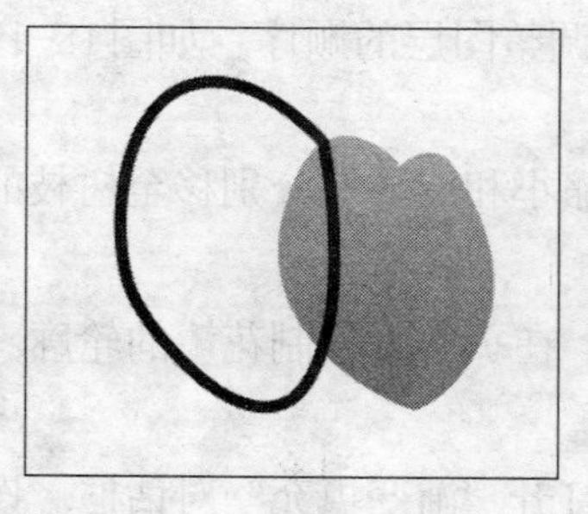

图18-23　绘制的图形

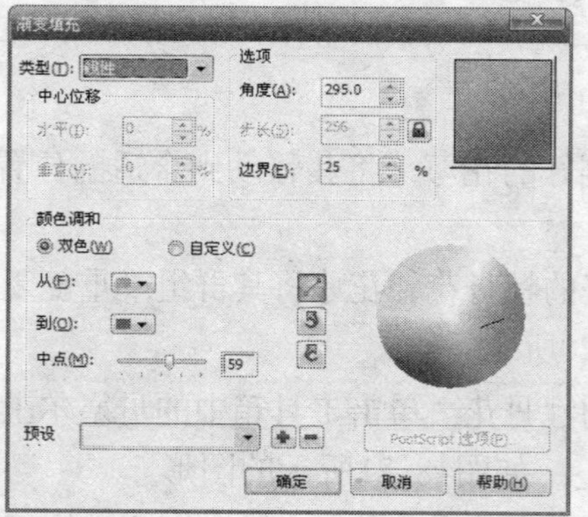

图18-24　填充的颜色

（25）绘制花瓣的背面。单击工具箱中的贝塞尔工具，在刚绘制花瓣的花瓣上绘制一条闭合曲线，使用形状工具进行调整，如图18-25所示。

（26）填充颜色。单击填充工具组中的“渐变”按钮■，打开“渐变填充”对话框，设置渐变颜色为“粉红色→红色”，渐变类型为“线性”，还要设置“角度”的值，单击“确定”按钮，如图18-26所示。注意将轮廓设置为无色，然后调整图层的顺序。

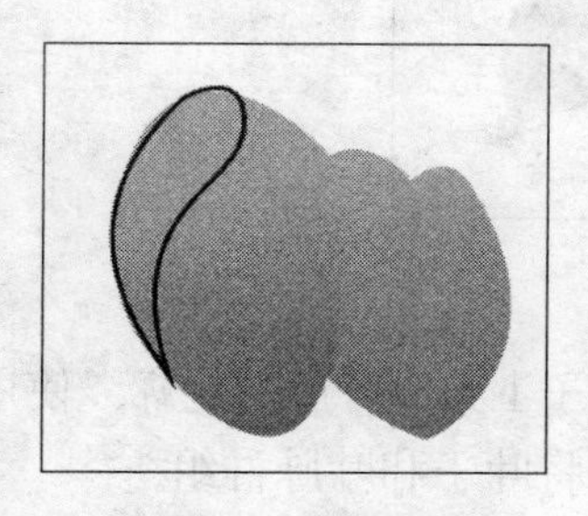

图18-25 绘制的图形

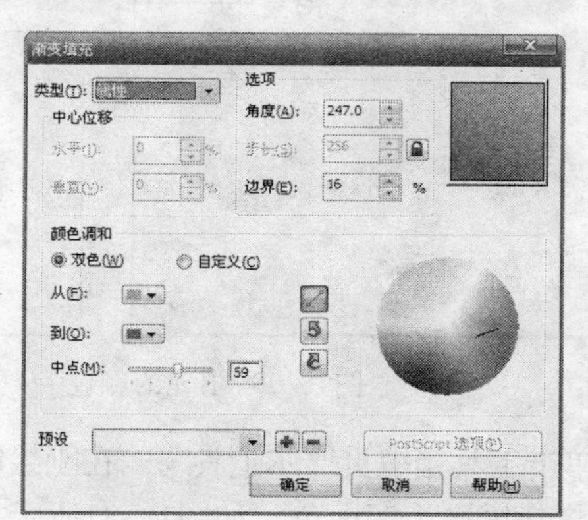

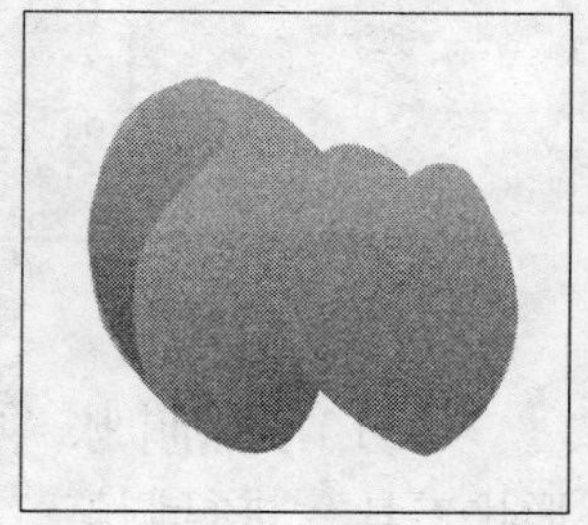

图18-26 填充的颜色

（27）按照同样的方法继续绘制其余的花瓣。绘制的牡丹花的效果如图18-27所示。选择所有的花瓣将其群组。

（28）选择绘制好的牡丹花，重复复制并缩小和旋转，分别移至树枝的合适部位，效果如图18-28所示。

图18-27 绘制的花

图18-28 花的位置

（29）绘制叶子。单击工具箱中贝塞尔工具，在页面中绘制叶子的轮廓，使用形状工具进行调整，如图18-29所示。

（30）填充颜色。单击填充工具组中的“渐变”按钮■，打开“渐变填充”对话框，设置渐变颜色为“绿色→浅绿色”，渐变类型为“线性”，还要设置“角度”的值，单击“确定”按钮，如图18-30所示。注意将轮廓设置为无色。

图18-29 绘制的图形

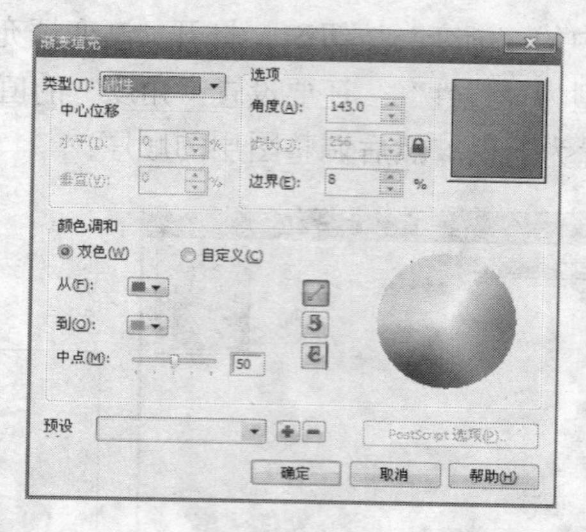

图18-30 填充的颜色

（31）绘制叶脉。单击工具箱中贝塞尔工具，在刚绘制的叶子上绘制叶脉的轮廓，使用形状工具进行调整，将其填充为深绿色，如图18-31所示。然后将叶子和叶脉群组。

图18-31 绘制的叶脉

（32）选择刚绘制的叶子，调整到合适的位置，如图18-32所示。

（33）继续绘制叶子。单击工具箱中贝塞尔工具，在页面中绘制叶子的轮廓，使用形状工具进行调整，如图18-33所示。

图18-32 叶子的位置

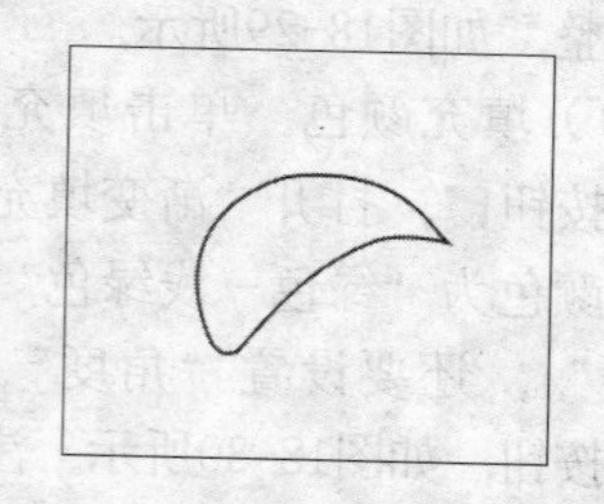

图18-33 绘制的图形

（34）填充颜色。单击填充工具组中的“渐变”按钮，打开“渐变填充”对话框，设置渐变颜色为“绿色→浅绿色”，渐变类型为“线性”，还要设置“角度”的值，单击“确定”

按钮，如图18-34所示。注意将轮廓设置为无色。

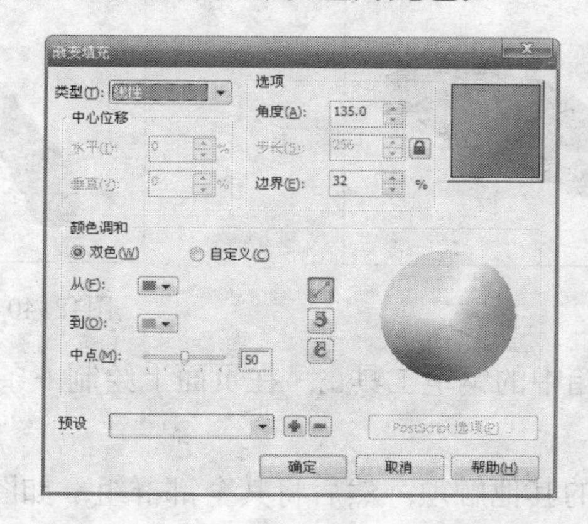

图18-34 填充的颜色

（35）绘制叶脉。单击工具箱中贝塞尔工具，在刚绘制的叶子上绘制叶脉的轮廓，使用形状工具进行调整，将其填充为深绿色，如图18-35所示。然后将树叶和叶脉群组。

（36）选择刚绘制的叶子，调整到合适的位置，如图18-36所示。

（37）按照同样的方法继续绘制其余的叶子，然后将叶子调整到合适的位置，如图18-37所示。

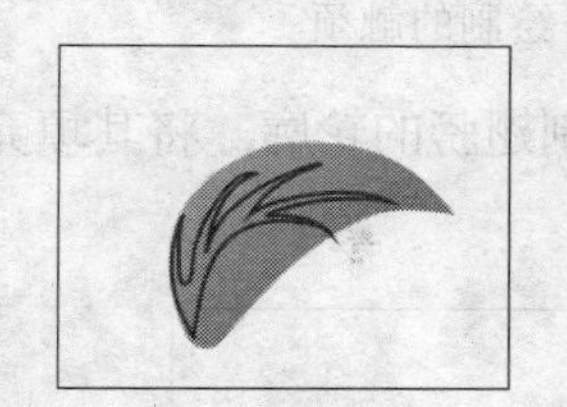

图18-35 绘制的叶脉

图18-36 叶子的位置

（38）绘制蝴蝶。单击工具箱中贝塞尔工具，绘制蝴蝶头部的轮廓，使用形状工具进行调整，将其填充为棕色，如图18-38所示。

图18-37 绘制的叶子

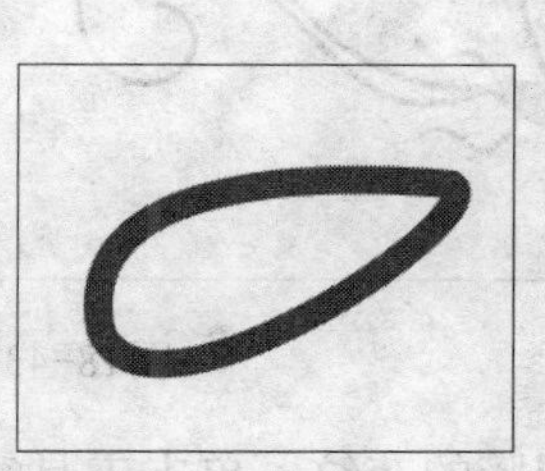

图18-38 绘制的图形

（39）绘制蝴蝶的身体。单击工具箱中的椭圆工具，在页面上绘制一个椭圆，然后调整角度，将其填充为棕色，如图18-39所示。

（40）按照同样的方法绘制蝴蝶身体的其他部分，如图18-40所示。

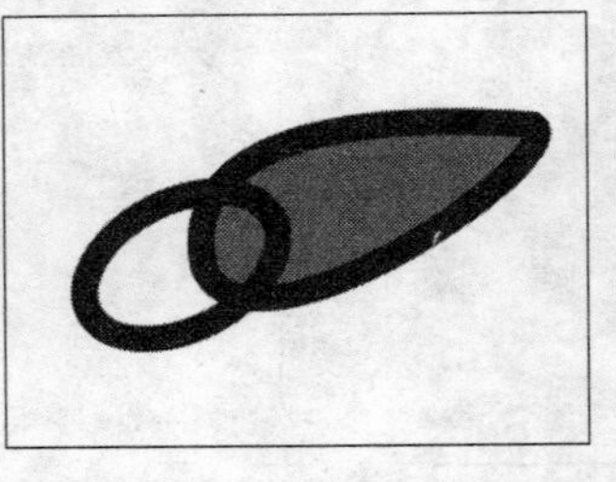

图18-39 绘制的椭圆

图18-40 绘制的身体

（41）绘制蝴蝶触须。单击工具箱中的钢笔工具，在页面上绘制一条曲线，如图18-41所示。

（42）按照同样的方法绘制蝴蝶的其他触须，然后将其全部群组，如图18-42所示。

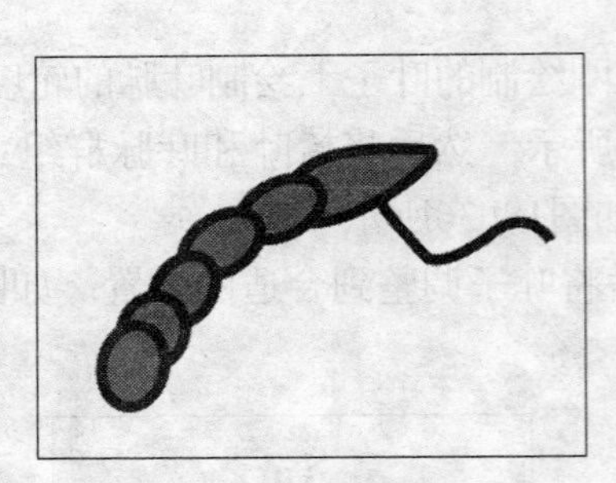

图18-41 绘制的触须

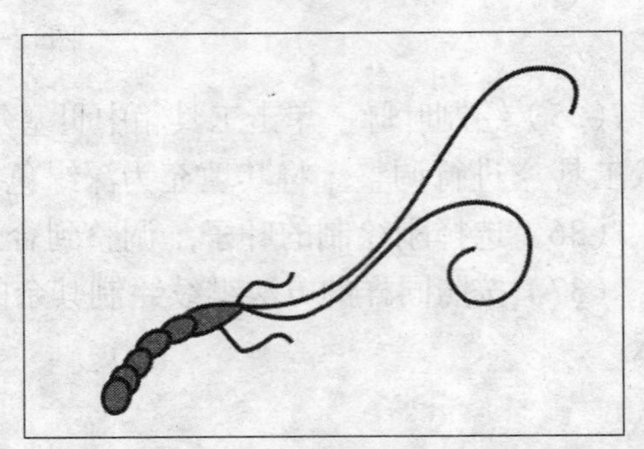

图18-42 绘制的触须

（43）绘制蝴蝶翅膀。单击工具箱中的钢笔工具，在页面上绘制翅膀的轮廓，将其填充为玫红色，轮廓设置为黑色，如图18-43所示。

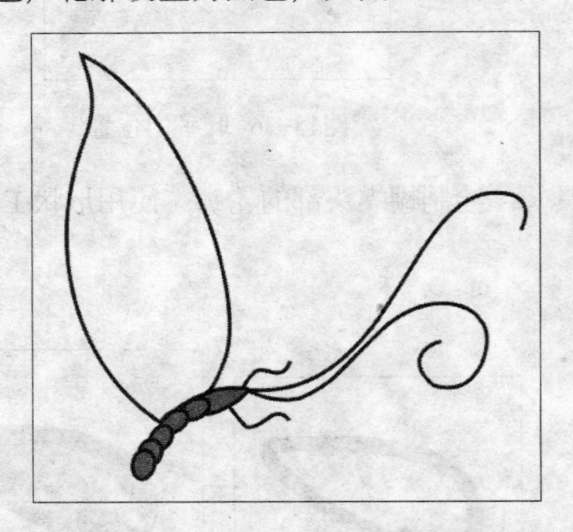
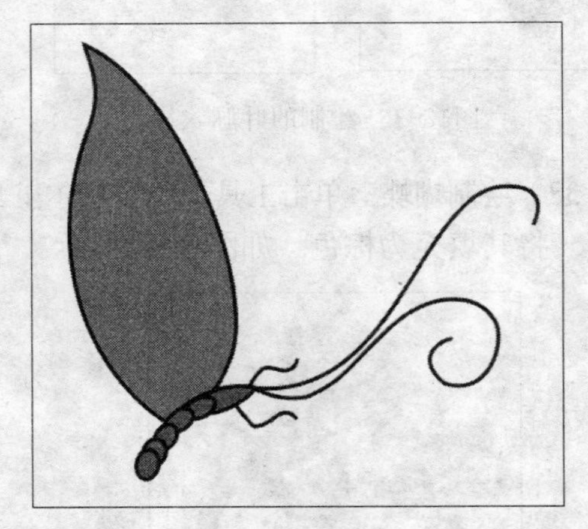

图18-43 绘制的图形

（44）绘制蝴蝶翅膀的花纹。单击工具箱中的钢笔工具，在翅膀上绘制一个闭合曲线，将其填充为橘黄色，轮廓设置为黑色，如图18-44所示。

（45）按照同样的方法绘制另两个闭合曲线，如图18-45所示。

（46）单击工具箱中的钢笔工具，在页面上绘制一个闭合曲线，将其填充为绿色，轮廓设置为黑色，如图18-46所示。

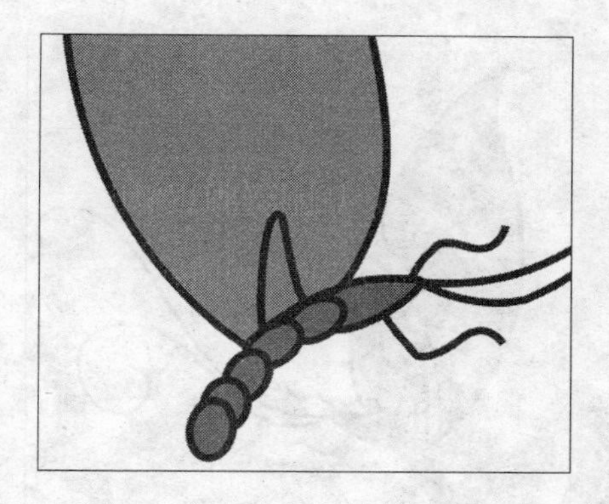
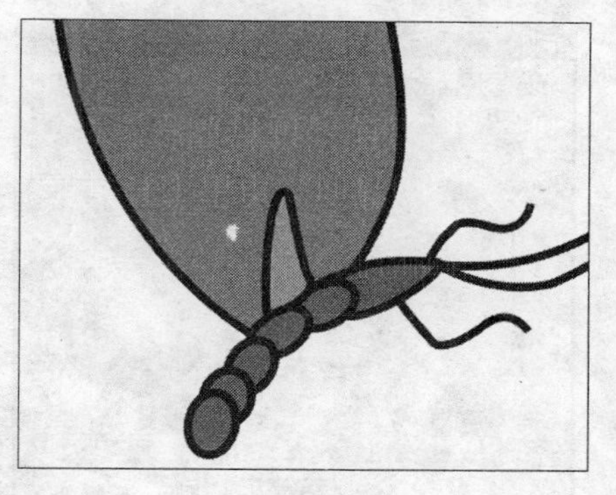

图18-44 绘制的图形

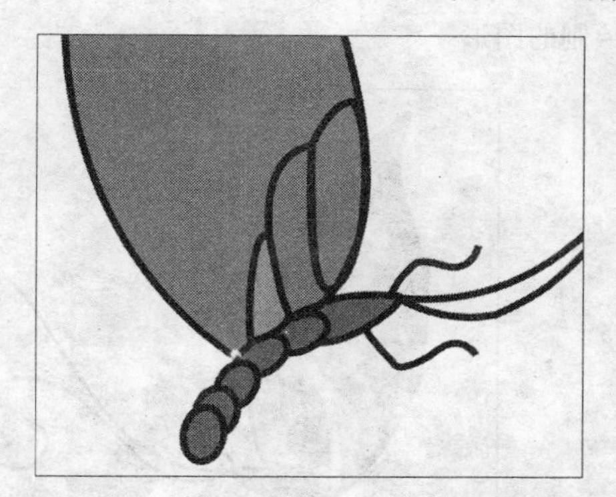
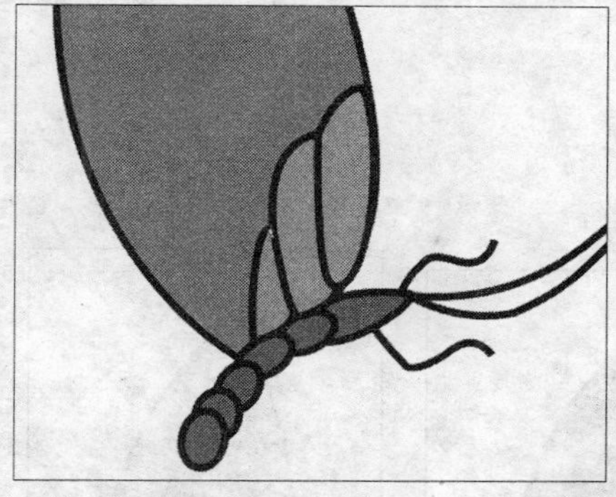

图18-45 绘制的图形

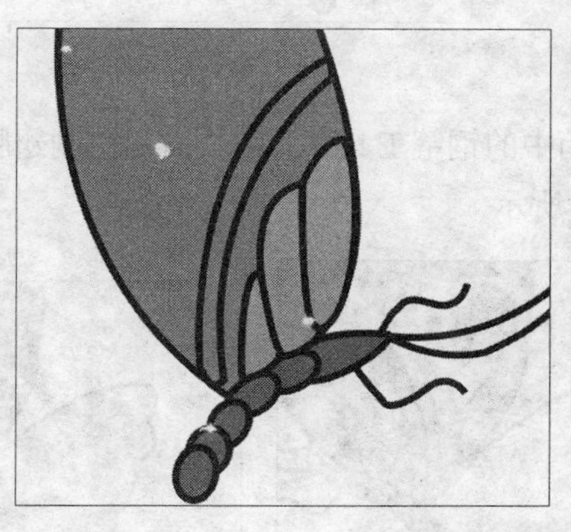
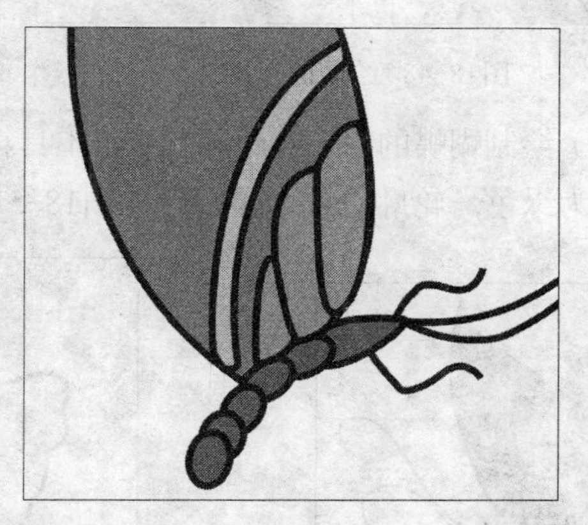

图18-46 绘制的图形

（47）单击工具箱中的钢笔工具，在页面上绘制一个闭合曲线，将其填充为“土黄色→黄色”的渐变，渐变类型为“射线”，轮廓设置为黑色，如图18-47所示。

（48）单击工具箱中的椭圆工具，在页面上绘制一个正圆，将其填充为黄色，轮廓设置为黑色，如图18-48所示。

（49）按照同样的方法绘制其他的花纹，如图18-49所示。

（50）选择刚绘制好的蝴蝶翅膀，将其群组，然后复制一份并调整其大小和角度，如图18-50所示。

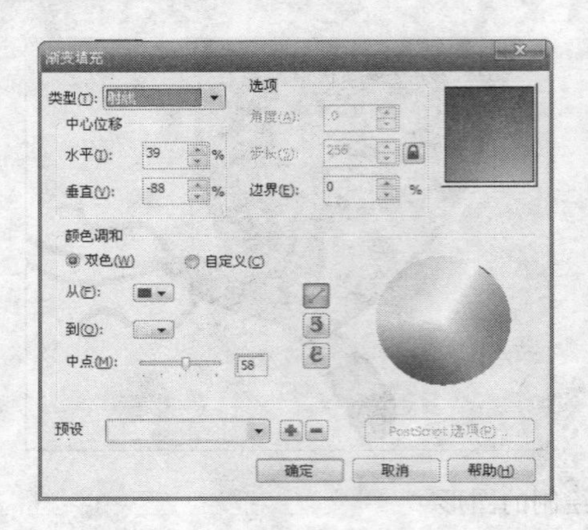

图18-47 绘制的图形

图18-48 绘制的正圆

图18-49 绘制的翅膀

（51）绘制蝴蝶的另一对翅膀。单击工具箱中的钢笔工具，在页面上绘制翅膀的轮廓，将其填充为绿色，轮廓设置为黑色，如图18-51所示。

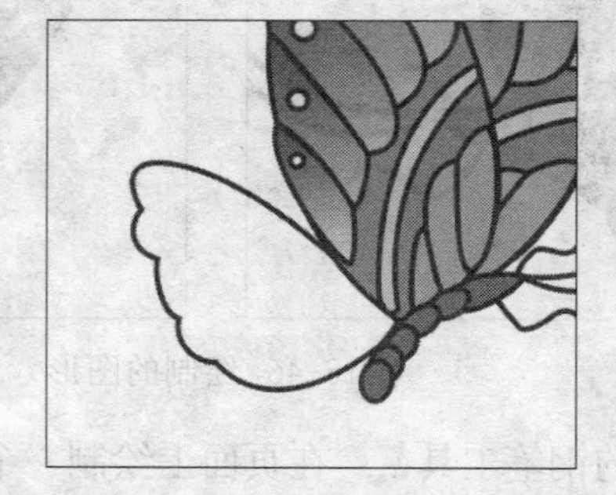

图18-50 复制的翅膀

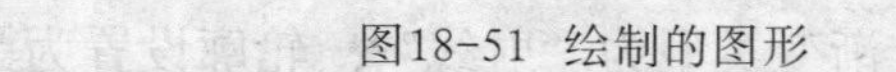

图18-51 绘制的图形

（52）绘制蝴蝶翅膀的花纹。单击工具箱中的钢笔工具，在翅膀上绘制一个闭合曲线，将其填充为橘黄色，轮廓设置为黑色，如图18-52所示。

（53）按照同样的方法绘制另一个闭合曲线，如图18-53所示。

（54）单击工具箱中的钢笔工具，在页面上绘制一个闭合曲线，将其填充为“土黄色→黄色”的渐变，渐变类型为“射线”，轮廓设置为黑色，如图18-54所示。

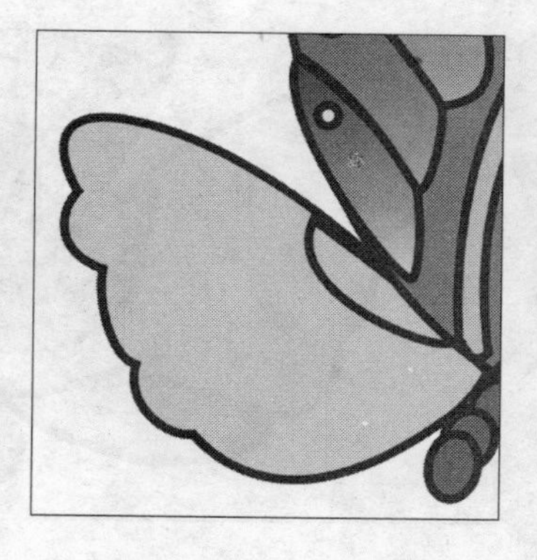

图18-52 绘制的图形

图18-53 绘制的图形

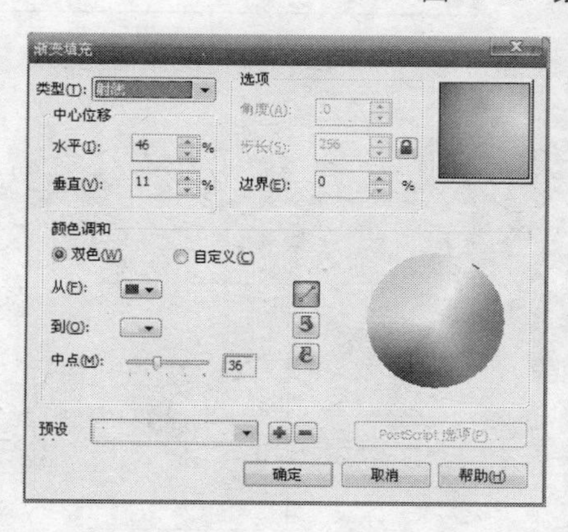

图18-54 绘制的图形

（55）单击工具箱中的椭圆工具，在页面上绘制一个正圆，将其填充为黄色，轮廓设置为黑色，如图18-55所示。

（56）按照同样的方法绘制其他的花纹，如图18-56所示。

（57）选择刚绘制好的蝴蝶翅膀，将其群组，然后复制一份并调整其大小和角度，如图18-57所示。

（58）将绘制好的蝴蝶部分全部群组，然后复制两份并调整其大小和角度，放到如图18-58所示的位置。

（59）绘制背景。单击工具箱中的矩形工具，在页面中绘制一个矩形，如图18-59所示。

图18-55 绘制的正圆

图18-56 绘制的翅膀

图18-57 复制的翅膀

图18-58 绘制的蝴蝶

图18-59 绘制的矩形

（60）选择刚绘制的矩形，单击填充工具组中的“渐变”按钮，打开“渐变填充”对话框，设置渐变颜色为“粉绿色→白色”，渐变类型为“线性”，还要设置“角度”的值，单击“确定”按钮，如图18-60所示。注意将轮廓设置为无色。

（61）单击工具箱中贝塞尔工具，在页面中绘制山体的轮廓，使用形状工具进行调整，如图18-61所示。

（62）单击填充工具组中的“渐变”按钮，打开“渐变填充”对话框，设置渐变颜色为“粉绿色→白色”，渐变类型为“线性”，还要设置“角度”的值，单击“确定”按钮，如图18-62所示。注意将轮廓设置为无色。

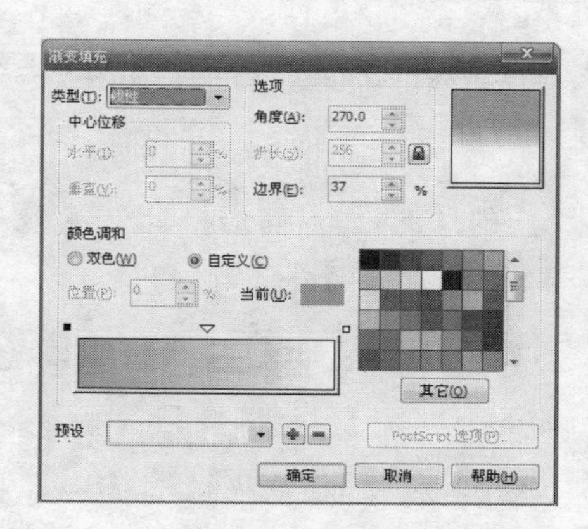

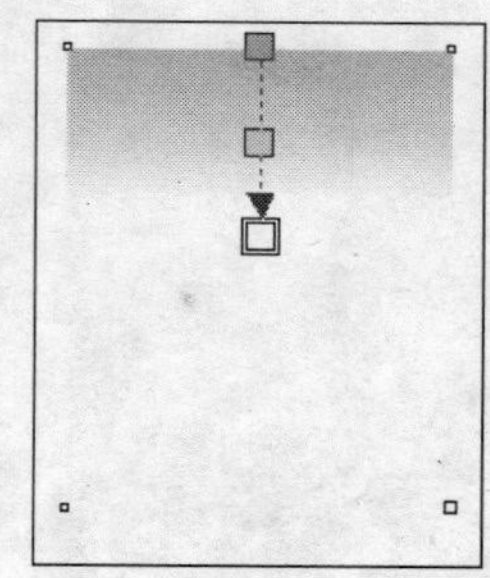

图18-60 填充的颜色

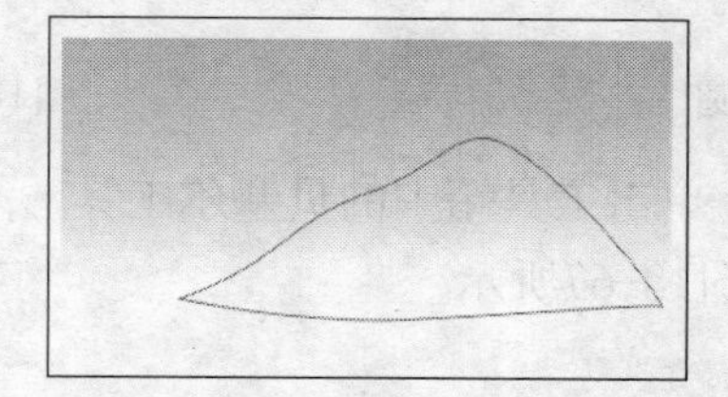

图18-61 绘制的图形

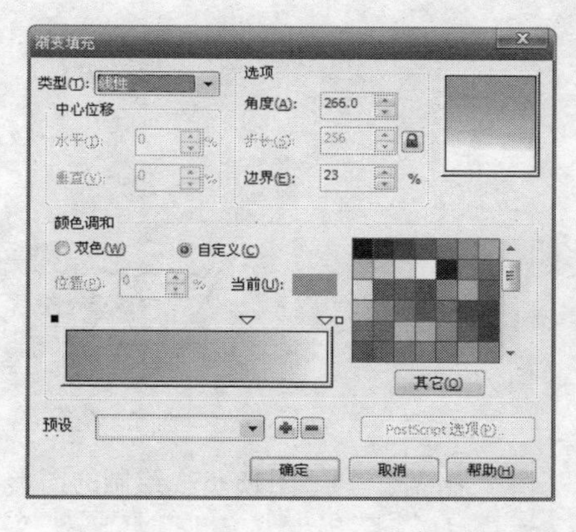

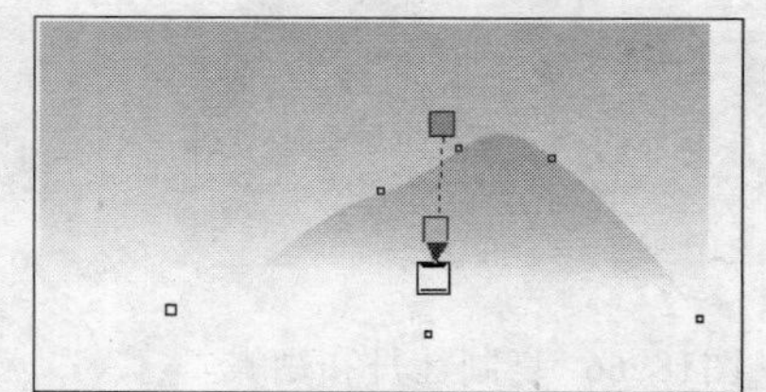

图18-62 填充的颜色

（63）按照同样的方法绘制其他的部分，并填充渐变色，如图18-63所示。

（64）单击工具箱中的椭圆工具，在页面上绘制一个正圆，将其填充为白色，轮廓设置为无色，如图18-64所示。

（65）选择刚绘制的正圆，单击工具箱中的交互式透明工具，在属性栏中设置透明类型为“线性”，如图18-65所示。

（66）将之前绘制的牡丹和蝴蝶复制并调整到合适的位置，如图18-66所示。

图18-63 绘制的图形

图18-64 绘制的正圆

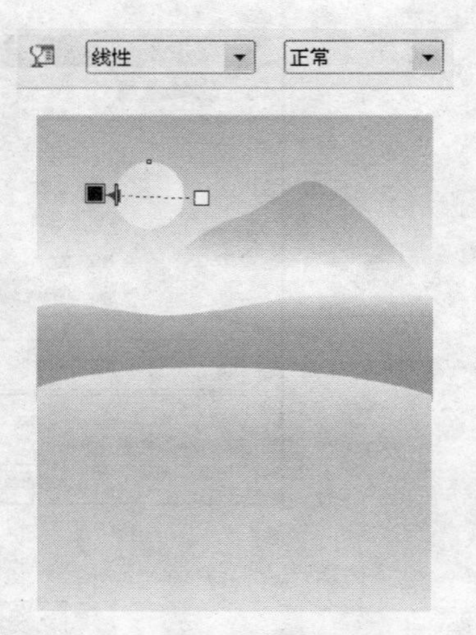

图18-65 设置的透明效果

（67）绘制地面上的花瓣。单击工具箱中的贝塞尔工具，在页面上绘制一条闭合曲线，使用形状工具进行调整，如图18-67所示。

图18-66 复制牡丹和蝴蝶

图18-67 绘制的图形

（68）填充颜色。单击填充工具组中的“渐变”按钮，打开“渐变填充”对话框，设置渐变颜色为“粉红色→红色”，渐变类型为“射线”，单击“确定”按钮，如图18-68所示。注意将轮廓设置为无色。

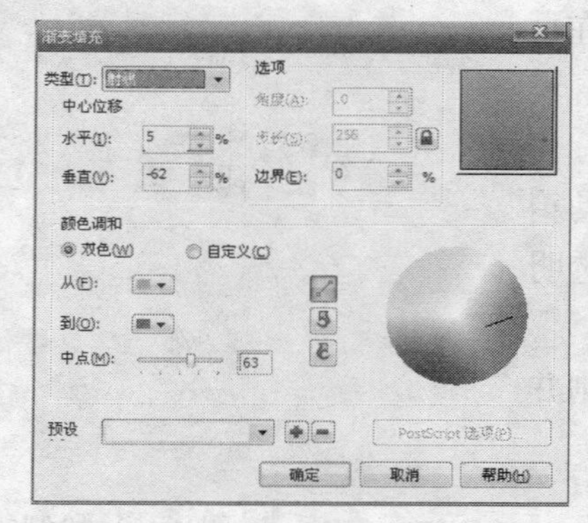

图18-68 填充的颜色

（69）按照同样的方法绘制其他的花瓣，调整其位置如图18-69所示。

（70）添加文本。单击工具箱中的文本工具字，在属性栏设置字体为“方正舒体”，大小为“14pt”，然后在页面中用鼠标拖曳出一个文本框，如图18-70所示。

图18-69 绘制的花瓣

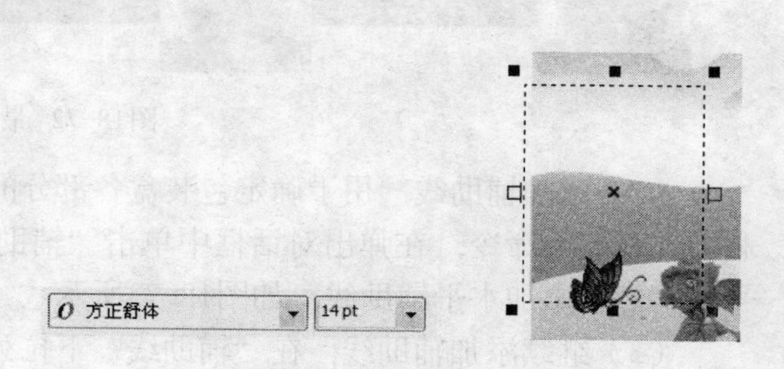

图18-70 绘制的文本框

（71）在文本框中输入所需要的文字，然后单击属性栏中的“竖向排列”按钮，调整到画面的合适位置，如图18-71所示。

图18-71 输入的文字

（72）至此牡丹图就绘制完成了，最终效果如图18-1所示。

18.2 包装设计——礼品包装盒

本例中，主要使用了矩形工具、文本工具和贝塞尔工具等来绘制一个礼品包装盒。绘制的最终效果如图18-72所示。

（1）打开CorelDRAW，创建一个新的文档，并设置适当的纸张大小。注意，大小要根据实际情况而定。

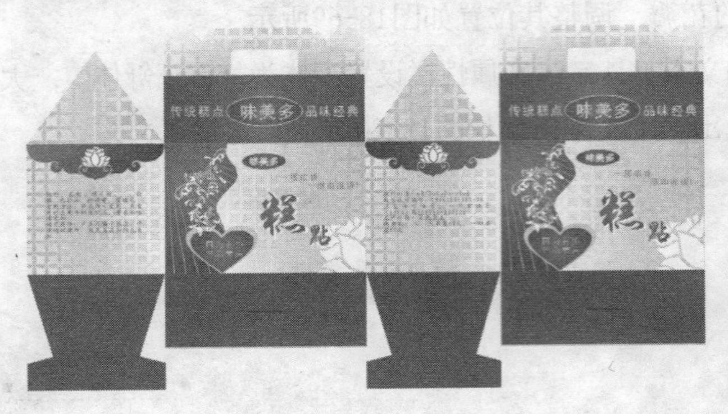

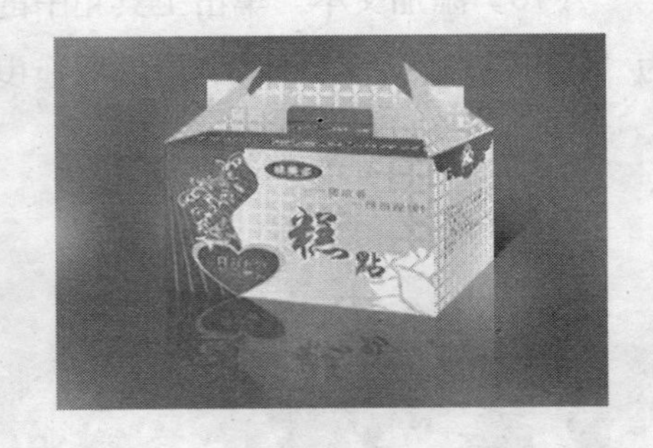

图18-72 最终效果

（2）添加辅助线，用于确定包装盒各部分的位置。在菜单栏中选择“视图→设置→网格和标尺设置”命令，在弹出对话框中单击“辅助线”左边的三角号，在下拉列表中选择“水平”，然后添加水平辅助线，如图18-73所示。

（3）继续添加辅助线。在“辅助线”下拉列表中选择“垂直”，然后在适当的位置添加垂直辅助线，如图18-74所示。最后单击“确定”按钮完成添加辅助线。

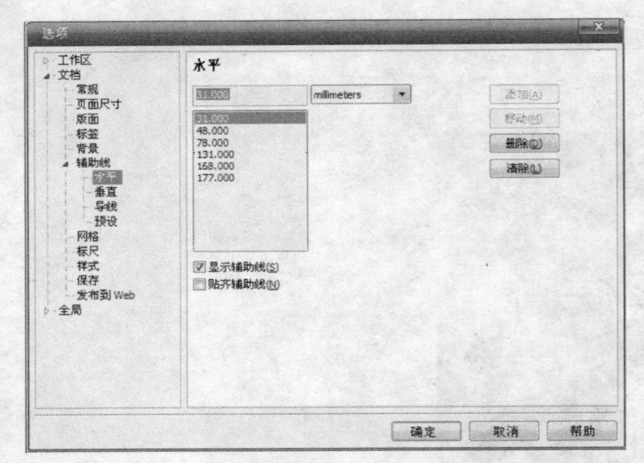

图18-73 辅助线设置

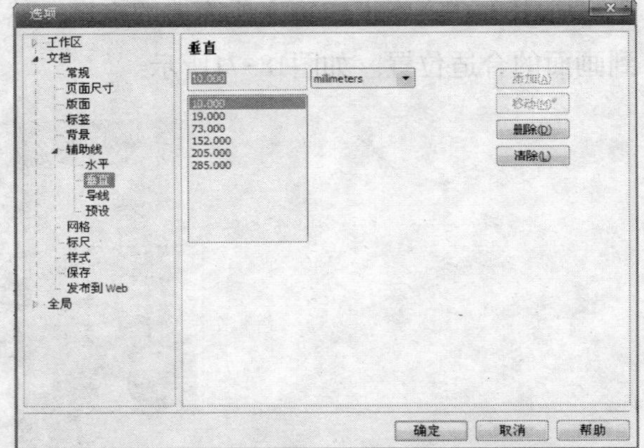

图18-74 添加垂直辅助线

（4）添加辅助线后的页面效果如图18-75所示。

（5）单击工具箱中的多边形工具，在属性栏中设置多边形的“边数”为3，在页面中绘制一个三角形，如图18-76所示。

（6）选中刚绘制的三角形，单击填充工具组中的“渐变”按钮，打开“渐变填充”对话框，设置渐变颜色为“土黄色→白色”，渐变类型为“线性”，并设置角度的值，单击“确定”按钮，将轮廓设置为无色，如图18-77所示。

（7）将填充好的三角形复制一份，移动到合适的位置，如图18-78所示。

（8）单击工具箱中的矩形工具，在页面中绘制一个矩形，如图18-79所示。

（9）单击工具箱中的多边形工具，在属性栏中设置多边形的“边数”为3，在页面中绘制两个三角形，如图18-80所示。

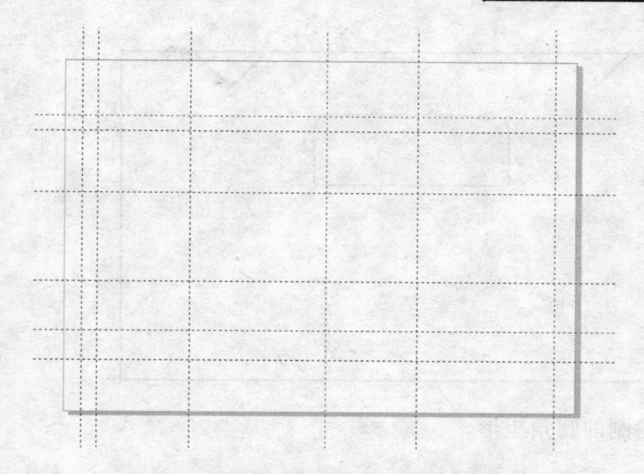

图18-75 添加辅助线后的页面效果

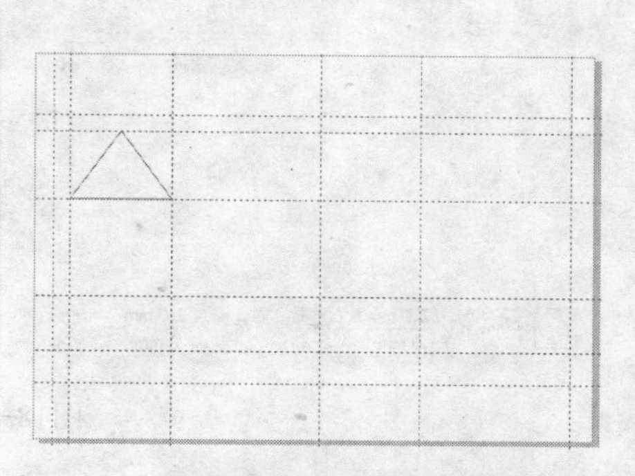

图18-76 绘制的三角形

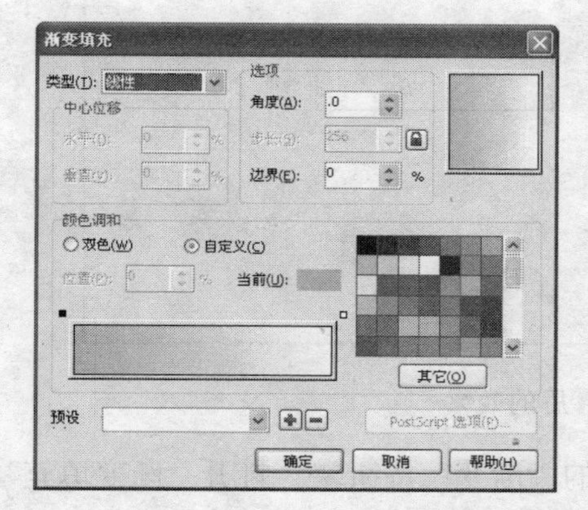

图18-77 填充的颜色

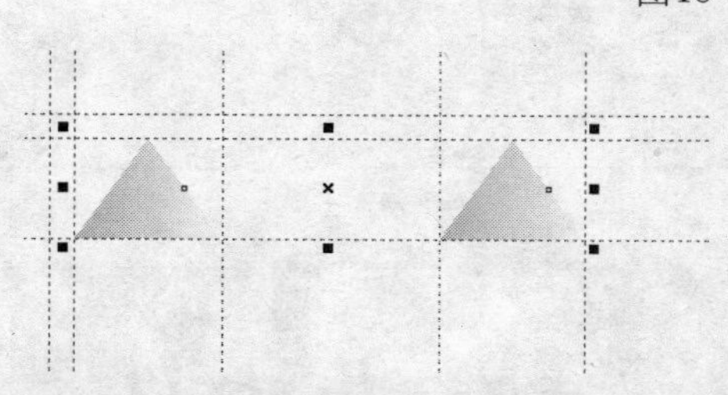

图18-78 复制的三角形

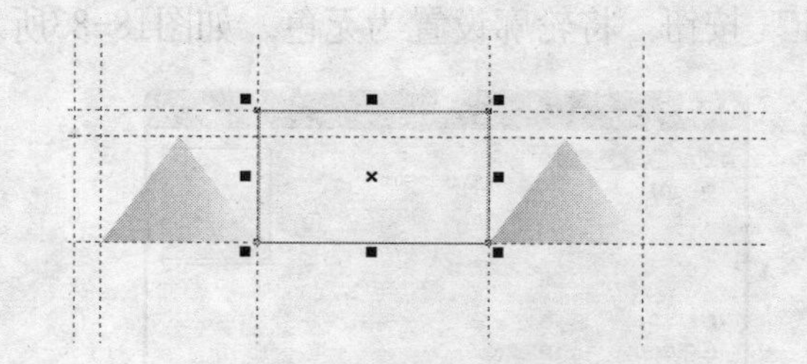

图18-79 绘制的矩形

（10）单击工具箱中的矩形工具□，在页面中绘制一个矩形，然后在属性栏中设置矩形的圆角，并调整到合适的位置，如图18-81所示。

（11）将刚绘制的图形全部选中，选择菜单栏中的“窗口→泊坞窗→造形”命令，打开“造形”泊坞窗，在下拉列表框中选择“后减前”，单击“应用”按钮，效果如图18-82所示。

图18-80 绘制的三角形

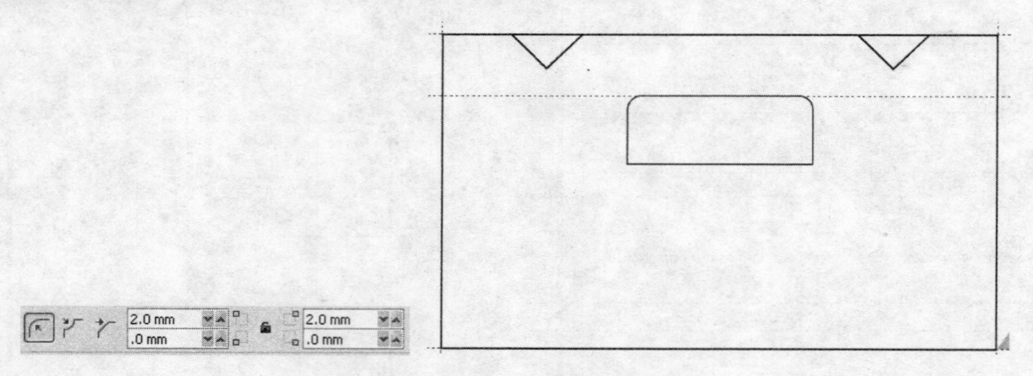

图18-81 绘制的圆角矩形

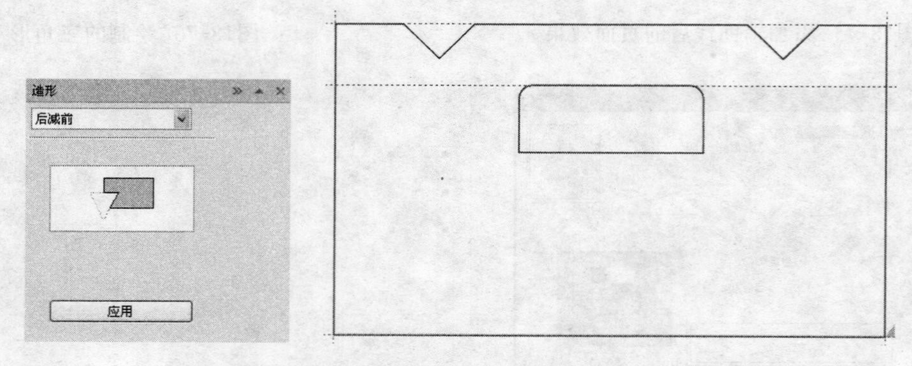

图18-82 “后减前”后的效果

（12）选中刚绘制的图形，单击填充工具组中的“渐变”按钮■，打开“渐变填充”对话框，设置渐变颜色为“土黄色→白色”，渐变类型为“线性”，并设置角度的值，单击“确定”按钮，将轮廓设置为无色，如图18-83所示。

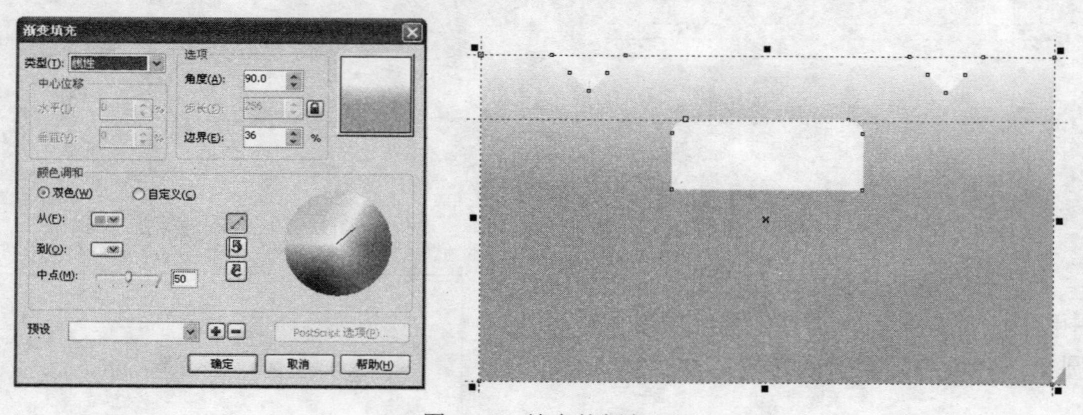

图18-83 填充的颜色

（13）将填充好的图形复制一份，移动到合适的位置，如图18-84所示。

（14）单击工具箱中的矩形工具□，在页面中绘制一个矩形，如图18-85所示。

（15）选择刚绘制的矩形，单击填充工具组中的“渐变”按钮■，打开“渐变填充”对话框，设置渐变颜色为“土黄色→白色”，渐变类型为“线性”，并设置角度的值，单击“确定”按钮，将轮廓设置为无色，如图18-86所示。

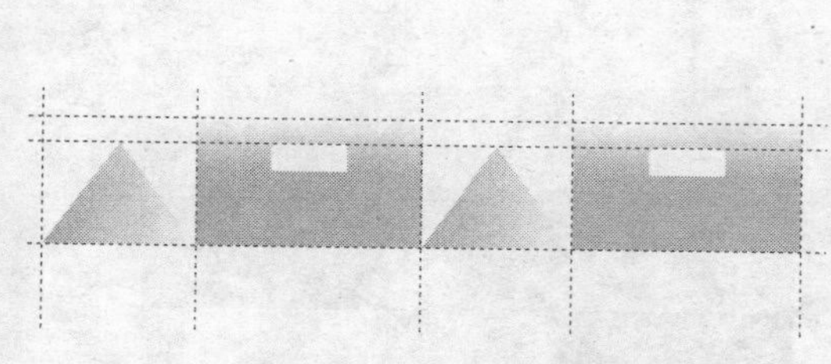

图18-84 复制的图形

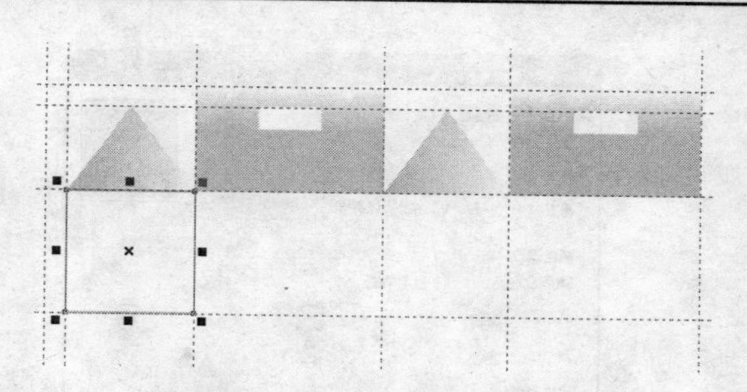

图18-85 绘制的矩形

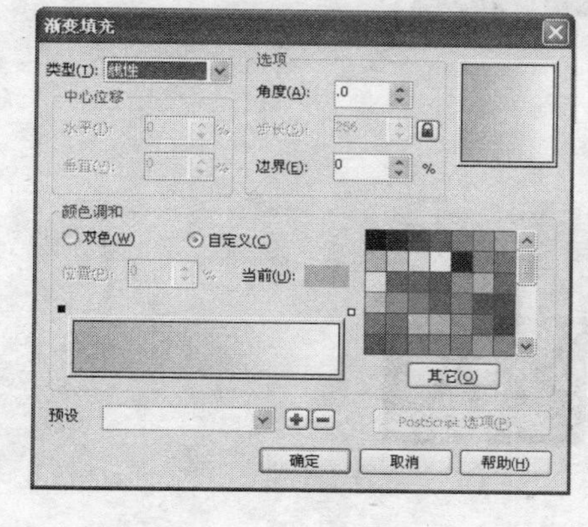

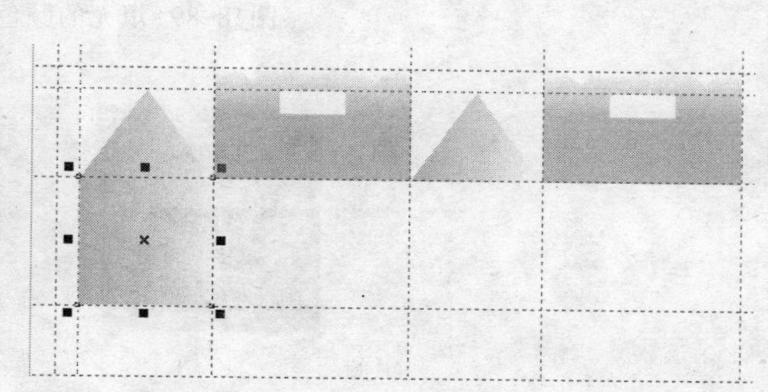

图18-86 填充的颜色

（16）选择刚绘制的矩形，将其复制一份，然后调整到如图18-87所示的位置。

（17）单击工具箱中的矩形工具□，在页面中绘制一个矩形，如图18-88所示。

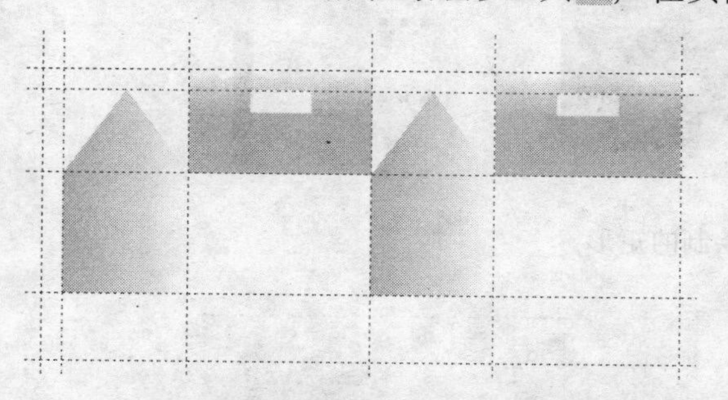

图18-87 复制的图形

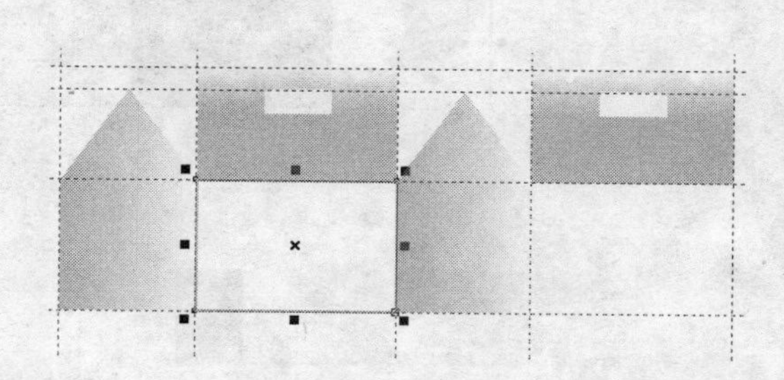

图18-88 绘制的矩形

（18）单击填充工具组中的“渐变”按钮■，打开“渐变填充”对话框，设置渐变颜色为“红色→深红色”，渐变类型为“射线”，单击“确定”按钮，将轮廓设置为无色，如图18-89所示。

（19）选择刚绘制的矩形，将其复制一份，然后调整到如图18-90所示的位置。

（20）单击工具箱中的矩形工具□，在页面中绘制一个矩形，并将其填充为白色，轮廓设置为无色，如图18-91所示。

（21）单击工具箱中贝塞尔工具↘，在页面中绘制一个如图18-92所示的图形，然后将其填充为红色，轮廓设置为无色。

（22）选择刚绘制的图形，将其复制一份，然后调整到如图18-93所示的位置。

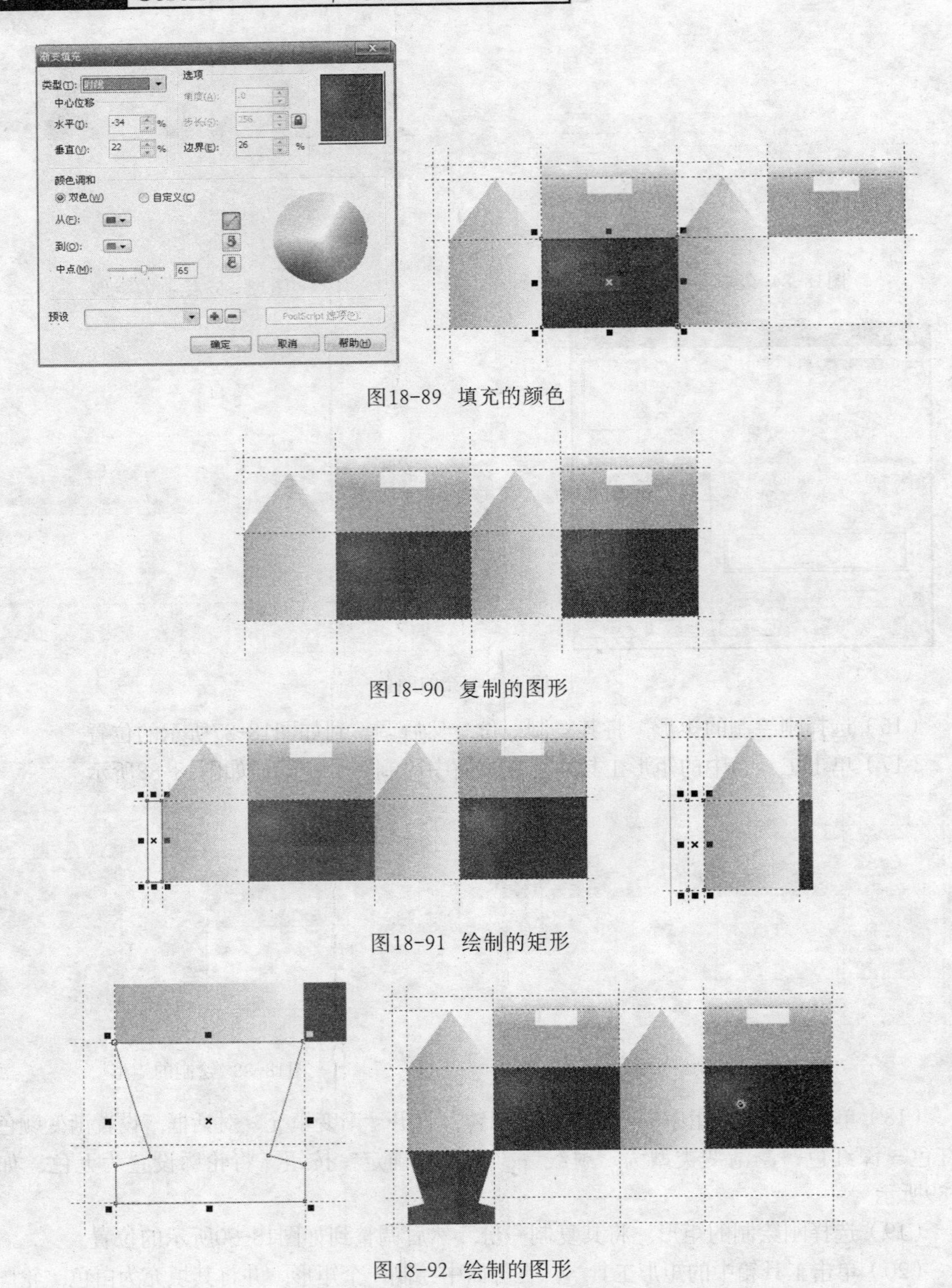

图18-89 填充的颜色

图18-90 复制的图形

图18-91 绘制的矩形

图18-92 绘制的图形

（23）单击工具箱中的矩形工具，在页面中绘制一个矩形，然后将其填充为红色，轮廓设置为无色，如图18-94所示。

（24）选择刚绘制的矩形，将其复制一份，然后调整到如图18-95所示的位置。这样包装盒的基本外形就绘制完成了。

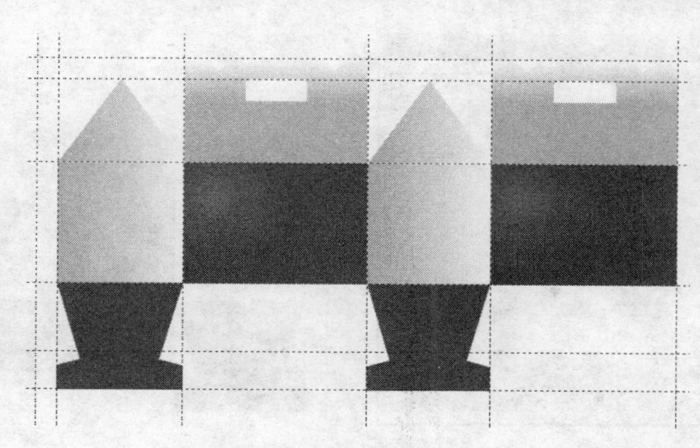

图18-93 复制的图形

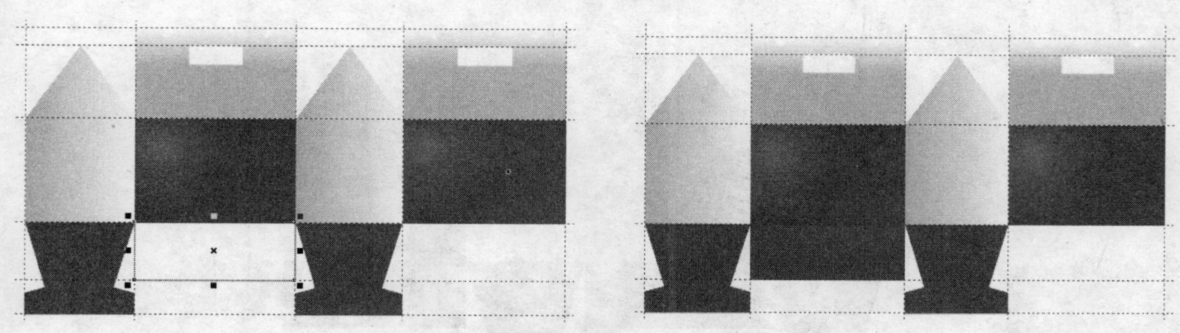

图18-94 绘制的矩形

（25）单击工具箱中的贝塞尔工具，在页面中绘制一条闭合曲线，如图18-96所示。

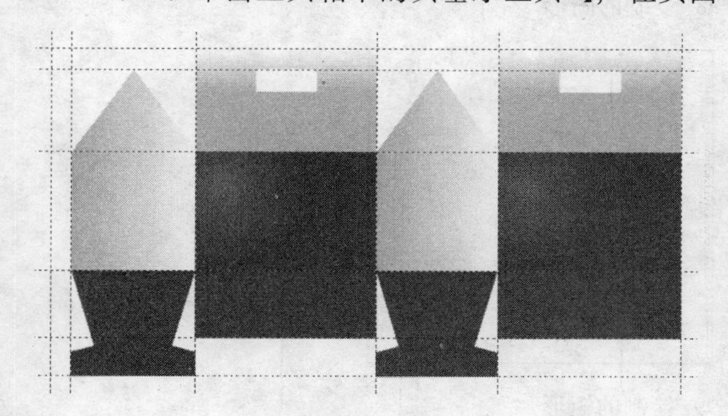

图18-95 复制的图形

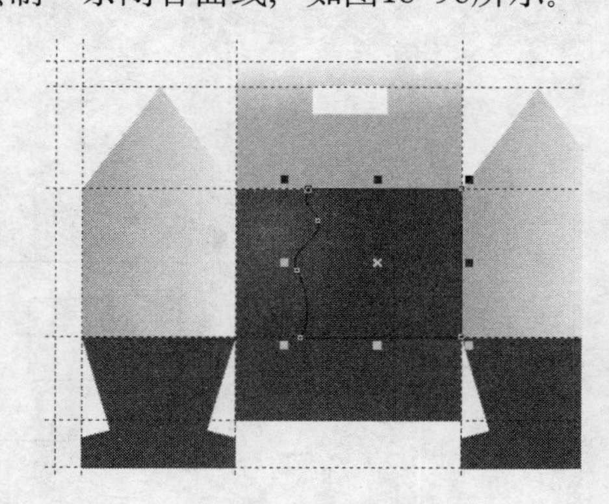

图18-96 绘制的图形

（26）选择刚绘制的闭合曲线，单击填充工具组中的“渐变”按钮，打开“渐变填充”对话框，设置渐变颜色为“土黄色→白色”，渐变类型为“线性”，并设置角度的值，单击“确定”按钮，将轮廓设置为无色，如图18-97所示。

（27）选择刚绘制的图形，将其复制一份，然后调整到如图18-98所示的位置。

（28）制作背景装饰纹理。选择矩形工具，按住Ctrl键在页面绘制一个正方形，然后在属性栏中设置边长为9。选择交互式变形工具，在属性栏中单击“推拉变形”按钮，在矩形中心位置单击并向外拖动，将图形变形，如图18-99所示。

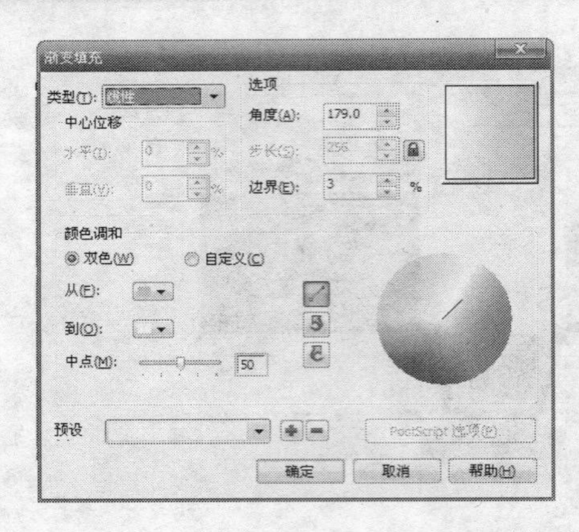

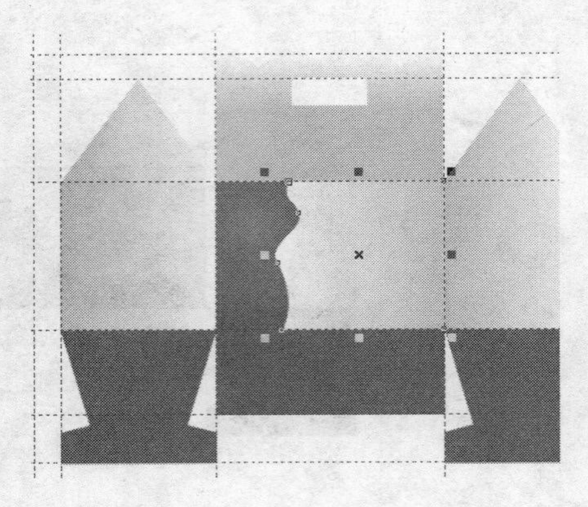

图18-97 填充的颜色

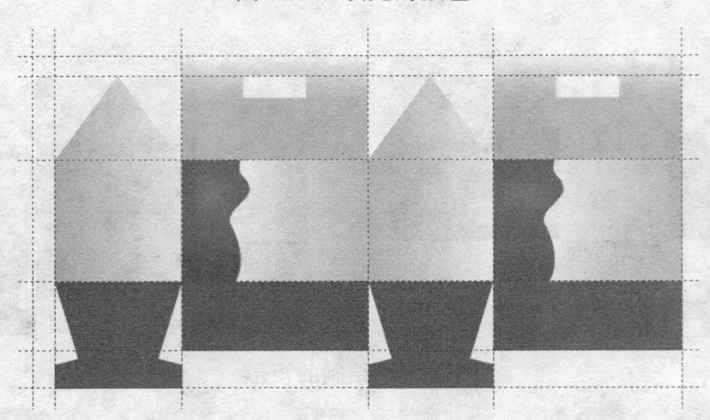

图18-98 复制的图形

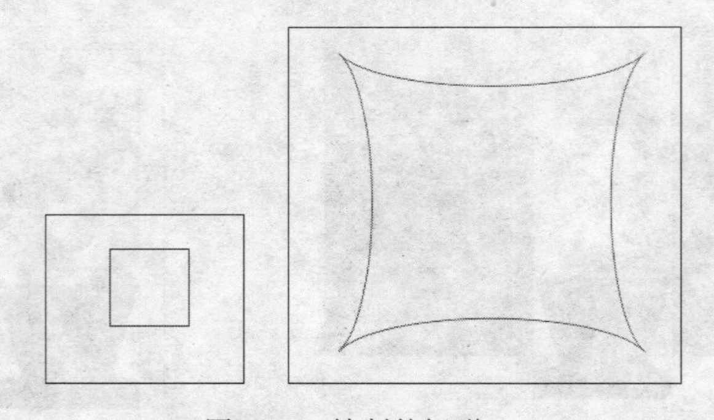

图18-99 绘制的矩形

（29）选中变形的图形，将其适当调小些，执行“编辑→步长和重复”命令，打开“步长和重复”泊坞窗，然后设置“份数”和“水平设置”，单击“应用”按钮，得到11个变形图形，如图18-100所示。

（30）将这些图形同时选中，在“步长和重复”泊坞窗中设置“份数”和“垂直设置”，并单击“应用”按钮，得到15组变形图形，如图18-101所示。

（31）将这些图形同时选中，执行“排列→组合”命令，将这些图形组合成一个整体。选中组合后的图形，单击填充工具组中的“渐变”按钮，打开“渐变填充”对话框，在该对话框中设置“类型”为“射线”，并设置颜色为“土黄色→白色”的渐变，单击“确定”按钮，为图形填充渐变色，如图18-102所示。

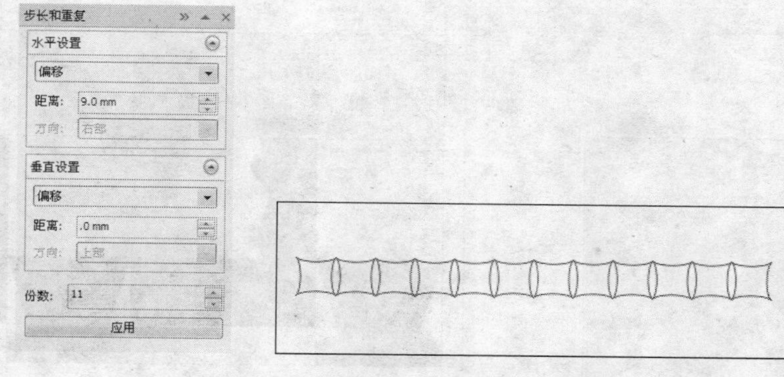

图18-100 沿水平方向复制多个变形图形

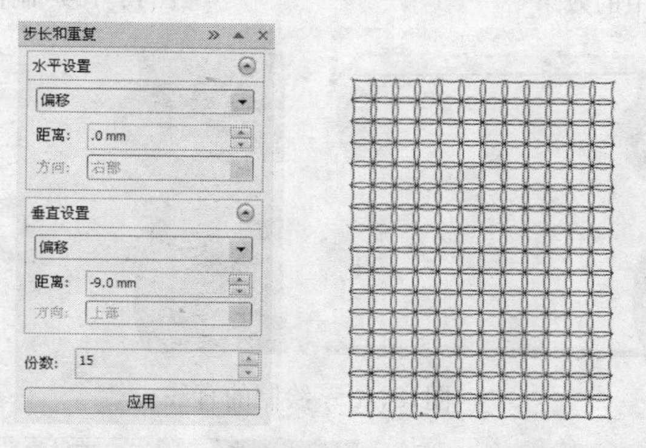

图18-101 沿垂直方向复制多个变形图形

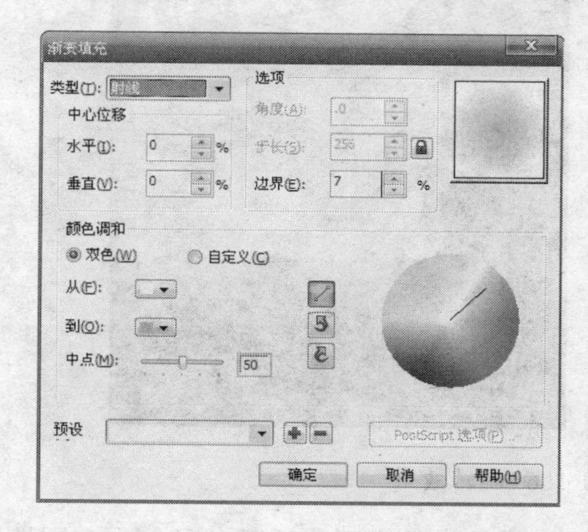

图18-102 填充的颜色

（32）选择刚绘制的图形，选择“效果→图框精确剪裁→放置在容器中”命令，然后回到页面中单击前面绘制的图形，效果如图18-103所示。

（33）按照同样的方法，绘制其他的图形，效果如图18-104所示。

（34）单击工具箱中的贝塞尔工具，在页面上绘制一条直线，将其填充为橘黄色，如图18-105所示。

（35）选择绘制的直线，执行“窗口→泊坞窗→变换”命令，打开“变换”泊坞窗，单击“旋转”按钮，设置各个参数，然后单击“应用到再制”按钮，效果如图18-106所示。

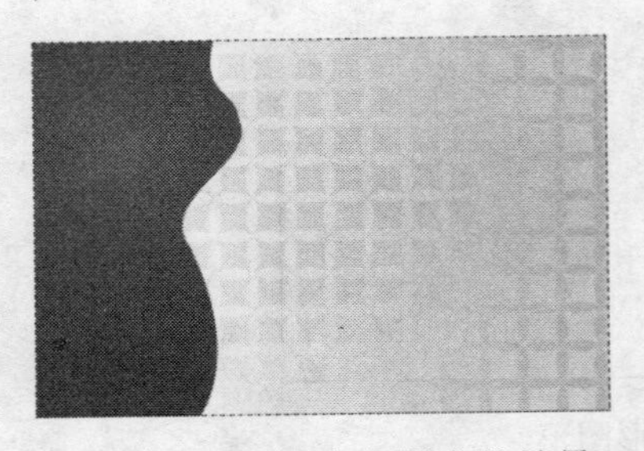

图18-103 放置在容器中的效果

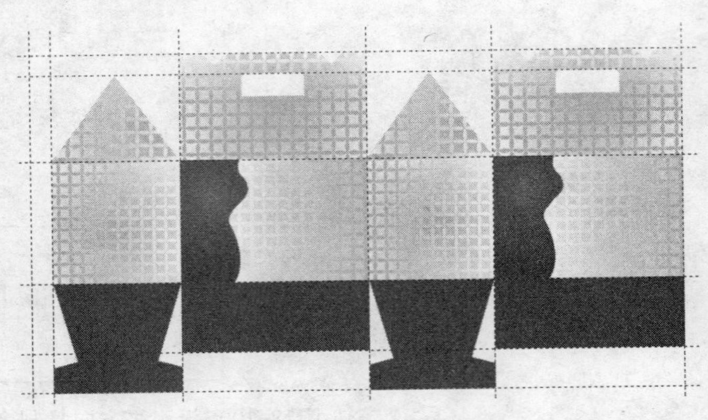

图18-104 制作的其他图形

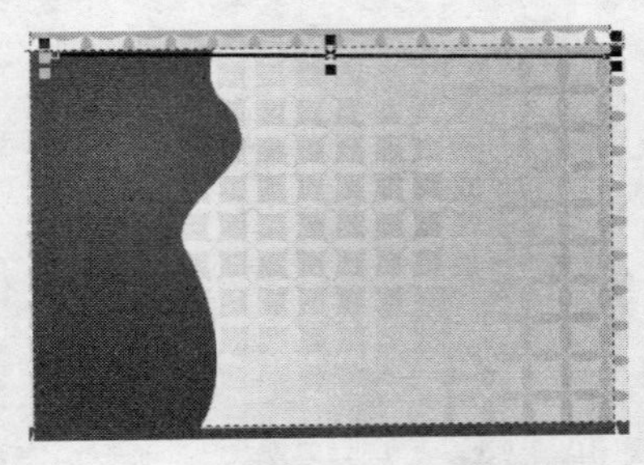

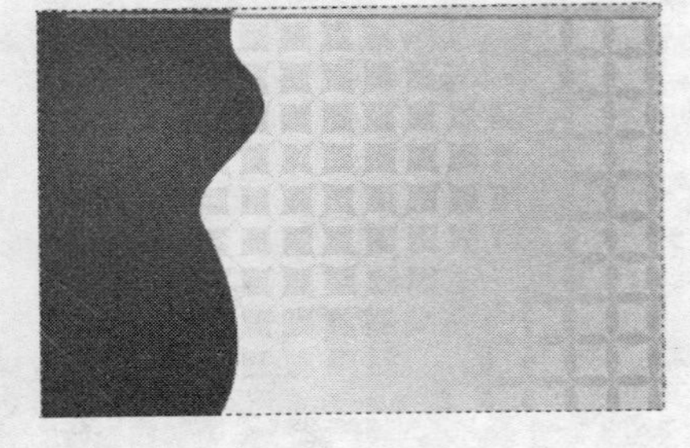

图18-105 绘制的直线

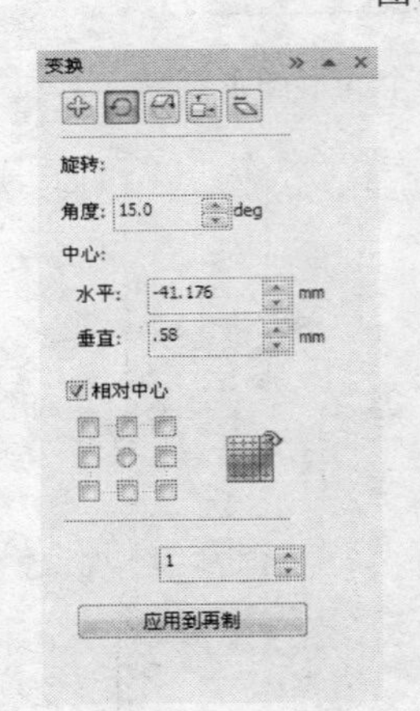

图18-106 旋转效果

（36）选择所有的直线将其群组，单击工具箱中的交互式透明工具，在属性栏中设置透明度类型为“线性”，透明度操作为“正常”，如图18-107所示。

（37）选择绘制的直线，调整图层的顺序，如图18-108所示。

（38）将直线复制一份，调整位置如图18-109所示。

（39）单击工具箱中的基本工具，然后在属性栏中单击“完美形状”按钮，在下拉菜单中选择，然后在页面中绘制一个心形，如图18-110所示。

（40）选择刚绘制的图形，单击填充工具组中的“渐变”按钮，打开“渐变填充”对话框，在该对话框中选择“类型”为“射线”，并设置颜色为“红色→深红色”的渐变，单击“确定”按钮，为图形填充渐变色，如图18-111所示。

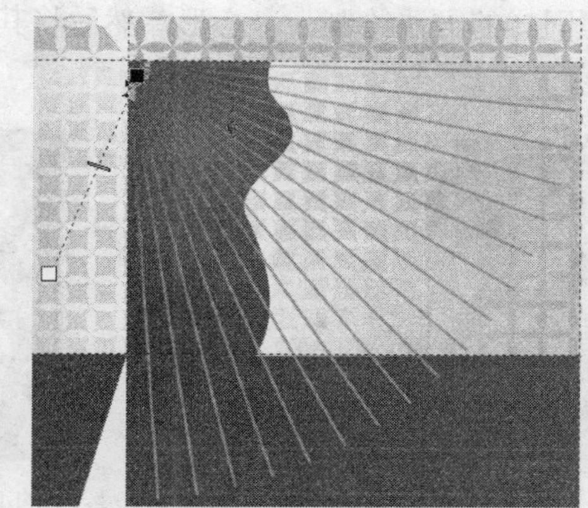

图18-107 透明的效果

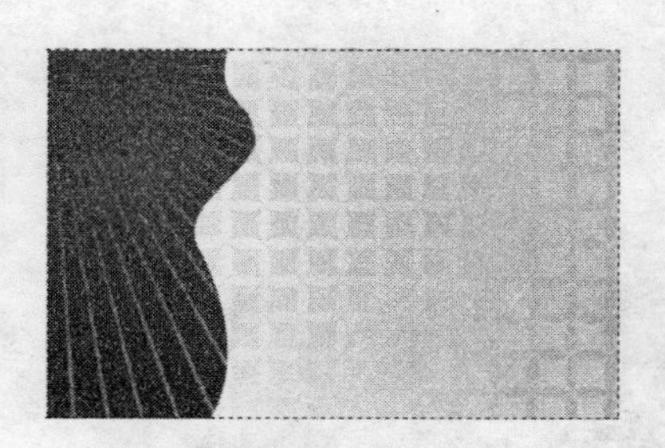

图18-108 调整图层的顺序

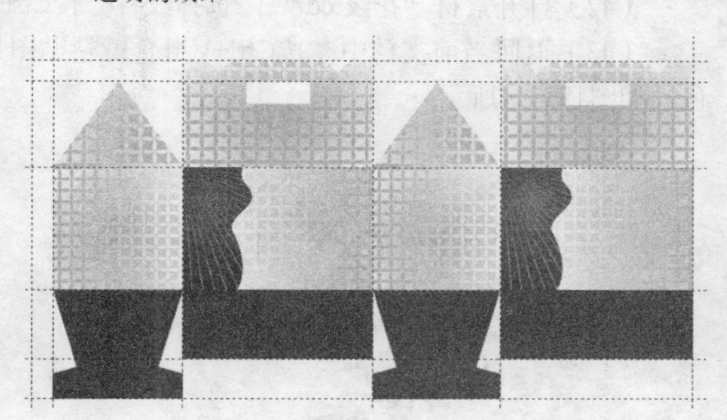

图18-109 复制直线

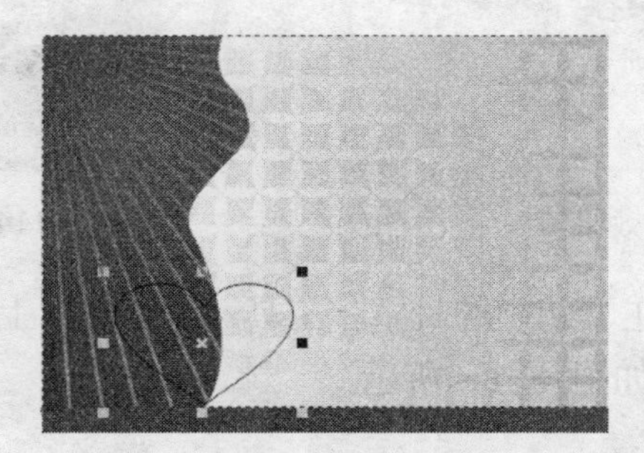

图18-110 绘制的心形

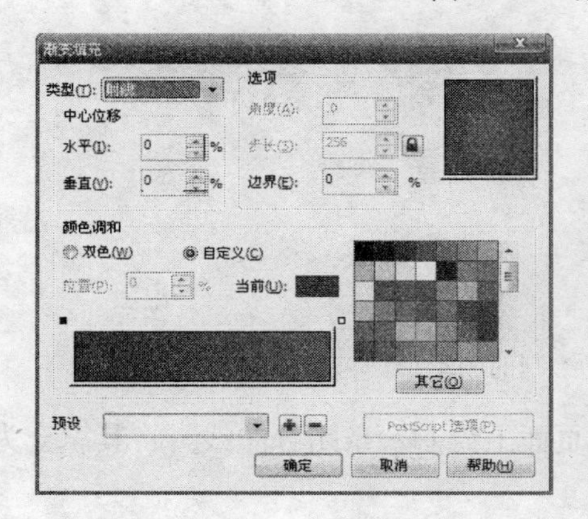

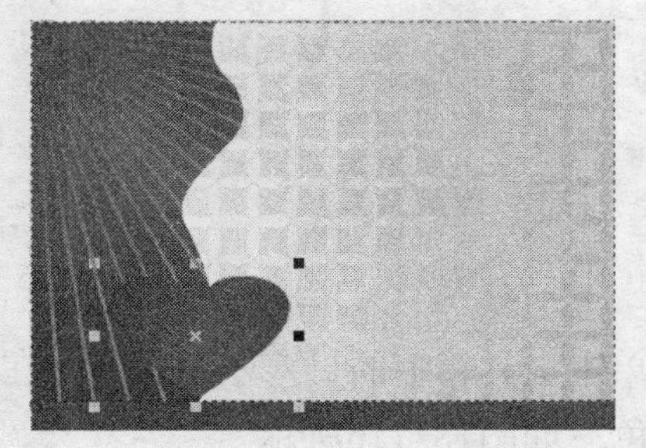

图18-111 填充的颜色

（41）按照同样的方法绘制一个心形，然后将其填充为米黄色，并调整图层的位置如图18-112所示。

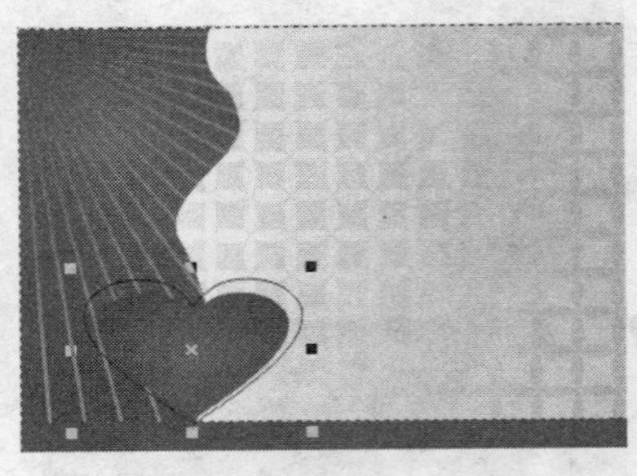

图18-112 绘制的心形

（42）打开素材“花纹.cdr”，选择纹样，按Ctrl+C组合键复制，如图18-113所示。

（43）返回当前文档中，按Ctrl+V组合键粘贴图形。然后适当调整大小，将其填充为白色，如图18-114所示。

图18-113 素材效果

图18-114 将素材复制到当前文档

（44）绘制花纹。单击工具箱中的贝塞尔工具，在页面上绘制一条闭合曲线，将其填充为白色，轮廓设置为无色，如图18-115所示。

图18-115 绘制的图形

（45）单击工具箱中的贝塞尔工具，在页面上绘制一条闭合曲线，将其填充为白色，轮廓设置为无色，如图18-116所示。

图18-116 绘制的图形

（46）按照同样的方法绘制其他的部分，并将其群组，如图18-117所示。

（47）将刚绘制的图形复制一份，移动到如图18-118所示的位置，并调整角度。

（48）单击工具箱中的矩形工具□，在页面中绘制两个矩形，如图18-119所示。

图18-117 绘制的图形

图18-118 花纹的位置

（49）将刚绘制的图形全部选中，选择菜单栏中的“窗口→泊坞窗→造形”命令，打开“造形”泊坞窗，在下拉列表框中选择“后减前”，单击“应用”按钮，效果如图18-120所示。

图18-119 绘制的矩形

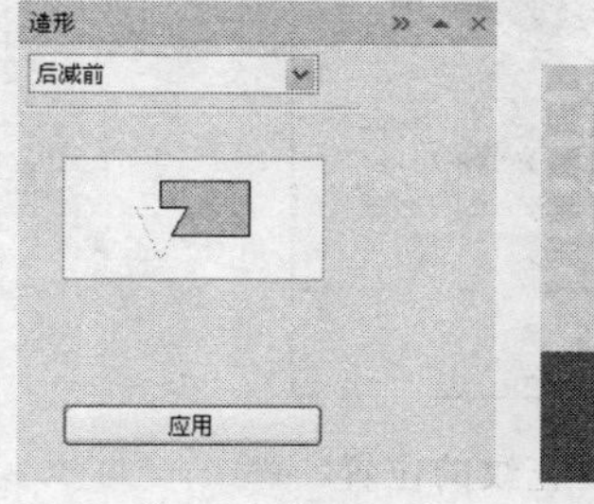

图18-120 “后减前”的效果

（50）将绘制的图形全部选中，然后复制一份，移动到如图18-121所示的位置。

（51）单击工具箱中的贝塞尔工具，在页面上绘制一条闭合曲线，如图18-122所示。

（52）选择刚绘制的闭合曲线，单击填充工具组中的“渐变”按钮，打开“渐变填充”对话框，设置渐变颜色为“红色→深红色”，渐变类型为“线性”，并设置“角度”的值，单击“确定”按钮，将轮廓设置为无色，如图18-123所示。

（53）选择之前绘制的花纹，将其调整到合适的位置，如图18-124所示。

图18-121 复制的图形

图18-122 绘制的图形

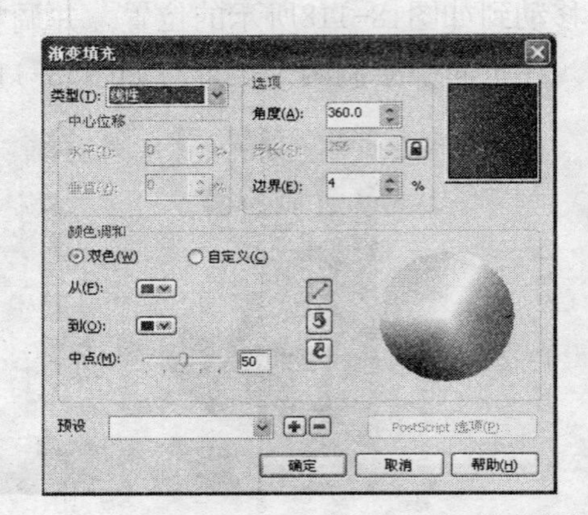

图18-123 填充的颜色

（54）将闭合曲线和花纹全部选中，复制一份，并调整到如图18-125所示的位置。

图18-124 花纹的位置

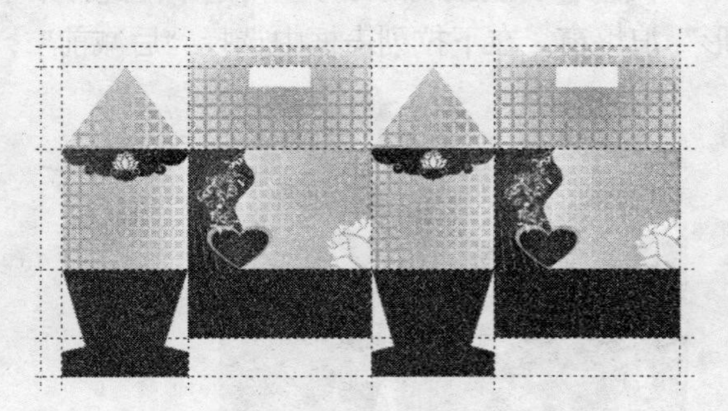

图18-125 复制的图案

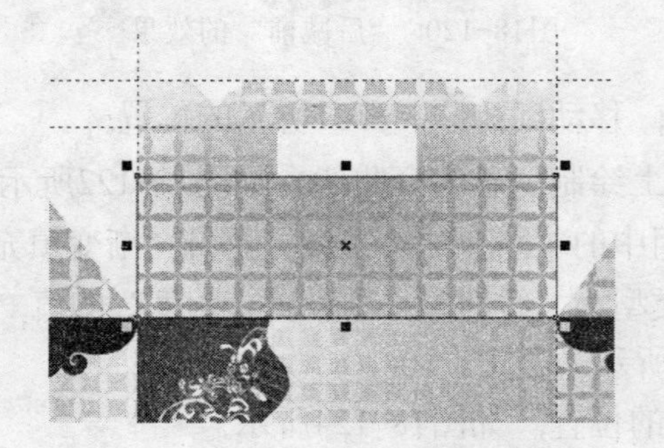

图18-126 绘制的矩形

（55）单击工具箱中的矩形工具□，在页面中绘制一个矩形，如图18-126所示。

（56）选择刚绘制的矩形，单击填充工具组中的“渐变”按钮■，打开“渐变填充”对话框，设置渐变颜色为“红色→深红色”，渐变类型为“射线”，单击“确定”按钮，将轮廓设置为无色，如图18-127所示。

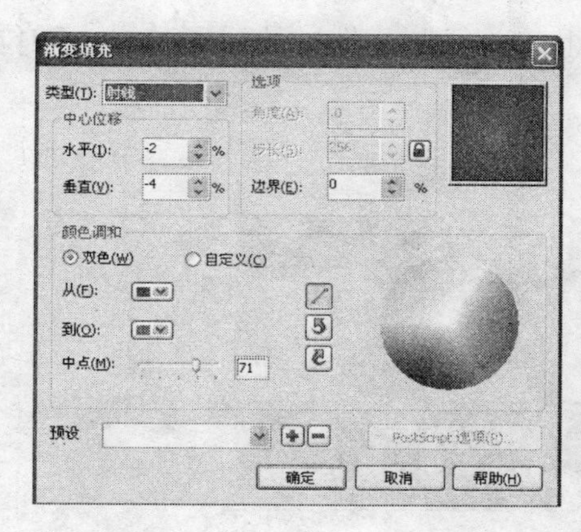

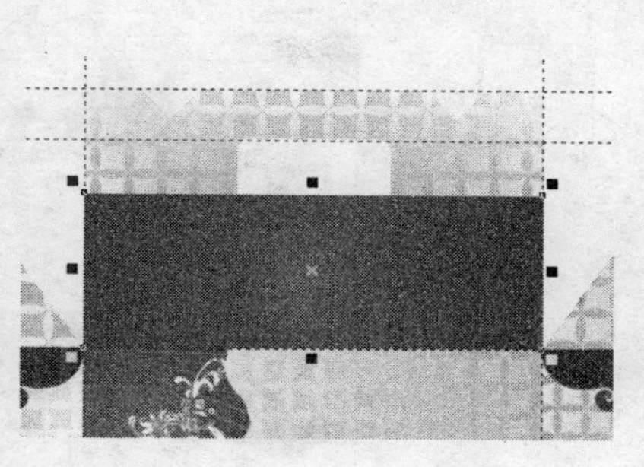

图18-127 填充的颜色

（57）按照同样的方法绘制另一个矩形，并填充渐变色，如图18-128所示。

（58）单击工具箱中椭圆工具，在页面上绘制一个椭圆，如图18-129所示。

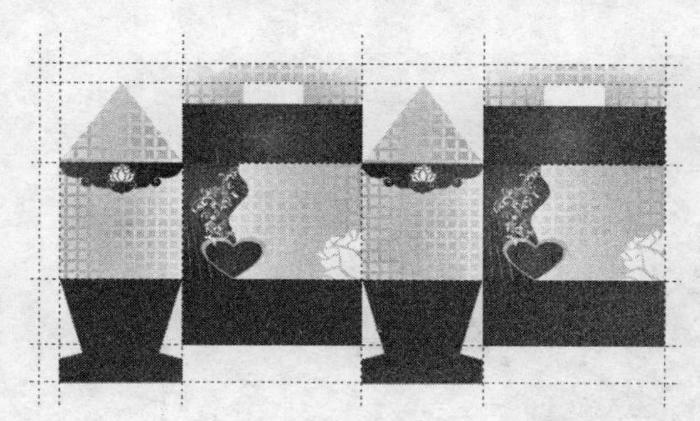

图18-128 绘制的另一个矩形

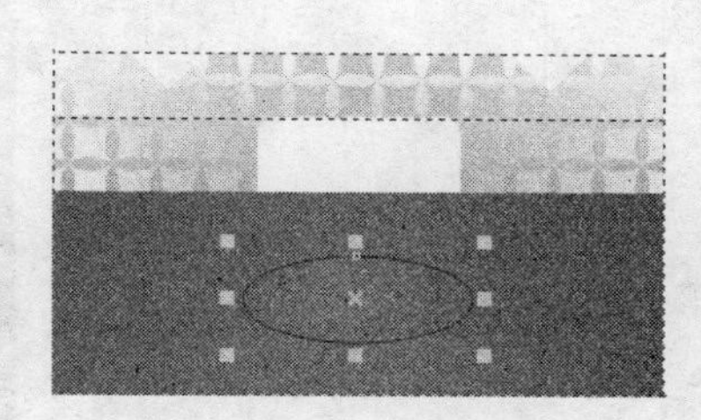

图18-129 绘制的椭圆

（59）选择刚绘制的椭圆，然后选择菜单栏中的“编辑→复制属性自”命令，弹出“复制属性”对话框，选中“填充”，单击“确定”按钮，回到页面单击前面绘制的矩形，然后将其轮廓设置为黄色，效果如图18-130所示。

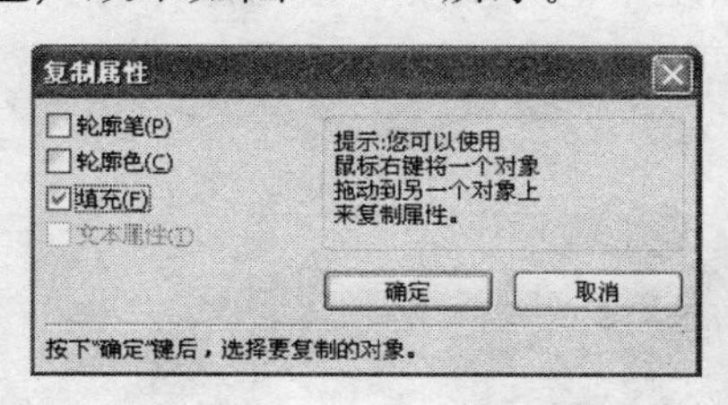

图18-130 复制属性效果

（60）单击工具箱中的文本工具字，在属性栏中设置字体为“宋体”，并设置字体的大小，将其填充为黑色，轮廓设置为黄色，效果如图18-131所示。

图18-131 输入的文字

（61）将椭圆和文字全部选中，进行群组，并复制几份，然后调整大小和位置，如图18-132所示。

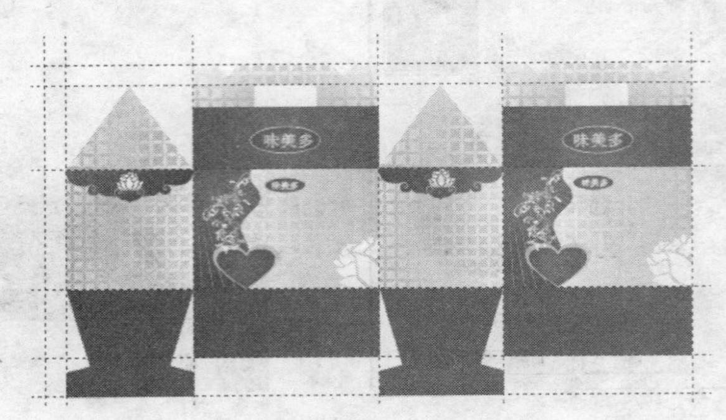

图18-132 复制的椭圆和文字

（62）单击工具箱中的文本工具字，在属性栏中设置字体为“汉仪雪君体繁”，并设置字体的大小，效果如图18-133所示。

图18-133 输入的文字

（63）选择刚输入的文字，单击填充工具组中的“渐变”按钮■，打开“渐变填充”对话框，设置渐变颜色为“红色→深红色”，渐变类型为“射线”，单击“确定”按钮，将轮廓设置为无色，如图18-134所示。

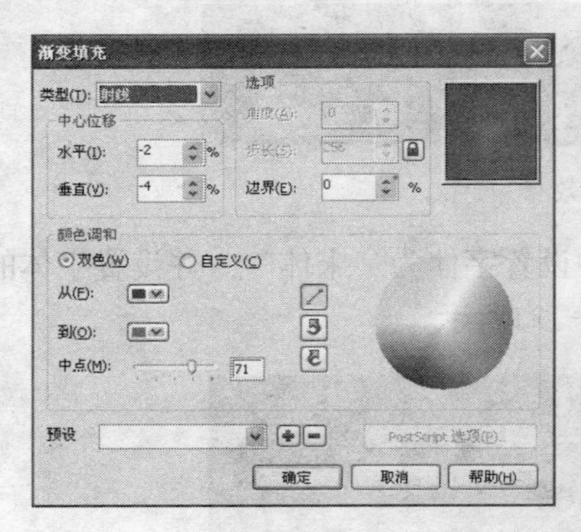

图18-134 填充的颜色

（64）确定文字处于选择状态，单击工具箱中的“交互式阴影工具”，在属性栏中设置阴影的不透明度值和阴影的羽化值，透明度操作为“添加”，阴影颜色为黄色，效果如图18-135所示。

图18-135 添加阴影的效果

（65）按照同样的方法设置另一个文字“点”，效果如图18-136所示。

图18-136 输入的另一个文字

（66）添加文字。单击工具箱中的文本工具，在属性栏中设置字体为“宋体”，并设置字体的大小，将其填充为红色，效果如图18-137所示。

图18-137 添加的文字

（67）按照同样的方法添加其他的文字，如图18-138所示。

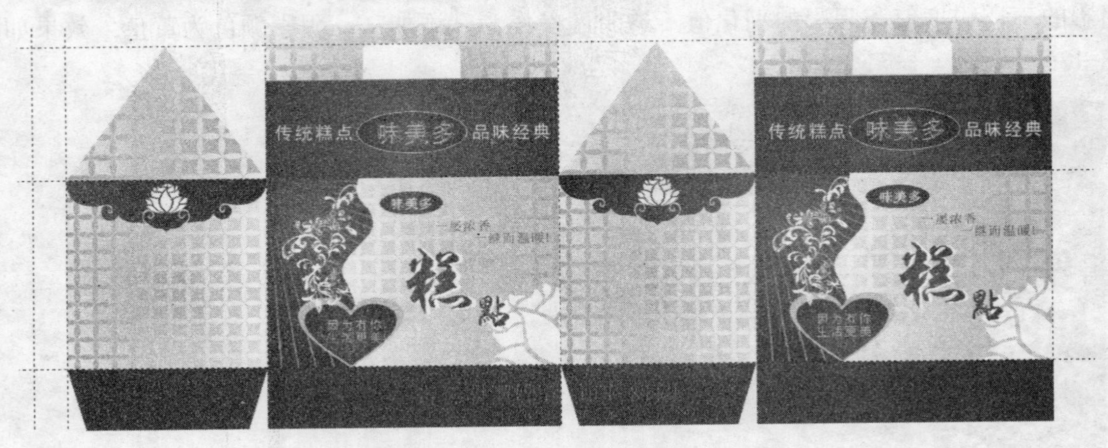

图18-138 添加的其他文字

（68）添加文本块。单击工具箱中的文本工具字，在页面绘制一个文本框，在属性栏中设置字体为“楷体”，并设置字体的大小，效果如图18-139所示。

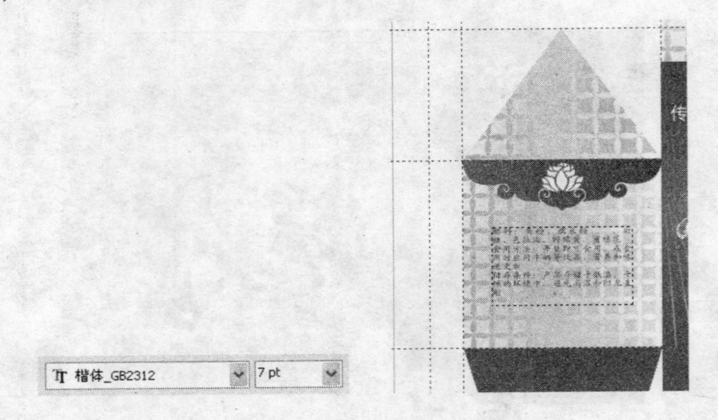

图18-139 添加的文本块

（69）按照同样的方法添加另一个文本块，如图18-140所示。

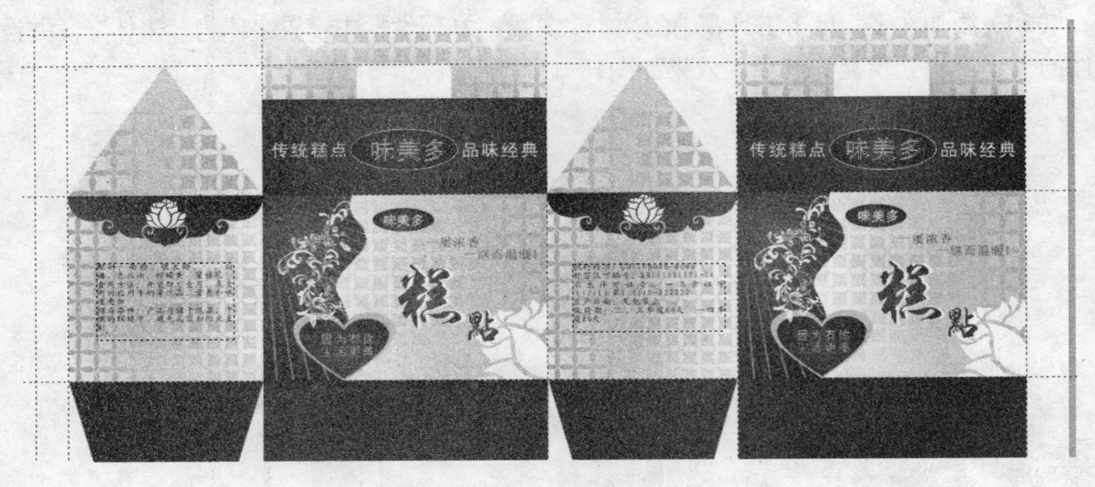

图18-140 添加的文本块

（70）单击工具箱中的贝塞尔工具，在页面上绘制四条直线，表示包装盒穿插的缝隙，分别将轮廓设置为白色和黑色，如图18-141所示。

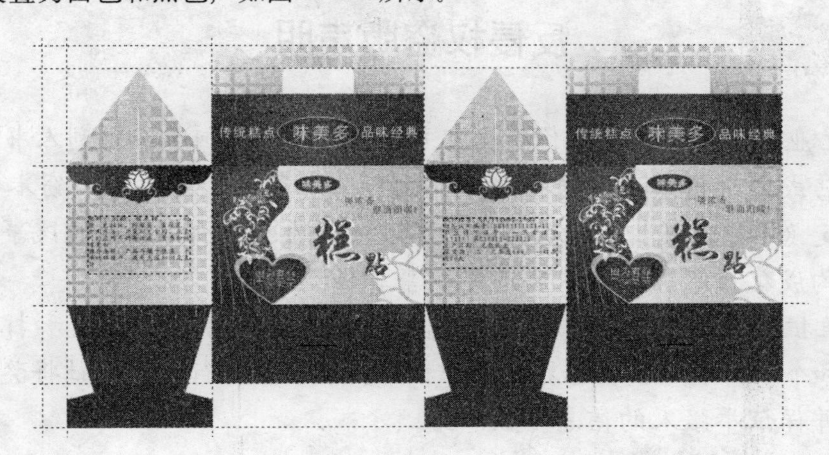

图18-141 绘制的直线

（71）至此礼品包装盒就绘制完成了，下面是折起来的效果，如图18-142所示。

图18-142 包装盒效果

在本章中，就介绍这些内容，读者可以根据在本书中学习到的技巧，发挥自己的想象力和聪明才智，一定会掌握CorelDRAW的，并能够从事很多的设计工作。

反侵权盗版声明

电子工业出版社依法对本作品享有专有出版权。任何未经权利人书面许可，复制、销售或通过信息网络传播本作品的行为；歪曲、篡改、剽窃本作品的行为，均违反《中华人民共和国著作权法》，其行为人应承担相应的民事责任和行政责任，构成犯罪的，将被依法追究刑事责任。

为了维护市场秩序，保护权利人的合法权益，我社将依法查处和打击侵权盗版的单位和个人。欢迎社会各界人士积极举报侵权盗版行为，本社将奖励举报有功人员，并保证举报人的信息不被泄露。

举报电话：（010）88254396；（010）88258888

传　　真：（010）88254397

E-mail：dbqq@phei.com.cn

通信地址：北京市万寿路173信箱

电子工业出版社总编办公室

邮　　编：100036

欢迎与我们联系

为了方便与我们联系，我们已开通了网站（www.medias.com.cn）。您可以在本网站上了解我们的新书介绍，并可通过读者留言簿直接与我们沟通，欢迎您向我们提出您的想法和建议。也可以通过电话与我们联系：

电话号码：（010）68252397

邮件地址：webmaster@medias.com.cn